경관생태학

환경계획과 설계, 관리를 위한 공간생리

이도원

책을 내면서

필자가 경관생태학이란 단어를 접한 시기는 1980년대 초였다. 학부에서 식물학을 전공하는 동안 생태학에 관심을 가지게 되었고, 몇 가지 곡절 끝에 조경학으로 석사학위를 받은 다음 환경과학 및 공학의 박사과정에 있던 나는 그 때부터 경관생태학이 내 공부와 연결이 될 것으로 생각했다. 1987년 1월 조지아 대학교 생태학연구소에서 박사후연구원으로 일을 막 시작할 무렵에 갈리(Frank B. Golley) 교수와 터너(Monica G. Turner) 박사가 함께 국제경관생태학회지(논문집 *Landscape Ecology*)를 창간할 때만 해도 경관생태학 개념과 내용에 대해서는 그저 귀동냥하는 정도였다. 그 때부터 꼭 10년 동안 갈리 교수가 국제경관생태학회지 초대 편집장을 맡고 있는 기간에도 여러 가지 사정으로 신간 학술지에 실리는 내용을 충분히 검토할 시간을 내지 못했다.

1992년 가을 대우학술재단에서 생태학분야 저서집필을 대폭 지원할 계획이라며 대상이 될 만한 제목들을 보내 달라는 요청을 받았을 때 경관생태학도 후보과제에 포함시켜 놓았다. 2~3년이 지난 다음 재단 측에서 우리나라에는 아직 경관생태학을 집필할 수 있는 분이 없을 것으로 보여 과제에서 제외시켰다는 얘기를 들었다. 내게는 서운한 결정이었지만 돌이켜 보면 올바른 판단이었던 것으로 생각된다. 1997년 범양사출판부를 통해서 출간한 필자의 책 『떠도는 생태학』에서 경관생태학의 기본개념을 소개할 때 잠깐 언급한 것처럼 대우학술재단이 겨냥하는 대학원 수준의 독자를 위한 책을 만들기는 1990년대 중반까지는 시기상조였다.

미리부터 실토하지만 이 책도 경관생태학의 진면모를 완전하게 보여 주지 못한다. 사실상 1996년 말 갈리 교수가 국제경관생태학회지의 편집장을 물러나면서 말했듯이 경관생태학은 새로운 학문으로서 아직 그 정형을 규정하기에는 이르다. 제1장에서 더 자세히 설명하겠지만 경관의 구조 중심으로 토지이용계획과 관련하여 지리학적 시각에서 시작된 중부 유럽의 경관생태학은 미국으로 건너 간 1980년대 초부터 큰 변이를 경험하고 있으며, 유럽과 미국 쪽의 시각차이가 아직은 나아가야 할 방향의 걸림돌이 되고 있다. 그런 상황에서 이 책은 우리의 자생적인 개념들을 일부 삽입하고자 노력하였으나 미국의 자료들을 많이 참조했다. 토지와 식생분류에서 출발한 유럽의 경관생태학에 관심을 가진 독자는 홍선기와 이창석(1997)의 글을 읽고 마음이 내키면 Zonneveld(1995)의 책 *Land Ecology*와 Naveh & Lieberman(1993)의 책 *Landscape Ecology*를 참고하기 바란다. 그런 점에서 여기서 소개하는 내용은 환경과 자원의 계획과 설계 그리고 관리에 공헌할 생태학이 나아가는 데 필요한 하나의 징검돌 이상이 아니다. 궁극적으로 나아가야 할 방향이 우리 풍토에 맞는 경관의 구조와 기능을 아우르는 학문일진대 이 분야가 가야 할 길이 멀다.

이 책은 조금 특이한 방식으로 준비되었다. 제1장에서는 지난 6~7년 가까이 필자의 생태학 강의에서 소개하던 경관생태학에 대한 개론을 다듬었다. 제2, 3장은 1998년 2학기 경관생태학 전체를 포괄적으로 공부할 욕심으로 캘리포니아 대학교 버클리 캠퍼스에 머무는 동안 준비했다. 이 중에서 제3장은 경관바탕과 경관형성과정에 대한 최근의 견해를 논의하면서 약간 난해한 구석이 있다. 읽기가 까다롭다고 느끼는 독자는 나머지 부분들을 먼저 거친 다음 검토하는 것이 좋을지 모른다. 제4~9장에서는 1997년 2학기 환경생태계획 강의에서 Forman(1995)의 책을 중심으로 강의를 하며 필자와 학생들이 마련한 자료를 1998년 연구년을 가지며 다듬고, 1999년과 2000년 1학기 강의교재로 사용하는 동안 그리고 7월과 8월 미국생태학회에 참여하는 전후 콜로라도 주립대학교에 머무는 동안에 최근에 발표된 연구논문들을 찾아 보충했다.

이 책의 내용은 많은 외국 문헌들에 바탕을 두고 있다. 이러한 불행은 시류에 밀려 필자가 몸을 움직여 온 연구경력과 무관할 수 없다. 다행히 이 책을 준비하는 동안 자연 · 인문 지리에 바탕을 둔 백두대간, 집이나 마을에 이웃해 있는 작은 산이라는 뜻으로 연료공급이나 미적 감상 그리고 마을의 활동공간의 한 부분이던 마을숲, 문전옥답이라는 개념들과 경관 안에서 마을이나 무덤의 위치 등에 대한 고민이 경관생태학에서 다루는 구조와 기능을 동시에 반영하고 있다는 생각을 하게 되었다. 그러나 이 개념들을 요모조모 뜯어보고 충분히 무르익히기 전에 소개하는 아쉬움이 있다. 짧은 시일 안에 연구를 할 수 없는 입장일진대 다른 사람들이 더 발전시킬 수 있도록 하기 위해 부족하지만 세상에 나오게 했다. 무엇보다 경관생태학이라는 분야가 보편적으로 정의되지 않은 상황이라 이렇게 하여 힘을 모으면 우리가 한 걸음 더 나갈 수 있는 매력이 있는 점에서 독자들과 최대한 교류할 수 있는 가능성을 열어 놓겠다는 의도도 있다. 특별히 비판적인 자세로 읽고 조언을 해주어야 할 내용들이다.

이런 배경 때문에 이 책은 여러 가지 잘못을 안고 있을 것으로 추측된다. 따라서 현명한 독자들이 비평적인 눈으로 검토하고 미흡한 부분에 대해서는 지적과 비판을 아끼지 말도록 당부한다. 이러한 정보흐름 또한 새로운 경관형성에 중대한 영향력을 발휘할 것임에 틀림없으므로 경관생태학 내용의 실천과 길이 통하는 점을 이해하기 바란다.

이제 이 책과 인연을 가질 독자들에게 몇 가지 지침을 말하자면 다음과 같다. 이 책은 생태학에 기본적인 지식을 가지고 있는 대학의 고학년과 대학원생 그리고 환경계획, 설계 및 자연자원 관리에 종사하는 분들을 염두에 두고 집필되었다. 생태학 일반적인 내용에 익숙하지 않은 독자는 필자의 다른 책 『떠도는 생태학』(이도원 1997)과 『생태학: 과학과 사회를 잇는 다리』(이도원 등 2001)를 먼저 읽은 다음 이 책을 보는 것이 효과적일 것이다. 그러나 경관생태학 분야가 다음 세대 생태학의 중심이 될 것이라는 전망과 근간의 일반생태학에서 이미 나타나고 있는 빠른 발전속도를 고려할 때(Beeby & Brennan 1997, Dodson 등 1998, 이도원 등 2001) 머지않아 일반독자들도 일상적으로 접하는 내용이 될 것이다.

관련 용어는 가능하면 이미 사용하고 있는 우리말을 찾아 쓰고자 했다. 영어를 공용어로 사용하자는 주장이 있고 또 정보 쇄국정책의 오류를 벗어나야 한다는 의미에서 필경 가야 할 방향이라 보는 입장이나 그런 와중에 우리말의 퇴화를 줄이기 위해서라도 사용하는 기회를 더욱 포기하지 말아야 하기 때문이다. 이 책의 제1장과 2장에는 기본개념의 이해를 돕기 위해 특별히 많은 각주를 포함시켰는데, 이 양식이 읽는 속도를 늦출 수 있으므로 생태학에 어느 정도 기본지식이 있는 독자들은 그냥 지나치는 것이 좋을지도 모른다. 각주의 표기법은 흔히 사용하는 양식을 사용하지 않고 자연과학논문 읽기에 익숙한 필자의 취향에 맞추어 변형시켰다.

각 장 끝에 있는 상자글은 본문을 읽기 힘들 때 먼저 보면 위안이 된다는 독자도 있었다. 이 상자글의 성격은 크게 두 가지로 나누어진다. 하나는 본문의 이해를 돕는 데 필요한 일반적인 내용이지만 각주로 처리하기에는 너무 긴 경우이다. 다른 하나는 저자의 개인적인 생각으로 아직 충분한 검토가 끝나지 않은 가설수준의 내용이다. 후자의 경우는 다른 곳에서 비슷한 성격으로 엮어 놓았던 글과 함께 앞으로 시간이 나는 대로 검정과정을 거쳐 구체화시킬 계획이며, 독자들에게 사고의 단초를 제공하고 또다른 견해를 들을 수 있기를 바라는 마음에서 올려 놓았다.

이제 『경관생태학: 환경계획과 설계, 관리를 위한 공간생리』라는 제목에 대해 약간의 해명이 필요하다. 생물학에 뿌리를 두었던 생태학이 그 범위를 확대하면서 고유한 특성이 희석된 한편 변이를 거듭해 오고 있다. 현대 생물학이 분자생물학이라는 막강한 자원에 몰두하는 동안 생태학은 보존생물학, 토양보존학, 삼림학, 농학, 수자원관리학, 지리학, 조경학, 도시 및 지역계획, 교통학이라는 새로운 분야와 접목하여 자양분을 얻고 또 도움을 주는 방향잡기에 안간힘을 쓰고 있다. 이 모든 분야가 필경 1차 생산성 증대, 생물 다양성 보존, 토양과 물을 포함하는 환경과 자원을 효율적으로 계획하고, 설계하며, 관리하여 인류의 지속가능성을 보장하려는 경관생태학으로 통합될 것이라고 감히 전망한다. 또한 틈틈이 정보에 대한 사견을 삽입하고 있으나 자연스러운 맥락을 이루지 못하고 있는 까닭도 앞으로 경관생태학이 그 부분의 개념과 내용을 더욱 발전시킴으로써 제구실을 볼 수 있을 것이라는 생각 때문이다. 이러한 노력이 아직 미숙한 단계에 있지만 앞으로 가야 할 방향을 시사하자는 뜻에서 그렇게 했다. 필자가 몸담고 있는 서울대학교 환경대학원이 1973년 이래 공간원리를 바탕으로 환경계획과 설계, 관리의 통합을 추구하고 있는 까닭도 있다.

이 책을 강의교재로 사용할 때는 먼저 적어도 첫 2주일 가량 전통적인 생태학 일반에 대해 소개를 하는 것이 좋겠다(이도원 1997, 이도원 등 2001), 그리고 9주 동안 매주 1장씩 다룬 다음 수강자들의 학문적인 배경에 따라 경관생태학 연구방법(Turner & Gardner 1991, Farina 1998), 환경계획과 설계에서 응용원리(Forman 1995, Dramstad 등 1996), 보존생물학(김진수 등 2000), 하천과 방풍림(Smith & Hellmund 1993, Forman 1995) 등의 주제를 선택하여 다루면 적절할 것이다. 이 주제들은 이 책의 후속으로 어느 정도 준비된 제2권에서 상세하게 소개할 예정이다.

참고문헌

김진수, 손요한, 신준환, 이도원, 최재천, R. B. Primack. 2000. 『보전생물학』. 서울: 사이언스북스.

이도원. 1997. 『떠도는 생태학』. 서울: 범양사출판부.

이도원, 박은진, 김은숙, 장현정 옮김. 2001. 『생태학: 과학과 사회를 잇는 다리』. 서울: 사이언스북스.

홍선기, 이창석. 1997.「생태학의 새로운 분야로서 경관생태학의 발전과 역할」,『한국생태학회지』20: 217-227.

Beeby, A. & A.-M. Brennan. 1997. *First Ecology*. London, UK.: Chapman & Hall.

Dodson, S.I., T.F.H. Allen, S.R. Carpenter, A.R. Ives, R.L. Jeanne, J.F. Kitchell, N.E. Langston & M.G. Turner. 1998. *Ecology*. New York: Oxford University Press.

Dramstad, W.E., J.D. Olson & R.T.T. Forman. 1996. *Landscape Ecology: Principles in Landscape Architecture and Land-Use Planning*. Washington, DC.: Island Press.

Farina, A. 1998. *Principles and Methods in Landscape Ecology*. London, UK.: Chapman & Hall.

Forman, R.T.T. & M. Godron. 1986. *Landscape Ecology*. New York: Wiley.

Naveh, Z. & A.S. Lieberman. 1993. *Landscape Ecology: Theory and Application*. 2nd ed., New York: Springer-Verlag.

Smith, D.S. & P.C. Hellmund(eds.). 1993. *Ecology of Greenways*. Minneapolis, MN.: University of Minnesota Press.

Turner, M.G. & R.H. Gardner(eds.). 1991. *Quantitative Methods in Landscape Ecology: The Analysis and Interpretation of Landscape Heterogeneity*. New York, NY.: Springer-Verlag.

Zonneveld, I.S. 1995. *Land Ecology*. Amsterdam: SPB Academic Publishing.

감사의 글

이 책을 준비하는 동안 많은 분들의 관심과 도움이 있었기에 이 자리를 빌어 감사한다. 먼저 1997년 2학기 그리고 1999년 1학기 필자의 환경생태학 강의에 참여하며, 자료를 수집하고 정리해 준 수강생들을 생각한다. 일부 학생들이 제공한 자료들은 이 책에서 사용되지 않았지만 경관생태학 연구방법론과 환경계획, 설계, 관리분야의 실질적인 응용을 다룰 제2권에 포함될 것이다. 2000년 1학기 환경생태학 수강자들은 부족한 원고를 교재로 사용하면서 많은 오류를 지적해 주었다. 특별한 면식이 없는 상황에서 석사학위논문 준비로 바쁜 중에도 이 책의 초고를 전부 읽고 잘못된 곳을 지적해 주고 관련 자료출처를 알려 준 서울대학교 생물학과 졸업생 노환춘 군의 너그러움은 앞서 가는 내가 배워야 할 자세였다. 이 책에 포함된 대부분의 그림은 서울대학교 환경대학원에서 공부한 강석태, 강신규, 김상욱, 김은숙, 김재훈, 박성우, 박영선, 박정임, 유지완, 이건표, 이형민, 장현정, 정수진1, 최태영, 최용석, 한정화(가나다 순)의 도움으로 준비되었다. 슬라이드 사진은 안승홍, 정세은과 조화숙, 한송이가 컴퓨터 파일로 전환시켜 주었다. 정수진2와 전남기는 마지막 그림편집을 도와 주었고, 유영재는 표지디자인을 맡아 주었다. 이러한 인연은 황기원 교수님이 마련해 주셨다. 여기에는 다양한 많은 사람들의 도움을 받을 수 있는 여건을 갖추어 가는 환경대학원의 숨은 은덕도 작용하고 있다. 이 기회에 그 동안 격려를 보내 준 동료 교수들과 학생들께 감사하고 앞날에 축복이 있기를 빈다.

전체 용어 옮김은 계명대학교 김종원 교수와 임업연구원 신준환 박사, 서울시정개발연구원의 송인주 박사가 검토해 주었다. 여러 가지 전문 용어들의 옮김과 정의에 대해서는 또한 많은 분들의 도움이 있었다. 최재천(생태학), 이준호(무척추동물), 김종욱(지형), 이강근(지질), 허우긍(교통지리) 교수와 박찬열 박사(포유동물과 새) (이상 서울대학교 재직), 강원대학교 정근 교수(수서 무척추동물)와 기상청 신경섭 박사(물질이동)의 도움이 있었다. 그러나 필자가 모든 용어에 대한 검토를 의뢰하지 않았기 때문에 불찰이 있다 하더라도 그 분들에게는 책임이 없다. 일부 원고 또한 서울대학교 환경대학원 부속 환경계획연구소에서 경관생태학을 연구하는 홍선기 박사가 검토해 주었다.

1998년 3월부터 1999년 2월까지 1년 동안 서울대학교가 필자에게 베풀어 준 연구년과 연구비 지원은 미국 오리건 주립대학교, 캘리포니아 대학교 버클리 캠퍼스, 콜로라도 주립대학교를 방문하여 어수선한 자료를 보충하고 정리하는 데 바탕이 되었다. 그 기간 동안 연구실 제공과 조언으로 유익한 시간을 마련해 주었던 Douglas A. Maguire, Richard H. Waring, Mark E. Harmon, G. Mathias Kondolf, Dennis S. Ojima 교수에게 감사한다. 시간과 재정적으로 어려운 여건에도 불구하고 지난 8년 동안 점봉산 연구에서 자료와 정보수집에 동참하여 외로운 길에 버팀목이 되어 준 학생들과 변함없는 격려와 잠자리를 마련해 주신 서래굴 스님께도 행운이 있기를 빈다.

아울러 많은 그림과 표 자료의 인용을 허락해 준 외국의 여러 출판사들에게도 감사한다. 출판사 관계자들과 접촉하여 그러한 자료들의 인용허락을 받은 대부분의 작업은 이 책의 출간 무렵에 학위를 한 강신규 박사의 도움이 있었다. 귀중한 사진자료를 제공해 준 경원대 최정권 교수, 국민대 김은식 교수, 농업과학기술원 마영일 박사님 그리고 내일신문 남준기 기자님께도 감사의 마음을 보낸다. 어수선한 원고 탓에 편집과정에 수고하신 양유진, 곽진희, 권영자 선생님께 미안하고 인내에 감사드린다.

이 작업은 애초에 예상했던 것보다 훨씬 많은 시간을 요구하여 4년 가까이 끌었다. 그 동안 건강을 유지하고 일에 매진할 수 있도록 애를 써준 아내에게 감사한다. 마지막으로 수민과 종훈도 앞으로 하고 싶은 일을 마음껏 할 수 있도록 건강관리를 더욱 부지런히 하도록 당부한다.

이 책에 포함된 그림과 표 그리고 사진자료의 인용을 허락하거나 그림을 그려 준 분들에게 감사한다. 아래에서 감사에 대해 표현하는 방식은 저작권 소유자의 요청에 따라 조금씩 다르다.

● 제1장 ●

그림 1.3 지구와 대륙, 광역, 경관 그리고 생태소공간의 공간규모 비교. Bayliss-Smith & Owens(1990), Golley(1998) 자료를 참고하여 정수진이 그림.

그림 1.4 (가) 경관생태학에서 다루는 공간변이유형과 (나) 가상적인 경관 모자이크. *Mosaic Landscapes and Ecological Processes*. Edited by L. Hansson, L. Fahrig & G. Merriam, 1995, pp. 1-26, Landscape mosaics and ecological theory, J.A. Wiens, Figure 1.2 on page 5, Copyright ⓒ 1995 by Chapman & Hall, with kind permission from Kluwer Academic Publishers. 정수진이 수정하여 그림, (나) Fig. 3 on page 371 of J.A. Wiens, N.C. Stenseth, B. Van Horne & R.A. Ims. 1993. Ecological mechanisms and landscape ecology. *Oikos* 66: 369-380, with kind permission of *Oikos*. 정수진이 수정하여 그림.

그림 1.5 토지이용과 지피변화를 추진하는 다층규모의 힘. Figure 7 on page 33, IGBP. 1995. *Land-Use and Land-Cover Change: Science/Research Plan*. The International Geosphere-Biosphere Programme Report No. 35, Stockholm, with kind permission of IGBP. 김형민/김재훈이 다시 그림.

그림 1.6 생물과정과 환경변화에 관련된 공간과 시간규모의 대략적인 크기범위. Urban (1987), Delcourt & Delcourt(1988), NASA(1988), Graham 등(1990), Walker & Walker(1991), Slocombe (1993), Forman(1995), Freemark(1995), Dobson 등(1997), Bissonette(1997) 자료를 참고하여 박성우의 도움으로 그림.

그림 1.8 경관요소는 크게 바탕과 조각, 통로로 나눌 수 있다. 이형민과 유지완이 그림.

그림 1.9 남아 있는 숲 조각을 에워싸고 있는 도심지 바탕. e-HD.com 제공.

그림 1.10 백두산 자연보전지구의 중국 부분에서 고도에 따른 수목분포구분과 일부 지역에서 식생변화 예상. Shao 등(1991), With kind permission from a representative author, Shidong Zhao. 박영선이 다시 그림.

그림 1.12 황사기간에 부는 동북아시아의 바람형태. 전영신와 심재면, 김철희, 김병곤 미발표자료, 김정욱 제공.

그림 1.13 (가) 동북아시아의 재두루미와 (나) 북미에서 관찰되는 나비의 이동. (가) 이우신과 박찬열, 이장호 제공(Meine & Archibald 1996 수정). 김재훈이 다시 그림, (나) *Trends in Ecology and Evolution*. Volume 2, S.B. Malcolm, Monarch butterfly migration in North America: controversy and conservation, pp.135-139, Copyright © 1987 by Elsevier Science, with kind permission from Elsevier Science. 김재훈이 다시 그림.

● 제2장 ●

그림 2.1 자연과정과 함께 인문사회적 요인은 경관유형을 결정하고, 기능을 변화시킴으로써 환경의 질과 자원공급 그리고 체계의 지속성에 영향을 준다. Lee & Kang(2000) 자료를 강석태가 다시 그림.

그림 2.2 소나무숲에서 유입되는 태양 복사 에너지와 반사되는 에너지의 관계와 보리밭에서 알베도의 계절적 변화. Figure 2.2 on page 14, Wallace, J.S. & H.R. Oliver. 1990. Vegetation and hydroclimate. pp. 9-41 In: M.G. Anderson & T.P. Burt (eds.) *Processes Studies in Hillslope Hydrology*. Copyright © 1990 by John Wiley & Sons, Reproduced with permission. 유지완이 다시 그림.

그림 2.3 숲의 천이가 진행됨에 따라 생물량, 엽면적지수, 순복사 에너지, 증발산, 복사되는 표면온도 및 토양온도의 변화경향. Rouse 1976, Mencuccini & Grace 1996, Schlesinger 1997, Waring & Running 1998, Callaway 등 2000, 이도원 등 2000a 그리고 Kang 등 미발표 자료를 참고로 강신규가 그림.

그림 2.4 도심지역, 교외지역 그리고 지형이 평탄한 시골지역에서 거칠기 변화에 따라 나타나는 풍속 단면도의 변화. *Wind Climate in Cities*. Edited by J.E. Cermack, A.G. Davenport, E.J. Plate & D.X. Viegas. 1995, pp. 153-182, Analysis of meteorological data and main problems related to the determination of building exposure, J.-A. Hertig, Figure 6 on page 159, Copyright © 1995 by Kluwer Academic Publishers, with kind permission from Kluwer Academic Publishers. 유지완이 다시 그림.

그림 2.5 우리나라 전통마을과 마을숲의 전형적인 공간관계. 김학범(1991), 김학범과 장동수(1994), 기타 자료를 참고로 이건표가 그림.

그림 2.6 경관에서 물의 순환과정. Van Hook(1989), Graedel & Crutzen(1993), IGBP(1993), 기타 자료를 참고와 최태영의 도움으로 그림.

그림 2.7 바탕을 이루는 숲이 훼손되면 하천의 최고유출은 양이 증대하고 또한 비가 내리기 시작하여 빠른 시간 안에 나타난다. Brooks 등(1991)을 참고로 김상욱이 수정하여 그림.

그림 2.8 비가 내릴 때 유출량에 영향을 주는 요소의 상대적인 변화. Reprinted from L.F. Huggins & J.R. Burney. Surface runoff, storage and routing. pp. 169-225 In: C.T. Haan, H.P. Johnson & D.L. Brakensiek (eds.) *Hydrologic Modeling of Small Watersheds*. Copyright ⓒ 1982 by the American Society of Agricultural Engineers, with kind permission of ASAE, St. Joseph, MI, USA. 김재훈이 다시 그림.

그림 2.9 폴란드 농경지 부근에서 토지이용에 따른 증발산과 지표유출수 차이. *Landscape Ecology*. Volume 14, 1999, pp. 479-492, Management of matter fluxes by biogeochemical barriers at the agricultural landscape level, L. Ryszkowski, A. Bartoszewica & A. Kedziora, Table 1, Copyright ⓒ 1999 by Kluwer Academic Publishers, with kind permission from Kluwer Academic Publishers. 위의 자료를 장현정이 그래프로 전환.

그림 2.10 지피상태를 바꾸는 토지이용과 수문변화. Bruenig(1987)과 Rogers(1994), Ripl(1995), Marsh(1998), 강신규 미발표 자료 참고와 강석태의 도움으로 그림.

그림 2.11 미국 오리건 주의 하천에서 유역 벌채면적과 하천에서 죽은 큰 나무를 가진 웅덩이의 빈도의 관계. Hicks, B. J. 1990. *The influences of geology and timber harvest on channel morphology and salmonid populations in Oregon Coast Range streams*. Doctoral dissertation, Oregon State University, Corvallis, OR, USA. 199 p, with kind permission from Brendan Hicks. 박영선이 다시 그림.

그림 2.12 상류지역 하천변 삼림피도가 커질수록 하류의 평균수온은 감소한다. Barton 등(1985). 박영선이 그림.

그림 2.13 벌목을 한 다음 해가 거듭됨에 따라 식생이 회복되는 동안 유실되는 영양원소량의 변화. *Biogeochemistry*. Volume 5, 1988, pp. 185-199, Soil processes and sulfate loss at the Hubbard Brook Experimental Forest, S.C. Nodvin, C.T. Driscoll & G.E. Likens, Fig 1 on page 186, Copyright ⓒ 1988 by Kluwer Academic Publishers, with kind permission from Kluwer Academic Publishers. 유지완이 다시 그림.

그림 2.15 비교적 덜 오염된 미국의 군소하천에서 삼림과 농경지 면적의 상대적인 크기와 질소와 인의 농도 및 질소 : 인 비의 관계. *Stream Ecology: Structure and Function of Running Waters*. 1995, J.D. Allan, Figure 13.3 on page 291, Copyright ⓒ 1995 by Chapman & Hall, with kind permission from Kluwer Academic Publishers and Omernik. 유지완이 다시 그림.

● 제3장 ●

그림 3.3 경관의 표면적과 표면거칠기가 증가하면 유체의 흐름을 지연 또는 약화시키는 경향이 있다. 김효창과 정수진이 그림.

그림 3.5 (가) 낙엽활엽수림에서 조릿대 생물량과 표면적지수는 양의 상관관계를 가지며, 이는 낙엽이 보유되는 양과 밀접한 관계를 가지고 있다. (나) 미국 테네시 주 동부에서 하층의 딸기 덩굴 밀도가 늘어날수록 새끼를 치는 새의 밀도는 증가했다. (가) Lee 등(2000b), (나) *Biological Conservation*. Volume 23, R. Kroodsma, "Bird community ecology on power-line corridors in east Tennessee," pp. 79-84, Copyright ⓒ 1982 by Elsevier Science, with kind permission from Elsevier Science - NL, Sara Birgerjartstraat 25, 1055 KV Amsterdam, The Netherland. 유지완이 다시 그림.

그림 3.7 해안선과 국경선의 길이는 공간규모 또는 해상력에 따라 달라진다. Allen & Hoekstra(1992) 자료 참고와 손학기의 도움으로 그림.

그림 3.8 포유동물의 행동권 면적(헥타르)과 몸무게(그램)의 관계. Holling 1992, with kind permission from Ecological Society of America. 유지완이 다시 그림.

그림 3.9 여러 형태의 장애물이나 저항에 대한 실험. *Landscape and Urban Planning*. Volume 23, J.P. Knaapen, M. Schefffer & B. Harms, Estimating habitat isolation in landscape planning, pp.1-16, Copyright ⓒ 1992 by Elsevier Science, with kind permission of Elsevier Science.

그림 3.10 생태적 체계의 위계를 설명하는 개념도. Allen & Starr(1982), Urban 등(1987), Burns 등(1991), Allen & Hoekstra(1992), Jorgensen(1992), Wu(1999) 자료 참고와 박성우의 도움으로 그림.

그림 3.11 규모가 다른 경관조각형태의 상호작용과 형성요인. Wu & Loucks(1995) 참고로 그림.

그림 3.12 탄소변환과 관련된 생태계 과정을 조절하는 위계수준의 영향과 상대적인 변화폭에 대한 비교. *Applying Ecology*. 1993, A. Beeby, Figure 1.3 on page 16, Copyright ⓒ 1995 by Chapman & Hall, with kind permission from Kluwer Academic Publishers. 한정화가 다시 그림.

● 제4장 ●

그림 4.2 조각모양에 따라 점박이올빼미의 개체군 변화. McKelvey 등(1993) 자료 참고와 강신규의 도움으로 그림.

그림 4.3 경기도 용인 일대의 토지이용도는 여러 가지 모양의 경관조각으로 이루어져 있다. 박종화와 손학기 제공.

그림 4.4 숲과 묵밭 각각 선정한 3곳에 둔 5가지 모양의 판자 아래서 발견된 노래기(*Oxidus gracilis*)의 수와 평균값. *Landscape Ecology*. Volume 11, 1996, pp. 299-306, Effects of patch shape on the number of organisms, T. Hamazaki, Fig. 1, Copyright ⓒ 1996 by Kluwer Academic Publishers, with kind permission from Kluwer Academic Publishers. 유지완이 다시 그림.

그림 4.5 주풍방향에 대해 경작지의 장축이 평행에 가까울수록 토양침식량은 많고, 철새 이동방향에 대해 숲 조각의 장축이 수직에 가까울수록 철새 유인효과가 크다. Skidmore(1987)

와 Gutzwiller & Anderson(1987, 1992), Forman(1995) 참고와 강신규의 도움으로 그림.

그림 4.6 조각모양에 따른 핵심구역(회색원)과 내부(빗금부분) 그리고 가장자리(백색부분) 면적의 상대적인 크기비교. 정수진이 그림.

그림 4.7 경관조각의 신장과 굴곡. Forman(1995)을 참고로 정수진이 그림.

그림 4.8 (가) 5가지 모양에서 시선의 방향, (나) 긴장감이 큰 모양들의 결합, (다) 통일성 있는 배열로 긴장감을 줄인 경우. O. Lucas, *The Design of Forest Landscapes*. copyright 1991 by Oxford University Press, by kind permission of Oxford University Press, Oxford, UK. 정수진이 다시 그림.

그림 4.9 곡선모양의 복잡성이 규모에 따라 달라진다면 길이를 재는 자의 길이와 둘레길이의 대수값이 가지는 관계는 복잡성이 변하는 규모에서 기울기가 변하고, 프랙털 차원도 달라진다. 이도원 등(2000) 자료를 장현정이 다시 그림.

그림 4.10 메뚜기 이동경로에 대한 프랙털 차원의 비교. Wiens 등 1995. With kind permission from Ecological Society of America. 유지완이 다시 그림.

그림 4.11 멧돼지 암 · 수컷의 이동경로와 그에 대한 프랙털 차원. 이도원 등(2000) 자료를 장현정이 다시 그림.

그림 4.12 크기에 따른 숲 조각의 프랙털 차원 변화경향. Fig. 1 on page 323 of J.R. Krummel, R.H. Gardner, G. Sugihara & R.V. O' Neil. 1987. Landscape patterns in a disturbed environment. *Oikos* 48: 321-324, with kind permission of Oikos. Allen & Hokstra (1992) 자료 참고와 유지완의 도움으로 그림.

그림 4.13 경기도 용인군 일대에 소재하는 저수지 모양에 대한 프랙털 차원 분석결과. 이도원 (2000) 자료를 장현정이 다시 그림.

그림 4.14 (가) 수치고도모형, (나) 지형에 의한 태양 복사, (다) 엽면적지수에서 규모에 따른 프랙털 차원의 변화. 이도원 등(2000) 자료를 장현정이 다시 그림.

◎ 제5장 ◎

그림 5.1 경관조각의 크기와 서식하는 생물의 사멸률과 포식빈도, 번식률의 관계. (가) Figure 3 on page 519 Newmark, W.D. 1995. Extinction of mammal populations in western North American national parks. *Conservation Biology* 9: 512-527, Reprinted by permission of Blackwell Science, Inc., (나) Wilcove 1985, with kind permission from Ecological Society of America, (다) *Oecologia.* Influences of population size and woodland area on bird species distributions in small woods," S.A. Hinckley, P.E. Bellanmy, I. Newton, & T,H. Sparks, Volume 105, p. 102. Fig. 1, 1996, Copyright ⓒ 1996 by Springer-Verlag, (라) Cunningham, S.A. 2000. Effects of habitat fragmentation on the reproductive ecology of four plant species in Mallee woodland. *Conservation Biology* 14: 758-768. Reprinted by permission of Blackwell, Inc. 가, 나, 다는 박영선이 그리고

라는 유지완이 다시 그림.

그림 5.2 우리나라 20개 국립공원의 지리적 위치와 지정일 그리고 면적. 김은숙이 그림.

그림 5.3 지역개체군 생존에 미치는 경관조각의 수, 크기 그리고 공간유형의 영향. *Mosaic Landscapes and Ecological Processes*. Edited by L. Hansson, L. Fahrig & G. Merriam, 1995, pp. 293-308, Landscape pattern and population conservation, S. Harrison & L. Fahrig, Figure 12.2 on page 296, Copyright ⓒ 1995 by Chapman & Hall, with kind permission from Kluwer Academic Publishers. 박영선이 다시 그림.

그림 5.4 종-면적 관계의 일반적인 그래프 모양. 강신규가 그림.

그림 5.5 섬의 크기와 그 곳에서 발견되는 종수의 관계를 보여 주는 그림. Wilson 1989. Copyright ⓒ 1989 by Patrica J. Wynne, with kind permission from Patrica J. Wynne. 박영선이 다시 그림.

그림 5.6 1980년 브라질 아마존의 마나우스 북부에 설치된 생태계 최소임계면적 연구계획이 진행되고 있는 위치 및 기본실험설계. Fig. 10.1 from Bierregaard, R.O., Jr. & P.C. Stouffer, Understory birds and dynamic habitat mosaics in Amazonian rainforest. pp. 138-155 In: W.F. Laurance & R.O. Bierregaard, Jr. (eds.) *Tropical Forest Remnants: Ecology, Management, and Conservation of Fragmented Communities*. ⓒ 1997 by The University of Chicago Press. Lovejoy 1986, Ferreira & Laurance 1997, Benttez-Malvido 1998을 참고로 박영선과 김재훈이 그림.

그림 5.7 브라질 마나우스 실험에서 주변 숲으로부터 격리된 전후에 발견된 개구리 종의 수 비교. Fig. 9.2 from Tocher, M.D., C. Gascon & B.L. Zimmerman. Fragmentation effects on a central Amazonian frog community: a ten-year study. pp. 124-137 In: W.F. Laurance & R.O. Bierregaard, Jr.(eds.) *Tropical Forest Remnants: Ecology, Management, and Conservation of Fragmented Communities*. Copyright ⓒ 1997 by The University of Chicago. 한정화가 다시 그림.

그림 5.8 1헥타르와 10헥타르 크기 잔류숲이 고립되기 전후에 35 종의 흔한 새와 49종의 희귀한 새가 보여 준 곤충포획률 비교. Stouffer & Bierregaard 1995b, with kind permission from Ecological Society of America, 한정화가 다시 그림.

그림 5.9 조각의 크기와 생물종의 관계. (가) *Biological Conservation*. Volume 29, M. Game & G.F. Peterken, "Nature reserve selection strategies in the woodlands of central Lincolnshire, England," pp. 157-181, Copyright ⓒ 1984 by Elsevier Science, with kind permission from Elsevier Science. (나) *Oecologia*. "Forest size and avian diversity in New Jersey woodlots with some land use implications," R.T.T. Forman, A.E. Galli, & C.F. Leck, Volume 26, p. 6, Fig. 3, 1976, Copyright ⓒ 1992 by Springer-Verlag. 유지완이 다시 그림.

그림 5.10 작은 조각이 여러 개 흩어진 경우보다는 적은 수의 큰 조각이 그리고 조각들이 덩어리를 이룰 때 생물개체군 유지효과는 크다. McKelvey(1993) 자료 참고와 강석태의 도움으로 그림.

그림 5.11 방풍림의 키와 경작지의 증발산, 적설량 그리고 생산성의 대략적인 관계. Ryszkowske

(1992), Forman (1995), Bird (1998)를 참고로 최태영이 그림.

그림 5.13 크기에 따른 조각 내부와 외부의 토양 질소함량의 차이. *Ecosystems*. "A scaling rule for landscape patches and how it applies to conserving soil resources in savannas," J.A. Ludwig., J.A. Wiens & D.J. Tongway, Volume 3, p. 92, Figure 4, 2000, Copyright ⓒ 2000 by Springer-Verlag. 한정화가 다시 그림.

그림 5.14 보전지구가 농경, 목장 또는 공업발달과 같은 인간활동으로 야생동물들이 살 수 없는 바탕으로 둘러싸인 경관조각으로 보고 섬생물지리이론과 서식처 이질성을 고려하여 제안된 보전지구 설계지침. C.L. Shafer/Beyond park boundaries, In: E.A. Cook & H.N. van Lier (eds.). *Landscape Planning and Ecological Networks*. Copyright ⓒ 1994 by Elsevier Science, pp. 201-223, with kind permission from Elsevier Science. 한정화가 다시 그림.

● 제6장 ●

그림 6.1 (마) 내일신문 기자 남준기 제공.

그림 6.2 너비와 형태에 의한 통로의 구분. 유지완 그림.

그림 6.3 통로의 구조적인 특성. Forman(1995)을 참고로 김재훈이 그림.

그림 6.4 통로의 주요 기능. Thorne(1993)과 Forman(1995)을 참고로 김재훈이 그림.

그림 6.5 소백산 등산로. (가) 김형일 사진, 국립공원관리공단 제공.

그림 6.6 숲에 서식하는 딱정벌레의 이동이 도로에 의한 장애로 두 개의 아개체군으로 나누어진 보기. *Biological Conservation*. Volume 29, H.J. Mader, "Animal habitat isolation by roads and agricultural fields," pp. 81-96, Copyright ⓒ 1984 by Elsevier Science, with kind permission from Elsevier Science. 유지완이 다시 그림

그림 6.7 (나) 방풍림 사진. 경원대학교 최정권 제공.

그림 6.8 간조대로부터 바다로 들어가는 파도 에너지(x축)에 대해 설치된 울타리를 통과한 파도 에너지(y축)의 그래프. *Ecological Engineering*. Volume 9, R.M.J. Boumans, J.W. Day, G.P. Kemp & K. Kilgen, "The effect of intertidal sediment fences on wetland surface elevation, wave energy and vegetation establishment in two Louisiana coastal marshes," pp. 37-50, Copyright ⓒ 1997 by Elsevier Science. With kind permission from Elsevier Science. 유지완이 다시 그림.

그림 6.9 식생여과대의 너비에 따른 질소, 인, 부유물질의 제거효율. 이도원 등(1999) 수정, 김경미 미발표 자료.

그림 6.10 야생동물 보호차원에서 구상된 통로계획 사례. (가) Van der Ryn, S. & S. Cowan. 1996. *Ecological Design*. Island Press, Washington, D.C. Copyright ⓒ 1996 by Island Press, with kind permission from Island Press and Van der Ryn Architects and Ecological Design Institute. 유지완이 다시 그림. (나) Biological Conservation. Volume 57, R.B.B. Mwalyosi, "Ecological evaluation for wildlife corridors and buffer zones for Lake Manyara National Park, Tanzania, and its immediate environment," pp. 171-186, Copyright ⓒ 1991 by Elsevier Science, with kind permission from Elsevier Science. 한정화가 다시 그림.

그림 6.11 하천 연속성 개념. *Canadian Journal of Fisheries and Aquatic Science.* Volume 37, R.L. Vannote, R.L., G.W. Minshall, K.W. Cummins, J.R. Sedell & C.E. Cushing, "The river continuum concept," pp. 130-137, Copyright ⓒ 1980 by NRC Research Press, with kind permission from NRC Research Press, National Research Council of Canada, Ottawa, ON K1A 0R6. Canada. 한정화가 다시 그림.

그림 6.12 하천통로의 상류로부터 하류로 이어지는 하상과 수로특징의 일반적인 변화경향. http://www.usda.gov/stream_restoration/newtofc.htm1, Vannote 등(1980) 자료와 부산대학교 주기재 교수의 조언을 참고로 강신규와 김재훈이 그림.

그림 6.13 하천통로에서는 수로 자체뿐만 아니라 그에 기반하여 생활하는 주변 육상생물들도 공간적 · 기능적 위계성을 보여 준다. Figure 98 from L.D. Harris. *The Fragmented Forest: Island Biogeography Theory and the Preservation of Biotic Diversity*. Copyright ⓒ 1984 by the University of Chicago. 유지완이 다시 그림.

그림 6.14 준천사 열무도. 서울대 규장각 소장.

● 제7장 ●

그림 7.1 경계와 경계선, 가장자리의 공간적 관계. 여러 그림을 참고로 박영선이 그림.

그림 7.2 경계선의 양쪽 요소는 대비특성에 따라 상호작용의 정도도 달라진다. 김재훈이 그림.

그림 7.3 경계의 대비도에 따른 동물의 경계인지도의 가설적 변화곡선. In: A.J. Hansen & F. di *Castri(eds.). Landscape Boundaries: Consequences for Biotic Diversity and Ecological Flows.* "Ecological flows across landscape boundaries: a conceptual overview," J.A. Wiens, Ecological Studies 92, p. 229, Figure 10.5, 1992, Copyright ⓒ 1992 by Springer-Verlag New York, Inc. 박영선이 다시 그림.

그림 7.4 산경도에 나타난 백두대간의 골격. 이우형(1996)을 참고로 김재훈이 그림.

그림 7.5 3가지 대조되는 형태의 가장자리와 소매군락과 망또군락, 차일의 구분. Forman (1995), Sarlov-Herlin & Fry (2000) 자료 참고와 박영선과 유지완의 도움으로 그림.

그림 7.6 가장자리가 향하고 있는 방향에 따라 계절적으로 변하는 태양광선의 양을 그린 그래프. 강신규 미발표 자료.

그림 7.7 숲 조각의 가장자리에 나타나는 포식범위는 주변 바탕이 자연초지, 농경지, 도시지역으로 이루어졌을 때 다르게 나타난다. Angelstam (1992) 자료를 참고로 박영선이 수정하여 그림.

그림 7.8 가장자리 주변은 환경요인으로 생태적 특성이 점진적으로 변하는 경향이 있다. (가) *Biological Conservation*. Volume 82, B.J. Fox, J.E. Taylor, H.D. Fox & C. Williams, "Vegetation changes across edges of rainforest remnants," pp. 1-13, Copyright ⓒ 1997 by Elsevier Science, with kind permission from Elsevier Science. 유지완이 다시 그림. (나) Andren & Angelstam 1988, with kind permission from Ecological Society of America. 유지완이 다시 그림.

그림 7.9 경관요소의 경계특징을 고려하여 그려 본 세포막의 구조. In: A.J. Hansen & F. di Castri (eds.). *Landscape Boundaries: Consequences for Biotic Diversity and Ecological Flows*. "Theoretical foundations for understanding boundaries in landscape mosaics," Forman, R.T.T. & P.N. Moore, Ecological Studies 92, p. 241, Figure 11.2, 1992, Copyright ⓒ 1992 by Springer-Verlag New York, Inc. 정수진이 다시 그림.

그림 7.10 경계선 양쪽으로 놓여 있는 서식처의 선호도 특성에 따라 가장자리 종은 3가지 형태로 구분할 수 있다. *Mosaic Landscapes and Ecological Processes*. Edited by L. Hansson, L. Fahrig & G. Merriam, 1995, pp. 225-255, Effects of landscape composition on predation rates at habitat edges, H. Andren, Fig. 10.5 of page 244, Copyright ⓒ 1995 by Chapman & Hall, with kind permission from Kluwer Academic Publishers. 박영선이 다시 그림.

그림 7.13 습도와 기온 그리고 지온은 가장자리로부터 내부와 외부의 거리에 따라 점진적인 변화를 보인다. *Biological Conservation*. Volume 85, S.M. Stevens, & T.P. Husband, "The influence of edge on small mammals: evidence from Brazilian Atlantic forest fragments," pp. 1-8, Copyright ⓒ 1998 by Elsevier Science, with kind permission from Elsevier Science. 유지완이 다시 그림.

그림 7.14 (가) 아마존지역 중부의 숲에서 가장자리와 내부에서 죽은 채 서 있거나 쓰러진 나무의 수 비교, (나) 도로로부터 거리에 따른 숲바닥의 낙엽두께. (가) Ferreira, L.V. & W.F. Laurance. 1997. Effect of forest fragmentation on mortality and damage of selected trees in central Amazonia. *Conservation Biology* 11: 797-801, Reprinted by permission of Blackwell Science, Inc., (나) Haskell, D.G. 2000. Effects of forest roads on macroinbertebrate soil fauna of the southern Appalachian mountains. *Conservation Biology* 14: 57-63, Reprinted by permission of Blackwell Science, Inc. 가와 나 모두 김재훈이 다시 그림.

◉ 제8장 ◉

그림 8.1 에너지와 물질의 흐름의 측면에서 나누어 본 연결망 유형. Forman(1995)과 윤형근(1995) 자료 참고와 정수진의 도움으로 그림.

그림 8.2 효율성 관점에서 나누어 본 연결망 유형. Bunge 1966, with kind permission from Department of Social and Economic Geography, The Royal University of Lund, Sweden. 한정화가 다시 그림.

그림 8.3 결절점 사이에 일어나는 상호작용의 수준을 중력모형으로 평가해 본 경우. Forman & Godron(1986)을 참고로 다시 그림.

그림 8.4 위계에 의한 가로의 분류. 건설교통부(2000) 자료를 참고로 김재훈이 다시 그림.

그림 8.5 장애물의 형태와 다른 규모에서 동물개체군과 군집에 미치는 영향을 보여 주는 개념도. Merriam 등(1988)과 Dobrowolski 등(1993) 자료 참고로 그림.

그림 8.6 물과 영양소 흐름 그리고 침식감소를 배려하여 지형과 조화를 이루기 위해 제안된 생울타리 연결망. In: I.S. Zonneveld & R.T.T. Forman(eds.). *Changing Landscapes: An Ecological Perspective*. "Hedgerow network patterns and processes in France," F. Burel, & J. Baudry, p. 112, Figure 5, 1990, Copyright ⓒ 1990 by Springer-Verlag New York, Inc. 유지완이 다시 그림.

그림 8.8 잡히는 고기의 크기는 그물눈의 크기와 관계가 있다. Ahl & Allen(1996) 자료 참고와 유지완의 도움으로 그림.

그림 8.9 서울과 그 주변을 포함하는 동일한 지역을 녹지와 도시지역, 하천으로 분류했을 때 인공위성 영상자료의 화소크기에 따라 달리 나타나는 경관유형을 비교한 그림. 황승미와 도수영 미발표 자료.

그림 8.10 하천연결망은 상류를 포함하는 육상서식처가 이어져 있을 때 생물의 교류가 원활하다. 박정임이 그림.

그림 8.11 메타개체군 개념도. 박정임이 그림.

그림 8.12 미국 매사추세츠 주 뉴잉글랜드 지방의 140,000헥타르 지역에서 제안된 녹지연결망 대안. *Landscape and Urban Planning*. Volume 33, J. Linehan, M. Gross, & J, Finn. Greenway planning: developing a landscape ecological network approach, pp. 179-193, Copyright ⓒ 1995 by Elsevier science, with kind permission of Elsevier science.

그림 8.13 지역적 규모에서 보존지역의 연결망 모형, with kind permission of Van der Ryn & Cowan(1996). 박영선이 다시 그림.

● 제9장 ●

그림 9.2 생태계 묶음 안에서 일어나는 흐름을 먹이사슬에 기초하여 그린 경우. Copyright ⓒ 1998 American Institute of Biological Sciences, with kind permission of M.F. Willson, M.F. Gende, & B.H. Marston, and *BioScience* 48 (6) issued in June 1998. 김재훈이 다시 그림.

그림 9.3 유역 경관의 내용물 배치에 따라 에너지와 물질흐름의 방향과 속도는 달라진다. Mollison(1994)과 Tilley & Brown(1998) 자료 참고와 유지완의 도움으로 그림.

그림 9.4 산과 가옥 그리고 경작지의 묶음이 나타나는 전형적인 한국의 농촌경관.

그림 9.5 애반딧불이의 생활사를 이어 주는 경관요소. 농업과학기술원 잠사곤충부 마영일 2000 미발표 자료 참고와 유지완의 도움으로 그림.

그림 9.6 물질흐름에 의한 농경지, 하천과 주변 습지 그리고 성숙한 숲으로 이어지는 연결가능성. 이도원(1997) 자료를 유지완이 다시 그림.

그림 9.7 무덤과 마을 사이 그리고 농경지 사이에 있는 수목대는 영양소와 바람의 여과기능을

가진다. 강선중(1984) 자료 참고와 정수진과 유지완의 도움으로 그림.

그림 9.8 녹지공간의 이질성은 수직분화에서도 나타난다. 정수진이 그림.

그림 9.9 (가) 새들이 숲의 수직요소를 분할하여 사용하는 사례. 이우신 제공. (나) 숲의 수관층 다양도와 조류군집 다양도의 관계. MacArthur & MacArthur 1961, with kind permission from Ecological Society of America. 유지완이 다시 그림.

그림 9.10 일본 동경의 도시공원에서 곤충의 먹이와 서식처를 제공하기 위해 비치된 나뭇단. 백명수 촬영.

그림 9.11 (가) 흔히 나타나는 가로수 배치, (나) 물의 흐름과 표면거칠기의 관계를 고려한 대안. 이도원(1998) 자료를 정수진이 그림.

그림 9.13 미국 뉴멕시코 사막지대에 나타난 식생띠의 단면도와 식생분포특성. In: A.J. Hansen & F. Di Castri(eds.). *Landscape Boundaries: Consequences for Biotic Diversity and Ecological Flows*. "Water flows and the dynamics of desert vegetation strips," A, F. Cornet, C. Montana, J.P. Delhoume & L. Lopez-Portillo, Ecological Studies 92, p. 331, Figure 16.2, 1992, Copyright ⓒ 1992 by Springer-Verlag New York Inc., 175 fifth Avenue, New York, NY 10010. 유지완이 다시 그림.

그림 9.14 지리정보체계 기법으로 식생형, 동물 분포, 보호지역을 겹쳐서 중요하지만 보호구역에 포함되지 못한 지역을 찾아내는 과정을 보여 주는 틈 분석의 개념도. Scott 등(1991) 자료를 참고로 한정화가 그림.

차 례

제1장

경관생태학의 특성과 기본개념

시작하며

비행기가 주요한 교통수단이 되면서 하늘에서 아래로 내려다볼 기회는 점점 늘어나고 있다. 그렇게 내려다보이는 모습은 때와 곳에 따라 사뭇 다르다. 만약에 우리 조상들이 이 땅에 정주하기 전에 누군가 하늘에서 내려다볼 기회가 있었다면 한반도는 온통 초록의 숲 바탕으로 나타났을 가능성이 크다. 지금도 강원도 산간지방을 비행기로 지날 기회가 있을 때 내려다보면 시야의 대부분을 커다란 숲이 차지한다. 강원도에서 경기도 쪽으로 옮겨오면 산간지방의 밭뙈기, 작은 마을, 골프장 그리고 사람의 개발활동으로 주변은 다른 토지이용형태로 바뀌고, 겨우 남아 있는 작은 숲이 마치 커다란 바탕에 붙여 놓은 각기 다른 모습의 종이나 헝겊조각처럼 보이기도 한다. 길과 강은 긴 띠 또는 통로모습의 덧붙임이다. 예술품의 한 장르인 모자이크가 각 요소들의 모임으로 형성되듯이(그림 1.1), 토지 위에 나타난 풍경은 일면 가상적인 면이 없잖아 있는 고유한 바탕(matrix)과 그리고 그 위에 덧대어진 조각(patch) 그리고 긴 띠 모양의 통로(corridor) 요소로 이루어진다.[1)]

이렇듯 구성요소들이 모여 이루어지는 여러 가지 경관유형은 주변 환경의 질과 무관하지 않다.[2)] 이를테면 온통 숲으로 감싸져 있는 산간지방의 개천과 시가지 사이에 놓인 샛강의 수질이

---

1) 모자이크의 의미에는 요소들의 뚜렷한 구분과 이웃한 조각 사이에 분명한 경계의 존재를 함축하고 있지만, 실제 경관(landscape)에서는 요소들 사이에 있는 경계가 분명하지 않은 경우가 많이 있다. 그러나 경관연구를 수월하게 하기 위해 토지 모자이크 또는 경관 모자이크라는 용어를 사용한다(Forman 1995, Wiens 1995). 또한 한국의 경관에는 그림 1.1과 같은 전형적인 모자이크 형상이 많이 나타나지 않는 점에서 다른 비유 또는 개념이 필요할지도 모른다.

2) 개체군 보존과 관련하여 경관유형(landscape pattern)을 '경관에서 서식처와 자원의 분포'라고 정의하기도

가 나
다 라

그림 1.1 우리나라 숲과 산사(가) 그리고 도시경관(나)을 모자이크로 표현한 경우와 실제로 모자이크처럼 보이는 미국의 삼림(다)과 농촌경관(라)

같을 수 없다. 그것은 수질이 바로 이웃한 지역의 토지이용에 막대한 영향을 받기 때문이다. 일반적으로 유역에서 물이 쉽게 침투되지 않는 토지면적이 늘어남에 따라 생물 다양성은 감소하는 경향이 있으며,[3] 하나의 유역에서 자연지역과 개발지역의 면적이 같은 경우라도 어떻게 분

도 하지만(Harrison & Fahrig 1995) 보다 일반적으로는 '경관요소들의 분포'라고 할 수 있다. Harrison & Fahrig(1995)는 경관유형을 경관 공간유형(landscape spatial pattern)과 경관 시공간유형(landscape tempo-spatial pattern)으로 나누고 전자에는 경관요소의 양, 경관조각의 크기와 변이, 조각 사이의 거리와 거리의 변이, 경관 연결성(landscape connectivity)을 그리고 후자에는 교란속도와 크기, 교란에서 시간적 상관, 조각 형성속도, 조각의 수명을 포함시켰다. 연결성은 때로 물리적인 원근과 동의어로 보는 경우도 있지만(Nikora 등 1999), 사실은 연결거리(connectedness)의 기능적인 속성으로 경관요소 사이의 이동확률로 정의된다(Merriam 1995). 생물과 관련된 연결성은 자원조각(resource patch)과 개체군 사이에서 개체의 이동을 용이하게 하거나 방해하는 정도를 나타낸다(Merriam 1984, Taylor 등 1993, Pither & Taylor 1998).

3) Kleindl 1995, Karr & Chu 1999 재인용. 유역은 그 안에 떨어지는 빗물이 동일한 하천으로 배출되는 지역이라 정의할 수 있으며, 분수령을 외부 경계로 하고 있다. 전통적으로 우리 조상들은 유역개념을 지도상에 잘 표시하고 있는데, 이를테면 18세기 후기에 제작된 도성도는 서울이 청계천 유역을 주로 이루고 있음

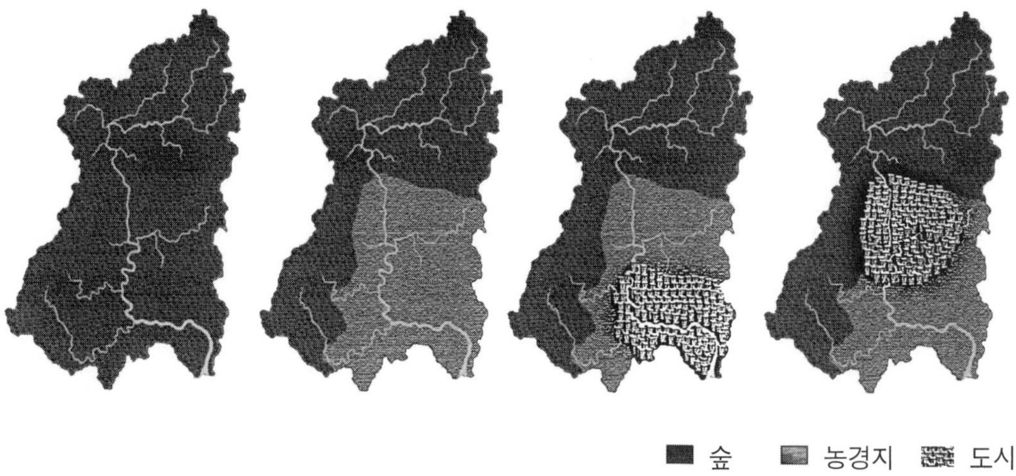

그림 1.2 유역에서 토지이용형태의 구성, 크기 그리고 상대적인 위치에 따라 수질과 대기 그리고 토양 환경의 질이 달라진다.

배하고 어디에 배치시켰느냐에 따라 주변 대기와 수자원의 질은 달라진다(그림 1.2). 앞으로 구체적으로 다루어질 것처럼 대기질과 수질, 자원의 이용도, 생물의 생존과 분포는 이러한 경관유형과 밀접한 관계를 가진다.[4)]

이러한 생각은 인간의 토지이용으로 조성되는 경관유형과 환경의 질 사이에는 들여다볼 만한 원리가 있으며, 이 원리는 환경계획과 설계 그리고 관리에 중요한 밑거름이 될 것이라는 깨우침을 일구었다. 이 인식은 경관의 외형적인 구조와 그 속에서 일어나고 있는 기능을 연구하는 경관생태학의 발전을 촉구하는 계기가 되었다.[5)]

경관과 관련된 조직수준과 공간규모

사람들은 토지를 목적에 따라 정치, 경제, 기후, 지리적인 단위로 분류한다. 생태학에서 에너지와 물질이 주는 제약조건 그리고 흐름의 관점에서 지구를 더 작은 단위로 분류한다.[6)] 이러한 토지의 분류단위 또는 규모 중에서 경관생태학의 대상은 경관이다.[7)] 경관의 특징을 알아보기

을 보여 주며, 백두대간 개념과 1402년에 제작된 혼일강리역대국도지도에서 이미 한반도가 여러 개의 유역으로 이루어져 있음을 암시하고 있다(한영우 등 1999).

4) Forman 1995, Harrison & Fahrig 1995.

5) 구조와 기능의 의미에 대해서는 상자글에서 더 자세히 살펴볼 것이다.

6) Miller 1978.

7) 규모(scale)는 어떤 체계의 공간적 또는 시간적 차원(이를테면 면적의 크기 또는 시간의 길이)을 말하며

위해서 조직수준과 공간위계에서 상위단위인 생물권과 광역 그리고 하위단위인 생태계, 군집, 개체군을 서로 비교해 보자.

지구 또는 생물권은 대륙과 대양으로 이루어진다. 대륙은 광역으로, 광역은 경관으로 그리고 경관은 생태소공간으로 나뉜다. 숲 또는 경작지와 같은 생태소공간은 더 작은 단위로 나뉠 수 있다(그림 1.3).

대륙은 흔히 뚜렷한 경계로 구분된다. 대부분의 경우 대륙의 내부는 교통과 경제적 · 문화적 활동으로 어느 정도 느슨하게 연결되어 있다. 대륙수준에서 이루어지는 정책과 정치적 의사결정은 효력이 떨어지는 점에서 느슨한 응집력을 가지고 있다. 대륙은 기후와 토양, 지형, 식생 그리고 토지이용에서 뚜렷하게 구분되는 지리적인 단위들로 나누어지며, 현재 생태학은 이러한 작은 단위에서 이루어진 연구결과를 외삽하여 대륙수준을 설명하는 경우가 많다.

광역은 대기후와 인간활동 및 관심사가 공통성을 가지는 보다 넓은 면적이다.[8] 대기후는 물의 수지와 식생분포를 조절함으로써 비교적 뚜렷한 광역의 특성을 보여 준다.[9] 이 개념은 지역주의(regionalism)라는 단어에서 나타나듯이 정치, 경제, 사회구조, 문화, 의식과 같은 인문차원의 문제들과 함께 대기후, 주요 토양군, 생물군계(biome)의 물리적인 환경을 연결한다.[10]

미국 남서부와 베네수엘라 안데스, 캐나다 해안지방의 주, 영국의 앙글리아(Anglia) 동부 등과 같은 용어는 광역을 의미한다.[11] 스칸디나비아와 중앙아메리카와 같이 어떤 광역은 여러 나

물리적 차원에서 측정할 수 있거나 정량적으로 다룰 수 있을 때 사용하는 단어다(Huggett 1995, King 1997, O'Neill & King 1998). 연구대상의 규모는 연구자가 관심을 가지고 있는 문제에 따라 결정한다(Allen & Starr 1982). 조직의 수준(level of organization)과 분간 없이 사용하는 경우가 많이 있지만 수준은 정량적으로 표현할 수 없는 조직의 상대적인 특성으로(King 1997, O'Neill & King 1998), 생물적 위계(이를테면 생물, 개체군, 군집)에 놓이는 자리를 말한다(Turner & Gardner 1991). 경관이라는 단어를 공간위계와 조직위계에서 구분 없이 사용하고 있다. 그러나 하나의 공간단위이지 조직단위로 볼 수 없다는 비판이 있지만(King 1997, Allen 1998), 두 위계에서 모두 정의될 수 있다고 보는 학자도 있다(Turner & Gardner 1991, Hobbs 1998).

8) Risser 1990. 여기서 광역은 region으로 흔히 지역으로 번역하지만, local이나 area라는 용어와 구분하고자 그렇게 옮겼다. 그러나 이 용어는 영어에서 housing region, watershed region, air quality region, geologic region 등 다양한 의미로 사용되고 있어 다른 학문영역에서는 쉽게 광역으로 옮겨질 것 같지 않다(Neuman 2000). 이 개념의 신축성에 대해서 김형국(1997)은 다음과 같이 표현했다. "도시 대 지역(광역)'이라 하면 지역은 농촌지역을 지칭하는 좁은 의미의 지역이다. 아주 넓게는 심지어 지구를 일컬어 세계지역(world region)이라 말하기도 한다. 하지만 지역연구에서는 대체로 도시보다 큰, 그래서 도시를 포함하는 일단의 광역을 지역이라 이름한다. 학문적으로는 '광역은 일반적으로 어떤 공통적 또는 상호 보완적 특성을 가졌거나 또는 광범위한 지역간 활동의 흐름(inter-areal activity flows)으로 묶인 지리적으로 연속된(contiguous) 공간범위의 한 무리이며 주민이 살고 대부분의 활동을 수행하는 구역(Friedmann & Weaver 1979, 김형국 1997, Neuman 2000)'을 지칭하기도 한다."

9) Stephenson 1990.

10) Forman & Godron 1981.

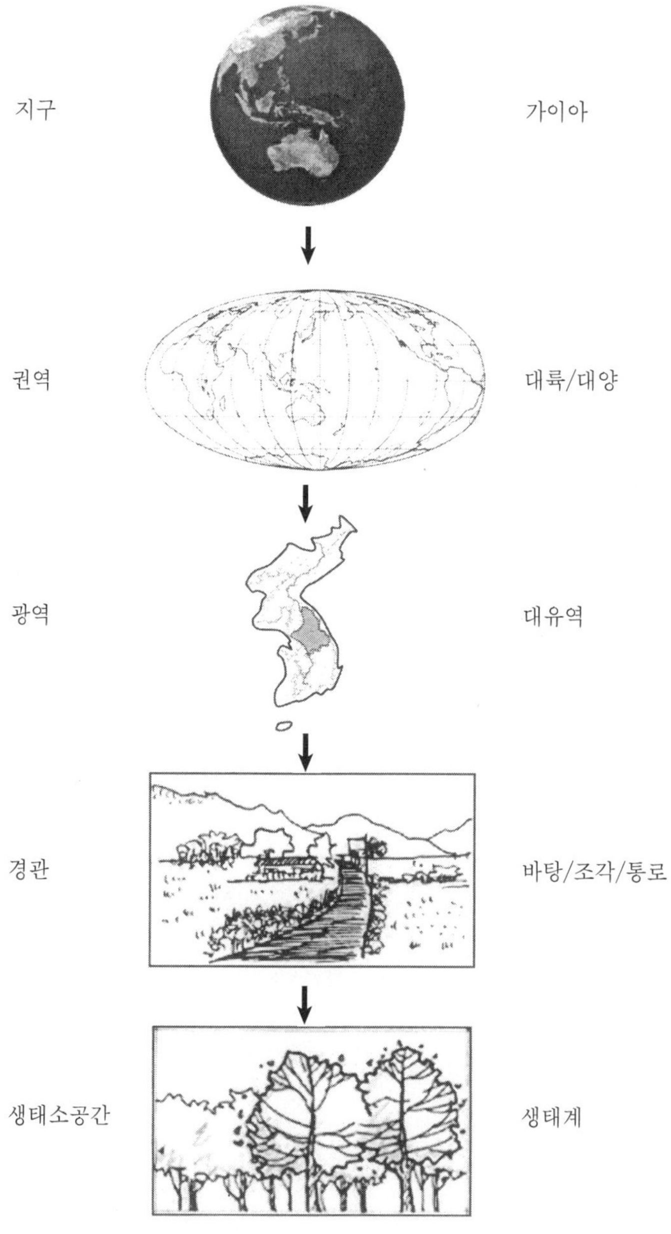

그림 1.3 지구와 대륙, 광역, 경관 그리고 생태소공간의 공간규모 비교

라를 포함한다. 미국의 캘리포니아 주 남부와 시베리아 남부의 바이칼 지역과 같이 한 나라의 일부가 광역이 되기도 한다. 공간적인 크기가 훨씬 작기는 하지만 자연적 · 인문적 공통성을 이

11) Forman 1995.

루는 의미에서 우리나라의 경우 경기지방과 영남지방, 호남지방도 광역이라 할 수 있다. 또는 백두대간의 개념에서 나타나는 한강유역, 낙동강유역, 금강유역을 광역으로 보는 것이 더 자연적 · 인문적 의미를 가지는 광역단위가 될 것으로 보인다.[12] 이처럼 광역은 지상(地相, physiography), 기후요인 그리고 문화, 경제, 정치에 의해서 비교적 유사한 지역으로 이루어져 있다. 하나의 광역은 교통, 정보교환, 문화에 의해서 비교적 밀접하게 연결되어 있지만 많은 경우 생태적으로 매우 다양한 요소들을 포함한다.

경관은 수킬로미터 너비의 공간에 걸쳐서 시각적으로 동질인 생태계들의 모임이 비슷한 형태를 이루며 반복적으로 나타나는 모자이크이다.[13] 흔히 볼 수 있는 보기로 숲, 교외, 경작지로 이루어지는 경관을 들 수 있다. 광역의 일부 지역은 생태적으로 분명하게 구분되는 반면에 경관은 그 면적 전체에서 하나의 생태적 단위로 나타난다. 경관 안에서는 지질적 토지형, 식생형태 및 동물상, 자연교란체제, 토지이용, 인간 정주유형 등을 포함하는 여러 가지 특징들이 전체지역을 통해서 비슷하고 또 반복적으로 나타나는 경향이 있다. 그리하여 반복적으로 나타나는 공간요소들의 묶음(cluster)이 경관의 주요 특징이다.[14] 비록 경관이 지리학이나 조경분야 등에서 각기 다른 뜻으로 사용되고 있지만 적어도 경관생태학에서는 (1) 공간유형, (2) 항공사진이나 높은 곳에서 내려다보이는 면적, (3) 반복적인 유형에 의해서 제공되는 단일성과 관련하여 사용되는 개념이다(그림 1.4).

경관을 이루는 하위단위인 생태계는 시각적으로 비교적 동질의 요소로 이루어져 있으며, 경계에 의해서 뚜렷이 구분되는 특징을 가지고 있다(그림 1.3).[15] 임학도들은 교란역사, 생물종 혼재, 토양특성과 같이 관심의 대상이 되는 변수들의 동질적인 단위를 임분(stand)이라고 하는데 삼림경관을 중심으로 다루는 경관생태학에서는 임분을 생태계와 같은 뜻으로 쓰고 있다.[16] 그럼에도 불구하고 생태계는 이질적인 생물적 · 비생물적 구성요소들로 이루어져 있으며, 생태계 내부에 포함되는 이질성과 틈(gap)의 역동성을 생태계 생태학에서 다룬다. 이는 생태계 생태학이 경관생태학의 접근을 수용하여 공간적인 이질성을 고려하는 방향으로 발전하고 있기 때문에 나타나는 현상으로 볼 수 있다.

생태계를 대상으로 하는 생태계 생태학과 달리 경관을 대상으로 하는 경관생태학은 수평방

---

12) 산경표에 기반한 우리의 산맥도에서 북부지방은 해서정맥의 이북지역, 중부지방과 남부지방은 백두대간의 태백산, 속리산 지역과 한남금북정맥 그리고 금북정맥으로 이어지는 선에서 기후와 식생으로 경계가 나누어지며, 또한 황세기젓 문화권, 새우젓 문화권, 멸치젓 문화권과 일치한다(이우형 1996).

13) Forman & Godron 1981.

14) 묶음이라는 용어에 대해서는 제9장에서 자세히 설명한다.

15) 그러나 실제로 많은 사람들이 사용하고 있는 용어인 '생태계'는 그 경계가 뚜렷하지 않다는 점에서 애매하다는 비판을 받고 있으며, 경관생태학에서 사용하는 정의와 차이를 가지고 있다. 이런 까닭에 경관의 하위 구성단위를 생태소공간(ecotope)이라 부르기도 한다(Golley 1998).

16) Lertzman & Fall 1998.

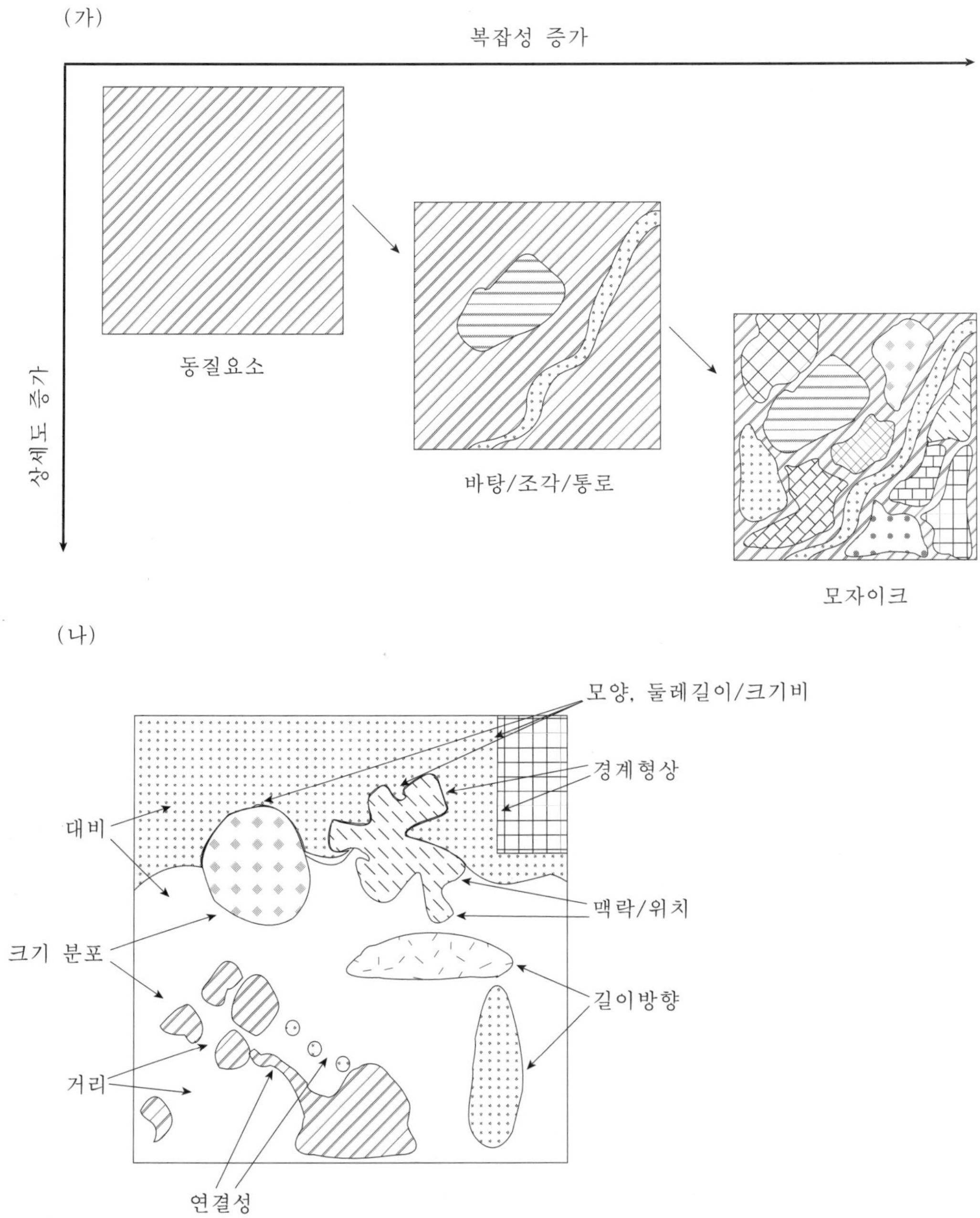

그림 1.4 (가) 경관생태학에서 다루는 공간변이유형과 (나) 가상적인 경관 모자이크의 주요 변수

킬로미터 내지 그보다 훨씬 넓은 면적의 지리적으로 이질적인 경관 안에서 일어나고 있는 자연 및 인공과정을 연구하는 학문이다.[17] 경관생태학은 여러 가지 유형, 모양, 기능을 가지는 조각 또는 생태계들과 이것들 사이에 일어나는 에너지, 물질, 생물종, 정보의 흐름과 교란파급으로 매개되는 상호작용에 관심을 가지고 있으며, 그 특징상 특별히 육상경관을 강조한다.[18]

이 경우 생태계의 의미는 내부과정이 그 계의 특성에 의해서 추동되고 동질의 구성요소들로 이루어진 지역을 말한다(예를 들면 낙엽수림 또는 초지). 반면에 경관생태학의 연구대상이 되는 경관은 자연적 · 인위적 과정이 대조되는 이질적인 생태계들로 구성되어 있으며 여러 가지 차원에서 생태계보다 규모가 크다. 결과적으로 경관생태학은 경관과정이 분석될 수 있는 시공간적 규모에서 이질적인 토지 모자이크를 형성하는 중심수준에 초점을 맞춘다.[19]

이러한 공간적인 규모는 그 단위를 결정하는 데 작용하는 주요 추진력이 다르다.[20] 그림 1.5에서 보는 바와 같이 광역규모에 작용하는 물리적인 주요 추진력에는 강수와 온도, 계절, 지형, 경작물 생산 잠재력이 포함되고, 경관규모에서는 고도와 지세, 배수유형, 토양형태가, 그리고 경관요소규모에는 미기후와 토양습도, 계절적으로 나타나는 작은 규모, 지형형성과정이 포함된다.[21] 마찬가지로 작용하는 사회적인 추진력도 공간규모에 따라 구분된다. 광역규모에서는 물

---

17) 경관 안에 나타나는 개별적인 조각과 통로는 지역생태계로 뚜렷이 구별하기 쉽다. 그러나 몇 개의 생태계가 비교적 긴밀한 연계를 가짐으로써 이루어지는 묶음(cluster)과 짜임(configuration)이라는 단위가 경관과 생태계 사이에 놓이는 규모로서 쉽게 인식되기도 하고, 또한 현상을 설명하는 데 유용하게 쓰이기도 한다(Forman 1995). 묶음과 짜임에 대한 정의는 제9장에서 자세히 다룬다.

18) Forman & Godron 1986, Turner 등 1989, Radeloff 등 2000a.

19) 경관생태학의 출현은 사실상 크기를 자나 시계로 잴 수 있는 절대적인 비교보다 문제가 되는 객체(object, 경관 안에서 이동하는 에너지와 물질, 생물, 정보 각각을 가리키는 말)와 관계 안에서 규모를 신축성 있게 다루는 접근방법을 낳았다. 이를테면 작은 벌레의 분포를 고려할 때는 나뭇잎 하나도 경관단위로 간주된다. 따라서 생물의 보존에 관심을 가지는 경관생태학자는 공간규모를 생물전파거리에 대한 상대적인 크기로서 서식조각 사이의 거리를 그리고 시간규모는 생물세대에 대한 상대적인 서식조각의 수명으로 정의했다(Fahrig 1992).

20) Meentemyer & Box 1987, Meentemeyer 1989.

21) landform을 지형으로 번역한다. 일정한 기하학적 특성과 물질특성을 지니고 있어 형태적으로 구분할 수 있는 지표면의 일부를 말한다. 산과 고원, 계곡, 언덕, 사면, 평원 등으로 이런 것들을 조합하면 바로 지구의 표면이 된다. 자연적인 원인에 의해 일어나는 특정한 지형형성과정(geomorphic processes)을 거쳐 생성된다. 하천지형(fluvial landform), 카르스트 지형(karst landform) 등이 그 예이다. 하천지형의 구체적인 사례는 선상지, 삼각주, 범람원, 하안단구 등이 있다. 이런 예들에서 알 수 있듯이, 지형학 및 지질학에서는 대부분 지형이란 용어로 지표면의 특성을 기술한다. topography를 지세라고 번역하는 경우가 많다. 지표상의 자연적인 또는 인공적인 구조물에 의해 만들어지는 지표면의 기복을 의미한다. 쉬운 말로 땅의 모습이다. 이 개념 속에는 지형(landform)에서 기술한 바와 같은 지표면의 특성에 관한 내용이 포함되어 있지 않다. 따라서 학술적인 의미에서는 이 용어를 잘 사용하지 않는 경향이 있다. geomorphology는 지형학이라고 한다. 말 그대로 지표면의 기하학적인 특성과 그것의 변화과정을 연구하는 학문분야를 지칭하는 용어이다. 지형의 특성, 기재, 성인, 분류, 형성 및 발달과정, 지표면 하부구조와의 관련성, 지질

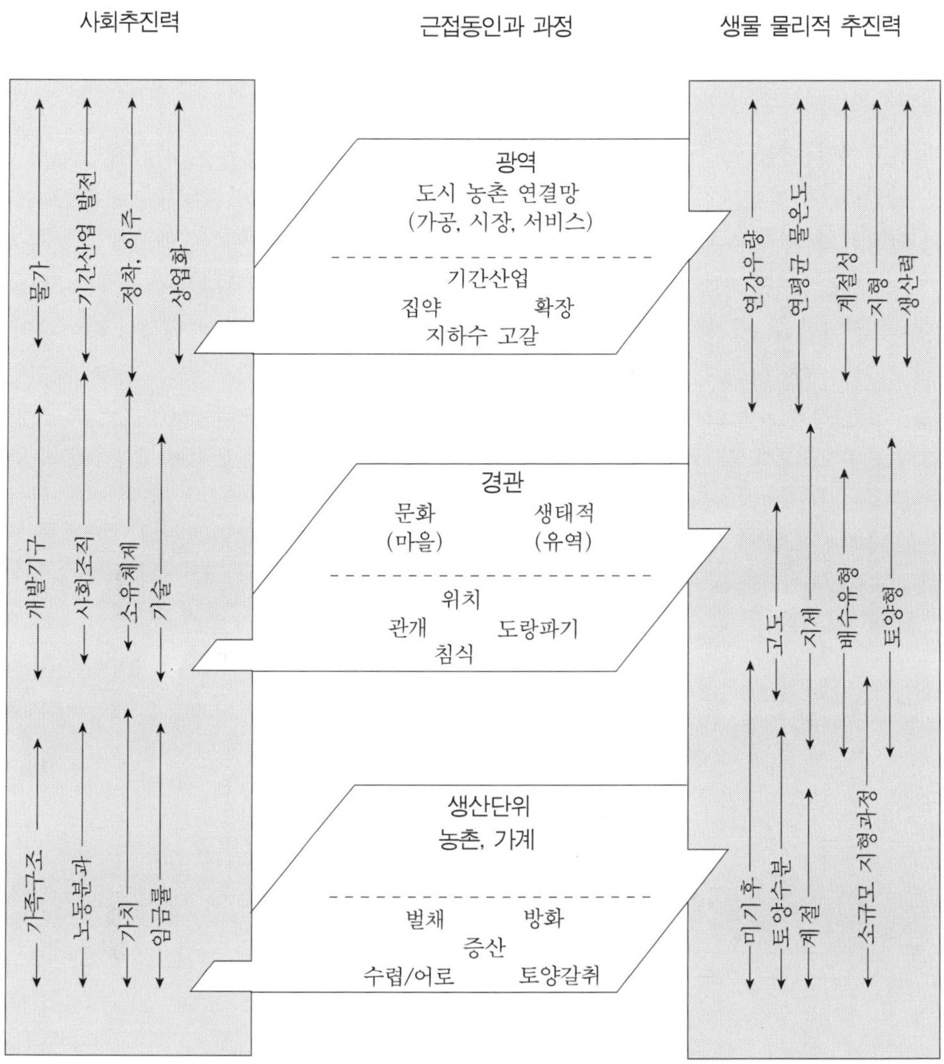

그림 1.5 토지이용과 지피변화를 추진하는 다층규모의 힘

가와 기간산업 발전, 정착과 이주 그리고 상업화 과정이 우세하며, 경관규모의 형성과정에는 개발과 사회조직, 소유체계 그리고 기술이 우세하게 작용한다.[22] 이처럼 규모에 따라 작용하는 주

학적 역사와 관련성 등을 과학적으로 연구하는 학문, 즉 지형이 어떤 원인으로 어떤 지질학적 과정(주로 침식 및 퇴적)을 거쳐서 현재와 같은 모습으로 되었는지를 연구하는 학문분야로 정의할 수 있다. 하천지형학(fluvial geomorphology), 카르스트 지형학(karst geomorphology) 등과 같이 지형학의 특정 분야를 지칭할 때에도 많이 사용한다(서울대학교 지질학과 이강근 교수와 지리교육과 김종욱 교수 제공).

22) Crow 등 1999.

요 추진력이 다르다는 사실은 그 규모의 특징을 규정하고 관리하고자 할 때 모든 변수를 다룰 것이 아니라 바로 그 주요 추진력과 관련된 변수에 초점을 맞춤으로써 효율성을 높일 수 있다는 얘기이기도 하다.[23] 이 주제는 제3장에서 더 자세히 다룰 예정이다.

흔히 대범한 사람을 일러 그릇이 크다고 한다. 작은 그릇은 외부의 작은 자극에도 쉽게 촐싹거리는 반면에 큰 그릇은 가볍게 움직이지 않는다. 작은 규모에 비해서 큰 규모의 현상은 지속적이고 안정적이다.[24] 짧은 기간에 일어나는 대부분의 변화는 작은 면적에 영향을 주는 반면에 장기적인 변화는 큰 면적에 영향을 미친다(그림 1.6). 지엽적인 생태계는 수일 또는 수년의 규모 안에 쉽게 변한다. 경관차원에서는 몇 시간 또는 며칠 안에 척추동물의 이동이 일어나며, 수천 년에 걸쳐서 일어나는 식생변화는 예외의 경우지만, 대부분의 경관과 광역수준의 토지 모자이크는 수십 년부터 수세기에 걸쳐 조금씩 변형된다.

따라서 인류의 삶과 문화의 지속가능성은 엄밀한 의미에서 지구규모에서 보장되어야 한다.

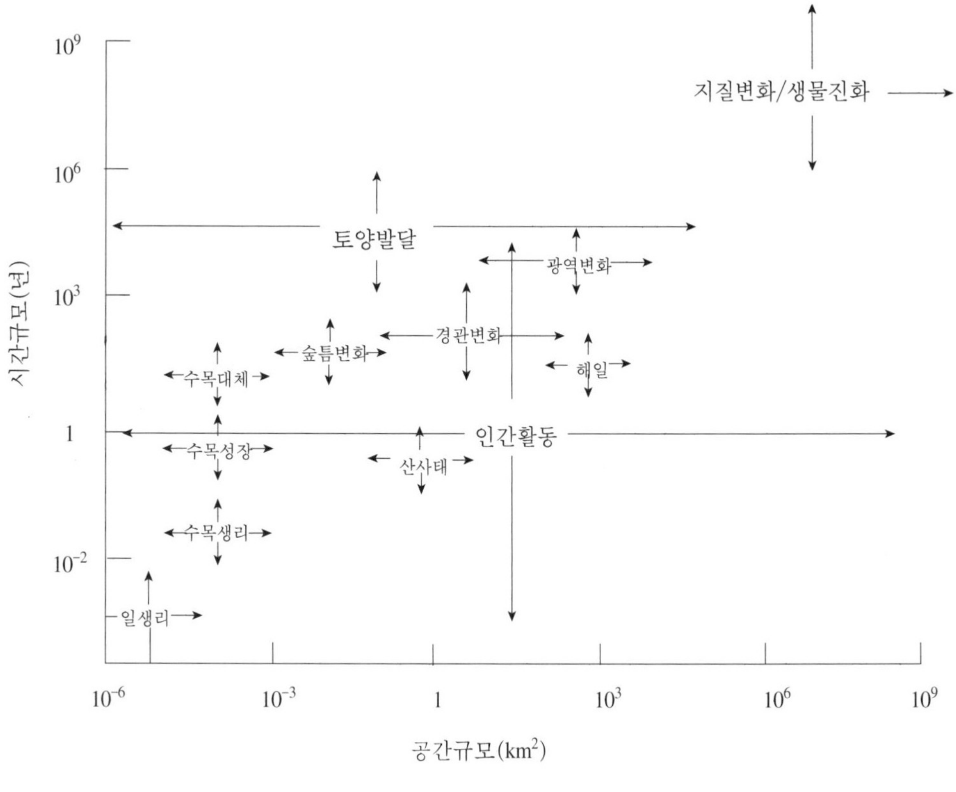

그림 1.6 생물과정과 환경변화에 관련된 공간과 시간규모의 대략적인 크기범위

23) Turner & Gardner 1991.

24) Gosz 1991.

그러나 인간과 토지의 지속가능한 관계가 장기적인 접근을 요구하기는 하지만 일반적으로 사람들은 장기적인 계획과 의사결정을 대체로 뒷전으로 미뤄 놓는다. 사람들은 우선 발 앞에 떨어진 자기 자신의 일들에 더 관심을 가지고 있을 뿐만 아니라 지구차원에서 환경문제를 진단할 수는 있어도 어느 누구도 지구차원에서 환경을 관리할 수는 없다. 그렇지만 환경문제는 개인과 가정 차원에 맡겨 놓아서 해결될 일이 아니다. 흔히 '전지구적으로 생각하고 지역적으로(locally) 행동하자'는 말의 '지역'을 '경관'과 '광역(region)' 수준으로 높여서 생각할 필요가 있다. 경관과 광역단위는 지속가능한 사회를 주장할 때 계획의 기저가 되어야 한다. 정책과 계획, 설계, 관리, 보전에서 생태학 원리를 적용할 때 자연과정과 인간활동의 균형을 유지하고 통합할 수 있는 적절한 단위는 경관과 광역이라고 본다.[25)]

경관생태학의 역사와 특성

경관생태학은 조경과 토지관리 및 계획 그리고 사회학의 결합과 함께 인문지리와 생태학분야의 총체적 접근(holistic approach)으로, 1960년대 네덜란드와 서부 독일이 중심이 되는 중부 유럽에서 시작된 생태학의 한 분야이다.[26)] 이 지역은 평탄한 지역이 넓은 신대륙과 달리 상대적으로 지형의 굴곡이 심하고, 더 긴 세월 동안 인간교란이 진행되어 조각난 토지가 많았다. 따라서 일찍부터 식생의 공간적 분포에서 나타나는 차이가 쉽게 인식되고 또한 연구되었을 뿐만 아니라,[27)] 사람이 용이하게 접근할 수 있는 면적이 상대적으로 좁아지면서 토지와 자연자원의 효율적 이용이 더 크게 요구되었다. 그런 상황에서 땅이 지니고 있는 고유한 가치를 더욱 키워야 할 이유가 절실했고, 생태학적 원리를 적용함으로써 그것을 달성할 수 있으리라는 바람은 경관생태학을 탄생시켰다.

일찍이 비슷한 시도는 있었겠지만 경관생태학이라는 단어가 사용되기 시작한 것은 땅을 먼 거리에서 조망할 수 있는 수단인 항공사진을 널리 사용할 수 있게 된 20세기 초반이었다. 경관생태학은 총체적인 자연관찰을 강조하여 1935년 제안된 '생태계'란 용어에 영향을 받아 생물학과 항공사진 이용에 학문적 경험을 가졌던 Troll이 1939년 처음으로 사용한 것으로 알려져 있다.[28)] 트롤은 1968년 논문에서 경관생태학을 '경관의 특정 부분에서 우세하게 퍼져 있으며, 특정 경관유형이나 여러 가지 다른 크기의 자연공간 분류체계에서 분명하게 나타나는 생물군집과 환경조건 사이의 전체적이고 복합적인 원인과 결과의 연결망을 연구하는 학문'으로 정의했다.[29)] 농경지역 토지이용의 기초자료로서 토지를 분류하는 작업에 많은 시간을 보낸 Vink(1975)

25) Forman 1995.

26) Naveh & Lieberman 1993, Wiens 등 1993.

27) O'Neill 등 1986.

28) Naveh 1982, Zoneveld 1994. 생태계(ecosystem)라는 말은 Tansley(1935)의 논문에서 처음 사용되었다.

29) Bunce & Jongman 1993, Forman 1995. 인터넷의 발달과 함께 network를 흔히 네트워크라고 하지만 서문에서

는 경관생태학을 인간지능에 의해서 조절되는 핵심변수에 대한 특별한 연구와 함께 대상과 변수로서 토지의 특성을 연구하는 학문으로 정의하여 경관에서 인간의 역할을 강조하고 있다. 한편 토지평가와 식생도 작성에 관심을 가졌던 Zonneveld(1979, 1995)는 경관생태학을 여러 가지 다른 요소로 이루어져 있으며, 또한 서로 영향을 주고받는 총체적인 실체로서 토지를 고려하는 지리학적 연구의 한 분야로 보고 있으나 이는 그의 학문적인 배경과 무관하지 않다.[30)]

지리학적 접근이 중심을 이루고 있던 유럽의 경관생태학은 1980년대 초에 북미의 생태학계에 도입되면서 점점 기능부문에 대한 연구영역을 확대하는 한편 또다른 체계를 갖추어 가고 있다.[31)] 1981년에 개최된 네덜란드 경관생태학회에 에너지 흐름과 물질순환을 중심으로 생태계 생태학을 연구하던 북미 생태학자들의 참여는 새로운 전기가 되었다.[32)] 북미의 참여자들은 경관생태학이 큰 토지 모자이크를 가로질러 일어나는 공간적인 관계, 에너지, 물질 그리고 생물종의 유동과 변화에 초점을 맞추는 것으로 이해했다.[33)] 이러한 배움은 좀더 구체화되어 미국의 학자들은 경관생태학을 공간적 이질성의 발달과 역동성, 이질적 경관 사이에서 일어나는 시공간적 상호작용과 교환, 공간적 이질성이 생물적 · 비생물적 과정에 미치는 영향, 그리고 공간적 이질성의 관리를 고려하는 학문으로 보았다.[34)] 그리하여 경관생태학은 더 이상 생물학이나 지리학의 분야에 속하는 것이 아니라 분야초월적 학문(trans-disciplinary science)으로 간주된다.

1980년대 이후를 여러 분야에서 산발적으로 진행되고 있던 경관생태학적 연구들이 하나의 틀을 갖추어 총괄적인 개념으로 발전하기 시작하는 단계로 보기도 한다.[35)] 그에 따라 경관생태학과 관련된 다각적인 개념, 정량적인 연구방법, 이질성, 경계, 서식처 파편화(fragmentation)와 보

밝혔듯이 우리 어휘를 많이 활용하자는 뜻에서 연결망으로 옮겼으며, 이 주제에 대해서는 제8장에서 자세히 다룬다.

30) 공간과 생태적 요소의 관계를 다루는 학문으로서 공간생태학(spatial ecology), 광역생태학(regional ecology) 등 다른 용어를 제안하는 사람도 있는 한편, 광역생태학은 경관생태학과 공유하는 내용이 많지만 경관보다 더 큰 단위인 광역을 대상으로 하고 있는 까닭에 구별하기도 한다(Naveh & Lieberman 1993, Forman 1995, Zonneveld 1995, Tilman & Kareiva 1997).

31) 유럽의 경관생태학이 식물지리적인 측면에서 잠재식생도를 만들고 그것을 경관개발과 농업, 산림복원, 고속도로 건립, 광산 운영 등의 지침자료로 활용하고 심어야 할 수종 선택의 지표로 활용하는 방향으로 발전하는 한편 사람과 자연, 문화, 공업경관의 관계를 연구하기는 했지만(Naveh & Lieberman 1993), 에너지와 물질, 생물, 정보의 흐름과 경관구조와 관계는 미국의 생태계 기능에 대한 연구결과들이 도입되면서 좀더 구체화되기 시작했다(Forman 1983, Malanson 1993).

32) Forman과 Golley를 포함하는 5명의 생태학자들이 참여하였으며(Forman 1992), 이를 계기로 Forman은 프랑스에서 연구년을 보내며 영어로 작성된 경관생태학 교과서를 저술하였고(Forman & Godron 1986), Golley는 1987년부터 발간되기 시작한 국제경관생태학회지 *Landscape Ecology*의 초대 편집장직을 맡아 1996년 말까지 계속했었다.

33) Forman & Godron 1981, Forman 1990.

34) Risser 등 1984.

35) Forman 1995.

존(conservation), 통로와 연결성, 훼손된 지역복원문제 등에 대한 여러 사람의 연구결과들을 모아 편집한 책들이 활발하게 발간되고 있다.[36] 토지평가와 계획, 토양과 농경, 벌목과 보존, 전체인간계(total human system),[37] 위계이론(hierarchy theory),[38] 통계적 방법, 하천통로, 토지 모자이크 등에 대한 종합이 경관생태학 연구의 초점이 되었다.[39]

요컨대 경관생태학은 공간적인 이질성을 고려하는 점에서 하나의 계를 동질적으로 간주해 온 기존의 생태학과 차별성을 가진다. 경관생태학은 (1) 공간적인 이질성의 발달과 역동성, (2) 이질적인 경관 사이의 상호작용과 교환, (3) 생물적 · 비생물적 과정에 대한 공간 이질성의 영향, (4) 공간 이질성의 관리를 연구내용에 포함한다.[40] 공간유형을 기술하기 위한 정량적인 방법, 토지자원 및 생물보존을 위한 실질적인 응용, 사회경제적 · 문화적 측면의 고려, 학제적 개념 및 분야 초월성, 문제해결 지향적인 총체적 접근이 1980년대 이후 경관생태학관련 학회에서 발표되는 논문의 주요 특징이다.[41] 이러한 경관생태학의 전개는 자연공간에 대한 인간의 영향력이 커지고 그에 따라 토지에 대한 자연과 인간의 다양한 요구들이 경쟁하고 있어 공간의 특징과 함께 자연적 · 인위적인 요소들의 흐름을 연구하는 학문으로 확대될 가능성을 지니고 있다.[42] 그리하여 경관생태학은 전통적인 생태학과 몇 가지 점에서 구별된다. 첫째, 환경을 구성하는 요소들의 공간적인 배치를 중시한다. 둘째, 생태적 유형과 과정 사이의 관계가 관찰규모에 따라 달라지는 사실을 중시한다. 셋째, 연구범위 안에 인간과 그들의 활동을 환경의 빠뜨릴 수 없는 부분으로 포함한다.

독일어 Landschaft가 영어 landscape로 옮겨지고, 이것이 다시 우리말 경관으로 번역되면서 경관생태학이란 용어는 필요 이상으로 시각적인 의미를 부각시켜 기능적인 측면을 고려하지 못한다는 오해를 낳고 있다. 그러나 경관생태학은 하나의 경관 안에 있는 공간적 · 시간적 구성요소와 생물 및 지화학적 과정(biological and geochemical processes), 정보이동 사이의 상호관계를 연구

---

36) Turner & Gardner 1991, Saunders 등 1995와 연속 발간된 이전의 책들. conservation을 보존으로 그리고 preservation을 보전으로 옮기는 이유는 이도원(1997)에서 설명했다.

37) Naveh & Lieverman 1994, Naveh 2000.

38) O'Neill 등 1986. 필자의 다른 책에서는 hierarchy를 '계층구조' 또는 '위계'로 옮겨 왔으나 이 책에서는 모두 '위계'로 통일한다.

39) Forman 1995, Farina 1998.

40) Risser 등 1984.

41) Naveh & Lieberman 1993.

42) 도시계획학 분야에서 환경문제와 공간의 관계는 오래 전부터 논의되고 있으나 대체로 인위적인 요소들의 흐름에 더 치중하고 있다. 생태도시론(한국도시연구소 1998)에서 바람과 물의 흐름의 중요성을 인정하기는 하나 지극히 부분적인 검토에 머물러 있다. 시간적 · 공간적 상황에 따라 인간활동이 환경에 미치는 영향이 상이하고 또한 공간배열방식이나 규모, 특성 등도 인간의 의식과 행동, 사회적 관계에 상이한 영향을 미친다고 하는 점에 대해서는 생태도시론의 논의와 같은 시각을 가지고 있으나 지금까지의 경관생태학은 자연적인 요소에 무게중심을 두고 있다.

하는 학문으로 정의되며, 구조적인 측면과 기능적인 축면이 양 축을 이루고 있다.[43)]

이처럼 여러 개의 경관요소 또는 생태계로 이루어지는 수평적인 관계를 연구하는 경관생태학은 경관의 구조, 기능과 그들의 변화를 고려한다(그림 1.7).[44)]

(1) 구조(structure): 뚜렷한 차이가 있는 생태소공간의 공간적인 관계, 즉 경관요소의 공간적 크기와 형상, 수, 종류, 방향, 대비, 구성요소들의 짜임과 관련된 에너지와 물질, 생물 그리고 유형의 정보분포상태를 말한다.[45)]

(2) 기능(function): 공간적인 요소의 상호작용을 말하며, 경관요소 사이에서 일어나는 에너지와 물질, 생물종 그리고 정보의 흐름을 말한다.[46)]

(3) 변화(change): 시간에 따른 경관구조와 기능의 변화특성을 말한다.

앞서 살펴본 바와 같이 경관은 이질적인 요소들의 모자이크로 이루어진다. 지표면에 나타나는 이질성 형성은 본질적으로는 에너지 작용에 기인한다.[47)] 지구상에 에너지 공급이 멈춘다면 엔트로피 법칙에 의해 모든 물질은 무작위적으로 섞임으로써 동질적인 분포경향을 보일 것이다. 그러나 지구에는 끊임없이 태양 에너지가 공급됨으로써 경관 모자이크가 형성된다. 에너지는 경관의 이질적인 구조를 창조하며 동시에 구조는 그 에너지가 어디에 어떻게 작용할 것인지 결정한다. 말하자면 구조는 흐름을 결정하고 또 그 흐름은 구조의 변화를 초래한다. 예를 들면 경관조각과 통로의 분포는 식물의 천이방향, 동물, 물 그리고 사람과 정보의 이동을 결정한다.[48)] 또한 긴 시간에 걸쳐서 일어나는 이들 흐름은 토지 모자이크를 변화시킨다.

---

43) 구미에서도 독일어 Landschaft를 landscape로 옮겨 경치 또는 풍경이라는 의미와 혼돈하는 경우가 많다(Naveh & Lieberman 1993, Zonneveld 1995, Zonneveld 1998). 따라서 Zonneveld(1995)는 landscape ecology 대신 굳이 land ecology라는 용어를 사용하지만, 우리말로 토지생태학이라 번역하면 수중생태계(aquatic ecosystem)를 고려하지 않는 것으로 오해할 문제가 있다. 사실상 두 용어를 동시에 쓰는 경우를 많이 보이는 Zonneveld(1998)는 경관생태학이라는 말을 버리기에는 너무 늦었다고 판단한다. 한편 우리나라에서도 조경 또는 경관이라는 용어에 대한 의미가 시대에 따라 달라지고 있는 점을 볼 수 있다. 전통적으로 조경가들은 경관을 경치로 생각하고 경치를 만들거나 꾸미는 것을 본분으로 삼아 왔지만, 현대 조경가들은 경관을 경치뿐만 아니라 인간과 모든 생물이 실제로 생활하는 '환경'이나 '장소'로 생각한다(황기원 1999).

44) 근래에 발달하고 있는 공간통계, 컴퓨터 프로그램, 원격탐사, 지리정보체계, 영상분석(image analysis), 모형, 프랙털 기하학, 침투이론(percolation theory) 등의 방법을 이용하여 경관의 구조적 · 기능적 관계 그리고 변화양상을 규명하는 데 노력하고 있다(Forman & Godron 1986, Schreider 1990, Turner 1990, Turner & Gardner 1991, Milne 등 1992, Farina 1998, Jonston 1998). 프랙털에 대해서는 제4장 상자글에서 비교적 자세히 다룬다.

45) Turner & Gardner 1991.

46) 생물종에 포함된 생물정보와 문화정보의 의미는 나중에 상자글에서 자세히 논의한다.

47) 물질계에서 이질성은 생물종 전파, 생물경쟁, 자원포착과 고갈, 생물과 전체 생태계의 자원보유, 온갖 붕괴행위와 같은 다양한 생태적 과정의 상호작용(Allen & Hoekstra 1991)뿐만 아니라 비생물적 작용과 인간활동에 의해서 생성되지만, 이 모두 에너지 없이는 불가능한 움직임이다.

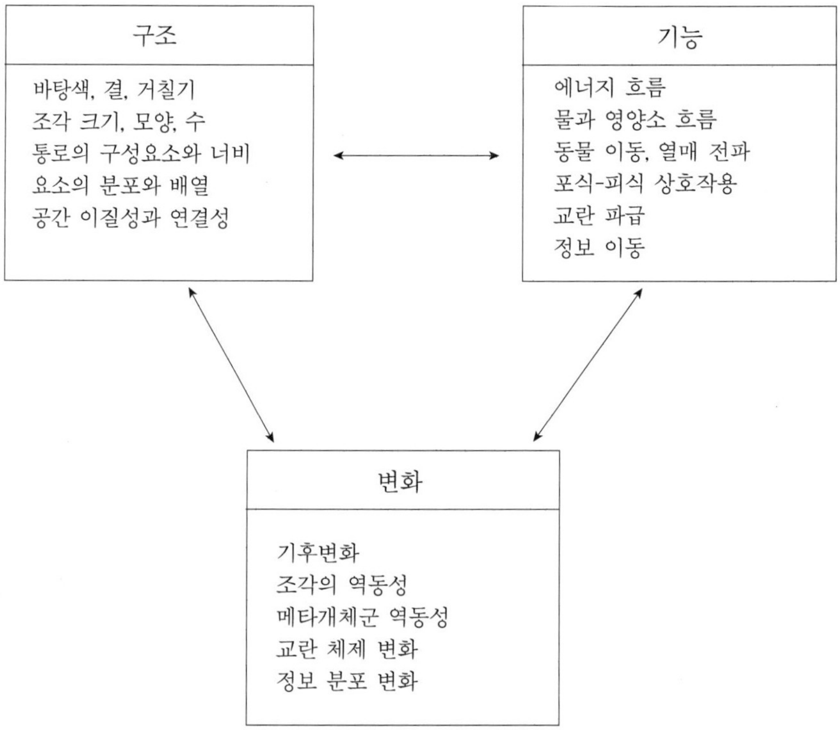

그림 1.7 경관생태학이 다루는 경관구조, 기능 그리고 변화내용과 관계[49]

구조적 측면

생태계 구조는 동질적인 공간으로 가정되는 생태계 안에서 생물과 비생물로 구분되는 구성요소들의 정량적인 상태를 의미한다. 예를 들면, 생물종의 조성과 군집의 형상은 생태계 구조를 가리키는 용어이다. 반면에 경관구조는 이질적인 공간요소들이 이루는 유형을 말한다. 경관을 이루는 기본적인 단위는 경관요소이다. 경관을 이루는 요소들을 분류해 보면 크게 3가지로 나눌 수 있다.[50] 그것은 바탕과 조각, 통로이다(그림 1.8).

바탕은 가장 넓은 면적을 차지하고 연결성이 가장 좋은 경관요소를 말한다.[51] 앞의 보기에서

48) Drapeau 등 2000, Pino 등 2000, Schweitzer 등 2000.

49) 메타개체군 개념은 경관 안에서 비서식처에 의해 어느 정도 격리되어 흩어져 있는 아개체군(subpopulation)들로 이루어진 개체군을 말하며, 식생조각들의 점진적인 격리영향과 관련된 동물개체군을 이해하는데 도움이 된다(Levins 1969, 1970, Merriam 등 1991, Opdam 1991, Johnson 2000, 김진수 2000). 제8장에서 개념도(그림 8.11)와 상자글에서 자세히 다룬다.

50) Smith & Hellmund 1993, Forman 1995.

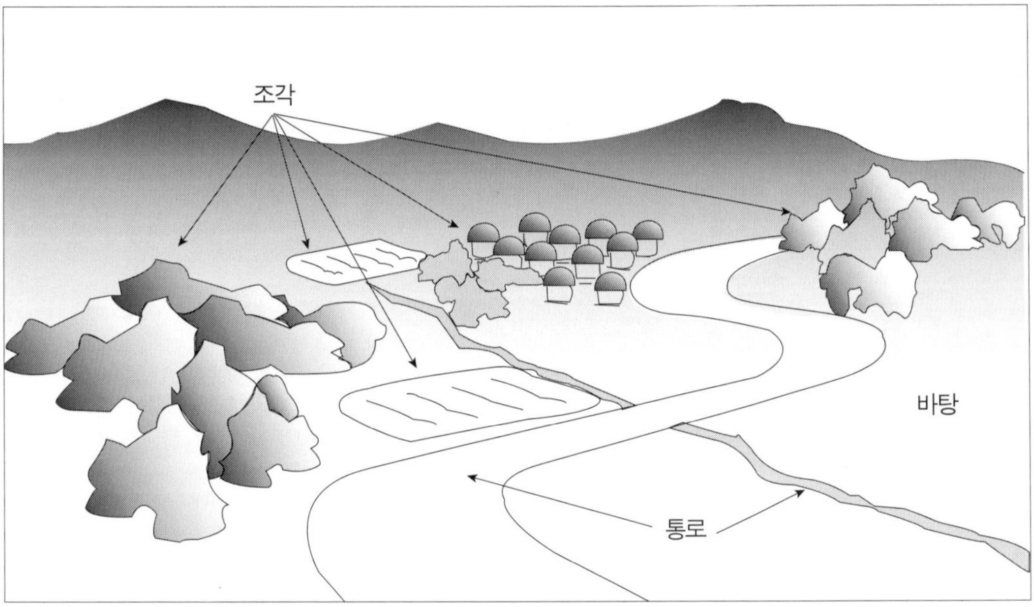

그림 1.8 경관요소는 크게 바탕과 조각, 통로로 나눌 수 있다.

말한 것처럼 많은 경우에 토지 모자이크는 조각과 통로가 바탕에 군데군데 박혀 있는 모습으로 나타난다. 숲의 일부를 개발하는 경우에는 숲이 바탕이 되겠지만 개발에 밀려 도심 한가운데에 남은 숲은 오히려 시가지라는 바탕에 싸여 있는 조각이 된다. 후자의 경우에는 바탕이라기보다 배경으로 해석하는 것이 더 적절할지도 모른다(그림 1.9). 이처럼 바탕은 자연적인 요소일 수도 있고 인공적인 요소일 수도 있다. 농경지는 농촌의 바탕이며, 도시경관에서는 도로와 포장된 지면, 조밀한 상가와 주택가가 우세한 지역이 바탕이 된다.[52]

조각은 지표상에서 생태적 · 시각적 특성이 주변과 다르게 나타나는 비선형적 지역인 경관요소를 말한다.[53] 이 조각은 크기와 형상, 경계부의 특성 등에 의해서 여러 가지 유형으로 나타난다. 경관 속에서 조각은 흔히 식물과 동물군집 그리고 자연 및 인공교란에 의해 형성되는 동질적인 단위이다. 대체로 조각요소는 특성이 다른 과정에 의해 다른 바탕 안에 이루어지는 경우가 많다. 이를테면 숲으로 이루어진 바탕에 산사태, 폭풍우, 화재, 포유동물의 짓밟기, 과도한 초식, 대기오염에 의한 훼손, 벌채나 개발활동으로 이루어지는 파편화가 일어남으로써 조각이 만들어진다. 이렇게 이루어진 경관조각의 크기, 형상 그리고 경계부의 특징은 원래 바탕으로 회복

51) Forman 1995, Golley 1998. matrix를 바탕으로 옮기는 이유는 나중에 상자글에서 논의하며, 자세한 내용은 제3장에서 다시 다룬다.

52) Thorne 1993.

53) Wiens 1976, Kotliar & Wiens 재인용, Forman & Godron 1986.

그림 1.9 남아 있는 숲 조각을 에워싸고 있는 도심지 바탕

되는 과정과 시간에 매우 큰 영향을 미치는 중요한 인자이며, 이 과정은 기능적인 과정과 밀접한 관계를 이룬다.

숲이 서로 이질적인 조각들로 이루어져 있으며, 그러한 현상이 숲 안에서 일어나는 여러 과정들과 밀접하게 관련되어 있다는 사실은 식생학자들에 의해서 오래 전에 인식되고 있었다.[54] 삼림식생학자들은 숲이라는 제한된 요소의 경관이 여러 종류의 다른 조각으로 구성된다는 인식으로 식생도를 그려 왔으며 역동적인 변화를 예측하기 위한 노력을 지금도 계속하고 있다(그림 1.10).[55] 관심을 두는 규모에 따라서 숲은 전체적으로 하나의 조각이 될 뿐만 아니라 이처럼 여러 개의 조각으로 이루어진 경관으로 간주되는데, 이 주제는 제3장에서 다룰 규모의 문제이기도 하다. 이는 근래의 경관생태학 발전이 식생분석에서 출발한 유럽의 연구들을 좀더 포괄적인 지피변화의 역동성으로 확장되도록 자극하고 있는 측면을 암시하기도 한다.

통로는 바탕에 놓여 있는 선형의 경관요소를 말한다. 형성되는 과정이 조각의 경우와 거의 비슷하지만 나타난 모양에서 차이를 가진다. 바탕에 놓이는 점에서 조각과 비슷한 측면이 있으나

54) Watt 1947.

55) Hessburg 등 1999.

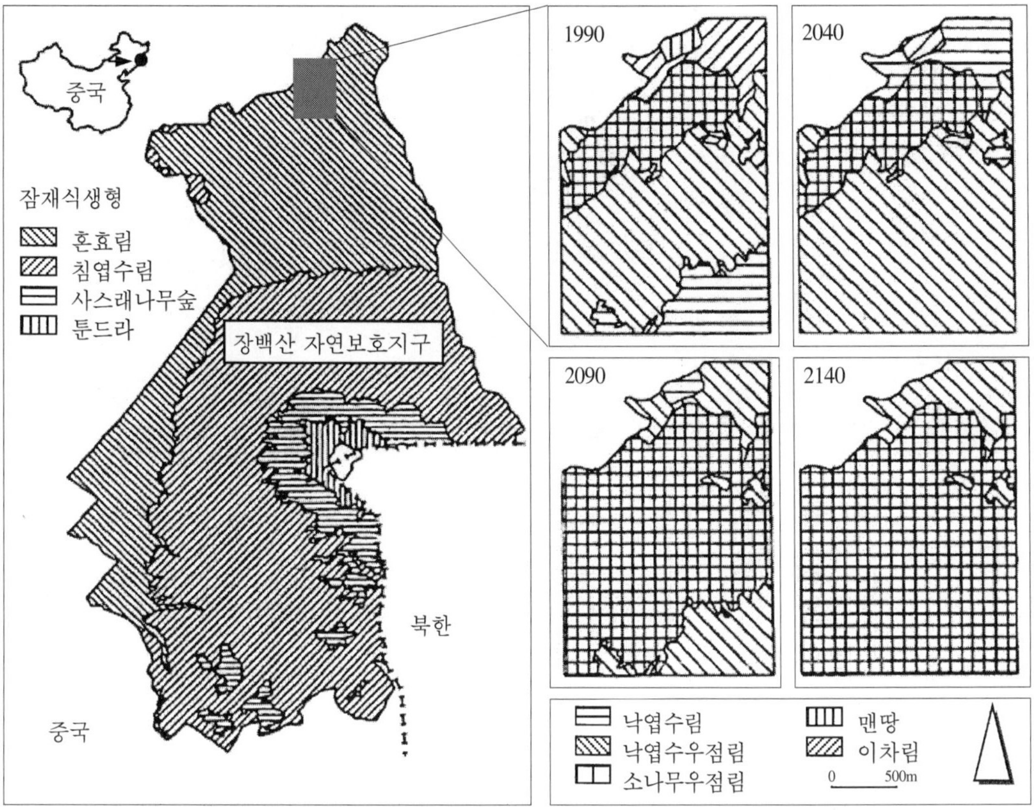

그림 1.10 백두산 자연보전지구의 중국 부분에서 고도에 따른 수목분포구분과 일부 지역에서 식생변화 예상

한 방향으로 극단적으로 늘어나 주변 지역과 접촉하는 길이가 월등하게 길기 때문에 생태적으로 구별되는 특성을 포함하고 있다. 하천이나 산 능선, 등산로, 도로, 생울타리, 동력선 등은 우리 주변에서 쉽게 볼 수 있는 통로의 보기이다.

기능적 측면

캐나다 남부의 온타리오 주 농업경관에서 야생동물과 경관유형의 관계를 연구하는 그룹의 지도적인 위치에 있는 생태학자 Merriam(1990)은 경관연구에서 기능적인 측면의 중요성을 다음과 같이 강조하고 있다.

"경관의 공간적인 유형에 대한 기재(記載)와 분석, 해석은 그 안에서 일어나고 있는 과정과 연결된 관계에서 규명되지 않으면 생태적으로 설득력 있는 해답을 주지 못한다. 비슷하게 구조를 나타내는 개념적인 추상물, 분류들이 기능적인 경관체계와 관계에서 설명되지 않으면 만족

할 수 없다. 문제는 경관생태학자들을 위한 지도가 적절한 규모의 공간적인 기반을 포함해야 할 뿐만 아니라 시간적 위계와 함께 기능적인 과정의 중첩을 이루어야 한다는 사실이다."

생태계 연구가 공간적으로 동질하다고 가정한 생태계에서 물질순환과 에너지 흐름 그리고 대사회전(turnover) 등의 과정을 포함하는 기능적인 측면에 관여하고 있는 반면에, 경관생태학은 서로 다른 경관요소와 요소의 경계를 가로질러 일어나는 에너지와 물질, 생물, 정보의 이동원리와 함께 이러한 이동과 지역을 이루는 각기 다른 특징의 토지크기, 모양, 배열, 구성요소들 사이의 관계에 관심을 가진다. 그림 1.11은 흔히 지도에서 표현되지 않는 가상적인 흐름을 고지도에 겹쳐 경관기능을 개념적으로 표현하고 있다. 백두대간 개념과 마찬가지로 우리나라 고지도는 유역개념에 바탕하여 경관에서 물의 흐름을 고려하고 있었음을 분명히 알 수 있는데, 이러한 물의 흐름은 다른 물질과 에너지, 생물 그리고 정보의 흐름과 밀접한 관계를 가지고 있어(이도원 1997) 고지도 제작자들이 어느 정도 경관기능을 염두에 두고 있었는지 연구해 볼 필요가 있다.

기능 또는 과정이라 일컬어지는 경관요소들의 상호작용 또는 그 안에서 일어나는 객체들의 흐름경로는 다양하다. 흐름경로는 이용하는 생물의 입장에서 보면 자원이 빠져 나가는 여러 가지 다른 유형이기도 하다. 이동되는 객체는 휘산되는 기체형태, 물에 녹아 있는 상태(용존상), 흙 알갱이와 같은 작은 조각(입자상), 죽은 식물조직(씨앗, 낙엽, 죽은 가지), 살아 있는 동물, 인위적인 가공물 등으로 나누어 볼 수 있다.[56)]

이러한 객체들의 이동과정은 확산(diffusion)과 덩어리 흐름(mass flow), 능동적 동물이동(locomotion), 동물과 사람의 운반과 교신수단에 의해 일어난다.

확산이란 농도가 높은 곳에서 낮은 곳으로 흐르는 현상을 말한다. 정체되어 있는 호수나 공기 중에 누출된 오염물질은 농도가 높은 지역에서 농도가 낮은 곳으로 확산에 의해서 천천히 퍼져 간다.[57)] 1800년대 미국지역에서 발생한 콜레라나 근래에 발생한 후천성 면역결핍증이 초기 발생지역에서 다른 지역으로 퍼져 가는 현상에는 확산이 상당히 작용하고 있다.[58)] 몸집이 제법 큰 생물의 경우에도 수동적인 확산에 기반한 모형으로 분포를 기술할 수 있는 경우를 볼 수 있다.[59)] 지구상에서 일어나는 물리화학적 그리고 생물적 이동과 반응도 많은 경우 에너지 확산과정에 의해 유발되고 있다.[60)]

---

56) 이도원 1997.

57) Okubo 1980.

58) 김형국 1997, 104쪽 재인용.

59) Kareiva 1983, Johnson 등 1992.

60) 모든 물질은 농도가 높은 곳에서 낮은 곳으로 이동하는 것이 자연스럽다. 그러나 지금 지구상에서는 인구밀도가 낮은 시골에서 높은 도시로 사람의 이동이 일어나고 있다. 이것은 자연스런 확산의 힘을 거슬러 일어나는 현상이다. 그것은 에너지가 작용하여 확산방향에 역행하는 덩어리 흐름과 적극적 이동을 초래하기 때문이다. 만약 인간세상에서 에너지를 빼앗아 버린다면 사람들은 도시에서 시골로 흩어지게 될 것이다(이도원 1997).

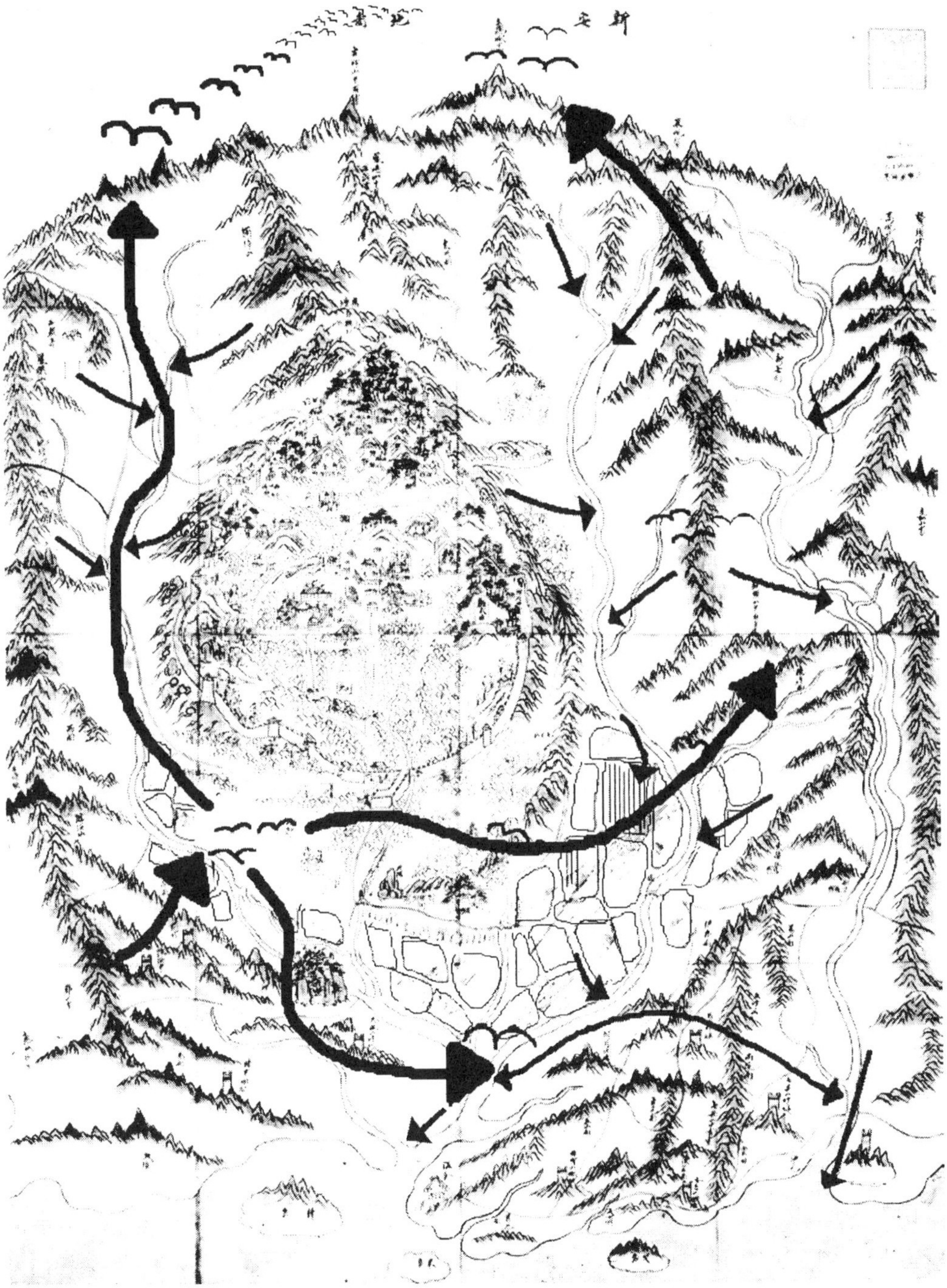

그림 1.11 경관수준에서 일어나는 과정을 표현하는 그림. 18세기 말에 제작된 것으로 추정되는 국립중앙도서관 소장 新安地圖(定州)에 가상적인 흐름을 겹쳐서 최용석/정수진이 그림

덩어리 흐름은 물질이 바람이나 물의 흐름에 실려 이동하는 경우를 말하며, 수문학이나 대기과학에서는 수평적인 유체의 흐름을 이류(advection)라고 한다. 유체의 밀도차이에 의한 교환운동으로 데워진 물이나 공기가 직접 이동하면서 열을 이동시키는 현상인 대류(convection)도 덩어리 흐름에 속한다.[61] 공장폐수와 대기오염물질이 강물과 바람에 실려 이동하는 것은 덩어리 흐름의 대표적인 보기이다. 공기나 물에서 일어나는 기체상, 용존상 또는 입자상 물질의 이동은 일부 확산과 함께 대부분 덩어리 흐름에 의해 이루어진다. 타클라마칸 사막, 고비 사막 그리고 황하유역으로부터 유래되어 대기의 상층 기류에 의해 한반도로 날아오는 황사와 중국의 공업화에 의한 오염물질의 이동은 광역 이상의 규모에서 일어나는 덩어리 흐름으로 우리나라에 미치는 영향력은 바람길에 의해서 좌우된다[62](그림 1.12). 오염물질뿐만 아니라 솔잎혹파리와 진딧물(aphid) 등의 생물도 바람이나 물에 의한 덩어리 흐름으로 장소를 옮기게 되는 경우가 우세하다.[63] 덩어리 흐름은 광역과 경관수준에서 물질과 생물이동에 큰 역할을 하기 때문에 물길과 바람길과 관련된 경관기능연구는 환경계획에서 특별히 고려되어야 할 주제이다.[64]

능동적 생물이동은 동물이 날개나 다리와 같은 자신의 이동수단을 이용하여 옮겨가는 현상을 일컫는다. 세계 곳곳에서 볼 수 있는 철새 떼나 나비의 이동, 툰드라 지역에서 일어나는 초식동물의 이동은 대표적인 보기이다(그림 1.13). 전통적으로 동물의 이동은 생물과 계절변화의 관계를 중심으로 많이 다루어져 왔으나 이제 국지적 공간, 경관, 광역, 대륙수준에서 공간유형과 연결되는 방향으로 새로운 학문영역을 확장해 가고 있다.[65] 그림 1.13에서 보는 바와 같이 우리나라 비무장지대는 일본과 중국을 오가는 두루미의 이동과 관련하여 빠뜨릴 수 없는 경관요소이다. 이를테면 월동지 일본 규슈 이즈미로부터 중국과 러시아의 국경지대인 산지앙평원(三江平原)에서 번식을 하기 위해 이주하는 재두루미[66]는 판문점과 철원 일대의 비무장지대에서 전체 이주시간의 87.1%를 보내는 것으로 보고되었다.[67] 또한 미국과 멕시코에서 나타나는 나비(monarch butterfly, *Danaus plexippus*)의 장거리 이동경로와 관련하여 인간 거주지 등 장애요소의 영향은 공간생태학의 중요한 주제가 된다.[68]

---

61) 윤진일 1999.

62) 강동근 1993.

63) Ims 1995.

64) 엄정희 2000, 제2장 참조.

65) Alcock 1993.

66) 우리나라를 규칙적으로 찾아오는 두루미 류는 두루미(*Grus japonensis*), 재두루미(*Grus vipio*), 흑두루미(*Grus monacha*)가 있다. 이들은 각각 천연기념물 제202호, 제203호, 제228호로 지정되어 보호받고 있다. 두루미는 철원과 강화도 등의 중부지방에서만 볼 수 있지만, 재두루미는 철원과 한강 하구, 주남저수지 등 비교적 많은 곳에서 볼 수 있다. 그러나 흑두루미는 순천만과 천수만 등의 일부 지방에만 소수의 무리가 찾아온다(박찬열 제공).

67) Higuchi 등 1996.

68) Malcolm 1987, Alcock 1993.

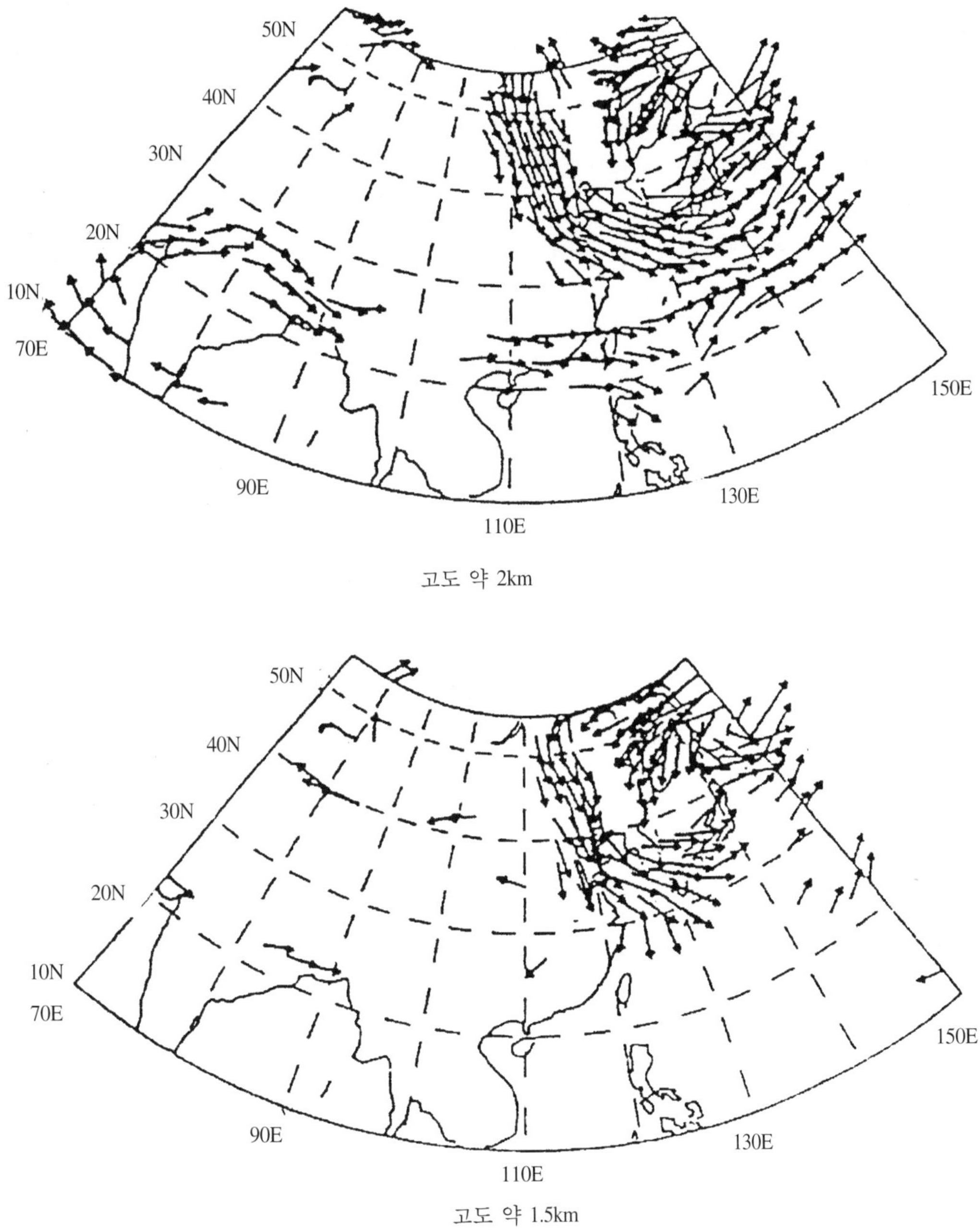

그림 1.12 황사기간에 부는 동북아시아의 바람형태

(가)

(나)

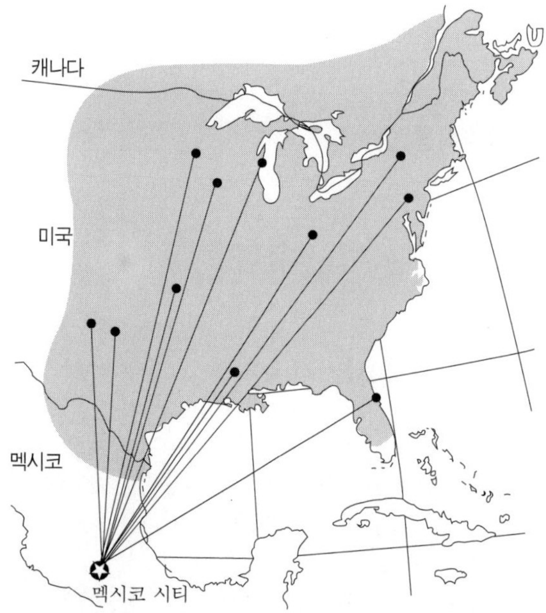

그림 1.13 (가) 동북아시아의 재두루미와 (나) 북미에서 관찰되는 나비의 이동

마지막으로 사람의 교통과 통신수단이 환경에서 물질과 정보이동에 점점 큰 역할을 하는 것은 주지의 사실이다. 그러나 이들은 도시 및 지역, 교통계획 및 설계에서 특별히 중시해 온 반면에 자연생태학에서 출발한 지금까지의 경관생태학에서는 거의 고려하지 않았던 주제이다.[69] 바로 이 부분이 앞으로 경관생태학과 환경문제 해결을 종합과학적 관점에서 해결하고자 하는 접근과 접목되어야 할 중요한 과제이다.

한편 경관 안에서 일어나는 물질운반은 확산과 덩어리 흐름, 능동적 생물이동이 동시에 작용하고 있어 구분이 애매한 경우가 많다. 지표면의 특성에 따라 흡수되는 태양열의 양에 차이가 생겨 주변의 에너지 분포와 공기밀도가 달라지고, 그 결과 에너지와 공기밀도가 높은 지역에서 낮은 지역으로 흐름이 일어나는 현상에는 확산의 원리가 작용하지만 유체흐름이라는 점에서 덩어리 흐름 또는 이류도 포함되어 있다.[70] 앞서 언급한 콜레라 전파는 병균의 농도가 높은 지역에서 낮은 곳으로 옮겨간 점에서 확산이지만, 그 이동의 상당 부분은 덩어리 흐름과 보균자의 능동적 이동에 의해 일어난 것이다. 후천성 면역결핍증의 경우도 보균자가 성관계에 의하여 계속 보균자를 양성하는 경우는 확산으로 볼 수 있으며, 보균자가 한 지역에서 다른 지역으로 옮겨가는 것은 그것 자체가 생물의 능동적 이동에 속하고, 새로운 곳에서 성관계를 가져 보균자를 만들어 갈 경우에는 균의 덩어리 흐름도 작용한다.

여기서 물질을 옮기는 힘은 태양 에너지와 중력, 원자력 등에서 비롯된다. 옮기는 매체는 물과 바람, 동물, 사람이지만 물, 바람, 동물, 사람이 가진 에너지의 대부분은 태양 에너지에서 비롯되었다. 경관생태학의 기능적인 영역은 이러한 에너지에서 비롯된 힘이 경관의 구조에 의해서 어떻게 영향을 받고 어떤 요소에 어떻게 분배되는지 정성적 · 정량적으로 탐구하는 분야로 볼 수 있다.

변화와 구조-기능의 상호작용

경관생태학에서는 변화유형을 구조적으로 특징화시킬 뿐만 아니라 변화에 영향을 주는 요인과 기능적인 관계에 대해 연구한다.[71] 경관은 비생물적 · 생물적 과정과 인간의 간섭에 의한 지

69) Selman 1993.

70) 경관요소에 들어온 빛 에너지 양에 대해 반사된 에너지의 비를 알베도(albedo)라고 하며, 경관과 관련된 특징은 제2장에서 다시 설명한다. 우주규모에서 에너지는 밀도가 높은 태양에서 낮은 곳으로 흐르고 온도가 높은 곳에서 낮은 곳으로 열이 이동하는 것도 확산으로 이해할 수 있으나 사실은 복합적인 과정이 작용한다. 열(에너지)의 전파는 3가지로 구분된다. 첫째는 중간의 매질이 없이 전자기파의 형태로 직접 전달되는 복사(radiation), 분자간의 직접적인 접촉에 의하여 열이 전달되는 전도(conduction), 덩어리 흐름에 의하여 전달되는 대류(convection)이다. 이 중 전도는 유체에서 확산과 같은 의미이고, 대류는 수문학과 대기과학에서 다루는 이류와 같은 개념이다. 복사는 진공상태에서 중간의 매질이 없이 직접 전달되는 개념이기 때문에 우주에서 열의 전파는 복사에 해당하는 것이고, 온도가 높은 곳에서 낮은 곳으로 흐르는 현상은 이 세 가지 모두의 작용이므로 확산의 개념으로만 볼 수 없다(기상청 신경섭 박사 자문).

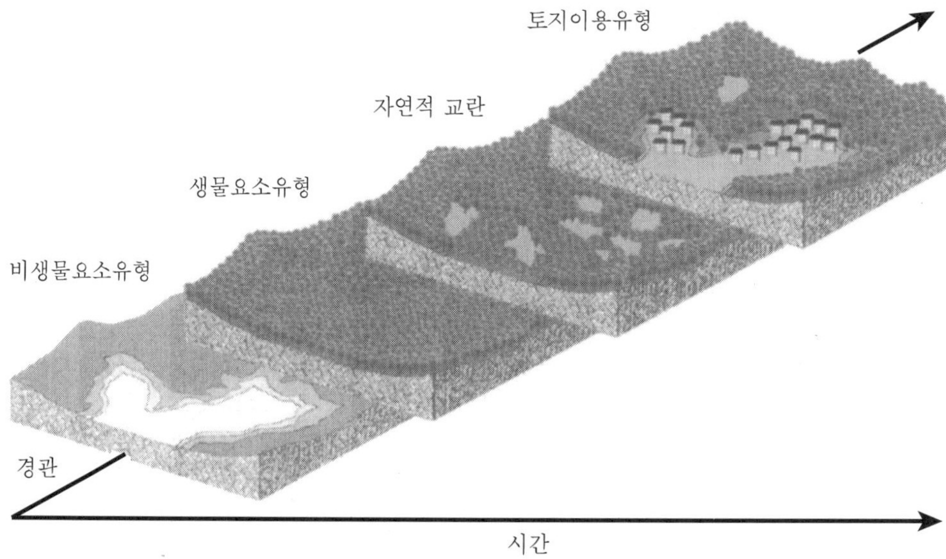

그림 1.14 경관은 무생물적 · 생물적 과정과 자연적 교란 그리고 토지이용으로 시간에 따라 형성된다.

피의 변화로 형성되며, 그 변화요인들의 작용으로 시간에 따라 다른 모습으로 나타난다(그림 1.14). 과거에 나타났던 변화들이 축적되면서 이루어지고 변화를 담은 층(layer)들이 마치 지리정보체계의 각 정보요소들의 층처럼 포개짐으로써 경관은 형성된다.[72] 이를테면 그림 1.1의 경우 정도의 차이는 있지만 지질 · 기후작용으로 형성된 비생물적인 틀 위에 식생발달과 함께 동물 군집이 나타났으며, 또한 자연적인 교란으로 숲틈이 생겼으나 인위적인 관리가 우세하여 인공 교란요소가 뚜렷하게 부각되어 가시적인 경관이 되었다. 그림 1.11의 고지도에 포개본 조망도 기후와 지질, 식물발달, 마을형성 그리고 짧은 기간에 나타나는 동물의 이동으로 이루어진 경관을 함축하고 있다. 이 과정에 이루어지는 경관구조 자체보다 변화속도가 생물개체군 생존에 미치는 영향이 훨씬 크다. 특히 교란에 의한 변화속도가 커지면 개체군 생존에 미치는 경관유형의 역할은 줄어들고 서식처 조각의 수명에 의해 영향력이 커진다.[73] 변화를 유발하는 자연적 · 인위적 교란이 경관 특성을 어느 방향으로 이끌게 될지는 교란과 경관의 상호작용에 의해서 결정된다.[74]

경관요소 사이에 일어나는 이동과정에서 물, 부유물질, 물에 녹아 있는 오염물질처럼 어떤 물질은 강으로 집중되고, 침식의 산물 그리고 씨앗이나 대기오염물질처럼 어떤 물질은 흩어지는

71) Pan 등 1999, Hargis 등 1999, Pino 등 2000.

72) Jacobs & Mann 2000, Sinton 등 2000.

73) Harrison & Fahrig 1995.

74) 김용정 1996, Radeloff 등 2000a, 그리고 이 장의 상자글 참조.

경향이 있다.[75] 어떤 생물은 장소를 옮겨가며 생활하는 동안에 경관의 모양과 배치에 대해 매우 예민한 반응을 보이기도 하고 어떤 생물은 무디다. 어떤 생물은 멀리 이동해 갈 수 있는 반면에 어떤 생물은 좁은 장소에서 제한된 이동을 하며 일생을 마친다. 어떤 것은 빠르게 이동하며 어떤 것은 천천히 이동한다.

도시는 사람, 자동차, 정보 그리고 상품의 생산지 또는 공급원(source)으로서 기능을 가지는 반면에 주변의 시골은 소비지 또는 수용처(sink) 역할을 한다. 역으로 시골은 광업이나 농업으로 생산한 원료와 산소와 같은 물질의 생성처로서 소비처인 도시지역과 기능적인 연관을 가진다. 생산지와 소비지를 연결하는 상품의 이동은 많은 경우 잘 형성된 통로를 따라 일어나지만 공기나 물에서 무생물적 객체의 이동은 이류 또는 확산을 통해서 일어난다.

이처럼 경관에서 경관요소의 배치는 경관 안에서 객체의 흐름에 영향을 주며,[76] 동시에 그러한 흐름은 경관요소의 형태와 배치에 되먹임(feedback) 과정을 가짐으로써 변화를 초래한다. 우리가 인식하는 변화란 어떤 장소에서 물질이나 에너지 그리고 정보의 첨가 또는 감소에 의해서 나타나는 결과이다. 경관구조는 이들의 흐름에 영향을 줌으로써 어떤 경관요소에서 첨가 또는 제거를 초래한다. 말하자면 경관구조와 기능의 상호작용에 의해서 경관은 변한다.

경관요소들 사이에 일어나는 객체의 교환 또는 흐름의 속도는 서식지의 지화학적 특성, 상호작용하고 있는 단위의 유사성, 거리, 상대적인 생산, 경계부의 침투가능성, 생물의 운동성과 같은 비생물적 · 생물적 특성에 의해서 결정된다.[77] 이제 공간단위들 사이에 일어나는 교환속도에 영향을 주는 구조적인 요인들에 대한 탐구가 경관생태학 연구의 중심적인 과제라는 주장에 걸맞는 방향이 필요하다.[78] 초기의 경관생태학이 경관의 유형화라는 명목으로 구조파악에 많은 시간을 보낸 반면, 토지이용과 환경 및 자원관리, 생물 다양성 보존에서 유용성을 높이기 위해서는 경관의 기능적인 측면을 이해하려는 노력이 더욱 가중되어야 할 것이다.[79] 따라서 이 책에서는 앞으로 경관구조와 기능 그리고 변화에 작용하고 있는 생물적 · 비생물적 특성들을 포괄적으로 살펴보는 것을 기본방향으로 한다.

경관생태학과 환경관리

경관에서 토지이용양상과 물질손실, 대기로부터 입력되는 양과 유역으로 출력되는 양은 서로 관련이 있다. 영양원소들의 흐름이 경관을 가로질러서 진행됨에 따라 여러 가지 생태계 유형과 경관단위에서 변환되고 선택적인 이동경로를 따르기도 한다.[80] 이를테면 미국 동부의 연구에서

---

75) Forman 1995.

76) Hobbs 등 1993, Bowne 등 1999, Nikora 등 1999.

77) Polis 1997.

78) Turner 1989, Hansen & di Castri 1992.

79) Hobbs 1997.

하천통로의 식생대는 주변 바탕으로부터 유입되는 인의 양에서 75~99%를, 그리고 질소는 10~60% 가량을 제거했다.[81] 질소의 경우 경작지와 강변생태계 사이의 지하수를 통해서 이동하는 양이 우세한 반면에 인은 지표유출수로 주로 이동하는 차별성이 있다.[82] 이 경우 유출수의 질산염 농도는 강변에 조성되어 있는 숲을 통과한 다음에 감소하는 양이 삼림의 성장에 의한 흡수량으로 설명될 수 있는 것보다 훨씬 많다고 한다.[83] 만약 강변삼림이 없었다면 대부분의 질소와 인은 강으로 흘러들어 부영양화에 보탬이 되었을 것이다. 이처럼 경관요소의 배치는 환경의 질에 중대한 의미를 가진다.

경관의 구조와 기능을 연결하는 이들 연구는 경관생태학에 여러 가지 중요한 착상을 확인시켰다. 예를 들면 첫째, 강변삼림과 경작지와 같은 경관단위는 그 경관에서 유출수의 방류특징을 결정하는 데 주요한 역할을 맡고 있다. 둘째, 여러 가지 경관단위는 영양물질들을 포집하고 전환시키는 데 선택적인 효과를 가지기 때문에 단순히 유역에서 하천을 통해 유출되는 물의 양을 측정하는 수문학적 접근만으로는 경관의 전환특징을 보여 주지 못한다. 셋째, 질소와 인과 같은 중요한 영양소는 경관을 거쳐서 이동할 때 수문학적으로 다른 경로에 의해서 전달되기도 하고 이들 경로는 경관 안에서 영양소들의 운명과 그에 따른 결과를 결정하는 데 중요한 역할을 하게 된다. 그리하여 이러한 원리들을 고려한 경관단위의 신중한 관리와 배치는 사람들에게 이로운 경관구조를 유도할 수 있다. 예를 들면 육상생태계의 영양소를 보유할 뿐만 아니라 식물 이용을 증대시키고 용탈(leaching) 및 유출수에 의한 손실을 제어할 수 있는 경관을 조성할 수 있다.

환경문제는 에너지와 물질 그리고 정보의 공간적인 분포와 밀접한 관계를 가지고 있다. 흔히 우리가 환경문제로 꼽는 에너지와 식량부족, 생물 다양성의 고갈, 대기오염, 수질오염, 폐기물 등 모든 문제는 비생물적 · 생물적 자원의 공간적인 분포가 사람에게 바람직하지 않을 때 발생하는 현상이다.[84] 그런 의미에서 환경관리는 에너지와 물질, 생물 그리고 정보의 공간적인 분포가 사람이 원활하게 활용할 수 있고 동시에 위해가 되지 않도록 계획하고 설계하며, 사후관리하는 행위로 정의할 수 있다. 이때 공간의 특성과 이들 객체의 분포 사이에 이루어지는 관계를 다루는 경관생태학은 공간계획을 위한 방향을 제시함으로써 환경관리의 틀을 제시할 전망을 가지고 있다. 마치 바둑에서 중반 이후의 전술이 포석의 영향력을 벗어날 수 없듯이 환경관리의 모든 행위는 공간적인 제약요소를 벗어날 수 없기 때문이다.

이를테면 목재의 생산, 생물과 토양 그리고 하천의 보호, 주택과 도로건설은 경관요소들의 배치에 의해서 영향을 받는다. 무엇보다 인간의 활동이 만들어 놓은 경관요소들 사이에서 객체들

---

80) Lowrance 등 1985, Armentano & Menges 1986.

81) Yates & Sheridan 1983, Lowrance 등 1985, Peterjohn & Correll 1984.

82) 이도원 1997.

83) 질소는 식물의 흡수뿐만 아니라 탈질작용으로 제거되는 양이 많기 때문이다(제6장 통로부분의 논의와 이도원 등 1999).

84) 이도원 1997.

이 원활하게 흐르고 상호작용하는 과정에 각 경관요소들의 지속가능성이 보장될 때 전체 환경의 지속가능성도 보장을 받는다. 각 요소들의 원만한 상호작용으로 이루어지는 지속가능성의 원리는 간단하지만 구체적인 실천방안은 그렇지 않다. 경관생태학은 궁극적으로 원리와 함께 실천방안을 동시에 끌어내고자 하는 학문이다. 대부분의 전통적 환경관리가 각각의 경관요소 사이에 일어나는 상호작용을 무시하여 왔지만 통합적인 관리로의 전환이 바람직하다.[85)]

생산지와 소비지 사이의 원활한 상품유통은 건전한 경제에 공헌하듯이 경관생태학의 연구결과를 바탕으로 객체들을 생성하고 공급하는 생태계와 소비하는 생태계의 연결을 도모해야 한다. 이를테면 육상생태계가 인위적인 토지이용변화로 영양물을 과도하게 내놓는 경우 그것을 받아 줄 다른 육상생태계로 유통시키면 물로 들어가는 양이 적어질 것은 당연하다. 객체들의 자연적 · 인공적 공급처와 수용처를 밝히고 주고받는 관계가 원만히 이루어지도록 토지이용계획과 조경설계에 경관생태학 원리를 반영해야 한다.[86)]

이러한 이유 때문에 생태학적 원리를 자연관리에 응용하는 생태기술은 자연에서 일어나고 있는 자원의 흐름경로, 물질의 이동형태, 이동원리에 기반을 두고 있다. 이러한 접근방법은 자연을 정복하기보다 자연과 조화하려는 접근이라는 점에서 기존의 공학과 여러 가지 면에서 대비된다(표 1.1).

이러한 경관생태학과 생태기술 그리고 복원생태학의 통합은 앞으로 자원관리에 중추적인 역할을 할 것으로 전망된다.[87)] 왜냐하면 생태계 수준 이하를 다루는 모든 생태학이 하나의 계가 내놓는 출력이 인간에게 해로운 경우 그것을 폐기처리하는 방향으로 해결책을 모색함으로써 사

표 1.1 생태기술의 기본특징

특성	생태기술	유전공학	화학공학
기본원리	생태학	유전학, 세포학	화학
기본단위	생태계	유전자, 세포	화학물질
제어	강요기능,[88)] 유기체	유전구조	화학반응
디자인	인공보조와 자연 디자인	인공 디자인	인공 디자인
생물 다양성	보호	개조	-
유지/개발비용	적당	다량	다량
에너지원	태양 에너지	화석연료	화석연료

자료: Mitsch & Jörgensen(1989) 그리고 이도원와 유신재(1993) 수정.

85) Hobbs 등 1993.

86) Forman 1995, Dramstad 등 1996.

87) Bell 등 1997, Whisenant 1999, Radeloff 등 2000b.

88) 강요기능(forcing function)이란 외부변수라고도 하며, 계의 상태에 영향을 주는 외부의 기능 또는 변수를 말한다(Jörgensen 1989).

실상 문제를 다른 계로 전가시키는 반면에 경관생태학은 맥락을 중시함으로써 포괄적인 시각을 가지고 있기 때문이다. 또한 생태기술의 효과와 훼손된 생태계의 인위적인 복원속도가 자연지역과 근접성 그리고 조성된 경관요소의 모양과 크기를 포함하는 경관특성에 매우 큰 영향을 받고 또 생지화학적 과정에 영향을 주기 때문이다.[89)]

마치며

지금까지 경관생태학을 공부하지 않았다 하더라도 자연자원의 이용과 관리에 종사하는 전문업자, 생태학자, 도시 및 지역계획 및 설계가 그리고 환경관리 전문가들은 대부분 이 분야의 관련 원리들과 인연을 맺고 있다. 산림업에 종사하는 사람들은 야생동물 생태학자들과 함께 숲의 계획과 관리를 동시에 고려하기 시작하면서 한편으로는 기존의 생태학 원리를 응용하며 한편으로 새로운 경관생태학 원리 발굴에 공헌하고 있다.[90)] 지역계획가와 조경가는 공원, 신도시개발, 녹색길(green way), 하천통로 신설에 경관생태적 원리를 응용하고 또 생태학자들이 새로운 원리를 발굴하도록 요구하고 있다. 지리학자들은 물리적, 생물적, 인문적 지리학의 통합에 경관생태학적 접근을 고려하고 있다. 공원관리인과 생태계 복원을 전문으로 하는 업체에서도 경관생태학 원리를 갈구한다. 토양, 생물, 생태계 보존을 주장하는 전문가와 정부기관, 시민단체도 생태학적 원리에 의한 환경관리를 인식하고 있다. 이런 상황에서 경관생태학은 앞으로 점점 국토, 도시, 수자원, 산업, 교통계획 및 관리에 공헌할 것임에 틀림없다. 왜냐하면 이 모든 분야는 토지이용 및 경관의 구조와 기능에 영향을 주는 과정과 밀접한 관련을 맺고 있기 때문이다.

전통적으로 토지관리를 위한 공간정보는 지도 위에 기록되어 왔다. 탐험가는 강, 산 등 자연요소를 중심으로 자기가 지나가는 길에서 본 주요 특징물과 연관시켰다. 도시가 발달하면서 도로, 철로, 주거지의 위치가 지도 위에 첨가되었다. 자연을 연구하는 전문가들이 식생, 토양, 배수로를 조사하고 측량하면서 정보는 더욱 보태어졌다. 이 모든 것들은 현장에서 조사함으로써 얻어진 자료들이다. 이 경우에는 관찰자가 경관 안에 갇혀 있어서 큰 그림을 그리는 데 긴 시간이 걸렸으며 한계가 있었다.

오늘날 경관분석은 그러한 지도 위에 다른 정보들의 보충을 요구하고 있다.[91)] 환경관리를 위한 식물과 토양 속의 물, 탄소, 영양소 보유량과 생태계 안에서 순환하는 과정 및 속도의 중요성이 인식되고 있다. 나아가 식물 씨앗의 전파속도와 방향, 동물개체군의 역동성, 눈사태, 산불, 병충해 같은 교란요소들의 파급과 같이 식물과 동물의 공간적 변화를 일으키는 과정들도 중요한 환경계획 및 관리요소로 추가되었으며 실제로 효과가 나타나고 있다.[92)]

89) Hardt & Forman 1989, Moy & Levin 1991, Bell 등 1997, Kettle 등 2000, McKee & Faulkner 2000.

90) Harris 1984.

91) Waring and Running 1998.

92) Hadley 1994, Veblen 등 1994.

이처럼 환경의 질을 보호하기 위한 접근은 단순한 경관요소의 배치뿐만 아니라 그에 따라 우리 삶에 영향을 주는 생지화학적 과정 그리고 정보의 흐름과 분포변화까지 조명할 것을 요구한다. 이것은 또한 경관과정이 복합적이기 때문에 다각적인 차원에서 공동 연구를 진행하지 않으면 환경계획과 설계는 진정 중요한 요소를 빠뜨릴 수 있다는 사실을 의미한다. 이상적인 역할 분담이기는 하지만 원리는 생태학자들이, 구체적인 배치와 광역차원의 설계는 조경가들이, 배치와 관련된 인문사회, 자연과학적 요소의 종합은 계획가들이 나누어 맡더라도 서로 정보를 교환할 수 있는 장치가 없이는 환경의 질과 자원공급의 지속가능성을 보장하는 체계를 유지하기 어렵다. 그런 까닭에 앞으로 경관생태학의 주요 과제는 파편화된 여러 분야의 연구결과들을 종합하는 새로운 개념과 연구방법 그리고 실천방안이 될 것이다.

상자글 1

구조와 기능

체계이론(system theory)에서 구조와 기능은 다음과 같이 정의되고 있다(박창근 1997). 하나의 체계를 이루는 요소들 사이에 있는 분포관계의 총체를 구조라고 하며, 여기서 분포관계는 그 체계 내부에서 각 요소들이 처한 위치, 점유한 범위 및 배열상태를 표시하는 개념이다. 요소의 집합체를 체계로 만드는 각종 관계에서 각 요소들 사이에 일어나는 활동관계의 총체를 기능이라 한다. 여기서 활동이란 요소들의 각종 운동, 변화 또는 작용을 의미하고, 활동관계는 한 요소의 활동이 다른 요소의 활동에 미치는 영향, 한 요소의 다른 요소에 대한 작용 또는 요소들 사이의 상호작용, 상호 침투, 상호 배척들을 가리킨다.

본문에서 살펴본 바와 같이 경관생태학에서는 에너지와 물질, 생물, 정보분포에 관한 특성으로 경관요소의 공간적 크기와 형상, 수, 종류, 분포유형 등을 구조라고 하며, 경관요소 사이에서 일어나는 에너지와 물질, 생물종 그리고 유형/무형의 정보흐름을 나타내는 공간적인 요소의 상호작용을 기능이라 한다.

구조는 물리적 성격이고 기능은 과정적 성격이라는 김형국(1997)의 정의에서 이들 용어는 체계이론, 생태학 그리고 사회과학에서 동일한 의미로 사용하고 있음을 알 수 있다.

물리적 성격이란 사람이 관찰하는 시간규모에서 일정 시간 동안 일정한 공간범위 안에 위치하여 본질을 유지하는 것을 말하며, 과정이란 관찰하는 시간 동안 위치나 모양이 변하는 경우를 가리킨다. 멈추어 있는 공이 전자를 말한다면, 이동하는 공은 후자에 해당한다. 자동차는 구조물이지만 그 이동은 경관 안에서 과정으로 나타난다. 안정되어 있거나 매우 느리게 변하는 것은 구조이며 상대적으로 빠르게 변하는 것은 과정이 된다. 이렇게 말해 놓고 보면 구조와 기능을 가름하는 시간규모가 분명하지 않다는 것을 알 수 있다. 사실상 사람의 작위적인 구분에서 크고 느린 변화를 수반하는 것은 구조이며 작고 빠르게 변하는 현상 안에서 관찰자의 주관적인 판단으로 나누어진 움직이지 않는 요소와 움직이는 요소 중에서 후자의 경우를 과정으로 보는 것이다. 이를테면 생물개체 몸 안에서 일어나는 생화학적 과정들은 군집이나 생태계 수준에서 보면 더 이상 과정이 아니다. 좁은 범위에서 생활사를 마치는 작은 벌레의 이동은 하나의 과정이지만 경관수준에서는 하나의 정지된 단위이니 구조에 해당한다. 영화의 장면 하나하나는 물리적인 구조이나 그것이 이어지면 과정으로 나타난다. 인류역사는 긴 과정으로 해석되는 것이 일반적이지만 우주역사라는 시간규모에서 보면 한 장면으로 압축될 것이다. 이처럼 엄밀한 의미에서 구조와 기능은 공간과 시간의 연속적인 위계에서 다른 위치에 놓이는 상대적인 개념이라 할 수 있다.

신준환(개인자료 제공)은 생태계를 이해하는 방편으로 우리나라를 여러 구역의 생태권으로 나누면서 땅의 틀(體)과 여기에 영향을 미치는 외부작용(用)을 구분했다. 공기와 물의 이동, 생물의 분포경향 등은 작용에 해당하고, 계통분석에 의해 구분된 생태단위들은 그것들을 담고 반응하는 그릇으로 보았다.[93] 이러한 양분은 절대 공의 자리를 體라 보고 현상의 움직임과 기능을 用이라 하며 이 양자를 잇는 다리를 相이라는 해석[94]과 차이가 있으나, 형성과정에서 시간적으로 지속성이 있고 공간적으로 규모가 큰 경관요소에 작은 경관요소들이 덧붙여진다고 보는 입장과 비슷하다. 광역규모 이상의 기후와 땅은 비교적 자기 속성을 유지하는 틀이며 바람, 물, 생물의 이동은 일시적인 과정이다. 이는 생태계의 특성을 구조와 기능으로 양분하는 접근과 다름이 아니다. 그러나 이러한 해석은 공간규모의 위계에서 큰 쪽과 작은 쪽 그리고 시간규모의 위계에서 느린 것과 빠른 것으로 양분하여 시공간이 가지는 연속성을 가리는 한계도 있다. 이는 모든 자연현상을 구조와 기능으로 나누는 작업이 사실은 말처럼 단순하지 않은 것과 비슷한 이치이다.

그러나 물질적 존재를 사건들의 집합 또는 연속으로 보는 시각[95]은 바로 구조와 기능의 상대성과 내포위계(nested hierarchy)를 의미한다.[96] 체계 안에서 전체는 부분을 포함하

93) 경사방향과 높낮이가 삼림생태계에서 일어나는 임분의 발달속도, 교란, 천이의 공간적 시간적 유형을 결정하는 중요한 인자라는 연구결과는 이런 해석을 부분적으로 지원한다(Hadley 1994).

94) 소광섭 1999.

95) 소광섭 1999.

96) 내포위계란 대학교 안에 단과대학이 있고, 단과대학 안에 학과들이 있는 것처럼 상위수준이 하위수준을 포함하는 경우를 말한다. 반면에 장군 아래 영급 그리고 위관급, 하사관, 일반 장병으로 이어지는 위계는 비내포위계이다. 근래의 경관생태학에 주요한 이론틀을 제공하고 있는 위계이론에 대해서는 제3장에

며, 부분의 변화는 전체에 흡수되듯이 기능은 구조 속으로 녹아들고 새로이 탄생하는 물질적 존재는 기능을 여과하는 과정의 연속으로 체계는 유지된다. 오늘날의 생태학은 낡은 껍질을 깨고 다음 위계로 가기 위해 이러한 구조와 기능의 상대성을 수용하는 새로운 개념이 필요한 것이 아닐까? 이것은 필자의 개인적인 생각이지만 아직 실용화 단계로 이끌 만큼 개념을 성숙시키지 못하고 있다.

상자글 2

바탕-조각-통로의 용어와 모형

1980년대 이후 빠르게 발전하고 있는 경관생태학 분야에서는 토지를 바탕 - 조각 - 통로로 이루어진 모자이크로 보고, 그 모자이크 안에서 일어나는 생태적 과정과 변화를 주로 연구하고 있다. 여기서는 경관생태학의 이해를 돕기 위해 중심용어와 모형을 간략히 살펴본다.

때로 matrix를 배경이라 옮기는 경우가 있지만 경관이 형성되는 과정을 고려한다면 바탕이 더 적절하다. Levin(1997)의 글을 보면 '바탕'이라는 우리말의 의미가 좀더 matrix에 접근하고 있다는 것이 분명해진다: "Maintaining resiliency is a key to sustainability and that involves as a matrix for selection." background와 matrix를 동의어로 사용하는 경우도 있다(Forman & Godron 1986, p. 157): At the onset of [this] desertification process, the farmer lived in a background or matrix of green agricultural land. At the end, the matrix was barren land. 때로 경관생태학자들은 background matrix라는 복합어를 사용하기도 한다: A landscape appears as patches and corridors of vegetation on a background matrix consisting of the dominant form of land use.[97] 이 경우에는 배경바탕이라 옮겨도 그다지 문제가 되지 않을 것이다.

patch를 조각으로 옮기는 것은 '나무조각', '종이조각' 같이 작은 것을 가리키는 것 같아 어색한 느낌을 준다. 그러나 땅을 하늘에서 육안으로 내려다보거나 항공사진 또는 인공위성 영상을 통해서 볼 때 헝겊조각을 덧댄 누더기나 백지에 작은 종이조각들을 붙여 만든 모자이크 작품과 같은 느낌을 주는 데서 연유된 말이라 조각이라 하는 것이 적절하다.

corridor를 회랑으로 옮기는 경우도 있지만 폐쇄된 공간을 가리키는 느낌을 주어 적당하

서 다시 논의한다.

97) Golley 1998, p. 91.

지 않다. 그 양쪽에서 바탕과 다른 좁은 띠 모양의 토지를 나타내는 말(Forman & Godron 1986, p. 123)을 의미한다면 '띠' 또는 '줄기'라는 순수한 우리말로 옮기는 것이 더 적당하겠지만, 영어에서 strip이라 하지 않고 굳이 corridor라 하여 그 안에서 일어나는 흐름을 시사한 사실을 고려하여 '통로'라 옮긴다.[98] 무엇보다 '생태통로' 등과 같이 이미 상당히 많이 사용되고 있어 다른 말로 옮기면 혼란을 일으킬 가능성이 크다.

길, 하천, 방풍림, 동력선 등 기능적으로 구분되는 요소들을 통로로 묶는 까닭은 시각적인 모양을 기준으로 했기 때문이다. 이는 기능을 생각하기 전에 구조를 먼저 본 접근에서는 당연한 결과이기도 하다. corridor 안에 하천이나 생울타리(실제로 유럽의 경우는 통로요소로서 우리나라의 방풍림보다 긴 생울타리를 논의하고 있다)를 포함시키는 것은 나름대로 문제를 이해하는 데 도움이 되는 것이 분명하다. 이는 corridor에 대한 적절한 우리말을 찾아야 한다는 것을 의미하며 서로 다른 요소를 무리하게 묶는 문제는 아닐 것이다.

또한 경관 안에서 이러한 구분은 공간적인 위계개념 안에서 고려해야 한다는 사실을 숙지해야 한다. 대규모에서 나눈 조각 안에도 통로가 가지는 기능은 분명히 있다. 그것은 조각과 통로의 동일한 기능을 말하기보다 조각 안에 하위규모의 통로가 있기 때문이다. 이를테면 도로로 나누어진 숲을 하나의 조각으로 본다고 해도 숲 안에는 사람의 눈으로 쉽게 확인할 수 없는 대형 포유동물의 통로가 자리하고 있다. 그리고 포유동물의 통로로 나누어지는 보이지 않은 조각요소들 안에는 더 작은 포유동물과 벌레들의 통로 또한 자리하고 있을 것이다. 이처럼 통로만 생각해도 규모의 위계가 나타난다.

말이 나온 김에 지금의 경관생태학이 기반으로 삼고 있는 바탕 - 조각 - 통로 모형의 유용성과 한계에 대한 글쓴이의 개인적인 견해도 언급해 놓는 것이 좋겠다. 경관을 바탕 - 조각 - 통로 모형으로 보는 시각은 20년이 채 되지 않는 역사를 가지고 있지만 전체로서 경관을 이해하는 데 도움이 되고 있다. 그러나 자연과 인간활동으로 그려지는 땅 위의 현상을 모자이크로 보는 것도, 그 모자이크가 크게 3가지 종류의 경관요소로 나누어져 있다고 보는 것도 하나의 관점일 뿐이다. 그 관점은 대부분의 모형이 그러하듯이 문제를 이해하는 데 도움을 주는 것이 분명하지만 다른 측면을 이해하는 데 제약요소로 작용할 수 있다(Wiens 1995).

이처럼 땅에 대해 구조적인 분류를 먼저 시도하고 그것들을 기능과 연결시키기 위해 각 분류단위에 나타나는 여러 가지 유형을 중심으로 설명해 나가는 방식은 서양 과학에

98) 영어에서 matrix 그리고 patch와 함께 구조적인 측면을 강조하는 용어를 사용하지 않고 선형요소에는 다른 기준을 적용하여 corridor라고 함으로써 잘못이 시작되었다. 경관의 선형적 요소(linear element)로 바탕이나 조각과 같이 구조적인 의미가 강한 '띠' 또는 '줄기'가 오히려 타당한 용어라는 생각이 든다. 그러나 이미 통로라는 말로 상당히 일반화된 상황에서 다른 말로 바꾸기에는 늦은 감이 있다.

익숙한 우리에게 분명히 배움의 편의를 제공하는 것은 사실이다. 그러나 바람과 물을 뜻하는 풍수라는 말로 기능적인 분야를 먼저 내세우고 있는 우리의 전통적인 시각에는 분명히 서양의 접근과 대별되는 모습을 볼 수 있다. 흔히 사용하는 '맥(脈)을 짚는다'는 표현도 흐름을 겨냥하고 있고, 서양의 원자론과 대조적으로 『동의보감』에서 인체를 원기론에 입각하여 신체의 구조보다 기능적인 측면을 강조하고 있다.[99] 또한 삼재론의 근간이 되는 천지인(天地人)이라는 말도 자연과 사람의 관계를 전제하고 있는 기능적인 시각으로 바라볼 때 나오는 말이다.[100]

여기서 필자가 충분히 소화시키지 못한 개념을 언급하는 것은 적어도 다음 세대들이 매듭을 풀 수 있기를 바라는 마음과 함께 이 책에서 접근하는 모형이 경관의 일부 측면을 해석하는 데 지금으로서는 분명히 도움이 되고 있지만 오히려 더 중요한 다른 측면을 보는 데 방해요소가 될 수도 있다는 사실을 유념시키기 위해서다. 바탕 – 조각 – 통로 모형을 들여다보면 볼수록 어떤 정형에 갇혀 있는 답답함이 솟아나는 것은 필자 자신이 가지고 있는 솔직한 심정이다.

상자글 3

생태적 교란

"세상살이에 곤란 없기를 바라지 말라. 세상살이에 곤란이 없으면 제 잘난 체하는 마음과 사치한 마음이 일어난다. 그래서 성인이 말씀하기를 '근심과 곤란으로써 세상을 살아가라' 하셨느니라"(보왕삼매론 중에서). 보왕삼매론이 인간의 삶에 나타나는 병, 곤란, 장애, 마(魔) 등의 요소를 삶의 일부로 받아들이도록 가르쳐 온 것처럼 오늘날의 생태학은 경관에서 교란을 이미 외부적인 사항이 아닌 경관형성의 필수적인 요소로 받아들이고 있다. 이는 고전생태학에서 자연의 외부요소로 간주되던 인간이 경관생태학의 발달과 함께 생태계의 주요 내부요소로 받아들여지는 배경과 비슷하다(Jones 등 1997).

생태적 교란은 생태계, 군집 또는 개체군 구조를 흩뜨리고, 자원과 기질(substrate)의 이용도 또는 물리적 환경을 변화시키며, 어떤 시간 안에서 비교적 시작과 끝이 분명한 사건으로 정의한다(Pickett & White 1985). 산불과 홍수, 태풍, 산사태, 화산폭발, 병충해 그리

99) 신동원 등 1999.
100) 우실하 1998.

고 인간의 관리활동 등은 경관에 느닷없이 가해지는 대표적인 교란의 보기이다(Pickett & White 1985, Merriam 등 1991, Turner 등 1997, Swanson 등 1998, Radeloff 2000a).

교란이란 부정적인 뉘앙스를 주지만 체계의 존속과 발전에 때로는 긍정적인 작용도 한다. 이를테면 빗방울이 거미줄을 흔드는 것은 많은 경우 부정적으로 작용하겠지만 거미줄에 곤충이 붙어 일어나는 짧은 기간의 교란은 거미의 먹이를 제공하여 거미와 거미줄이 이루는 체계의 밑바탕이 된다(Ahl & Allen 1996). 또한 주기적인 산불은 큰 나무의 영구적인 정착을 막아서 미국 캘리포니아의 채퍼랠(chaparral) 지역 유지에 없어서는 안 될 요소이다(이도원 등 2001). 규모가 작은 산불은 큰 불을 예방하는 방안으로 이용되며, 홍수는 하천변 생태계의 복원방법의 가능성까지 보이고 있다(Ellis 등 1999). 또한 교란은 공간적인 이질성을 조성하는 데 매우 중요한 요소이다(Turner 등 1997, Swanson 등 1998). 특히 어떤 체계가 긴 세월 동안 주기적으로 나타나는 교란과 상호작용하여 자신을 적응시켜 왔을 때 교란은 체계유지의 필수적인 요소가 된다.

이러한 교란체제(disturbance regime)는 공간분포와 발생빈도, 회복간격, 반복기간, 예측도, 면적, 강도, 심각성 그리고 상승효과(synergism)를 포함하는 다양한 특징에 의해서 기술되며(Pickett & White 1985, Rykiel 1985), 경관생태학의 중요한 주제이다.

제2장

토지이용과 환경변화

시작하며

토지는 일찍이 노동 및 자본과 함께 생산의 3대 요소로 간주되었지만 토지이용문제는 주로 경제학자와 지리학자, 인류학자, 계획가, 정책학자 등의 사회과학자들에 의해서 연구되었을 뿐 생태학자들의 관심 밖에 있었다.[1] 그러나 토지이용변화가 자연교란과 함께 지표상태를 변화시키는 강력한 동인이며, 환경문제와 직접적으로 연결된다는 사실을 알게 되면서 경관생태학과 지구생태학 영역의 주요 주제로 등장하게 되었다.[2]

토지이용변화는 인구성장, 경제발전, 기술, 환경변화와 밀접한 관계를 가지고 있다. 토지이용의 근본목적은 인간의 생활을 효율적으로 지원하는 것이지만, 오히려 그 과정은 토지자원의 생산성 지원능력을 저하시키는 경우가 많고, 우리가 겪고 있는 많은 환경문제를 유발시키기도 한다.[3] 그 주요 원인은 대부분의 토지이용과 관련된 의사결정 및 실행과정이 경관과 광역이라는 상위규모의 맥락 안에서 이루어지기보다는 주로 국지적인 조각요소들에 작용하는 경우가 많기 때문으로 보인다.

이러한 토지이용은 경관유형을 변화시키며, 동시에 에너지와 물질, 생물, 정보의 분포를 결정하는 생태적 과정을 변화시킨다. 이러한 과정은 구체적으로 흔히 온실효과기체(greenhouse gas)로 알려져 있는 이산화탄소(CO_2)와 메탄(CH_4), 아산화질소(N_2O) 등의 생산과 생물 다양성 손실, 토양침식과 질 저하, 알베도(albedo)와 미기후변화, 수문 및 수질과정변화와 같은 환경문제

1) Platt 1996, 이정전 1999.

2) Meyer & Turner 1994, Dale 등 2000.

3) Lubchenco 등 1991, Houghton 1994.

와 바로 연결되어 있다.[4)] 이 사실은 우리가 지금 겪고 있는 환경문제에 올바르게 대처하기 위해서 경관유형과 토지이용, 나아가 토지이용을 결정하는 배경까지 이해해야 한다는 것을 의미한다.

이러한 배경 아래 이 장에서는 토지이용과 관련된 경관형성 및 환경변화의 관계를 잇는 개념적인 모형을 간략히 살펴보고, 구체적으로 토지이용에 의해 영향을 받는 물리적 · 생물적 과정을 설명한다.

경관형성과 환경의 질

경관생태학의 주요 단위인 경관은 지질과 토양, 식생, 동물들이 자아내는 자연적 요소뿐만 아니라 경작지, 거주지, 공장부지와 같은 인간활동의 결과를 포함한다. 공간적으로 경관은 수평방킬로미터의 크기이며, 이질적인 지형, 식생형태, 토지이용의 모자이크로서 이루어진다. 그러한 모자이크는 크게 (1) 긴 역사에 걸쳐 일어나는 지질적 · 기후적인 과정, (2) 지구표면의 생물군집 형성으로 대표되는 생물적 과정, (3) 자연발화에 의한 화재나 태풍, 산사태 등의 자연적인 교란 그리고 (4) 화전, 벌채, 농경활동, 도시건설과 같은 인위적 교란의 종합적인 영향에 의해 이루어진 결과로 볼 수 있다.[5)]

최근의 경관생태학은 경관형성에 점점 더 큰 영향력을 발휘하고 있는 인간활동뿐만 아니라 그것을 좌우하는 인문사회학적 부문까지 연결시켜 경관구조와 기능의 변화를 기술하고 예측하려는 시도를 하고 있으며, 생태적 · 문화적 경관 다양성의 복원을 주장하기도 한다.[6)] 이를테면 토지의 소유권과 인구이동 그리고 토지이용정책을 포함하는 사회경제적 요인은 필연적으로 경관유형에 영향을 주고받을 뿐만 아니라 물질과 에너지 이동을 변화시키며 그에 따라 환경의 질에 막대한 영향을 주기 때문에 경관생태학의 연구대상이다.[7)] 또한 이용가능한 폐수처리기술의 선택도 농촌의 경관유형을 결정하는 인자가 된다.[8)] 그러나 아직은 경관생태학이 자연과학적인 학문배경을 가진 학자들에 의해서 주로 다루어지고 있기 때문에 이러한 측면을 고려한 연구는 미흡한 수준에 머물러 있다.[9)] 그럼에도 불구하고 지금까지 밝혀진 자료를 바탕으로 자연생태적 · 인문사회적 요소들이 경관유형 및 기능과 연결되는 과정을 요약해 보면 그림 2.1과 같다.

그림 2.1에서 위 부분은 생태적 · 인문사회적 요인에 의해서 경관구조가 이루어지는 과정을 의미하며, 오른쪽 부분은 경관구조에 의해서 영향을 받는 기능을 나타낸다. 이러한 경관기능이 인류의 지속가능성과 연결되는 과정을 아래 부분에 표현했다. 궁극적으로 각각의 과정과 요소는

4) Wallace & Oliver 1990, Lubnchenco 등 1991, Meyer & Turner 1994, Laurance 등 1998, Cairns 등 2000.

5) Holling 1992, Leser & Nagel 1998 그림 1.14.

6) Poore & Poore 1987, Lucas 1992 인용, Urban 등 1987, Naveh 1998, Crow 등 1999, Burgi 1999.

7) Lee 등 1992, Zheng 등 1997, Bjorklund 등 1999, Pan 등 1999.

8) Lagro 1998.

9) Russell 1997, Burgi 1999.

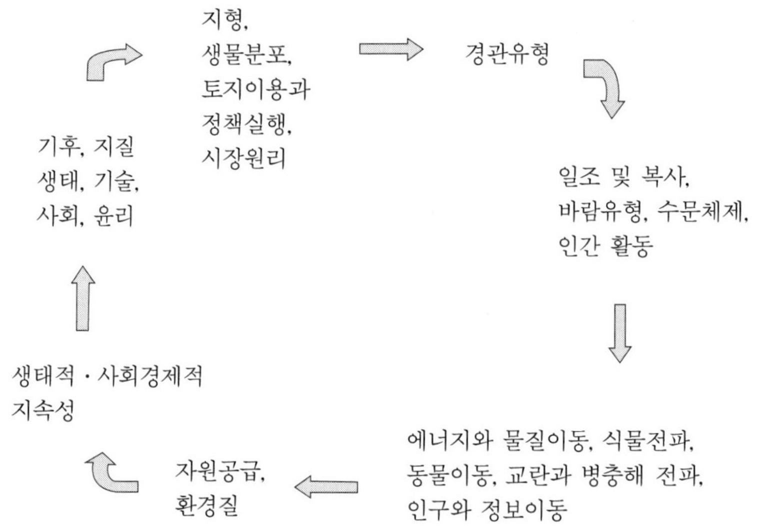

그림 2.1 자연과정과 함께 인문사회적 요인은 경관유형을 결정하고, 기능을 변화시킴으로써 환경의 질과 자원공급 그리고 체계의 지속성에 영향을 준다.

서로 다른 차원과 크기로 다른 모든 요소에 영향을 주지만 그림 2.1은 자연 · 인문 · 사회적 요인이 경관구조와 기능 그리고 환경의 질, 나아가 생태적 · 사회경제적 지속성에 영향을 주고 되먹임되는 과정을 강조한다. 요컨대 경관구조는 기능인 에너지와 물질흐름, 생물적 · 문화적 정보의 생성과 소멸 그리고 이동에 큰 영향을 미침으로써 환경의 질과 밀접한 관계를 가지기 때문에 환경관리의 단초가 된다.[10]

이런 측면을 강조하면 경관생태학은 경관의 구조와 기능 그리고 이들이 이루는 환경의 질과 관계를 현장조사, 항공사진, 원격탐사, 지리정보체계, 수학적 모형, 통계적 분석, 컴퓨터 모의실험 등의 연구방법을 통해서 정성적 · 정량적으로 규명하여 환경관리의 효용성 향상을 도모하는 학문으로 다시 정의해도 좋을 것이다.[11]

토지이용과 물리적 · 생물적 환경의 변화

이쯤에서 우리 조상들이 찾아오기 전의 한반도는 어떤 모습이었을지 상상해 보자. 알려진 자

10) 이를테면 전라남도 진도군 하사미 마을에서 해충구제를 겨냥하는 충제(蟲祭)라는 전통적 마을행사가 농약사용으로 약화되면서 나타나는 공동체 활동과 의식 그리고 환경의 변화를 지적한 생태인류학적 접근은 경관의 구조에 대한 논의는 없으나 기술, 사회조직, 관념과 연결된 경관구조와 기능의 변화에 대한 연구가능성을 가지고 있다(전경수 1997).

11) Turner 1990.

료들을 기반으로 유추해 보면 숲이 우거진 바탕 곳곳의 저지대에 물이 고인 공간과 자연적으로 발생한 산불에 의해 훼손된 조각들이 자리잡고, 강의 상류와 하류를 연결하는 하천통로가 있었을 것이다. 그 경관 속으로 사람이 들어서면서 화전민들이 일군 밭과 같은 경관조각 그리고 사람들이 다니면서 만든 길이 통로의 모습으로 나타나기 시작했다. 이와 함께 숲의 일부가 경작지로 바뀌고 경작지가 버려져 묵밭으로 되는 2차 천이가 진행되는 한편, 개발활동으로 새로운 토지이용이 나타났다. 이런 토지표면의 변화에 따라 생겨난 경관요소 각각에서 여러 가지 생태적 과정들도 변화를 겪게 되었다.

이처럼 숲, 농경지, 묵밭, 길과 도시라는 토지표면의 물리적 · 화학적 · 생물적 과정은 서로 다르고 그에 따라 그 위에 연출되는 생태적 과정도 구별된다. 여기서는 이러한 토지표면의 차이로 나타나는 생태적 과정을 태양 복사 에너지, 바람, 수문과 하천환경, 토양과 영양소, 생물로 구분하여 소개한다. 이처럼 개별 경관요소의 표면특성과 기능을 살펴보는 일은 각각의 경관요소들 내부와 그 요소들의 상호작용에 의해 경관 모자이크 안에서 일어나는 과정을 이해하는 데 도움이 될 것이다.

태양 복사 에너지

숲과 농경지, 묵밭, 맨땅, 도회지의 아스팔트 공간에서 일어나는 열의 복사와 증발에 사용되는 에너지가 다르다는 것은 그 안에서 일어나고 있는 물리적 · 생물적 현상의 차이로 쉽게 느낄 수 있다. 이처럼 경관요소의 표면상태는 유입되는 에너지에 대해 다른 반응을 함으로써 경관 안에서 일어나는 에너지 유동에 영향을 주게 된다. 이를테면 식생피복구조의 차이는 서로 비교되는 에너지 반응과정을 유발한다.[12)] 알베도는 경관요소로 들어오는 태양 에너지에 대해 반사되는 에너지의 비로 정의된다. 어떤 경관으로 유입되는 태양 에너지량을 x좌표로 하고 반사되는 양을 y좌표로 하여 그래프를 그리면 기울기가 알베도가 되며,[13)] 이 값은 표면의 색뿐만 아니라 복사 에너지가 표면구조에 의해 포착되는 정도에 따라 다르다(그림 2.2). 북반구의 소나무숲에서 알베도는 7.5% 가량 되며, 상록 관목이나 숲의 경우에는 평균 20%이고, 방목초지에서는 20~30%이다(표 2.1). 알베도의 범위가 식생으로 덮여 있는 토양에서 보통 10~25%로 나타나지만 맨땅은 더 높고 건조하며, 밝은 모래지역에서는 35~45%까지 올라가며,[14)] 눈으로 덮이면 70% 정도 된다.

농경지에서 식생피복은 계절적 변화가 숲보다 심하기 때문에 그에 따라 연간 복사 에너지 수지와 알베도 변화도 크다.[15)] 식생이 없는 토양에서 알베도는 토양조성과 수분함량에 의해서 크게 달라지는데 일반적으로 유기물과 수분함량이 낮은 토양에서 알베도는 높다(표 2.1, Forman

12) Ryszkowski & Kedziora 1987, Wallace & Oliver 1990.

13) Wallace & Oliver 1990, Monteith & Unsworth 1990.

14) Melillo 1994.

15) Wallace & Oliver 1990, Hobbs 등 1993.

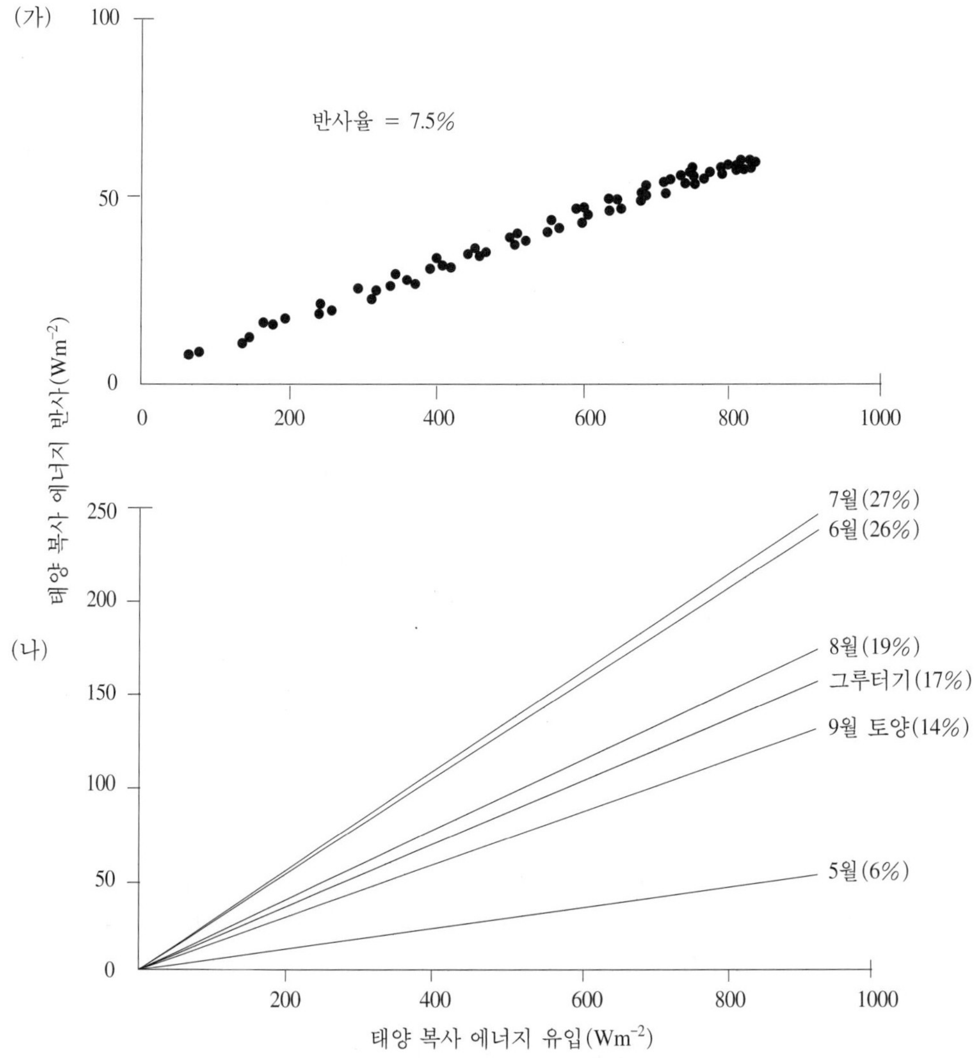

그림 2.2 (가) 소나무숲에서 유입되는 태양 복사 에너지와 반사되는 에너지의 관계와 (나) 보리밭에서 알베도의 계절적 변화

1995).

일반적으로 숲의 천이가 진행됨에 따라 식생량이 증가하며, 그에 따라 달라지는 알베도에 반응하여 생태계로 들어온 에너지로부터 나간 에너지를 뺀 값으로 정의되는 순복사 에너지와 증발산은 증가하고 기온과 토양온도는 감소한다. 순복사 에너지는 총광합성량과 밀접한 관계가 있고, 높은 엽면적지수는 증발산량 증가와 지표면에 도달하는 태양 에너지량의 감소요인으로 작용하여 기온과 지온 감소에 중요한 인자로 가정하면 천이에 따른 이 변수들의 변화경향은 대

표 2.1 지구표면물질에 대한 알베도

표면물질	상 태		알베도	
물	잔잔함, 태양각도	60°	0.05	
		30°	0.10	
		20°	0.15	
		10°	0.35	
		5°	0.60	
	출렁거림, 태양 각도	60°	0.10	
눈, 얼음	신설: 낮은 밀도		0.85	
	높은 밀도		0.65	
	오래된 눈: 깨끗함		0.55	
	더러움		0.45	
	얼음: 깨끗함		0.35	
	더러움		0.25	
모래	건조하고 밝은 색: 높은 태양		0.35	
	낮은 태양		0.60	
	회색: 젖은 경우		0.10	
	마른 경우		0.20	
	흰색: 젖은 경우		0.25	
	마른 경우		0.35	
토양	유기물, 어두운 색		0.10	
	점토		0.20	
	사질토: 밝은 색		0.30	
초지	살아 있을 경우		0.20	
	죽은 경우: 젖은 경우		0.20	
	마른 경우		0.30	
	자연초지		0.25	위도 32
경작지	곡류, 담배밭		0.25	
	목화, 감자, 토마토밭		0.20	
	사탕수수밭		0.15	
	오렌지 과수원		0.16	위도 32
	목초지		0.25	위도 32
숲	열대우림		0.15	
	유우칼리나무숲		0.20	
	소나무숲		0.10	
	활엽혼효림		0.18	
	활엽수림		0.18	위도 51
	침엽수림		0.16	위도 51
	유칼립터스		0.19	위도 32
	열대우림		0.13	위도 7

자료: R. Lee 1980(Dingman 1994 재인용)와 Gates 1980에서 발췌.

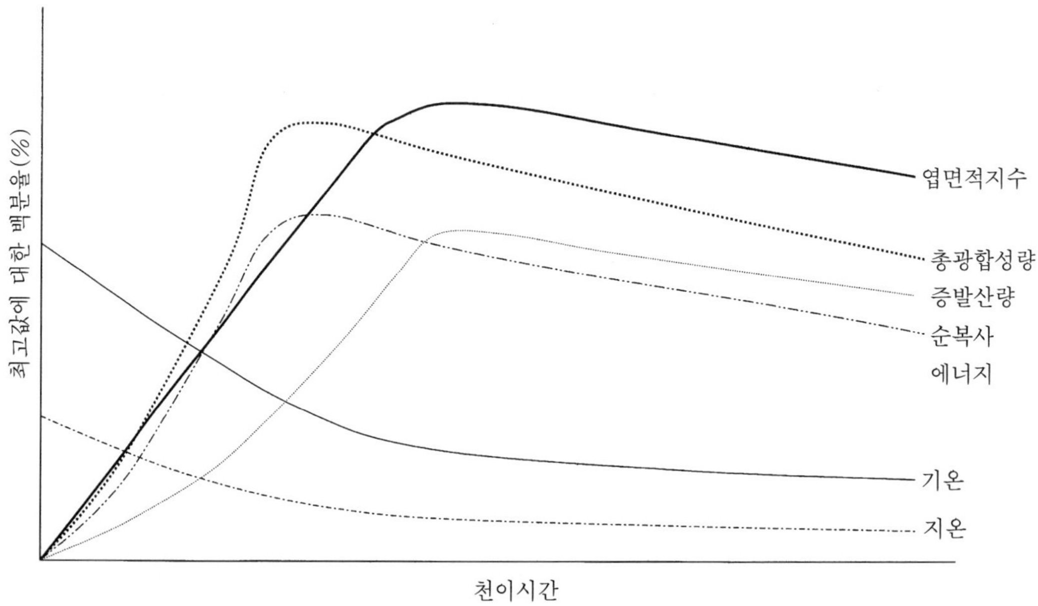

그림 2.3 숲의 천이가 진행됨에 따라 생물량, 엽면적지수, 순복사 에너지, 증발산, 복사되는 표면온도 및 토양온도의 변화경향

략 그림 2.3과 같다. 전통적인 천이이론에서는 일정한 면적의 육상지역이 동질적인 숲으로 변해가는 것으로 간주했지만, 근래에는 오히려 천이가 진행되는 동안 자연적 · 인위적 교란작용이 역동적으로 작용함으로써 서로 다른 천이상태의 조각들이 숲을 이루고 있는 것으로 본다. 곧 숲 경관이 그림 2.3에서 제시하는 특성들을 가진 조각들의 복합적인 조합으로 내부적인 흐름이 어느 정도 조절된다는 뜻이기도 하다.

폴란드 서부 저지대의 투류(Turew) 지방에 있는 포즈난(Poznan) 남부 경관에 대한 20년 이상의 연구에 의하면 맨땅, 밀밭, 초지, 숲으로 갈수록 증발에 사용되는 잠열(latent heat)이 크게 증가하는 반면에 공기를 데우는 에너지량은 감소했다(표 2.2). 앞서 살펴본 바와 같이 맨땅에서 숲으로 갈수록 경관바탕의 거칠기는 증가한다.[16] 숲에서는 태양에서 공급되는 순복사 에너지량보다 더 많은 에너지를 증발산에 소비하는데, 이때 부족한 에너지는 주변의 경관요소로부터 유입된다.[17] 이 사실로부터 거친 경관바탕은 많은 에너지를 증발산에 소비함으로써 주변으로부터 에너지를 유입하며, 이때 눈에 보이지 않는 물질이동을 동반한다는 사실을 알 수 있다.[18]

---

16) Lee 등 2000a, b. 표면거칠기(surface roughness)에 대해서는 또한 이 책의 3장에서 자세히 다룬다. 수문학에서는 흔히 roughness를 조도(粗度)라고 옮기고 있으나 우리말의 '거칠기'가 의미를 잘 전달한다고 판단되며, 기상학 분야에서도 거칠기라는 용어를 사용하고 있다(윤진일 1999).

17) Calder 1986.

표 2.2 폴란드 서부 저지대 투류 지방에서 225일의 생장기간 동안 측정된 경관요소들의 열 수지 및 증발산량(mm) 비교

열 변수	경관요소			
(mJ/m²)	맨땅*	밀밭	초지	방풍림
순에너지 이용량	1,575	1,536	1,494	1,730
증발 잠열	866	1,090	1,250	1,522
공기 가열	651	385	215	121
토양 가열	47	61	29	87
공기 가열/증발 잠열	0.76	0.35	0.17	0.08
증발산량(mm)	346	436	500	609

* 866 + 651 + 47 = 1,564로 원래 논문에서 잘못이 있으나 확인하지 못했음.

Landscape Ecology, Volume 1, 1987, pp. 85–94, "Impact of agricultural landscape structure on energy flow and water cycling," L. Ryszkowski & A. Kedziora, Table 3,

알베도의 차이 때문에 지표변화는 지역의 에너지 분포에 영향을 줌으로써 경관수준에서 일어나는 수문적 · 생태적 과정에도 중요한 변수가 된다. 이를테면 광범위한 지역의 나무 모두 베기는 수관부에서 일어나던 에너지 교환을 없앰으로써 수십 내지 수백 킬로미터 규모의 지역에서 대기 난류와 번갯불을 동반한 호우를 유발시키기도 한다. 숲은 증발산작용으로 많은 에너지를 소비하는 반면에 농경지와 도시경관은 더 많은 열을 발생시키고, 그 결과 수직의 대류기둥(convection column)을 형성한다. 많은 거주민들이 정착하기 전에 연속되어 있던 미국 조지아 주의 숲이 10~40헥타르 크기의 숲, 경작지, 도시지역으로 바뀜에 따라 뇌우가 증가한 것을 컴퓨터 모형연구로 알 수 있었다(Pielke 등 1997).

바 람

바람은 공기의 움직임으로 대규모에서는 불균일한 기온과 대기압분포로 일어나며, 지구 자전의 영향을 받고, 중소규모에서는 지형의 특징이 바람의 방향과 속도에 영향을 미친다.[19] 경관과 광역수준에서 토지이용변화는 알베도와 표면거칠기, 잎 면적, 피복도, 수분유동에 영향을 주고 그에 따라 토지표면의 에너지 유동을 변화시키며, 결과적으로 온도와 강수, 수분뿐만 아니라 바람의 속도에 영향을 준다.[20] 이를테면 토지이용과 관련된 에너지 분포와 유동은 발생하는 바람의 방향과 강도를 결정하고 풍속은 지표의 거칠기에 따라 변한다.

18) Forman 1995, Lee 등 2000a, b.

19) 오재호 1999.

20) Peklke 등 1991, Copeland 등 1996.

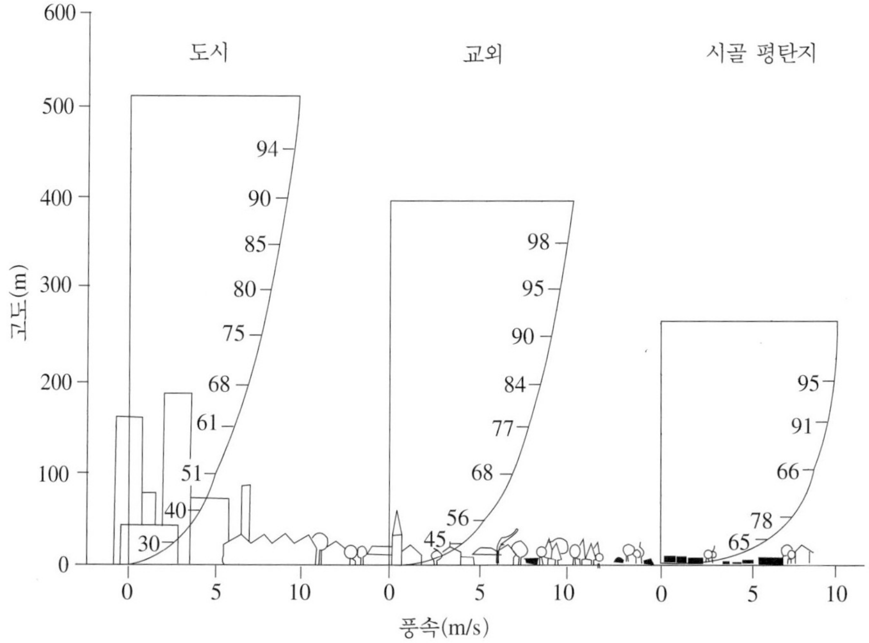

그림 2.4 도심지역, 교외지역 그리고 지형이 평탄한 시골지역에서 거칠기 변화에 따라 나타나는 풍속 단면도의 변화

평탄한 자연지역에서는 지표 부근까지도 비교적 풍속이 강하지만 교외와 도심지역으로 갈수록 고층건물에 의한 표면의 거칠기 증가로 풍속은 급속히 줄어든다(그림 2.4). 뿐만 아니라 도심지역으로 갈수록 이산화탄소와 오염물질의 농도가 증가하고, 특히 여름에는 과도한 열 분포에 의해 바람의 신선도가 저조하다. 그리하여 경관에서 건물의 크기, 방향 등을 고려한 배치는 바람의 방향과 속도, 공기 신선도의 공간적인 분포에 영향을 주기 때문에 최근의 환경계획과 설계부문에서 관심을 끌고 있다.[21)]

자연지역에서 잘 발달된 식생수관은 거칠기를 증가시켜 지표 가까이 지나가는 바람의 속도를 줄인다.[22)] 수목과 관목을 벌채하고 경작지나 초지로 바꾸는 경우 바람속도의 수직분포는 변하며 이전에 보호되던 지표가 바람에 노출된다. 따라서 바탕의 파편화는 남아 있는 숲 부분을 강한 풍속에 노출시킴으로써 나무가 넘어질 확률과 잎의 증발산을 높일 뿐만 아니라 새들이 둥지를 트는 데도 문제를 일으키며,[23)] 아울러 경작지의 표토 유실을 조장한다. 마을 주변의 숲이 훼손되었을 때 바람이 작물과 가축에 미치는 영향은 심각하기 때문에 구미에서는 많은 연구가 이

21) 엄정희 2000.

22) Geiger 1965.

23) Lovejoy 등 1986, Reville 등 1990.

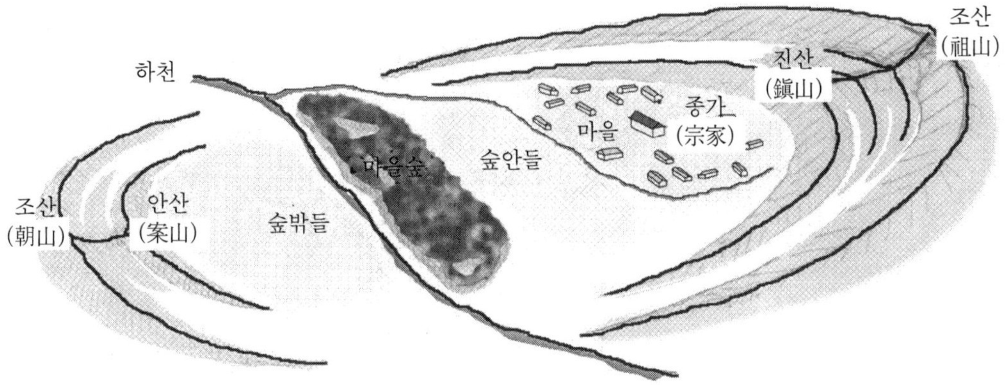

그림 2.5 우리나라 전통마을과 마을숲의 전형적인 공간관계

루어졌다.[24]

우리나라 전북 농어촌지역에서 이루어진 연구에 의하면 마을숲은 마을 가까이에 위치하여 마을보호가 목적이었다면, 해안숲은 마을로부터 떨어져 있어 해풍으로부터의 작물보호가 목적이었다.[25] 같은 연구에서 마을숲은 도로나 개천을 따라 소나무와 개서어나무, 느티나무로 이루어졌고 평균수고 21.9미터였으며, 해안숲은 대부분 해안선을 따라 평균수고 12.4미터의 곰솔로 이루어져 있었다. 나무높이는 방풍림을 지난 바람이 지면에 미치는 거리뿐만 아니라 경작지에 미치는 그늘의 범위를 결정하여 생산량과도 관계가 있기 때문에 필시 고려된 사항일 것이다.[26] 나아가 마을숲과 해안숲이 가지는 평면적인 측면뿐만 아니라 수직적인 특성을 고려하여 바람이 작물에 미치는 영향뿐만 아니라 마을에서 일어나는 삶과 이루는 물질적 · 정서적 관계를 연구해 볼 필요가 있다(그림 2.5). 이러한 방풍림의 효과에 대해서는 제6장에서 통로의 한 형태로서 다시 고려할 것이다.

특히 지구온난화와 함께 토지이용변화와 관련된 광역규모 이상의 기후변화에 대한 연구주제가 최근에 관심을 끌고 있으나,[27] 경관수준에서 바람을 매개로 생태적 과정과 사람의 활동에 미치는 영향을 뒷받침하는 실증적이고 정량적인 자료는 아직 많지 않다.

---

24) Forman 1995.

25) 마을숲이 풍수, 마을 토착신앙 등과 관련된 역사, 문화, 사상적인 측면과 관련이 있는 반면에, 해안숲은 방풍과 비사방지 등 실용적인 목적과 관련이 있다고 한다(박재철 1998).

26) 중국 만주지방의 농경지에서 가로수 가까운 곳은 그늘 때문에 작물의 생산량이 적어지기 때문에 토지 할당에서 고려하고 있다(김영환 개인 제공).

27) Baron 등 1998, Stohlgren 등 1998.

수문과 하천환경

경관에서 물의 순환은 이용목적에 따라 여러 가지 다양한 정도로 개념화될 수 있으며(그림 2.6), 그 속에서 일어나는 물의 경로 또한 다양하다. 이 과정에서 식물과 토양 그리고 인공구조물의 표면특성은 땅에 내린 비와 눈의 운명, 대기로 되돌아가는 경로와 시간, 지표면의 열 수지에 작용하는 인자로서 물의 순환과정에 지대한 영향을 주기 때문에 토지이용형태 및 피복상태는 수문현상과 밀접한 관계를 가진다.[28)]

증발산과 토양의 수분보유능력을 바꿈으로써 수문현상에 변화를 일으킬 뿐만 아니라 광역수준에서 알베도와 강우를 바꾸는 식물의 역할은 일찍부터 관찰되어 왔다. 이를테면 사하라 지역의 우기에 식생이 없는 경우보다 있는 경우 알베도가 낮아 43% 가량 더 많은 강우가 내릴 것으로 예측되었다.[29)] 미국 록키 산에서 아고산대 유역의 40% 가량에서 성숙한 숲을 벌채했을 때 총유출량은 25% 이상 늘어났다.[30)] 미국 동남부 삼림에서 낙엽활엽수림을 침엽수로 바꾸었을 때 엽면적(leaf area)이 늘어남에 따라 비와 눈의 차단(interception)이 증가하고 증발산이 200밀리미터 이상 늘어나서 하천으로 흘러드는 물의 양이 줄어들었으며,[31)] 폴랜드 포즈난 남부에서는 방풍림에서 발생하는 증발산이 밀밭보다 170밀리미터 가량 높았고,[32)] 아프리카에서는 외래종을 도입하여 숲을 형성한 다음 증발산 증가로 수자원 고갈현상을 겪기도 했다.[33)] 미국 콜로라도 주 덴버를 중심으로 이웃의 와이오밍 주와 네브라스카 주 일부를 포함하는 62,900평방 킬로미터 면적의 유역(South Platte River basin)에서는 도시 및 농경지 개발에 따른 토지피복변화로 증발산에 의한 수분손실이 연간 114mm 정도 증가하는 것으로 추정되었으며,[34)] 같은 지역에서 토지이용이 지역 기후와 식생, 하천 유량변화에 초래한 영향은 이산화탄소와 온실효과기체에 의해서 유발되는 지구규모의 온난화 효과를 능가했다.[35)]

나아가 숲의 천이 정도와 벌목되는 숲조각의 상대적인 크기는 경관의 수문에 지대한 영향을 미친다.[36)] 숲의 벌목지역이 늘어남에 따라 최고유출량은 점점 증가하기 때문에(그림 2.7), 하나의 유역이 100% 벌목된 바탕으로 바뀌는 경우 극단적인 내부 경관과정의 변화가 나타난다. 미국 동북부 뉴햄프셔 주 허바드브룩 연습림에서 하천유출수량은 1965년 나무 모두 베기를 하고 2년 동안 제초제를 뿌려 식물이 자라지 못하게 한 경우 32%(288mm), 1983~1984년에 나무 모두

---

28) Ripl 1995, Marsh 1998.
29) Charney 등 1975.
30) Leaf 1975, Romme 1982 재인용.
31) Swank & Douglas 1974.
32) Ryszkowske & Kedziora 1987.
33) van Wilgen 1996.
34) Baron 등 1998.
35) Stohlgren 등 1998.
36) McFarlane 등 1993, Hobbs 1993 재인용, Johnson 1998.

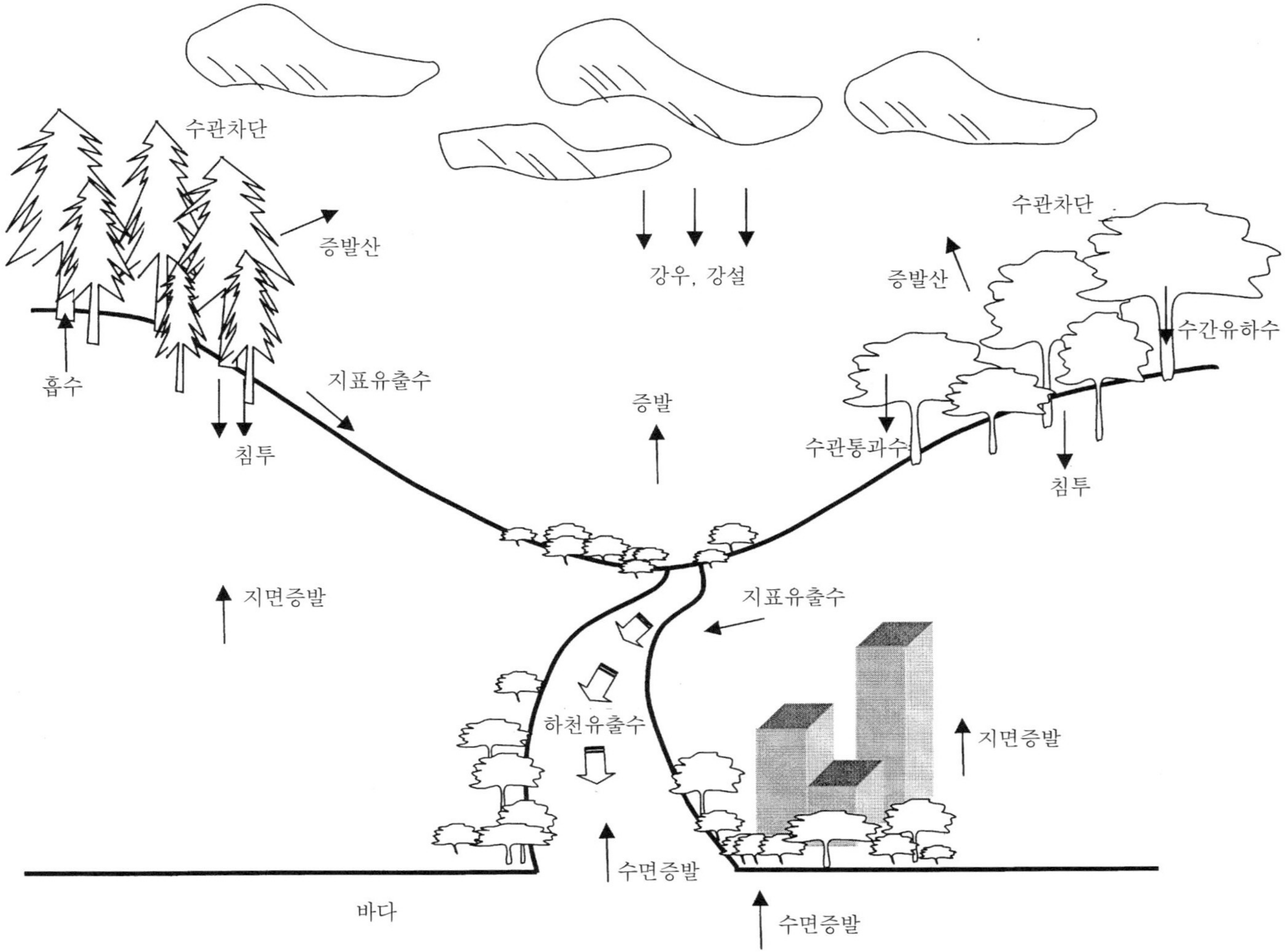

그림 2.6 경관에서 물의 순환과정

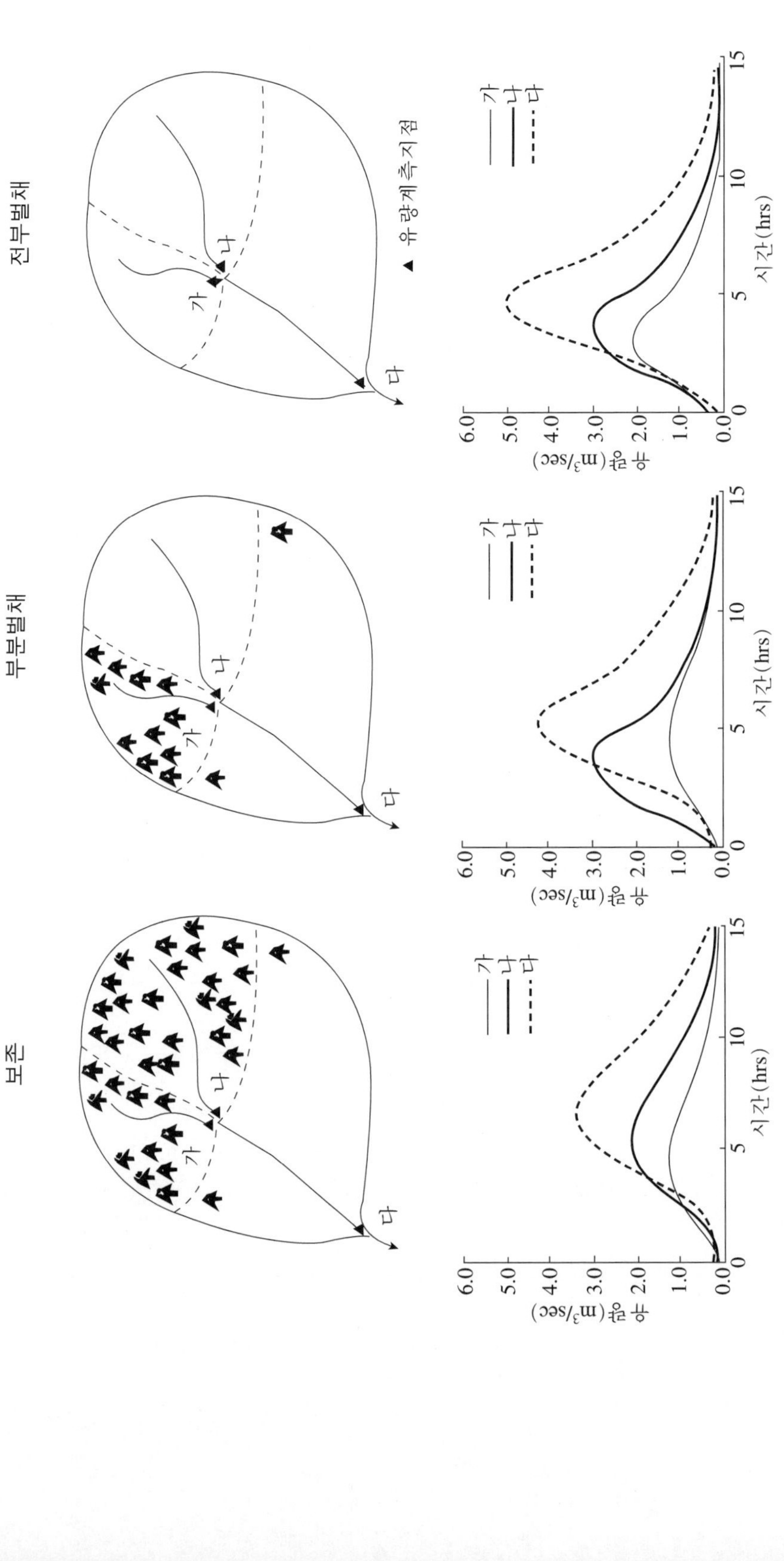

그림 2.7 바탕을 이루는 숲이 훼손되면 하천의 최고유출은 양이 증가하고 또한 비가 내리기 시작한 다음 짧은 시간 안에 나타난다.

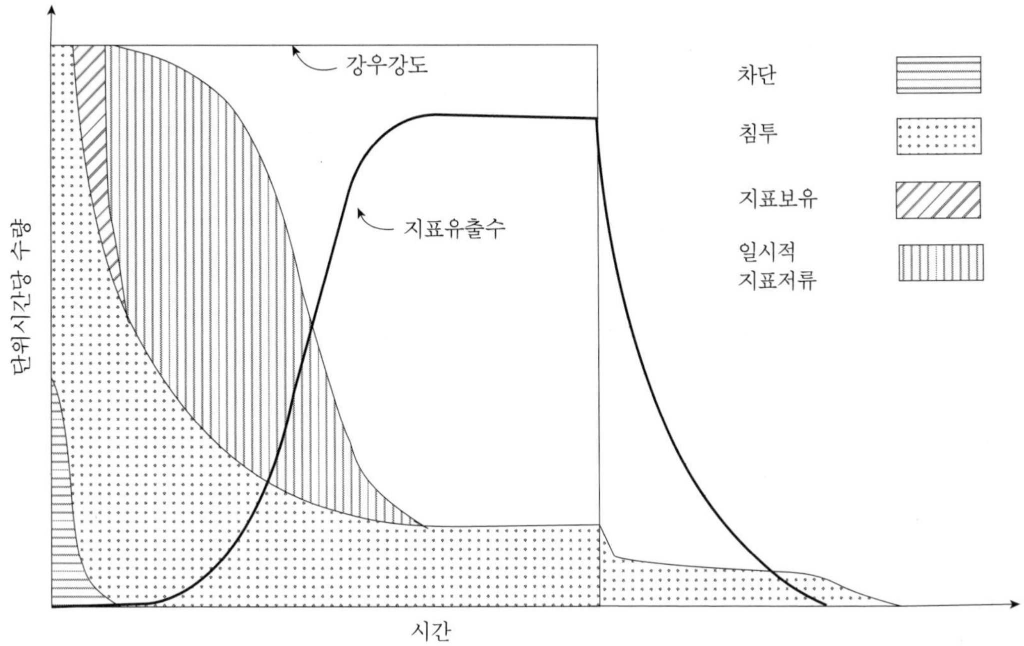

그림 2.8 비가 내릴 때 유출량에 영향을 주는 요소들의 상대적인 변화

베기만을 했을 경우 23%(152mm), 1970~1974년에 줄을 지어 점진적으로 일부를 베어냈을 때는 8%(114mm) 증가되었다.[37)]

결과적으로 벌목은 증발산을 줄일 뿐만 아니라 지표 및 지하에서 일어나는 물의 흐름을 바꾸게 된다. 삼림이 경작지나 초지로 바뀌면 표면거칠기가 감소됨으로써 지상에서 차단 및 보유되는 물의 양이 감소되며 또한 유기물 분해로 토양입단(soil aggregate)이 훼손되어 토양공극이 감소되고 그에 따라 침투되는 물의 양과 토양 수분보유력도 줄어들기 때문에 비가 올 때 지표유출수량이 급격히 늘어나는 경향이 생긴다(그림 2.8).

또한 삼림이 경작지로 바뀌는 경우 지하수가 상승하여 토양에 염분을 집적시키기도 하며 침투를 감소시켜 배수가 잘 되지 않거나 침식이 증가하는 문제가 발생하고 식생구조 또한 바꾸어 놓는다.[38)] 그림 2.9에서는 태양 복사 에너지가 1,290~1,580 MJ/m^{-2}인 폴란드의 농경지 부근에서 침엽수림, 활엽수림, 초원, 경작지, 맨땅, 마을 순으로 토지 단위면적에서 발생하는 증발산이 감소하고, 지표유출수가 증가하는 경향을 확인할 수 있다. 맨땅과 마을의 경우 증발산 감소뿐만 아니라 토양의 유기물함량이 적고 또한 불투성물질로 덮여 있어 땅속으로 침투되는 물의 양이 감소하기 때문에 지표유출수량이 증가하게 된다. 지피상태를 바꾸는 토지이용과 도시화는 증발

37) Hornbeck 등 1997.

38) Hobbs 1993.

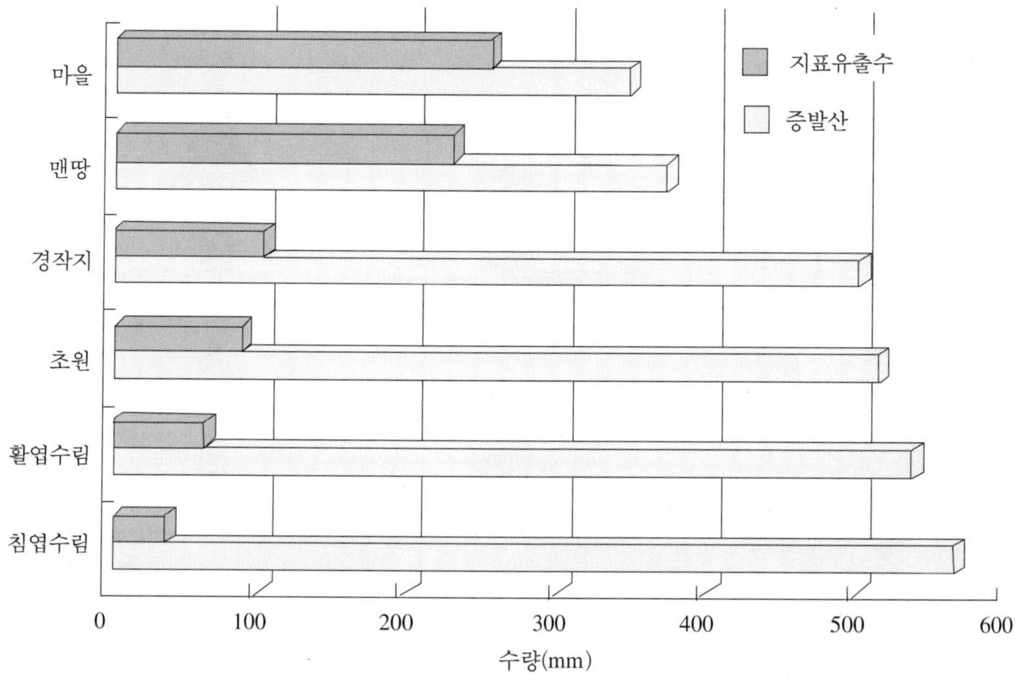

그림 2.9 폴란드 농경지 부근에서 토지이용에 따른 증발산과 지표유출수 차이

산량과 지하로 침투되는 빗물의 양을 감소시키고 대신에 지표를 통해서 하천으로 바로 흘러드는 물의 양을 증가시킨다(그림 2.10).

유역의 토지이용변화는 수문현상과 아울러 하천환경도 바꾸어 놓는다. 일반적으로 하천의 웅덩이 숫자는 폭이 넓어지면서 줄어드는데, 성숙한 숲보다 벌채지역이 넓으면 특히 급격하게 감소한다.[39] 반면에 유역에서 삼림의 면적이 커질수록 하천수로에 죽은 나무가 많이 보유되고 그에 비례하여 물고기 서식처를 제공하는 하천의 웅덩이 수와 넓이가 늘어난다(그림 2.11). 물에 유기쇄설물이 많을수록 더 많은 생물들이 서식한다는 사실은 오래 전부터 알려져 있다.[40] 또한 하천변의 식생이 제거되면 수온이 증가하여 수서생물들의 서식범위가 제한된다(그림 2.12). 일본 홋카이도에서는 유역의 숲이 농경지로 바뀌고 하천의 직강화와 함께 수변 숲의 면적이 줄어들면서 여름의 하천수온이 22도에서 28도로 높아지고, 죽은 나무와 굵은 유기쇄설물의 축적으로 이루어진 웅덩이도 줄어들었으며, 그 결과 수온상승과 서식처 및 먹이부족으로 서식하는 연어의 수도 줄어들었다.[41]

39) Bilby & Ward 1991.

40) Egglishaw 1964.

41) Nagasaka & Nakamura 1999.

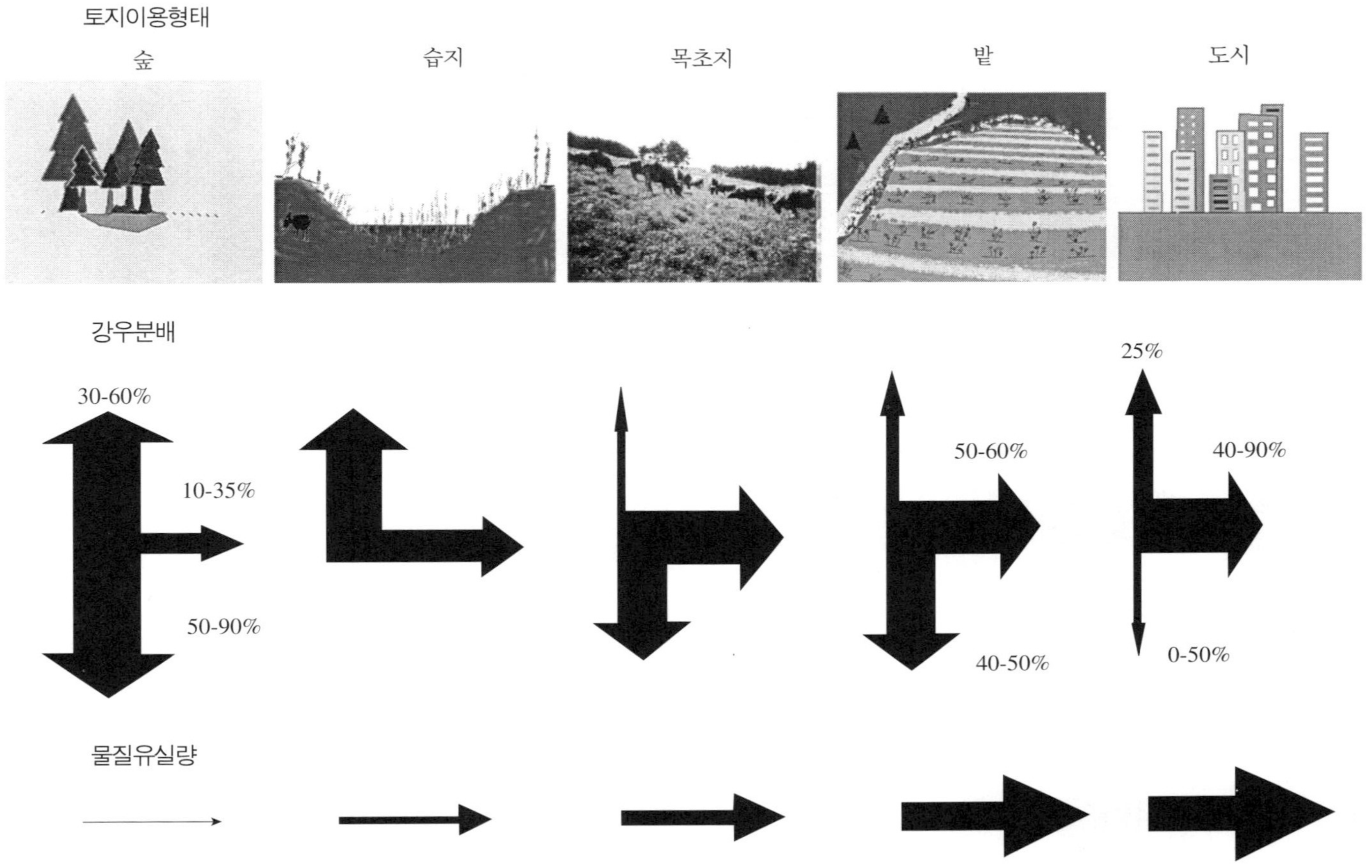

그림 2.10 지피상태를 바꾸는 토지이용과 수문변화. 강우분배에서 위쪽, 오른쪽, 아래쪽 화살표는 각각 증발산, 지표유출, 지하침투를 의미하고, 영양소 유실과 함께 굵기는 상대적인 크기를 나타낸다. 숫자는 강우량에 대한 상대적인 백분율을 가리키지만 실제로는 곳에 따라 변이가 심하며, 적당한 자료를 찾지 못한 경우는 제시하지 않았다.

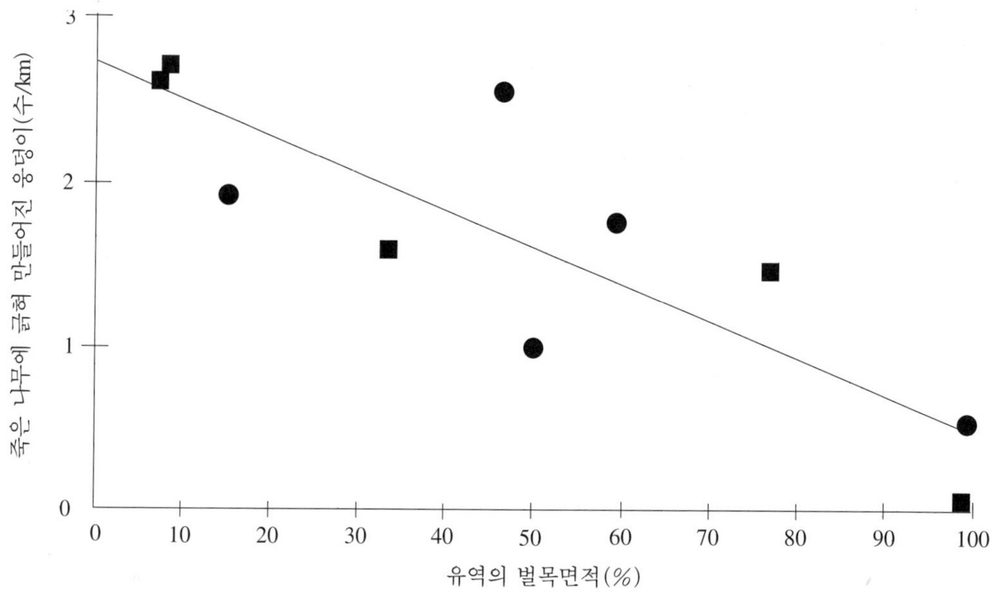

그림 2.11 미국 오리건 주의 하천에서 유역 벌채면적과 하천에서 죽은 큰 나무를 가진 웅덩이의 빈도의 관계

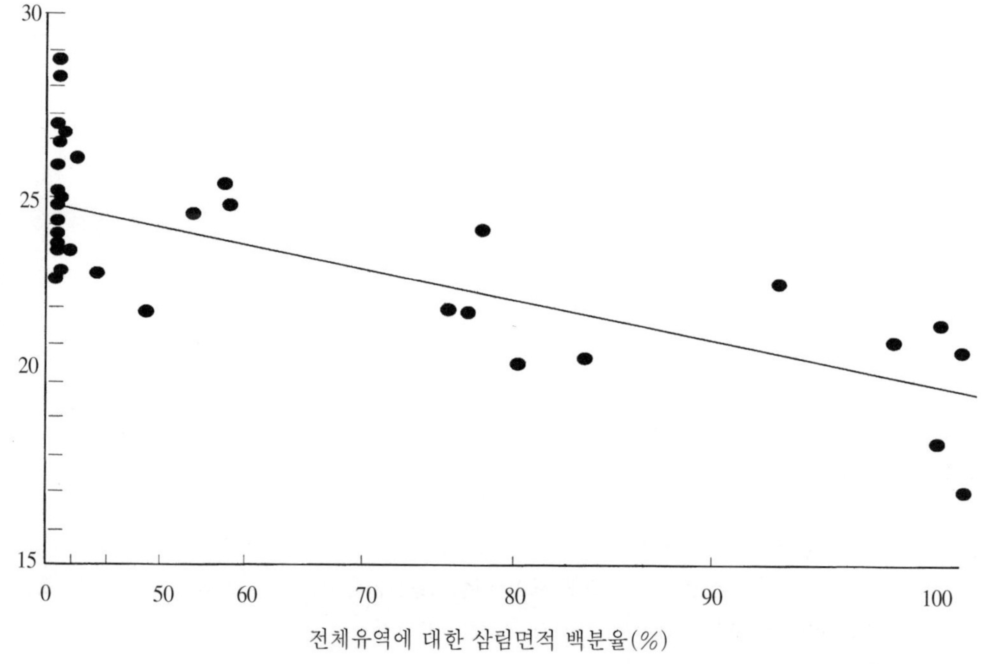

그림 2.12 상류지역 하천변 삼림피도가 높을수록 하류의 평균수온은 감소한다.

토양과 영양소

교란되지 않은 숲에서 일어나는 영양소 흐름은 내부순환이 큰 비중을 차지하기 때문에 닫힌(closed) 상태라고 표현한다.[42] 이러한 숲에 비바람이나 눈사태, 자연발화 산불에 의한 자연적 교란이나 벌채 또는 사람의 실수에 의한 산불과 농경활동 등의 인위적인 교란이 가해지면 외부순환이 증대한다.[43] 교란은 토양표면에 도달하는 태양 복사 에너지량을 바꿈으로써 토양온도와 수분을 변화시키며, 그 변화는 식물과 미생물 그리고 동물의 생화학적 반응에 영향을 줌으로써

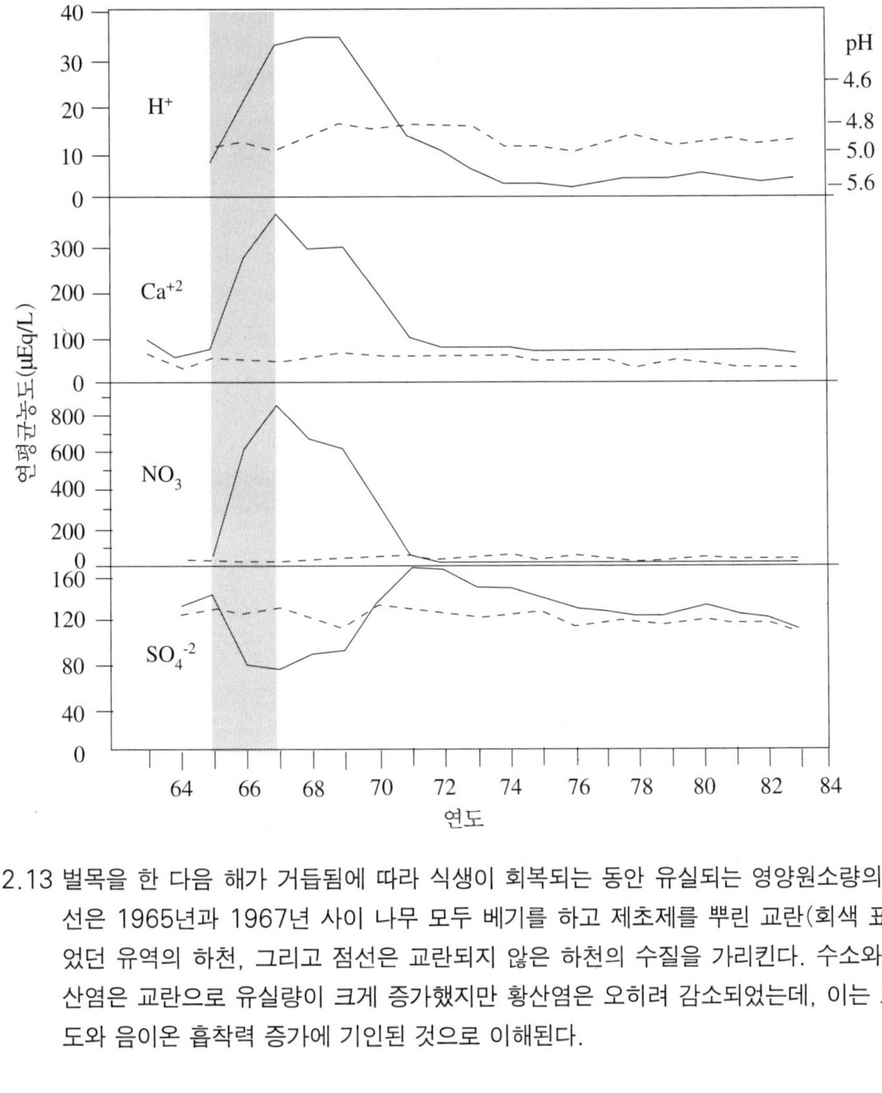

그림 2.13 벌목을 한 다음 해가 거듭됨에 따라 식생이 회복되는 동안 유실되는 영양원소량의 변화. 실선은 1965년과 1967년 사이 나무 모두 베기를 하고 제초제를 뿌린 교란(회색 표시)이 있었던 유역의 하천, 그리고 점선은 교란되지 않은 하천의 수질을 가리킨다. 수소와 칼슘, 질산염은 교란으로 유실량이 크게 증가했지만 황산염은 오히려 감소되었는데, 이는 토양의 산도와 음이온 흡착력 증가에 기인된 것으로 이해된다.

---

42) Odum 1969, Bormann & Likens 1979, Hobbs 1993, Lee 1995, 이도원 등 1995.

43) 이도원 1997.

경관수준의 생지화학적 과정을 바꾸어 놓는다.[44] 미국 북동부 허바드브룩 연습림 생태계 실험에서 나무 모두 베기로 살펴본 영양소 순환변화는 모범적인 보기이다(그림 2.13).

그림 2.13에서 1965년 나무 모두 베기를 하고 3년 동안 제초제를 뿌려서 식물을 자라지 못하게 했을 때 하천을 통해서 유출된 수소이온과 칼슘, 질산염이온의 양이 아주 크게 증가하였으며 식물의 천이가 진행됨에 따라 그 영향이 줄어들었다는 것을 알 수 있다. 반면에 황산염의 경우에는 유기물 산화에 의한 산도 증가에 따라 토양의 음이온 흡착용량이 증가함으로써 오히려 유실이 감소되는 경향을 보였다. 이것은 토지이용변화가 각 원소들에 대해 차별적인 생지화학적 변화를 초래한다는 사실을 부분적으로 보여 준다.

뿐만 아니라 식생의 변화 그리고 경작활동은 생물량 축적, 유기물질의 역동적 변화, 질소순환과 같은 생태계 과정에 영향을 준다. 생태계 발달이 진행되는 동안 식물량이 축적되고 또 종의 조성이 바뀌며, 이러한 변화는 생태계의 생지화학적 과정을 바꾸어 놓는다.[45] 경작활동은 토양의 유기탄소를 감소시키고,[46] 토양의 유기탄소는 치환성 금속의 농도와 밀접한 관계를 가짐으로써[47] 전체적인 생지화학적 과정을 바꾸게 된다. 경작활동은 또한 질소의 무기염화와 탈질반응을 증대시키며, 방목을 위해 조성된 초지는 숲보다 무기질화와 질산화과정을 감소시킴으로써 질산염 농도가 낮다.[48] 이처럼 토지이용변화는 생태계 내부과정을 바꾸기 때문에 주변의 다른 경관요소와 물질을 주고받는 관계도 당연히 바꿀 것이다.

이를테면 자연삼림이나 초지를 경작지로 바꿀 경우 그 안에서 일어나는 영양소 흐름에는 커다란 변화가 일어난다(그림 2.14). 자연생태계의 경우 식물흡수와 초식, 낙엽과 고사 그리고 배설과 사망으로 이어지는 내부순환이 우세한 반면에 경작지에서는 시비, 수확과 함께 용탈(leaching)과 침식으로 이루어지는 외부순환이 늘어난다.[49] 경작체계가 저하되지 않는다면 수확에 따라 유실되는 영양소의 양은 비료나 토양풍화에 의해서 공급되는 영양소의 양과 균형을 이룰 것

---

44) Marra & Edmonds 1996, Bowden 등 1998, Wagai 등 1998, Comptom & Boon 2000.

45) 생태계가 발달하는 동안 특히 순일차 생산성이 왕성한 천이의 중간단계에서 육상생태계의 영양소 보유력이 크기 때문에 하천의 영양소 농도가 낮게 된다는 생물활동에 기반한 영양소 보유가설(nutrient retention hypothesis, Vitousek & Reiner 1975)이 인정되어 왔으나 인위적인 교란을 거의 받지 않은 칠레의 천연림에서 하천으로 유실되는 질소성분이 유기질소 95%, 질산염 0.2%, 암모니아 형태 4.8%로 이루어져 있다는 사실이 보고되어 생물에 의한 축적보다 간접적인 영향이 생지화학적 과정에 큰 역할을 한다는 제안을 낳았다(Hedin 등 1995). 식물마다 영양소 이용효율이 다르기 때문에 단순한 식물의 종조성 변화도 경관요소에서 영양소 순환의 차이를 초래한다(Smith 등 1998).

46) Compton 등 1998.

47) Zarin 등 1998.

48) Rhoades & Coleman 1999.

49) 식물, 동물, 토양으로 이어지는 생태계 내부의 순환과정과 달리 침적, 시비, 용탈, 침식, 수확 등 대기와 다른 장소로 이동하는 영양소 흐름과정은 큰 공간 및 시간규모에서 일어나는 순환과정으로 연결되기 때문에 외부순환이라 한다(이도원 1997). 여기서 용탈은 물질이 물에 씻겨 유출되는 경우를 말한다.

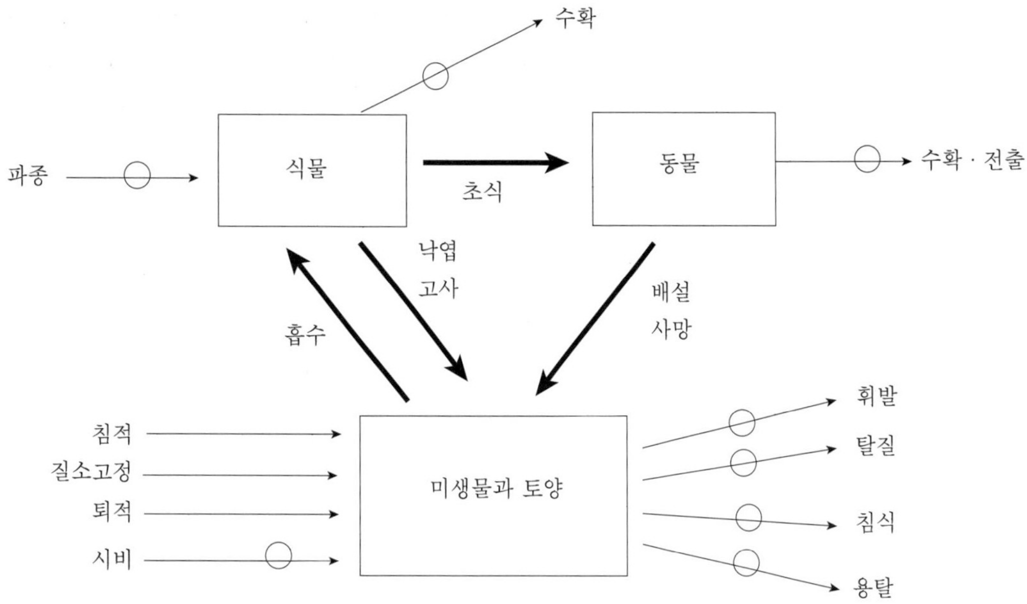

그림 2.14 자연식생지역과 농경지의 영양소 흐름 비교. 그림에서 ○표가 있는 화살표는 인위적인 작용으로 흐름이 크게 증가하는 경향이 있다.

이다. 그러나 작물을 베어내면 에너지와 바람체제, 수문, 지표유출수, 용탈 그리고 침식에 의한 영양소 유실량이 커지기 때문에 작물생산이 감소될 뿐만 아니라 영양소 흐름에도 큰 변화가 일어난다. 이 과정은 경관 안에서 영양소 재분배에 큰 영향을 주며, 동시에 광분해, 탈질작용 등의 화학적 · 생물학적 과정으로 대기로 휘산될 뿐만 아니라 물과 바람에 의한 표토유실과 함께 경관바탕에서 영양소의 순손실을 초래한다. 특히 우리나라와 같이 경사가 급하고 여름철 집중적인 호우가 일어나는 땅에서 숲이 산불이나 개간으로 훼손될 경우에는 경관바탕으로부터 발생하는 토양과 영양소 유실이 심각한 문제가 된다. 경사가 급하면 교란되지 않은 곳에서조차 식생의 활동으로 표토가 비록 형성되더라도 토심이 깊지 않는 까닭은 지형과 수문의 관계에서 설명되며, 여기에 인간의 작용이 보태지면 변화속도는 더욱 커진다.[50)]

미국의 928개 하천수질자료에서 삼림과 농경지 면적의 상대적인 크기는 하천수의 질소 및 인의 농도뿐만 아니라 질소 : 인의 비에도 영향을 주는 것으로 나타났다.[51)] 삼림면적이 줄어들고 농경지가 늘어날수록 육상생태계로부터 두 영양원소의 절대적인 유실량이 늘어났으며 질소 : 인의 농도비가 증가하여 농경활동은 특히 질소손실과 밀접한 관계가 있었음 보여 주었다(그림 2.15). 결과적으로 유역의 토지이용은 하천의 생태적 온전성(ecological integrity)을 결정하는 중요

50) McCracken 등 1989.

51) Omernik 1977.

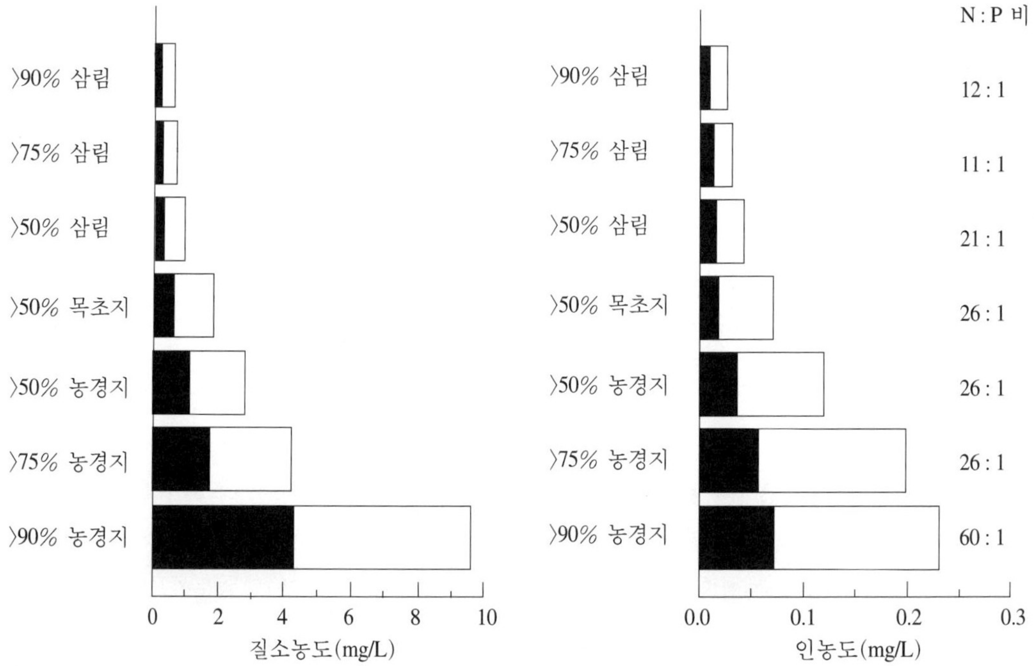

그림 2.15 비교적 덜 오염된 미국의 군소하천에서 삼림과 농경지 면적의 상대적인 크기와 질소와 인의 농도 및 질소:인 비의 관계. 까만 부분은 총량 중에서 무기형태의 질소와 인이 차지하는 농도를 나타낸다.

한 변수이다.[52]

토지이용변화는 경관요소에서 물에 씻겨 가는 영양소의 형태와 양뿐만 아니라 미생물활동의 차이에 의해 농약 등 유해물질의 분해에도 영향을 주며,[53] 공기로 휘산되거나 공기로부터 유입되는 영양원소의 형태와 양도 달라진다.[54] 이러한 사실은 국제적으로 활발한 협조로 이루어지고 있는 국제지권생물권 프로그램(IGBP: International Geosphere-Biosphere Program) 활동에 의한 지구표면과 대기관계에 대한 연구에서 밝혀지고 있다.[55] 이 프로그램은 지구온난화 문제가 대두되면서 온실효과기체들의 전지구적인 발생량 추정 등 지구환경변화를 연구하고 원활한 정보교환을 위해 결성되었는데 여러 가지 활동으로 이산화탄소, 메탄, 아산화질소의 발생량이 토지이용과 지표의 생태적 특성과 밀접한 관계를 가지고 있다는 사실을 확인시켰다.[56]

---

52) Allan 1995, Roth 등 1996.

53) Aelion 등 1999.

54) Lal 등 1998, Wagai 등 1998.

55) 이들 기관에 대한 활동은 다음 홈페이지에서 확인할 수 있다. 국제지권생물권 프로그램은 http://www.igbp.kva.se이며, 그 산하기관인 토지이용 및 피복변화 프로그램은 http://www.icc.es/lucc이다.

56) Lubchenco 등 1991, IGBP 1992, Cairns 등 2000.

이를테면 이산화탄소와 메탄 발생은 농경지로 사용되다가 버림으로써 형성된 낙엽활엽수림보다는 교란되지 않고 계속 자연상태로 유지되어 온 낙엽활엽수림에서 더 높다.[57] 숲에서 발생하는 탄소의 방출은 베어낸 수목의 양과 면적뿐만 아니라 벌채지역과 잔재하고 있는 숲이 이루는 공간유형에 따라 다르다.[58] 일반적으로 토지에서 일어나는 기체의 유동은 화학적, 생물학적 과정이 관련되어 있기 때문에 온도와 수분, 영양상태, 유기물 변환의 기능에 크게 좌우되고, 이러한 과정은 공간유형에 의해서 영향을 받기 때문에 토지이용변화는 발생되는 기체의 양을 바꾸게 된다. 그러나 여기에는 복잡한 요인들이 작용하고 있는 만큼 아직 정량적인 자료가 부족하여 앞으로 중요한 연구과제로 등장할 것이다.

생 물

바람이나 물, 동물 등에 의한 포자나 씨앗의 전파(dispersal) 그리고 동물의 이동은 전파주체의 형태적 · 생리적 특성과 경관구조에 의해 영향을 받기 때문에 어떤 지역에 서식하는 개체군 분포는 토지이용 및 경관구조와 관련이 있다.[59] 대부분의 자연서식처는 인간의 변경으로 파편화되고 유실되며 결과적으로 지역의 개체군 크기는 감소되고 경관과 광역규모에서 사멸될 확률은 증가하며, 특히 몸집이 크고 드문드문 분포하며 서식처와 먹이에 대해 까다로운 동물이 큰 영향을 받는다.[60] 숲이 훼손되는 과정에 일어나는 인간의 가해, 이동률의 감소, 가장자리 효과의 증가,[61] 서식처 군집구조의 변화, 외래종의 진입 그리고 그에 따른 조각격리, 번식률 감소와 포식률 증가, 먹이감소가 파편화와 관련된 생물종 사멸기작으로 손꼽히곤 하지만 각각의 상대적인 영향의 크기는 불투명하다.[62] 나아가 파편화가 모든 생물에게 일률적으로 위해요소로 작용하지는 않는다. 실제로 파편화에 대해 아마존의 열대림에서는 채이길드(foraging guild)에 따라 다른 반응을 보였으며,[63] 미국 북동부에서 철새가 텃새보다 더 크게 영향을 받았다.[64] 어떤 경우 특이한 생물의 폭증과 불안정한 역동이 파편화와 함께 나타나기 때문에 생물전파와 분포에 대한 파편화의 영향은 각 종의 특수한 행동과 연관된 연구가 필요하다.[65]

서식처 파편화와 손실은 하나의 큰 개체군을 여러 개의 작은 지역 개체군으로 나누는 것으로

---

57) Hudgens & Yavitt 1997.

58) Laurance 등 1998.

59) Wynab 1991, Fahrig & Merriam 1994, Fujisak 등 1998.

60) Turner 1996, Goodwin & Fahrig 1998. 서식처 파편화에 대해서는 제3장에서 더 자세히 다룬다.

61) 숲의 가장자리 범위는 경계로부터 대략 30~600미터까지 나타나며, 가장자리의 영향을 받는 변수에 따라 다르다. 이 주제는 제7장에서 자세히 다룬다.

62) Turner 1996, Walters 등 1999.

63) Kattan 등 1994, Stouffer & Bierregaard 1995. 동물 특히 새가 먹이를 잡는 방식이 유사한 것끼리 묶은 생물군을 채이길드라 한다. 제3장 각주 11 참조.

64) Askins emd 1990, Holmes & Sherry 1992.

65) Kareiva 1987.

흔히 가정하지만, 광대한 지역의 서식처 손실은 많은 생물들의 이동규모를 증가시킬 수 있다. 소형 척추동물인 미국흰다리붉은쥐(white-footed mouse, *Peromyscus leucopus*)와 유럽들쥐(bank vole, *Clethrionomys glareolus*), 들쥐(field mouse, *Apodemus agrarius*)들은 균질한 서식처에서보다 나누어진 서식처에서 두 배의 거리를 이동하였으며,[66] 나누어진 숲에서 발견된 물잠자리(damselfly, *Calopteryx maculata*)는 연속적인 숲에서 발견된 것보다 날개가 크고 날개근육이 더 강건하여 더 긴 거리를 이동하고 있다는 사실을 보여 주었다.[67] 때로는 파편화에 따른 생물들의 긴 거리이동이 개체군 구조를 바꿀 수 있으며, 오히려 떨어져 있던 개체군들의 교류를 증가시킴으로써 밀도는 낮으나 단일화된 개체군을 발생시킬 소지도 있다.[68]

생물 서식과 이동에 영향을 주는 경관특성은 표면거칠기로 표현될 수 있는 숲의 피도(coverage)뿐만 아니라 남아 있는 조각의 평균적인 크기와 조각 사이의 연결성 그리고 주변 경관요소들의 구성과 짜임도 포함되며,[69] 이 주제는 제3장에서 더욱 자세히 논의할 것이다.

여기까지 토지이용변화가 에너지와 바람, 수문, 물질, 생물의 행동과 관계가 있다는 몇 가지 보기를 제시했다. 말하자면 토지이용형태에 따라 이러한 요소들의 독특한 움직임이 나타난다. 그 다음으로 생각할 문제는 땅 표면을 차지하는 토지이용형태의 상대적인 크기뿐만 아니라 개개의 모양과 배치도 그러한 요소의 움직임에 큰 영향을 발휘한다는 사실을 인정하는 것이다. 그와 관련된 원리들이 바로 앞으로 다루고자 하는 주요 내용이다.

마치며

경관수준의 과정은 우리가 보고 있는 공간적 구조를 형성하는 데 핵심적인 역할을 하고 있다. 동시에 경관구조는 그 안에서 일어나는 과정들과 객체들의 유통에 주요한 조절기능을 발휘한다. 공급원과 수용처 결성, 경관요소의 연결성, 바람, 물, 동물, 사람에 의해서 야기되는 흐름의 여러 가지 강도는 기능과 구조의 관계를 결정하는 변수이다. 경관단위 사이의 물과 영양소 운반, 식물과 무척추동물, 척추동물의 이동과 같은 것이 중요한 요소가 된다.

경관생태학의 연구는 자연 및 인위적인 활동에 의한 토지표면의 물리적 변화와 그에 따른 과정의 변화를 이해하는 데 도움이 될 뿐만 아니라 도출된 원리는 생태기술과 복원생태학의 실행,

---

66) Szacki 등 1993, Wegner & Merriam 1990. 척추동물의 우리말 옮김은 서울대학교 산림자원학과 박찬열 군의 도움으로 다음 출처를 참고로 옮겼다. 유럽들쥐는 일본명을 우리말로 옮겨 작명했다. Imaizumi Yoshinori, 1988, *A world list of mammals with Japanese names*(Japan: Heibonsha), p. 980.

67) Taylor & Merriam 1995. 우리말 곤충이름은 서울대학교 응용생물화학부 이준호 교수의 도움으로 다음 자료를 참조했다: 한국곤충학회, 한국응용곤충학회, 1994, 『한국곤충명집』(서울: 건국대학교 출판부), p. 744.

68) Goodwin & Fahrig 1998, Pither & Taylor 1998.

69) Hansen & Urban 1992, Spies 등 1994, Bradshaw 1998, Pither & Taylor 1998, Bergin 등 2000.

나아가 지속가능한 환경유지에 응용될 것임에 틀림없다. 환경의 지속가능성은 생태적 온전성에 기반하고 있고,[70] 생태적 온전성은 경관의 구조와 밀접한 관계를 가지고 있으며, 바람과 물에 의한 침식, 수자원 오염, 도시지역의 확장, 종의 절멸 등의 환경문제가 바로 경관구조와 기능에 의해서 좌우되기 때문이다.[71] 여기까지 개괄적으로 살펴본 바와 같이 경관생태학은 경관요소들과 이러한 흐름의 구조적 · 기능적인 관계를 연구하는 학문이다.

따라서 경관변화와 환경문제의 관계를 이해하기 위해서는 인간생태계에서 일어나는 과정의 이해뿐만 아니라 그 과정이 유발시키는 물리적, 화학적, 생물적 반응을 규명하는 데 노력을 기울여야 한다. 지금까지 생지화학적 과정에 대한 연구는 주로 자연생태학자들에 의해 수행되었기 때문에 삼림경관이 교란되었을 때 나타나는 반응을 중심으로 자료가 집적되어 있다. 그러나 인간생태계 안에서 토지이용에 따라 나타나는 특징적인 태양 복사 에너지와 바람, 수량과 수질, 토양과 영양원소, 생물에 대한 정량적인 자료가 축적될 때 경관요소 사이에 일어나는 상호작용을 제대로 이해할 수 있을 것이다.

무엇보다 여기서 개별 경관요소들의 물리적, 화학적, 생물적 변수와 과정의 차별가능성을 중심적으로 검토했지만 비록 이 책에서 그것들을 성공적으로 전달하지 못했다고 하더라도 경관생태학이 추구하는 바는 각 요소의 차별성이 아니라 서로 다른 요소들이 이루는 맥락이라는 사실을 염두에 두어야 한다. 또한 그러한 맥락분석에서 가장자리, 고도, 경사방향, 식생형태와 같은 경관요소의 특징에 따라 달라지는 대기 유입물질의 양도 고려되어야 한다.[72] 그런 의미에서 도시 및 농촌생태계에서 자연생태학자와 사회과학자들의 공동 연구가 절실히 요구된다.

상자글 1

생태계와 경관, 가이아 그리고 온생명

공간위계에서 생태계와 가이아 사이에는 경관, 광역, 생물군계, 대륙과 같은 중간규모의 단위가 포함된다. 이 개념들은 하나의 위계를 이루어 공간과 관련된 현상들의 이해에 도움을 주고 있으나 각 단어에 대한 시대적인 호응도와 학문세계에 놓인 위치는 사뭇 다른 것으로 보인다.

1935년 영국의 식물생태학자 Tansley(1935)에 의해 처음으로 제안된 '생태계'와 1939년 생물학과 지리학의 학문적 배경을 가졌던 독일의 Troll(제1장 참조)이 제안한 '경관생태

70) Scrimgeour & Wicklum 1996.

71) Ludwig 등 1997.

72) Weathers 등 2000.

학' 이라는 용어는 사실 오랜 세월 동안 빛을 보지 못하고 있었다. 그러나 1987년 영국생태학회 회원들을 대상으로 조사한 바에 따르면 전자가 생태학의 가장 중요한 핵심단어로 선정된 반면에(Cherrett 1989) 경관이라는 단어는 그렇게 선정된 주요어 50개 중에도 포함되지 않았다. 볼품을 갖추지 못했던 경관 또는 경관생태학이 1980년대 이후 특별히 주목을 받기 시작하는 배경은 무엇일까?

생태계란 단어는 2차 대전 동안 이루어진 물리적 · 화학적 분석기법 및 전략적 · 수학적 접근 그리고 체계이론의 발달과 함께 학문세계에 영향력을 발휘하기 시작했다.[73] 미국생태학회에서 게재불가 판정을 받고 우여곡절 끝에 스승인 Hutchinson의 강력한 추천으로 비로소 세상에 빛을 보게 된 Lindeman(1942)의 획기적인 논문은 생태계라는 개념을 바탕으로 정량적인 접근을 시도한 첫 작품이었다. 불행하게도 Lindeman은 그 논문이 게재된 직후 스물 일곱의 나이로 요절하고 Eugene P. Odum & Howard T. Odum 형제들에게 기회를 넘겨 주는 셈이 된다. 이들 형제는 지역주의(regionalism)를 주창한 노스캐롤라이나 대학교 사회학자 아버지(Howard W. Odum)의 영향을 받아 사회과학과 자연과학의 연결고리를 찾아야 하는 일종의 사명감을 가지고 있던 중 생태계 개념의 유용성을 인식하고 열역학 개념을 생태학으로 도입하는 데 중요한 역할을 한다(이도원 등 2001). 그 배경에는 새(bird) 연구에서 출발하여 생물종과 군집 그리고 생태계 수준의 과정을 천이특성과 연결시킨 형(Odum 1969)의 학문적 역량과 2차 대전 당시 기상장교로 활동하면서 익힌 동생의 독특한 경험에 기반한 개념들 그리고 수학적 훈련의 상승작용이 있었다. 형제들의 우애어린 협동작업으로 발굴한 생태계의 에너지와 물질흐름에 대한 정량적인 자료는 당시의 생태학자들에게 새로운 길을 인식시키는 중요한 계기가 되었다(Odum 1957, Golley 1994).

1960년대 경계가 분명한 호소생태계에서 훈련을 받은 Likens가 삼림생태학자 Bormann의 박사후연구원으로 인연을 맺으면서 새로운 돌파구가 열렸다. 이들은 분수령을 하나의 경계로 설정한 유역단위의 실험으로 육상생태계에 생태계 개념을 적용시키는 길을 열고 생태계 생태학의 발전에 크게 공헌했다(Bormann & Likens 1967). 여기에 철학과 수학, 물리학을 공부하고 일반체계이론으로 무장한 미국 오크릿지 국립연구소(Oak Ridge National Lab)의 연구진이 수행한 공동 연구(O'Neill 등 1986)는 생태계에서 경로와 과정, 저장고의 중요성에 대한 인식을 더 높이는 활력소가 되었다.

20세기 말에 들어서서 비로소 바통은 생태계에서 경관으로 넘어가고 있다. 앞에서 언급한 것처럼 1939년 경관생태학이라는 학문영역이 처음으로 언급되었다면 생태계 생태학

---

73) Schlesinger 1989. 제1차 세계대전 중에 나타난 군사수학 모형연구는 제2차 세계대전 중 OR(operation research)로 발전했고, 전후에는 체계공학과 함께 우주비행, 생태, 인구, 사회경제 그리고 행정관리 등의 분야에서 응용되었다(박창근 1997).

에 비해서 대접을 받는 데 너무 긴 세월을 기다린 셈이다. 경관생태학이 이러한 위치를 구축하게 되는 데는 역시 항공사진과 원격탐사, 지리정보체계 그리고 지질통계학 등 새로운 기술과 연구방법의 출현이 큰 몫을 차지한다. 해결해야 할 환경문제가 심각한 것도 경관생태학 발전에 촉매가 되고 있는 것이 사실이지만 이러한 기술적인 지원으로 비로소 개념과 정량적인 분석이 가능하게 된 것이다.

그러면 Lovelock(1979)이 제안한 가이아라는 개념은 어떤가? 그는 지구의 여러 가지 특성이 일정한 범위 안에서 유지되는 항상성과 그것에 대한 생물활동의 공헌도에 주목하여 지구를 하나의 생명체로 간주하고 가이아 가설을 제안했다. 가이아는 생물학자들이 다루는 유기체(organism)와 공통성을 가지는 유기적 조직체(organization)이기는 하지만 일부 특성이 지나치게 과장되어 있고 아울러 시적인 명칭 탓으로 과학이라기보다 신화에 가깝다는 비평을 받고 있다. 그러나 가이아 개념이 안고 있는 문제의 본질은 수없이 많고 다른 요소들을 포함한 큰 규모의 대상을 다루게 됨으로써 기존의 과학에 길들여져 온 풍토가 쉽게 받아들일 수 없는 어려움에 있는 것이 아닐까? 우리 신체가 독립성을 가짐에도 불구하고 의사들이 각 부분을 나누어 다루는 것과는 역으로 사람들의 눈에 나누어진 요소로만 보이는 것들이 어떤 양식으로 이루는 전체가 있을 여지는 충분히 있다. 또한 부분은 전체가 가지고 있는 어떤 특성 안에서 파악되지 않으면 완벽하지 못하다.[74] 그런 의미에서 전체를 파악할 수 있는 틀은 분명히 필요하지만 20세기의 과학은 그러한 시도를 받아들이기 어려운 분위기를 키워 왔다.

이 말은 가이아 가설이 옳다는 것이 아니라 그러한 틀을 가지려는 시도 자체를 거부해서는 곤란하다는 뜻이다. 가이아 가설이 비판자의 생각처럼 비록 과학성을 지니고 있지 않다고 하더라도 원자포착탐지기라는 분석기술을 개발하고, 또한 화학적 · 생물학적 해석과 함께 컴퓨터 모형에 의한 접근을 시도할 수 있을 정도로 다방면의 공부와 탁월한 재주를 가진 Lovelock과 그의 동조자들이 그 시각을 바탕으로 기후변화에 미치는 미생물과정의 역할 등 새로운 가설과 연구결과의 발굴을 촉진한 점에서 후한 점수를 받을 자격이 있다. 앞으로 가이아 가설이 연금술과 같은 신세가 될지는 검정할 수 있는 정량적인 연구방법과 기술들이 개발될 때까지 두고 보아야 알 것이다. 아무튼 찬반론자들에 의해 개념의 사실성과 유용성이 검토되고 있기는 하지만(이를테면 Barlow 1991), 아직 생태계나 경관이란 단어에 비해 학문적인 위치에 올랐다고 보기 어렵다.

온생명이란 개념은 1988년에 제안되었다(장회익 1998). 물리학자인 장회익은 자유 에너지가 생명현상에 필수적인 요건임을 주목하고 주변의 도움 없이 자유 에너지 흐름의

74) 자아는 없다(無我)라는 불교의 주장이 시간적으로 끊임없이 변하기 때문이기도 하지만 공간적으로 나 이외의 것들과 관계에서 비로소 내가 규정되는 사실을 강조하는 것이 아닌가?

존속성을 유지하고 유기체를 포함하는 실체를 온생명으로 정의했다.[75] 따라서 지구는 자유 에너지를 스스로 공급하는 특성을 가지고 있지 않은 점에서 온생명일 수 없으며 태양과 묶여질 때 온생명이 된다. 이 개념은 공간적 · 시간적 규모에서 지금까지 생태학이 다루어 온 어떤 단위보다 클 뿐만 아니라 어떤 분야에서도 아직 세계적으로 무르익은 위치에 올랐다고 하기 어렵다. 경관생태학이 그러했듯이 새로운 개념에 대한 호응이 느리게 진행되고 있는 그 자체를 아쉬워할 이유는 없다. 그러나 그 개념의 적합성에 대해 몇 가지 의문이 제기될 수 있다.

첫째, 제안자가 온생명을 독립적으로 생명을 유지할 수 있는 보통명사로 보는 점에 비판의 여지가 있다. 비슷한 수준의 단위가 둘 이상 있을 수 있기 때문에 온생명을 보통명사라고 하지만 지구 이외에 생물체가 발견되지 않은 현상태에서는 그야말로 상상적인 가설수준이다. 특히 우주에서 태양과 지구가 이루는 단위를 제외한 나머지 단위들이 모두 사라질 때 지구와 태양을 중심으로 하는 온생명이 유지될 수 있을지 의문이다.[76] 그것을 증빙할 서술적 또는 수학적 모형 또는 실험에 기반한 연구자료가 없다. 만약 유지되지 못한다면 그 개념을 제안한 근거를 바꾸어야 한다. 또한 자유 에너지 흐름이 생명존재의 필수조건이기는 하나 그것이 필요충분조건일 수는 없다. 자유 에너지 흐름이 무언가 해낼 것이 분명하지만 반드시 생명의 창출로 이어질 당위성은 없기 때문이다. 알다시피 지구 이외의 많은 행성에도 태양으로부터 자유 에너지가 흘러들고 있지만 생명의 흔적이 보이지 않는다.

둘째, 온생명의 구성요소를 개체생명과 보생명으로 나누는 문제이다. 개체생명이 독립적으로 존속할 수 없기 때문에 그 작용에 필수적인 보생명을 제안하고, 환경이라는 용어

---

75) 여기서 존속성이란 어떤 시간규모 안에서만 정의된다는 사실은 감수해야 한다.

76) 2000년 봄 장회익 교수는 서울대학교에서 개설된 '현대산업사회의 환경문제'라는 강의 홈페이지를 통한 학생들과의 질의, 응답에서 달이 없어도 온생명은 존속가능하다는 대답을 했다. 이 대답은 자유 에너지에 기반하여 추상화된 온생명이라는 개념이 지닌 위험성을 함축하고 있다. 달이 없어진다면 잘 모르겠지만 우주공간에 깔려 있는 별들의 상대적인 위치도 어느 정도 재조정되어야 할 것으로 추측된다. 무엇보다 달의 움직임에 바이오리듬을 맞추고 있는 수많은 생물종들은 존속하기 어려울 것이다. 이러한 물리적 · 생물적 변화 앞에서 쉽게 밝힐 수 없는 상호작용을 통해서 긴 세월 공진화해 온 이 땅의 뭇 생물들과 인간이 존속할 수 있을까? 현존하는 생물들이 일부 사라져도 온생명은 존속할 것이라는 주장은 인간이 없어도 온생명은 문제 없다는 주장과 다름 아니다. 그러나 인간을 배제한 논의는 적어도 환경문제 해결에 도움이 되지 않는다. 이는 생명을 극단적으로 추상화시키는 과정에서 발생한 문제이다. 여기서 온생명 개념 자체가 수정될 필요는 없지만 일부 세련되어야 할 여지가 있다. 추상 또는 모형은 문제를 단순화시킴으로써 복잡성에 가려 있는 진면목의 일부를 볼 수 있게 하는 반면에 진실의 다른 부분을 감출 위험도 있다.

가 인간 중심적이기 때문에 보생명이라는 개념이 우리가 지금 생명으로 보고 있는 개체 생명의 외적 요소들에 대한 중요성 인식에 도움이 될 것이라 한다. 과연 그럴 수 있을까? 오히려 보생명이라는 개념 때문에 환경을 생명과 동등한 위치에 놓지 못하고 생명의 부대적인 요소로 보는 관점을 더욱 고착시킬 가능성이 커지지는 않을까? 무엇보다 이미 많은 사람들에게 환경이라는 말은 익숙해졌으며, 보생명이라는 용어에 함축된 뜻을 또한 포괄하고자 노력하고 있어 말을 바꿈으로써 의식을 바꾸기에는 늦은 감이 있다.

셋째, 현재 이 개념이 안고 있는 가장 큰 문제는 다른 연구자들의 관심을 끌어 다른 가설을 유발하지 못하고 제자리에 머물러 있는 점이다. 개념과 함께 설 수 있는 부대적인 가설과 실험적 또는 수학적 분석방법이 발굴되지 못하고 있기 때문이다. 이러한 접근으로 가시적인 자료를 제공할 때 더 큰 설득력을 가지고 지금의 과학에 익숙해진 사람들을 끌어들일 수 있다. 그것은 개념을 제시한 다음에 거의 필수적으로 따라와야 될 수순이다. 그 작업을 누가 할 것인가?

이상의 문제제기는 온생명이라는 개념의 유용성을 부정하는 것이 아니다. 그 개념이 가진 한계를 극복하여 쓸모 있는 방향으로 나아가는 단초로서 필요하다. 온생명에 관한 위의 '의문' 들에 대한 장회익 교수의 답변은 다음과 같다.

첫째, 온생명을 보통명사로 보는 점에 관한 비판에 대하여 다음과 같은 대답이 가능하다. 우선 다른 온생명이 아직 발견되지 않았기 때문에 문제가 있다고 하지만 이것은 보통명사가 되기 위한 본질적 성격은 아니다. 예를 들어 지구 주위에 달이 하나밖에 없지만 '달' 이라는 개념의 보통명사적 성격이 훼손되는 것은 아니다. "지구 주위에 달이 하나밖에 없다"는 말 자체가 '달' 개념의 보통명사적 용법을 말해 주고 있다('달' 속에는 물론 고유명사적 의미도 있다). 심지어 실제 사례가 하나도 발견되지 않은 경우에도 특정 개념이 보통명사로 사용될 수 있다. 발견되기 오래 전부터 보통명사로 사용되어 온 물리학의 '중성미자' 개념이 그 사례이다. 또한 태양과 같은 항성 그리고 지구와 같은 행성은 온생명이 형성되기 위한 기본여건이지 이들이 모였다고 반드시 온생명이 형성되어야 한다는 것은 아니다. 또 반드시 이들이 아니더라도 적정한 자유 에너지의 흐름 속에 적정한 조건이 형성되면 온생명이 형성될 수도 있다. 온생명이론에서는 이러한 여건을 중시한다. 그리고 그 이외의 예를 들어 여타 항성이나 행성들의 존재는 이 온생명의 생존에 특별한 기여를 하는 것이 아니라는 것이다. 이러한 사실의 근거는 생명의 물리적 성격이해에 바탕을 둔 것이며 임의로운 가정이 아니다. 이 점은 〔삶과 온생명〕의 해당 서술을 잘 살피면 이해할 수 있는 내용이다.

둘째, 보생명이라는 개념 때문에 환경을 생명과 같은 위치에 놓지 못하고 생명의 부대적인 요소로 보는 관점을 더욱 고착시킬 가능성이 있다는 관점은 매우 흥미롭다. 사실 여기서 환경이라는 용어를 없애고 이를 보생명으로 바꾸어 놓자는 것이 아니다. 오히려 온생명적 관점에서 보자면 환경이라는 것이 더 큰 생명의 일부라 할 수 있는 보생명에 해당하는 것이니, 환경 속에 함축된 이러한 의미를 좀더 분명히 파악하자는 의미가 강하다. 그러므로 환경이라는 용어 속에 이미 보생명이라는 용어에 함축된 뜻이 담겨 있다면 아무 문제될 것이 없다. 그러나 온생명 관점에서 볼 때 아직 그렇지 못하기에 이러한 개념을 통해 그러한 이해를 돕고자 하는 것이다.

셋째, 현재 이 개념이 다른 연구자들의 관심을 별로 끌지 못하는 점에 대해서는 아쉽게 생각한다. 그러나 이것은 이 개념의 유용성이 부족해서라기보다는 관심의 방향과 방법론의 차이 때문이라고 생각한다. 부대적인 가설과 실험적 · 정량적인 연구가 더 이루어져야 하며 이것이 이루어질 소지는 얼마든지 있다. 단지 이것들은 지금까지의 과학자들이 주로 가져온 관심사와 방법론에 직결되지 않을 뿐이다. 예를 들어 온생명이론은 우리 온생명의 '생리'와 이것이 이미 지니고 있을지도 모를 병적 상황에 대한 '진단'에 관심을 가지고 있으며, 이는 얼마든지 부대적인 가설과 정량적인 연구를 통해 이루어질 수 있으며 시급히 이루어져야 할 일이다. 이것이야말로 현대 문명이 당면한 가장 시급하고 중대한 문제인 것이다. 그러나 여러 온생명들에 대한 비교연구 없이 어떻게 온생명에 대한 '생리'를 연구할 수 있느냐고 묻는다면, 이는 지나치게 '실험주의적인 과학철학'에 경도된 일부 현대 과학자들의 좁은 시각을 반영하는 일이다. 물리학에서 '중성미자'의 성질은 이것이 발견되기 전에 이미 이야기를 했으며, 이러한 '이해'가 오히려 이것의 '발견'을 가능하게 한 점을 상기하기 바란다. 사실상 생명이 가능하게 하는 조건을 이론적으로 이해할 수 있으면, 이것은 물론 매우 어려운 일이지만 원론적으로는 하나의 온생명조차 보지 않고도 이것의 존재 및 생리를 말할 수 있는 것이다. 그러나 우리는 다행히 하나의 온생명을 보고 있고 이것의 우주사적 성장과정을 의미 있게 추정할 수 있으므로 이에 대한 본격적인 연구는 지금부터 시작해야 할 일이다.

현재 인류에게 있어서 시급히 해결해야 할 가장 중요한 문제는 온생명의 '생리'와 '병리'에 대한 이해를 바탕으로 인류 문명의 건강성을 진단하고 이것이 마땅히 지향할 방향을 제시하는 일이다. 그럼에도 불구하고 여기에 가장 앞서 발벗고 나서야 할 과학자들이 이것이 마치 과학과 무관한 일인 듯이 관심조차 기울이지 않고 있는 것은 안타까운 일이다. 불완전하나마 개인적 노력에 의해 이러한 방향으로 다소의 진전이 이루어진 것을 다행스럽게 생각하며(〔삶과 온생명〕 안의 여러 내용 참조), 현재에도 그러한 노력을 계속하고 있다. 다만 좀더 많은 사람들의 건설적인 협력을 바랄 뿐이다(1999년 9월 30일 장회익님 제공).

상자글 2

바람과 물

풍수는 에너지와 바람, 물을 기본적으로 다루고 있어 본 장의 주제와 밀접한 관계를 이루고 있다. 풍수의 3대 구성요소는 산과 수, 방위이다(최창조 1984). 산은 지형의 이질성을 대표한다. 등고선으로 지형도를 그려 놓았을 때 산에서 분포밀도가 높을 뿐만 아니라 변이가 심한 것으로 보아 지형의 이질성이 평야에 비해서 더욱 분명하다. 수는 물의 분포와 흐름을 의미하여 달리 설명이 필요 없다. 방위는 에너지원인 햇빛의 공급량을 결정하는 변수이다(Kang 등 2000).

평야에서는 득수가, 산곡에서는 장풍이 우선적인 입지조건으로 고려된다(최창조 1984, 한동환 등 1994). 산곡에서는 이질적인 지형에 의해 에너지 입력과 보존능력에 의해 분포가 달라지고, 이질적인 에너지 분포는 공기흐름을 유발함으로써 바람은 중요한 문제가 된다. 평야에서 에너지 분포와 바람의 흐름은 산곡에 비해서 동질적인 반면에 물의 분포는 여전히 이질적이다. 따라서 평야에서는 에너지 분포 또는 바람보다 물의 분포가 뭇 생물의 활동에 결정적인 요소가 될 것이 자명하다. 특히 산곡의 경우에는 긴 세월 동안 형성된 자연수림으로 지표의 생물층이 농경지보다 수직으로 분화되어 있고 햇빛에 대한 식물들의 경쟁이 평야에서보다 더 크기 때문에 중요한 환경인자가 된다.

이러한 지형적인 특성에 의한 풍수의 해석은 나중에 제9장에서 다룰 경관요소의 묶음이라는 개념과 관계를 가지고 있는 듯하다. 따라서 이러한 개념들이 전래적으로 우리 조상들이 사용해 온 생활 속의 용어들과 연결될 때 경관생태학적 흐름들을 시사할 가능성이 있을 것으로 보인다. 불행하게도 바람의 문제에 대한 필자의 짧은 지식 때문에 사례를 들 수 없어 여기서는 묶음과 물의 흐름에 대한 논의로 하나의 보기를 들어보자.

옛부터 문전옥답이라 하여 경사지와 평지가 만나는 곳에 위치한 문전의 땅에 대한 애착이 있었는데, 이는 지형과 물의 흐름 그리고 영양소 축적의 상호작용과 관련이 있을 것으로 보인다. 선조들의 복거(卜居)사상에 의거하여 배산임수로 마련한 마을은 산을 등지고 있어(민족문화추진회 1989, 신상섭 1999) 마을 앞 논은 긴 세월 동안 산으로부터 흘러내린 미세한 점토 및 유기질 토양입자 그리고 영양소가 다른 지역보다 상대적으로 풍부하게 쌓여 옥토였을 것으로 추측된다. 보통 무기토양입자의 밀도는 2.60~2.75g/cm^{3}인 반면에 유기물의 입자밀도는 1.1~1.4g/cm^{3}로 가볍다(Brady & Weil 1999). 가볍기 때문에 유기물은 지표유출수(지표 위로 흐르는 빗물)에 의해서 쉽게 씻겨 내린다. 지표유출수는 숲이 위치한 경사지에서는 비교적 빠른 속도로 흐르지만 평지를 만나면 속도 에너지가 감소하기 때문에 부유물질이 퇴적되는 경향이 있어(이도원 1997) 마을 앞 전답에 우선적으로 쌓였을 것이다. 이 과정이 긴 세월 동안 이루어진 다음 배산임수형의 인가가 들어섰다면 원래부터 집 앞의 논 토양은 비옥했다. 또한 인가가 형성됨에 따라 초가지붕과 두엄더미로부터 빗물에 씻겨 내린 영양원소 성분이 집 앞 논으로 흘러들어 땅의 비옥도가 유지되었을 가능성이 크다. 집 앞에 있는 논은 또한 사람이 들고나는 데 시간이 적게 걸리므로 관리가 비교적 쉬웠다는 점에서도 좋은 논으로 평가를 받았을 것이 당연하다. 이 모든 것이 우리의 전통적인 농촌경관에서 뒷산, 인가, 논이 자연과 인간의 노동력을 매개로 한 에너지와 물질이 굵은 흐름으로 긴밀하게 연결되어 있어 반복적으로 나타나는 경관단위인 묶음이 된다.

제3장

바탕과 경관형성 위계

시작하며

어린 학생이 모자이크 작품을 만드는 숙제를 받았다고 가정해 보자. 학생은 먼저 백지 한 장을 준비할 것이다. 그 백지 위에 때로는 둥글거나 모가 나고 때로는 길게 뻗은 여러 가지 모양의 작은 종이조각을 붙여 작품을 만들어 가는 과정을 상상해 볼 수 있다. 경관생태학자들은 경관이 이루어지는 과정을 여기에 비유하여 바탕 - 조각 - 통로 모형을 제안했다.

앞에서 토지 모자이크를 (1) 긴 역사에 걸쳐 일어나는 기후와 지질적 과정, (2) 지구표면의 생물군집 형성으로 대표되는 생물적 과정, (3) 자연발화에 의한 화재나 태풍 그리고 산사태와 같은 자연적 교란, 그리고 (4) 화전이나 벌채, 농경활동, 도시건설과 같은 인위적 교란의 종합적인 영향에 의해 이루어진 결과로 보았다. 경관을 바탕 - 조각 - 통로라는 모형으로 이해한다면 여기서 (1)과 (2)는 그 과정 자체가 이질적인 조각들의 모임을 만드는 경우도 있지만 일반적으로 비교적 장기간에 걸쳐 바탕이 형성되는 과정이며, (3)과 (4)는 숙제를 받은 학생이 백지에 여러 가지 모양의 종이쪽지를 붙여 가듯이 상대적으로 짧은 기간에 조각과 통로가 바탕 위에 들어서는 과정이다.

이 장에서는 경관바탕의 구조와 바탕의 성격을 결정하는 주요 변수, 변화의 역동성 그리고 바탕의 성격에 따른 기능적인 변화를 살펴보고, 바탕에 공간과 시간적 규모가 다른 사건들이 위계적으로 들어섬으로써 경관유형이 형성된다는 위계이론 및 그와 관련된 최근의 이론들을 소개하여 경관바탕과 조각 그리고 통로의 공간적 · 시간적 관계에 대한 이해를 돕고자 한다. 그러나 아직은 경관생태학이 경관의 이질성에 초점을 맞추고 있는 까닭에 경관조각과 통로부분의 연구를 주로 하고 있어 바탕에 대한 자료는 미흡한 실정이다. 연구대상의 수평적인 요소는 동질적이라고 가정하고 출발한 생태계 생태학에서 축적한 자료를 빌려 쓰는 정도이며, 제2장에서 다룬 내

용들과 밀접한 관계를 가지고 있다.[1)]

경관바탕의 구조

경관바탕은 넓은 구역(area)을 망라하고 잘 연결되어 있으며 경관이나 광역(region)의 움직임을 통제한다. 따라서 경관바탕은 통로뿐만 아니라 경관조각에 영향을 미친다. 때로는 경관바탕이 뚜렷하지 않을 때도 있다. 즉 어떤 구역에는 두 세 가지 형태들이 비슷한 세력을 형성하고 있기 때문에 어느 것이 경관바탕으로서 기능을 발휘하고 있는지 파악하기 어려울 때가 있다. 경관에서 바탕을 조각과 통로로부터 구별하는 방법은 면적, 연결성, 역동성의 통제력을 비교하는 것이다(Forman & Godron 1986, Forman 1995).

① 전체면적(total area): 전체 토지면적의 반 이상을 덮고 있는 부분이 경관바탕이다(그림 3.1의 가).

② 연결성(connectivity): 두 가지 특징이 한 구역에서 동등하게 나타나는 경우에는 연결성이 높은 부분이 경관바탕이다(그림 3.1의 나).

③ 역동성 통제력(control over dynamics): 구역의 경관 역동성을 좌우하는 공간부분이 경관바탕이다(그림 3.1의 다). 이 말은 에너지와 물질, 생물종, 정보의 흐름에 가장 우세한 역할을 하

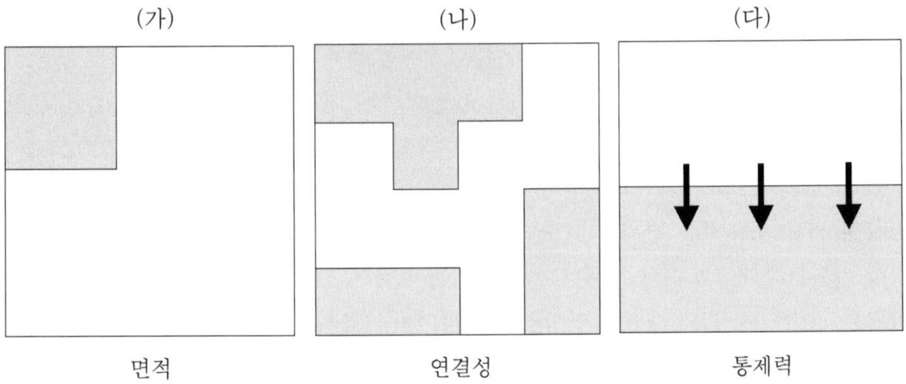

그림 3.1 그림에서 경관바탕은 흰색으로 채워진 곳이며 (가) 면적, (나) 연결성 그리고 (다) 통제력이 큰 부분이다.

1) 1960년대 중엽 삼림생태학자 F.H. Bormann과 육수생태학자 G.E. Likens의 절묘한 만남은 유역 전체를 실험처리대상으로 함으로써 생태계 생태학에 새로운 전기를 마련했을 뿐만 아니라(이도원 1997), 육상생태계와 수중생태계라는 이질적인 경관요소 사이에 일어나는 상호작용에 대한 연구방향을 제시함으로써 이미 북미에서 경관생태학을 받아들이고 기능적인 측면을 발전시킬 수 있는 분위기와 발판을 마련해 놓았다(Bormann & Likens 1979, Likens & Bormann 1995).

는 경관요소가 바탕이라는 뜻이다(Forman & Godron 1986).

요컨대 경관바탕은 경관에 대해 가장 큰 통제력을 행사하며 면적변화에 가장 큰 영향력을 가지는 공간요소이다. 그러나 아래에서 좀더 자세히 살펴보겠지만 경관바탕은 상대적인 면적, 연결성, 경관 통제력의 우세성에 따라 시간이 지나면서 달라질 수 있다. 이를테면 숲이 농경지로, 농경지가 묵밭으로 되는 과정에서 그 면적이 상대적으로 증가하게 되면 바탕은 숲에서 농경지로 그리고 묵밭으로 바뀌게 된다.

어떤 의미에서 경관바탕을 규정하는 데 면적이나 연결성은 통제력의 크기에 대한 대리변수 내지는 간접적 표현수단이다. 그러나 면적은 구조적인 내용이며, 연결성은 구조와 기능의 속성을 동시에 가지고 있다. 반면에 기능적인 측면을 강조하는 통제력은 경관바탕을 규정하는 가장 중요한 기준이지만 변수에 따라 판정과 정량적인 측정이 매우 어렵다. 이를테면 그림 3.1의 (다)의 경우에 편의상 두 구성요소가 숲과 도시로 이루어졌다고 하자. 이때 어느 기능요소에 관심의 초점을 두느냐에 따라 바탕은 달라진다. 생산성과 생물 다양성을 기준으로 하면 숲이 바탕이 되겠으나 에너지 사용량, 인간 위주의 정보소통량, 폐기물 발생량 관점에서 보면 도시가 바탕이 된다.

기후, 자연적인 교란체제 또는 인간의 활동이 큰 변화를 겪을 경우에 미래의 경관을 결정하는 데에 가장 큰 영향을 미치게 될 요인은 어떤 것일까? 우선 식물의 재정착(recolonization)을 유발하는 씨앗, 초식동물의 무리, 중추포식자(keystone predator), 떠다니는 입자, 오염인자, 홍수, 에너지, 자동차, 인간집단과 정보와 같은 것들을 생각할 수 있다. 그러나 경관 안에서 일어나는 모든 작용은 경관유형에 영향을 미치게 된다. 따라서 경관의 기능을 좌우하는 변수들은 우리의 환경을 어떤 관점에서 보느냐에 따라 수없이 많을 수 있다. 앞으로 경관을 다각적인 관점에서 검토하는 만큼 고려해야 할 변수도 다양할 것이다. 우리는 현시대 문화가 규정하고 있는 의미의 바탕 안에서만 경관바탕을 규정하고 있을 뿐이다.[2)]

경관바탕의 특성변수

경관바탕의 특성은 색채(color), 최소구성입자의 크기(grain size)와 그들이 이루는 결(texture) 등에 의해서 2차원적으로 구분된다. 여기서 색채는 빛이 드러내어 보이는 빨강, 노랑, 파랑 따위의 성질로 단일색은 자체의 특성을 지닌 고유한 느낌을 줌으로써 바탕의 특징을 규정하여 특히 동물의 이동에 큰 영향을 줄 수 있는 중요한 요소이나(유관호 1994), 경관생태학에서는 색채 이론이 다루는 극히 초보적인 내용만을 고려하고 있다. 최소구성입자는 주어진 자료에서 가능한 공간해상력으로 가장 미세한 수준(finest level)이라 정의된다(Turner 등 1989). 이를테면 인공위성 자료에서 화소(pixel)는 최소구성입자에 해당하며 규모의 문제와 관련이 있다. 결은 넓은

---

2) 경관바탕의 의미를 좀더 이해하기 위해 영화 'Matrix' 에서 의미하는 matrix와 우리말 바탕의 의미를 비교해 보자.

의미에서 하나의 영상 또는 영상의 어떤 구역 안에서 나타나는 명암변이의 유형이라 정의되며(Musick & Grover 1991), 균등성(uniformity), 굵기(coarseness), 규칙성(regularity), 빈도(frequency)와 선형성(linearity)을 포함하고(Nevatia 1982), 결의 차이는 기본구성요소의 모양, 크기와 다른 특성 그리고 반복하는 양식에 따라 나타난다.[3] 대부분의 경관연구가 다음에 다루는 수직적인 특성을 수평자료로 전환하는 과정에서 이러한 특징들을 암묵적으로 고려하고 있으나, 여기서 논의할 만큼 경관생태학에서 충분히 정리하지 못하고 있어 앞으로 더 많은 연구가 필요하다.

경관바탕의 표면특성에서는 규모가 증가하면서 수직적인 요소가 점점 큰 의미를 가진다. 그럼에도 불구하고 지금까지 경관생태학은 경관요소의 수평적 분석에 초점을 맞추어 왔다(Lee 등 2000b). 이를테면 고전적인 섬생물지리학에서는 섬의 크기 그리고 섬과 본토 사이의 거리라는 평면적인 요소가 주요 변수로 생물보전과 관련하여 논의되었다(MacArthur & Wilson 1967, 조도순 1992). 뿐만 아니라 생태계보다 비교적 넓은 대상인 경관을 다루면서 각 요소들의 평면적인 관계를 규정하는 연구방법과 특성을 기술하는 지수들이 개발되고 있다(Pickett & Thompson 1978, Hargis 등 1998, Tinker 등 1998). 수평 · 수직요소를 포괄하는 분석이 충분하지 않은 상황에서 최근에 제안된 수직적인 요소들에 대한 변수를 소개한다.

수직요소를 고려한 표면특성

2차원적 시각은 경관바탕과 그 안에서 일어나고 있는 과정을 기술하는 데 한계를 가지는 반면에, 3차원적인 시각은 지형적인 변화와 함께 식생 그리고 인공구조물이 이루는 수직구조를 포함함으로써 기능적인 측면의 해석에 폭넓은 융통성을 발휘할 것임에 틀림없다. 이를테면 고도나 경사가 증가함에 따라서 평면적인 관계보다 수직적인 움직임은 더 늘어나는 것으로 알려져 있다(Swanson 등 1988). 무엇보다 기복(起伏)이 심한 한국의 지형에서 북사면과 남사면에 나타나는 식물조성의 반복이 이루는 경관바탕을 기술하는 데는 수직적 특성을 고려하는 것이 합리적이다(Lee 등 2000b). 또한 제5장에서 다룰 것처럼 많은 경우 큰 조각의 중요성을 강조하고 있지만 비록 작은 조각이라 할지라도 그것의 수직적인 요소에 의해 결정되는 질이 생물 다양성 보존에 중요한 의미를 가진다(Honnay & Coppin 1999).

---

3) Musick & Grover 1991. 보통 미술분야에서 'texture'는 '질감'으로 번역이 되며, 이것은 어떠한 대상물이 가지고 있는 표면의 성질로부터 비롯되는 촉각에 의한 감각과정을 말한다. 그러나 보통의 질감이라고 말했을 때 그것은 빛과 그림자의 교차로 인한 시각적 자극에 의한 결과인 경우가 많으며, 이러한 시각자극은 이미 경험에 의하여 축적되어 있는 촉각적 느낌을 불러일으키는 것이다(정수진 제공). 그러나 경관생태학에서 사용되는 texture는 감각적인 느낌보다 물리적인 특성을 의미하여 나무와 돌, 살갗, 비단 따위의 바탕이 가지는 상태나 무늬라는 우리말과 비슷한 뜻을 가지기 때문에 결로 옮긴다.

표면적지수

경관의 기능과 관련하여 수직적 구조를 복합적으로 표현하는 방법으로 표면 기복도(起伏度, ruggedness) 또는 표면적지수(surface area index)가 제안되었다(Forman 1995, Lee 등 2000a, b). 이를테면 단위면적에 들어가는 전체 등고선 길이는 지형의 변화 정도를 표현하는 하나의 수단으로 기복도를 나타낸다(Beasom 등 1983). 평면으로 이루어진 지형보다 울퉁불퉁한 표면으로 이루어진 경관이 더 큰 기복도를 가질 것이며 이는 경관 안에서 물질이동, 동물의 행동에 영향을 주는 변수가 될 수 있다. 그러나 작은 규모 또는 미세한 지형에서 기복도를 추정하자면 측량과 도면의 마련과정에 여러 가지 어려움이 있을 것으로 추측된다. 더구나 기복도는 경관의 지형요소를 고려하지만(Forman 1995) 수관(canopy)과 하층 식물의 밀도와 높이, 엽면적, 줄기, 표면의 죽은 나무와 낙엽이 미치는 물리적인 영향을 배제하고 있다.

기복도의 대안으로 제안된 표면적지수는 단위면적에서 공기에 노출된 표면의 넓이로 정의한다. 이 값은 특정 경관요소에서 공기에 노출된 면적을 수직 하위방향으로 투사했을 때 나타나는 그림자 면적으로 나눈 값이다.[4] 주어진 정의에 의하면 책상 위에 수평으로 놓인 종이의 표면적지수는 1이다. 그러나 그 종이를 접어서 그림 3.2의 첫째 경우처럼 세우면 표면적지수는 1보다 커지고, 더 복잡하게 구기면 투영면적이 점점 작아지기 때문에 값은 더욱 증가한다. 또는 종이 위에 다른 물체를 놓으면 표면적이 늘어남으로써 표면적지수는 커진다. 몇 가지 단순화된 지형

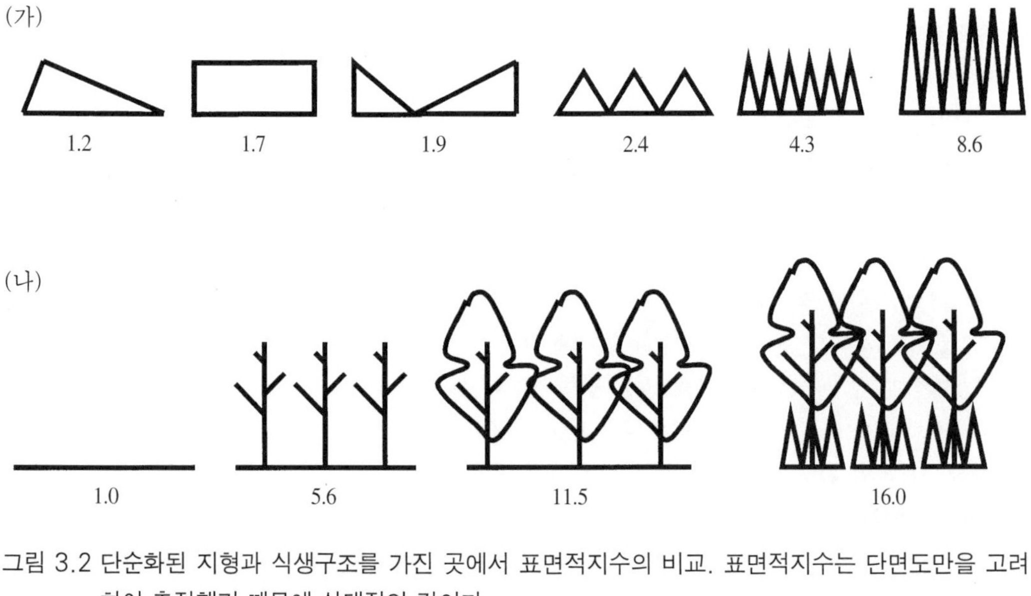

그림 3.2 단순화된 지형과 식생구조를 가진 곳에서 표면적지수의 비교. 표면적지수는 단면도만을 고려하여 추정했기 때문에 상대적인 값이다.

4) Lee 등 2000b. 사실상 공기에 노출된 물체의 표면적은 표면을 측정하는 해상력에 따라 값이 다르기 때문에 그 문제는 나중에 시공간규모와 관련하여 좀더 논의할 예정이다.

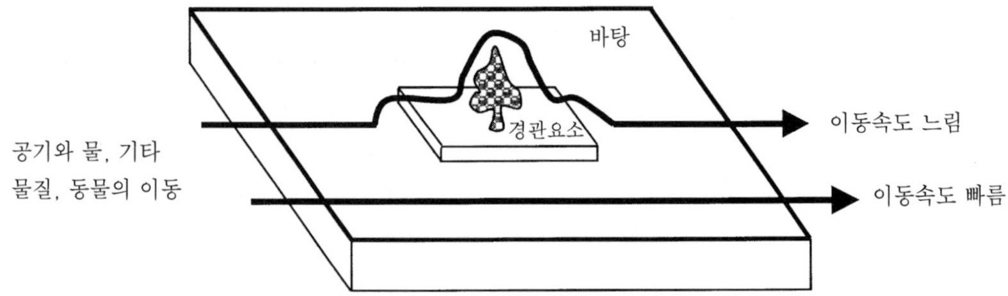

그림 3.3 경관의 표면적과 표면거칠기가 증가하면 유체의 흐름을 지연 또는 약화시키는 경향이 있다.

과 식생구조를 포함한 지역의 표면적지수를 그림 3.2에 보기로 제시했다. 그림에 포함된 사례들은 현실을 대표하기에는 지나치게 단순하지만 표면적지수가 지형과 식생구조에 의해서 달라지는 개략적인 경향을 이해하는 데 도움이 된다.

경관의 기능과 유지는 이질성에 의해서 큰 영향을 받는다는 사실은 이 책 전반에서 누누이 강조될 것이며, 그것은 서로 다른 표면적지수의 공간적인 분포로 표현될 수 있다(이도원 1997, Levin 1997, Flores 등 1998). 높은 표면적지수는 표면거칠기(surface roughness)를 증가시켜 유체 흐름을 감속시킴으로써(그림 3.3) 입자상 물질의 퇴적을 조장하고 생화학적 반응으로 용존상 화학물질의 분해와 동화를 조정한다. 이 경우 표면적 증가에 의한 표면거칠기가 경관요소의 생화학 반응속도에 어떤 영향을 주는지는 아직 분명하지 않지만, 적어도 유체의 체류와 반응시간을 연장시킴으로써 간접적으로 생물과 토양의 영양소 보유 및 제거효능을 높일 것이라는 가정을 설정할 수 있다. 하천통로에서 다루게 될 식생완충대나 생울타리는 표면적지수 증가에 의한 물리적인 과정과 생화학적 반응을 통해서 지표 및 지하유출수에 포함되어 있는 토사와 영양소, 농약을 제거한다(Lee 등 1989, Iversen 등 1993, 제6장 참조).

표면적지수와 비슷한 개념으로 엽면적지수(leaf area index: LAI)가 있다. 엽면적지수는 삼림생태학자들에 의해서 수관 아래 지면의 단위면적당 투영된 잎 표면의 총면적 또는 더 흔하게 그것의 1/2 값으로 정의한다(Waring & Running 1998). 식물의 생산성에 관심을 가지고 있는 생태학자들은 광합성에 활발한 식물조직의 양이 광합성량과 상관관계를 가질 것이라는 생각에서 엽면적지수를 정의했기 때문에 이 지수는 일반적으로 광합성을 그리고 가끔 삼림 수문학자들에 의해서 빗물과 눈의 차단을 추정하는 데 제한적으로 사용되고 있다(Fassnacht & Gower 1997, Schlesinger 1997). 그러나 식물의 1차 생산성을 엽면적지수의 함수로서 추정하는 FOREST-BGC 모형은 토양온도와 수분함량의 큰 차이를 유발하는 사면방향을 고려하지 못함으로써 지형의 변화가 심한 우리나라에 적용하는 데 한계를 드러내고 있다(Running & Gower 1991, Lee 등 2000b, Kang 2001). 수리학자들이 지표유출수와 하천수의 유속과 유량을 계산하는 데 오래 전부터 사용하고 있는 맨닝 거칠기계수(Manning's roughness coefficient)도 이동하는 물체에 대한 지표의 저항을 고려하는 점에서 표면적지수와 비교가 된다(Brooks 등 1991). 그러나 그 계수는 물의 흐름에 제한적으로 사용될 뿐만 아니라 수리공학자들의 경험에 의거하여 추정되는 한계를 지니고 있다.

한편 표면적지수는 지표의 무생물적 자연요소와 아울러 인간구조물의 물리적인 특성 그리고 생물적 요소를 포괄한다. 이는 경사와 계곡, 봉우리, 노출정도, 고도를 포함하는 지형요소, 그리고 그 위에 놓이는 자연, 인공구조물과 함께 나무줄기, 잎, 낙지와 낙엽, 하층 식생을 포함하는 생물적 요소들을 종합하는 점에서 기복도 개념과 구별된다. 그 지수가 경관요소에 대해서 추정된다면 바람이나 물, 동물 그리고 인간의 이동수단에 대한 저항 정도와 정량적인 관계로 표현될 수 있을 것으로 기대된다.

유용성과 측정, 한계

물과 공기의 흐름, 동물과 인간의 운송수단의 이동은 표면의 거칠기에 민감하기 때문에 표면적지수는 여러 가지 규모에서 경관의 기능을 연구하는 데 쓸모가 있을 것으로 보인다. 거칠기가 큰 지역은 물질의 이동을 느리게 하거나 생물의 은폐를 조장함으로써 물체의 소멸처로 기능을 하는 한편 물과 바람, 동물, 사람의 이동과 갈등을 일으킴으로써 잘려 나갈 여지가 크기 때문에 표면적지수가 작은 곳보다 변화가 심하리라는 가설이 제안된다. 보다 넓은 범위에서 이 가설을 검정할 수 있는 자료발굴은 의미가 있는 연구주제가 될 것이다. 이를테면 제6장에서 설명하게 될 식생완충대의 경우에는 인위적으로 표면적지수를 증가시켜 오염물질의 소멸처 기능을 증가시키는 한편, 생물들의 공급원으로서 기능을 고양시키는 과정이다(이도원 1997).

특히 생물의 표면적은 그 개체생물의 생존에 필요한 물질과 에너지가 교환되고 다른 생물들이 서식하는 기질이 된다(Whittaker & Woodwell 1967). 잎과 가지, 줄기 그리고 뿌리 표면적은 기체교환과 호흡률, 증발산, 열 교환, 빗물분포 그리고 영양소 용탈을 포함하는 여러 가지 기능적인 변수가 된다. 에너지 합성효율이 엽면적지수에 비례하며, 따라서 엽면적지수가 클수록 1차 생산성(primary productivity)이 증가한다(Web 등 1983, Fassnacht & Gower 1997, Schlesinger 1997, Waring & Running 1998, Serrano 등 2000). 엽면적지수가 큰 수종으로 이루어진 숲에서는 강우의 차단이 증가하여 하천유출수량은 감소하는 경향을 보인다(Swank & Douglas 1974, Aston 1979, Waring & Running 1998). 하층 식생과 움푹 들어간 지역은 물질보유와 유역차원에서 물의 흐름을 지연시킴으로써 수문곡선의 최고값을 낮춘다(그림 3.4). 이것은 동시에 유속 에너지를 감소시켜 토양과 영양소 유실을 방지할 것임을 미루어 짐작할 수 있다(이도원 1997, Lee 등 2000a, b). 동물들은 개방된 지역보다 수림의 밀도가 높고 하층 식생과 낙엽 및 낙지의 축적량이 많은 곳에 더 풍부할 것이다. 예를 들면 표면거칠기는 숲의 하층 식생의 밀도와 함수관계를 가지며, 거칠기가 높을수록 누적되는 낙엽량이 많을 뿐만 아니라(Lee 등 1999, 그림 3.5 가), 서식하는 생물의 숫자도 늘어나는 경향이 있다(Kroodsma 1982, 그림 3.5 나).

앞에서 언급한 것처럼 표면적지수는 지형, 수목의 줄기와 잎 부분, 하층 식생, 낙엽과 낙지 그리고 인공 조형물의 물리적인 속성을 포괄적으로 고려한다. 지금으로서는 하나의 경관요소를 대표하는 표면적지수는 각 부분들이 공헌하는 값을 구하여 합산하는 방법이 제시되어 있다. 지

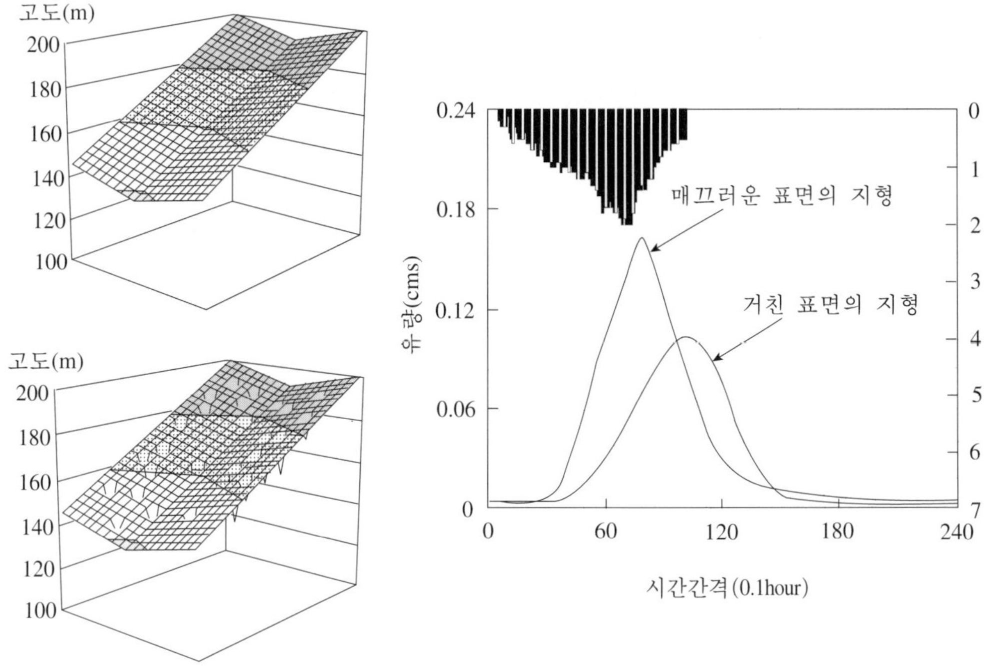

그림 3.4 유역차원에서 지형의 기복이 심한 경우 물의 흐름이 느려지고 수문곡선의 최고값이 낮아지는 경향을 보여 주는 컴퓨터 모의실험의 결과

형에 의한 공헌도는 수치고도모형(DEM: digital elevation model)으로 추정할 수 있다(그림 3.6).[5] 숲에서 잎, 가지, 줄기표면을 추정하는 방법은 세 가지가 제안되어 있다(Swank & Schreuder 1973). 그것은 (1) 2단계 층화 시료추출법(stratified two-phase sampling), (2) 2단계 회귀추정 시료추출법(two-phase sampling with a regression estimator), 그리고 (3) 2단계 평균치비추정 시료추출법(two-phase sampling with a ratio-of-means estimator)이다. 위 방법들은 모두 공통적으로 두 가지의 자료조사단계로 구성된다. 첫 단계에서는 표본방형구로부터 수거된 수목의 목록을 작성하여 총수목수, 총기부면적(total basal area), 일곱 부분으로 나눈 각 수직층에서 수목수 또는 유역에 대해 달리 필요한 매개변수를 구한다. 두 번째 단계는 생물량과 줄기의 면적에 대해서 직접 자료를 구하거나 잎과 가지의 면적에 대해서 부분적인 조사를 통하여 자료를 구하는 것 등으로 구성된다. 이 단계를 통해 각 나무의 평균적인 잎, 가지, 줄기의 표면적 자료를 얻게 된다. 그 다음 두 단계에서 획득한 값으로부터 평균 및 총표면적을 구하는데, 위에서 언급된 세 가지 방법이 사용된다. 첫째 방법에서는 직경을 독립변수로 사용하여 수목개체군을 일곱 개의 층으로 나눈다. 둘째 방법에서는 기부면적을 독립회귀변수로 사용한다. 셋째 방법에서는 변수들의 평균값

5) Band 1989. 수치고도모형에 대해서는 다음 홈페이지 내용을 참고할 수 있다.
http://www.geog.ubc.ca/courses/klink/gis.notes/ncgia/u38.html#SEC38.1.1

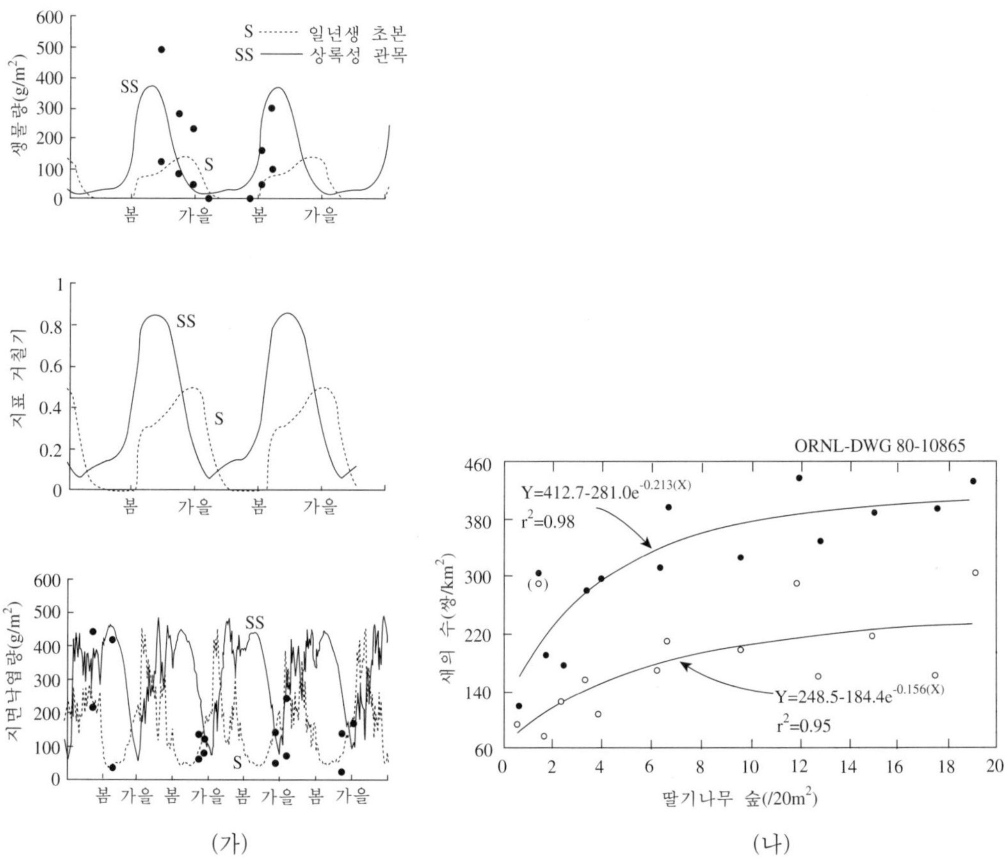

그림 3.5 (가) 낙엽활엽수림에서 조릿대 생물량과 표면적지수는 양의 상관관계를 가지며, 이는 낙엽이 보유되는 양과 밀접한 관계를 가지고 있다. (나) 미국 테네시 주 동부에서 하층의 딸기덩굴 밀도가 늘어날수록 새끼를 치는 새의 밀도는 증가했다.

비를 독립변수로 사용한다. 이 방법들을 미국 노스캐롤라이나 주 코위타(Coweeta)의 10년생 소나무숲에 적용한 결과 첫째 방법이 최적이었으며 1헥타르 삼림면적에서 잎 5.3, 가지 0.76 그리고 줄기 0.13헥타르의 표면적이 추정되었다.[6] 온대 활엽수림의 지표면적 1헥타르에서 잎, 가지, 줄기가 각각 공헌하는 표면적은 3.0~6.0, 1.2~2.2 그리고 0.3~0.6헥타르의 범위에 있는 것으로 보고 되어 있다(Whittaker & Woodwell 1967).

상층 수관부와 하층 식생의 엽면적지수는 1년을 통해서 주기적으로 수거한 낙엽량으로부터 추정하거나(Burton 등 1991, Lee 등 1999, 2000b), 상층부에서 지면까지 수관을 통과하는 빛의 양

6) 코위타 장기생태연구지에 대한 자료는 다름 홈페이지에서 찾아볼 수 있다.
http://www.ilternet.edu/networks/

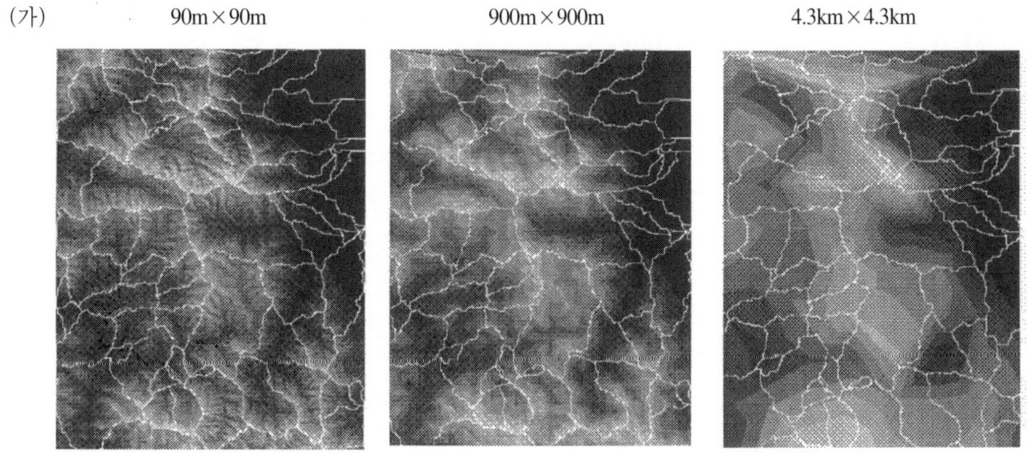

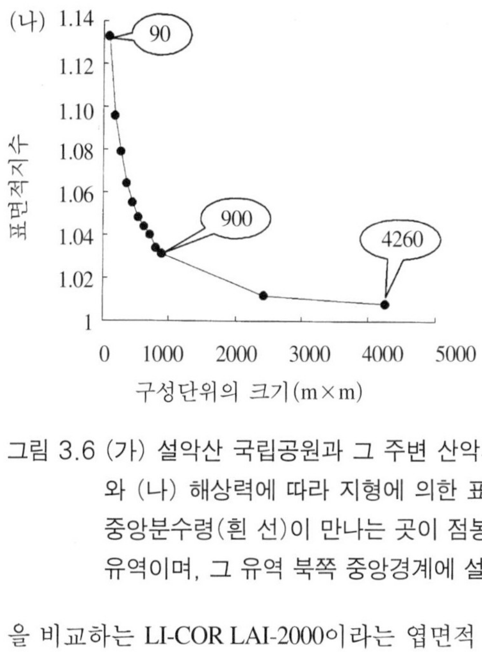

1. 위 그림은 다른 해상력의 수치고도모형이다.
2. 각 지도는 해상력 30m×30m의 수치고도모형 자료를 기반하여 만들었다.
3. 흰 경계선은 유역을 나누는 분수령이다.
4. 표면적과 투사면적은 불규칙 삼각망으로 계산했다.

그림 3.6 (가) 설악산 국립공원과 그 주변 산악지대에서 3가지 다른 공간 해상력으로 그려지는 지형도와 (나) 해상력에 따라 지형에 의한 표면적지수가 변하는 경향을 보여 주는 그래프. 지형도의 중앙분수령(흰 선)이 만나는 곳이 점봉산 정상이고, 오른쪽으로 뻗은 지역이 오색을 포함하는 유역이며, 그 유역 북쪽 중앙경계에 설악산 정상이 있다. Kang 등 미발표 자료

을 비교하는 LI-COR LAI-2000이라는 엽면적 측정기가 흔히 사용되며(Gower & Norman 1991), 근래에는 인공위성 영상자료를 이용한 방법이 개발되고 있다(Chen & Cihlar 1996, Myneni 등 1997). 하층 식생의 엽면적을 비디오그래피(videography)에 의해 추정하는 방법도 제안되었다(Law 1995). 나무의 가지와 줄기가 표면증가에 공헌하는 정도는 수목밀도와 크기, 모양의 함수일 것이다(Swank & Schreuder 1973). 인공 구조물이 표면적지수에 공헌하는 정도는 그것의 크기와 모양으로부터 직접 계산할 수 있을 것으로 보인다.

여기서 표면적지수는 현장조사와 지도에서 고려하는 공간규모에 의해서 달라진다는 사실을 주목해야 한다. 사실상 많은 생태적 함수들은 규모에 따라 달라지며, 따라서 적절한 규모는 그 안에서 활동하는 생물의 반응뿐만 아니라 관찰자가 가지는 관심에 따라 변한다(Wiens 1985,

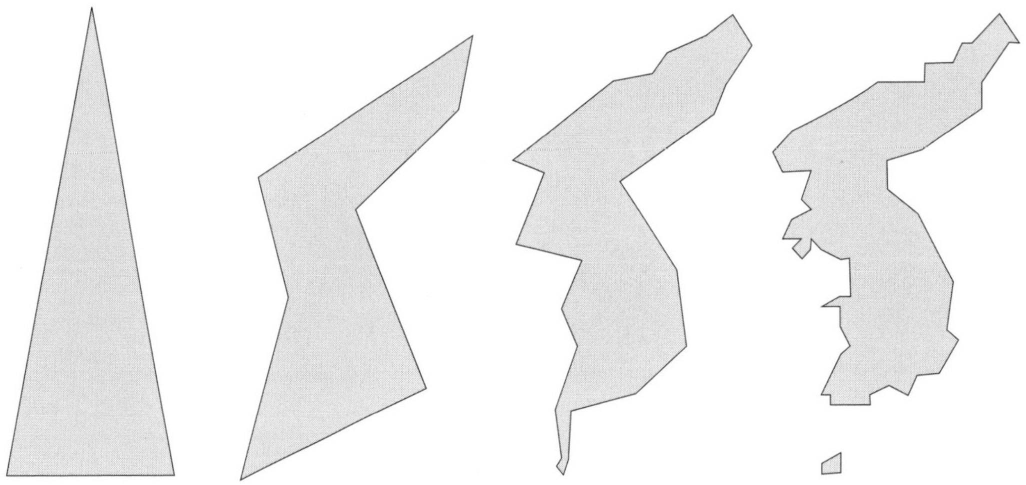

그림 3.7 해안선과 국경선의 길이는 공간규모 또는 해상력에 따라 달라진다.

1989, Gosz & Sharpe 1989, Milne 1991a, b, Allen & Hoekstra 1992, Levin 1992, Wiens 1994, O'Neill 등 1998, Kurki 등 2000). 이를테면 울퉁불퉁한 표면의 면적이나 해안선과 국경선의 길이는 자로 재면 될 것으로 간단히 생각할 수 있지만 아주 미세한 부분까지 해상력을 높이면 무한대로 늘어날 수 있다(그림 3.6, 3.7). 따라서 이러한 값들은 조사자가 이해하고자 하는 분석의 수준에 알맞은 공간 해상력으로 추정해야 한다.[7] 광역이나 공간규모에서 작용하는 과정은 비교적 낮은 해상도의 지형도를 기반으로 조사해도 무리가 없으나 경관요소와 관련된 변수는 해상도가 높은 세밀한 지형도를 사용해야 할 것이다.

그런 맥락에서 물의 유속과 방향에 대해 작은 바위와 관목이 미치는 영향은 계곡이나 큰 능선이 미치는 정도와 다르다. 경관요소로부터 온실효과기체의 방출과 같은 과정도 인간 관찰자에게는 직감적으로 또는 시각적으로 분명하지 않은 공간 이질성에 의해서 조절을 받는다(Gosz & Sharpe 1989). 큰 능선은 큰 포유동물의 행동에는 큰 역할을 하지만, 자신의 생활사를 모두 계곡에서 보내는 작은 무척추동물에게는 배경과 같은 제약조건으로 작용할 것이다. 동물의 몸 크기는 필요한 자원을 획득하는 행동권(home range)의 면적과 상관관계를 가지기 때문에 큰 동물은 경관 안에서 굵은 규모(coarse scale)의 요소에 반응하고 작은 동물은 미세한 규모의 요소에 반응한다(Holling 1992, O'Neill 등 1997, Wiens 등 1995, Westcott & Graham 2000, 그림 3.8, 제4장 프랙털에 관한 상자글 참조). 면적이 대략 1,000헥타르의 묵밭에서 사슴은 중간크기의 입자(medium size of grain)를 이용하고 그 행동이 여러 가지 다양한 조각요소들의 배열과 관련되어 있고 경관

7) Ahl & Allen 1996, Kang 2001. 이를테면 미국 애팔래치아 산맥 남부의 연구에서 미세한 공간 해상력을 이용한 분석은 붉은등두더지(red-backed vole, Clethrionomys gapperi)에게 적합한 서식처를 찾아내는 데 유리했지만, 두더지 존재와 개체군 크기를 예측하는 데는 거친 해상력이 효과적이었다(Orrock 등 2000).

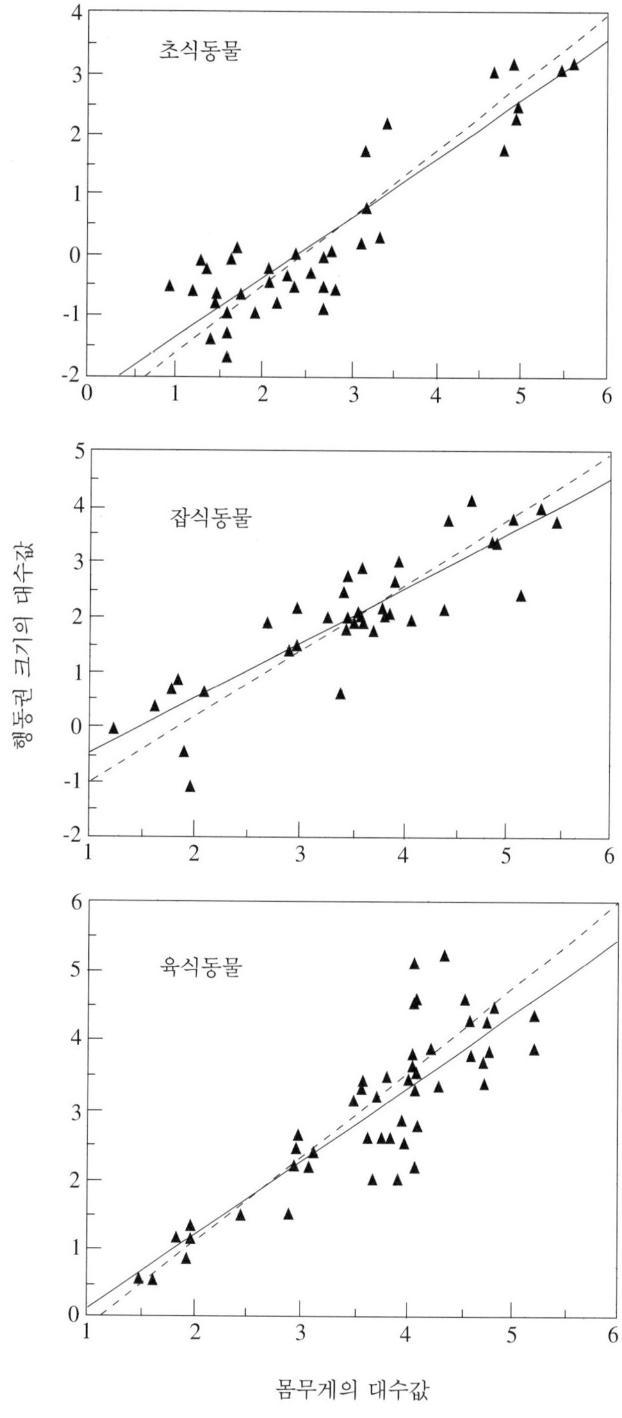

그림 3.8 포유동물의 행동권 면적(헥타르)과 몸무게(그램)의 관계

구조와 식생변화의 역동성을 통해서 지렁이 분포의 영향인자로 작용하며, 지렁이는 하나의 작은 동일 규모 안에 정체되어 있는 것으로 기술된다(Grossi 등 1995). 이 경우 큰 규모와 관련된 사슴은 경관의 구조적인 지표가 되는 반면, 작은 규모와 관련된 지렁이는 경관의 기능적인 지표로서 특징을 가진다(Grossi 등 1995). 적절한 두더지의 서식처를 찾아내는 데는 미세한 해상력의 분류가 적당하나 풍부도를 예측하는 데는 거친 해상력이 적절했다(Orrock 등 2000). 이는 제1장 상자글에서 다룬 공간 및 시간규모와 구조 및 기능의 관계와 비슷한 맥락에서 이해될 수 있다. 또한 하나의 경관요소가 동일한 생물에 대해서도 규모에 따라 서로 다른 영향을 줄 수 있다. 숲이 물잠자리(damselfly, *Calopteryx maculata*)에 대해서 작은 공간규모에서는 먹이서식처를 제공하는 긍정적인 역할을 하지만, 큰 규모에서는 이동을 저지하여 지역개체군 사이의 상호작용을 방해하기도 한다(Pither & Taylor 1998).

결과적으로 조사하고자 하는 대상과 과정에 따라 동일한 지역에 대해서도 표면적지수는 다른 값을 가지는 것은 당연하며, 각각의 문제에 대해서 어느 것이 가장 적당한 수준인지 결정하는 것은 커다란 숙제로 남아 있다(Fleury & Brown 1997). 사실상 생태적 과정과 이질성은 여러 가지 다른 위계수준에서 조직 · 운영되기 때문에 규모의 문제는 경관생태학에서 점점 더 큰 논의과제로 떠오르고 있다(O'Neill 등 1986, Urban 등 1987, Kotliar & Wiens 1990, Allen & Hoekstra 1992, Petersen & Parker 1998, Shugart 1998).

그러나 표면적지수는 경관요소의 표면상태만을 고려하고 있기 때문에 경관분석에 한계를 지니고 있다. 이를테면 살아 있는 나무줄기가 죽는 경우 경관 표면적지수에 거의 변화를 주지 않겠지만 사실상 두 가지 다른 나무줄기는 생태적 과정에 큰 차이를 보인다. 죽은 나무는 썩어 가는 과정에 구멍이 생기고 줄기 내부에 활발한 미생물 및 생화학적 과정으로 더 많은 물이나 영양소를 보유할 수 있는 능력을 가질 수 있다(Ponge 등 1998). 이처럼 경관요소의 외부 · 내부적 양상을 어떻게 경관지수에 고려할 것인가는 남겨진 숙제다. 아마도 내부 · 외부의 과정은 조직의 다른 위계수준에서 작용하고 있는 것일지도 모른다.

경관바탕의 역동성

저항성과 이질성

경관의 저항성(resistance)이란 객체의 흐름이나 이동을 방해하는 구조적 효과를 말한다(Knaapen 등 1992, Forman 1995). 공간적 요소를 분리하는 경계들은 객체가 가속하거나 느려지는 곳이기 때문에 저항성은 경계를 넘나드는 빈도로 표시된다. 초식동물은 새로운 환경으로 이동할 때 대비가 큰 경계부근에서 주위를 조심스럽게 살피면서 통과하며 경계의 숫자가 적은 긴 통로를 애용한다(Wiens 1992, 제8장 참조). 따라서 단위통로당 경계의 수는 저항성을 측정하는 유용한 수단이다.

다른 방법은 동물들이 좋아하는 서식지의 크기를 구하거나 부적합한 서식지를 구해서 전체에 대해 부적합한 서식지의 비율을 저항성의 측정수단으로 삼는 것이다. 네덜란드 서부에서 새로운 숲을 조성하기 위해 수행한 식물에 대한 연구는 지역이나 경관의 저항성에 관한 추가적인 정보를 제공해 주었다(Forman 1995 재인용). 그 연구에서는 경관의 저항성 측정이 우선 숲에 사는 조류 군집의 이동을 계산함으로써 이루어졌다. 建造 환경, 복잡한 도로는 저항성을 증가시키며 식생지대는 저항성을 감소시켰다. 저항성은 숲에 사는 새들이 새로운 숲을 조성하였을 경우 정착할 수 있는지를 판단할 수 있게 했다. 이 연구에서는 다시 대형 포유류, 소형 포유류, 조류, 나비에게도 적용되었다. 다음의 저항성 요소는 建造 지역, 농촌지역, 수변공간에 대해서 계산되었다: 삼림의 비율, 생울타리의 밀도, 물이 차지하는 비율, 建造 환경의 비율 등. 추가적으로 큰 하천이나 운하, 4차선 도로 등이 장애물로서 평가되었다.

모든 경관에서 동물이동에 대한 저항성은 삼림으로 덮여 있는 경우에 적게 나타나며(그림 3.9), 숲의 비중이 25% 이하일 때 가장 크게 나타났다(Knaapen 등 1992). 建造 지역에서 나비의 이동은 삼림의 비율이 5% 이하일 때 저항이 가장 컸고, 새들의 이동은 상대적으로 가장 적게 영향을 받았다. 한편 숲이 거의 없는 농촌지역에서는 새가 가장 저항을 많이 받았고, 대형 포유류가 가장 덜 받았다. 고속도로나 강, 운하는 새의 이동을 가장 많이 제약하였고, 대형 포유류에게는 상대적으로 가장 덜 영향을 미쳤다. 모든 지역에서 소형 포유류가 저항에 영향을 덜 받았다.

이러한 방법은 경관조각이나 통로가 확실히 나타나는 지역에서 저항을 측정하는 데 사용되며, 경관조각이나 통로가 없는 경우에도 적용될 수 있다. 문제는 특히 제3장에서 논의한 바와 같이 이질성과 규모에 있다. 거친 해상력으로 보면 동질적일지라도 미시적인 해상력으로 보면 이질성이 나타나기도 한다. 이 경우 미시적 규모의 이질성도 객체가 큰 영향을 받는다면 중요한 특성이 된다. 따라서 경관의 저항성은 공간규모와 이동하는 객체에 따라 다르다. 한 지역은 미시적으로 이질성을 보이고 다른 지역은 거시적으로 이질성을 보인다면, 전자는 동물들이 이동하기에는 좋을지 몰라도 생물 다양성은 적을 것이고, 후자는 동물이 이동하기에는 힘들지라도 생물 다양성은 클 수 있다(Forman 1995).

모양의 변화

경관바탕의 변화를 일으키는 것은 전체 경관의 변화에도 중요한 영향력을 발휘한다. 대규모의 모자이크는 씨앗과 먼지, 사람, 열 등에 의해 통로와 경관조각에 영향을 미친다. 따라서 경관바탕은 내부의 요소를 압착하기도 하고 침입하기도 하며 없애버리기도 한다. 그 결과 경관 이질성이 감소된다. 볼록한 경계가 있는 경우 통로나 경관조각에 비해 상대적으로 이러한 과정이 많이 나타난다. 자연적 과정이 우세하면 직선형 통로는 곡선형으로 변하기 마련이다.

결론적으로 경관바탕은 경관조각이나 통로와 함께 경관에서 기본적인 모형요소의 역할을 한다. 그렇다고 해서 이러한 세 가지 공간적 요소들이 마룻바닥에 장식되어 있는 모자이크와 같이 변하지 않는 성격을 가지고 있는 것은 아니다. 항상 공간요소 사이의 경쟁(침입과 후퇴)에 의해 경관바탕은 변화하게 된다.

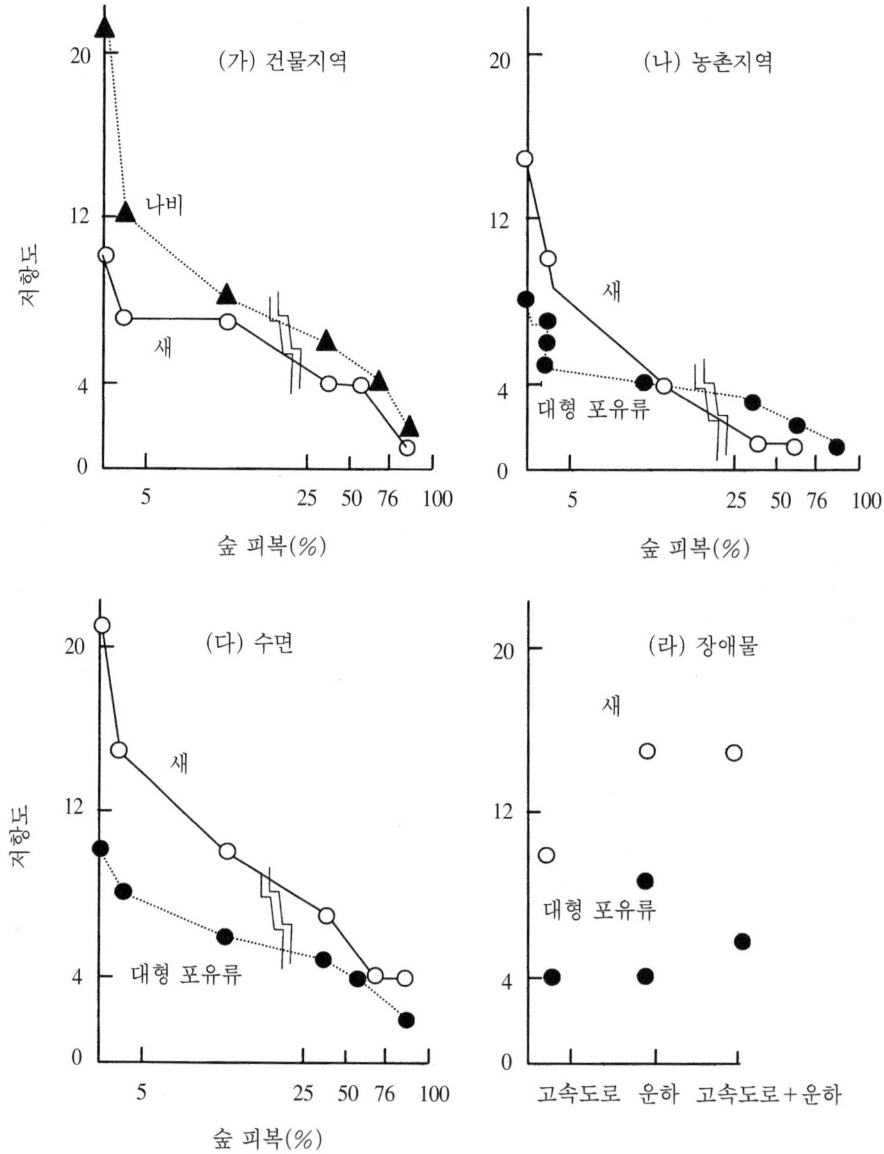

그림 3.9 여러 형태의 장애물이나 저항에 대한 실험

경관바탕 변화와 생태계 과정

지구상에서 주변의 다른 요소로부터 영향을 받지 않는 경관은 거의 없다. **경관**바탕은 통로에 의해 잘려지거나 경관조각에 의해 영향을 받기 마련이다. 이 과정을 우리는 **파**편화라고 한다.

파편화된 경관바탕에는 어느 정도 비슷한 넓이의 장애와 여과기능을 가진 지대 — 생울타리, 도로 등 — 에 의해 분리되어 있는 조각들이 포함되어 있다. 여과대는 경관바탕으로부터 유입되는 에너지와 물질, 생물, 정보에 의해 영향을 받는다. 가장자리 종은 통로와 경관바탕이 만나는 주변에서 주로 활동한다. 고립된 하위 군집이 경관바탕의 조각들에서 나타나며 경관바탕 내의 변이를 증가시킨다. 통로가 없는 대신 구멍이 숭숭 뚫린 경관바탕에는 수많은 경관조각들이 산재하기도 한다. 이러한 경관바탕에서 고립된 하위 군집의 숫자는 통로가 있는 경우보다 많다. 경관바탕 내부와 가장자리의 비율은 형태에 따라 좌우된다. 기존의 경관바탕이 통로에 의해 파편화되면, 내부 서식처는 급격하게 줄어들고 가장자리 서식처는 급증하게 된다. 예를 들어 지역에서 25%가 통로이고 75%가 경관바탕을 구성하고 있는 경우는 내부 서식처가 거의 없어지게 된다. 즉 이 경우에는 가장자리 종에 의해 경관은 장악된다(Forman 1995).

한편 기존의 경관바탕이 작은 경관조각에 의해 영향을 받는 경우 내부 서식처는 사라지게 되고 가장자리는 점차 증가하게 된다. 경관바탕의 내부환경이 사라졌다고 볼 수 있는 문턱수준(threshold)은 경관조각이 40%, 경관바탕이 60%가 되었을 경우이다(Forman 1995). 또한 경관에서 교란되기 쉬운 토지피복(land cover)이 문턱수준(대략 60%)을 넘어서면 교란은 경관 전역으로 파급되는 경향을 보인다(Gardner 등 1989, 1992).

어느 경우에든 자연보전지구와 같이 둥글거나 직사각형 모양의 큰 바탕은 과정의 초기에 사라진다(Franklin & Forman 1987). 더구나 경관에서 인공적인 통로망은 크기나 형태가 규칙적이고 대칭적이며 경계가 직선적이다. 따라서 이런 통로에 의해서 분할된 경관바탕은 구멍이 뚫린 바탕보다 변화가 적고 생물종도 풍부하지 않다(Forman 1995).

경관바탕의 변화와 함께 생태적 과정도 변하며, 역으로 생태적 과정이 경관유형을 바꾸게 된다는 사실은 앞에서 언급했다. 따라서 경관규모에서 일어나는 환경변화도 확인될 수 있고, 그 변화와 환경의 질의 관계도 평가할 수도 있다(O'Neill 등 1997). 이를테면 경관바탕에서 일어나는 교란주기와 회복과정은 경관유형을 바꾼다(Paine & Levin 1981). 이러한 변화는 생물이동방향(Wiens & Milne 1989)과 이용되는 자원(O'Neill 1988)에 영향을 줌으로써 경관바탕의 변화는 어떤 생물에게 유리하고 어떤 생물에게는 불리한 여건을 만든다(Wiens & Milne 1989). 경관바탕 변화가 생물의 전파과정에 영향을 주고 그에 따라 경쟁공간을 갈라놓음으로써 공존을 가능하게도 한다(Comins & Noble 1985). 포식자 - 피식자 상호작용은 조각으로 이루어지는 개체군의 공간유형을 초래할 수 있다(Levin 1978).

경관에서 이러한 변화는 식물과 동물 분포차이에 의한 영양소와 자원이동 그리고 생산성 등 생태계 수준의 변화에도 영향을 주겠지만 이에 대한 정량적인 연구자료는 부족하다. 그러나 경관요소의 배치에 따라 밭에서 작물을 뜯어먹고 숲에서 배설함으로써 경관 안에서 영양소 흐름에 유의한 영향을 줄 수 있다는 것은 이해할 수 있다(Scougall 등 1993). 그러한 흐름으로 영양소가 남아 있는 바탕인 숲으로 영양소가 공급됨으로써 식물구성이 달라지고, 그에 따라 경관바탕의 과정에도 변화가 일어날 것이라는 것도 미루어 짐작할 뿐이다. 이를테면 물가에서 개구리나

물고기를 먹고 숲에서 배설하여 식물분포를 바꾸는 데 역할을 하는 백로나 다른 동물들의 행동과 영양소 흐름은 바탕의 변화에 따라 달라질 것이 분명하다(문형태 등 1996, 문형태와 조삼래 1996, 이도원 1997).

이처럼 경관바탕의 변화로 나타나는 유형과 환경변화가 정량적인 관계를 가진다면, 경관유형은 환경의 질을 기술할 수 있는 방편으로 사용될 수 있다(O'Neill 등 1997). 따라서 많은 연구들이 경관유형을 기술하는 지수 또는 지표개발에 관심을 표명하고 있다는 사실은 앞에서 언급한 바와 같다(Pickett & Thompson 1978, O'Neill 등 1997, Hargis 등 1998, Tinker 등 1998). 경관유형을 결정하는 바탕변화의 공간적 · 시간적 규모에 따라 이러한 지수 또한 달라질 수 있다는 개연성도 밝혔다(Lee 등 2000). 이제 경관형성에 관여하는 힘의 공간과 시간규모를 설명하는 위계이론과 그로부터 파생된 두 이론을 간략히 살펴보자.

경관의 위계적 특성

백지에 비유될 수 있는 경관바탕 위에 경관조각과 통로는 어떤 원리에 의해서 들어서는 것일까? 경관유형은 다양한 경관요소들이 바탕을 비집고 들어서면서 자리다툼으로 일어난다고 볼 수 있다. 자연적인 반응이든 인위적인 과정이든 공간을 차지하지 않고 이루어지는 것은 없는 까닭에 존재하는 경관요소는 공간에 대한 경쟁의 승리자라고 볼 수 있다. 이러한 다툼들이 어떤 원리에서 진행되며, 나타난 결과를 이루는 경관요소들이 시각적인 차이뿐만 아니라 어떤 기능적인 변수들에 의해서 구분되는지는 경관생태학자들의 관심거리이다.

이 주제를 다루는 모형들의 특징은 정통적인 생태학이 주장하던 정태적인 '자연의 균형' 개념에 맞서서(O'Neill 등 1986, Wu & Loucks 1995, Parker & Pickett 1998) 생태계와 경관의 역동적인 특성을 설명하려는 노력이다. 다른 한편 이러한 개념들은 하나의 동질적인 생태계에 초점을 맞추어 자연을 설명하면서 겪었던 한계를 벗어나 관심을 경관과 광역수준으로 확장하면서 이질적인 지리요소를 분석에 포함시키고, 동시에 인간을 생태계의 내부 구성요소로 받아들이면서 넘어야 할 하나의 학문적인 문턱수준에서 나타난 산물이기도 하다. 이러한 요소들에 대한 설명은 자연의 균형으로 지배되어 온 정태적인 시각으로는 더 이상 불가능하기 때문이다.

현재까지 나타난 모형들은 아직까지 가설수준에 머물러 있으며 여러 가지 변이가 있지만 과정의 속도에 의해 구분된다는 위계개념과 공간위계, 조각 역동성 모형으로 나누어 소개할 수 있다.

과정의 속도위계모형

위계개념을 설명하는 학자들은 하나의 수준에서 요소와 요소를 구분하는 경계가 에너지 흐름, 물질순환, 정보유통에 의한 상호작용이 적은 곳에서 나타난다고 본다(Allen & Starr 1982, O'Neill 등 1986, Allen & Hoekstra 1992, Bissonette 등 1997, 이도원 1997, 제7장 상자글 참조). 이때 경계가 과정을 분리시켜 위치를 지정함으로써 실체의 행위와 사건이 일어나게 되거나 역으로 사건의 분포에 의해 경계가 설정된다(Salthe 1985).

경계에 의해 나뉜 상위수준의 실체는 하위수준의 (1) 맥락, (2) 통제자 그리고 (3) 제약요소가 되며, 또한 (4) 상대적으로 반응속도가 느리고,[8)] (5) 변화빈도가 낮으며, (6) 하위수준을 포함하고, (7) 완결성이 낮으며(중심특성이 분명하게 규정되지 않고),[9)] (8) 보다 큰 공간적 · 시간적 규모로 특성이 규정된다(O'Neill 등 1986, Beeby 1993, Bissonette 등 1997, O'Neill & King 1998, Wu 1999). 실제로 이러한 8가지 특성은 서로 밀접하게 관련되어 있다. 이를테면 상위수준에서는 하위수준의 각 요소에 비슷한 영향력을 발휘하는 과정으로 나타나며 맥락을 제공한다. 또한 상위수준에 있는 체계는 하위수준의 체계보다 과정의 속도(순환속도, 반응속도, 출현빈도 등)가 느리기 때문에 제약요소로서 작용한다[10)](그림 3.10).

이 원리를 경관규모에 맞추어 설명하면 광역을 규정하는 기후변화는 그것을 이루는 경관 모두에 비슷한 영향력을 가지고 경관은 기후맥락 안에서 형성되며, 동시에 기후변화는 경관 안에서 일어나는 자연적 · 인위적 교란보다 속도가 느리다. 하위수준의 과정은 상위수준의 각 요소에 다른 영향력을 발휘하고 특징을 가지게 하는 기작이 된다(Bissonette 등 1997).

생태적 단위의 위계성을 설명하는 위계이론은 소산구조(dissipative structure)와 단계적 안정성(stratified stability) 개념에 의해서 뒷받침된다. 소산구조개념은 열린 계에서 어떻게 질서를 가진 구조가 위계적으로 생성되는지 설명하고, 단계적 안정성은 그러한 구조가 유지되어 더 높은 수준의 조직을 위한 구성단위가 되는지 설명한다(Wu & Loucks 1995). 이를테면 생물기관은 자신의 체계 바깥으로 무질서를 퍼냄으로써 유지되며, 더 높은 수준인 개체의 구성단위가 된다. 마찬가지로 동일한 기능의 모임인 기능군은 각 생물개체보다 더 안정되어 있고[11)] 지속성을 가지며 한 단계 높은 조직의 구성단위역할을 한다(O'Neill 등 1986). 나아가 경관요소는 에너지 소산구조에 의해서 유지되며 경관의 구성단위가 된다.

---

8) 작동중인 전이들이 필요로 하는 활성화 에너지에 의해서 반응속도가 결정된다면(이정우 1994), 상위수준에서 일어나는 반응들은 문턱수준을 뛰어넘기 위해 필요한 활성화 에너지가 크다는 것을 의미한다. 이는 상위수준의 단위들은 서로 느슨하게 연결되어 있어 더 높은 상위수준을 이루기 위해 이들을 묶는 데는 더 많은 힘이 필요한 까닭일 것이다(상자글 참조). 그런 의미에서 각 위계수준의 활성화 에너지 정도에 대한 연구는 흥미 있는 주제가 될 것으로 보인다.

9) 이를테면 어떤 분자의 생긴 구조는 곧 그 분자의 기능을 함축하지만(이정우 1994), 생태계의 구조는 쉽게 규정되지 않을 뿐더러 설혹 규정하는 것이 가능하다고 하더라도 그 구조를 곧바로 기능과 연결시키기 어렵다.

10) 화학반응이 여러 단계로 이루어질 때 전체 반응속도는 그 중에서 특히 느린 단계에 의해서 주로 결정된다는 사실을 상기하시오.

11) 생태과정에서 기능적으로 유사한 생물을 묶어 흔히 기능군(functional group) 또는 길드(guild)라고 한다. 이를테면 물고기 영양 길드(trophic guild)는 식물플랑크톤을 먹는 것, 무척추동물을 먹는 것, 물고기를 먹는 것, 잡식성인 것 등으로 나눌 수 있다(Allan 1995, p. 152). 여기서는 생태계에서 개체종이 멸종된다고 해도 길드의 다른 구성원에 의해서 그 기능은 유지되기 때문에 개체보다는 길드가 안정되어 있다고 본다.

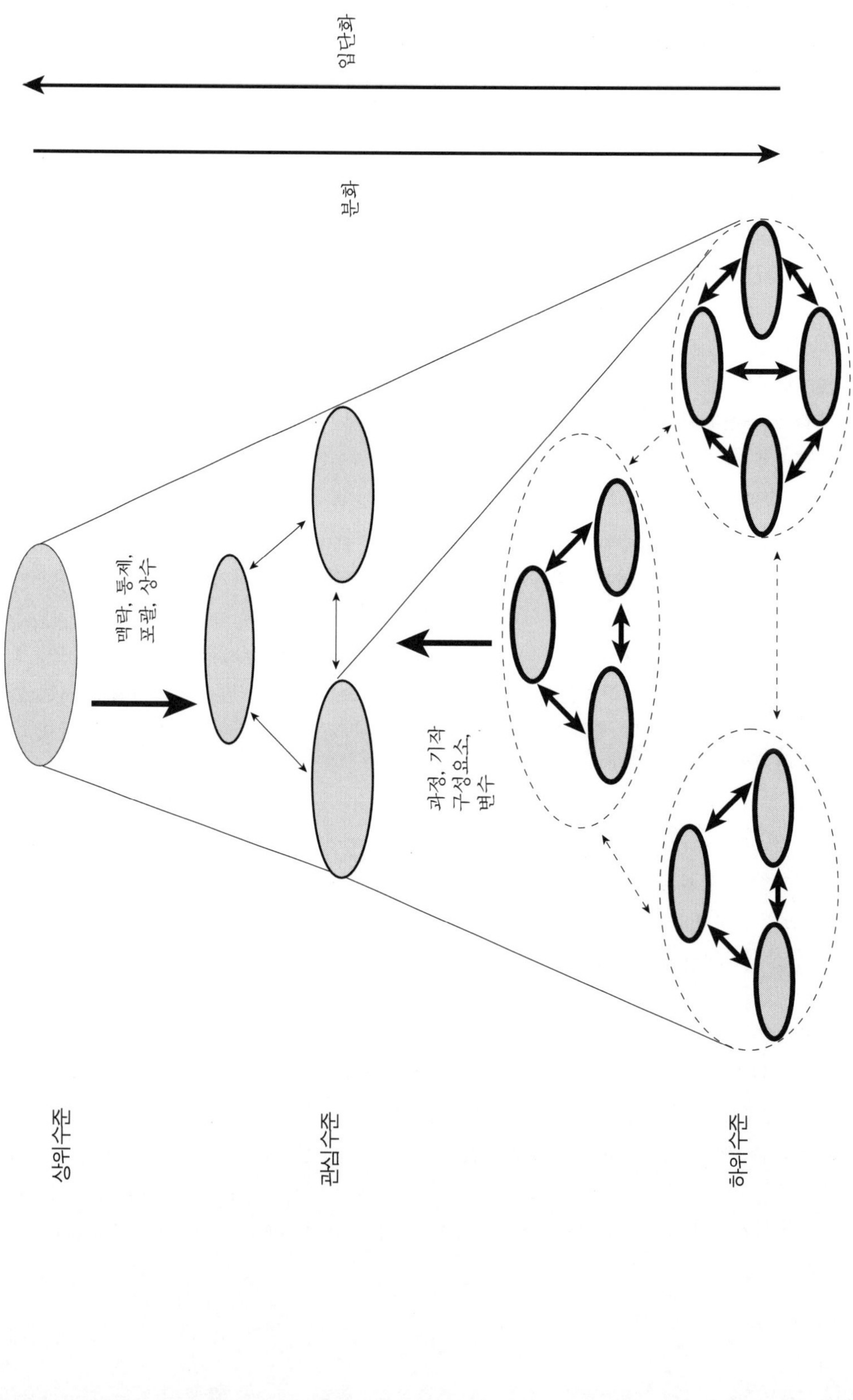

그림 3.10 생태적 체계의 위계를 설명하는 개념도

위계개념을 주장하는 학자들은 위계규모에 적당한 질문이 제시되어야 하며, 하나의 과정을 설명하는 또는 우세하게 지배하는 환경요인은 어떤 규모에서 보느냐에 따라 달라진다고 본다(Wiens 1989, Levin 1992, Wiens 1994, Lee 등 2000b, Kurki 등 2000). 그 까닭은 여러 가지 다른 공간, 시간, 조직규모에 대해서 각기 다른 동인(cause)과 기작(mechanisms)이 작동하고 있기 때문이다(Allen & Starr 1982, O'Neill 등 1986, Wu & Loucks 1995, Bissonette 등 1997).

이 주장은 몇 가지 뒷받침할 자료를 가지고 있다. 이를테면 기후변수(주로 온도와 강우)는 대륙 또는 지구규모에서 식생의 공간적인 유형과 생산성을 결정하는 반면에, 불과 같은 교란은 지역의 임분에서 경관규모의 조각난 정도(patchiness)를 형성한다(Urban 등 1987, Delcourt & Delcourt 1988, Veblen 등 1994, Bissonette 등 1997, 그림 1.6 참조). 생물종의 상호작용(이를테면 경쟁, 포식)은 군집수준의 조각난 정도를 결정하고(Deutschman 등 1993), 식생전파는 매우 작은 지역규모에서만 조각난 정도를 결정한다(Wu & Loucks 1995). 숲의 식물종 다양성이 큰 규모에서는 기후나 온도, 토양수분과 같은 환경조건의 결과인 반면에, 작은 규모에서는 물리적 · 생물적 변수 사이의 복합적인 상호작용에 의해서 결정되는 것 같다는 분석(Brockway 1998)도 같은 맥락에서 볼 수 있다.

이 논의를 통해서 대륙수준에서 식물분포를 설명하던 기후인자설(Clement 1916)과 경쟁이 식물분포를 설명하는 결정적인 요소라고 주장하던 식물개체론(Gleason 1926)의 분석이 절충될 수 있다(O'Neill 등 1986, O'Neill & King 1998). 나아가 육상의 순1차 생산성 분포가 대륙규모에서는 온도, 수분과 함께 기후요소의 차이에 의해서 구분되는 반면에, 온도와 증발산이 비교적 동일한 광역수준에서는 지형적 위치와 토양에 의해서 구분된다(Thorhallsdottir 1991). 낙엽의 분해가 광범위한 규모에서는 연간 실질증발산량(AET: actual evapotranspiration)과 밀접한 관계를 가지는 반면에 임분수준에서는 영양원소 함량을 대표하는 낙엽의 질에 의해서 설명된다는 연구결과도 이 주장을 뒷받침한다(Berg 등 1993).

요컨대 먼 거리에서 조망되는 경관은 기후요소가 마련한 커다란 바탕에 지형적 요소와 토양형태라는 요소가 포개어지고, 그 위에 다시 상대적으로 영향범위가 좁은 비생물적, 생물적 과정들이 올라앉으면서 형성된다는 설명이다. 여기서 3가지 과정의 속도를 비교하면 기후변화속도는 비교적 느리고 지형과 토양변화가 중간 정도라면, 좁은 범위의 비생물적 · 생물적 교란은 상대적으로 빠르다(Walker & Walker 1991).

공간위계모형

공간위계는 과정의 속도에 의해서 위계를 구분하는 주장과 달리 분류의 기준을 공간규모에 맞추고 있는 점에서 차이가 있지만 과정의 속도위계모형에서 파생된 견해라고 보는 것이 알맞다(Wu & Loucks 1995). 이 견해는 작고 변화빈도가 높은 과정은 크고 변화빈도가 적은 과정의 하위수준에 놓인다고 본다. 이를테면 한 그루의 나무는 국지적인 숲틈을 만들어 틈 수준에서는 비평형을 유발시키지만, 그 틈이 더 큰 임분수준에 곧장 수용됨으로써 이동 모자이크 정상상태를 이룬다.[12)] 나아가 작고 변화빈도가 큰 과정의 특징을 가진 생태계는 크고 변화빈도가 적은 과정으로 이루어지는 경관의 하위수준에 있다고 보는 것이다. 따라서 경관조각들이 형성되는 원인과 기작은 다양한 시공간적 규모와 조직수준에서 작용함으로써 다른 위계를 형성한다(그림 3.11). 그러나 앞서 밝힌 바대로 경관을 하나의 공간규모로 보는 것은 인정되지만 위계수준으로 보는 것에 여전히 비판의 여지가 있다(Allen 1998).

이 견해는 근본적으로 공간과 시간규모 사이에는 직접적인 상관관계가 있다는 가정에서 출발하고 있다(O'Neill 등 1986, Urban 등 1987, Bissonette 등 1997, Parker & Pickett 1998, 그림 1.6 참조). 그림 3.11은 앞에서 경관형성요인으로 본 (1) 기후와 지질적인 과정과 (2) 생물적 과정은 포함하고 있으나 (3) 자연적인 교란, 그리고 (4) 인위적 교란과정을 모형에 충분히 반영하지 못하고 있다. 여기서 인위적인 과정을 포괄하여 경관조각 형성의 시공간적 관계를 설명하는 틀이

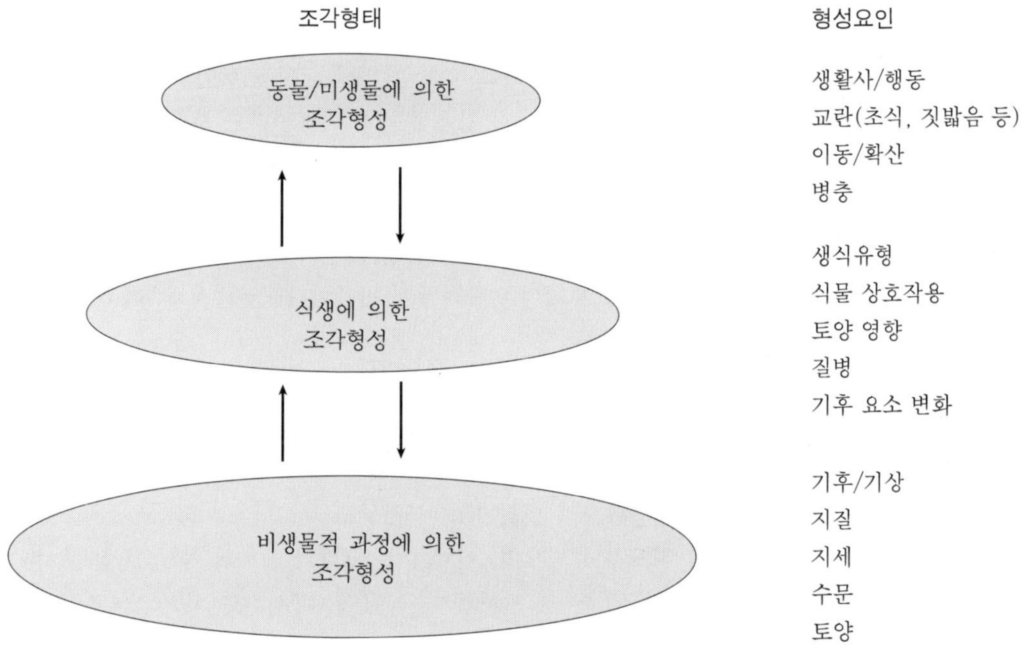

그림 3.11 자연경관에서 규모가 다른 조각형태의 상호작용과 형성요인

12) 이동 모자이크 정상상태(shifting mosaic steady state)는 풍우에 의한 나무의 쓰러짐이 시간을 달리하여 일어남으로써 천이(succession)의 연령을 달리하는 모자이크들로 이루어져 숲 전체 차원에서 보면 정상상태를 이루는 현상을 가리킨다(Bormann & Likens 1979). 이를테면 숲이 오랫동안 인위적인 간섭 없이 방치되면 동질적인 숲으로 이루어진다고 보는 고전적인 천이이론과 달리, 자연적인 교란으로 부분적으로 숲틈이 생기지만 그것들이 연차적으로 장소를 달리하면서 발생함으로써 숲 전체에서는 총생물량, 수목 연령별 또는 크기별 생물량, 생지화학적 특성의 총량이 시간에 따라 변하지 않는다는 견해에서 나온 용어이다.

숙제로 남겨진 셈이다. 왜냐하면 인위적인 과정에는 짧은 시간에도 큰 에너지가 동원되어 대규모의 공간적 변화를 야기하는 경우가 특히 많아 시공간의 상관관계에 변이가 심하게 나타나기 때문이다.

조각 역동성 모형

이 모형은 식생군집의 이질성을 설명하기 위해 제안되었지만 일정한 공간에 대해 경관요소들이 자리다툼을 하는 과정에도 적용될 수 있는 논리를 지니고 있다. 위계이론에 바탕을 두고 있는 점에서 앞서 밝힌 두 견해와 동일하지만, 경관형성을 이루는 체계변화는 과정의 전체집합을 반영하기 때문에 변화를 유발하는 과정들이 동일한 속도로 일어나지 않는다는 주장과 함께 역사적인 사건들을 강조하고 있는 점에서 차이가 있다. 이 모형에 의하면 하나의 공간단위에서 이질적인 요소들이 나타나는 것은 시간에 따라 나타나는 우연한 사건들(historical contingency)에 대해 누적 공통반응을 하는 공간요소들이 유지되면서 생긴다.[13] 즉 하나의 경관요소가 그 자체로 동질적인 생태계로 나타나는 것은 역사적으로 겪은 모든 과정에 대해서 동일한 반응을 유지했기 때문이라는 것이다. 이 주장은 외부에서 동일한 작용이 계속 가해진다고 하더라도 체계 자체가 그에 대해서 어떻게 반응하느냐에 따라 달라질 수 있다는 점을 중요시하고 있다.

이 모형은 체계의 역사성과 외부에 대한 반응을 강조함으로써 과정의 속도에 기초한 모형(Allen & Starr 1982, O'Neill 등 1986) 또는 공간규모에 기반한 모형(Wu & Loucks 1995)과 위계설정대상에서 차이를 가지지만 기본적으로 위계이론의 파생된 견해이다(Parker & Pickett 1998).

위계모형의 특성과 전망

이상의 경관형성과정에 대한 3가지 견해는 모두 생태학이 다루는 체계의 구조와 역동성에서 교란, 이질성, 불확정성(stochasticity) 그리고 역사성을 강조하는 점에서 공통성을 지니고 있다. 위계이론에 바탕한 이들 견해는 반응속도와 변화빈도, 공간규모, 시간규모 그리고 조직수준과 함께 조각 역동성 개념의 통합을 시도하고 있으며, 이 접근은 생태적 체계의 복합성(complexity)과 안정성을 설명하는 새로운 패러다임이 될 것으로 주목된다(O'Neill 등 1986, Wu & Loucks 1995, Parker & Pickett 1998).

이러한 모형들이 공통적으로 인정하는 것은 하위수준의 규모는 대체로 공간적으로 작을 뿐만 아니라 반응속도가 빠르고 또한 변화빈도가 높다는 사실이다. 이는 짧은 시간에 관찰하면 작은 규모에서 일어나는 변화는 뚜렷하게 볼 수 있는 반면에 큰 규모에 의해서 지배되는 변화는 볼

---

13) 관련 개념도는 Parker & Pickett(1998)의 글에서 볼 수 있다. 여기서 누적 공통반응이라 옮긴 용어는 연구자들이 cumulative shared response라고 했지만 cumulative common reaction이라 해도 무방하리라 본다. 전자는 토지라는 하나의 주체가 기후와 교란 등의 외부적인 요소에 대응한다는 뜻이 포함되어 있지만, 후자의 경우는 토지요소와 외부에서 가해지는 요소가 반응물로서 작용하여 그 결과인 생성물이 경관으로 나타나며 공통적인 물리적, 화학적, 생물적 반응이 누적되는 곳은 하나의 경관요소를 이룬다고 본다.

수 없다는 것을 의미한다(O'Neill 등 1986). 이런 까닭에 경관규모에서는 변화가 없는 듯이 보이지만, 그것을 이루는 생태소공간에서는 변화가 크다(Beeby 1993, Beeby & Brennan 1997). 이를테면 광합성과 관련된 이산화탄소 고정과정은 변화가 큰 반면에 그와 관련된 식물체에서 당분의 농도와 생산성, 생태계 과정 그리고 나아가 경관과정은 차츰 변화가 느리게 된다(그림 3.12). 그 까닭은 하위수준의 구성요소에서 일어나는 변화가 상위수준에서는 다른 요소에 의해 완충되기 때문이다.

그런 까닭에 많은 경우 하위수준을 연구할 때 상위규모는 비교적 안정된 환경으로 간주한다. 유념할 것은 생태학자들이 경관연구에서 시간규모를 지질학자나 기후학자들에 비해서 매우 짧게 보고 있다는 사실이다. 장기적으로 기후변화는 분명하고 변화양상은 시간규모에 따라 매우 다르지만(Harrington 1987, 오재호 1999) 경관형성에서는 커다란 바탕요소로 보고 있다. 이는 하나의 광역과 경관을 정의할 때 그것의 기후요소가 동일하다고 본 가정에서 비롯된다.

이상의 논의들에서 경관이 형성되는 과정과 지리정보체계 작업과정의 유사성을 발견할 수 있다(9장의 그림 9.14와 틈 분석 참조). 긴 변화주기를 가진 환경요인이 토지표면에 바탕을 만들고, 거기에 중간 정도의 주기를 가진 요인이 비교적 큰 규모의 조각을 덧대고, 다시 짧은 주기를 가진 힘이 작은 조각들을 덧붙이면서 경관은 이루어진다. 이것은 여러 가지 경관요소와 환경요소들의 지리적 분포를 투명지에 그리고 포개어 공통특성을 지닌 토지 모자이크 단위들로 구분하는 지리정보체계의 기본원리와 비슷하다(McHarg 1969, Johnston 1998). 주기가 큰 환경요인이 큰 경관조각을 만드는 경향이 있는지 지리정보자료에서 환경요인의 변화주기와 경관요소의 크기를 비교해 보는 것은 흥미 있는 작업이 될 것이다.

이러한 접근방식은 각 위계수준에 맞는 적절한 질문과 그에 대한 연구로 앞으로 더욱 발전될 전망을 가지고 있다(O'Neil 등 1986). 이를테면 경관구조는 생물군집구조와 밀접한 관계를 가지고, 경관구조 형성에는 자연적 인위적 교란이 중요한 요소로 작용하기 때문에 생물보존을 위한 중요한 지표로 사용될 수 있다(표 3.1). 이 주장은 공간규모에 따라 달리 작용하는 주요 과정에 맞추어 변화를 관찰하고 관리해야 된다는 원리에 바탕을 두고 있다.

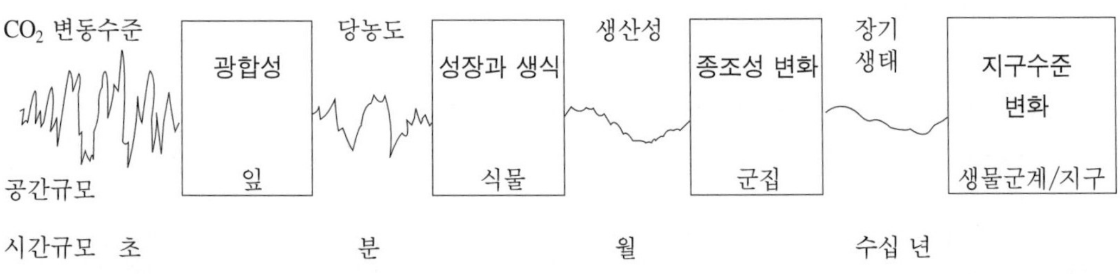

그림 3.12 탄소변환과 관련된 생태계 과정을 조절하는 위계수준의 영향과 상대적인 변화폭에 대한 비교

표 3.1 공간적인 단위의 특징과 생물보존지표 변수

단위	구조	구성	과정
광역	주요 지형특징	전체 생물종 명세	기후
경관	경관유형	경관요소	교란체제
군집	지상(地相)	생물종 조성	경쟁, 포식
개체군	개체군 구조	유전 다양성	번식률

자료: Noss, R.F., 1990, "Indicators for monitoring biodiversity: a hierarchical approach," *Conservation Biology* 4: 355-364, Reprinted by permission of Blackwell Science, Inc.

마치며

우리말 사전에서 바탕은 (1) 물체의 뼈대가 되는 부분, (2) 어떤 사물이나 현상이 이루어지는 근본, (3) 타고나거나 본디부터 지니고 있는 성질, 재질, 체질 따위, (4) 그림, 글씨, 무늬 따위가 자리하고 있는 바닥으로 정의되고 있다. '흰 바탕에 푸른 무늬', '붉은 바탕에 쓴 글씨'에서 사용되는 바와 같이 마지막 경우가 경관바탕의 의미와 매우 가깝다. 그러나 바탕 안에 있는 모든 것들에 대한 눈에 보이지 않는 바탕의 통제기능은 위의 네 가지 의미를 모두 함축하고 있다.

앞서 밝힌 바와 같이 경관바탕에 대한 독립적인 연구는 많지 않다. 아마도 사람들에게 쉽게 다가오는 것은 부각된 무늬나 글씨이지 그것들의 밑바탕이 아닌 것과 비슷한 까닭일까? 그럼에도 불구하고 무늬나 글씨 자체만큼이나 그들이 놓인 바탕은 중요한 의미를 가지며, 경관에서 바탕이 엮어 내는 맥락을 결코 무시할 수 없다. 지금까지 생태학자들이 조각이나 통로에 대해 연구한 만큼 자료를 축적하지 않았을 뿐이다. 당분간은 생태계 생태학에서 다루어 온 동질적인 토지 상에서 일어나는 생태적 내용이 경관바탕의 특성을 설명하는 데 어느 정도 도움이 되겠지만, 경관의 포괄적인 이해를 위해서는 더 많은 연구가 필요한 영역이다. 그 까닭은 바탕과 무늬 또는 글의 어우러짐으로 예술작품의 속성이 규정되듯이 경관바탕과 그 위에 놓이는 다른 이질적인 요소들, 곧 조각과 통로의 어우러짐 안에서 파악된 경관특성이 우리의 삶과 자원관리에 큰 의미를 가지고 있기 때문이다(Gustafson & Gardner 1996).

앞으로 경관바탕의 특성은 그 위에 놓인 조각과 그것의 극단적인 형태인 띠 모양의 통로를 살펴봄으로써 더욱 분명해질 것이다. 마찬가지로 바탕에 대한 부족한 연구는 경관조각과 통로들에 대한 이해가 집적됨에 따라 더욱 보충되고 또 새로운 연구를 유발할 가능성을 지니고 있다.

상자글 1

모자이크 - 경관

모자이크 작품구성과정에서 백지 위에 첨가되는 다양한 모양의 종이조각의 크기 및 순서가 어떤 원리에 따라 일어나며, 그것과 경관형성과정에서 바탕에 크기와 모양이 다른 요소들이 들어서는 원리와 어떤 상통성이 있는지는 의문이다. 우선 이 책의 중심인 후자의 경우에 나타나는 가설적인 유형을 살펴보고 최근의 제안들을 간략히 살펴본다.

우리가 바라보는 경관은 넓은 범위를 차지하는 바탕을 형성하는 데 비교적 긴 시간이 걸리며, 동시에 그것을 결정하는 환경요인의 변화주기는 상대적으로 길다. 이를테면 광역을 규정하는 기후는 보다 넓은 영향범위를 가지면서 형성되며 지질활동이 포개지면서 이질적인 요소들로 이루어진다. 다시 그 위에 기후, 지질활동보다 변화주기가 짧은 식생형성과정이 이루어지고, 자연교란과정과 인위적인 과정이 보태지면서 복잡성이 증가한다. 좀더 실증적인 자료를 모아야 할 가설이기는 하지만 기후요소를 받아들이고 장풍득수를 좌우하는 지형을 고려한 다음 영향범위와 변화주기가 상대적으로 짧은 숲 조성으로 경관을 일군 풍수사상은 그 수순을 좇아간 것이 아닌가 생각된다(현중영과 박찬용 1997).

모자이크 작품구성에서 보다 작은 조각을 붙인 다음 큰 조각을 붙이면 어떻게 되는가? 작은 조각은 가려져서 외형적으로 나타나지 않는다. 작은 주기의 교란들이 일군 경관 위에 큰 규모의 강한 조각들이 보태지면 작은 교란들도 큰 교란의 뒤편으로 사라진다. 이를테면 천이과정에 일어나는 숲의 변화와 작은 교란으로 생긴 숲틈이 숲 모자이크를 이룬다고 하더라도 더 큰 주기와 힘을 가진 강한 태풍이나 화산폭발과 같은 지질과정이 숲 전체를 휩쓸게 되면 숲틈의 모습은 사라지고 천이는 다시 시작된다.

상자글 2

정보유형과 새로운 교란

정보는 그 용어가 사용되는 상황에 따라 여러 가지 다른 의미로 사용될 수 있다(전석호 1993). 그러나 정보는 기본적으로 질서의 존재에 의해 배태된다.[14] 또는 질서와 사람의 의식이 작용하여 만들어지는 것을 정보라 볼 수도 있다. 어쨌거나 정보의 이면에는 어떤 유형의 질서가 자리를 잡고 있다. 질서는 엔트로피를 퍼냄으로써 형성된다. 에너지를 받아들이면서 무질서를 퍼내는 소산구조에 의해서 이루어지는 질서는 크게 4가지 유형으로 나누어지며, 이 구분은 또한 정보유형을 나누는 잣대로 이용될 수 있을 것으로 보인다.

첫째가 생물적인 과정이 전혀 관여하지 않는 물리적인 질서로 제1의 정보라 한다. 생명활동과 상관 없이 나타나는 물질적 이질성과 함께 나타나는 경우를 말한다. 대표적인 보기가 지질변동이나 화학반응으로 나타나는 질서이다. 이 과정은 태양 에너지 또는 물질 자체에서 유래된 물리적 에너지와 화학적 에너지에 의해서 이루어진다. 두 번째 유형은 생물의 유전자에 내재된 정보를 말한다. 생물의 대사활동에 관여하는 모든 질서를 포함하지만 세세손손 전달되는 유전자의 영속성을 강조하여 여기서 유전자 정보 또는 제2의 정보라고 부른다. 이 유형의 질서가 가는 데 방향성이 있든 없든 대부분 태양에서 유래된 에너지와 생물활동의 상호작용으로 이루어진다. 세 번째 유형은 사람과 다른 생물들이 만들어 놓는 서식공간과 구조물이다. 인간이 만든 물리적 구조물이나 책, 컴퓨터는 생활공간의 부분이 되며 물질로 구성되어 있어 유형 문화정보 또는 제3의 정보라 한다. 이 유형의 정보는 궁극적으로 제2의 정보와 아래에 소개하는 제4의 정보를 뒷받침하기 위해 부대적으로 생겨난 것으로 보인다. 네 번째 유형은 물질로서 구성되지 않는 점에서 앞의 세 유형과 구분되며 비물질정보, 무형 문화정보 또는 제4의 정보라 한다.[15] 이에는 생물의 유전자와 유형 문화정보만으로 완전하게 보전되지 않은 정보로 사람과 생물이 생존을 위해 이룩하여 세대와 세대 사이에 전달되는 무형의 정보를 말한다. 대부분 인간문화와 관여되지만 다른 생물들이 학습을 통해서 전달되는 정보의 중요성은 아직 분명하게 밝혀져 있지 않다.

인간사회에서 이루어진 제2 정보 그리고 제3 및 4 정보의 교환을 중심으로 살펴보면, 전통적으로 두 종류의 흐름을 막는 경계는 거의 일치하고 있었다. 다시 말하면 가족단위 또는 씨족사회에서는 생물 유전자정보의 공유 또는 교환되는 공간적 범위와 가정교육 및 지역공동체 사이에 풍습을 주고받는 범위가 거의 일치했다. 국가 사이에 놓이는 지리적 경계는 유사한 건축양식 및 경관유형 그리고 동일한 언어 및 제도를 통해 그 안에서 긴밀

14) 자료(data)는 정보를 구성하는 요소로서 정보의 형태로서 전환시켜 주는 상징 또는 신호의 형태로 정보라는 실체로 구현되기까지 수록되고 검색되는 대상을 의미한다. 따라서 정보는 체계화되지 않은 자료(data)와 구분된다. 정보들이 집합된 상호 관련적 체계로서 기본적인 인과적 구조가 갖추어진 형태를 지식이라 정의하여 정보와 지식이 동일시되는 경우도 있으나, 정보는 '알려지는 것' 인 반면에 지식은 '사고되는 것' 으로 구분하여 정의하는 경우도 있다(전석호 1993). 이처럼 자료와 정보, 지식이 구분된다고 하더라도 정보의 본질은 그 안에 질서가 있다는 것이다.

15) 제1의 정보를 비생물정보, 제2의 정보를 유전자정보, 제3과 4의 정보를 문화정보라 부를 수 있으며 편의상 제3의 정보는 유형 문화정보, 그리고 제4의 정보는 무형 문화정보라 한다.

한 정보교환을 한 반면, 동족 결혼을 선호하고 통관 또는 검열절차를 통해 경계 바깥세계와 이루어지는 유전자 및 문화정보 교환을 통제했다.

그러나 근대 사회에 들어오면서 유전자정보와 문화정보는 교환범위를 확대하여 마치 막무가내로 섞이는 듯한 모습을 보인다. 가정교육 및 서당과 같은 마을단위의 교육이 중요한 정보전달과정이던 예전과 달리, 식구의 일원이 제도권 교육에 더 큰 영향을 받음으로써 유전자를 공유하는 부모나 형제로부터 받는 문화정보의 양은 상대적으로 줄어들었다. 이것은 유전자를 공유하는 가족이 문화정보의 공유를 포기하는 모습이다. 동시에 이웃한 씨족끼리 결혼하던 풍습은 대부분 사라지고 타지 사람과의 결혼이 다반사가 되었을 뿐만 아니라 국제결혼까지 늘어나면서 유전자정보와 문화정보가 마구 섞이고 있다. 더 나아가 분자생물학자들은 서로 다른 생물정보(유전자)를 섞는 조작에 열중하고, 세계화라는 이름으로 온갖 문화정보는 얽히고 설키고 있다. 그리하여 전지구적인 수준에서 비교적 일치하고 있던 생물정보에 의한 경계와 문화정보에 의한 경계는 서로 다른 구도를 향해 가고 있다. 동일한 공간단위 안에서 이루어지고 있던 생물정보와 문화정보의 공진화가 고수해 오던 낡은 관계를 벗어나겠다는 선언이기도 하다.[16] 결과는 서구 문화의 한 틈에 대한민국 한 구석에서 유래된 생물정보가 공존하고, 아프리카 어느 지방 문화가 서구인들의 생물정보와 자리를 함께 하는 상황을 낳을 것이다. 이 과정에 점점 희석되어 흔적을 잃어 가는 생물정보나 문화정보가 우리의 정서에 슬픔을 안겨 줄 수 있을진대, 이제 그러한 흐름을 어떻게 받아들일 것인지 마음을 가다듬고 준비를 해야 하리라. 여기서 염두에 두어야 할 것은 생물진화의 역사가 경쟁과 배타의 과정이 아니라 공생과 협조의 과정이라면(Margulis & Sagan 1995), 생물정보와 문화정보도 필경 화해의 길을 모색해야 하는 것이 기본원칙이리라. 그 화해의 길이 과연 무엇이며 어떻게 도모될 수 있을까?

흔히 자연과학과 공학에서 바라보는 환경문제는 기존 경계를 허물고 일어나는 물질의 교환에 수반되어 나타나는 측면에 국한되어 있다. 내부순환에 비해 외부순환부분이 상대적으로 늘어남에 따라 작금의 문화가 기초를 두고 있는 물질의 분포균형이 깨어지면서 나타나는 현상을 말한다(이도원 1997). 그러나 이러한 물질 재분배를 통해 발생하는 환경문제가 문화정보 교환이라는 견인력에 기인하고 있음을 무시하고 물질 자체에만 초점을 맞추는 것은 해결에 한계가 있다.

16) 공진화(coevolution)는 상호 교배를 하지 않는 생물 둘 또는 그 이상이 밀접한 생태적 관계를 가지고 자연선택에 영향을 주는 경우를 말하나, 여기서는 생물정보와 문화정보가 세상에 선택되는 데 서로 영향을 주는 경우를 이른다. 농업생태계를 통한 환경과 문화의 공진화를 언급한 글이 있다(Gliessman 1990). 제기된 변화문제의 주도권이 생물정보에 있는지 문화정보에 있는지 판가름하기 아직은 어렵다. 지금은 전자에 있는 듯하지만 궁극적으로 서로 균형을 이루어야 하지 않을까?

그러면 오늘날 물질과 정보교환에 마구잡이처럼 보이는 외부순환이 점점 늘어나는 데는 어떤 방향성이 있는 것일까? 이러한 변화가 보다 큰 규모 안에서 어떤 질서를 가지고 이루어지는지 살펴보는 것도 흥미가 있겠지만 여기서 다루기에는 무거운 주제다. 그럼에도 불구하고 생태적인 의미를 간단히 살펴볼 필요가 있다.

경계를 넘어 섞이는 행위는 필연적으로 에너지를 필요로 하고 엔트로피를 증가시킨다. 체계와 체계의 구성요소는 그 섞임에 맞서 엔트로피를 퍼내는 기존의 또는 새로운 소산구조의 기능발휘를 필요로 한다. 이 변화는 인간사회에 던져지는 하나의 교란요소이다. 이 교란은 새로운 위계설정을 위한 필연적인 과정이기 때문에 긍정적인 측면도 있다. 이 새로운 형태의 섞임은 새로운 구도설정 또는 지금까지 문화가 가지고 있던 시공간규모를 뛰어넘는 한 단계 높은 수준의 위계로 가기 위한 준비단계인지도 모른다.

지금의 문화보다 한 단계 높은 위계수준을 향해 무엇을 모색하고 달성하는 일은 우리의 당면과제이다. 그 과제는 경관의 구조와 물질 및 동물이동 정도에 초점을 맞추고 있는 지금의 한계를 넘어 문화정보 이동의 문제로 가지 않는 한 풀기 어려울 것이다. 따라서 환경문제를 해결하기 위한 경관생태학의 궁극적인 방향은 정보와 물질이동의 관계를 찾고 정보를 움직이는 경관구조의 특징을 밝히는 일이다. 그것은 미래의 경관생태학 모습일 것이다.

종래의 서양 과학을 보다 단단한 새 토대 위에 올려놓고 기왕에 전수된 동양 학문정신을 바탕으로 한층 높은 새 구조를 엮어 내는 작업이 동양인이 가져야 할 태도라는 주장(장회익 1998)은 바로 앞에서 설명한 것처럼 하나의 하위 위계가 상위 위계를 이루기 위해 필연적으로 가야 할 과정에 대한 다른 표현이다. 그러나 앞으로 유전자정보와 문화정보의 섞임이 이러한 방향으로 유도될지 아니면 20세기 문화정보에서는 서양 풍물이 지배했듯이 어느 한 쪽이 중심이 되어 21세기를 이끌고 가게 될지 예측불허이다. 새로운 세기가 지난 세기의 낡은 과학들을 전혀 수용하지 않는 방향으로 가지 말라는 법도 없다. 즉, 섞임으로 두 문화정보를 떠받치고 있는 일부 또는 전부의 개념이 통합문화를 이루기 위해 도태될 수도 있다는 개연성은 무시할 수 없다. 21세기의 깨우침이 어느 방향으로 갈지 그리고 그 방향을 찾기 위해 어떤 태도가 가장 바람직할지 자신 있게 주장하기는 어렵다. 그럼에도 불구하고 상위수준으로 발돋움하기 위한 새로운 교란은 이미 시작된 것으로 보는 것이 마땅하다.

유전자정보 세계를 지배하는 이기적인 유전자개념은 본질적으로 경쟁에 기반을 둔다(Dawkins 1976). 이는 유전자와 그것의 생존을 위해 하나의 자원으로 삼는(또는 하나의 하위수준으로 볼 수 있는) 물리적 질서가 물질에 기반하고 있기 때문에 어쩔 수 없는 일이다. 물질세계는 보존의 법칙이 지배하기 때문에 다른 유전자가 그것을 가지면 이미 내가 가질 수 없게 된다(이도원 1997). 그러나 문화정보에는 보존의 법칙이 성립되지 않는다. 이를테면 새로운 지식은 남이 가진다고 해도 내가 가질 수 있으며, 많은 경우 남과 내가 공유함으로써 증폭되는 효과를 가진다. 이것은 정보에 대한 경쟁 이상으로 협동과 화해를 이끌 수 있는 본질이 문화정보에 포함되어 있다는 뜻이다. 환경문제 해결의 길은 결국 교육에 있다는 주장은 바로 그 교육이 문화정보를 다루고 있는 점에서 이기적인 유전자에 기반한 인간의 한계를 극복할 수 있는 가능성이 있음을 말한다. 이런 맥락으로 문명의 충돌에서 하나가 다른 하나를 완전히 밀어낼 수도 있으나 화해의 길을 모색할 수도 있다는 점에서 장회익(1998)의 주장대로 기왕에 전수받은 동양 학문과 서양 문물을 접합할 수 있는 희망이 우리에게 있다. 그런 의미에서 새로운 교란에 대처할 수 있는 여건이 우리에게 결코 불리하지 않다.

상자글 3

위계의 형성과정과 동인

우리가 보고 있는 현상으로서 위계단위는 대충 두 가지 상반되는 과정에 의해서 이루어진다. 하나는 이미 나름대로 독립적으로 존재하던 두 개 이상의 체계들이 집합(aggregation)함으로써 새로운 상위체계를 이루는 일이고, 다른 하나는 상위체계가 잠재력 고양을 위해 동질적이던 요소를 다양한 다른 단위로 분화(differentiation)하는 것이다.

앞에서 고려한 생물정보부분을 보기로 집합의 경우를 살펴보자. 분자생물학이 연구대상으로 하는 유전자라는 단위는 4가지의 염기로 되어 있다. 우선 여기서 분자수준의 진화가 이루어지기 전에 4가지 염기뿐만 아니라 수많은 다른 종류의 유기분자들이 자연적으로 발생했을 수 있다는 가정을 해본다. 또한 그 상황에서 저마다 다른 유기분자들은 자기 본질의 지속성을 가지기 위한 전략이 있었다고 가정한다. 이 다툼에서 핵산단위와 단백질단위는 어떤 협력체계를 구축함으로써 나름대로 우월성을 확보하고 미생물개체라는 생물정보의 기본단위를 형성할 수 있었다. 다시 독립적인 생명단위로 존재하던 미생물세포가 다른 미생물의 세포로 유입되어 미토콘드리아나 엽록소처럼 하나의 새로운 단위로 상승하는 경우도 있었다. 흔히 생물진화로 보는 이 과정은 같은 수준의 위계단위들이 생존을 위한 싸움에서 공생관계를 이룸으로써 다른 단위를 평정할 수 있는 힘을 확보하고 다음 수준의 위계단위로 진화했을 가능성을 암시한다. 비슷비슷한 능력을 가진 단위들이 경쟁에서 이기는 최선의 방안은 다른 단위와 상호 보완할 수 있는 협력체계를 구축하는 일이다. 이러한 공생관계를 통해 살아 남게 되면 한 수준 높은 위계단위를 이루게 된다.

한편 생물개체는 어느 정도 분화에 의해서 형성되는 체계이다. 긴 진화과정을 통해 집합된 생명체는 신경계, 순환계, 소화계 등의 기관으로 분화되고 다시 기관은 조직으로 분화되는 과정을 포함하고 있다. 생물조직의 분화는 애초부터 상위수준의 통제 아래 일어났기 때문에 각 요소들의 긴밀한 공생관계를 이루고 있다.

반면에 생물단위보다 상위수준이라 할 수 있는 생물정보와 문화정보의 결합인 인간세상에서는 결합과 분화가 동시에 존재한다. 그러나 많은 경우 인간사회의 분열은 상위수준이 가진 제어능력을 벗어남으로써 조직 사이의 공생관계가 흩트려지는 방향으로 일어나는 경향이 크다.

다시 개체군 이상에서는 집합의 사례들이 보인다. 동일한 생물들이 모여 개체군을 이루고, 개체군들이 모여 군집을 이루며, 군집과 물리적 환경이 생태계를 이루고,[17)] 이는 다시 경관과 광역의 단위로 발전한다. 비슷하게 인간의 모임에는 외부적인 환경요인들까지 스며들어 마을을 이루고, 마을은 나라를 이루는 방향으로 진전되었다.

대체로 분화와 집합에는 갈등이 생기며 갈등을 해소하는 데는 힘이 들어간다. 분화하기 위해서는 물질과 에너지, 정보교환이라는 끈끈한 힘으로 묶여 있는 하나의 체계를 잘라서 경계를 새로 놓아야 하고, 집합하기 위해서는 놓여 있는 경계를 허물고 에너지와 물질 그리고 정보의 흐름을 원활하게 하는 작업을 해야 하기 때문이다. 분화에는 상대적으로 짧은 기간에 큰 힘이 들어가고, 집합에는 적은 힘이 들어가는 반면 긴 시간이 필요한 것으로 보인다. 하위수준을 묶는 힘은 상위수준을 묶는 힘보다 더 강하며 모여서 이루어지는 상위수준에서는 반응속도가 느리기 때문이다. 따라서 한반도의 제도적인 통일이 이루어진다 하더라도 진정한 새로운 체계가 되는 데는 긴 시간이 걸릴 것이다. 마찬가지로 '구조조정'이란 분화와 집합을 동시에 시도하는 작업인 만큼 결코 용이하지 않다. 에너지와 정보의 교환으로 밀접하게 연결되어 있는 체계의 한 부분에 경계를 내리고, 이미 내려져 있던 경계에는 교환을 원활하게 하는 이음이 동시에 보태져야 하기 때문이다.

그러면 무엇이 분화와 집합의 동인인가? 여기에는 두 가지 요소가 작용한다. 하나는 교란이며, 다른 하나는 교란에 대처하는 데 필요한 힘, 곧 에너지이다. 넓은 의미에서 교

17) 흔히 생태계 이상의 수준에서 생물요소와 비생물요소 또는 주체와 객체로 나누기도 하지만, 이들의 모임이 이루는 체계에서 두 요소는 필요 불가결한 요소로 어느 쪽에 더 비중을 두느냐 하는 것은 생물인 사람의 작위적인 결정이다. 엄밀한 의미에서 위계를 한 수준 높은 것과 또는 같은 수준의 다른 부분으로 나누는 경계는 생물과 비생물 사이에 두기보다 어떤 생물군이 생존에 필수적인 밀접한 환경요소와 이루는 묶음 그리고 그와 유사한 다른 성향을 지닌 묶음 사이에 두는 것이 사물을 이해하는 데 적절할 수 있다.

란은 환경의 변화이다. 교란 내지 환경변화는 기존의 체계에게는 새로운 도전이다. 그 도전에 견디지 못하는 체계는 사라지며, 그 도전에 적절히 대응하는 체계는 살아 남는다. 이때 살아 남은 체계에서 교란은 더 이상 외부사항이 아니다. 대부분의 경우 체계 자신의 필수적인 요소로 받아들인다. 그렇지 않으면 흔히 병이나 위험요소로 간주하지만 그 또한 체계의 운명과 생존에 필수적인 요소이다. 다시 한반도가 통일하는 데는 내부적인 힘의 성숙과 함께 외부적인 변화가 작용할 것이다.

에너지는 현재까지 체계가 교란에 대처하는 데 반드시 있어야 할 개념이다. 외부변화에 대응하여 필연적으로 일어나는 내부의 무질서를 펴내는 과정은 에너지 없이 불가능하다. 무질서를 펴내는 이것을 흔히 소산구조라고 하며, 지금의 체계는 거의 대부분 소산구조를 유지하는 데 태양 에너지 공급에 의존하고 있다. 뿐만 아니라 무질서를 조장하는 교란 또한 에너지의 한 형태이다. 그런 의미에서 무질서를 유발시키는 교란 그리고 그 무질서를 펴내는 소산구조 모두 에너지에 의해서 자기조직화(self-organization)되는 체계의 필수적인 구성요소이다.

제4장

경관조각모양

이도원, 김경민, 김은숙, 장현정[1)]

시작하며

지금까지 경관을 전체적으로 조망하는 관점에서 다루었다. 바탕이라는 가장 넓은 요소가 조금씩 다른 요소들에 의해 잠식되는 과정으로 전체 모자이크가 이루어진다는 시각에서 경관을 이해하고자 했다. 이제 경관바탕 안으로 들어서는 조각과 통로라는 요소의 특징을 다룬 다음 그것들이 바탕과 함께 이루는 골격으로서 연결망과 모자이크를 검토하여 전체 경관의 역동성을 이해하고자 한다.

이 장의 논의는 생태적 기능을 효율적으로 수행할 수 있는 적절한 조각모양이 있다는 가정에서 출발한다. 먼저 생태적 단위에 나타나는 일반적인 조각의 기본개념과 함께 다양한 모양[2)]의 조각들이 어떤 식으로 경관에서 생태적 흐름을 통제하는지를 살펴보기로 한다. 경관에 존재하는 다양한 조각모양들의 생성기작을 파악하고, 각 종류가 생태적 과정에 미치는 영향을 이해하면, 토지이용이나 도시계획에 반영할 수 있는 적합한 조각모양을 찾아내는 데 도움이 될 것이다.

우선 조각모양과 관련된 중심주장을 살펴보면 다음과 같이 요약된다. 둥근 조각은 내부의 자원을 보존하는 데 효과적이다. 굴곡형 경계부를 지닌 조각은 인접 생태계와 많은 상호작용을 한다. 좁은 돌출부를 지닌 조각은 멀리 떨어진 경관요소와 쉽게 상호작용하여 조각 안에 존재하는 국지적 멸종위기에 처한 생물종의 재정착을 촉진하거나 다른 조각으로 종을 확산시킨다. 조각의 길이방향이 내부의 흐름(물 및 바람의 주방향)과 이루는 방향각은 그 흐름을 조절하는 중요

1) 김경민이 1997년 가을 제출한 과제물을 김은숙과 장현정이 내용을 첨가하고 다시 필자가 자료를 보충하고 개정했다.

2) 모양은 평면이나 체적의 테두리 그리고 선과 관계가 있으나(Lucas 1991), 여기서는 평면요소의 테두리나 경계부에 의해 결정되는 2차원적인 요소를 주로 다룬다(Forman 1995).

한 변수이다.

조각모양은 분명히 바람과 물 그리고 그에 수반된 영양소의 흐름, 생물의 전파와 먹이찾기에서 중요한 의미를 가진다(Gregory & Walling 1973, Forman & Godron 1986). 이를테면 경작지가 둥근 모양이냐 또는 길게 뻗어 있느냐에 따라 침식되는 토양과 유실되는 영양소의 양이 달라지고(Skidmore 1987), 훼손된 숲의 모양은 식물의 씨앗이 전파되어 들어오는 속도와 서식처 다양성과 관련이 있다(Marcot & Meretsky 1983). 남아 있는 숲 조각을 통해서 이동하거나 먹이를 찾는 곤충이나 척추동물, 그 위를 나는 새들의 행동과 이동속도 그리고 방향은 숲의 모양에 영향을 받는다(Covich 1976, Emlen 1981). 따라서 지역 안에서 풍향과 새의 이동방향을 반영한 숲 조각의 방향각은 철새의 유도와 둥지조성과 밀접한 관계가 있다(Gutzwiller & Anderson 1992, Forman 1995). 이러한 모양은 경사의 방향이나 다른 요소들과 상대적인 관계 안에서 의미를 가지겠지만, 비록 평면상에 놓여 있다 하더라도 모양 자체만으로 생태적 과정에 지배력을 가진다.

경관조각의 의미와 기본특성

조각에 대한 정의는 연구대상이 되고 있는 하나의 계(system)와 그 계를 고려하는 규모에 따라 달라진다(Wu & Loucks 1995). 조각에 대한 다양한 정의들을 모아 보면 '동질적인 참고배경(reference background) 안에서 이어져 있으나 경계로 구분되는 불연속단위' (Levin & Paine 1974), '생물 또는 자원의 수도(abundance)가 높은 환경의 한 지역' (Roughgarden 1977), '상대적으로 구별이 되는 공간유형' (White & Pickett 1985), '경관의 구조적 · 기능적 기본단위로서 하나의 작은 지역에 초점이 맞추어진 공간개념' (Forman & Godron 1986), '관심이 되는 생물과 문제에 의해서 결정되는 공간단위' (Pringle 등 1985), '자원의 한 부문 또는 이질성' (Antolin & Addicott 1991) 등이 있다. 이상의 공통성을 포함하는 넓은 의미에서 조각은 '특성과 시각적 측면에서 주변과 구별되는 공간적인 단위' 이며(Wiens 1976, Kotliar & Wiens 1990), 이는 경관생태학에서도 적절한 정의라고 생각된다.

이런 정의를 받아들이면 관심의 대상이 되는 규모에 따라 조각의 크기는 천차만별이 될 수 있다. 해양에 둘러싸인 대륙, 농경지나 도시에 의해서 싸인 숲, 숲 속에서 나무가 쓰러져 생긴 틈(gap), 식물군집 안에서 불탄 지역 또는 수중생태계에서 플랑크톤의 모임, 종이 위의 잉크자국도 조각이다.

조각특징은 모양과 크기, 내용물, 구조적인 복잡성, 변화기간(이를테면 상록수림과 낙엽수림은 내용물에서도 구분되지만 변화기간도 다르다), 경계특징에 의해서 구분될 수 있다. 따라서 어떤 계의 조각난 정도(patchiness)는 조각의 구성(조각유형과 그들의 상대적인 빈도)과 공간적인 짜임(configuration: 조각형태와 크기, 병행, 대비도, 경계특징)에 의해서 정의되거나 정량화될 수 있다(Wu & Loucks 1995).[3)]

조각과 조각난 정도는 관심을 가지는 대상의 규모와 생물에 따라 다르게 인식된다. 생물종은 저마다 공간을 평균하고 여과하는 능력이 다르기 때문에 주어진 환경 안에 놓인 이질성은 고착성 식물과 동물, 시각요소에 의존하거나 다른 감각에 의존하는 포식자, 생활사 특징이 구분되는 생물종들에게 다른 정도의 영향력을 가지게 된다. 제3장에서 표면적지수의 규모의존성(scale-dependence)에서 언급한 것처럼 새와 사슴, 들쥐, 딱정벌레에게 인식되는 조각과 조각난 정도의 규모는 서로 다르다. 따라서 위계적 공간구조는 관찰규모에 따라 정의되며, 경관 안에서 조각의 규모의존성과 위계구조는 경관의 역동성과 안정성을 이해하는 데 필수적인 단초가 된다(Wu & Loucks 1995). 사실 생태단위의 규모의존성과 위계특성은 모든 조직수준에 공통적으로 나타나며, 규모를 경관에 맞추더라도 바탕과 통로에도 두루 적용되기 때문에 제3장에서 먼저 논의하였다.

조각의 종류와 역동성

경관조각의 변화는 보다 큰 규모에서 일어나고 있는 자연적 · 인위적 과정에 의한 경관변화의 한 부분이다. 경관변화에서는 바탕과 통로, 종 그리고 생태계 과정 모두 역동적이다. 역으로 경관 안에서 바탕, 조각, 통로 등 경관요소의 변화는 전체 경관의 변화에 반영되며, 동시에 이러한 변화는 생태계 과정 그리고 종의 이동과 분포에 결정적인 영향을 주는 요소가 된다.

경관조각의 종류는 생성요인에 따라 다섯 가지로 나누어 볼 수 있다(Forman & Godron 1986). (1) 잔류조각(remnant patch)은 교란이 주위를 둘러싸고 일어나 원래의 서식지가 작아진 경우에 나타난다. 서울의 남산과 같이 개발행위의 확장으로 점점 면적이 줄어든 자연녹지가 여기에 해당한다. (2) 재생조각(regenerated patch)은 잔류조각과 유사하지만 교란된 지역의 일부가 회복되면서 주변과 차별성을 가지는 경우에 생긴다. (3) 도입조각(introduced patch)은 바탕 안에 새로 도입된 종이 우점하거나 흔히 인간이 숲을 베어내고 농경지 개발이나 식재활동을 하거나 골프장 또는 주택지를 조성하는 경우에 나타난다. (4) 환경조각(environmental patch)은 암석, 토양형태와 같이 주위를 둘러싸고 있는 지역과 물리적 자원이 다른 조각에 의해서 생긴다. (5) 교란조각(disturbance patch)은 벌목, 폭풍이나 화재와 같이 경관바탕에서 국지적으로 일어난 교란에 의해서 생긴다. 또한 비닐하우스 집단처럼 일시적으로 생기는 임시조각도 새의 이동이나 물질이동에 영향을 줄 수 있는 요소로 연구대상이 될 필요가 있다(그림 4.1).

경관형성에서 서로 다른 여러 가지 형태의 조각이 이루는 다양한 조합은 생태적 함의를 가진다(Forman 1995). 변화의 방향과 속도는 경관생성요인에 따라 다르다. 환경조각은 그것을 이루는 기질의 안정성을 간직하고 있어 천천히 변한다. 이를테면 암석, 토양형태는 쉽게 변하는 성질이 아니다. 대조적으로 잔류조각과 교란조각은 천이가 진행됨에 따라 비교적 빨리 변하며, 주변 지역과 비슷할 정도로 회복되면 사라져 버린다. 한 지역에서 교란은 일시적으로 한 번 일어

3) 짜임에 대한 정의는 제9장에서 자세히 논의한다.

그림 4.1 임시조각인 비닐하우스 단지가 있는 강원도 춘천시 교외전경

나는 경우도 있고 반복되는 경우도 있다. 짧은 주기 동안 반복적으로 교란이 일어나는 경우 생태계 자체가 적응하여 외견상 연속성을 가지기도 한다. 이 경우 교란을 멈추면 천이가 따라온다. 이를테면 하천 주변의 범람지역은 주기적인 홍수로 유지되는 조각이지만 인위적인 홍수방지로 교란을 없애면 습생천이가 계속될 수 있다(이도원 등 2001).

조각모양의 종류

모자이크 작품에 사용될 수 있는 종이조각의 모양이 다양할 수 있는 만큼 경관에 나타나는 조각의 모양 또한 다양하다. 대체로 인공적인 힘에 의해서 생성된 조각의 모양은 기하학적 성향을 띠고 있으며, 자연적인 조각의 모양은 불규칙적이다(Lucas 1991).

경관에서 발견되는 여러 가지 모양은 자연적인 조각과 인공적인 조각이 서로 대비된다. 이를테면 (1) 습지, (2) 메마른 언덕 정상부 주변을 둘러싸고 있는 비탈, (3) 큰 조각 안에서 작은 교란에 의해 생성된 조각, (4) 삼각주, (5) 하천 쪽으로 확산되는 숲 또는 산사태 지역, (6) 사구, (7) 빙하로 생성된 습지 및 호수, (8) 강 중심부의 사구나 작은 섬, (9) 강을 따라 형성된 숲, (10) 분화구 주변, (11) 능선을 따라 형성된 식생지대, (12) 화재로 발생한 형태, (13) 우물이나 요새를 중심으로 형성된 마을, (14) 도시지역의 블록, (15) 벌채된 숲, (16) 시가지 중심부를 둘러싼 토지이용형태, (17) 농장의 연못, (18) 농경지 안에 있는 잔류숲, (19) 주거지역에 의해 잠식당한 숲 주변부, (20) 경작지, (21) 골프코스와 스키장, (22) 도로에 의해 양분된 경작지, (23) 농장의 교차점에 위치한 숲, (24) 도로에 의해 둘러싸인 시가지, (25) 댐으로 막은 저수지 등은 각기 독특한 조각모양을 지니고 있다(Forman 1995).

이러한 조각모양을 하나의 경관에서 모두 찾아보는 것은 쉽지 않을 것이다. 따라서 여러 가지 다른 특징을 가진 경관을 모아 그 안에 있는 다양한 조각들 사이의 관계를 살펴보면 좋은 공부가 될 것이다.

상세한 조각모양의 양태를 관찰하려면 공간 해상도가 높아야 하며, 대략적으로 광역이나 국가 전체에서 맥락을 살피자면 해상도가 낮은 것이 오히려 도움이 된다. 이는 지금까지 논의한 바와 같이 경관요소들의 특징이 규모에 영향을 받기 때문이다.

여기서는 다만 조각의 생태적 특징을 논의하기 위해서 몇 가지 경우를 살펴본다. 경관에서 일반적으로 볼 수 있는 조각모양은 크게 5가지로 분류할 수 있다(Forman 1995).

① 경계부가 곧은 직선형(geometric)

② 경계부가 굽은 곡선형(curvilinear)

③ 길게 늘어진 신장형(elongated, 伸長型)

④ 중앙으로 몰린 밀집형(compact)

⑤ 무딘 날의 톱니 같은 굴곡형(convoluted)

①의 경우 인간의 개입으로 생성된 대표적인 조각으로 경작지를 들 수 있다. ②가 가장 일반적이고 자연적인 형태다. ③은 조각에 가해진 단방향성의 요인에 의해 생성된 것으로 빙하를 예로 들 수 있다. ④는 여러 가지 방향으로 비슷한 강도의 힘이 가해질 때 생성된다. ⑤는 무수히 많은 변형이 존재하는 형태로, 대형 산불이 발생한 경우 풍속 및 풍향에 따라 이리저리 굴곡(convolution)의 경계부가 발생하는 것을 예로 들 수 있다. 이처럼 각각의 모양은 고유의 생성기작을 지닌다.

이들 조각모양은 하나의 형태로만 존재하는 것이 아니라 서로 조합된 형태를 이룬다. 즉 전체적으로 길게 늘어진 신장형의 조각이라도 경계부 성상에 따라 어떤 것은 매끄러운 경계부를 지닌 반면 어떤 것은 굴곡이 많거나 아예 칼로 자른 듯 올곧을 수도 있다(Forman 1995).

낮은 위계수준에서 형성되는 조각은 높은 위계수준의 특징에 종속적이다. 이는 높은 수준의 위계가 낮은 위계수준이 나타나는 데 무시할 수 없는 제약조건으로 작용하여 그 특징을 어느 정도 지배한다는 뜻이다. 이를테면 숲 조각의 모양은 지형의 영향을 강하게 받는다(Lucas 1991). 자연계에서 산비탈은 경사로 인해 길게 늘어진 형태가 주로 나타나는 반면, 평지에 있는 조각은 중앙으로 밀집된 형태를 지닌다. 그리고 산비탈은 경계부의 굴곡이 많은 반면 평지에서는 굴곡이 적으며 경작지의 경우에는 주로 직선으로 나타난다(Forman 1995, Fig. 4.1). 나중에 프랙털에 관한 상자글에서 소개할 것처럼 미국의 미시시피 강 유역에서 작은 조각의 모양에는 인위적인 작용이 강하게 나타나는 반면, 큰 숲 조각의 모양은 지형과 수문의 영향에 의해 결정되었다

(Krummel 등 1987).

자연적인 조각모양에 인간의 활동이 가미되면 새로운 경향의 변화가 일어난다(Hammett 1992). 인간활동은 경관조각모양의 다양성에 어떤 영향을 초래할까? 인간의 활동이 지나치지 않는 범위 내에서 중간 정도의 강도로 작용할 경우 가장 다양한 경관조각모양이 나타난다.

이처럼 지형은 자연적인 흐름과 인공적인 힘이 작용하는 방향과 자리를 결정하기 때문에 모든 규모에서 나타나는 모양에 큰 영향을 준다(Lucas 1991). 그러나 작은 규모의 경관에서는 지형의 상세도가 중요하며, 경사의 미묘한 변화에 따라 가장자리 모양이 갖추어진다. 이는 비교적 긴 시간규모에 의해서 결정되는 경관요소의 구조와 기능 그리고 그것들이 작은 시간규모의 변화를 유도하는 과정의 상호작용으로 이해할 수 있다.

경관조각모양의 중요한 의미는 제5장에서 다룰 조각의 크기와 함께 내부 핵심면적과 가장자리 면적의 상대적인 크기를 좌우하는 데 있다. 조각이 지니고 있는 본질적인 특성을 유지하는 데는 내부 핵심지역에 의지하는 반면에 외부와 연결성은 가장자리 면적이 클수록 유리하다. 대체로 조각의 크기가 일정할 경우 원에 가까운 모양일수록 내부 핵심지역은 크고 연결성은 작아지며 면적에 비해 둘레가 길수록 그 반대의 경향을 보인다(Tiebout & Anderson 1998). 불규칙한 모양이 될수록 내부 핵심면적이 줄어들기 때문에 외부작용에 예민한 생물개체군을 유지하기 어렵다. 그림 4.2는 미국 북서부 워싱턴과 오리건 주 삼림서식처 파편화에 의해 절멸위기에 놓인 점박이올빼미(*Strix occidentalis caurina*)가 불규칙한 모양의 숲 조각에서 위축되는 현상을 개체군 모형으로 예측한 결과이다.

경관요소가 하나의 생태적 특성을 지닌 단위 또는 계(system)라면, 조각의 모양은 그 특성을 결정하는 하나의 중요한 변수이다. 생태적 특징은 계가 본래 지닌 속성과 외부의 반응에 의해서 결정된다(Parker & Pickett 1998). 여기서 속성이라 함은 계의 가상적인 출발시점부터 외부자극 또는 교란이 가해지면 계와 외부자극이 반응하여 변모되어가는 특성을 말한다. 외부자극은 시간에 따라 연속적으로 가해지기 때문에 계는 역동적인 특징을 가지고 있다. 제3장에서 밝힌 바대로 현대 생태학이 '자연의 균형'이라는 오래된 관념을 버리고 역사성을 강조하는 까닭은 여기에 있다(Wu & Louks 1995).

이러한 경관의 역동성에 조각모양은 어떤 의미를 가질까? 단적으로 말해서 조각모양은 외부로부터 받아들이는 에너지와 물질, 생물, 정보의 입력과 계가 외부로 내어놓은 출력의 질과 양 및 반응시간을 결정하는 요소이다. 그런 까닭에 조각모양에서 중요한 변수는 조각의 내부적인 속성을 간직하고 있는 부분과 객체들이 들고 나는 경계부의 상대적인 크기이다. 이러한 경관의 모양을 정량적으로 기술하려는 노력은 계속되고 있으며, 제안된 몇 가지 지수들이 수집되어 있다(Forman 1995). 이를테면 일정한 면적을 가장 짧은 거리로 둘러쌀 수 있는 모양은 원이다. 따라서 대부분의 경우 모양을 지수로 표현하는 방법에서 원은 비교기준이 된다. 원을 하나의 비교대상으로 볼 때 사각형과 삼각형은 내부면적에 비해서 경계부인 둘레의 길이가 상대적으로 크다. 경계부의 모양이 복잡해질수록 외부와 반응할 수 있는 가능성은 커진다.

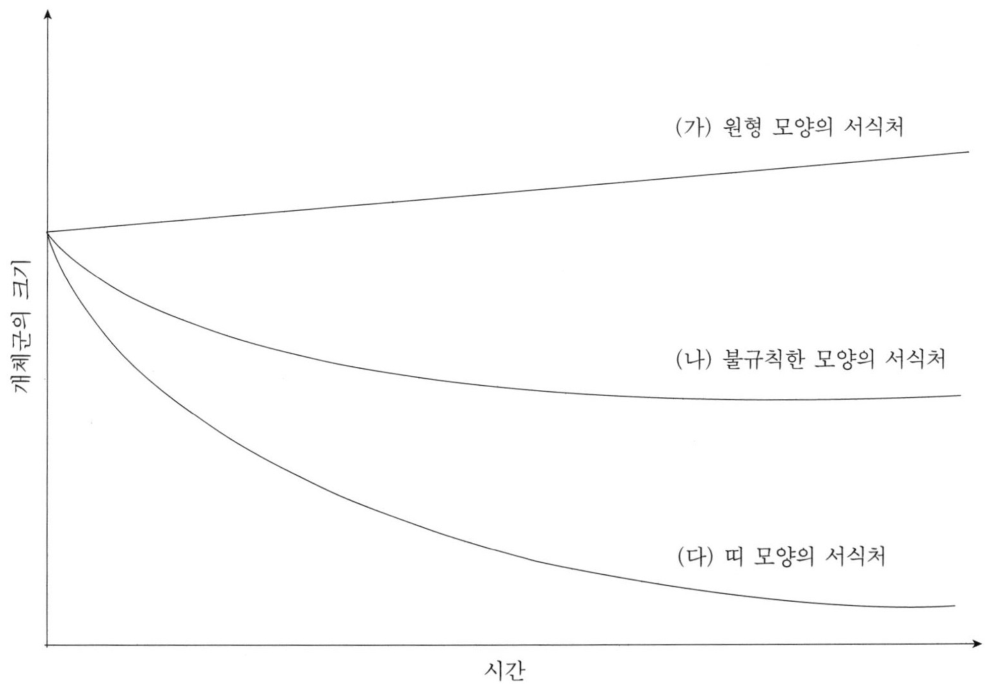

그림 4.2 조각모양에 따라 점박이올빼미의 개체군 변화. (가)에서 (다)로 갈수록 모양이 불규칙한 경우이며, 개체군 유지는 어려워진다.

조각모양의 생성기작

조각모양은 시간이 지남에 따라 변한다. 조각 내부의 엔트로피는 거친 둘레(perimeter)와 굴곡을 지닌 조각을 형성시키며, 특히 심한 굴곡은 조각 내부의 성질 및 에너지 흐름이 균일하지 않을 때 발생한다(Forman 1995). 바람과 물, 빙하, 수송, 경작행위가 일정한 방향으로 흐름을 일으킬 때 길쭉한 모양의 경관조각을 만든다. 경관조각의 중심부는 확장을 하지 않는 반면, 돌출부가 외부로 확장해 가면 끝머리가 갈라지는 현상이 발생한다. 갈라진 대부분의 돌출부는 각각 비대칭적으로 발전하여 프랙털 형태로 발전하기도 한다.[4)]

이러한 과정의 결과로 생성되는 조각의 모양은 대체로 전체 모양이 길쭉하게 신장되어 있고 둘레가 거칠고 굴곡이 많다. 이러한 형성기작이 지배하고 있는 지역에서 만약 둥글고 매끄러운 모양의 조각을 유지하자면 작용하고 있는 자연의 힘을 거슬러야 하기 때문에 상당한 양의 에너

4) 이를테면 경관조각 경계선의 모양은 규모에 따라 자기유사성(self-similarity)을 가지는 경우가 대부분이다(Nikora 등 1999). 여기서 프랙털이란 상위규모에서 나타나는 외형이 하위규모에서도 반복적으로 나타나는 특징적인 형태를 뜻한다(Mandelbrot 1983). 자세한 내용은 나중에 상자글에서 소개한다.

지가 투입되어야 한다(Forman 1995, 이도원 1997).

그렇다면 조각모양에 가해지는 제약조건은 무엇인가? 첫째는 역동적인 교란이다. 평지를 구불구불하게 가로지르는 하천의 경우를 예로 들 수 있다. 하천이 흐르지 않는다면 조각모양은 밀집된 형태로 존재했을 것이나, 하천이 평지를 구불구불하게 가로지름으로 인하여 굴곡이 있고 길쭉한 형태의 조각을 지니게 된다. 둘째는 침식과 퇴적, 빙하 등의 지형학적인 요소다. 이들은 주로 식생지대에 제한요인으로 작용한다. 셋째는 인공적인 조각에서 많이 볼 수 있는 그물형태로 철도, 도로 등이다. 길게 뻗은 이들 요소들은 주로 사각형 형태의 인공적인 조각을 그물눈처럼 더욱 잘게 나눈다. 그리고 나눠진 결과 사각형과는 다른 다각형 형태를 띠게 된다. 계획된 도시나 경작지를 제외하고는 정방형의 조각을 보기란 매우 드물다. 경관조각모양은 자연적인 기작과 그 위에 덧붙여지는 인위적인 토지이용으로 자아지는 다양한 생성기작의 조합으로 이루어진 혼합형이 많다(Stamps 등 1987b, 김형국 1997, 그림 4.3).

결국 이렇게 다양한 조각 사이의 경계부는 서로 인접한 조각과 상호작용을 하면서 새로운 모양으로 발전한다. 조각이 확장하고 있을 때 경계부의 성격에 따라 다양한 비율로 확장하게 되며, 이에 따라 움푹 들어간 지점은 메워지게 되고 매끈한 경계부를 형성할 수 있다. 반대로 돌출부는 주변의 바탕으로 확장해 더욱 굴곡으로 이루어진 경계부가 될 수도 있다. 요컨대 모양은 조각의 내부적인 힘과 인접 바탕에서 가해지는 외부적인 힘의 균형에 의해 발달한다는 사실을

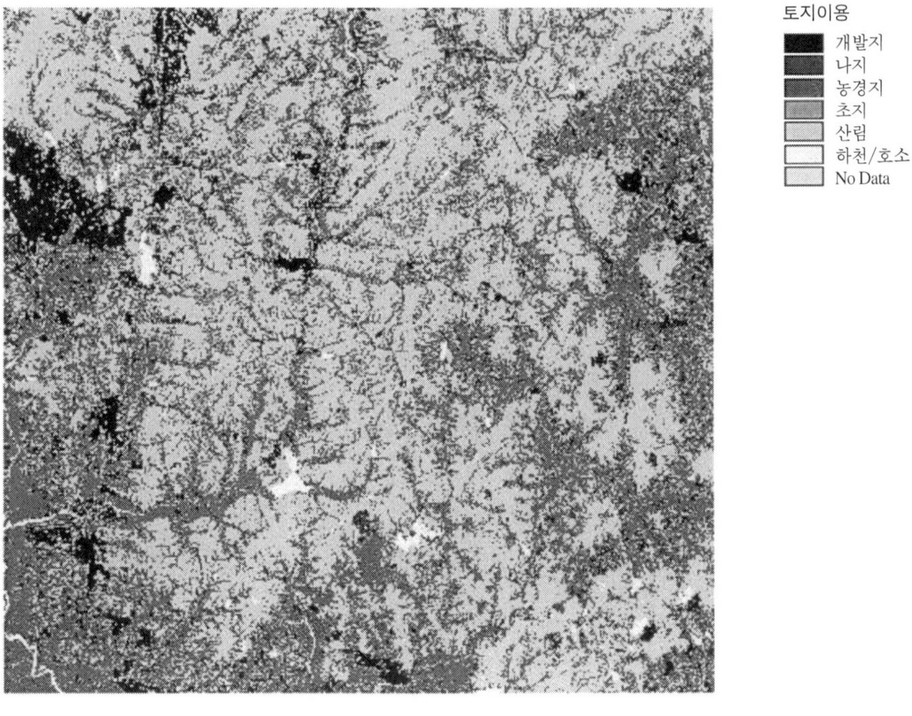

그림 4.3 경기도 용인 일대의 토지이용도는 여러 가지 모양의 경관조각으로 이루어져 있다.

알 수 있다(Nittmann & Stanley 1986).

조각모양과 생태적 과정

여기서는 조각모양의 가장 중요한 내용으로 관련된 생태적 흐름을 고찰하고, 최적의 조각모양을 결정하는 기준을 찾는 것을 목적으로 한다. 먼저, 각 모양의 특성을 결정짓는 4가지의 주요한 속성을 살펴보자. 그것은 신장, 굴곡, 내부, 둘레이며, 이들의 장점은 비교적 용이하게 측정될 수 있다는 점이다(Forman 1995).

이들 속성에 따른 기능에 관해서는 다음과 같이 요약할 수 있다. 최소 둘레/면적 비를 가지는 둥근형은 에너지, 물질, 생명체 등의 자원을 보호하는 데 효과적이다. 즉 크기에 비해서 경계부의 길이가 상대적으로 작기 때문에 외부의 유해한 환경으로부터 내부에 대한 침식효과를 반감시켜 자원을 효율적으로 보호할 수 있다. 반면, 사람의 허파나 나뭇잎 등에서 볼 수 있는 둘레/면적 비가 높은 복잡한 경계를 가지는 굴곡형은 외부와 에너지, 물질, 생명체의 상호작용을 증가시키는 데 효과적이다. 둥근형과 대조적으로 외부에 노출된 부분이 상대적으로 크기 때문에 굴곡형은 단위면적당 경계부에 생태적 흐름에 대한 기회가 많이 주어진다. 밀집형이 닫힌 계의 속성이라면 굴곡형은 열린 계의 속성을 많이 가진다. 신경이나 철도 등에서 보이는 나뭇가지 형태의 그물모양이나 미로형은 조각 사이의 객체나 정보를 운반하는 도관역할을 한다.

조각의 신장과 방향각

길쭉한 조각은 내부종을 보호하거나 외부로부터 격리가 필요할 때 불리한 형태다. 이는 가장자리보다 내부면적의 증가가 종수의 증가에 유리하게 작용하기 때문이다.

그러나 신장형은 긴 경계선 때문에 외부로부터 조각 안으로 생물의 이입을 용이하게 할 수 있다. 넓이는 같고(900cm^2) 5가지 다른 모양(너비:길이의 비가 1:1, 1:4, 1:9 1:36, 1:144)의 실험용 판자를 숲과 묵밭에 두고 주기적으로 판자 아래 서식하는 노래기(millipede, *Oxidus gracilis*)의 수를 조사한 결과 길쭉한 형태인 1:144의 판자 아래에서 가장 많은 개체수가 발견되었다(그림 4.4). 같은 실험에서 조각의 둘레길이와 노래기의 수는 양의 상관관계를 가지며 공간적 시간적 변이 또한 길쭉한 판자에서 컸다(Hamazaki 1996). 이 연구결과는 조각의 크기에 비해서 둘레의 길이가 길 경우 상대적으로 둘레를 드나드는 생물개체의 수가 많다는 사실을 보여 주며, 넓은 가장자리와 점이대에서 생물종의 풍부도가 높다는 이론적인 분석과 일치한다(Harte 등 1999). 그러나 이러한 실험을 다각적으로 수행해 보면 아마도 실험생물의 습성과 조각형성의 역사 그리고 크기에 따라 다른 결과가 나타날 것으로 추측된다. 조각형성의 역사가 충분히 길다면 활동이 느린 생물의 경우 부정형이나 긴 모양보다 같은 면적의 원형 서식처에 더 많을 수 있다. 왜냐하면 내부면적이 원형보다 신장형에서 상대적으로 작기 때문이다. 많은 생물의 행동권을 포함할 정도로 충분히 큰 서식처 조각의 경우에는 신장형이 다양한 생물의 서식처를 제공하겠지만,

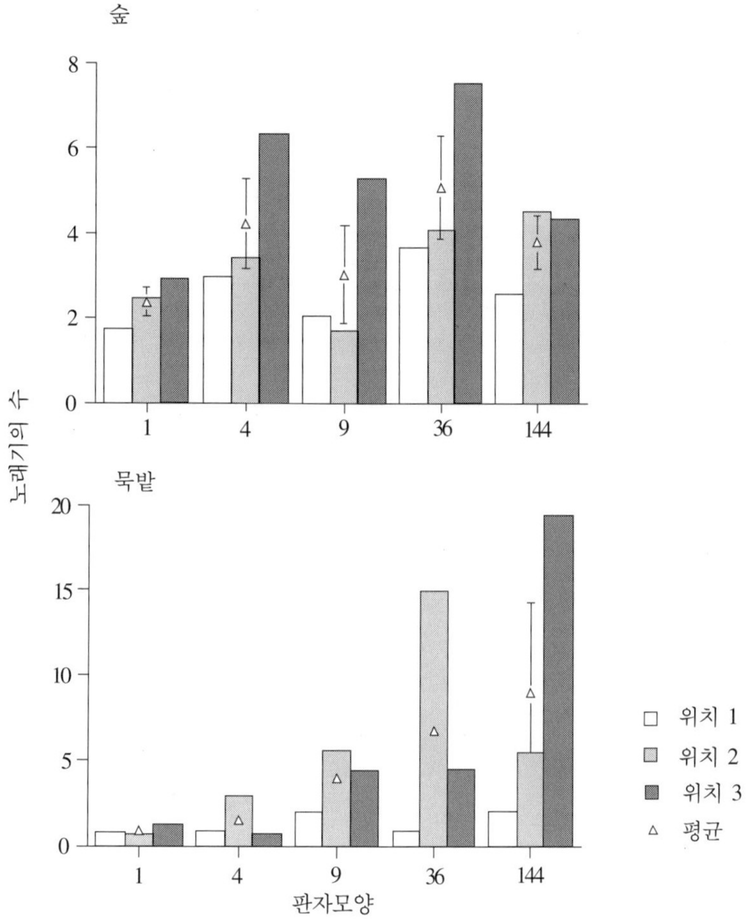

그림 4.4 숲과 묵밭 각각 선정한 3곳에 둔 5가지 모양의 판자 아래서 발견된 노래기(*Oxidus gracilis*)의 수와 평균값. x축은 가로, 세로 길이비를 의미한다. 평균값 상하의 선 길이는 표준편차를 나타낸다.

작은 조각의 경우에는 일부 제한적인 생물만이 서식공간으로 활용할 수 있다. 요컨대 노래기 실험결과는 특정 생물, 짧은 실험시간 그리고 실험에서 사용된 판자의 크기에 국한된 현상이다.

이 밖에도 방향각(orientation angle)의 개념이 길쭉한 조각 내에서의 자연현상을 잘 표현하고 있다(Gutzwiller & Anderson 1992). 방향각이란 경관 안에서 일어난 주요 흐름의 방향과 조각의 장축방향이 이루는 각을 말한다. 밀집형에서는 조각을 관통하는 물과 바람이 난류를 일으키지만 길쭉한 경우에는 나선형을 이루면서 난류의 강도가 보다 약해지는 경향이 있다.

경작지의 침식을 예로 들어 보자. 바람이 일정한 방향으로 분다고 가정하면 풍식의 경우 경작지의 장축방향이 주풍향과 평행을 이룰 때 가장 많은 침식이 일어나며, 직각이 되면 침식률이

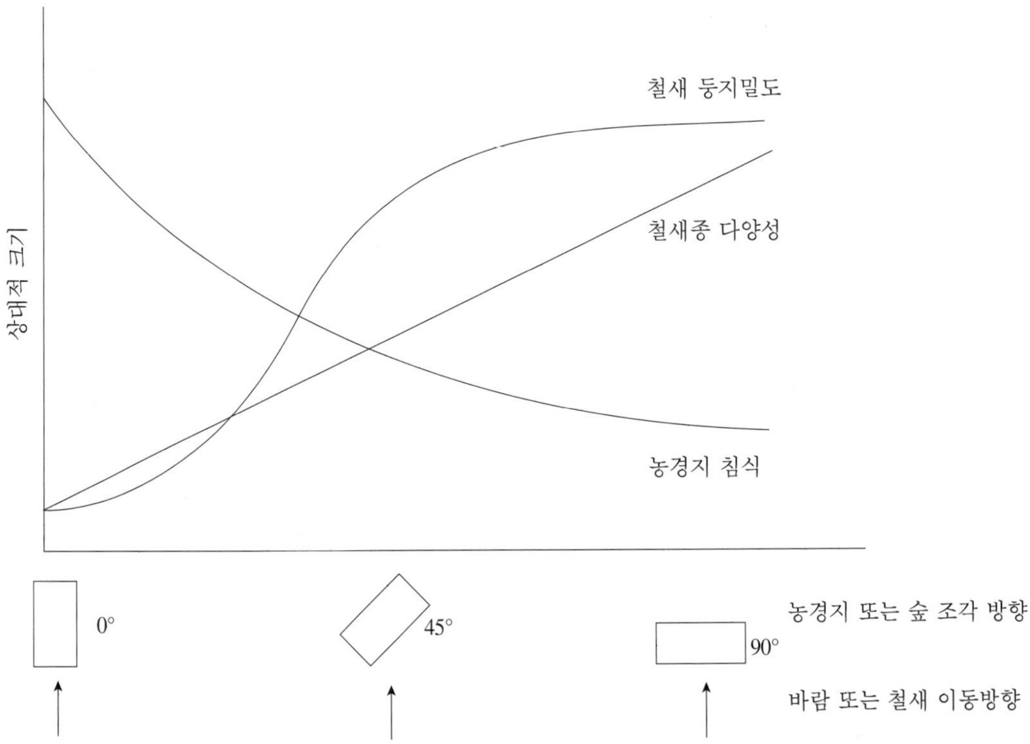

그림 4.5 주풍방향에 대해 경작지의 장축이 평행에 가까울수록 토양침식량은 많고, 철새 이동방향에 대해 숲 조각의 장축이 수직에 가까울수록 철새 유인효과가 크다.

낮아진다(Skidmore 1987, 그림 4.5). 주풍향만을 고려할 때는 이와 같은 결론을 보이지만, 풍속의 변이를 고려하면 약간의 변화가 생긴다. 풍속이 증가하면 방향각이 직각에서 45°까지는 침식률이 감소하고, 45° 이하에서는 증가하는 경향이 있다. 45°일 경우에는 풍속의 증가와 상관 없이 중간 정도의 침식률을 보인다. 농경지의 방향각이 주풍에 직각인 경우는 풍속이 낮으면 해당 지역의 평균침식률을 보이고 풍속이 증가할수록 침식률이 낮아지므로 가장 경쟁력 있는 형태라고 생각된다.

경사지 방향과 토양침식량의 관계에 대한 실험자료는 많지 않다. 그러나 경사지 장축이 물의 흐름방향과 수직에서 평행방향으로 되면 풍식의 경우와 마찬가지로 지표유출수와 토지가 반응하는 길이가 길어지기 때문에 침식량이 증가하는 것은 분명하다. 강우에 의한 침식량은 경사지 길이의 반제곱에 비례하는 것으로 알려져 있다(송동하 1999).

방향각 이론은 섬과 반도에서 생물군집 형성을 설명하는 중요한 가정으로 활용되어 왔다(Taylor 1987a, b). 육지에서 연구된 사례로 록키 산맥 주변, 초지대로 둘러싸인 숲에서의 조류 이주성에 관한 연구를 들 수 있다(Gutzwiller & Anderson 1992). 텃새일 경우에는 조각의 방향성에 그다지 영향을 받지 않았지만 철새와 같은 이주성의 조류일 경우 이주방향에 수직인 조각에서 종풍부도가 높았다.

육상 척추동물의 경우에는 얘기가 좀 다르다(Stamps 등 1987a). 즉, 조각의 장축방향과 동물의 이동경로가 일치할 때 이동속도가 더욱 향상된다. 이는 직각으로 놓인 경우 새로운 경계부로 돌입하는 데 소요되는 시간이 줄어들지만 새로운 환경으로 돌입할 때 주저하는 경향이 있으므로 실제 이동하는 시간은 더 많이 소요된다. 하지만 장축방향으로 동물이 이동할 경우에는 동일한 환경에서 주저 없이 이동하게 되므로 오히려 이동속도는 증가하게 된다.

굴 곡

조각의 둘레에 굴곡이 많은 경우 둥글고 매끄러울 때보다 둘레길이가 길어지며, 이로 인해 바탕과 상호작용이 더욱 활발해진다(Schonewald-Cox & Bayless 1986). 굴곡이 많은 가장자리 부근에서 바람과 물의 흐름이 복잡한 난류를 일으키고, 이는 토양과 물, 식생, 동물의 미세한 이질성을 자아낸다.

돌출부 모양의 조각은 반도(peninsula)와 같은 특성을 보인다. 사각형의 모서리도 반도와 같은 기능을 가진다. 반도는 신장된 통로로 인식할 수도 있다. 반도는 경관을 가로지르는 종의 이동을 위한 경로로 작용하고, 실제로 동물이동이 집중되는 중요한 통로역할을 한다.

돌출부가 많은 조각에서는 특정 개체군이 부분적으로 분리된 아개체군(subpopulation)으로 나누어지는 구조적 효과가 나타난다(Forman 1995). 흔히 다른 돌출부 사이에 일어나는 것보다 동일한 돌출부 안에 있는 아개체군의 개체 끼리 더 많이 혼성교배(interbreeding)할 것으로 기대된다. 따라서 둥근 조각보다 굴곡이 많은 조각의 개체군에서 유전자 유동이 제한되어 더 많은 유전적 변이가 일어난다. 그리고 화재나 전염병 같은 방해요소로 인한 피해 범위는 굴곡이 많은 조각이 둥근 조각보다 훨씬 적다.

굴곡이 많은 조각의 구조적 특성에 기인한 생태적 효과는 여러 가지로 나누어 볼 수 있다(Forman 1995, Fig. 4.7 참조). 먼저 들 수 있는 것은 반도효과(peninsula effect)이다(Taylor 1987b, Mann & Plummer 1993). 즉, 종의 다양성이 본토(mainland)에서보다 반도에서 종종 더 낮다. 또 반도의 기부(base)에서 끝으로 갈수록 종이 점진적으로 줄어든다(Forman 1986). 돌출부가 넓은 경우 조각 내부환경과 차이가 크지 않으므로 생물종의 수 변화가 미미하다. 미소 서식처 변화에 따라 종의 수는 증감한다.

깔때기 효과(funnel effect)에 의해 동물은 넓은 지역에서 좁은 지역으로 이동할 때 혹은 그 역일 경우에 돌출부를 통로로 삼는 경향이 있다. 이는 생물보호구역을 설정할 때 응용될 수 있는 원리이다.

울타리 효과(drift-fence effect)에 의해서 돌출부는 경관을 통과하는 종을 가로채 조각 내부로 끌어들이는 효과가 있다. 외부 종이나 해충을 끌어들이는 경우도 있다(Ambuel & Temple 1984). 생물보호구역이나 삼림을 설계할 때 이러한 원리를 응용하여 설계할 경우 재정착속도를 향상시켜 국지적 멸종을 방지하는 데 도움을 줄 수 있다.

벤투리 효과(Venturi effect) 때문에 조각을 관통하는 덩어리 흐름이 돌출부에 의해 갈라져 좁고 우묵 들어간 곳으로 집중하게 된다.[5] 예를 들어 굴곡이 많은 조각을 관통하는 바람의 경우 우묵 들어간 곳에서 풍속이 훨씬 높다.

섬에서 우묵 들어간 곳은 바람을 피해 배를 정박시키는 데 적절한 장소가 된다. 겨울날 사람들은 양지 바른 곳에서 바람을 피하고 볕을 쪼이는 경향이 있듯이, 우묵 들어간 곳은 흐름방향과 돌출부의 형태에 따라 생태적으로 구별되는 장소를 만든다.

이러한 생태적 효과는 돌출부의 길이와 너비의 영향을 받으며 전체적으로 조각모양의 효과에 반영된다.

내 부

이제 조각 내부의 형태와 관련된 내부 종의 차이를 살펴보자. 일반적으로 같은 면적의 조각이라도 길쭉한 굴곡형 조각보다 밀집형 조각에서 내부 종수가 더 많다. 조각의 가장자리 넓이가 일정할 경우 경계부의 평행선은 내부와 주변부를 분리해 준다. 그러나 풍향, 태양광 방향, 가장자리 부분의 구조에 따라 가장자리 부분의 넓이는 일정하지 않을 수 있다. 그러므로 가장자리 부분의 넓이에 따라 내부의 면적은 달라지게 되며, 이에 따라 면적을 구하는 방법도 달리 적용되어야 한다. 즉, 가장자리 부분 넓이가 일정한 경우는 평행선을 따라 형성된 다각형의 면적이 곧 조각 내부의 면적이지만, 가장자리 부분 넓이가 일정하지 않을 경우 이러한 방법은 정확도가 낮다. 다양한 모양에 대해 내부면적을 구하는 공식은 다른 문헌을 참조하라(Forman 1995).

한편 조각의 내부 중심이 되는 핵심구역(core area)은 생태학적으로 유용한 개념으로(Austin 1984), 생물종이 외부로부터 격리를 필요로 하는 임계면적을 뜻한다. 내부지역은 가장자리를 제외한 부분이 되겠지만 핵심구역은 조각 내부의 최대접원으로부터 면적을 구한다(그림 4.6). 핵심구역 면적이 클수록 둘레의 굴곡 정도가 작다.

둘레길이

조각의 경계부에는 크고 작은 돌출부가 있다. 여기서 큰 돌출부는 조각의 굴곡 정도를 나타내며, 작은 돌출부는 조각둘레의 거칠기(roughness)를 나타낸다. 조각의 둘레길이(perimeter)가 면적보다 조류나 소형 포유동물 풍부도와 더 밀접한 상관관계를 가지는 경우도 보고되었다(Bunnel & Johnson 1974, Gotfryd & Hansell 1986).

지금까지 소개한 조각모양 속성별 생태적 효과는 자연보전지구의 적절한 모양을, 결정하는 주요 인자가 된다. 많은 문헌에 의하면 둥근 조각이 생태적으로 가장 적절한 형태라고 한다. 그러나 조각모양 사이에 존재하는 장단점이 유효적절하게 보완된 우주선 형태의 조각이 가장 효율적이라는 주장도 있다(Forman 1995, Fig. 4.10 h 참조). 우주선 모양은 크고 작은 돌출부가 조각경

5) 이탈리아의 물리학자 조반니 바티스타 벤투리(G.B. Venturi, 1746~1822)가 부분적으로 단면적이 좁아진 도관이 유체의 흐름에 대해 미치는 효과를 발견해 도관의 중앙부분을 가늘게 한 기구를 제작했다. 유체가 이 기구를 통해 흐를 때 도관의 가는 부분에서 유속(流速)은 증가하고 압력은 낮아진다. 유체의 흐름에 대해 부분적으로 단면적이 좁아진 도관이 미치는 이 효과를 발견자의 이름을 따서 벤투리 효과라 한다.

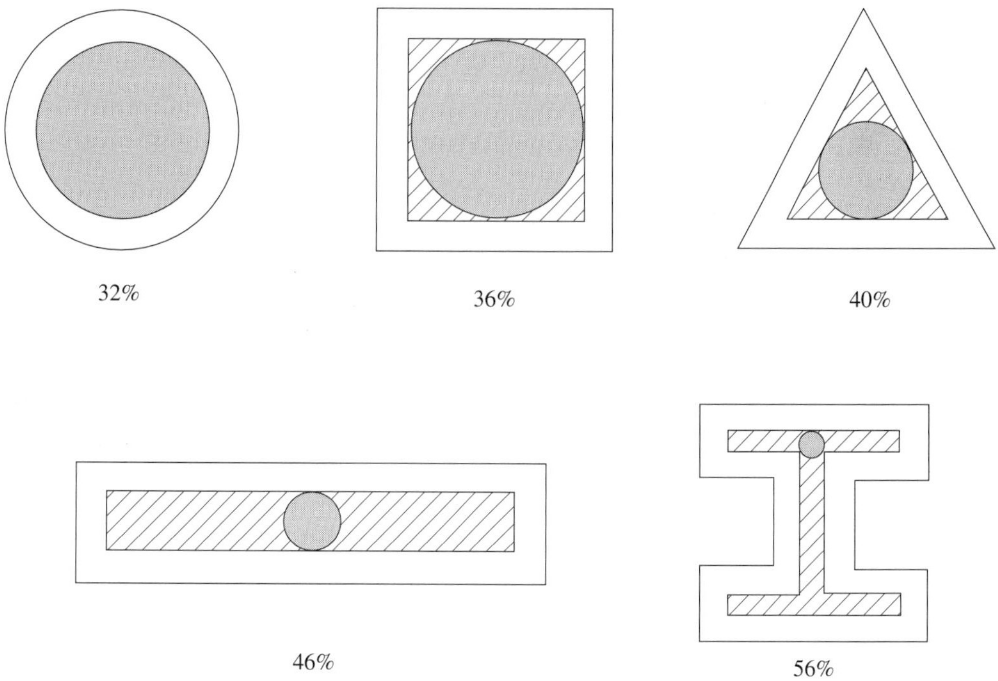

그림 4.6 조각모양에 따른 핵심구역(회색원)과 내부(빗금부분) 그리고 가장자리(백색부분) 면적의 상대적인 크기비교. 원의 경우에는 핵심구역과 내부가 같다. 경계로부터 100m까지를 가장자리라 했을 때, 각 모양 아래 숫자는 전체 면적 1평방 킬로미터에 대한 가장자리 면적의 백분율을 가리킨다.

계에 많이 분포하고 있어서 멀리 떨어져 있는 바탕으로 분산 및 외부 종의 유인에 효과적이며, 높은 종 다양성을 유지하기에 효과적이다. 그러나 적절한 모양은 크기와 주변 바탕 및 다른 조각의 수와 특성에 따라 결정되는 복합적인 요소로 보편적일 수 없다.

모양특성의 측정과 이용

주요 측정법

지리적인 맥락에서 모양을 측정하는 여러 가지 지수가 있다(Farina 1998, E. Lee 등 1998). 일반적으로 하나의 측정법이나 지수는 모양을 단순화시킴으로써 특수한 부분을 강조한다. 그러나 다른 각도에서 모양을 조명하면 다른 측정법이나 지수가 제안될 수밖에 없다(Forman 1995). 따라서 여러 가지 생태적 과정을 분류하고 각각에 알맞은 적절한 지수를 선정하는 방식이 필요하다. 조각모양 분류를 위한 바람직한 지수는 다음과 같은 요건을 만족해야 한다.

① 계산하기 간편해야 한다.

② 관심영역(이를테면 작은 입자, 도시, 경관조각)에 보편적으로 적용할 수 있어야 한다.

③ 분명하고 정량적으로 형태를 구분할 수 있어야 한다.

④ 지수로 하나의 특정한 형태를 정할 수 있어야 한다.

조각모양의 규칙성과 불규칙성은 특히 생물의 반응에 중요한 요소이기 때문에(Farina 1998) 그것을 고려하는 지수에 대한 관심이 오래 전부터 있었다. 이 경우 원을 전형적인 기준조각으로 가정하는 경우가 대부분이다. 모양이 원에서 멀어져 불규칙해질수록 가장자리 면적은 넓어지고 내부면적이 감소하기 때문이다. 불규칙적인 모양에는 아마도 규칙적인 모양보다 이질적인 과정이 더 많이 작용하고 있을 것이다. 서식처 적합성, 포식위험과 미기후과정은 불규칙한 조각의 직접적인 결과로 나타나며, 이는 어떤 생물종의 생존과 분포에 중요한 요소로 작용한다. 몇 가지 지수를 소개해 보면 아래와 같다.

1. 둘레 : 면적 비(L/S)

각 조각의 둘레길이를 면적으로 나눈 값으로 L을 둘레, S를 면적이라 할 때 L/S로 나타낸다. 이 값은 모양이 일정하더라도 크기가 증가하면 작아진다. 야외에서 포유동물의 전파와 관계가 있는 지수로 보고된 적이 있다(Buechner 1989).

2. 둘레 : 면적비 변형지수

이는 둘레 : 면적비가 크기에 따라 변하는 점을 보완하는 지수로 '조각과 같은 둘레길이를 가지는 원의 면적' / '조각의 면적' 의 제곱근으로 정의되며, 둘레길이 L, 면적 S일 때 $(0.282\times L)/S^{1/2}$로 표현된다. 원의 경우에는 이 값이 1이며, 불규칙한 모양에 대해서는 값이 무한대로 커진다.

3. 조각면적과 외접원면적 비의 제곱근

이는 조각의 크기와 조각을 둘러쌀 수 있는 원의 크기를 비교하는 지수로 $2(S/\pi)^{1/2}$/장축길이로 표현된다. 원은 그것을 싸는 원과 같아서 1이며 불규칙할수록 0에 가까워진다.

4. 조각둘레와 같은 면적의 원주 비

조각의 둘레와 그 조각과 면적이 같은 원둘레를 비교한 값으로 $L/2(\pi S)^{1/2}$로 표현된다. 원의 경우 가장 작은 1의 값을 가지며 복잡해지면 커진다.

5. 프랙털 차원

이 내용은 상자글에서 설명한다.

이 밖에 신장은 조각 내부에 가상의 직사각형을 설정한 다음 이것의 길이와 높이의 비로 표현할 수 있다. 그림 4.7에서 (가)보다 (나)의 경우가 신장되어 있다. 굴곡은 주요 돌출부의 숫자를 세어 측정하며, 이때 주요 돌출부는 조각 내부 접원 반지름보다 긴 것으로 간주한다. 이 정의에 의해서 그림 4.7에서 (다)는 (라)보다 굴곡이 작다. 내부는 전체 면적과 가장자리 부분의 면적비로 구한다(중심부 면적 : 내부 접원의 면적). 둘레길이는 줄자를 이용하여 잰다. 이때 경계부의 직선 정도, 만곡 및 거칠기의 백분율(%)을 함께 측정하면 생태적 해석에 도움이 된다(Forman 1995).

경관생태학 초기에는 신장과 굴곡, 거칠기의 측정에 많은 관심을 보였다. Frolov(1975)는 밀

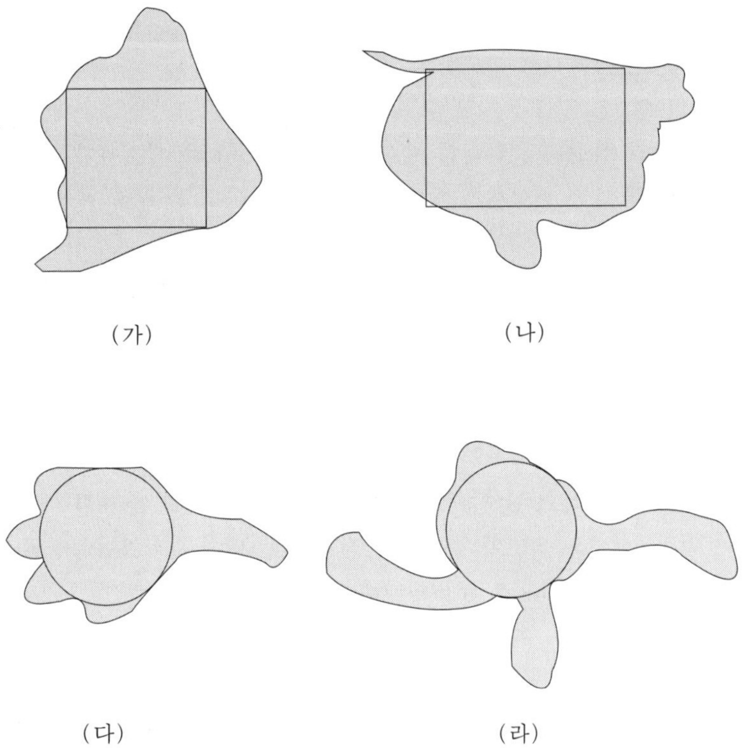

그림 4.7 경관조각의 신장과 굴곡

집성(compaction), 분할(dissection), 함몰(indentation) 등의 3가지 주요 모양특성을 제시했다. 모양의 밀집성은 원으로부터 이탈한 정도를 측정하여 면적과 둘레길이로 표현한다(Forman 1995, 4장 부록 참조). 신장은 앞서 설명한 대로 너비 : 길이 비로서 구할 수 있다. 굴곡 및 거칠기는 같은 방법으로 구할 수 있으며, 이에 적용되는 방법으로 푸리에 순열(Fourier series) 및 조화분석(harmonic analysis) 등이 있다(Forman 1995). 즉 조각둘레를 싸인 곡선(sine curve)의 연장으로 간주하고, 이 싸인 곡선의 빈도와 진폭을 구한다. 같은 모양이 다른 규모로 표현될 때 그 겹치는 횟수를 측정하는 것이다. 다시 말해서 주요 돌출부를 먼저 찾고, 그 돌출부 내의 작은 규모로 표현된 돌출부를 찾아 이러한 유형이 조각 내에 몇 개로 분포하는지 찾으면 된다.

모양측정에 있어서 다른 접근법도 있는데 정리하면 다음과 같다(Forman 1995): (1) 다양한 정다각형과 가장 유사한 모양으로 정의하려는 조각들을 서로 비교하는 방법(geometric-figure-fitting), (2) 원형이나 타원과 같이 이미 정의되어 있는 모양으로부터 변이된 모양들의 집합을 결정하는 방법(set-theoretic measure), (3) 다각형 변의 길이로 모양을 결정하는 방법(mean-side & variance-of-side index), (4) 뱀과 같이 구불구불한 모양에 적용하면 유용한 방법(sinuosity ratio), (5) 조각 중심에서부터의 거리를 측정하는 방법(center-of-gravity or moment measure). 그러나 구멍이 난 모양과 그렇지 않은 것을 구분하는 데 유용한 지수는 시도되지 않았다.

경관분석에서 이용

조각의 공간적인 유형을 분석할 때 모양의 특성을 정량적으로 표현할 수 있다. 예를 들면 산림조각유형의 특징을 알아보기 위해 전체 경관면적에 대해 산림면적의 백분율(%), 조각의 밀도, 조각 사이의 평균적인 거리, 중간 크기의 조각면적 그리고 평균적인 조각모양을 살펴볼 수 있다(E. Lee 등 1998). (1) 자연적인 경관(natural landscape), (2) 관리되는 경관(managed landscape), (3) 경작되는 경관(cultivated landscape), (4) 교외경관(suburban landscape), (5) 도시경관(urban landscape)의 특성을 조각의 모양(길이/넓이, 모양의 규칙성)을 통해서 알아본 결과 길이/넓이의 비는 자연경관과 도시경관에서 높았고, 경작되는 경관에서 가장 낮았다. 모양의 규칙성은 자연경관에서 가장 낮았고, (1)에서 (5)로 갈수록 규칙성이 점점 커졌다. 이처럼 경관의 특성을 알아내는 데 조각의 모양이 중요한 지수로 이용될 수 있다(Forman & Godron 1986).

생물지리학에서는 종 분포를 분석하는 데 종 분포의 모양이 사용되기도 한다. 즉, 연구자들은 종의 서식지를 빗금이나 점으로 지도상에 표현한 다음 종의 역동성 — 종 분포의 안전성, 확장도, 축소도, 이동성 등 — 을 알아보기 위해 그 모양을 분석하는 것이다. 또한 동물의 이주로(migration route)도 모양으로부터 추론이 가능하다(Forman 1986).

앞으로 경관모양과 생태적 관계에 대한 연구는 더욱 활발할 것으로 추측된다. 이론과 그에 대한 증빙을 찾는 방향뿐만 아니라 각 모양에 대한 생태적 영향에 대한 경험적 연구들이 더욱 뒷받침될 때 보다 보편적인 분석방법들이 도출될 것이다.

조각의 역동성

경관 모자이크 안에서 조각모양은 끊임없이 변한다. 전체적인 형태는 고정되어 있는 것처럼 보이지만, 돌출부와 만은 생성되었다가 사라지곤 한다. 그리고 바탕을 가로질러 움직이는 조각도 있다. 이러한 역동성을 그 형태에 주안점을 두고 분석해 보자.

경우에 따라 현재의 조각모양으로부터 과거 모양을 추정할 수도 있고, 현재의 기능과 그리고 미래의 변화방향을 예상할 수도 있다(Forman 1995, Fig. 4.13 참조). 일반적으로 과거를 추측하고 현재의 기능을 분석하는 것보다 미래를 예측하는 것이 더 어렵다. 과거와 미래를 추측하는 차원에서는 항공사진과 인공위성 영상자료의 시계열분석이 특히 유용하다(E. Lee 1998). 그러나 관심영역의 규모에 대해 가공하지 않은 자료(raw data)의 해상도가 제한인자로 작용하여 원하는 정도의 화상으로 보여 줄 수 없는 경우도 발생한다.

모양특성에 따라 예측 정도에 차이가 있는데, 예측에 가장 용이한 순서대로 특성을 나열하면 거칠기 〉굴곡 〉신장 순으로 된다(Forman 1995). 일반적으로 신장된 조각은 이동 방향과 수직을 이루며, 이때 조각의 진행은 보통 경사지 위로 향한다(Cornet 등 1992, Swanson 등 1992). 이러한 움직임은 보통 바람과 물과 같은 강력한 하나의 방향을 가진 흐름에 기인한다.

보통의 경우 조각의 경계부에서 확장속도는 균일하지는 않다. 확장속도가 주변에 비해 느리면 오목 들어가고, 빠르면 볼록 나오는 경향이 생긴다(Forman 1995). 산림의 벌채지역이나 사구와 같이 일정한 넓이의 확장형태는 자연계에서 흔하지 않다. 볼록렌즈형의 경계부는 점진적인 확장의 기지가 된다(Forman 1995).

같은 간격의 빠른 성장률을 지닌 돌출부는 도로를 따라 모래가 길게 쌓이는 현상에서 주로 볼 수 있다. 그러나 이는 일시적인 현상이고 돌출부의 생명은 그다지 길지 않다. 즉 돌출부의 끝이 갈라지거나 넓어진 상태를 주로 볼 수 있다. 이는 점성이 있는 매질로 돌출부가 확장하는 데 기인한 것이다. 더욱이 매질에 저항이 있는 경우에는 갈라진 돌출부의 확장속도가 더욱 불규칙적으로 된다(Forman 1995).

진출과 퇴행에 대한 다른 경우를 가정해 보자. 만약 직선의 경계부가 똑같은 넓이로 확장한다면 그 표면은 그대로 직선형을 유지할 것이다. 그러나 최초의 형태는 직선이었으나 각 점이 나타나는 부분에 비해서 다른 곳이 점진적으로 확장하는 속도가 빠르다면 경계부는 볼록형태로 발전하게 된다. 이러한 형태는 경관에서 흔히 볼 수 있다.

그러나 각 점에서 좁은 돌출부가 빠르게 형성될 경우에는 돌출부 사이에 오목형태가 나타난다. 대표적인 예로 불이 난 다음 나뭇가지형의 하천체계를 따라 하천통로 식생이 빠르게 확장될 때 볼 수 있다. 대부분의 통로연결망의 경계부는 오목형태가 되며, 점진적인 재생은 들어간 부분을 채우게 된다. 그러나 지형의 이질성은 빠른 돌출부를 만드는 이유가 된다. 실제로 자연경관에서 빠른 돌출부는 기질의 이질성과 밀접한 관계를 가지고 이루어진 보기가 있다(Griggs 1942, Forman 1995 재인용).

오목렌즈형의 경계부가 볼록렌즈형으로 바뀌는 경우도 있다. 즉, 오목한 부분에 식생이 빠른 속도로 침투하여 군집을 형성하면 볼록한 경계부가 형성되는데 이러한 현상을 만집중효과(cove concentration effect)라고 한다. 이렇게 생성된 돌출부는 새로 생긴 오목부분의 재빠른 성장으로 다시 오목하게 들어가는 경계로 바뀔 수 있다. 이를 요철 역전(concave-convex reversal)이라고 한다(Hardt & Forman 1989).

조각의 퇴행현상은 오목경계부의 길이가 길 때, 바꿔 말하면 인접 조각이 확장중일 때 주로 발생한다. 이러한 조각은 종종 사라질 운명에 처해져 있다. 벌채나 배수, 화재로 인한 돌출부의 파괴는 다른 퇴행의 요인이 된다. 이렇게 되면 결국 조각의 경계부는 부드러워진다. 퇴행의 세 번째 경우는 그리 흔하지는 않지만 바탕의 돌출부가 조각으로 침투하는 경우이다. 이는 조각에 굴곡이 진 경계선을 만들고, 때로는 더욱 작은 조각으로 세분화하기도 한다.

지금까지 논의한 조각영역의 확장이나 축소에 대한 규칙에는 많은 예외가 있다. 예를 들어 과도한 목축이나 화재에 의해 훼손된 사면에서 다년생 식물과 무척추동물, 척추동물 군집은 골짜기 바닥을 침범하는 것을 시작으로 해서 경사면을 따라 올라간다. 그들이 차지한 영역을 헬리콥터로 보면 오목한 경계모양을 가지고 있는 삐죽삐죽 나온 손가락 모양의 식물군집형태를 볼 수 있다. 이런 예외적인 현상은 주위 환경이 상당히 이질적이기 때문에 나타난다고 볼 수 있다. 날카로운 경계모양은 경계 양쪽 부분의 환경차이를 반영한다. 시간이 지나면서 손가락 모양의 돌출부 사이의 영역은 채워지고, 점차 부드러운 곡선모양의 경계로 변하게 될 것이다. 지형의 기질이 동질적(homogeneous)일 때, 자연적인 경계의 전진은 궁극적으로 요철이 부드러운 물결모양의 선으로 변한다.

마치며

경관분석에서는 경관의 주요 요소가 근 · 중 · 원거리에서 나타나는 시각적 상태와 느낌, 효과 등을 다루며, 조경설계요소에는 점과 선, 형태, 색채, 질감, 명암, 방향이 포함된다(박찬용과 현중영 1995, 차용두 1997). 이를테면 물에 의해 연출되는 선, 형태, 색채와 질감의 특별한 성격들은 물이 주는 정신적 이미지에 기여한다. 물의 가장자리 특성은 보는 사람의 마음에서 일어나는 이미지에 주요한 영향을 미친다. 천이의 초기단계에서는 일반적으로 식물소재들이 무작위적인 분포에 의해 공간에서 흩어진 점들로 나타나지만, 시간이 지남에 따라 집합적 형태를 이루고 상호작용이 강화된다. 경관에서 부드러운 질감의 선은 통제되지 않은 자연성을 유발하고, 예각의 선은 강한 에너지를 느끼게 한다. 엄격한 선형은 일반적으로 인위적인 힘에 의해서 나타난다. 조각은 수평, 대각선, 수직방향으로 자리를 잡을 수 있다. 대각선방향의 배치는 수평이나 수직방향의 배치보다 더 역동적인 효과를 준다(Lucas 1991). 따라서 양쪽으로 가장자리가 나타나지 않는 비대칭모양을 수평적으로 배치하는 경우도 있지만 대각선방향의 배치가 경관설계에서 선호된다. 인위적인 설계과정에서 이런 시각적인 요소들의 이용은 경관의 규모와 다양성에 따라서 달라진다(박찬용과 현중영 1995).

많은 설계과정에서 경관구성요소의 인식과 분석이 포함되며, 이때 모양은 우리가 환경을 어떻게 볼 것인가에 대해 가장 강력한 영향을 준다. 양립할 수 있는 모양(compatible shape)은 전체 경관의 통일성에 필수적이다. 만약 모양이 서로 조화롭지 않으면 적절한 규모와 다양성으로 설계를 살릴 수는 없다. 또 경관에서의 모양은 토지형태에서의 시각적인 힘을 따라야만 하는데, 예를 들면 분지에서는 모양이 돌출되도록 하고 산등성이나 산의 돌출부에서는 가라앉도록 한다. 그런 시각적인 힘의 강도는 토지형태의 불규칙성과 규모에 따라 달라진다. 만족스런 경관요소로서 모양의 연결이 중요하다. 한 모양은 다른 것들과의 연결에 의해 좀더 강한 시각적인 효과를 가져온다. 이것은 숲과 열린 공간(open space)의 유형과 같은 큰 규모에서 일어난다. 또 아주 강한 연결은 설계에 통일성을 주어 그 효과를 증대시킨다.

이처럼 경관설계에서 모양의 시각적인 성격을 많이 다루는 반면에 경관생태학에서는 모양의 구조적인 면을 기능과 연결시키는 작업을 더 중시하고 있다. 이를테면 조각모양에 따라 사람의 시선의 흐름이 나타난다면(그림 4.8) 비슷한 경우가 동물에게도 적용되어 이동방향에 영향을 미칠 것이며, 또한 물과 바람의 흐름도 경관조각들의 모양과 배열에 의해서 영향을 받을 것으로

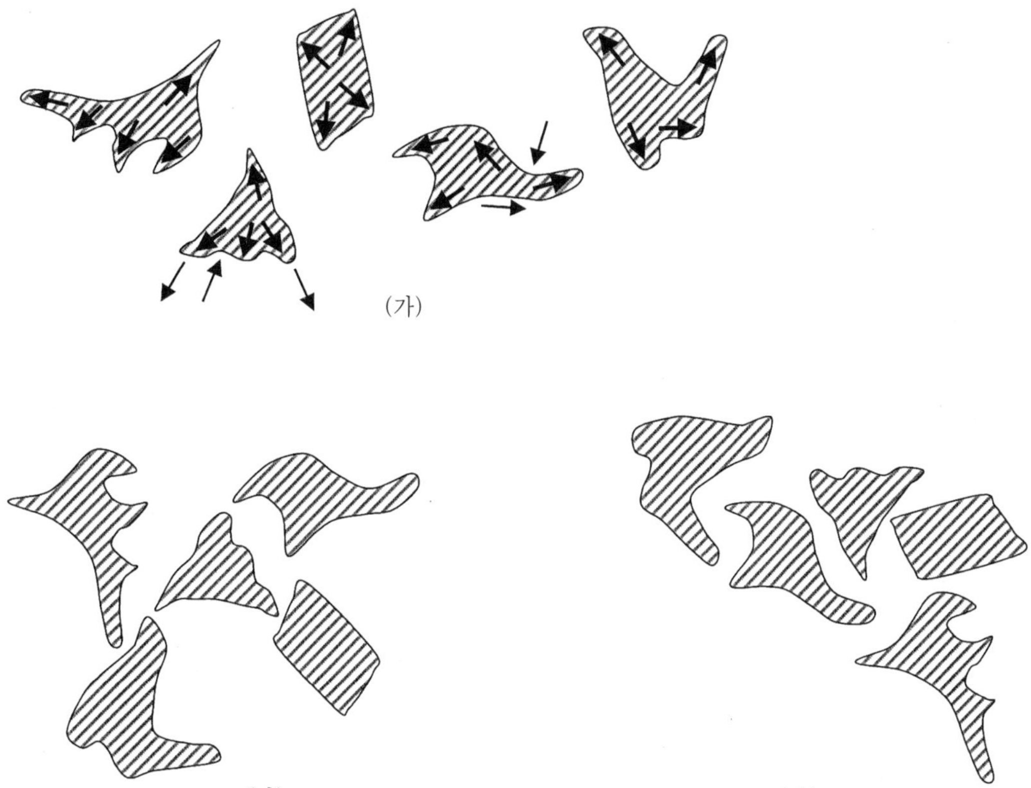

그림 4.8 (가) 5가지 모양에서 시선의 방향, (나) 긴장감이 큰 모양들의 결합, (다) 통일성 있는 배열로 긴장감을 줄인 경우. 모양이 경관의 시력(visual force)과 갈등을 일으키면 분열적이고 강압적인 효과가 나타난다.

보이지만 불행하게도 아직 이들을 포괄하는 개념은 없다. 아마도 조경분야와 경관생태학이 서로 다른 학문적인 출발점을 가지고 있는 까닭일 것이다. 시각적인 인식과 기능적인 흐름의 관계는 앞으로 더욱 다각적인 접근을 통해 검토되어야 할 주제이다.

요컨대 조각의 모양과 관련하여 시각적인 측면뿐만 아니라 기능적인 연결이 경관 안에서 통일성을 이룰 때 거기서 삶을 꾸려가는 생물과 사람이 심리적인 안정을 얻을 것이다. 이때 특정한 하나의 조각이 가지는 모양뿐만 아니라 그것의 크기, 그리고 이웃하는 다른 조각들과 함께 이루는 맥락의 중요성이 강조된다. 따라서 이제 조각의 크기와 숫자가 가지는 생태적인 의미를 살펴보자. 그것들의 생태적 의미는 언젠가 다른 경관요소들과 이루는 연결망 및 전체 모자이크에서 종합되어야 할 또다른 과제이다.

상자글 1

프랙털과 경관연구

자연은 유클리드 기하학으로 쉽게 기술할 수 있는 단순성과 함께 그렇지 않은 복합성을 동시에 지니고 있다.[6] 직선과 정사각형, 정육면체는 각각 더 작은 직선과 정사각형, 정육면체로 나눌 수 있다. 반면에 해안선, 식생조각, 개체군 변동 그래프와 같은 형태는 더 작은 반복요소로 쉽게 나누어지지 않는 복잡한 특성을 지니고 있다. 그러나 자연이 본질적으로 복잡하다(불규칙하고 무작위적이다) 또는 단순하다(유클리드적이거나 질서가 있다)라고 나누는 것은 인위적인 이분법이기도 하다.

많은 경우 우리는 자연이 제공하는 형태에서 복잡성과 독특성을 걸러 내고 단순성을 추출한다. 단순한 하위단위들이 복잡한 기능을 가진 복합적인 모양을 가지는 유클리드 기하학과 대조적으로 큰 인형 안에 더 작은 인형들이 연속적으로 나타나는 러시아 인형 형식으로 복잡한 하위단위들이 단순한 과정의 반복으로 모양이 이루어진다면 문제가 단순화될 수 있다(Garcia 1991, Capra 1996). 이 반복과정을 자기유사성(self-similarity)이라고 하며, 크기가 다른 공간규모에 상관 없이 나타나기 때문에 규모 비의존적 특성(scale-independent property)을 지닌다고 한다. 프랙털 기하학은 후자의 경우를 발굴하는 과정으로 볼 수 있으며, 유클리드의 기하학적 질서와 파편화(fragmentation)의 기하학적 카오스(chaos) 사이의 중간위치에 놓이는 새로운 장으로 볼 수 있다(Hastings & Sugihara 1993, Schmid 2000).

기본개념과 자기유사성

자연에는 다위계수준(multiple hierarchical level)에서 자기 조직적인 공간구조가 있다. 그러한 구조는 에너지를 이용하여 엔트로피를 퍼내는 소산과정(dissipative process)에 의해 발생한다. 그 결과는 유클리드 기하학으로 기술할 수 없는 모양으로 우리가 프랙털이라고 부르는 것이다. 1977년 Mandelbrot는 차원(dimension)이 정수(整數, integer)가 아니라 분수(分數, fraction)이고, 다른 위계수준에서도 자기유사성이 발견되는 계(system)를 기술하기 위해 이 용어를 도입했다.

프랙털 기하학의 중심개념은 자기유사성이다(Nikora 등 1999). 어떤 객체를 나누었을 때 더 작은 복사물로 이루어진다면 자기유사성을 가지며, 이는 그 객체의 복잡성을 하위

6) 관점에 따라 어느 정도 질서를 갖춘 복합성(complexity)과 무질서한 복잡성(complication)이라는 용어는 구분되어야 하겠지만 여기서는 문맥에 따라 동일하게 사용한다.

단위로 나누어 본질적인 규칙성을 기술할 수 있도록 한다. 이렇게 특정 규모에서 관찰한 현상이 더 작은 규모에서도 닮은꼴로 나타나는 속성을 기준으로 프랙털은 크게 두 가지 부류로 나눌 수 있다(Milne 1991a, Hastings & Sugihara 1993).

(1) 규칙적 프랙털(exact or regular fractal): 부분과 전체의 유사성이 기하학적인 구조 속에서 어떤 동질성을 갖는 것을 말한다. 즉, 큰 규모와 작은 규모 사이에 엄격한 동등성(equality)이 있는 경우를 말하며, 자연에서 흔히 발견되는 현상은 아니다.

(2) 통계학적 프랙털(statistical or random fractal): 부분과 전체의 유사성이 대략적으로 비슷한 확률을 갖는 것을 볼 수 있다. 즉, 동등성이 확률분포로써 표현된다. 이러한 통계적 자기유사성의 형태는 보다 일반적이며 해안선, 토양단면도와 pH, 수로망과 같은 자연현상에서 발견된다.

프랙털 차원

경관에서 가장 기본이 되는 하나의 요소가 규모의 문제이다. 왜냐하면 경관요소인 조각과 바탕, 통로 등이 규모에 따라서 각기 다양한 모습이 될 수 있기 때문이다. 이러한 규모의 문제에는 스타인하우스 모순(Steinhaus Paradox)이 있다(Steinhaus 1960). 이를테면 복잡한 해안선의 길이를 측정할 때 그것을 더 작은 단위로 나누어 합산할수록 실제적인 길이는 무한히 증대하게 된다. 즉, 길이 L의 해안선이 길이 δ의 자로 n번 나누어진다면 $L(\delta) = n \times \delta$ 또는 $n = L(\delta) \times (1/\delta)$의 관계를 가지지만, 실제로 δ의 길이를 작게 할수록 $n \times \delta$의 값은 무한히 증가하여 $n = L(\delta) \times (1/\delta)^{-D}$의 관계를 가지는 것으로 지적되었다(Richardson 1961, Mandelbrot 1983). 이러한 현상은 섬의 크기와 해상도의 관계, 그리고 연간 저수지 방수량의 예측값과 기대값이 측정빈도에 의해서 달라지는 관계에서도 나타난다. 이러한 관계는 모두 일반식으로 $y = ax^b$로 표현되어 제곱식법칙(power law)이 적용된다고 말한다.

유클리드 기하학에서 길이 s에 대해서 점 $P = s^0$, 선 $L = s^1$, 면적 $A = s^2$, 부피 $V = s^3$의 관계로 표현되어 점 0, 선 1, 면 2, 입체 3차원이 된다. 반면에 선의 경우 프랙털 차원은 구부러지는 정도를 나타내어 굴곡이 심하면 선이 거의 면과 흡사해지기 때문에 구부러짐이 심할수록 점점 2에 가까워진다. 이와 마찬가지로 평평한 평면이 여러 가지 뒤틀림이 심해질수록 프랙털 차원은 2에서 3으로 가까워진다. 반면에 입체에 빈 공간이 많이 포함될수록 3차원에서 멀어져 프랙털 차원은 2에 가까워지며, 평면에 빈틈이 많이 생길수록 프랙털 차원은 1에 가까워진다. 여기서 짐작할 수 있는 바와 같이 조각모양이 복잡할수록 프랙털 차원은 증가하며, 한 유형의 프랙털 차원은 경관조각모양의 복잡성을 측정하는 방식이 된다(Sugihara & May 1990). 이에 대한 그림설명은 인터넷 자료에서 찾아

볼 수 있으며,[7] 프랙털 차원은 여러 가지 방식으로 계산할 수 있다.

① 분절법(divider method): 어떤 조각의 둘레길이를 측정할 경우 복잡할수록 큰 자와 작은 자의 측정결과는 차이가 커진다. 프랙털 차원이 D일 때 전체 길이(L)는 자의 길이(δ)가 길어질수록 $L(\delta)=K\delta^{1-D}$의 관계로 짧아진다(Madelbrot 1983). 따라서 여러 가지 길이의 자를 사용하여 조각의 둘레길이를 재고 사용된 자의 길이와 둘레길이의 대수값을 각각 x, y 좌표값으로 하여 회귀분석하면 많은 경우 직선으로 나오며, 이는 유형의 복잡성이 규모에 따라 자기유사성을 가진다는 것을 의미한다(Dicke & Burrough 1988). 여기서 자의 길이가 작을수록 둘레길이는 커지기 때문에 기울기는 음의 값을 가지며, 프랙털 차원 D는 기울기 = 1 - D의 관계로 정의할 수 있다. 이 관계에서 복잡한 조각의 경우 직선의 기울기가 급해지고 프랙털 차원 D는 증가한다. 또한 $\ln L = \ln K + (1-D) \ln \delta$의 관계에서 y 절편으로부터 K값이 구해지며 K값이 클수록 L이 커진다는 것을 알 수 있다.

그러나 많은 경우 규모에 따라 경관조각을 형성하는 과정이 다르기 때문에(예를 들면 Hayes 등 1987, Krummel 등 1987) 모든 규모에서 자기유사성이 유지되지는 않는다. 이때 큰 규모와 작은 규모에서 작용하는 복잡성의 정도가 다를 경우에는 회귀선이 하나의 직선이 아니라 중간에서 기울기가 바뀌게 된다(그림 4.9). 그림 4.9는 작은 규모에서 선의 변화가 복잡하여 회귀선의 경사가 급하고, 큰 규모에서는 단순하여 경사가 완만해지는 경우를 보여 주고 있으나 그 반대의 경우도 있다(Allen & Hoekstra 1992). 이때 선의 모양을 결정하는 데 직선의 기울기가 바뀌는 지점 이상의 규모에서는 그 이하의 규모와는 다른 환경인자가 작용했을 가능성이 있다. 특히 계를 나누는 경계부분과 그들의 주요 특성을 규정하는 요인이 서로 다른 계와 위계수준의 경관요소에서 프랙털 차원은 대비된다. 이 대비는 쉽게 확인되지 않는 경계를 찾아내고 경관조각의 발생과정을 유추하는 데 도움이 된다(Sugihara & May 1990, 제8장 상자글 참조).

② 격자법(grid method): 분절법의 자 대신 모눈 한 변의 길이를 점차적으로 변화시킨 모눈(격자)의 투명지를 지리적인 평면에 겹치고, 선의 곡선 또는 조각의 경계부분이 포함되는 모눈의 수를 세어 프랙털 차원을 측정할 수 있다. 모눈의 한 변의 길이와 선이 걸린 모눈의 수를 각각 대수값으로 계산하고 x, y 좌표로 하여 회귀분석하여 기울기를 구하면 음수가 되는데, (-1)을 곱하여 프랙털 차원으로 한다(Sugihara & May 1990, Milne 1991). 이때 경관조각의 경우에는 경계가 복잡할수록 그리고 여러 개의 조각으로 이루어진 경우 분산도가 클수록 프랙털 차원도 크다.

③ 둘레/면적법(perimenter/area method): 면적 A, 둘레길이 P인 조각모양의 복잡성은

7) Goodchild, M.F. & K.K. Kemp(eds.), 1990, NCGIA Core Curriculum in GIS. http://www.geog.ubc.ca/courses/klink/gis.notes/ncgia/toc.html.

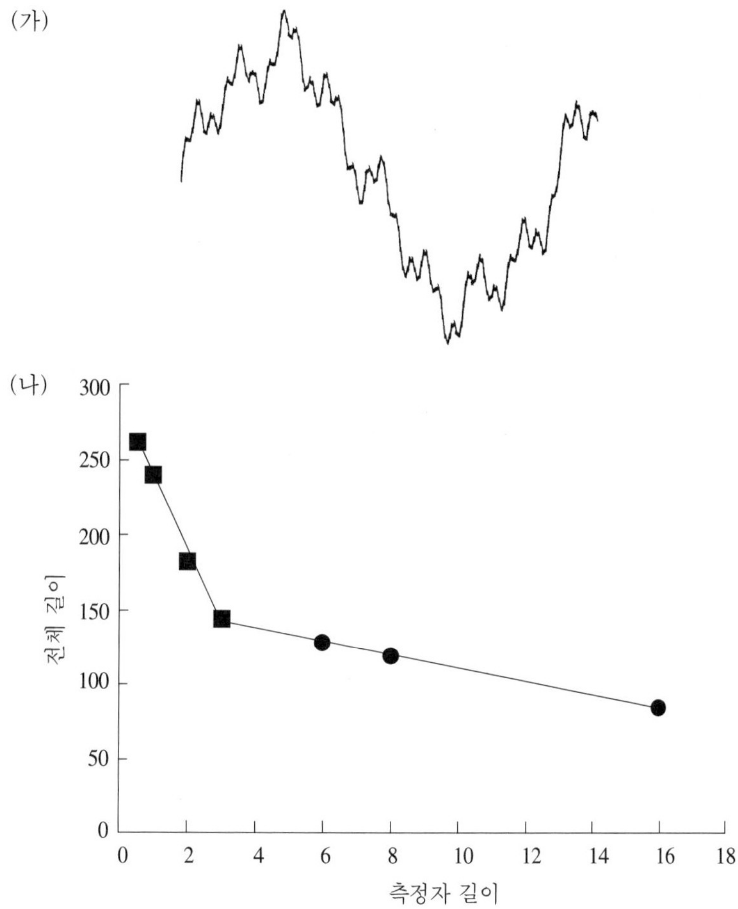

그림 4.9 곡선모양의 복잡성이 규모에 따라 달라진다면 길이를 재는 자의 길이와 둘레길이의 대수값이 가지는 관계는 복잡성이 변하는 규모에서 기울기가 변하고, 프랙털 차원도 달라진다. (가)의 길이는 (나)와 같이 측정자 길이에 따라 다르다.

$\log P = \frac{1}{2}D \times \log A$의 관계로 표현될 수 있다. 이 경우 프랙털 차원은 조각의 면적과 둘레길이의 대수값을 회귀분석하여 기울기에 2를 곱해서 구한다(Mandelbrot 1977, Lovejoy 1982). 이를테면 원이나 정사각형의 경우에는 D = 1이며, 불규칙하고 복잡한 모양인 경우에는 둘레를 이루는 선이 면적을 채움에 따라 점점 2에 가까워진다.

사람이 걷는 자취와 같은 선형에 대해서도 둘레/면적법을 적용할 수 있다(Katz & Edwin 1985). 이 경우 선형이 가지는 면적에 대한 특별한 정의가 필요하다. 이때 면적은 선형의 평면지름과 연관되며, 평면지름은 단순하게 선형 내의 임의의 두 점 사이의 최대

표 4.1 프랙털 차원 추정법 요약(Klinkenberg 1994 수정, 이도원 2000)

측정법	관계식	프랙털 차원	응용사례
분절법	$L(\tau) \propto \tau^{1-D}$ τ = 자의 길이 $L(\tau)$ = 전체길이	$\log\tau$에 대해 $\log L(\tau)$의 그래프, 기울기가 1-D	해안선, 등고선 유역 둘레길이
격자법	$n \propto b^{-D}$ n = 채워진 격자의 수 b = 격자크기	logb에 대해 logn의 그래프, 기울기가 -D	해안선, 등고선 식생사진 수치고도모형에서 하천수로망 추출 원격탐사에서 성상 추출
둘레길이-면적법	$A \propto P^{2/D}$ A = 면적 P = 둘레길이	logP에 대해 logA의 그래프, 기울기가 2/D	해안선, 등고선

거리로 추정할 수 있다. 직선으로 걷는 사람의 경우 시작점과 끝나는 점 간의 거리, 즉 걷게 된 전체거리가 평면지름이 된다. 원을 그리며 걷는 사람은 원의 지름이 평면지름이다. 이렇게 구해 낸 평면지름으로부터 면적이 계산되면 둘레/면적법을 적용할 수 있다[$D = \log(n)/\log(nd/L)$]. 여기서 n은 걸음의 수이며, d는 걷는 자취에 의해 가상적으로 채워지게 되는 원의 지름, L은 총 걸은 길이이다. 위의 방법으로 선형 움직임에 대해 컴퓨터 모의를 통해 계산할 경우 일직선으로 걷는 사람의 프랙털 차원은 1이며 술에 취해 비틀거리며 걷는 사람, 즉 임의적으로 걷는 사람은 2에 가까워지고 할 일 없이 방안을 이리저리 배회하는 사람, 즉 일정한 공간에 국한되어 있지만 정처 없이 걷게 된 경로가 교차하는 경우가 발생하면 2보다 커지게 된다. 이때 국한된 공간 내에서 배회하는 정도가 늘어남에 따라 프랙털 차원은 증가한다(L은 계속 증가하는 반면, d는 일정하다).

지금까지 정리한 프랙털 차원 계산법을 요약하면 표 4.1과 같다.

활용사례

전통적으로 생물학자들은 분절법을 이용하여 동물의 이동경로의 프랙털 차원을 추정하였다. 이를테면 몸집의 크기가 비교되는 메뚜기의 이동로를 프랙털 차원으로 비교해 본 결과 크기가 비슷한 *Psoloessa delicatula*와 *Opeia obscura*는 거의 동일한 프랙털 값을 가졌으며, 몸이 큰 *Xanthippus corallipes*는 상대적으로 단순한 경로를 따라 이동하여 낮은 프랙털 차원을 보였고, 짧은 시간 안에 목표거리를 이동하여 큰 K값을 가졌다(Wiens 등 1995, 그림 4.10). 천천히 이동하는 생물은 작은 규모의 환경을 인식하는 것으로 보아(Farina 1998), 이 결과는 몸집크기에 따라 미소경관에 대한 인식을 달리하고 있는 사실을

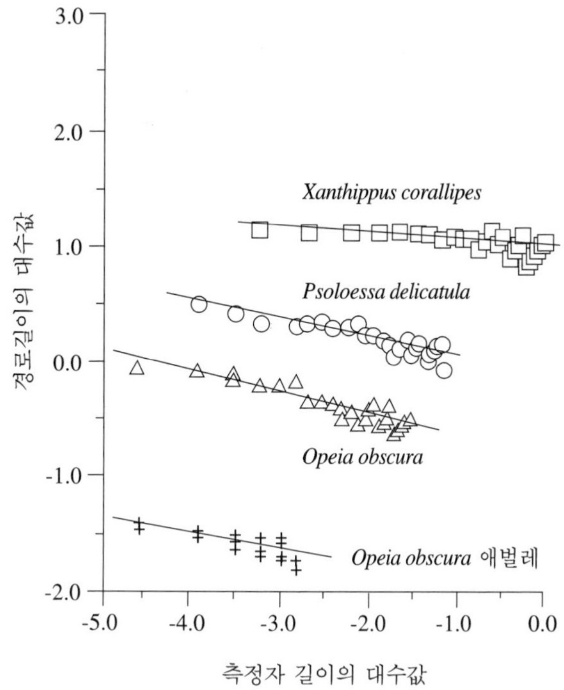

그림 4.10 메뚜기 이동경로에 대한 프랙털 차원의 비교

뒷받침한다. 저자들은 이러한 이동양식이 동물들의 환경인식방식과 사용하는 자원의 분포와 관련이 있는 것으로 설명했다. 이러한 연구결과는 동물의 미소경관 인식과 그에 근거한 이동방식은 생리적 압박을 경험하고 적당한 서식처, 배우자, 먹이 또는 포식자를 만날 가능성을 결정하며, 결과적으로 개체군의 분포와 유전자 교환 또는 생태계에서 영양소 분포를 결정하는 중요한 인자라는 생태적 함축성을 지니고 있다.

위에 소개한 분절법은 다양한 규모에서 프랙털 차원을 평가하는 반면에 프랙털 차원의 오차범위를 제시하지 못하지만, 최근에는 V 프랙털 차원을 이용하여 오차범위까지 제공할 수 있게 되었다(Nams 1996). Katz & Edwin(1985)은 개체의 이동경로에 대해 걸음의 수, 총 걸은 거리, 평면지름(가장 먼 두 지점간의 거리)을 이용해 프랙털 차원을 구할 수 있는 방법을 제시하였다. 프랙털 차원을 이용한 최근의 늑대연구에서는 암컷과 수컷의 이동경로가 다르며, 그 까닭이 암 · 수컷 늑대의 먹이사냥 전략차이와 관련이 있는 것으로 밝혀졌다(Bascompte 등 1997).

이와 관련된 국내의 연구로는 서창완(2000)에 의한 멧돼지 암 · 수컷의 이동경로의 측정이 있다. 그 자료를 기반으로 암 · 수컷의 이동경로에 대한 프랙털 차원을 구하면 그림

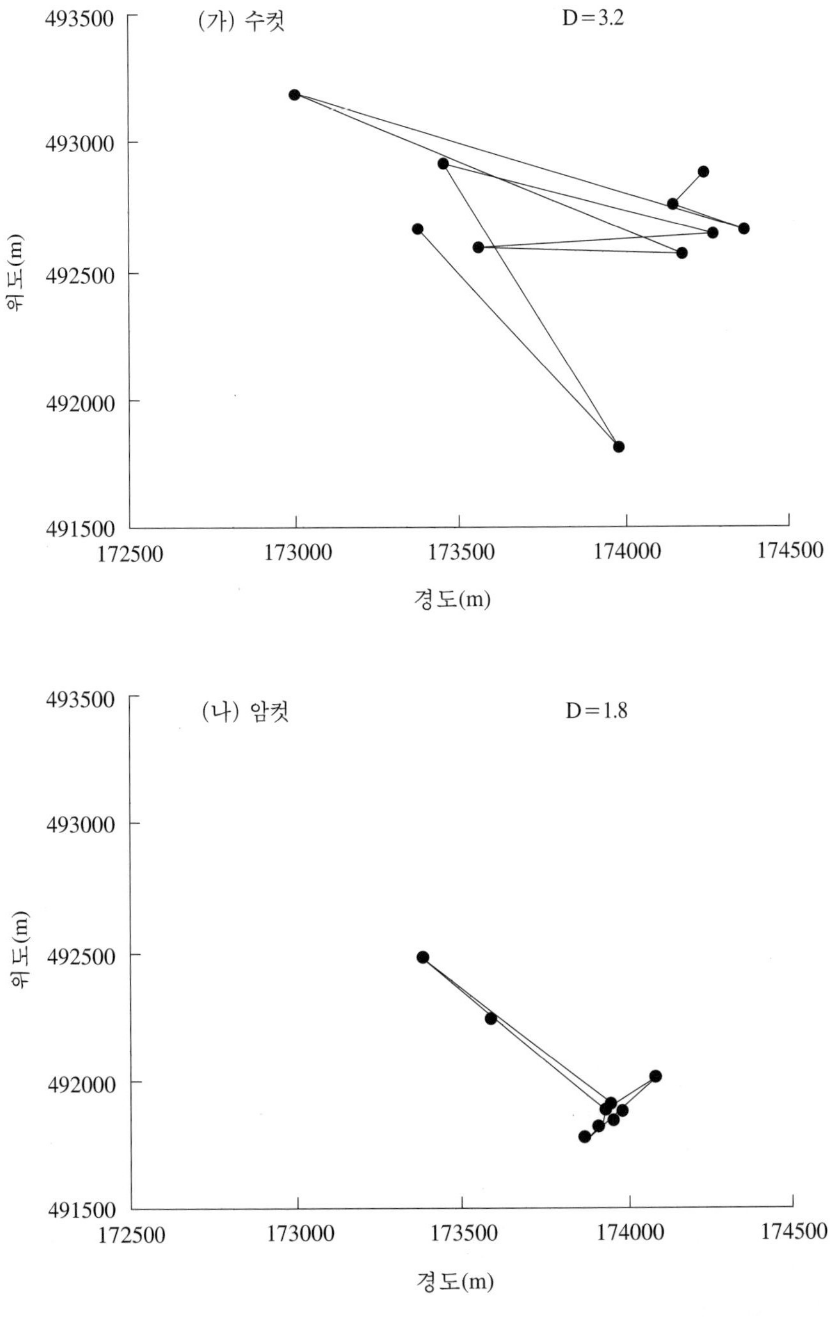

그림 4.11 멧돼지 암·수컷의 이동경로와 그에 대한 프랙털 차원. x, y 좌표는 횡축 메르카토르 (Transfers Mercator) 도법에 의한 지구좌표계를 가리킨다.

4.11과 같다. 하루 동안의 암컷과 수컷 간의 이동경로에 매우 큰 차이가 있음을 알 수 있다. 계산된 수컷의 프랙털 차원은 3.2로 암컷의 1.8에 비해 매우 높은 값을 보여 주었다. 경로유형에서 2 이상의 프랙털 차원은 개체가 일정한 공간 내에서 배회하며 그 자취가 서로 중첩되는 경우에 해당한다(Katz & Edwin, 1985). 그림 4.11에서 볼 수 있는 바와 같이 수컷은 암컷에 비해 보다 넓은 지역을 배회하며, 암컷은 한 번의 큰 이동을 제외하고는 비교적 일정한 지점에 머물고 있다. 이는 암 · 수컷 간의 서식처, 가족관계, 먹이취득 등과 같은 요인을 반영하는 것으로 해석될 수 있다.

주어진 면적의 서식처에 큰 생물보다 작은 생물들이 매우 많이 살 수 있는 이유도 프랙털 차원으로 정량적인 해석이 가능하다. 이를테면 갑각류가 서식하는 식생을 투사한 사진에서 표면적의 프랙털 차원을 격자법에 의해 구했을 때 값은 1.3과 1.5 범위에서 유지되었다(Morse 등 1985, Sugihara & May 1990). 잎 둘레에 대한 프랙털 차원의 근사값을 1.5라고 가정한다면, Mandelbrot의 방식에 따라 잎 표면에 대한 프랙털 차원의 상한과 하한치는 3과 2.5가 된다. $A(\delta) = K\delta^{2-D}$의 분절법에서 제시된 계산식에 따를 때(여기서 A는 δ의 자를 이용해 측정된 둘레길이 $L(\delta)$로 둘러싸인 면적), 자의 길이(δ)가 10배 줄어듦에 따라 감지되는 표면적의 상대적인 크기는 다음의 관계에 의해 예측된다. $A(\delta/10)/A(\delta) = (\delta/10)^{2-D}/\delta^{2-D} = (1/10)^{2-D} = 10^{D-2}$ 따라서 D가 2.5에서 3 사이인 경우 자의 길이가 10배 줄어들면 면적은 상대적으로 $10^{2.5-2} = 10^{0.5} = 3.16$ 배에서 $10^{3-2} = 10^{1} = 10$배까지 커짐을 알 수 있다. 즉 10배 정도 크기가 작은 개체는 큰 개체에 비해 3.6배에서 10배나 더 많은 서식처 공간을 감지하게 된다. 이 사실은 미세한 해상도로 식물 표면을 인식하는 생물은 동일한 면적에서 서식할 수 있는 공간을 그만큼 많이 활용할 수 있다는 사실을 의미한다(Sugihara & May 1990, Morse 등 1985).

프랙털 차원 분석은 경관조각모양의 모양과 유형을 일으키는 과정의 규모를 결정하고, 경관조각 또는 생태계의 관찰에 본질적으로 내재되어 있는 어려움을 이해하는 데도 유용하다. 이를테면 미국 중남부지역의 숲 조각들에 대해 둘레/면적법으로 프랙털 차원을 계산해 본 결과 크기에 따라 흥미 있는 변화가 나타났다.[8] 작은 숲 조각에서는 프랙털 차원이 1.20 ± 0.02 정도로 낮은 값이었으나, 60~70헥타르 크기의 숲 조각에서 급격히 증가했다. 70헥타르 이상으로 큰 숲 조각들에서는 프랙털 차원이 1.52 ± 0.02로 비교적 높은 값을 유지했다(그림 4.12). 이 결과는 작은 숲 조각이 주로 농경지 개발활동인 인위적인 영향을 우세하게 받아 단순한 모양을 지니고 있는 반면에 큰 숲 조각들은 지형과 수문과정에

8) 루이지애나 중부와 미시시피 남부에 있는 범람원과 미시시피 주 남부에 있는 육상지대에 대한 미국지질조사국 토지이용 및 피복 디지털 자료를 이용하여 최소 16, 최대 62,866헥타르 크기의 낙엽수림조각들을 분석했다(Krummel 등 1987).

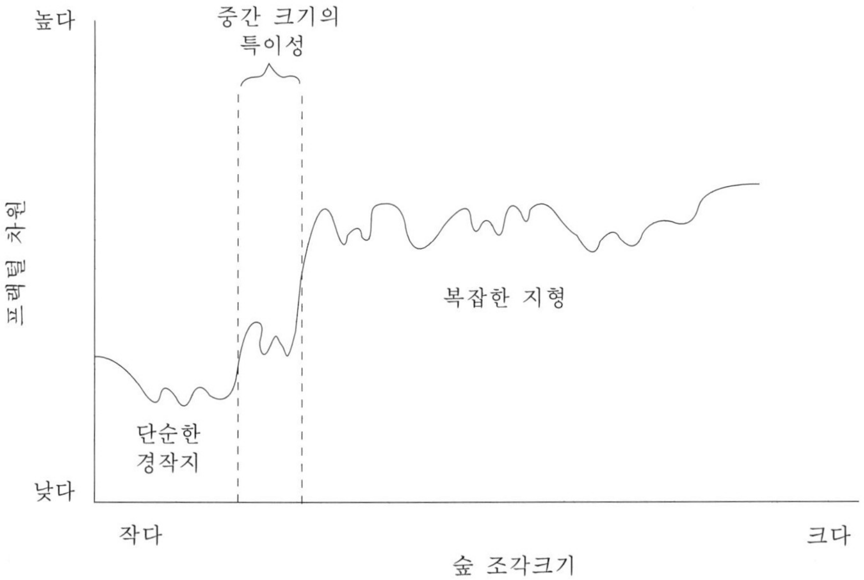

그림 4.12 크기에 따른 숲 조각의 프랙털 차원 변화경향

의한 토양형의 분포 등에 의해 좌우되어 복잡한 모양을 지니고 있는 사실을 보여 주었다. 여기서 프랙털 차원이 큰 폭으로 변하는 60~70헥타르 크기의 숲 조각모양은 자연적 · 인위적 영향이 동시에 작용하여 결정되기 때문에 나타난 결과로 해석된다. 이처럼 중간규모의 연구대상들은 적은 수의 우세한 조절인자보다 다양한 요소들이 우열을 가리기 어려울 정도로 복합적으로 작용하기 때문에 연구하기 어렵다는 사실을 확인시켰다(Allen and Hoekstra 1992).

Krummel(1987)이 사용한 산림조각의 면적과 프랙털 차원 사이의 관계에 대한 분석방법을 이용하여 우리나라 지형에서 프랙털 차원의 적용가능성을 살펴보았다. 서울 인접 지역 중에서 근래 난개발이 진행중인 용인시 주변의 저수지들을 1996년 지형도 (1: 25,000)에서 디지타이징하여 둘레길이-면적 방법으로 프랙털 차원을 계산하였다(그림 4.13). 프랙털 차원은 평균 1.33으로 1.23~1.56의 범위에 있었으며 대부분의 저수지의 경우 1.5 이하의 값이었다. 그림 4.13에서 보는 바와 같이 대체적으로 면적이 증가함에 따라 프랙털 차원은 감소하였는데, 이는 어느 정도 크기의 저수지나 보 등이 고루 분포하고 있고 이들 대부분이 농경지나 개발지 옆에 위치하고 있는 이유로 그 경계가 인간의 토지 이용의 결과로 단순하다는 사실을 보여 준다. 이를 지지하고 있는 결과로 면적이 크고 그 모양이 다른 저수지에 비해 복잡한 세 가지 저수지들(ㅁ표)은 모두 산림 내에 있는 저수지로 그 모양을 결정하는 요소들이 인위적인 요인들보다는 거의 자연적인 요인들로 구성

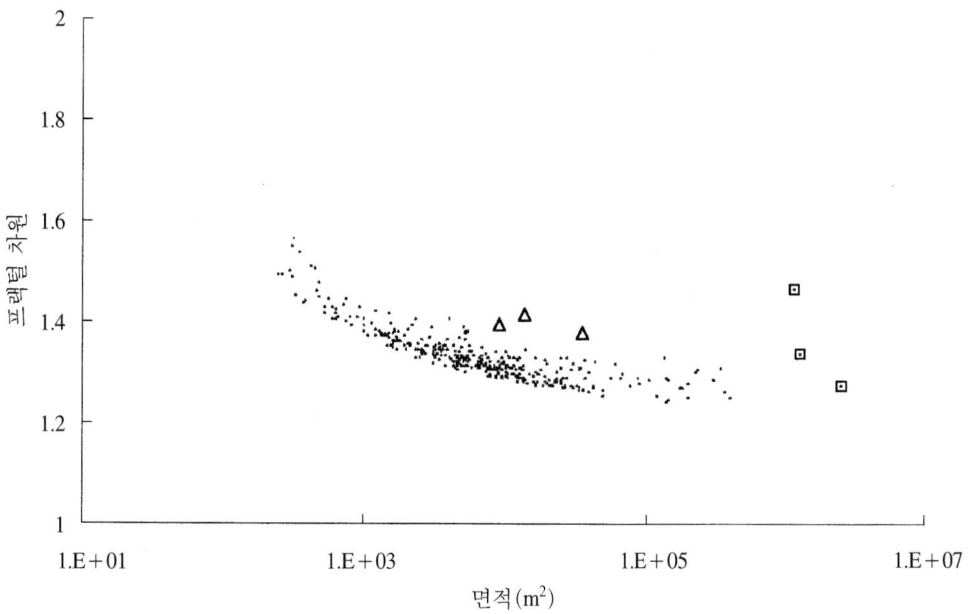

그림 4.13 경기도 용인군 일대에 소재하는 저수지 모양에 대한 프랙털 차원 분석결과. 이 장의 그림 4.3에서 저수지 부분만 추출하여 분석했다.

되어 있다고 유추할 수 있다. △표는 다른 저수지들에 비해 프랙털 차원이 큰 저수지들인데, Landsat TM 1996년 자료를 이용하여 추출된 토지이용도에 의하면 주로 골프장과 같은 초지 내에 있는 연못으로 인위적으로 설계된 결과로 사료된다(이도원 등 2000).

강원도 인제군 기린면에 있는 점봉산 유역과 설악산 국립공원 일대의 동일 위도상에 위치한 지점들을 대상으로 수치고도모형과 지형효과를 고려한 일사량 모형에 의해 예측된 일사량 및 Landsat TM 영상으로부터 추정된 엽면적지수에 대해서 프랙털 차원을 조사한 결과 해상도에 따라 각기 다른 프랙털 차원의 변화가 관측되었다(그림 4.14). 일사량과 엽면적지수는 공간규모에 따라 유사한 변화를 보여 주었는데, 100m에서 1000m의 공간규모에서 프랙털 차원이 급격히 감소하였고, 1000m보다 큰 해상도에서는 거의 일정한 프랙털 차원을 보였다. 반면에 수치고도모형은 200m 이상에서부터 급격한 변이를 보이기 시작했으며, 4000m 정도의 공간규모에서도 여전히 변화하는 양상을 보였다. 이 결과는 중동부 산악지방의 지형, 기상환경 및 식물성장 사이의 공간규모특성을 보여 주는 보기라고 할 수 있다. 수치고도모형에서 나타난 프랙털 차원의 변화는 백두대간을 경계로 한 급격한 고도의 감소에 의한 영향으로 파악된다. 그러나 일사량 및 엽면적지수가 1000m 해상도 이상에서 일정한 프랙털 차원을 보이는 것으로 보아, 이들에서 나

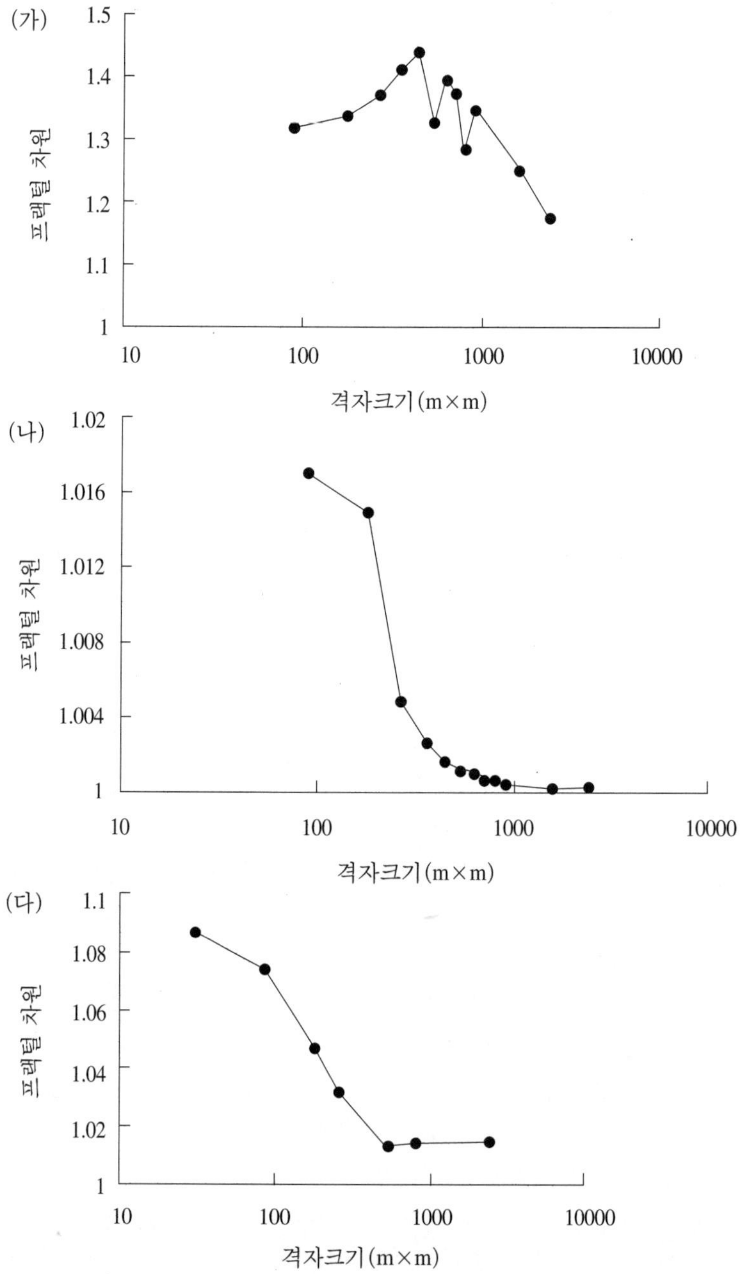

그림 4.14 (가) 수치고도모형, (나) 지형에 의한 태양 복사, (다) 엽면적지수에서 규모에 따른 프랙털 차원의 변화. 태양 복사는 수치고도모형으로부터 추정했으며, 엽면적지수는 Landsat TM에 기반한 정규식생지수로부터 추정했다.

타나는 변이성은 주로 백두대간 양쪽의 고도차이에 의한 영향보다는 1,000m 이하의 해상도에서 나타나는 지형과 토질, 수분조건 등의 이질성에 기인하는 것으로 해석된다.

참고: 이 상자글은 이도원 등(2000)의 일부 내용을 발췌하여 고친 것이다.

상자글 2

평면적인 사고를 넘어서

앞에서 언급한 것처럼 하늘에서 내려다보면서 나타나는 모습을 중심으로 경관의 특징을 살펴보면서 출현한 바탕 – 조각 – 통로 모형은 스스로 2차원적인 한계를 가지게 되었다. 그러한 한계는 생태계 범위를 벗어나 지리적으로 큰 규모를 살피게 되면 수직적인 요소가 평면적인 요소에 비해 상대적으로 축소되기 때문에 받아들여야 할 자연스러운 결과이며, 문제를 이렇게 단순화시킴으로써 주어진 현상을 추상하고 개념화시키는 과정으로 이해를 돕는 모형화의 목적을 충분히 달성하고 있다. 그러나 모든 모형화가 단순화 과정에서 실체가 가지고 있는 정보를 잃듯이(道可道면 非常道요, 名可名이면 非常名이라) 2차원적인 조명은 스스로 한계를 안게 되었다. 무엇보다 높낮이가 심한 우리나라 지형에서 평면적인 조명은 더 많은 정보를 놓치게 된다. 따라서 특별히 우리 경관생태학이 가야 할 방향은 3차원 이상의 세계가 되어야 할 것이다. 이것은 유럽과 미국식의 접근을 넘어 보다 작은 규모의 입체적인 문제까지 포괄하는 경관해석개념 또는 모형을 발굴해야 하는 숙제를 동시에 안고 있다는 사실을 의미한다.

경관을 3차원으로 볼 경우 조각의 극단적인 형태는 공 모양이며, 통로의 극단적인 형태는 긴 원통(tube)이다. 구와 긴 원통을 투영하면 각각 조각과 통로의 가장 간단한 형태가 되기 때문에 그렇게 말한다. 형태에서 구는 사통팔방으로 향해 있는 반면에 원통은 하나의 방향성을 가진다. 구의 기능은 주어진 체적에서 최소한의 표면적을 유지하는 특성에서 도출되고, 외부환경의 변화에서 벗어나 본질을 유지할 수 있는 최상의 형태이다(Volk 1995). 자연에서 원통구조의 여러 가지 기능은 동시에 나타난다. 잎맥은 구조적인 지지를 제공하며 동시에 물, 당, 이온의 운송계가 된다. 뿌리는 최소한의 물질로서 긴 거리를 뻗어 물질획득 및 운반의 기능과 함께 나무를 고착시킨다. 큰 혈관은 일정한 방향으로 피를 운반하는 기능이 중심인 반면에 모세혈관은 상대적으로 큰 표면적을 통해 내외부로 전달하는 기능이 우세하다.

자연에서 구는 저장과 변형을 위한 공간으로서 기능을 가지는 반면에 원통은 구를 지지하고, 전진시키며, 공급하는 기능을 많이 가진다(Volk 1995). 이처럼 구와 원통이 서로 상보적인 관계를 가지면서 기능적으로 완성을 이루듯이 조각과 통로도 상보적인 관계를 가지게 될 것으로 이해된다.

앞에서 여러 가지 다양한 경관조각의 모양을 면적과 둘레의 비로 살펴보는 이면에는 그러한 모양들이 원을 기준으로 어느 정도 변형되어 있는가를 살피려는 의도가 숨어 있다. 이러한 비교에는 또한 원을 가장 원초적인 모양으로 보는 심리가 깔려 있는 것인지도 모른다(Volk 1995). 여러 가지 통로의 구조적인 모습도 투영된 원통의 변형이 될 것이다. 마찬가지로 3차원 공간에서 나타나는 여러 가지 다양한 형태는 구와 원통을 하나의 비교 표준으로 삼을 수 있을 것으로 보인다.

제5장

경관조각의 크기와 수

시작하며

경관조각의 생태적 특성은 내부면적과 가장자리의 면적에 의해 크게 좌우되며, 이는 조각의 모양뿐만 아니라 크기와 숫자에 의해서 달라진다. 이를테면 숲의 크기는 도로건설과 침식에 대해 가장자리에서 내부를 보호하는 데 필요한 나무집단의 크기, 식물과 동물의 생식성공도와 밀접한 관계를 가지며 이러한 과정은 생산성과 생물 다양성, 토양 그리고 주변 수계의 수질에도 영향을 미친다(Forman 1995, Cunningham 1999). 생물의 이동로 선정에도 주변 숲의 크기와 고립이 크게 작용한다(Gustafson & Gardner 1996). 신도시 개발에서도 주변 녹지에 대한 주거지역의 상대적인 크기는 삶의 질에 결정적인 인자가 된다. 그리하여 섬생물지리이론(island biogeography theory)이 나온 이래 면적이 같다면 많고 작은 조각보다는 하나의 큰 조각이 더 낫다는 주장이 나왔으나, 그 장단점에 대해서는 지금도 논란이 계속되고 있다(MacArthur & Wilson 1967, Forman 1995).

경관조각의 모양과 크기 그리고 수는 자연적인 과정뿐만 아니라 인간활동에 의한 서식처 파편화 과정(fragmentation processes)에 의해서 만들어진다. 파편화는 서식처의 가장자리 면적을 급격히 증가시킨다(Turner 1996). 결과적으로 파편화된 서식처에서 식물과 동물의 개체군 크기는 줄어들고 나누어질 뿐만 아니라 새로운 생태적 변화에 노출된다(Wilcove 등 1986, Bierregaard 등 1992, Laurance & Bierregaard 1997, Primack 1998). 숲 조각의 크기는 상대적으로 작아지고 인공적인 조각의 크기는 커지고 있는 현실을 앞에 놓고, 이 장에서는 조각크기와 수가 생태적 기능과 생물 다양성에 작용하는 영향을 살펴보기로 한다.

조각의 크기와 수 문제

제2장에서 다룬 토지이용과 환경변화에 대한 구체적인 주제로서 경관조각 크기문제는 그 안에 서식할 생물종의 수, 생산성, 영양소 순환, 침식량, 수문과정 및 주변 하천에 대한 영향 등 환경변수와 밀접한 관계를 가지고 있다. 이 문제는 흔히 '작은 조각이 좋으냐 큰 조각이 좋으냐(LOS: a large or a small patch)' 라는 화두로 알려져 있다. 한편 전체 면적이 같은 경우 '많은 수의 작은 조각이 좋으냐 아니면 적은 수의 큰 조각이 좋으냐(SLOSS: a single large or several small patches)' 라는 문제도 제기되었다(Forman 1995, 김진수 등 2000).

일반적으로 큰 조각에는 많은 먹이자원과 잠자리, 포식자와 경쟁자를 피할 수 있는 장소를 포함하는 다양한 미소서식처가 있기 때문에 작은 조각보다 더 높은 종 풍부성과 개체수를 유지한다(McIntyre 1995). 이를테면 작은 면적의 유역보다는 큰 유역에서 더 많은 종의 물고기가 발견된다(Karr & Chu 1999). 큰 숲 조각에서는 내부면적에 대해서 상대적으로 가장자리 효과(edge effect)가 작아지며, 서식처 다양성은 더 크다. 평형상태에서 적은 수의 큰 조각보다 많은 수의 작은 조각에서 생물의 사멸률이 더 크고 먹이사슬의 나중 단계에 있는 내부 종들의 보호에 불리하기 때문에 큰 조각에서 생물 다양성이 높다(Diamond 1975, Whitcomb 등 1976, Quinn & Hastings 1987, Burkey 1995). 큰 공원이 지닌 생물 다양성 유지기능은 미국 서부지역 14개 국립공원에 있는 299종의 포유동물 개체군 분석에서 분명하게 나타난다(Newmark 1995). 29종의 포유동물이 국지적으로 사멸되는 한편 7종이 공원에 새로이 정착했다. 사멸률은 1,000평방 킬로미터 크기 이상에서는 없거나 거의 일어나지 않았으나 그보다 작은 곳에서 높았고,[1)] 특히 초기 개체군의 크기가 작은 경우에 가장 높다(그림 5.1의 가). 숲에 보금자리를 가진 새들이 둥지에서 포식자에게 희생되는 빈도는 숲이 클수록 감소하는 반면에(Wilcove 1985, Small & Hunter 1992, Askins 1995, 그림 5.1의 나), 새들이 새끼를 칠 확률은 증가한다(그림 5.1의 다). 식물에서 개화된 꽃이 열매를 맺는 비율도 숲 조각의 크기가 클수록 높다(Cunningham 2000, 그림 5.1의 라). 작은 조각에서 식물군집은 뜯어먹히고, 짓밟히며, 또한 주변 농작물이 침입하고, 불이 나는 빈도가 높다(Kemper 등 1999).

그러나 반대로 작은 조각들의 모임에서 큰 조각보다 더 많은 생물들이 서식하는 경우도 많이 발견된다(Simberloff & Abele 1976, Higgs & Usher 1980, McCoy & Mushinsky 1994, Saetersdal 1994, Virolainen 등 1998). 잘 배치된 작은 보전지구들의 모임은 오히려 하나의 큰 보전지구보다 더 다양한 서식처 형태와 더 많은 희귀종 개체군들을 포함할 수 있다(Simberloff & Gotelli 1984, Shafer

1) S가 종의 수를 의미할 때 사멸률은 시간에 따른 S의 변화, 즉 dS/dt로 정의된다. 이때 $dS/dt = -k_n S^n$의 관계를 가진다(Newmark 1995). n은 사멸곡선형에 의해서 결정되는 정수이며, 사멸매개변수 k_n 값이 크면 사멸률도 커진다. 그림 5.1의 가에서 y 좌표는 k_n 값을 나타낸다.

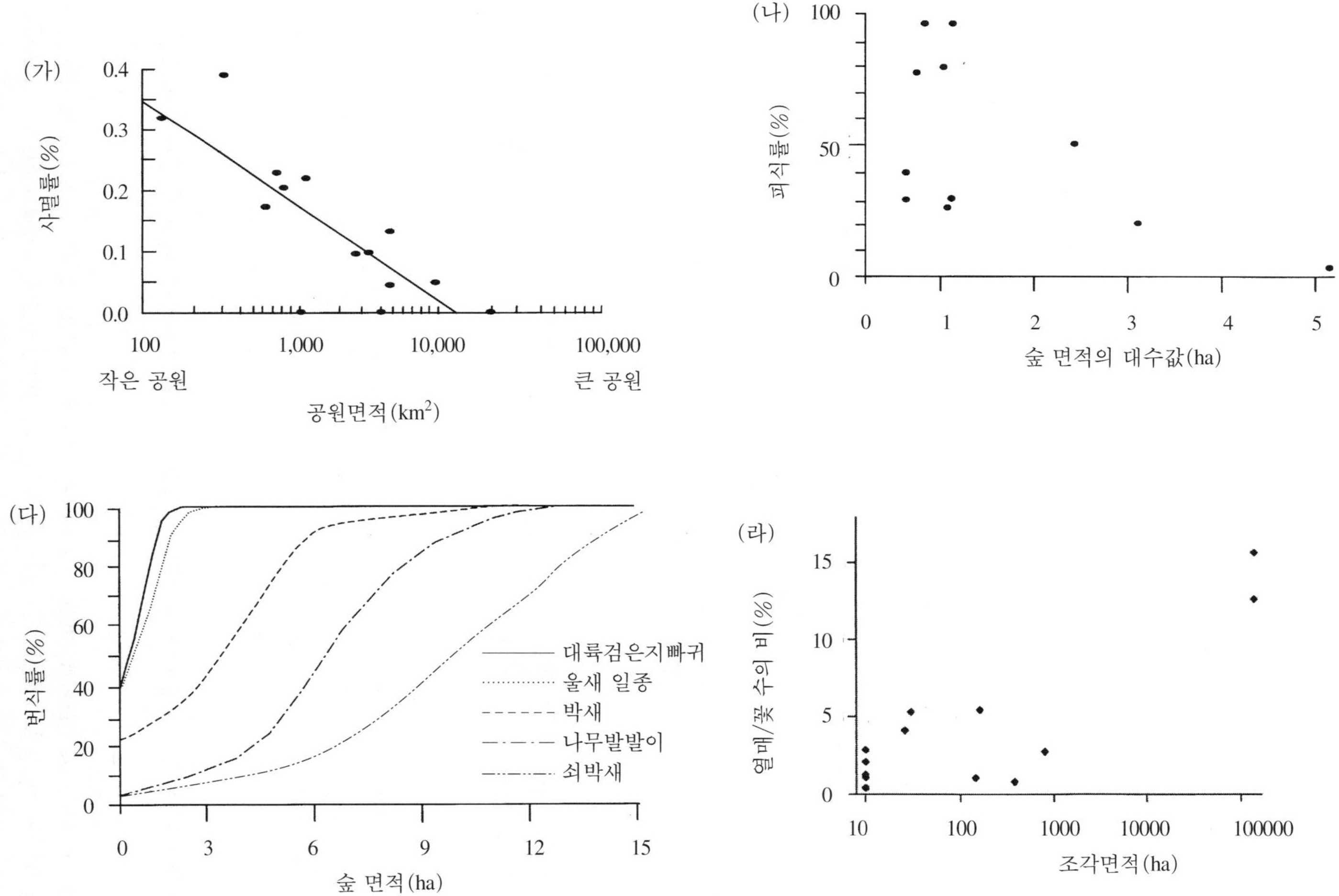

그림 5.1 경관조각의 크기와 서식하는 생물의 사멸률과 포식빈도, 번식률의 관계: (가) 미국 국립공원들의 크기와 동물 사멸률 관계, (나) 숲에서 철새들이 포식되는 빈도와 숲 크기, (다) 숲 크기와 번식률, (라) 경관조각의 크기와 꽃이 열매 맺는 비율의 관계

1990, 1994, 1995, 1997). 이를테면 여러 가지 다른 서식처를 포함하는 작은 보전지구들 묶음의 가치는 미국의 4개 국립공원 비교에서 나타난다. 대조적인 서식처 형태를 포함하는 3개의 국립공원(텍사스 주의 빅벤드(Big Bend), 워싱톤 주의 노스캐스케이드즈(North Cascades), 캘리포니아 주의 레드우드스(Red Woods))은 면적을 모두 합쳐도 옐로우스톤 국립공원보다 작지만 발견되는 생물종의 수는 더 많다(Primack 1998).

또한 조각크기의 효과에 대한 대부분의 실험적인 비교연구는 0.1평방 킬로미터 미만의 크기에서 이루어진 경우가 많기 때문에 그 결과를 국립공원과 같이 넓은 면적의 보호구역 선정에 활용하자면 규모의 문제가 대두한다(Zuidema 등 1996). 이를테면 우리나라 국립공원의 크기는 42~2,345평방 킬로미터의 범위에 있어(그림 5.2) 작은 면적의 연구결과를 그대로 적용하는 것은 설득력이 없다. 한편 전략적으로 지정된 중간 크기의 보호구역이 제한된 재정 그리고 사회적인 제약조건 안에서 효율적으로 생물 다양성 보존목표를 달성할 수 있다는 주장도 있고, 국제적인 대규모 보호구역(100~1,000평방 킬로미터 크기)도 실재한다. 따라서 보호구역 크기와 생물 다양성의 관계에 대해서는 더욱 포괄적인 연구가 필요하다(Zuidema 등 1996).[2] 적은 수의 조각들이라 하더라도 모여 있는 경우에는 많은 수의 조각이 무작위하게 분포할 때와 비슷한 효과를 보일 것이라는 침투이론에 의한 추정은 큰 조각 하나로 흩어져 있는 많은 작은 조각의 효과를 만회할 것이라는 관점과 비슷하다. 그러나 크기와 숫자 그리고 기능적인 연결성의 관계는 복잡한 상호작용을 보이고 있기 때문에 간단히 결론을 내릴 문제는 아니다(McIntyre & Wiens 1999).

조각의 크기와 생물보존의 문제를 논할 때 조각의 기하학적 측면, 즉 3차원적 모양을 고려하지 않은 점에서 비판을 받는다(Usher 1991). 또한 큰 조각이 유리하다고 많은 사람들이 강조하고 있지만, 작은 조각이라고 하더라도 질이 양호하면 생물 다양성 보전에서 중요하다(Honnay & Coppin 1999). 눈이 큰 그물에서는 작은 고기가 잡히지 않는 것처럼(Ahl & Allen 1996, 그림 8.8) 다양성을 유지하는 데 필요한 많은 요소는 크지만 서로 멀리 떨어져 있고 거친 구성입자들로 이루어진 조각에서는 빠져 있다(Franklin 1993). 사실 크기에 대한 논의는 조각의 모양과 질이 동일하다는 가정을 가지고 있지만 많은 실험들이 동일한 모양과 질로 이루어진 조각 안에서 수행되지 않았다. 무엇보다 '크다 또는 작다'라는 용어는 막연하여 규모의 문제를 포괄하지 못한다. 이를테면 내부 종이 보호될 수 있는 정도 이상의 크기에서는 단순한 크기보다 그 면적을 구성하는 다양한 서식처 특성이 더 큰 의미를 가질 수 있다(Kindvall 1996). 반면에 내부 종이 서식할 수 없는 작은 크기의 여러 조각보다는 내부 종이 서식할 수 있는 하나의 조각에서 더 큰 다양성이 유지될 수 있다.

어떤 생물들은 큰 경관조각을, 어떤 생물은 작은 조각을 선호하며, 어떤 생물은 흩어져 있는

2) 미국 옐로우스톤 공원의 크기가 8,100평방 킬로미터이며, 미국 북부로키생태계보호법에 의해 공원을 그 북쪽에 위치한 보전지구 그리고 남쪽의 그랜드티톤 공원과 야생동물 통로로 연결하려는 제안을 고려하면 대규모 공원이 지닌 크기효과에 대한 연구의 필요성에 수긍이 간다(van der Ryn & Cowan 1996).

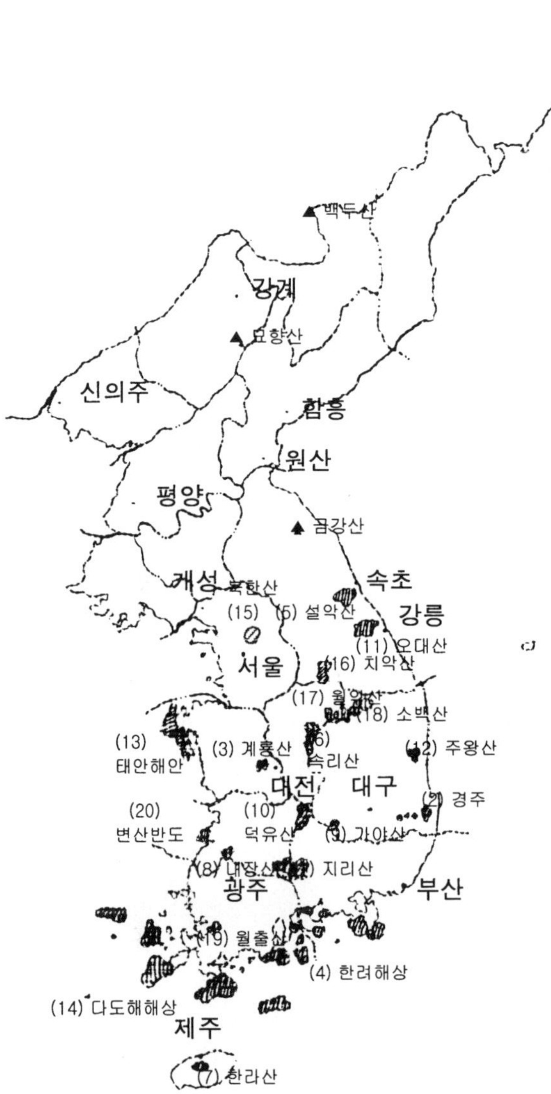

지정순위	공원명	지정일	면적(km²)
1	지리산	1967.12.29	440.485
2	경주	1968.12.31	138.16
3	계룡산	1968.12.31	61.148
4	한려 해상	1968.12.31	510.323
5	설악산	1970.3.24	373.0
6	속리산	1970.3.24	283.4
7	한라산	1970.3.24	149.0
8	내장산	1971.11.17	76.032
9	가야산	1972.10.13	80.163
10	덕유산	1975.2.1	219.0
11	오대산	1975.2.1	298.5
12	주왕산	1976.3.30	105.582
13	태안 해안	1978.10.20	328.99
14	다도해해상	1981.12.23	2,344.91
15	북한산	1983.4.2	78.45
16	치악산	1984.12.31	182.09
17	월악산	1984.12.31	182.09
18	소백산	1987.12.14	320.5
19	월출산	1988.6.11	41.88
20	변산 반도	1988.6.11	157.0

그림 5.2 우리나라 20개 국립공원의 지리적 위치와 지정일 그리고 면적

자원을 두루 이용해야 하는 까닭으로 이곳저곳을 돌아다녀야 하며, 시기에 따라 다양한 크기의 조각으로 옮겨가며 생활한다. 예를 들면 동남아시아의 오랑우탄, 긴팔원숭이와 같은 영장류는 주로 숲에서 나무열매를 먹고 살지만 간헐적으로 나타나는 건조기에 먹이가 떨어지면 흩어져 있는 경작지를 이용하여 연명한다(Forman 1995). 우리나라에서도 폭설로 먹이가 떨어지면 산짐승들이 살던 장소를 떠나 다른 곳에서 먹이를 찾는 경우를 흔히 볼 수 있다. 이처럼 돌아다니는 동물을 매개로 식물의 씨앗은 전파되어 다양성을 유지한다(Santos & Telleria 1994). 이런 까닭으로

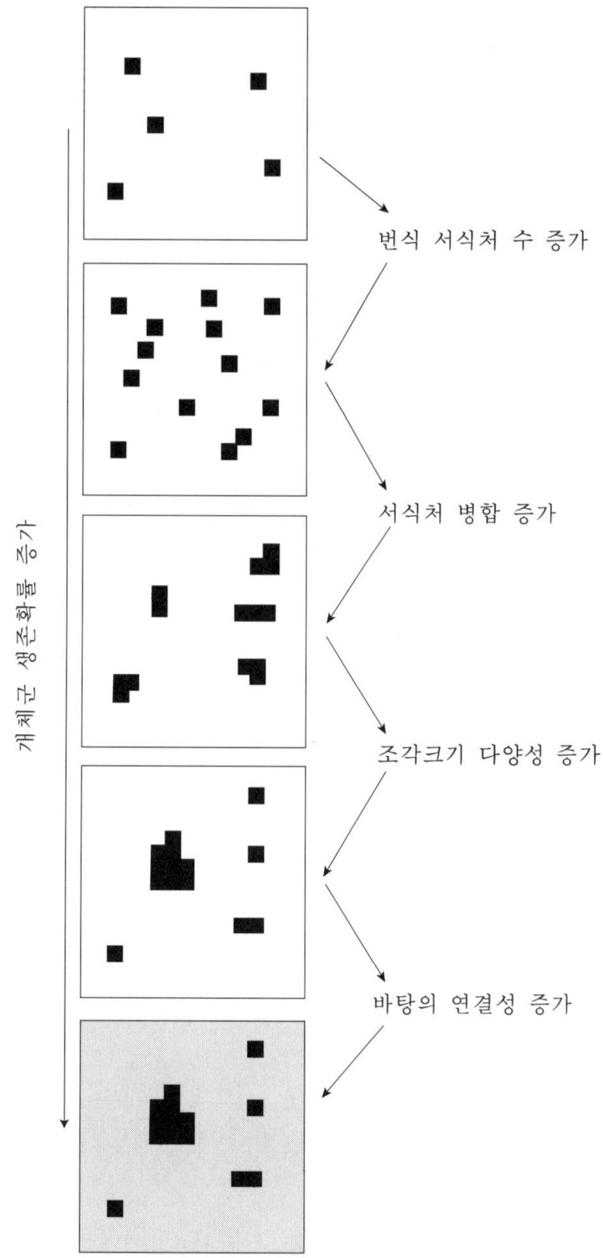

그림 5.3 지역개체군 생존에 미치는 경관조각의 수, 크기 그리고 공간유형의 영향

생물의 생존과 종 다양성이 커다란 하나의 파편화된 숲보다는 주로 흩어져 있으나 잘 연결되어 있는 다양한 서식처에 의해서 유지된다(Kindvall 1996, Honnay 등 1999). 따라서 일반적으로 다양한 생물보존을 위해서는 큰 조각과 함께 주변에 작은 조각들이 흩어져 있는 경우가 바람직하다

(Shafer 1995, 1997, Primack 1998). 일반적으로 조각의 수가 증가하고 큰 경관조각의 수가 많아질 뿐만 아니라 조각크기의 다양성 및 연결성이 증가할수록 지역의 개체군 생존확률이 커진다(그림 5.3과 5.14).

조각크기와 생물 다양성

생물 다양성의 가치는 (1) 식량자원, 직물, 화학물질의 원료, (2) 수문(水文), 영양소 순환, 환경정화에서 생태계 작용, (3) 영감, 미적 대상, 존재가치의 차원에서 논의되곤 한다(Primack 1998). 생물 다양성이란 자연의 변이 정도를 포괄적으로 표현하는 단어로서 주어진 모임에서 생태계, 종, 유전자의 수와 빈도 모두를 포함한다(McNeely 1988, Spellerberg 1992에서 재인용). 이 중에서 기능적인 측면인 생태계, 유전자 수준의 다양성에 비해 시각적 인지대상이 되는 종 다양성과 면적에 대한 연구가 비교적 많이 이루어진 편이다. 숲의 크기와 생물 다양성 보존의 관계는 아래에서 논의할 섬생물지리이론을 검정하고 활용하려는 노력으로 비교적 연구가 많이 진행된 분야이다.

면적과 종수의 관계

일반적으로 숲 조각의 면적이 크면 서식하는 종의 수는 많아진다(MacArthur & Wilson 1963, 1967, Bellamy 등 1996). 경계가 분명한 어떤 계의 면적과 그 안에 사는 생물의 수에 대한 관계를 보여 주는 곡선 그래프에서 면적이 증가하면 처음에는 종의 수도 급격히 증가하다가 어느 수준을 넘어서면 완만해지고 필경에는 일정한 수준을 유지한다.

서식처 면적과 서식하는 종수의 관계를 보여 주는 그래프는 전통적으로 하나의 군집 안에서 채집된 표본수와 발견되는 종의 수로부터 그렸다(Hopkins 1955). 목적은 적절한 크기의 표본면적을 설정하고 생물군집을 지배하는 특징이나 원리를 발견하는 데 필요한 최소면적을 결정하는 것이었다. 그래프에서 면적변화에 대해 예민한 종수의 변화가 나타나는 곳이 최소면적(minimum area)이 되는데, 이는 연구에서 군집형태를 대표하거나 군집의 본질적인 구조특징을 표현하는데 조사해야 할 최소의 면적을 의미한다.

이러한 종 - 면적 관계(species-area relationship)는 다음과 같이 제곱식으로 표현된다(Preston 1962a, 그림 5.4).

$$S = cA^z \text{ 또는 } \log S = \log c + z \log A$$

여기서 S는 종 다양성(종의 수, 즉 종 풍부도), A는 면적 그리고 c와 z는 양의 상수다. c는 보통 종 다양성에 대한 지리적인 변이영향을 반영하고 있고, z의 이론적인 값은 0.263이지만 0.18과 0.35 사이의 값이다(MacArther & Wilson 1967, Wu & Vankat 1995).

이 관계는 20세기 초기의 군집연구자료와 잘 일치했다(Arrhenius 1921). 1950년대부터 이 관계

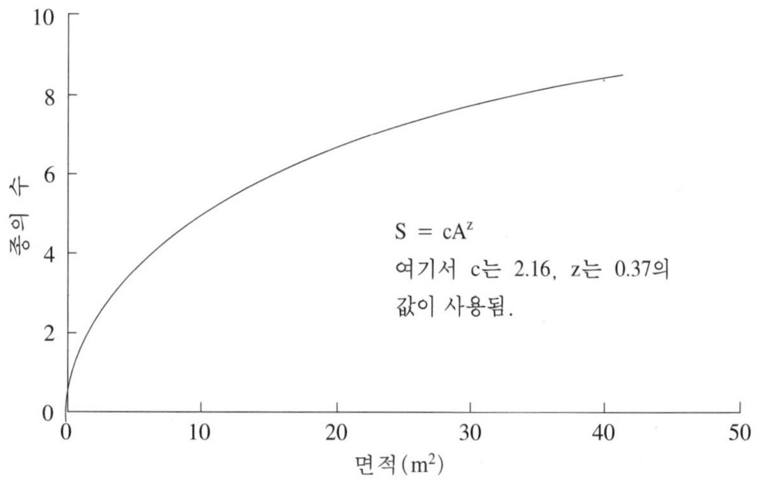

그림 5.4 종-면적 관계의 일반적인 그래프 모양

는 큰 서식처 안에 있는 연속적인 조각과 섬에 서식하는 종의 수를 연구할 때 활용되었다(Darlington 1957, MacArthur & Wilson 1963, Johnson & Simberloff 1974, Heaney 1984, Brown 1986, Rosenzweig 1995). 보존생물학자들은 이의 관계를 보전지구 크기결정과 서식처를 손실할 때 사멸될 것으로 예상되는 종의 수를 추정하는 데 이용하기도 한다(Diamond 1975, May 등 1995, Pimm 등 1995).

이 식에서 면적과 종수의 대수값(log value)을 그래프로 그리면 직선으로 나타난다. 이 관계로부터 조사지역의 면적과 발견된 종수의 자료가 있다면 기울기(z)와 직선을 연장시켰을 때 종수의 대수값으로 나타나는 y절편(logc)을 얻는다. 이 c값은 연구지의 특성에 따라 다르다. 그러나 기울기는 규모에 따라서 변하기 때문에(Rosenzweig 1995) 군집수준의 연구에서 사용하는 작은 방형구의 연구결과가 경관이나 광역수준으로 외삽될 수 없어(Harte & Kinzig 1997, Harte 등 1999) 좀더 많은 연구가 필요하다. 실제로 면적이 늘어남에 따라 서식하는 종의 수가 어떤 수준에서 다른 변화경향을 가진다면 그래프의 선은 꺾일 수 있고, 이 때는 그 지점 전후의 그래프에서 기울기를 비교하여 규모에 따른 지역의 특성을 비교할 수 있다. 이를테면 제3장에서 논의한 바와 같이 숲의 식물종 다양성이 큰 규모에서는 온도, 토양수분과 같은 기후인자에 의해서 그리고 작은 규모에서는 번식률과 경쟁, 포식 그리고 교란체제와 같은 생물학적 물리학적 변수 사이의 복합적인 상호작용에 의해서 결정된다면(O'Neill 등 1986, Noss 1990, Brockway 1998, O'Neill & King 1998), 주요 영향인자가 바뀔 때마다 단계적으로 꺾이는 그래프가 될 것으로 유추되므로 이에 대한 실증적인 연구가 필요하다.

섬생물지리이론

육상군집의 조사에서 발견된 종-면적 관계는 바다에 둘러싸인 섬에도 적용되었다(Preston

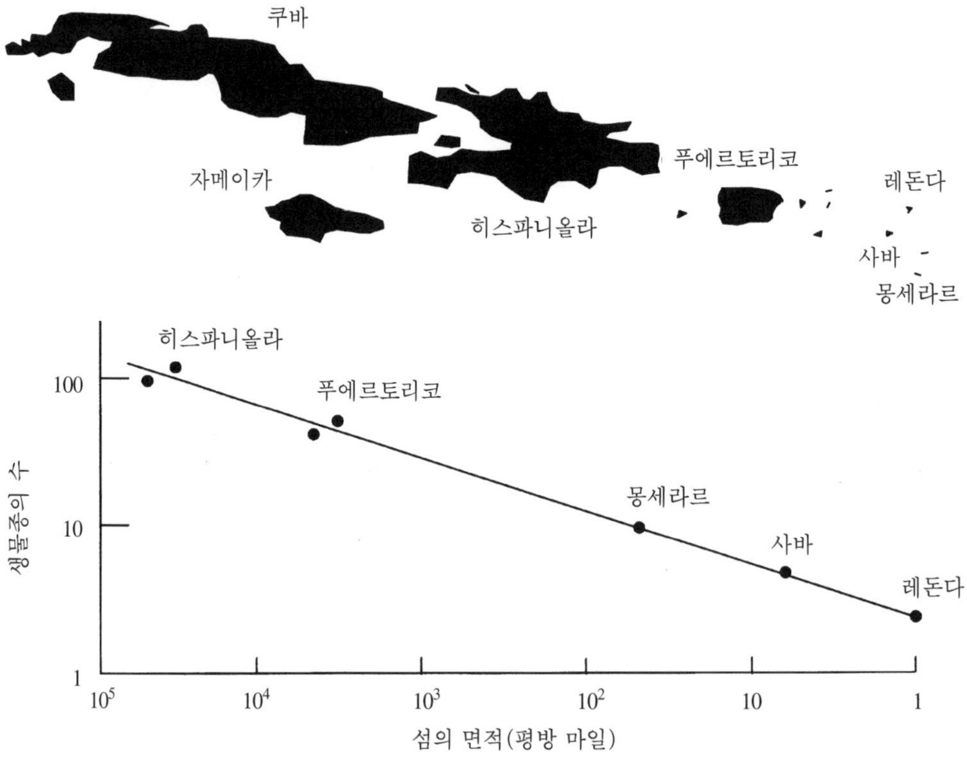

그림 5.5 섬의 크기와 그 곳에서 발견되는 파충류와 양서류 종수의 관계를 보여 주는 그림

1962a, b, Lack 1976, Heaney 1984, Wilson 1989, 그림 5.5). 섬은 고립되어 있으며, 섬과 육지와의 거리도 섬에 분포하는 종의 수와 관계가 있다는 인식을 가져왔다. 섬은 하나의 독립적인 생태계이거나 조각이며, 그 곳에서는 가장자리가 내부와 현저하게 다르다는 사실도 인식되었다.

섬의 면적과 고립성, 형성연도는 그 순서대로 종의 정착과 사멸, 존재하는 종수에 영향력을 발휘한다. 이러한 관계를 일반화한 이론이 섬생물지리이론이다(MacArthur & Wilson 1963, 1967). 이 이론에 의하면 하나의 섬에서 서식하는 종의 수와 조성은 끊임없이 변하기는 하지만 새로운 종의 이주와 이미 있던 종들의 사멸 사이에 일어나는 평형관계에 의해서 결정된다. 종은 대략 대수함수형태로 증가하고 감소하기 때문에, 그리고 이주와 사멸의 속도는 섬의 크기와 종의 근거지인 본토와의 거리에 달려 있어 섬이 작으면 작을수록, 본토의 해변에서 멀리 떨어지면 떨어질수록 종의 수는 적고 종의 조성은 불안하다(이도원 등 2001).

이 이론은 생태학 역사에서 중대한 의미를 지니고 있다. 이론적인 예측과 일반적인 관찰결과가 잘 일치함으로써 이전까지 현장에서 발견되는 상황을 단순히 기술하는 수준에 머물러 있었던 생태학 연구에 그래프와 수학적 분석을 도입하는 계기가 되었다(Crowley 1978, Crowell 1986, Schoener & Schoener 1981, 이충효 1998). 또한 섬의 크기와 종의 수 사이에 일어나는 인과관계를 보여 주지는 못하지만 경관계획에서 응용될 수 있는 중요한 기준을 도출하는 데 참고가 되었다(Diamond 1975, Pickett & Thompson 1978, 조도순 1992, Wu & Vankat 1995). 자연지역이 점점 파편화되는 곳에서 자연서식처는 농경지나 도시화된 경관 안에 남아 하나의 조각으로 고립되는 섬의 신세가 되었기 때문이다. 보전지역을 이루는 경관조각의 크기 및 모양과 관련하여 보존생물학자들이 품어 온 아래의 의문들에 가설적인 해답을 제시했다(Shafer 1994, Primack 1998, 상자글의 그림 5.14).

1. 종들을 보호하기 위해서는 자연보전지구가 얼마나 커야 하는가?
2. 하나의 큰 보전지구와 여러 개의 작은 보전지구 중에서 어느 것이 더 나은가?
3. 절멸위험종(endangered species)의 멸종을 방지하기 위해서 하나의 보전지구에 어느 정도 크기의 개체군이 유지되어야 하는가?
4. 자연보전지구의 최상의 모양은 무엇인가?
5. 여러 개의 보전지구가 설정될 때, 그것들은 서로 인접해야 하는가 아니면 떨어져 있어야 하는가? 서로 격리되어 있어야 하는가 아니면 통로로 연결되어 있어야 하는가?

그러나 섬생물지리이론을 현실적으로 적용하기에는 문제점들이 노출되고 있다(상자글 참조). 비판과 이론에 기초한 경향과 다른 실증적인 자료도 나타난다(Connor & McCoy 1979, Gilbert 1980). 연속되어 있는 지역보다 조각난 여러 지역에서 종의 수가 많은 경우도 있다(Harrison 1999). 또한 존재하는 종의 수는 면적뿐만 아니라 경관조각 안에 포함되어 있는 서식처 다양성에도 큰 영향을 받는다(Kohn & Walsh 1994). 그럼에도 불구하고 234개의 격리된 숲 조각에서 203종의 식물분포를 조사한 벨기에의 한 연구에서는 큰 조각에서 생물 다양성이 높다는 결론을 내렸다(Hannay 1999). 그 이유를 큰 숲 조각에서는 외부의 간섭으로부터 영향을 거의 받지 않는 내부면적의 존재가 보장될 뿐만 아니라 물리적 변수가 다른 서식처와 연령이 다른 숲이 포함되는 정도가 높기 때문이라고 했다.

제한된 작은 경관조각 안에 갇힐 경우 생물들은 그 조각 바깥으로 나가는 경향이 적기 때문에 다른 조각에 있는 생물들과 유전적 교류를 돕기 위해 연결방책이 필요하다(Mousson 등 1999). 징검돌처럼 떨어진 생태계를 이어 주어 고립영향을 완화시키는 숲과 숲 사이에 있는 작은 숲 조각의 기능이나 제6장 통로에서 다룰 '생태다리' 또는 '녹색다리' 개념은 섬생물지리이론에 기초를 두고 있다(조도순 1992, Primack 1998, 김진수 등 2000). 이처럼 통로는 어쩔 수 없을 경우 작은 조각의 단점을 해소하는 방안으로 흔히 제안되고 있다. 그러나 통로의 기능은 사람들이 기대하는 만큼 완전할 수 없기 때문에 숲을 더 작은 단위들로 파편화시키고 통로를 설정하는 대안은 바람직하지 않다(Downes 등 1997).

비슷한 맥락에서 반도의 종 풍부도에 대한 설명과 관리전략, 자연보전지역 설정에서 이 원리를 많이 이용하지만 모든 곳에 일률적으로 적용되지는 않는다(Terborgh 1974, Wills 1974, Taylo & Regal 1978, Gilbin & Diamond 1980, Margules & Usher 1981, McCoy 1983, Harris 1984, Milne & Forman 1986, Shafer 1990). 사람들이 도입한 생물이 많아지면서 이미 존재하고 있던 자연적인 관계는 변

표 5.1 피자식물, 새, 포유동물 풍부도와 섬의 면적 및 단위면적당 에너지량 변수의 상관관계

생물군	모형식	상관계수 R(%)	표본수
피자식물	$\log S = 4.8 + 0.41 \log A + 1.1 \log AET$	89	24
	$\log S = 2.1 + 0.63 \log A \times AET$	66	24
새	$\log S = -6.0 + 0.37 \log A + 0.69 \log PP$	90	28
	$\log S = -1.7 + 0.47 \log PP \times A$	79	28
전체 포유동물	$\log S = 1.3 + 0.29 \log A + 0.42 \log PET$	72	161
소형 포유동물	$\log S = 1.4 + 0.26 \log A + 0.45 \log PET$	66	155
초식동물	$\log S = 1.2 + 0.16 \log A + 0.424 \log AET$	61	68
육식동물	$\log S = 0.28 + 0.17 \log A + 0.19 \log AET$	65	32

참고: 육식동물 풍부도와 AET의 관계는 $p = 0.2144$이며, 그 밖에 모든 관계는 $p < 0.0001$ 수준의 유의성을 가진다. AET 실질증발산(actual evapotranspiration), PET 잠재증발산(potential evapotranspiration), PP 순1차 생산성(net primary productivity)을 의미하며, 소형 포유동물은 몸무게 5킬로그램 미만인 경우이다.

자료: *Biological Conservation*, Volume 63, J.L. Wylie & D.J. Currie, "Species-energy theory and patterns of species richness: I. Patterns of bird, angiosperm, and mammal species richness on islands," pp. 137-144, Copyright (1993), with kind permission from Elsevier Science.

한다(Blondel 1987). 또한 우리나라와 같이 산이 많고 좁은 지역에 다양한 서식환경을 갖추고 있는 곳에서는 면적 이상으로 수직적인 다양성이 경관조각의 형태와 함께 생물서식에 영향을 주는 요인이 된다. 생물종 풍부도가 실질증발산, 잠재증발산, 순생산성 등 지역 에너지 이용량과 관계가 있다면(Wylie & Currie 1993a, b), 이들 요소는 지형의 기복에 따라 태양 복사 에너지와 기온 및 지온의 공간분포변이가 심한 우리나라 산간지방 숲(Kang 등 2000a, b)에서는 면적보다 더 큰 의미를 가질 것이라는 가설을 제안할 수 있다. 표 5.1에서 보는 바와 같이 에너지 과정과 관계된 변수와 피자식물, 새, 포유동물들 종의 풍부도가 큰 상관관계를 가지고 있다는 사실은 이 가설을 부분적으로 뒷받침한다.

경관조각에서 종

앞서 논의해 온 것처럼 생태학 역사에서 면적-종수의 관계는 하나의 생물군집 안에서 채집한 표본의 수와 발견되는 종의 수와 이루는 관계를 연장시킴으로써 이해되었다. 많은 수의 표본채집이 반드시 더 큰 면적으로 달성되는 것은 아니라 하더라도 다양한 서식처 조각으로 이루어진 모자이크 경관에서 발견되는 종의 수는 면적이 넓을수록 많을 확률은 증가한다.

잔류조각

자연서식처를 잠식하는 토지이용이 우세한 경관에서 잔류조각은 생물 다양성 유지에 공헌하

는 중요한 요소이며, 그 효과는 크기에 의해서 주로 결정된다(Merrill 등 1998). 경관조각크기가 종 풍부도에 주는 이러한 영향은 내부와 가장자리의 상대적인 면적비와 관계가 있다. 반면에 생물군집에서 채집된 시료의 수와 종 풍부도는 서식처 다양성, 교란 그리고 개체군 분포와 관련이 있다. 섬생물지리이론이 주요 변수로서 면적과 고립성에 초점을 맞추고 있는 반면에 육상의 경관조각요소에서 종의 수는 서식처 다양성, 교란, 내부면적, 연령, 바탕의 이질성, 고립성의 순으로 영향을 받는다(Forman 1995).

남겨진 경관조각의 면적 및 고립과 그 안에서 유지되는 종의 수를 연구하기 위해 진행된 대표적인 연구는 브라질 마나우스(Manaus) 북부 열대우림에서 산림의 파편화 영향을 보기 위해 장기간 진행되고 있는 생태계 최소임계면적(minimum critical size of ecosystem) 연구계획이다

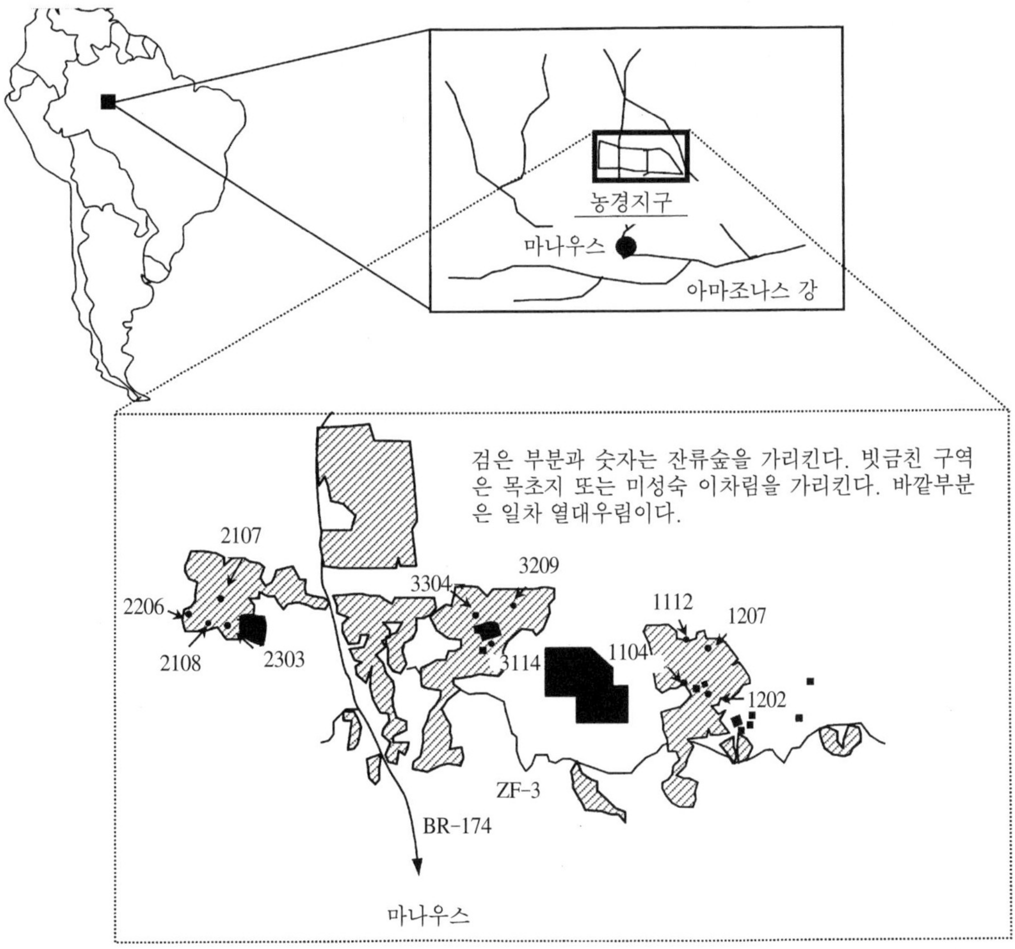

그림 5.6 1980년 브라질 아마존의 마나우스 북부에 설치된 생태계 최소임계면적 연구계획이 진행되고 있는 위치 및 기본실험설계

(Lovejoy 1986). 이는 숲의 파편화에 대한 생물의 역동적인 반응을 장기적으로 연구하는 취지를 가지고 있어 일명 삼림파편화 생물역동성 연구과제(Biological Dynamics of Forest Fragmented Project)라 부르기도 한다(그림 5.6). 1979년 브라질 국립아마존연구소(Brazil's Natinal Institute for Research in Amazonia, INPA)와 미국의 세계야생생물기금(World Wildlife Fund-U.S.)이 공동으로 아마존 열대림 생태계의 서식처 파편화 영향을 연구하기 위해 시작하였으며, 주요 목표는 잔류숲 조각의 크기와 유지될 수 있는 종의 수 관계를 파악하는 것이다(Bierregaard & Stouffer 1997). 연구자들은 그림 5.6과 같이 1~10,000 헥타르 면적의 잔류숲 조각을 설정하고 여러 가지 생물분류군의 변화를 조사하고 있다. 구체적으로 그들의 연구에는 세 가지 목적이 있는데, 이는 (1) 아마존 삼림과 관련하여 국립공원과 보전지구 설계와 관리에 필요한 자료를 수집하고, (2) 섬생물지리이론의 타당성을 검정하며, (3) 자연생물군집 안에서 일어나는 중대한 종과 종의 상호작용 존재여부, 그리고 종조성 구조의 정도에 대한 기초자료를 수집하는 것이다.

이 연구에 의하면 주변의 숲을 베어 내고 만든 잔류숲에서 가장자리의 환경에 예민한 반응이 나타났다. 특히 온도, 상대습도, 빛, 바람에 대한 노출로 일어나는 변화가 뚜렷했다. 나무의 고사, 낙엽량의 증가, 빛의 증가에 따라 새로운 생물의 번성, 조류의 종류수와 어떤 종의 개체군 크기감소와 같은 일차적인 생물반응이 있었다. 이차적으로 식물성장에 대한 곤충의 반응이 뚜렷했다. 격리됨으로써 서식하는 종수는 감소되었지만 면적이 큰 곳에서는 더 많은 종이 발견되었다(그림 5.7). 빛을 좋아하는 식물이 침입함에 따라 숲 내부 종인 나비군집을 교란했다. 곤충을 먹는 종들의 밀도증가도 관찰되었다. 교란된 서식처로부터 도피하는 이동성 생물과 동물이

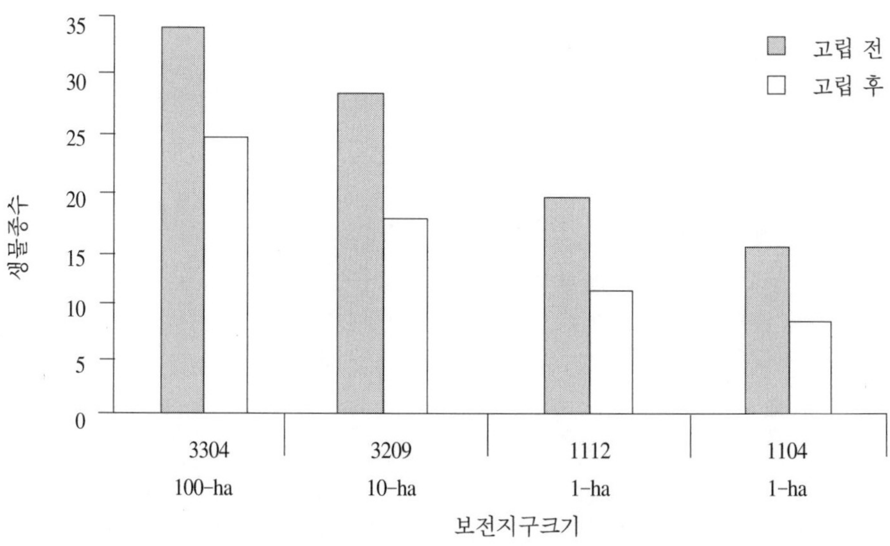

그림 5.7 브라질 마나우스 실험에서 주변 숲으로부터 격리된 전후에 발견된 개구리 종의 수 비교. x축의 숫자는 실험 숲 조각의 고유번호이며 그림 5.6에 나타난다.

퍼뜨리는 종자가 일으키는 변화도 예상되었다. 일반적으로 온대숲의 가장자리는 전이대로서 생물종의 수가 늘어나는 경향이 있지만, 열대림의 교란 초기에는 오히려 반대의 경향이 나타났다.

이상의 변화는 숲의 가장자리를 중심으로 관찰되었지만 경관조각의 면적효과에 포함되는 특성이다. 뿐만 아니라 면적효과를 고려할 때도 비슷한 과정을 통해서 비생물적 환경변화에 의해서 일어나는 1차적인 생물의 변화는 2, 3차적인 변화를 초래한다. 이러한 파급영향의 가능성은 브라질 연구에서 잘 정리해 놓고 있다(Lovejoy 등 1986). 꽃가루받이 생물이나 씨앗을 퍼뜨리는 생물의 변화 그리고 한 곳에 갇혀 있는 생물들에 의한 과도한 먹이이용은 식물의 분포에 변화를 준다. 수관부에 사는 새들은 숲의 내부 종만큼 영향을 받지는 않았다. 바둑판 형태의 경관(checkboard landscape)에서 수관부에 서식하는 새들은 쉽게 이동하여 오랫동안 유지될 수 있는 것으로 해석된다. 그러나 시간이 흐름에 따라 1차적인 변화에 의해 수관부 생물들을 유지시키는 숲 조각의 능력도 감소된다.

더 작은 단위로 나누어진 경관조각에서는 특히 가장자리를 따라 포식의 위협을 받는다(Andren 1994, Turner 1996). 일부 새들의 둥지에서 일어나는 포식은 가장자리에서부터 거리가 멀어짐에 따라 감소하고, 일부 새들은 성공적인 생식을 하는 데 조각의 내부 핵심구역이 필요하다(Gates & Gysetl 1978, Murcia 1995). 또한 큰 핵심구역을 가진 큰 숲 조각은 육식동물과 같은 포유동물을 위해서는 필수적인 서식처 조건이다(Bissonetter 등 1989, Ruggiero 등 1994).

이처럼 경관조각의 크기가 생물의 활동에 영향을 주는 것이 분명하지만 그 정도는 생물마다 다르다. 미국 동북부지방의 연구에서 일반적으로 큰 경관조각은 더 많은 종을 포함하고 있었지만 종을 유지시키는 데 필요한 최소면적은 곤충을 먹는 새의 경우 대략 40헥타르, 씨앗을 먹는 새와 식물의 경우는 2헥타르 정도로 추정되었다(Formn 1995). 이끼와 버섯의 경우에는 최소면적이 각각 4헥타르와 6헥타르 정도였다.

다른 연구에서는 비록 분류학적으로 비슷한 수준의 생물일지라도 경관조각의 크기는 종의 행동에 매우 다른 영향을 주기도 하며, 고립된 이후 시간이 지남에 따라 생물에 따라 받는 영향의 정도가 다르다(그림 5.8).

일반적으로 뱀, 매, 호랑이 등의 포식자와 같이 먹이사슬에서 뒤에 위치하는 생물은 식물이나 초식동물과 같이 낮은 영양단계(trophic level)에 있는 생물들보다 잔류조각의 크기에 더 큰 영향을 받는다(Forman 1995). 다른 한편 큰 숲 조각이 여러 개의 작은 조각으로 나누어지면 큰 포식자들의 행동이 증가함으로써 피식자들의 개체군 크기가 점점 줄어들기도 한다(Keyser 등 1998). 중추포식자(keystone predator)는 낮은 영양단계의 생물들을 조절함으로써 종 풍부도 유지기능도 가지는 것으로 알려져 있다.[3] 따라서 중추포식자를 포함하는 큰 자연식생조각의 보호는 먹이그

---

3) 원래 먹이사슬을 이루는 영양단계의 마지막에 위치하는 육식동물이 군집형성에 미치는 강한 영향을 강조하기 위하여 중추종이라는 개념을 제안했지만(Paine 1966), 영양단계가 아닌 상호작용을 통해서 서식처를 바꾸는 초식동물, 피식자, 상리공생자, 숙주 등의 생물도 중추종이 된다. 이를테면 잔류조각과 관련하여 설명할 브라질 마나우스(Manaus)의 삼림파편화에 대한 생물 역동성 연구과제(Biological Dynamics

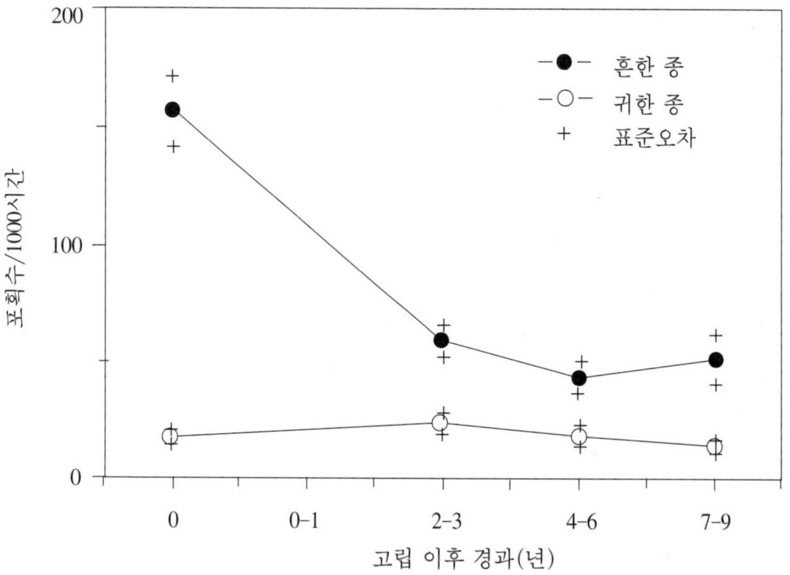

그림 5.8 1헥타르와 10헥타르 크기 잔류숲이 고립되기 전후에 35종의 흔한 새와 49종의 희귀한 새가 보여 준 곤충포획률 비교

물을 통하여 종 풍부도를 유지하는 효과적인 방법이다.

무엇보다 잔류조각이 형성된 초기에는 빠르게 나타나는 가장자리 부분의 비생물적 환경변화와 함께 예민한 생물들의 반응이 쉽게 관찰되지만, 주변 경관과 이루는 맥락 안에서 2차, 3차적인 생물과정의 변화 또한 시간이 지남에 따라 나타나기 때문에 잔류조각을 둘러싸는 것들에 대한 이해와 함께 장기적인 연구 없이 결론을 내리는 것은 위험하다(Bierregaard & Stouffer 1997).

교란조각

교란조각은 빠른 생물종 교체가 일어나는 점에서 잔류조각, 재생조각, 환경조각과 대비된다. 교란결과 생기는 작은 틈(gap)과 개활지(opening)는 구분된다. 개활지는 화재, 폭풍우, 나무 모두 베기와 같은 규모가 큰 교란에 의해서 생겨 경관수준에서는 하나의 생태계를 이루고 2차 천이가 분명하게 나타나는 반면에 틈은 군집 안에서 일어나는 미소이질지역과 미소서식처를 말한다. 틈은 자연과정과 교란에 의해서 생기며 위치가 역동적으로 변하는 경향이 있다(Grubb 1977,

---

of Forest Fragmented Project)가 진행되고 있는 지역에서는 말똥풍뎅이(dung beetle)가 동물 배설물과 시체의 빠른 분해로 영양소 재순환을 촉진하고, 배설물에 사는 척추동물의 기생충을 없앰으로써 척추동물의 병해를 감소시킴으로써 중추종으로서 기능을 가지고 있다(Primack 1998). 때로 혼란을 막기 위해 거의 동일한 개념으로 혼자서 피식자의 분포, 수도, 조성, 크기, 다양성을 포함하는 대부분의 군집구조유형을 결정하는 포식자를 중추포식자라 정의한다(Menge 등 1994).

Runkle 1985). 직경이 대략 5미터 이하인 작은 숲틈은 주변의 식생이 옆으로 전파됨에 따라 금방 메워진다. 직경 20~30미터의 큰 숲틈은 그 안에 있는 식물의 성장에 의해서 회복된다(Denslow 1980, Brokaw 1982, 1985).

온대 낙엽활엽수림에서 조각이 형성되고 난 다음 2년 동안은 숲틈(직경 대략 13~28미터)보다 개활지(직경 대략 60~140미터)에서 식물종의 풍부도(richness)가 10% 가량 높다(Phillips & Shure 1990, Forman 1995 재인용). 숲틈에 비해서 개활지는 태양 복사 에너지량과 빛에 대한 내성이 강한 생물종, 잎에 화학적 방어기작을 가진 식물 그리고 초식동물이 좋아하지 않는 식물들이 많다(Shure & Wilson 1993). 나무의 재생이 자연적으로 발아한 어린 나무에 의해서 이루어지는 경우에는 조각크기에 지대한 영향을 받는다(Uhl 등 1982). 그 안에서 회복되는 나무줄기의 구조적인 형태도 조각의 크기에 따라 눈에 띄게 달라진다(Whitmore 1978).

교란조각이 방대해짐에 따라 주변 숲을 이루는 나무들의 크기에 의해서 생기는 기후의 영향력은 줄어든다. 작은 교란조각은 주변 공급원으로부터 바람에 의한 식생전파로 회복되지만, 방대한 교란조각에서는 동물이동에 의한 회복이 더 큰 의미를 가진다. 새와 포유동물은 씨앗을 옮기는 한편 초식동물과 포식동물 또한 주변의 바탕으로부터 교란조각 안으로 들어가는 정도가 조각의 크기에 따라 달라진다. 큰 조각의 중앙부에서 일어나는 침식은 종과 면적의 관계에 영향을 미치는 요인이 되기도 한다.

아울러 교란조각의 크기 및 교란체제가 주는 영향은 주변의 바탕상태 그리고 고려하는 규모에 따라 이해되어야 한다. 이를테면 백로나 왜가리의 서식처에서 심한 배설로 숲의 일부가 훼손되는 경우에 대해 어떤 규모에서 대상을 바라보느냐에 따라 서로 다른 해석이 가능하다(문형태 등 1996, 문형태 & 조삼래 1996). 주변의 숲이 비교적 열악한 상태에 있거나 백로에 의해서 훼손된 조각의 규모에 국한시켜 문제를 보면 영향은 분명히 부정적이다. 그러나 숲이 잘 형성된 곳에서 생기는 교란조각이라면 숲 전체의 규모에서 뒤따라 올 다른 생물들의 서식처 다양성을 높임으로써 생물 다양성 유지에 긍정적인 요소가 될 수도 있다. 어떤 생물은 진화과정에 교란이 필수적인 요건일 수도 있다(Forman 1995). 어떤 교란은 종의 수를 감소시키는 반면에 어떤 교란은 증가시키기도 한다. 대부분의 자연보전지구에서 종의 수는 장기적으로 지속가능해야 할 목표이기 때문에 합리적인 자연보전계획과 관리를 위해서 교란의 역동성과 종의 관계는 더욱 연구되어야 할 주제이다.

최소존속개체군 크기와 면적

한 종의 지속성을 보장할 수 있는 개체수를 그 종의 최소존속개체군(minimum viable population: MVP)이라 하며, 이 개념은 위험에 직면할 때 개체군이 존속가능한 상태를 유지할 수 있는 개체군의 크기에는 한계가 있어 그 이하로는 멸종될 것이라는 뜻을 함축하고 있다(Schaffer 1981, Gilpin & Soule 1986, Primack 1998).[4] 구체적으로 일정한 서식처에서 주어진 종의 최소존속개체군이란 앞으로 예견되는 개체수, 환경, 임의의 유전적 변화나 자연재해에도 불구하고 1,000년 동안의 생존확률 99%를 지니는 최소크기의 고립개체군으로 정의한다. 다른 말로 표현하면 최소존속개체군이란 가까운 미래까지의 생존이 매우 높은 확률로 예측될 수 있는 개체군의 최소크기이다. 개념을 최초로 제안한 쉬애퍼는 생존확률을 95% 또는 다른 수치로 변경할 수 있으며, 시간도 100 또는 500년 등으로 조정될 수 있음을 언급하면서 이 개념의 시험적인 성격을 강조하였다. 최소존속개체군 개념의 중요성은 한 종을 보존하기 위해서 필요한 개체수에 대한 양적인 추정이 가능하다는 것이다(Menges 1991).

최소존속개체군 개념에 근거한 보호노력을 홍수방지노력과 비교할 수 있다(Shafer 1981, Primack 1998). 습지에서 이행하는 홍수조절체계와 이에 따른 건축규제가 단순히 연평균강우량에 근거하지 않고 50년 만에 한 번 발생할 수 있는 정도의 극단적인 홍수를 고려해서 이루어져야 하는 것과 마찬가지로, 생물보존에 대한 계획도 강풍, 지진, 산불, 화산폭발, 질병처럼 드물게 발생할 수 있는 큰 재난을 고려해야 한다. 어떤 하나의 절멸위험종을 장기적으로 보호하기 위한 계획에는 그 종이 통상적으로 요구하는 것뿐만 아니라 예외적인 기후 및 환경에도 필요한 자원을 충족시킬 수 있는 방안을 강구해야 한다는 뜻이다. 예를 들어 건조한 해에는 동물들이 생존을 위해 필요한 물을 찾기 위해서 그들의 정상적인 영역을 훨씬 벗어나 이동할 수 있다.

특정 종의 정확한 최소존속개체군 크기를 추정하기 위해서는 개체수 변동에 대한 상세한 연구와 입지의 환경분석이 필요하며, 이러한 일은 많은 비용과 수개월 또는 수년의 기간이 소요될 수도 있다(Thomas 1990). 생물학자에 따라서는 척추동물의 경우 500~1,000개체 정도를 보호할 것을 제안하고 있는데, 이 크기는 유전적 변이를 보존하기에 적합한 것으로 여겨진다(Lande 1988). 이 정도의 크기라면 재난이 있는 해에 최소한의 개체가 생존하여 후에 원래의 개체군으로 회복하는 데 무리가 없을 것이다. 개체군 크기의 변동이 극심한 무척추동물과 일년생 식물의 일부 종에서는 10,000 개체 정도를 보존하는 것이 적합하다고 제안되었다(Primack 1998).

해당 종에 대한 최소존속개체군이 정해지면 이를 유지시키기 위해 필요한 서식처의 크기인 최소역동면적을 추정할 수 있다.[5] 이 면적은 개체들이나 집단의 자생지역 크기를 조사하여 추정한다(Thiollay 1989). 일례로 많은 경우 작은 포유류의 개체군들을 유지시키기 위해 10,000~100,000헥타르 정도의 보호지구가 필요한 것으로 추정되었다(Schonewald-Cox 1983). 캐나다에 서식하는 불곰(grizzly bear)의 경우 50개체를 유지시키기 위해 49,000평방 킬로미터, 1,000개체를

---

4) minimum viable population을 '최소생존개체군'으로 번역하는 경우가 있으나 생존은 죽지 않고 살아 있다는 뜻으로 주로 개체수준에 사용되는 반면에 원래 용어는 여러 세대에 걸쳐서 지속적으로 유지될 수 있는 최소한의 개체군을 의미하기 때문에 '최소존속개체군'이라고 하는 것이 더 적절하다.

5) 존속하던 종이 산발적으로 일어나는 자연교란에 의해서 절멸되지 않고 유지될 수 있는 최소한의 면적을 최소역동면적(minimum dynamic area: MDA)이라 한다(Pickett & Thompson 1978, Shafer 1995, 김진수 등 2000). 이 경우 그 서식처 안에 존재하는 생물들은 교란을 자신의 생활사를 유지하는 데 하나의 필연적인 요건 또는 자원으로까지 수용하고 적응시킨 종들을 포함한다.

보존하기 위해서는 2,420,000평방 킬로미터의 방대한 넓이의 지역이 필요하다(Noss & Cooperrider 1994).

최소존속개체군 크기의 추정에 관한 가장 대표적인 사례는 미국 남서부 사막에 사는 큰뿔산양(*Ovis canadensis*) 120개체를 보존한 경우이다(Berger 1990). 이들 개체군의 일부에 대해서는 70년 동안의 개체군 크기변화가 관찰되었다. 놀라운 사실은 50개체 미만의 모든 개체군은 50년 이내에 전멸하였으며, 실질적으로 100개체 이상의 모든 개체군은 보다 오래 유지되었다. 채널 제도(Channel Islands)에서 수행한 조류에 대한 장기간의 관찰결과에서도 100쌍 이상의 개체군에서는 80년간 생존할 수 있는 기회가 90% 이상 나타나, 개체군의 지속을 보장하기 위해 역시 큰 개체군이 필요함을 알 수 있었다(Jones & Diamond 1976). 그러나 작은 개체군을 완전히 포기할 필요는 없다. 새의 경우 10쌍 또는 그 이하의 번식개체군에서도 80년 동안 유지된 경우도 많다(Primack 1998).

이처럼 예외가 있기는 하지만 대부분의 종을 보호하기 위해서는 큰 규모의 개체군이 유리하며, 실제로 작은 개체군의 종은 절멸될 위험이 크다. 작은 개체군의 크기가 급격히 감소하고 지역에서 전멸되는 원인을 크게 세 가지로 나누어 보면 (1) 유전변이 손실, 근친교배, 유전적 부동[6)]과 같은 유전적 문제; (2) 출생 · 사망률의 임의변이에 따른 개체수의 변동; (3) 불, 홍수, 심한 가뭄처럼 부정기적으로 올 수 있는 자연재해는 물론 포식, 질병, 경쟁 등의 변이에 따른 환경변동이 있다.

생물보전지구의 크기와 수

이상에서 논의해 온 이유들 때문에 일반적으로 숲 조각크기와 수가 늘어나면 그 곳에 서식하는 개체군의 크기와 함께 종 풍부도는 늘어난다. 남미 안데스에서 숲의 크기가 200헥타르인 곳에서는 0.25∼5.3헥타르 크기의 숲보다 개구리 개체군 크기가 2.1∼3.5배 큰 것으로 보고되었다(Marsh & Pearman 1997). 장기간 보호된 영국 링컨셔 지방의 10 미만∼750헥타르 범위의 78개 숲 조각에 대해 크기의 대수값과 각각의 조각에서 발견된 고등식물의 수는 선형적인 비례관계를 보였다(Game & Peterken 1984). 같은 연구에서 조각의 크기를 여러 계급으로 묶은 다음 각 계급에서 숲 조각의 숫자와 발견된 식물종수의 관계를 보면 그림 5.9의 (가)와 같이 섬이 클수록 그리고 조각의 숫자가 많을수록 종의 수가 늘어나는 것을 알 수 있다. 0.01∼24헥타르 크기의 미국 뉴저지 주 소재 30개 숲 조각에서 숲의 크기와 새가 발견되는 수도 비슷한 경향을 보인다(그림 5.9의 나).

---

6) 작은 개체군에서 대립유전인자의 출현빈도가 개체들이 생존하여 생식가능할 정도로 성숙하고, 짝을 찾고 또 새끼를 낳을 수 있는 기회에 의해 세대와 세대에 따라 변하는데 이 과정을 유전적 부동(genetic drift)이라 한다(Primack 1998). 발생빈도가 낮은 대립유전인자는 세대가 지남에 따라 사라질 확률이 크다.

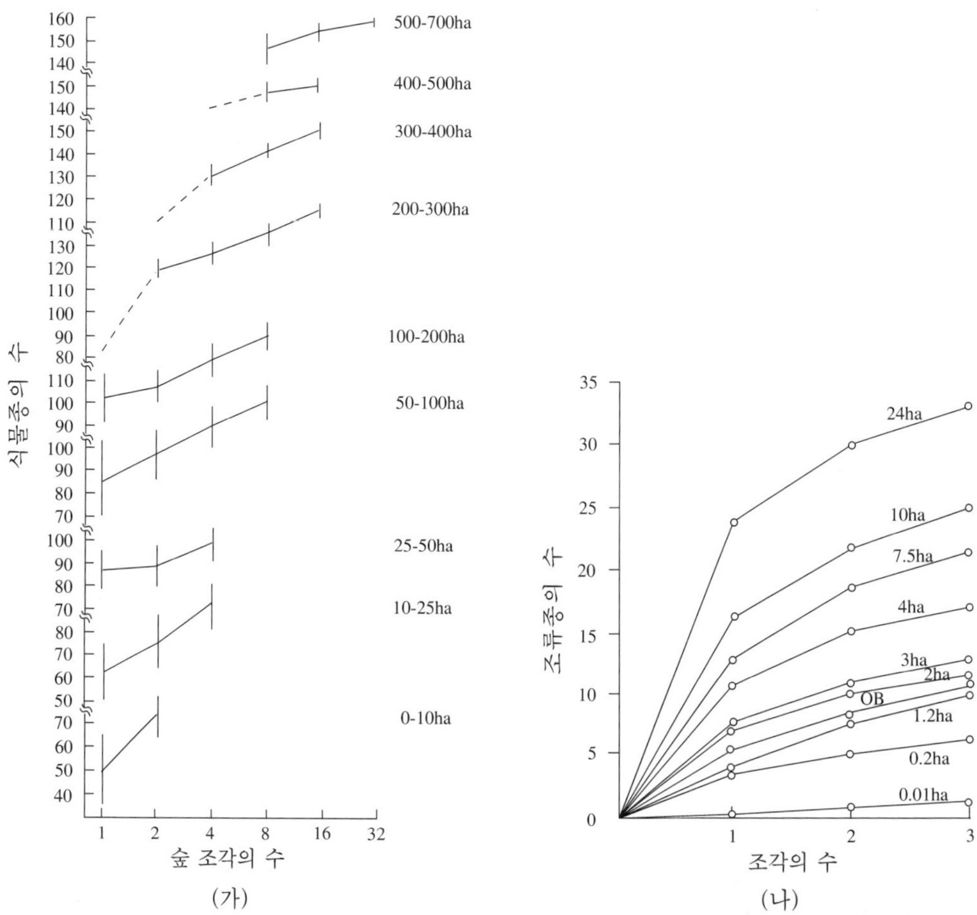

그림 5.9 조각의 크기와 생물종의 관계. (가) 영국 링컨셔 지방의 오래된 숲 조각의 크기와 고등식물종 수의 관계, (나) 미국 피드몬트 지방 숲 조각의 크기와 발견된 새 종수의 관계

또한 앞서 논의한 바와 같이 일반적으로 여러 개의 작은 조각보다는 적은 수의 큰 조각이 개체군을 유지하는 데 유리하며, 흩어져 있는 조각들을 에워싸는 주변이 적절한 서식처로 되어 전체 서식처들이 덩어리를 이룰 때 개체군의 크기는 증가하는 경향을 보인다(그림 5.3과 5.10).

한편 생물의 서식처로서 숲 조각은 시간과 함께 역동적으로 변한다. 숲을 내버려두면 천이의 최종단계에 있는 숲에 서식하는 식물들로 동질적인 경관으로 된다는 정태적인 입장은 더 이상 옹호되지 않는다. 오히려 노쇠한 나무가 쓰러진 틈이 장소에 따라 다른 시기에 생김으로써 연령이 다른 나무들이 차지하는 공간요소들의 모자이크 형상을 이룬다(Sprugal 1976, Pickett & White 1985, Shugart 1998). 따라서 자연보전지구로서 숲은 이러한 조각들의 역동성을 유지할 수 있는 최소한의 크기가 되어야 한다는 주장도 있다(Pickett & Thompson 1978). 이 최소한의 크기가 앞서 소개한 최소역동면적이다.

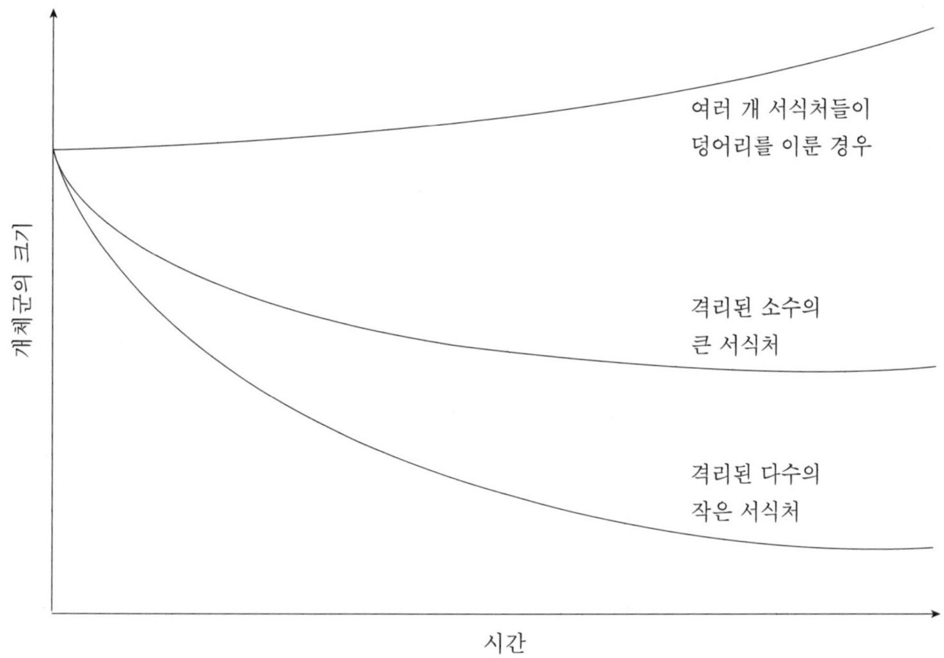

그림 5.10 작은 조각이 여러 개 흩어진 경우보다는 적은 수의 큰 조각이 그리고 조각들이 덩어리를 이룰 때 생물개체군 유지효과는 크다.

앞에서 논의한 대로 장기적으로 개체군을 존속시키는 데 필요한 최소한의 개체군을 최소존속개체군이라 할 때 자연보전지구는 적어도 이 개체군을 유지할 수 있는 크기의 경관조각을 포함하고 있어야 한다(Salwasser 등 1987). 이 주장에 의하면 일부 생물들은 경관에서 큰 조각의 크기에 예민한 반응을 보인다는 가정을 수용하고(Hunter 1990), 보호대상으로 하는 생물의 최소존속개체군 크기를 알 수 있으며, 나아가 그 개체군을 유지하는 데 필요한 최소한의 특정 경관조각크기를 알 수 있다면 보전지구는 그보다 커야 소기의 목적을 달성할 수 있다.[7] 동물의 경우 행동권이 설정가능한 보전지구보다 큰 생물의 보호를 목표로 해야 한다면 둘 또는 그 이상의 경관조각을 보전해야 할 것이다.[8]

---

7) 서식처 조각이 나누어지면 개체군의 크기가 감소하고 그에 따라 여러 기작에 의해서 점점 쇠퇴해지는 경향이 있다. 이를테면 식물의 경우 서식처 축소와 함께 개체군이 작아지면 꽃가루받이와 하나의 열매가 맺는 씨앗의 양이 감소한다(Gigord 등 1999).

8) Harris & Gallagher 1989. 행동권(home range)이란 일정한 지역에서 한 마리의 동물이 먹이를 구하고 매일매일 활동하는 데 필요한 공간의 크기를 말하며, 이는 동물의 크기, 계절 그리고 서식처 질에 의해서 변한다(Harestad & Bunell 1979). 이를테면 쥐의 이동은 수미터 범위 안에서 측정될 수 있으나 몸집이 큰 산사자는 40~100평방 마일을 돌아다닌다(Peck 1998). 수컷은 암컷보다 그리고 어미는 새끼보다 더 큰 행동권이 필요하다.

많은 경우에 경관조각크기의 장단점을 따질 때 생태학자들은 순수 자연생태적 측면만 주로 고려해 왔다. 그러나 경관조각의 크기와 수에 의한 혜택을 논할 때는 인공경관까지 고려하여 수확효능, 관리비용, 주거개발, 도시크기의 경우와 같이 인간영역도 포함되어야 한다(Balser 1981, Davies & Glick 1978). 또한 조각의 전체 공간적인 배열과 큰 조각의 위치는 생물서식에 중요한 요소이므로 크기 및 숫자와 함께 생물보전지역을 설계할 때 필수적인 고려대상으로 제9장에서 다시 논의할 것이다.

조각의 크기와 생태계 과정

지금까지 논의한 경관조각의 크기에 대한 연구와 논의는 섬생물지리이론의 영향을 받아 대부분 생물종과 관련된 주제에 집중되어 있다. 그러나 경관조각의 크기, 형태, 배열은 생물활동의 기능적인 측면과 함께 제2장에서 논의한 바와 같이 태양 복사 에너지 분포, 바람방향과 속도, 토양이동, 영양소 순환, 수문체제 형성에 결정적인 요소가 된다(Hobbs 1993).

생산성과 생물량

경관조각의 크기는 여러 가지 과정을 통해서 생산성에 중대한 영향을 미친다. 이를테면 그림 5.11에서 보는 바와 같이 방풍림에 싸인 경작지는 크기에 따라 바람에 노출되는 위치가 달라질 뿐만 아니라 울타리가 이루어져 있는 경작지의 가장자리 부분에서 가속되는 풍속으로 곳에 따라 생산성에 차이가 생긴다. 일반적으로 바람의 가속은 토양의 수분을 앗아가고 온도를 낮춘다(Brandle 등 1988). 식물의 광합성 활동은 수분이용도와 온도에 예민하기 때문에 바람에 노출된 지역에서 생산성은 저하된다. 요컨대 생산성과 관련하여 내부면적과 가장자리 면적의 비는 경작지의 크기를 결정하는 제한요인이 될 수 있다. 따라서 특히 바람이 세찬 제주도에서 귤밭을 보호하기 위해 조성한 측백나무와 삼나무 방풍림으로 둘러싸인 경작지의 크기는 아마도 소유권과 밀접한 관계가 있겠지만 크기와 바람이 미치는 범위를 고려하면 효과를 더욱 증대시킬 수 있다(제8장 참조). 이 경우 알맞은 경작지의 크기결정에는 미기후와 이웃에 있는 숲의 특성까지 고려하는 것이 바람직하다. 이때 방풍림의 키뿐만 아니라 밀도와 풍향도 방풍장의 풍속분포와 바람이 미치는 범위에 영향을 주는 요소이기 때문에 고려해야 한다(Bird 1998, 윤진일 1999).

수목의 성장 또한 숲의 크기에 영향을 받는다. 일반적으로 숲의 주변부에 있는 나무들이 풍우나 인위적 화재 등 외부의 교란에 취약하다. 작은 숲에는 사람을 꺼리는 포식자가 적기 때문에 나뭇잎을 해치는 해충의 피해를 더 받는 경향이 있다(Loyn 1983). 절멸위기에 처한 습지식물도 연못의 크기가 작아짐에 따라 해충에 의해 피해를 입는 경우가 늘어난다(Leong & Bailey 2000). 또한 작은 서식처에서는 새들의 새끼가 기생충에 감염되고 둥지에서 포식되는 양이 늘어나서 번식률이 줄어드는 경향이 있다(Ambuel & Temple 1983, Wilcove 1985, Temple & Cary 1988). 조각이 클수록 토양자원 보존이 원만하고 영양소 보유능력이 크기 때문에(Ludwig 등 2000) 많은 경

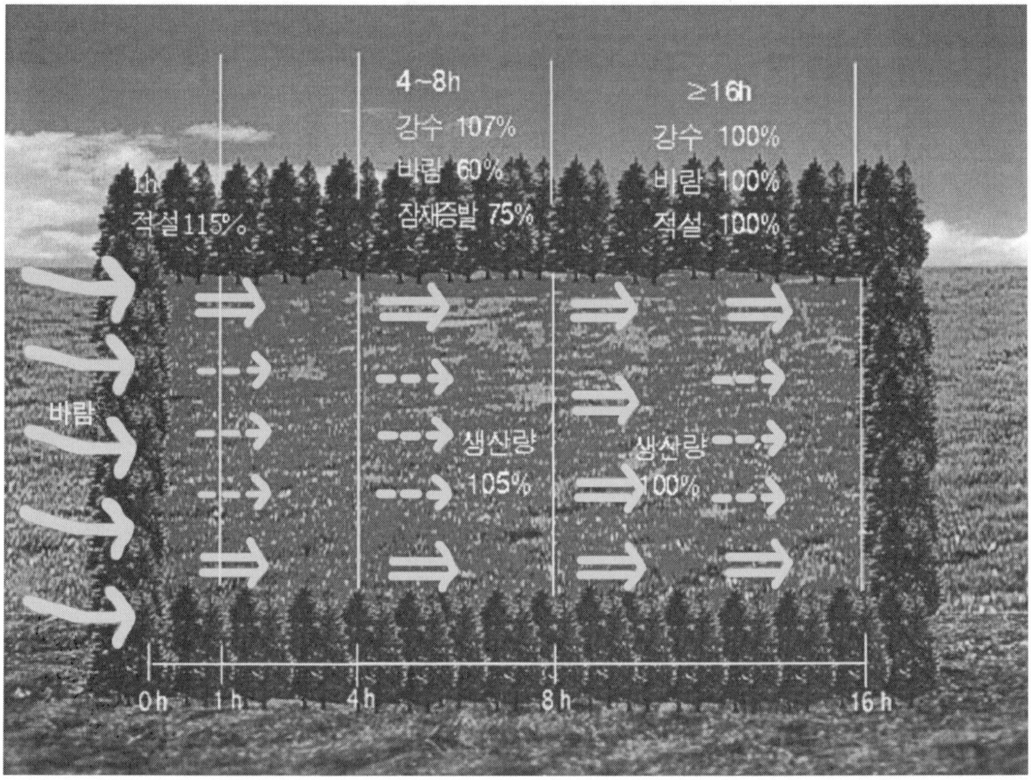

그림 5.11 방풍림의 키와 경작지의 증발산, 적설량 그리고 생산성의 대략적인 관계. h = 방풍림 키

우 큰 숲은 단위면적당 생산성이 상대적으로 높다.

절개지나 벌목지역에서 주변 지역으로부터 씨앗이 날아들어 천이가 진행되는 경우에도 벌목지역의 크기는 중요한 의미를 가진다. 매우 작을 경우에는 주변 수목이 만드는 그늘과 뿌리에 의한 경쟁 때문에 회복이 더디며(Bazzaz 1983, Forman & Hahn 1980, Pickett & White 1985), 너무 큰 경우에는 중심부로 바람이나 동물에 의한 씨앗의 전파가 어렵고 어린 식물들에게는 불리한 미기후가 형성되어 회복이 느려진다(Collingham & Huntley 2000). 숲에서 초식동물의 활동과 초식행위 자체도 고립된 지역의 숲의 크기나 숲틈의 크기에 영향을 받는다(Andren & Angelstam 1993).

요컨대 자연생태계에서 숲 조각의 크기에 따라 달라지는 미기후와 바람, 수분, 온도는 1차 생산자의 생산활동에 관여할 뿐만 아니라 씨앗의 이동방향과 교란파급에 영향을 미친다. 또한 기생충과 포식자의 행동에 영향을 주게 되어 초식동물의 수와 행동에 영향을 준다.

숲의 크기는 임업경영적 측면에서 고려해야 될 요소이기도 하다. 이를테면 벌목과 목재 운반 장비 사용, 식목과 벌목작업, 해충의 전파 등도 숲의 크기와 관련이 있다. 일반적으로 숲의 크기가 작아지면 수익성은 감소한다. 이런 이유 때문에 숲의 나무 모두 베기를 선호하는 경향이 있지만 다음에 언급할 침식과 영양소 유실문제, 회복비용을 고려하여 일부 면적을 남기는 방안도 검토되어야 할 것이다(Bormann & Likens 1979).

침식과 영양소 유실

일반적으로 경작지 면적이 클수록 바람과 지표수 흐름의 길이가 길어지기 때문에 토양입자가 침식될 가능성은 커진다. 흔히 사용하는 토양유실 예측공식은 단위면적에서 발생하는 토양유실량이 경사지 길이에 비례한다는 가정에 기반을 두고 있다(송동하 1999). 또한 큰 경작지에서는 물이 한 곳으로 집중되어 작은 도랑이 형성되기 쉽기 때문에 토양유실을 방지하기 힘들기도 하다(Dillaha 등 1989). 결과적으로 큰 경작지에서는 주변의 하천으로 유실되는 토양과 영양소량이 증가한다. 논밭갈이는 또한 침식을 증대시키기 때문에 환경을 고려한 적절한 면적을 생각하면 초지보다는 경작지 크기가 작아야 할 이유가 된다(Brady & Weil 1999). 프랑스에서는 생울타리를 제거하고 경작지 크기를 넓힘에 따라 토양과 영양소 유실량이 증대되었다(Burel 등 1993). 우리나라에서도 일제시대 이후 생울타리를 포함하는 숲띠가 점점 사라지고 있어 사회적 변화에 따라 일어나는 동·서양의 농업경관구조와 기능의 관계를 비교하면 흥미 있는 주제가 될 것이다(이도원 2000).

경관조각의 가장자리를 따라 바람과 물의 흐름이 가속되는 곳에서 벤투리 효과 때문에 침식과 영양소 유실은 증가된다. 이런 현상은 특히 과도한 초식이 일어난 목장의 가장자리 또는 밭의 입구에서 잘 관찰된다.

경작지로부터 유실되는 영양소는 가장자리에 있는 숲에 축적되기는 하지만, 이 효과는 숲의 크기를 결정할 때 고려되는 경우가 드물다. 벌목지의 크기와 임도건설 및 유지, 베어낸 수목의 적재행위는 침식과 영양소 유실에 큰 영향을 준다. 임도가 있는 작은 숲의 경우엔 전체 숲 면적에 대한 도로면적의 비가 커질수록 침식이 점점 심각한 문제가 된다(그림 5.12).

큰 숲틈에서는 증발산의 증가에 의한 토양수분 감소와 영양소 유실 등의 과정으로 변화된 환경조건 아래 미생물의 활동과 유기물의 분해가 느려지며 결과적으로 영양소 순환속도가 감소한다(Zhang & Zak 1995).

나무의 분포는 적설량과 유기물의 분포, 유기물의 탄소/질소함량 비 그리고 미기후에 영향을 주기 때문에 토양의 영양소 분포와 pH에 뚜렷한 영향을 준다(Van Miegroet 등 2000). 따라서 숲조각의 크기는 토양의 영양소 함량과 함수관계를 가진다(그림 5.13). 사바나 지역 토양의 질소함량을 연구한 여러 논문자료들을 비교분석해 본 결과 작은 숲 조각 내부와 외부의 토양 질소함량 차이가 적은 반면에 큰 조각에서는 그 차이가 컸다(Ludwig 등 2000). 작은 조각은 외부의 영향을 많이 받는 반면에 큰 조각 내부는 적은 간섭으로 천이의 후기단계에 나타나는 토양특성을 발전시킬 수 있기 때문에 그 결과는 당연한 것으로 보인다. 연구자들은 작은 규모에서 일어나는 영양소 변환과정은 생물, 지화학과 미세 지형에 의해 주로 영향을 받고, 반면에 큰 규모에서 일어나는 과정은 지형학, 수문학, 토양학적 과정에 주로 좌우되는 것으로 해석했으며, 이 견해는

그림 5.12 임도의 침식(경북 영일군 천령산)

제3장의 규모문제에서 다룬 내용과 일치하고 있다.

물과 수계

숲의 크기는 대수층[9]과 호수의 수량에도 영향을 주게 된다. 경관조각의 크기는 바람과 복사에너지의 특성에 영향을 주고, 이 과정은 증발산량을 조절함으로써 지표유출수의 특성과 지하로 침투되는 물의 양을 결정한다. 숲은 스펀지와 같이 빗물을 흡수하여 천천히 방출함으로써 홍수량을 줄인다(Bormann & Likens 1979, 제2장). 1차 하천 주변에 숲이 없거나 작은 숲만 있는 경

9) 대수층(aquifer)은 지하수를 보유하고 있는 지각층을 말한다.

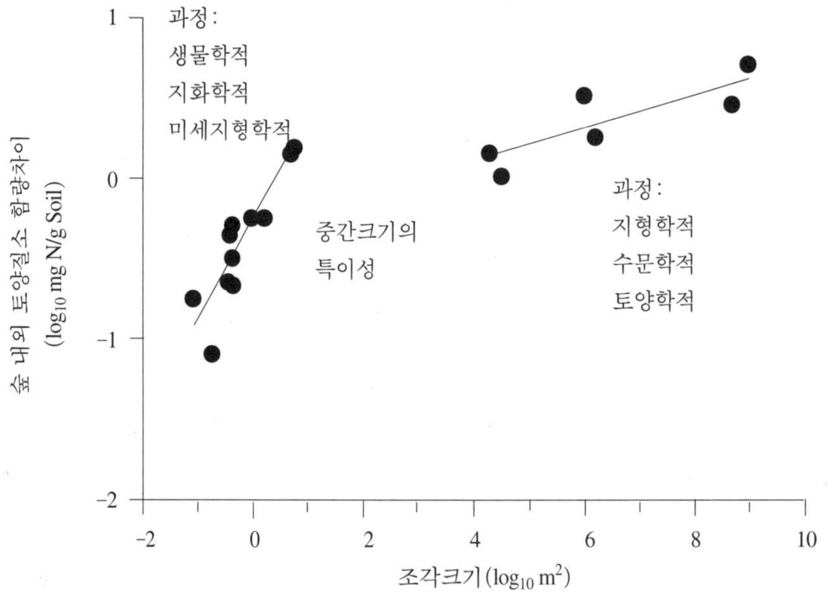

그림 5.13 크기에 따른 조각 내부와 외부의 토양 질소함량의 차이

우 토양의 물 침투 및 보유효과가 줄어들어 비가 올 때 지표유출수가 빠른 속도로 늘어난다. 이 영향은 2차, 3차 하천으로 파급되어 하류의 홍수 영향력은 커진다.[10] 작은 숲에서는 오아시스처럼 불어온 바람에 의해서 토양과 식생이 건조해진다(Kapos 1989).

그리하여 흐르는 물의 양은 주변 식생의 높이와 식생이 이루는 미기후에 의해서 영향을 받는다. 큰 경작지에서는 햇빛과 바람에 노출되어 단위면적당 증발산되는 물의 양이 크기 때문에 지하대수층으로 침투되는 물의 양이 줄어든다. 경작지의 길이나 너비가 주변에 있는 수목 키의 12~16배보다 작을 경우 강우량 중에서 지하수로 유입되는 물의 양은 증가하지만 그보다 더 큰 경우에는 오히려 증발산에 의한 물의 손실이 현저하게 증가한다(그림 5.11).

큰 숲은 1~3차 하천의 주변을 에워싸고, 주변 지역에서 몰려드는 물질을 여과하여 수량뿐만 아니라 수질을 보호한다(Malanson 1993, 이도원 1997). 하천변의 숲을 베어내면 육상에서 하천으로 이동하는 지표유출수에서 부유물질과 용존상태의 영양소량이 증가하고, 하천의 온도가 상승하여 하천의 오염상태가 증가한다. 하천 주변의 벌채는 하천망의 단절을 초래하여 상 · 하류로 이동해야 하는 물고기와 야생동물의 활동을 위축시킨다(Cargill 1980).

10) 하천 차수는 하천의 크기를 구분하는 하나의 방법으로 수원지에서 시작하는 하천을 1차 하천이라 하며, 1차 하천이 둘 만나서 이루는 하천은 2차 하천이 된다. 2차 하천으로 1차 하천이 유입되어도 여전히 2차 하천이며, 2차 하천이 둘 모이면 3차 하천이 된다. 1차 하천을 이루는 유역은 1차 유역이라 한다. 여기서 경관조각이 클 경우 이러한 낮은 차수들이 숲에 포괄되므로 서로 이어지게 될 가능성이 큰 것을 의미한다.

유역 전체에서 벌목에 의한 숲 크기의 축소는 하천의 유출량과 유출속도를 증가시키고 토사량을 증가시킨다(Hobbs 등 1993). 이 결과는 하류에 있는 저수지를 메워 저수량 감소의 원인이 된다. 벌채된 숲과 하천에서 일어나는 토양침식 증가 및 다른 물질의 이동량 증가는 하류 수질의 저하를 초래한다(Coats & Miller 1981). 투명도와 온도, 산소농도, 조류생산, 독성물질의 농도 등 수질도 비슷한 과정에 의해서 영향을 받는다. 또한 이웃한 하천에 과도한 퇴적물을 축적시키고 죽은 나무 공급을 감소시킴으로써 수서 무척추동물과 물고기 서식처에도 바람직하지 않은 결과를 초래한다(이도원 1997). 이러한 이유 때문에 유역이 클수록 하천에 서식하는 생물종의 종수는 증가하는 반면에 주변 지역이 불투성으로 덮인 면적이 넓어질수록 분류군의 풍부도가 감소한다(Karr & Chu 1999).

요컨대 위험요소의 전파를 생각할 때는 큰 것 하나보다 작은 것 여러 개로 분산하는 경우가 유리하다. 이를테면 화재와 태풍, 병충해 같은 교란이 빈번한 경우에는 농경이나 목재생산을 둘 이상의 경관조각으로 분산하는 것이 손실을 줄인다. 그러나 목재생산을 위해 관리하는 숲이나 농경지의 경우 작은 조각으로 나누어져 있을 때 작업을 위한 장비와 가축의 이동을 번거롭게 하고, 또한 관리과정에 경제적인 소모를 유발시킬 뿐만 아니라 생태계에 부정적인 영향을 주기도 한다(Baudry & Burel 1984). 이처럼 생산성과 물의 흐름, 영양소 순환, 토양침식 그리고 퇴적작용 등 생태계 과정이 경작지나 숲의 크기와 이루는 관계는 환경관리를 위해 연구할 가치가 있는 분야이다(Forman 1995).

큰 조각과 작은 조각의 다른 측면[11)]

조각의 기능은 어떤 경우에는 조각이 충분히 커야 유지될 수 있고 어떤 경우에는 작게 나뉘어도 연결성만 확보되면 충분할 수도 있다. 지금까지 주로 인공적 바탕에 둘러싸인 자연조각의 크기와 수가 자연조각의 운명에 어떤 의미를 가지는지 살펴보았다. 즉, 조각 내부가 외부로부터 받는 영향에 초점을 맞추었다. 거꾸로 조각의 크기와 수가 조각 외부요소에 어떤 영향을 주는지도 중요한 의미를 가지고 있지만 상대적으로 연구결과가 빈약하다. 따라서 여기서 자연요소에 둘러싸인 인공요소(인공호수)의 기능적 측면을 살펴봄으로써 조각의 크기와 수의 문제를 논의해 보자.

현재 우리나라에는 총 9개의 다목적 댐이 운영되고 있으며, 추가적인 댐들이 건설되고 있다(수자원공사 http://www.kowaco.or.kr). 이들은 보통 한국수자원공사와 건설교통부라는 중앙부처에서 진행하는 대규모 사업인 만큼 그로 인해 다목적 댐과 인공호수라는 비교적 큰 새로운 경관조각을 형성하게 됨으로써 주변 경관요소들과 새로운 입지관계를 형성한다. 이 경우 호수의 저

11) 이 부분은 99년 1학기 서울대학교 환경대학원 환경생태학 강의과제물로 진상현 군이 제출한 것을 필자가 개정한 것이다.

수용량뿐만 아니라 수면크기는 주변 육상생태계에 새로운 영향을 주는 요소로 등장하기 때문에 도입조각의 크기문제로 논의될 수 있다.

댐이라는 인공요소인 조각이 바탕인 자연요소 안에 도입되면서 바탕의 기상조건에 커다란 영향력을 행사한다면 그것은 크다고 볼 수 있다. 즉, 인공호수가 주변 바탕에 안개일수를 크게 증가시켜 일정 기간 이상 주변 바탕이 안개 속에 있을 정도로 일조량을 감소시키는 기상변화가 일어난다면 큰 조각이다. 반면에 전체적으로 동질적인 바탕의 기후에 영향을 끼치지 않는다면 작다고 할 수 있다.

그렇다면 수면조각이 큰 것이 좋은가 아니면 작은 경우가 좋은가 하는 의문도 제기된다. 이는 댐이라는 도입조각의 용도가 무엇이었는지에 따라 결정될 수 있다. 즉 댐은 용수를 공급하고 홍수를 조절하고 유홍지를 창출하기 위해 생겼으나, 안개일수의 증가는 전혀 바라지 않았던 결과이다. 이 안개일수의 증가는 일반적으로 주변 숲과 경작지의 1차 생산성을 저하시키는 등 부정적인 영향을 가진다. 따라서 우려할 정도의 안개를 발생시키지 않는 수준의 작은 댐이 바람직하다고 볼 수 있다. 같은 용량의 댐이라면 커다란 댐 하나를 만드는 것보다 작은 규모의 여러 개의 댐으로 나누어 분산시켜 놓는 것이 바탕에 주는 기상변화를 줄일 수 있다. 이 경우에는 하나의 큰 조각보다 여러 개의 작은 조각들을 만드는 것이 더 낫다. 이런 측면에서 어느 정도 크기의 댐이 바람직하지 않은 안개를 발생시키는지 규명하는 경관생태학적 연구도 필요하다.

마치며

우리가 관심을 가지는 조각은 인공요소들에 둘러싸인 자연조각일 수도 있고, 숲으로 이루어진 바탕에 싸인 마을과 도시 같은 인공조각일 수도 있다. 지금까지 논의한 내용들은 대부분 전자의 경우이며, 자연조각의 크기가 내용물에 줄 영향을 중심으로 다루었다. 그러나 후자의 경우도 중요한 의미를 가진다. 이 경우 인공조각의 크기에 따라 그 안에서 일어나는 과정에 주변의 자연바탕이 어떤 영향을 줄 것인지 질문할 수 있고, 반대로 인공조각에 의해서 자연바탕이 어떤 영향을 받을 것인지 물을 수도 있다. 이를테면 호수, 마을이나 도시의 크기 또는 면적이 주변 농경지나 숲의 특성에 어떤 영향력을 발휘할 것인지 검토해 볼 필요도 있다. 만약 지나친 크기의 도시가 바탕으로 자리하고 있는 지원면적의 부양능력을 넘어설 수 있다면, 그것은 환경계획과 설계 그리고 관리에서 반드시 고려되어야 할 중요한 변수가 된다.

만약 우리가 극단적으로 큰 숲 조각을 충분히 가지고 있다면 어느 정도 범위에서 일부의 큰 조각은 작은 조각들로 나누는 것이 사람의 관점에서는 좋을 것이다. 아마도 이 땅에서 근대화가 일어나기 전까지는 그런 상황이었는지 모른다. 숲을 생물활동에 필요한 물질과 정보를 만들고 또 받아들이는 하나의 경관조각으로 본다면, 도시는 사람과 문화적인 정보를 생산하는 경관조각이다. 서울과 같은 비대한 도시에서 주말이면 귀성객들이 체증을 겪는 모습은 지나치게 큰 조각의 역효과의 보기이듯이 지나치게 큰 숲은 외부와 상호작용이 적어진다. 이 상호작용의 위축은 외부의 교란으로부터 내부를 보호하는 반면에 바람직한 방향으로 유도할 수 있는 정보유입을 방해하기도 한다.[12] 표면적 또는 가장자리 크기와 체적 또는 면적의 비가 작아짐으로써 경계를 들고나는 물질과 정보의 소통을 저하시키는 현상을 겪기 때문이다.

그러나 지금 우리에게 너무 크다고 볼 수 있는 숲 조각은 더 이상 남아 있지 않다. 그런 까닭으로 파편화에 의한 경관조각의 왜소화는 오래 전에 우려대상이 되는 수준으로 넘어와 있다. 비대한 숲을 지나 왜소한 숲으로, 왜소한 마을을 넘어 비대한 도시로 발전되면서 숲과 도시는 서로 다른 방향의 극단적인 크기효과를 가지며 새로운 인간 문화의 교란요소로 등장하고 있다. 지금까지 논의해 온 것처럼 이 교란요소가 체계의 내부로 수용될 때 체계는 한 단계 높은 수준으로 올라설 여지가 있다.

또한 아직까지 경관조각의 모양과 크기 그리고 수에 대한 연구는 거의 대부분 평면적인 관점에 국한하여 이루어졌다. 그러나 경관요소들의 기능을 생각한다면 이 주제들에 대한 논의는 궁극적으로 3차원적으로 확장되어야 한다. 이를테면 오목지형과 볼록지형에 자리잡은 숲 조각의 내부/가장자리 면적비와 그 안에서 일어나는 과정은 분명히 차별성을 가질 것이다. 뿐만 아니라 인공경관이 대기와 맞닿는 표면이 어떤 형태를 이루고 있느냐에 따라 기능은 크게 달라질 것이다. 이러한 부분을 수용한 개념으로 경관생태학이 성숙하기까지는 좀더 긴 시간이 필요하며, 그 개념발전에 해야 할 공헌은 우리가 안고 있는 숙제다.

보기에 따라 경관조각의 극단적인 연장형으로 볼 수 있는 통로는 그 모양 때문에 매우 넓은 가장자리를 가지고 그 결과에 생태적 과정이 크게 영향을 받는다. 경계와 가장자리는 이러한 이질적인 경관요소들이 있는 이상 필연적으로 토지 모자이크 곳곳에 자리하는 요소이다. 다음 장에서 선형적인 요소인 통로의 특성을 살펴본 다음 경계와 가장자리를 살펴보기로 하자.

상자글 1

큰 조각과 작은 조각의 생태적 가치

큰 조각

1. 대수층과 호수의 수질보호에 유리하다.[13]

---

12) 병충해와 산불방지 그리고 목재운반의 편의를 내세우며 임도설치를 옹호하는 임학가들의 주장이 과연 비용 편익분기점에서 어디에 더 큰 비중으로 작용하는지 따져 보아야 할 일이지만, 주장의 원리는 큰 조각 안으로 유익한 정보의 유입을 원활하게 하자는 것이다.

13) 식생지대는 지표수, 지하수, 바람에 의해 운반되는 물질을 여과시킬 수 있어 주변 지하수와 지표수를 보호하는 기능을 가지는데, 이에 대한 기작은 제6장 통로의 여과기능에서 자세히 다룬다(이도원 1997 참조).

2. 차수가 낮은 하천의 연결성을 보장하여 물고기와 육상생물의 이동을 원활히 한다.[14)]
3. 조각 내부 종의 개체군을 유지하는 데 필요한 서식처를 제공한다.[15)]
4. 행동권이 큰 대형 척추동물을 위한 핵심서식처와 피신처를 제공한다.
5. 주변의 바탕이나 작은 조각으로 전파될 종의 공급원이 되어 메타개체군 유지에 공헌한다.[16)]
6. 여러 개의 서식처를 필요로 하는 종들에게 다양한 미소서식처를 제공한다.[17)]
7. 교란에 적응되어 오히려 교란이 필요한 생물들에게 자연교란에 가까운 체제를 제공한다.[18)]
8. 환경변화에 흔히 일어나기 쉬운 종의 사멸을 완충해 준다.

작은 조각

1. 내부 종이 국부적으로 사멸한 다음 피신처가 되며 재정착을 위한 이주와 전파가 필요할 징검돌과 통로역할을 한다(Shafer 1995, Falkner & Stohlgren 1997).
2. 가장자리 종의 다양성과 큰 개체군을 유지시켜 큰 조각과 다른 생태관광자원을 제공한다.
3. 바탕의 이질성을 증대시켜 토양침식을 감소시키고, 피식자가 포식자로부터 피할 수 있는 공간을 제공한다.
4. 작은 조각에 특별히 서식하는 생물을 보호한다.[19)]
5. 흩어져 있는 작은 서식처와 희귀종을 보호한다(Shafer 1995).

---

14) 경관조각이 클 경우 이러한 낮은 하천 차수들이 숲으로 덮이고 서로 이어지게 될 가능성이 큰 것을 의미한다.

15) Bender 등 1998, Peck 1998.

16) Harrison & Fahrig 1995. 메타개체군 개념은 제1장과 8장에서 간단히 소개하며, 김진수(2000)에서 참조할 수 있다.

17) 어떤 생물들은 생활사에 따라 다른 서식처로 옮겨가며 살기 때문에 이질적인 공간이 필요하다(Law & Dickman 1998). 일반적으로 큰 조각은 전체가 일률적인 식생이나 공간요소로 구성되는 것이 아니라 천이과정이 다른 역동적인 조각들로 이루어져 이런 생물에게 유리하다(Kindvall 1996).

18) 어떤 종이 모든 조각에 서식하고 있어 교란에 의해 한꺼번에 절멸이 일어나지 않도록 보장하는 자연보전지구의 크기인 최소역동면적(Pickett & Thompson 1978) 안에 교란과 교란에 적응한 종이 수용되며 작은 조각에서는 가능성이 희박해진다.

19) 이를테면 유럽연못개구리(Europe pond frog, *Rana lessonae*)는 큰 못에서는 포식성 창꼬치(pike, *Esox lucius*) 때문에 견뎌 내지 못하여 작고 얕은 연못에서만 발견되며, 일부 작은 연못에서는 겨울 추위 때문에 생식과정의 실패로 사멸되지만 인접한 작은 조각으로 옮겨 살면서 존속한다(Harrison & Fahrig 1995).

6. 병충해 전염을 일부 작은 조각에 제한하여 위해요소를 분산시킬 수 있다.
7. 내부접근이 용이하여 효과적으로 관리할 수 있다.
8. 일반대중의 심리적 안정과 교육자원 그리고 과학자들의 연구를 포함하는 사회적 가치가 크다(Shafer 1995).

출처: Forman 1995 & Shafer 1995 종합과 재해석.

상자글 2

섬생물지리이론이 경관계획에 이용되지 않는 까닭

1. 생물서식처를 둘러싸는 바탕은 섬생물지리이론에서 고려한 바다와 다르다(Gilbert 1980, Burgess 1988, Knaapen 등 1992). 섬에 서식하는 생물에 대한 바다의 격리효과가 강하지만 육상서식처에서 대부분의 생물은 바탕을 가로질러 이동하며, 이웃한 경관요소가 종의 주요 공급원이 된다. 경관바탕은 작은 공간규모에서 서식처를 제공하고, 보호구역의 효력을 증대시키며, 또한 경관의 연결성을 통제함으로써 생물 다양성 보존에 중대한 역할을 한다(Franklin 1993). 서식처와 바탕의 상대적인 대비에 따라 생물행동에 미치는 경관조각의 크기는 섬의 크기와 다른 효과를 가진다.
2. 서식처 조각이 이질적인 요소들로 이루어져 있는 경우가 대부분이며, 생물들은 이러한 이질적인 환경에서 생존하며 이동하는 기작을 진화시킨다(Middleton & Merriam 1983). 또한 조각 내부의 교란이 종수 증감의 주요 변수로 작용하기 때문에 경관계획에서는 서식처의 나뉘는 정도, 베타-다양성, 서식처 다양성에 대한 고려가 필요하다(Pickett & Thompson 1978).
3. 섬생물지리이론은 조각크기가 달라짐에 따라 나타나는 종의 손실과 같이 면적의존적 유형을 설명하는 기작을 고려하지 못하고 있다.
4. 도래나 사멸률보다 가장자리 효과와 내부면적에 대한 가장자리 면적의 비가 종 - 면적 관계를 설명하지만 섬생물지리이론은 그 부분을 반영하지 못한다(Smith & Vankat 1992).
5. 초기 정착종이 나중에 들어오려고 하는 종들의 유입을 방해하는 역할이 면적효과보다 더 크지만 고려가 없다(Lack 1976).
6. 육상에서는 조각모양이 다양하며 종수의 결정요소로서 조각크기보다 강조되지만,

섬생물지리이론은 그 영향을 고려하지 않고 있다(Schonewald-Cox & Bayless 1986).

7. 섬생물지리이론은 모든 종의 숫자에 관심을 가짐으로써 각 종의 특징을 고려하지 않고 종의 조성과 특별한 중추종에 배려가 없이 모든 종의 이입과 사멸확률이 같다고 간주하고 있으나 이는 현실과 다르다(Lovejoy & Oren 1981).
8. 교란되지 않은 곳에서 생물번식에 필수적인 서식처가 무작위적으로 분포되어 있지 않기 때문에 보존지역의 최소면적이 섬생물지리이론으로 정해질 수 없다(Zimmerman & Bierregaard 1986).

참고문헌: Shafer 1990, Angelstam 1992, Forman 1995 수정.

상자글 3

자연보전지구 설계지침

앞에서 논의한 바와 같이 자연보전지구 설계에서는 조각의 크기와 수가 중요한 논점이며, 이와 관련하여 섬생물지리이론에 기반한 자연보전지구 설계지침(Diamond 1975)이 널리 알려져 있다. 그러나 그것의 일부에 대해서는 여전히 논란이 계속되고 있고 또 현장자료에 의해서 뒷받침되지 않고 있다. 최근에 서식처 이질성과 인간의 영향을 고려한 포괄적인 지침이 제안되어 참고할 만하다(그림 5.14).

A: 전체 유역, 이주로(migratory route), 섭식장소(feeding grounds) 등은 보존지역 내부에 있는 것이 더 낫다.

B: 큰 것은 작은 것보다 더 낫다. 특히 넓은 지역을 필요로 하는 큰 포유동물에게는 더욱더 그러하다.

C: 파편화되지 않은 경우가 파편화된 것보다 더 낫다.

D: 면적이 같을 경우에는 숫자가 많은 것이 더 낫다.

E: 서로 멀리 떨어져 있는 경우보다 보존지역들이 서로 가까이 있는 경우가 더 낫다. 서로 가까이 있을수록 생물종들이 같은 종류의 보존지역으로 용이하게 이주할 수 있기 때문이다.

F: 그러나 거리에 대한 문제는 재난, 질병, 인간의 개발, 더 높은 서식처 이질화 가능성, 그에 따른 생물종수의 증가, 내부에 있는 특정한 종의 유전적 다양성 증대와 관련하여 더 많은 논거를 두고 있다.

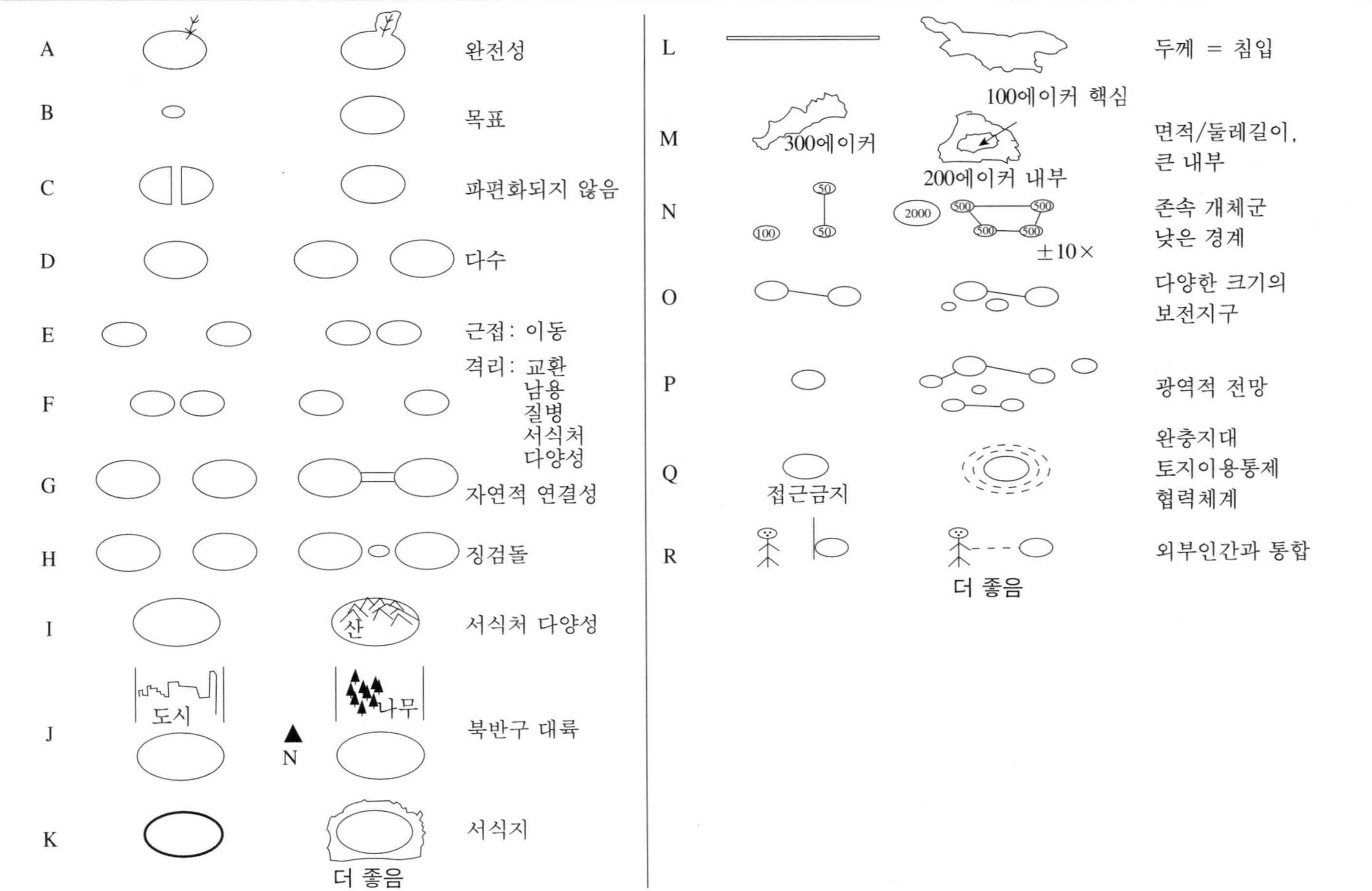

그림 5.14 보전지구가 농경, 목장 또는 공업발달과 같은 인간활동으로 야생동물들이 살 수 없는 바탕으로 둘러싸인 경관조각으로 보고 섬 생물지리이론과 서식처 이질성을 고려하여 제안된 보전지구 설계지침. 일반적으로 오른쪽 경우가 왼쪽 경우보다 낫다.

G: 자연적 연결성, 즉 이용가능한 통로들을 유지하는 것이 훨씬 더 좋은 대안이다.

H: 작은 징검돌 모양의 보존지역이 있는 경우는 없는 것보다 낫다.

I: 서식처 이질성이 높은(예를 들어 산, 호수) 보존지역은 더 많은 종류의 서식처를 가지기 때문에 더 많은 종들을 보유한다. 또한 산이 제공하는 높은 다양성은 기후변화 적응에 도움이 된다.

J: 대륙규모의 서식처 통행로(habitat passageway) 방해는 잠재적인 기후변화에 치명적이다. 이는 특히 고위도로 갈수록 심하다.

K: 투과성이 있는 가장자리는 자연보전지구의 경계를 지나는 동물의 이동을 촉진한다. 가장자리의 급격한 변화 정도와 너비, 수직구조, 자연적 불연속성이 투과성에 영향을 준다(Forman & Moore 1992).

L: 매우 좁은 보존지역(예를 들어, 대략 너비 200~500m)은 새 둥지의 포식자나 잡종에 의한 침략을 촉진할 수 있다(Wilcove 등 1986).

M: 위와 유사한 핵심 '내부 산림'(core "interior forest")이 없거나 아주 적은 보존지역에는 일부 이주성 새들에게 필요한 장소가 없을 수도 있다. 또한 이론과 일부 모형은 면적 - 둘레길이 비가 더 높을수록 외부 영향들을 완충하고 경계를 지나는 동물의 이동을 촉진하는 데 더 나을 수 있다.

N: 최소존속면적의 한계에 대한 사려 깊은 예측은 개체군이 존속할 수 없다고 가정하는 것보다 더 낫다. 그러나 보편적으로 적용되는 하나의 값이나 '마법의 수(magic number)'는 없다(Soule 1987)는 것을 유의해야 한다. 이는 보존지역의 해체를 위한 충고가 아니라 필요한 대로 보존지역을 연결하라는 뜻이다.

O: 작은 보존지역은 일부 종들을 위한 보존지역체계에서 유용한 성과를 제공할 수 있다.

P: 지엽적인 전망보다는 광역적인 전망을 가지는 것이 보존지구의 생물상을 보존하는 데 결정적이다.

Q: 완충지역/보존지역 경계 외부의 토지이용규제 또는 협력적 지역계획은 인간 영향을 최소화하는 데 결정적이다.

R: 자연보전지구를 하나의 섬으로 간주하거나 그것의 경계를 가파른 절벽으로 간주하지 않기 위해 보존지역 외부의 개체군은 사회 · 경제적으로 보존지역 관리계획과 결합되어야 한다. Q와 R과 같이 단지 생태적 이론만이 아니라 사회과학의 적용은 자연보존지역 계획의 가장 중요한 도전과제들 중의 하나이다.

제6장

통 로

시작하며

자연에서는 하천이나 산능선, 동물이동로와 같은 선형요소가 생긴다. 사람들은 전선이나 송유관, 가스관, 돌담, 생울타리, 도랑, 등산로, 고속도로, 철로와 같은 선형의 경관요소를 만든다(그림 6.1). 일반적으로 자연통로는 곡선이고 연속적인 경향이 있는 반면에, 인공통로는 직선이며 곳곳에 틈이 많이 있는 것을 관찰할 수 있다(Forman 1995). 또한 자연통로에 비해서 인공통로는 너비가 좁고 유지비용이 많이 든다. 이러한 구조적인 대비는 자연적으로 발생하는 통로와 인간이 만드는 통로의 중심기능이 다름을 의미한다.

통로는 수평적인 크기와 형태에 따라 몇 가지 유형으로 나누어 볼 수 있다(Noss 1993, Forman 1995). 전선이나 송유관, 담이나 성곽과 같이 너비가 거의 면적을 차지하지 않을 정도로 좁은 경우는 선 통로라고 한다.[1] 선 통로보다 넓고 너비가 생태적으로 의미를 가지는 경우는 띠 통로이다(그림 6.2). 가장자리와 내부를 구분할 수 없을 정도로 너비가 좁아 통로를 가로질러 생물종의 구성이 일정한 경우는 좁은 띠 통로(협폭통로, 峽幅通路)라 한다. 대부분의 좁은 길과 울타리, 배수로, 관개수로, 고속도로 등이 여기에 포함된다. 넓은 띠 통로(광폭통로, 廣幅通路)의 경우는 너비가 충분히 넓어 가장자리에 사는 종과 내부에 사는 종의 특징이 다르다. 네 번째 유형으로 구분되는 넓은 가로와 가로수 그리고 넓은 하천과 수로 주변을 따라 형성된 숲을 포함하는 경우는 대부분 아래에서 설명하는 바와 같은 오목과 볼록을 포함하는 혼합통로이며, 경관에서 특히 다양한 너비로 나타난다.

1) 다른 책에서는 여기서 설명하는 '좁은 띠 통로'와 '넓은 띠 통로'를 각각 line corridor와 strip corridor라는 명칭으로 구분하고 있으나 적절하지 않아 고쳤다(Noss 1993, Forman 1995).

가 나
다 라
마 바
사

그림 6.1 경관에서 볼 수 있는 통로요소

그림 6.2 너비와 형태에 의한 통로의 구분

통로의 표면특성은 주변과 구별된다. 이러한 특성은 통로와 주변의 상대적인 높이에 의해서 오목통로 또는 낮은 통로와 볼록통로 또는 높은 통로로 나눌 수 있다(Gates 1991). 오목통로는 주변 바탕보다 낮다. 숲 사이로 난 대부분의 도로나 철도, 도랑, 가축의 통로, 등산로, 동물이동로, 대형 가스 파이프 등에서 보기를 찾을 수 있다. 볼록통로는 주변 바탕보다 식생의 키가 큰 통로로 생울타리가 대표적이다. 물길을 따라 식생대가 형성되어 있는 하천통로의 경우에 식생의 키는 주변보다 작은 경우도 있고 큰 경우도 있다. 평지에 둑을 쌓고 만든 도로와 철도는 볼록통로가 될 수도 있다.

하천통로는 세계 곳곳에 존재하며 여러 가지 독특한 생태학적 기능을 가진 중요한 자원으로 여러 권의 책에서 독립적으로 다루어졌다(Naiman & Decamps 1997). 한편 방풍림(windbreak)[2] 또는 보호숲띠(sheltbelt)는 유럽과 미국에서 가치가 인정되면서 농업관계 학술회의의 특집으로 다루어질 정도로 연구되었다(Johnson & Beck 1988). 도로는 전세계적으로 큰 영향력을 가지는 통로이기 때문에 최근에 도로생태학(road ecology)이라는 새로운 용어가 생길 정도로 환경문제와 관련하여 생태학적인 관심을 끌고 있다(Forman & Alexander 1998, Trombulak & Frissell 2000을 포함하

---

2) 흔히 우리가 방풍림이라고 부르는 것은 단순하게 바람을 막기보다는 바람을 갈무리하고 여과할 뿐만 아니라 특성을 바꾸는 기능을 가지고 있다. 따라서 풍수에서 藏風得水라고 하는 이치를 고려하면(한동환 등 1994) 장풍림이라는 이름이 더 적당할 것이다.

는 *Conservation Biology* 14권 1호 특집(2000)). 하천과 방풍림의 특징을 연결시킨다고 볼 수 있는 식생완충대 또한 최근의 중요한 연구주제가 되어 많은 자료가 축적되었다(Haycock 등 1997).

최근에 발간된 경관생태학 책(Forman 1995)에서는 하천통로와 방풍림을 각각 독립적인 장으로 소개하고, 도로와 동력선은 통로의 일반특성에서 가볍게 다루어 책의 구성을 어색하게 만들었다. 여기서는 통로의 일반특성의 이해를 돕는 수준에서 개별 통로요소들을 간략히 소개하고 자세한 논의는 언젠가 독립적인 책으로 다룰 예정이다.

통로 내부와 외부구조

통로기능에 중대한 의미를 가지는 구조의 특성은 3가지 범주로 나누어 생각할 수 있다. (1) 너비특성은 통로를 가로질러 나타나는 환경경사(environmental gradient)와 여러 가지 다른 이웃한 생태계의 영향을 포함한다.[3] (2) 도로나 도랑, 담, 둑, 큰 하천 또는 넓은 통로의 경우에는 중앙부에 뚜렷한 내부 실체를 포함한다. (3) 식물과 동물군집의 특성은 종의 풍부도와 조성 그리고 빈도와 함께 수직구조를 포함한다. 너비와 내부 실체 그리고 내부 환경의 존재는 통로기능을 조절하는 핵심적인 공간변수이다(Forman 1995).

이 특징들의 중요성은 통로식생의 높이가 주변 지역보다 높든 낮든 상관 없이 근본적으로 같다. 그러나 통로와 바탕 사이에 있는 식생의 키 차이는 둘 사이에서 일어나는 상호작용의 속도와 방향에 영향을 준다. 통로가 바탕보다 낮을 경우와 반대의 경우가 있으며, 그러한 구조는 통로의 특성을 결정한다.

핵심구조특성에는 길이와 곡률(curvilinearity), 내부 실체에 대한 상대적인 배열, 통로를 따라 나타나는 이질성의 존재와 환경경사 등이 있다(그림 6.3). 너비는 통로길이를 따라 변하며 협소한 곳과 틈도 있다. 틈은 통로의 연결성에 영향을 준다.[4] 연결성과 틈 주변 지역의 안정성은 통로기능에 핵심적인 요소이다(Forman 1995). 그러나 통로의 기능을 결정하는 데 중요한 변수는 그 자체의 내부적·외부적 구조뿐만 아니라 이웃한 바탕과 조각 그리고 환경조건이다(Noss & Harris 1986, Henein & Merriam 1990, Forman 1995).

통로의 주요 기능

통로는 서식처, 도관, 장벽, 여과대, 공급원, 수용처라는 6가지의 기본적인 기능을 가지고 있다(그림 6.4). 통로가 일부 생물들의 중심 서식처가 된다는 것은 쉽게 이해가 되지만 이에 대한

3) 환경경사는 두 지점 사이의 온도나 수분 등이 비교적 일정하게 변할 때 그 변화 정도를 가리키는 말이다.

4) 생물에 대해 논의할 때 연결성은 연결거리의 기능적인 속성으로 자원조각(rescource patch)과 개체군 사이에서 개체의 이동을 용이하게 하거나 방해하는 정도를 말한다(Merriam 1984, Taylor 등 1993, Pither & Taylor 1998, 제1장 참조).

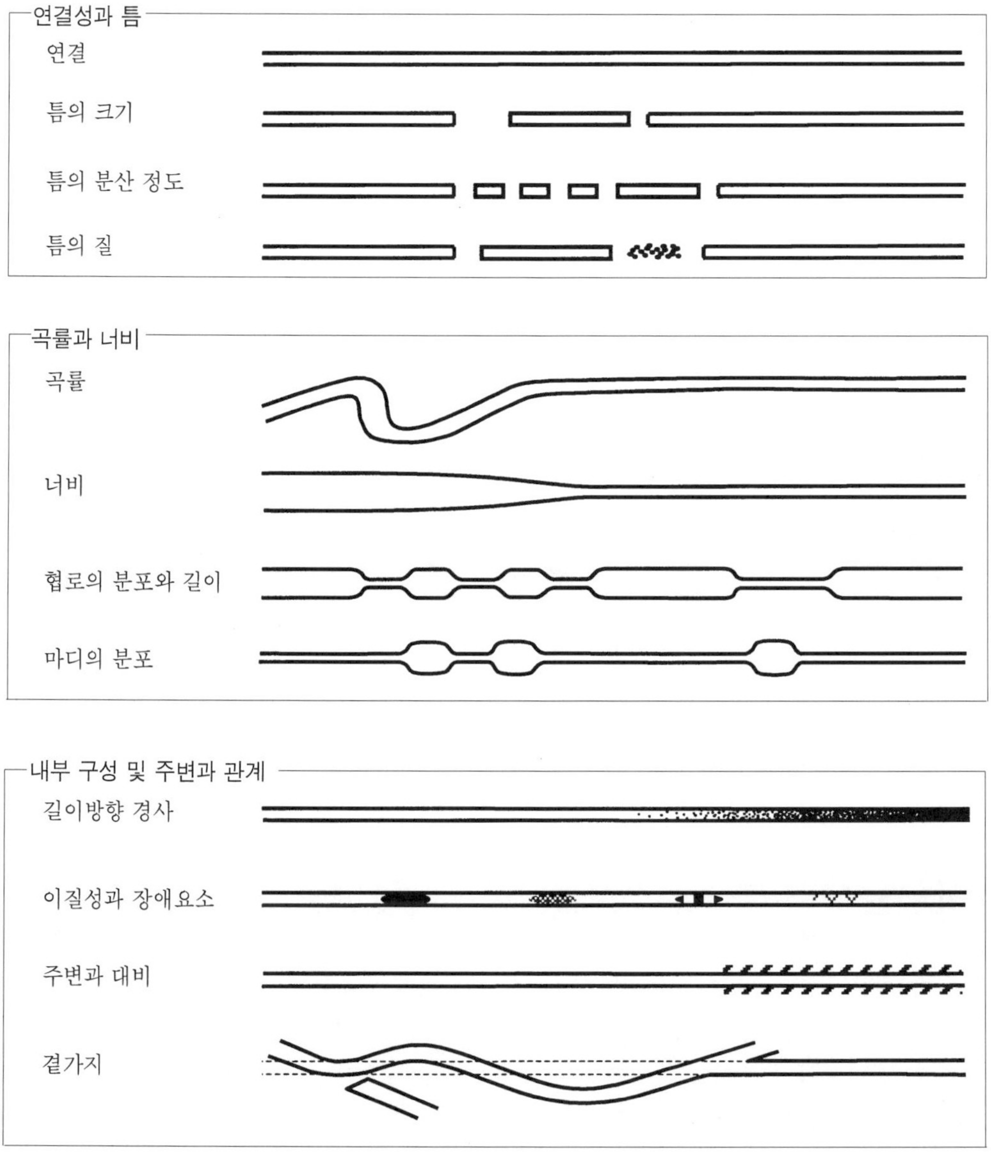

그림 6.3 통로의 구조적인 특성

연구는 많지 않다(Rosenberg 등 1997). 도관기능은 하천과 도로통로에서 많이 연구되었으며, 도로를 가로질러 이동하는 생물에 대한 장벽기능 또한 보존생물학 문헌들에서 쉽게 찾아볼 수 있다. 여과기능은 방풍림에 대해서 이루어진 연구가 많다. 공급원과 수용처 기능은 개념적으로 이해가 되지만 아직 연구자료가 많지 않은 편이다.

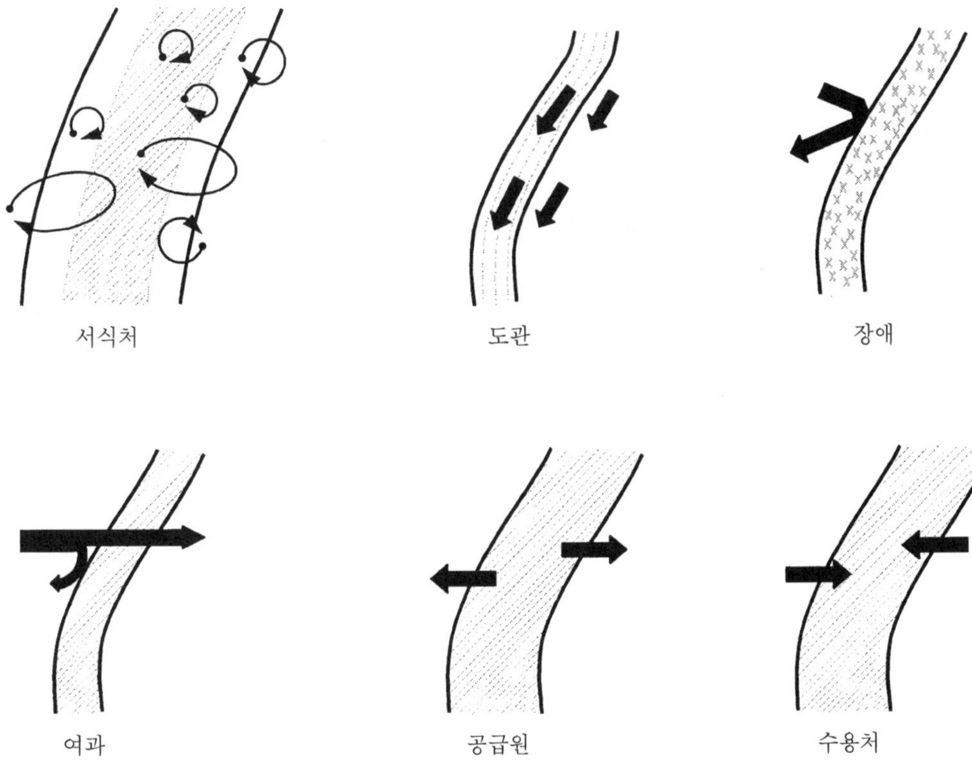

그림 6.4 통로의 주요 기능

서식처

서식처는 식물, 동물, 사람이 사는 장소를 말한다. 중요한 통로서식처의 보기로는 산능선, 생울타리, 하천을 꼽을 수 있다. 막대한 설치비용 이상으로 인공통로의 효과가 있는가 하는 의문이 제기되기도 하지만, 잘 설계된 통로는 조각 사이의 개별 생물이동을 연결하고 통로 안에 서식하는 개체군 사이의 유전자 흐름을 용이하게 하는 것으로 알려져 있다(Bennett 1990, Downes 등 1997a, Rosenberg 등 1997, Beier & Noss 1998). 미국의 경우 방풍림에서 다람쥐와 새, 포유동물의 분포에 대한 조사가 있었으며(Johnson & Beck 1988), 식생으로 이루어진 통로는 새끼치기, 휴식, 은폐공간과 먹이자원을 제공하는 주요 서식기능을 가지고 있다(Robertson 등 1990, Cable 1991). 하천변을 따라 형성된 숲 통로는 물고기의 서식에 중요한 요소가 된다(Jones 등 1999). 이러한 기능은 통로의 너비와 줄의 수, 식물 다양성, 높이, 임관의 닫힌 정도,[5] 짜임(configuration), 죽은 나무의 존재, 이웃한 섭식장소 그리고 뜯어 먹힌 정도에 따라 달라지므로 인위적인

5) 숲의 상층부가 빛을 가리는 정도와 비슷한 의미를 가지며, 울폐도(鬱閉度)라고도 한다. 제3장에서 설명한 엽면적지수가 높고 공간적으로 고루 분포하면 임관의 닫힌 정도가 크다.

조성과 관리가 필요할 때는 설계의 변수로 사용된다(Cable 1991).

특히 일부 양서류와 파충류는 전 생활사에 필요한 자원을 식생지대로 이루어진 통로에서 모두 찾을 수 있기 때문에 통로가 중심적인 서식처로서 기능을 하지만, 많은 생물들의 경우 생활사의 일부만을 통로에서 보내는 경우가 흔하다(Burbrink 등 1998). 어떤 지역의 고유 수종으로 이루어진 숲이 남아 이루어진 통로가 아니라면 희귀종을 보기는 쉽지 않다. 따라서 통로에서는 숲의 가장자리에서 흔히 보기 쉬운 일반적인 특성을 가진 생물들을 접하기 쉽다(Forman 1995). 다양한 서식처로 옮겨 가는 생물이나 침투력이 강한 도입종들도 통로에서 많이 볼 수 있다. 이어져 있는 하천변의 숲이나 고립되어 있는 식생지대는 철새들이 거쳐 가는 서식처 기능을 한다(Skagen 등 1998).

통로를 가로질러 살펴보면 여러 가지 이질적인 조각들이 많을 뿐만 아니라 환경경사를 포함하고 있다(Busack & Hedges 1984). 어떤 통로에는 바람이 지나가는 내부통로가 있는 경우가 있다. 그런 환경에서는 통로 내부에 어떤 동물의 이동을 저해하는 장벽이 많은 편이라 전체적으로 서식하는 생물개체군 사이에 유전적인 변이가 심하고 다양한 생물들이 방문한다. 그러나 이런 곳에서는 급격한 환경경사와 끊임없이 지나가는 동물들의 발길, 먼지 그리고 강한 열 등의 교란에 견딜 수 있는 생물들만이 서식한다(Forman 1995). 아울러 많은 경우 통로의 서식처 기능은 아래에서 설명할 도관기능과 섞여 있을 것으로 추측된다.

선 통로는 가장자리를 좋아하는 생물들에 의해서 우점되는 반면에 충분히 넓은 띠 통로의 중심부는 내부 종에 의해 점령된다. 남아 있는 띠 통로에 있는 종은 조각의 가장자리나 틈에 있는 생물들과 비슷하다. 그러나 작은 하천이나 가로수로 이루어지는 띠 통로는 수관부가 이어져 있느냐 틈이 많으냐에 따라 서식하는 생물이 다르다. 우리나라의 경우 하천 제방이나 가로수가 서식처 기능을 할 수 있도록 식목사업을 해야 할 뿐만 아니라 충분히 넓은 가로수 유지가 필요하다(이도원 1997).

도 관

사람은 걸어서 또는 자동차나 기차에 실려, 상품은 화물차에 실려 도로를 따라 이동한다. 물과 토사, 영양소, 유기물은 중력에 의해서 하천통로를 따라 운반된다. 에너지와 바람, 식물의 씨앗, 동물 또한 통로를 따라 이동한다. 이처럼 통로는 이들 객체들의 이동을 용이하게 하므로 도관기능을 가진다(이도원 1997, Rosenberg 등 1997, Tischendorf & Wissel 1997, Beier & Ross 1998).

이러한 요소들이 통로를 따라 흐름으로써 움직임에 필요한 에너지 효율을 높이고 또 주변지역을 보호한다. 이를테면 사람들이 등산로를 따라 이동하는 것이 편리하지만 등산로를 벗어나면 움직임이 어려워질 뿐만 아니라 주변 지역의 훼손을 유발시킨다. 수로를 따라 흐르는 지표수나 지하수는 물을 이동시키면서 물과 수변에 있는 서식처를 유지한다. 또한 수로는 주변의 미생물과 식물뿌리의 흡수, 동물의 소비과정에 의해 물에 있는 물질을 제거함으로써 깨끗한 물을 식물이나 동물, 사람에게 제공한다(이도원 1997).

통로는 또한 식물이 전파되는 경로가 되지만 그에 대한 정량적인 자료는 많지 않다(Stohlgren 등 1998). 이를테면 코스타리카의 농업경관에서 방풍림은 씨앗의 전파를 증가시켰다(Harvey 2000). 흔히 포식자와 사냥꾼들이 길목에서 사냥감을 노리는 행동으로 보아 통로는 동물이동로가 되는 것도 분명하다(Gates 1991, Naiman & Decamps 1997, Haddad 1999a, b, Haddad & Baum 1999). 미국 동부 애팔래치아 산맥(the Appalachians)에 설치된 동력선을 따라 이루어진 여러 선의 좁은 통로는 높은 1차 생산성 그리고 주변과 이룬 강한 대비로 작은 포유동물들의 이동을 유도했다(Gates 1991). 네덜란드의 도로통로를 따라 있는 길섶(roadside verge)도 넓을수록 더 많은 소형동물이 전파하는 통로가 되었다(Vermeulen & Opdam 1995). 프랑스 동남부에 있는 가롱 강(Garonne River)을 따라 일어난 새들의 이동이 보고되었으며(Decamps 등 1987), 캐나다 앨버타(Alberta)에서는 이웃한 숲을 베어내기 전후에 어린 새들의 이동이 하천숲띠를 따라 증가하였다(Machtans 등 1996). 미국 조지아 주에서는 통로로 연결된 서식처가 연결되지 않은 서식처보다 높은 밀도의 나비개체군을 유지하여 통로를 통한 이동을 증명했다(Haddad 1999b, Haddad & Baum 1999). 사람들은 통로를 따라 이동하는 경향이 있지만 도관기능에 알맞은 표면상태를 가지지 않으면 오히려 다른 쪽으로 이동경로가 유도되기도 한다(그림 6.5).

이와 같이 통로는 특성이 다른 조각들을 이음으로써 하나 이상의 서식처 형태를 필요로 하는 동물들의 이동을 돕는다. 사람의 교통과 통신수단은 통로를 따라 물질과 정보를 이동시킨다. 이 모든 경우 도관기능은 통로의 이쪽과 저쪽에 있는 조각을 연결하여 서로 관계를 맺게 하는 것이기도 하니, 다른 말로 연결(connection)이라고 해도 좋을 것이다. 도관이라는 말이 통로 자체에 국한시킨 기능을 가리킨다면, 연결이라는 말은 암묵적으로 통로와 다른 요소들을 동시에 고려하므로 경관이라는 맥락 안에서 통로를 생각하는 데 적절한 용어이다.

그러나 많은 경우 통로의 도관기능이 반드시 사람에게 좋은 효과를 발휘하지 않고 그에 대한 비용을 지불하게 한다(Simberloff & Cox 1987, Simberloff & Cox 1987, Simberloff 등 1992, Rosenberg 등 1997). 병원균이나 해충, 도입종, 불, 교란요소 등의 위해요소 또한 통로를 따라 용이하게 이동한다(Noss & Cooperrider 1994). 제1장에서 언급한 것처럼 1800년대 미국지역에서 발생한 콜레라는 하천통로를 따라 전염경로가 형성되었다(김형국 1997, 104쪽 재인용). 이는 아마도 통로를 따라 이루어진 확산, 덩어리 흐름 또는 인공운반기구 및 보균자에 의한 병원균의 용이한 이동이 원인일 것이다. 도입생물들도 하천통로를 따라 전파되는 경향은 흔히 볼 수 있다(Stohlgren 등 1998). 도입식물이 하천통로의 아래, 위로 쉽게 이동하여 고유종을 위협하기도 한다(DeFerrari & Naiman 1994, Naiman & Decampes 1997). 호주 동남부지역에서 도입된 검은쥐의 일종(*Rattus rattus*)이 통로에 많이 침입하여 고유종(*Rattus fuscipes*)이 위축되었다(Downes 등 1997b). 또한 외래종인 독성 두꺼비(*Bufo marinus*)가 도로와 차가 다니는 통로에서 많이 발견되었다(Seabrook & Dettmann 1996). 도로나 임도를 따라 햇빛을 좋아하는 외래종이 고지대까지 전파될 위험성도 있다.[6] 불이나 교란요소 또한 물리적인 저항이 적고 벤투리 효과가 있어 통로를 따라 일어나는 경향이 있다.

가

나

그림 6.5 소백산 등산로. (가) 편한 길을 찾아가는 사람의 행동과 그러한 습성을 고려하지 않은 인위적인 통로공사로 등산객을 오히려 주변 지역으로 인도함으로써 훼손면적을 증가시키기도 했으나, (나) 지금은 사람이 다닐 수 있는 통로를 더욱 규제하고 있다.

역유동원리(counter-current principle)에 의하면 상반된 방향으로 흐르는 두 개의 이웃한 체계 사이에서 에너지와 물질의 이동속도가 높다(Forman 1991, Forman 1995). 방광에서 혈액과 비뇨기관 사이에서 일어나는 여과, 하류로 흐르는 물에서 플랑크톤을 섭취하며 상류로 향하는 물고기가 좋은 보기이다. 통로를 따라 이동하며 먹이를 찾는 육식동물도 초식동물의 이동방향과 반대로 가야 먹이를 더 잘 만난다는 것을 안다. 이 경우 먹이대상과 마주칠 확률은 이동방향이 정반대이며 평행할 때 커진다.

도관기능인 흐름의 객체를 혹자는 물질 덩어리(mass)와 에너지, 전달내용(message)으로 구분하지만(Volk 1995), 이에 대응하는 말로 물질, 에너지, 정보라고 하는 것이 더 일반적이다. 이 객체들의 흐름을 매개하는 것들은 일반적으로 혈관이나 나무줄기, 전화선 등과 같이 긴 통로의 형태를 갖추고 있는 점에서 평면적인 요소인 통로와 비슷하며, 형태와 기능의 연결을 보여 주는 좋은 보기가 된다.

동물의 이동에 영향을 주는 통로의 구조적인 특징에는 통로의 너비, 가장자리 효과의 강도, 통로의 모양과 상대적인 선형 정도, 조각과 통로 사이의 상호 연결의 공간적 유형이 포함된다(Wiens 1995 재인용). 동물은 협로와 틈, 구부러짐, 이질성이 적고 환경경사가 심하지 않으며, 통로 중간에 출입구나 장벽이 적을수록 통로를 따라 이동하는 경향이 크다(Forman 1995). 사람과 동물 모두 좁아서 붐비면 피해 가고 길과 강이 곧지 않으면 지름길을 만든다. 길의 중간에 있는 이질적인 요소는 호기심 많은 사람의 발걸음을 더디게 한다. 어떤 경우에 통로는 동물이동에 제대로 기능을 발휘하지 못하기도 한다(Danielson & Hubbard 2000). 도관기능은 통로를 이루는 요소들의 구조적인 특징뿐만 아니라 동물의 특성과 경관맥락, 조각의 크기, 환경변수에 의해서 결정된다(Collinge 2000).

장 벽

통로는 주변의 경관요소와 경계를 이루며, 이웃하는 요소의 대비가 늘어나면 그것을 가로지르는 가장자리 침투력은 감소한다(Forman & Godron 1981). 따라서 통로는 그것의 길이방향에 평행한 이동에 대해서는 도관의 기능을 하지만, 수직적인 이동에 대해서는 장벽역할을 하는 경우가 많다. 이를테면 전선과 담, 송유관, 방화선, 도로, 철도, 운하와 하천은 생물의 자유로운 이동을 막는 장벽으로 작용한다(Feldhamer 등 1986, Mader 등 1990, Schonewald-Cox & Buechner 1992, Forman & Alexander 1998). 전선이 지나가는 통로에 풀밭이 밀집하여 작은 포유동물의 이동

---

6) Parendes & Jones 2000. 흔히 외래 또는 귀화식물이 임도건설과 함께 훼손되어 나출된 곳에 침입하는 경향을 여러 곳에서 확인할 수 있다. 또한 임도에는 자생식물이지만, 저지대에 자라는 것들이 산속 깊은 곳으로 분포지를 넓혀 가는 현상도 관찰된다. 특히 한해살이풀이 많은 것 같다. 산괴불주머니, 꿀풀, 개망초, 질경이(귀화식물일지도 모르지만) 등의 초본식물과 산딸기, 붉나무 등의 목본식물이 임도 주변에서 흔히 발견된다(현진오, 이도원 관찰). 전국의 임도에서 이런 현상을 많이 목격하였지만 그 현상을 체계적으로 연구한 학술자료는 빈약하다.

을 어렵게 만들기도 한다(Gates 1991). 우리나라에는 이미 18기의 원자력발전소가 완공되었고 앞으로 더 많이 설립하려는 계획도 있어 송전탑과 고압 송전선이 전국 곳곳의 경관을 가로질러 건설되고 있다. 그러나 이러한 통로요소가 동물의 이동에 미치는 장애요소와 다른 환경영향에 대한 연구는 거의 없다. 앞으로 이러한 통로요소들이 경관기능에 미치는 영향을 충실히 검토하여 원자력 발전소 가동에 따른 환경비용으로 고려하여야 할 것이다.

장벽기능을 쉽게 목격할 수 있는 보기는 포장된 길에서 차에 받혀 죽은 짐승이나 설치류, 양서류와 같은 소형 동물의 모습이다(심재한과 정규회 1997, Trombulak & Frissell 2000, Jones 등 2000). 캐나다의 도로에서 죽는 개구리와 두꺼비의 수는 도로의 자동차 통행량에 비례하는 만큼 주변의 서식밀도가 낮았다(Fahrig 등 1995). 도로는 이와 같은 직접적인 기능뿐만 아니라 주변과 다른 표면상태, 도로 자체와 가장자리의 미기후조건, 소음에 의한 교란, 배출기체나 먼지 등 도로에서 유래되는 화학물질 등에 의해 동물이동에 장벽기능을 가진다(Mader 1984, 그림 6.6). 미국 몬태나 주에서 곰의 서식처가 선택될 확률과 네덜란드 연못에서 개구리가 서식하는 확률이

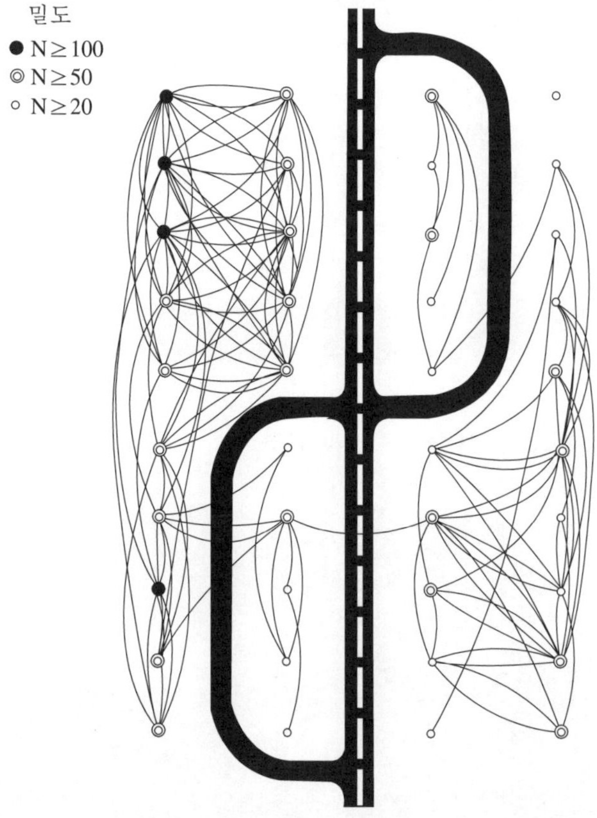

그림 6.6 숲에 서식하는 딱정벌레의 이동이 도로에 의한 장애로 두 개의 아개체군으로 나누어진 보기. 그림에서 작은 원과 선은 각각 그 지점의 딱정벌레 밀도와 이동을 가리킨다.

경관 안에 존재하는 도로의 밀도와 음의 상관관계를 가졌다(Mace 등 1996, Vos & Chardon 1998). 이처럼 통로의 장벽기능은 주변 조각에서 서식하는 생물들의 원활한 교류를 방해하여 분할된 작은 조각에서 서식밀도를 감소시키는 결과를 초래한다.

흔히 행정구역의 경계선이 하천을 따라 형성되는 것은 사람과 사람의 이동에 장벽이 되는 하천의 기능 때문이다. 하천이 깊고 넓으면 생물들이 이동하는 데 장벽이 되는 것은 당연하다. 넓은 강의 가운데 섬이 있으면 장벽기능은 어느 정도 해소된다. 그러나 하천 주변에서 은신처를 제공하는 식생을 제거하거나 주변 바탕과 이질적인 포장요소들을 첨가하면 장벽기능이 강화된다(Rosenberg 등 1997). 이를테면 하천 제방을 시멘트로 처리하면 하천을 가로질러 건너야 하는 생물에게는 장벽기능이 더욱 커진다(이도원 등 1999).

통로의 장벽기능 발휘는 통로형태와 동물의 행동에 의해서 좌우된다. 울타리는 쉽게 건너지만 물길은 쉽게 건널 수 없는 동물이 있고, 그 반대의 특성을 가지는 동물도 있다. 동물에게 적의를 가진 요소가 있으면 통로는 장벽기능을 하게 된다. 통로가 너무 크거나 너무 작아도 동물은 건너기를 주저한다.

우리나라 마을숲과 관련하여 '수구(水口)막이' 혹은 '수구맥이'라고 하는 말이 있다. 이는 마을에서 보아 물이 흘러 나가는 출구나 마을의 입구가 열려 있는 곳을 막는 행위에서 연유되며, 거의 대부분 띠 모양의 숲으로 이루어진다(김학범과 장동수 1994). 전형적인 배산임수 마을의 뒤편에 위치한 주산으로부터 흔히 좌청룡 우백호라 하는 산능선이 마을을 감싸게 되는데, 그 능선의 끝부분 사이에 열려 있는 공간을 긴 숲띠로 잇는 모양이다(그림 2.5 참조). 이렇게 마을 앞에 바람과 물길을 저지하는 구조물을 만드는 행위를 '수대(樹帶)친다'라고 한다. 풍수적 의미에서 수대를 침으로써 땅속과 지표를 흐르는 기운뿐만 아니라 바람과 물길에 대한 장벽기능을 활용한 것이다. 이러한 띠 모양의 숲은 장풍(藏風)과 득수(得水)뿐만 아니라 방해(防害), 방암(防岩), 방산(防山), 방살(防煞) 등의 장벽기능을 염두에 두었던 것으로 해석된다(김학범과 장동수 1994, 그림 6.7).

우리나라 남녘의 탱자나무나 동백나무 울타리와 영국에서 가축을 한 곳에 가두는 방책으로

그림 6.7 (가) 관방제림(전남 담양군 담양읍), (나) 방조림 사진(경남 남해군 삼동면 물건리)

수백 년 동안 사용하고 있는 생울타리는 통로의 장벽기능을 이용하는 보기이다.[7] 이러한 숲 통로는 일부 생물 그리고 바람과 물을 막는 장벽이 되는 반면, 여러 생물에게 서식처와 여과, 도관기능을 할 수 있다. 미국의 경우 1934년에 시작한 국가적인 방풍림 조성사업은 애초에 농경지 토양의 침식을 막을 목적이었지만 토양과 수분, 식생, 습지의 보호 그리고 야생동물 서식 및 휴양자원으로 발전되기도 했다.[8] 이러한 통로는 서식처와 여과기능을 동시에 가지고 있어 생물다양성을 높이는 데도 공헌한다(이도원 1997).

여과대

어떤 대상에 대해서는 통로가 완벽한 장벽기능을 하기도 하지만, 다른 대상에 대해서는 부분적인 장벽기능을 가지거나 쉽게 통과시키는 여과기능을 가진다(Gates 1991). 경계부 표면의 움푹 들어간 곳과 튀어나온 곳은 물이나 바람의 흐름을 저지시킬 뿐만 아니라 실려 가는 물이나 눈, 영양소, 식물의 씨앗 등의 이동을 더디게 하거나 일부를 머물게 한다. 그런 곳에서 초식동물은 육식동물의 먹이가 되기도 한다. 여과기능은 통로의 길이를 따라 일어나기도 하고, 수직방향으로 일어나기도 한다.

통로를 이루는 소재의 거칠기는 여과기능에 주요한 물리적인 특성이다. 이를테면 미국 루이지애나 주 해안 간조대 습원에 설치된 울타리는 파도 에너지를 50% 가량 감소시켜 울타리를 넘어 들어오는 퇴적물을 감소시켰다(Boumans 등 1997, 그림 6.8). 하천변의 식생지대는 표면을 거칠게 함으로써 물의 흐름을 저지하고 홍수를 유발하는 원인으로 지목되기도 하지만, 식생완충대 또는 생울타리와 함께 수로와 바람길의 표면을 거칠게 만듦으로써 농경지에서 발생한 지표유출수 및 지하수, 부유물질 그리고 바람에 실려 있는 먼지 일부를 침적시킨다(White & Gosz 1983, Lee 등 1989, Vought 등 1995, Schmitt 등 1999). 식생여과대(vegetative filter strip)의 미생물과 식물은 질소나 인과 영양소를 흡수하고 아트라진 같은 농약을 여과시킨다(Haycock & Muscutt 1995, Vought 등 1995, Park 1998 인용).

생물에 대한 여과기능의 보기로는 도로와 송유관이 결합된 곳에서 일어난 50% 가량의 순록 이동 감소가 있다(Curatolo & Murph 1986). 이렇게 장벽과 여과기능의 복합은 통로의 한 편에 아개체군의 유전적인 분화 · 군집발달과 문화적인 응집을 초래하고, 그 결과 높은 생물적 · 문화적 다양성을 유도하기도 한다. 이를테면 도로에 의해서 나누어진 숲 조각에 서식하는 개구리 개체군은 오랫동안 격리됨으로써 이질적인 유전자를 가지기도 하고, 고속도로나 그린벨트에 의해서 나누어진 두 마을은 제한된 교류로 이질적인 문화를 이루기도 한다.

여과기능의 크기를 결정하는 구조적 특징에는 틈의 빈도, 틈의 크기, 틈 안과 주변 지역의 속

---

7) Jamie Bails 개인 제공(전자우편주소: jamie@snohomishcd.org).

8) 1932년 7월 무더운 날 루스벨트(Roosevelt)가 대통령 선거운동기간에 몬태나 주 부트(Butte) 부근의 나무가 없는 곳에 기차가 서게 되어 아이디어가 시작되었다고 한다(Cable 1991).

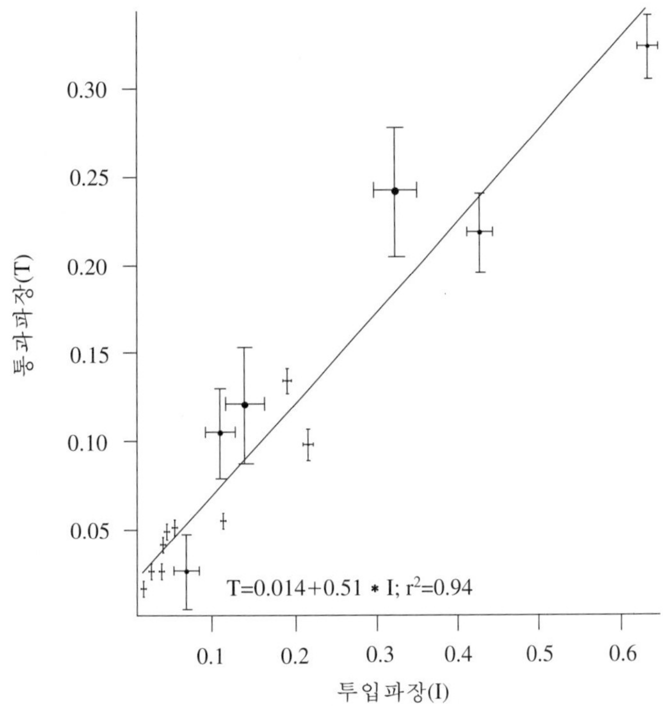

그림 6.8 간조대로부터 바다로 들어가는 파도 에너지(x축)에 대해 설치된 울타리를 통과한 파도 에너지(y축)의 그래프

성, 통로너비, 협로의 존재 여부, 하천, 이동로, 배수로, 벽 등의 내부 방어막, 만곡부에 대한 징검돌의 상대적인 위치, 환경경사의 크기, 지하이동로 등이 포함된다(Forman 1995, Perault & Lomolino 2000). 하천이나 도로, 배수로, 벽 등은 통과를 방해하지만 고속도로 중앙에 있는 식생대, 강 가운데 있는 작은 섬은 징검돌 역할을 하여 통과를 돕는다. 이 기능은 통로의 만곡부와 상대적인 위치에 따라 기능이 달라진다. 빽빽한 방풍림은 빈틈이 있는 방풍림보다 흐름을 적게 한다.

공급원

통로는 물질을 공급하기도 하며, 통로를 따라 이동하는 동물이나 물, 자동차, 도보여행자는 바탕으로 퍼져 감으로써 공급원 기능을 한다(Forman 1995). 하천통로는 영양소를 여과하고 수용처 기능을 하는 것이 일반적이지만 포화상태를 넘어서면 공급원으로서의 역할을 하기도 한다(Vanek 1991). 일반적으로 하천통로에서는 수용된 영양소가 생물자원으로 전환된 다음 용존 유기탄소 또는 조류 생물량(algal biomass) 형태로 또는 스스로 이동할 수 있는 생물개체로 주변으로 공급된다(이도원 1997, Tockner 등 1999). 식생지대로 이루어진 통로의 경우에는 그 곳에서 탄생한 생물들이 주변 지역으로 옮겨가서 살기도 하고, 하천통로의 경우에는 주변 지역으로 물을 공급하기도 한다. 도입종은 대체로 빨리 자라고 자원에 대한 흡수력이 매우 강하기 때문에 좁고 부분적으로 교란된 통로의 가장자리에서 번성하여 주변으로 퍼져 가는 경우가 많다. 그러나 통로가 잘 발달되면 유익한 종들의 공급원으로서 기능을 발휘한다(Henein & Merriam 1990).

공급원으로서 기능과 관련된 구조적인 특징은 통로의 너비와 이질성, 환경경사, 곡률, 내부요소의 특성에 의해서 좌우된다(Forman 1995). 넓이는 얼마나 많은 물질이나 생물이 통로에 머물 수 있을 것인지 결정한다. 통로를 따라 나타나는 이질성과 환경경사는 존재할 수 있는 전체 종의 수를 결정하고, 주변의 바탕으로 흩어져 가는 데 이용된다. 꾸불꾸불하면 주변으로 빠져 나갈 가능성이 더 커진다. 통로 내부요소의 성격 또한 그 안에 머무는 생물종뿐만 아니라 이동유형에 강한 영향을 준다.

수용처

바람에 날리는 눈이나 토양입자, 씨앗은 밭이나 목장의 가장자리를 따라 형성된 생울타리지역에 잡힌다. 지표유출수에 포함된 부유입자와 농약 등은 식생완충대에 잡히며(이도원 1997), 유수에 의해 운반된 토양입자와 입자성 유기물질, 용존 영양소는 범람원에 축적되고(Tockner 등 1999), 하천 주변 지역의 동물들은 하천변 식생대에 모여든다. 바람에 날리는 나무와 관목의 씨앗을 침착시키거나 씨앗을 운반하는 동물을 끌어들임으로써 생울타리 통로는 새로운 정착지가 된다(Harvey 2000). 길을 건너는 동물은 차에 받혀 죽음으로써 도로에서 소멸되고(심재한과 정규회 1997), 어떤 동물은 폭이 넓은 강을 건너다가 빠져 죽기도 하며, 아프리카의 얼룩말은 강을 건너는 동안 악어의 밥이 되기도 한다. 이것들은 모두 물질과 생물이 주변으로부터 통로로 이끌려 수용되는 기능의 보기이다.

통로의 수용처 기능은 너비와 틈, 수직구조, 곡률, 가장자리 구조, 내부 실체, 포식자의 영향을 받는다. 너비와 틈, 수직구조는 바람에 날린 물질들이 잡히는 양을 결정한다. 곡률과 가장자리 구조는 유입되는 양을 결정한다. 내부요소는 가로질러 가는 것뿐만 아니라 통로를 따라 이동하는 대상을 포착하는 데 영향을 준다. 통로에서 먹이를 잡는 포식자 또한 수용처 기능을 높인다.

이상에서 통로의 기능을 서식처와 도관, 장벽, 여과, 공급원, 수용처로 나누어 보았지만 관점에 따라 자원과 운반, 방어, 미적 기능으로 분류할 수도 있다.[9)] 자원에는 야생동물 서식처로서 통로기능이 포함된다. 운반은 도관기능으로서 철도와 고속도로, 운하, 하이킹 트레일, 동물이동로, 식물전파로, 공급처리시설, 동력선에 의해서 주로 나타난다. 방어기능은 장벽과 여과기능을 포함하며, 방풍벽, 담과 생울타리, 식생대, 장벽, 하천 등이 맡고 있다. 추가적으로 포함되는 미적 기능은 길게 뻗어 있는 철로나 나무가 병렬된 오솔길 등에서 볼 수 있는 시각적인 효과를 말

9) 황기원(1998) 미발표 자료 수정.

하며, 특히 단조로운 평면경관에서는 보호숲띠가 양호한 풍경요소로서 작용한다. 이 미적 기능은 앞에서 다룬 여러 가지 다른 기능들과 달리 사람의 인지능력이 작용함으로써 생긴다. 실제로 프랑스에서 대부분의 사람들이 생울타리의 생태적인 기능을 이해하지 못하는 반면에 시각적인 특성을 인지하고 있었다(Burel & Baudry 1995).

통로너비와 연결성

너비와 연결성은 앞에서 설명한 통로의 기능에 영향을 주는 가장 중요한 구조적인 특징으로 환경계획과 보존 그리고 관리에 특별히 고려될 수 있는 변수이다.

너 비

통로너비는 환경통로에서 생물의 서식 및 이동효율뿐만 아니라 물과 영양소 이동, 침식과 퇴적, 홍수방지와 같은 하천통로의 여과와 수용처 기능의 크기를 결정하는 요소로 알려져 있다(Lee 등 1989, Robertson 등 1990, Vought 등 1995, Andreassen 등 1996).

통로너비의 영향은 자연보전지역의 동물이동에 중요한 의미가 있다. 통로의 너비는 포식자로부터 몸을 피하고 이동하며 둥지를 틀고 먹이를 찾을 수 있을 만큼 충분히 넓어야 한다(Fleury & Brown 1997). 좁은 통로는 내부에 비해 가장자리 면적이 커지면서 동물의 행동을 제한하며, 너비가 클수록 동물의 이동이 용이해진다(Soule & Gilpin 1991, Haddad 1999a). 그러나 통로너비가 얼마나 넓어야 하고 그것이 조각크기에 따라 어떻게 변하는 것이 바람직할 것인지에 대한 지침이 분명하지 않다. 아직까지 통로의 질과 함께 너비를 고려한 동물행동에 대한 정량적인 자료가 부족하기 때문이다(Peck 1998). 그럼에도 불구하고 적절한 통로의 너비는 질적인 문제와도 관련이 있을 것임에 틀림없다(Rosenberg 등 1997).

동물보호를 위한 경우라면 통로의 너비는 클수록 그 기능이 양호하다. 동물이동을 위한 통로로서 숲띠의 폭을 고려한 보존생물학자들은 3가지 다른 목적에 따라 적당한 통로의 너비를 권장하고 있다(Harris & Scheck 1991). (1) 개별 동물의 이동을 고려하고, 그 동물들의 행동에 대해서 충분히 알고 있으며, 또 통로기능이 몇 주 또는 몇 달 정도 발휘할 것을 기대한다면 적당한 너비는 수십 미터이다. (2) 하나의 생물종 전체의 이동을 고려하고, 그 종에 대한 생물학적 지식이 충분하며, 수년 동안 통로기능이 유지되길 기대한다면, 너비는 수백 미터가 적당하다. (3) 모든 동물군의 이동을 겨냥하며, 그 생물들에 대한 생물학적 지식이 거의 없는 상태에서 수십 년 또는 수백 년 동안의 동물이동을 위한 통로라면, 너비가 수천 미터는 되어야 한다.

동물을 위한 통로너비는 서식처 요구와 전파능력, 주변 영향에 대한 감수성에 의해서 결정된다(Smith & Hellmund 1993, Peck 1998). 이 경우 하나의 서식처에서 다른 서식처로 이동한다면 서식처와 동일한 식생형과 구조를 포함하는 것이 좋다. 통로길이는 동물이 전파할 수 있는 길이보다 짧아야 한다. 중심 서식처보다 통로에서 위협요소에 의해 봉변을 당할 확률이 크고 넓을수록 그 위험이 줄어들기 때문에 통로가 길수록 넓어야 한다. 가장자리 서식처에 예민한 생물을 위해서는 더 넓은 통로가 필요하다. 이동하는 동안 특별한 경관특징을 필요로 하는 동물을 위해서는 그것을 포함하는 위치가 필수적이다. 이상적으로는 다양한 구조물을 필요로 하는 동물을 위해서는 그 모두를 포함하는 곳이어야 한다. 요컨대 통로의 효과결정에는 너비뿐만 아니라 주변 경관요소가 이루는 맥락과 동물의 특성이 아울러 중요하다(Perault & Lomolino 2000).

몇몇 동물의 행동권 크기에 기반하여 추정해 본 통로의 최소면적은 표 6.1에서 보는 바와 같다. 표의 결과는 보호대상인 종이 영구히 그 통로에 거주하는 데 충분하고 적절한 서식처를 포함해야 한다고 보고 계산한 값이다. 따라서 통로가 차지하는 넓이는 대상생물의 행동권에 해당하며, 통로길이와 너비의 비가 2:1이라고 가정했다(Harrison 1992). 우리나라 현실에서 고려하는 대부분의 통로길이와 너비의 비는 2:1보다 더 클 것으로 예상되며, 또한 통로의 서식처 기능을 고려할지 의문이지만 토지이용계획에서 대상생물의 특성을 고려하지 않은 섣부른 통로설정은 하지 않은 것보다 못할 수 있다(이도원 1997).

가로수와 같이 줄을 지어 있는 나무는 작은 새들에게 서식처를 제공하며, 분산되어가는 통로 역할을 한다(Clergeau & Burel 1997). 통로의 기능적인 역할은 동물의 이동능력과 행동, 먹이사슬 관계, 생식행동의 조합으로 이루어지는 환경에 대한 인식규모와 관련이 있다. 뿐만 아니라 통로가 연결하는 조각의 특성도 통로의 도관기능에 영향을 주는 주요 변수로 조각의 크기가 증가하면 동물이동효과가 줄어든다. 숲 조각에 서식하는 동물은 숲으로 이루어진 통로에서, 그리고 개발지역에 서식하는 동물은 개활지로 이루어진 통로에서 원활하게 이동한다(Haddad 1999a, Haddad & Baum 1999). 따라서 통로를 설계하기 전에 대상으로 하는 보호동물이 특별히 선호하

표 6.1 필요한 이동통로의 최소너비를 미국과 탄자니아에서 조사한 동물 암컷 또는 무리의 평균행동권 크기를 참고로 추정한 보기*

종	연구지역	최소통로너비(km)	행동권 크기 자료출처
늑대	미네소타	12	Nowak & Paradiso 1983
늑대	알래스카	22	Ballard & Spraker 1979
흑곰	미네소타	2	Rogers 1987
산사자	캘리포니아	5	Hopkins 등 1982
밥캐트	노스캐롤라이나	2.5	Griffith & Fendley 1982
흰꼬리사슴	미네소타	0.6	Nelson & Mech 1987
난쟁이망구스	탄자니아	0.6	Rood 1987

* 행동권은 장방형으로 길이가 너비보다 2배 큰 것으로 설정했다.

학명: 늑대(*Canis lupus*), 흑곰(*Ursus americanus*), 산사자(*Felis concolor*), 밥캐트(*Lynx rufus*), 흰꼬리사슴(*Odocoileus virginianus*), 난쟁이망구스(*Helogale parvula*).

자료: Harrison, R.L., 1992, "Toward a theory of inter-refuge corridor design," *Conservation Biology* 6: 293-295, Reprinted by permission of Blackwell Science, Inc.

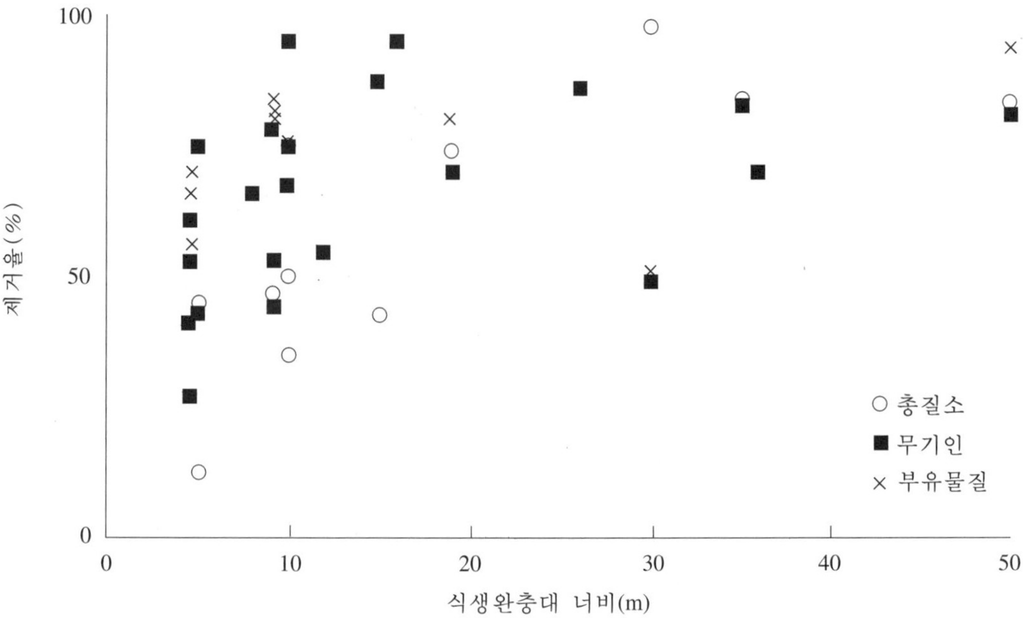

그림 6.9 식생여과대의 너비에 따른 질소, 인, 부유물질의 제거효율[10)]

는 특성뿐만 아니라 이웃한 조각과 바탕이 이루는 짜임과 관계를 충분히 검토해야 한다(Rosenberg 등 1997, 제8장 참고).

침식, 영양소와 물의 이동, 퇴적, 홍수를 조절하는 하천통로의 여과 및 수용처 기능도 너비에 따라 달라진다(Dillaha 등 1989, Lee 등 1989, Haycock & Muscutt 1995, Vought 등 1995, Haycock 등 1997, Weller 등 1998). 그러나 불행하게도 너비와 이러한 기능의 정량적인 관계에 대한 연구결과는 충분하지 않다. 비점오염물질 경감을 위한 식생완충대의 여과기능자료들을 모아 보면 지표 및 지하유출수가 식생완충대를 가로질러 흐르는 동안 너비에 비례하여 부유물질, 인, 질소의 함량이 감소한다(그림 6.9).

식생완충대는 수질향상뿐만 아니라 주변의 대기질 개선, 수온조절, 하변과 수중생태계 생물보호, 홍수방지, 레크리에이션 장소제공 등 다양한 생태적 기능을 가지고 있으며, 이들 기능 또한 너비와 밀접한 관계를 가진다(Newson 1992, Haycock & Muscutt 1995, Vought 등 1995). 이를테면 2~3미터 너비의 수목대로 수온조절기능은 어느 정도 달성할 수 있는 반면에 홍수방지와 레크리에이션 용도로 사용하기 위해서는 수백 미터의 너비가 필요하다.[11)] 또한 도모하는 기능이

10) Pinay & Decamps 1988, Lowrance 등 1984, Peterjohn & Correll 1984, Lowrance 1992, Haycock & Pinay 1993, Doyle 등 1977, Syversen 1992, Vought 등 1991, Knauer & Mander 1989, Lee 등 1989, Magette 등 1987, Schwer & Clausen 1989, Vought 등 1994, Young 등 1980. 1994, Thompson 등 1978, Edwards 등 1983, Dillaha 등 1989, Maggete 등 1989의 자료를 종합하여 그렸다.

같다고 하더라도 소기의 목적을 달성하기 위해 요구되는 너비는 하천규모에 따라 달라진다. 작은 하천의 경우엔 수미터로 충분하지만, 큰 하천에서는 수십 미터 이상 너비의 식생완충대가 필요하다.

모든 지역에 적용될 수 있는 이상적인 식생완충대 너비는 없다. 일반적으로 사람들이 요구하는 통로기능은 너비가 넓을수록 유리하지만 넓으면 그만큼 귀중한 토지자원을 넓게 차지한다. 따라서 팔당 상수원 보호를 위한 수변지역 설정에서 유역의 기후조건과 지형, 토지이용, 식생완충대가 놓이는 지역의 경사와 토양형, 식생종류 그리고 하천 자체의 특성을 무시하고 너비를 일률적으로 하는 것은 행정적인 편의성은 있겠지만 토지와 수자원의 효율적 관리 측면에서 보면 비합리적이다(Muscutt 등 1993, Mander 등 1995). 앞으로 통로의 다양한 기능을 고려한 적당한 너비의 산정은 국토가 좁은 우리나라에서 특히 절실히 요구되는 작업이며, 장기적인 현장관찰과 컴퓨터 모의실험 등 다양한 접근이 필요하다(이도원 1997, 1999, Weller 등 1998). 호주에서는 토양형태와 지세, 식생, 수문, 지질, 서식처, 기후변화, 주변의 토지이용 그리고 고고학적 · 민속학적 사적지를 고려하는 식생완충대 너비산정기준을 책정하고 있으며, 100년 주기의 홍수 정도를 포괄하는 정도를 최소한의 구역으로 간주하고 있다.[12)]

연결성

경관에서 다른 요소와 통로의 배치 그리고 통로 자체의 질과 연결성은 위에서 설명한 기능이 발휘되는 데 영향을 미치는 중요한 인자이다(Andreassen 등 1986a, Anderson & Danielson 1997).

통로의 단위길이에 나타나는 틈의 수가 적으면 연결성은 높다. 틈의 수뿐만 아니라 개별 틈의 크기, 그리고 틈들이 모여 있는 정도 또한 생태적으로 중대한 의미를 가진다. 틈 주변과 틈 안의 토지이용도 통로를 평행하거나 가로질러 일어나는 이동에 중요하다(Forman 1995).

경관과 광역 안에서 동물이나 물질의 흐름을 이해하는 데 행동연결성 또는 기능연결성이 중요하다(Forman 1995). 이는 동물이나 물질, 정보의 이동에 사용되는 다양한 공간요소들이 어떻게 연결되는가를 말한다. 예를 들면 어떤 야생동물은 자신의 행동권 안에서 숲-생울타리-경작지-물가-생울타리-숲으로 이동한다. 이러한 동물은 다른 종류의 생태계를 피해 가며 필요한 경관요소를 이동할 수 있느냐에 따라 생존확률이 달라질 것이다. 따라서 토지의 기능 또는 행동연결성은 다양한 경관요소들이 어떻게 연결되느냐 하는 문제로 생물보존을 위해 중요하다. 비슷하게 지표유출수나 바람에 의해서 운반되는 토양입자나 영양소의 양 또한 토지 모자이크 안에서 생기는 기능연결성과 밀접한 관계를 가질 것이다.

---

11) 미국과 유럽에서 수질보호와 서식처 유지를 위해 가장 흔히 제안되는 너비는 35~100피트이며, 35피트 이하의 너비로 수자원을 장기적으로 보호하기는 어렵다고 한다.
(http://www.agnr.umd.edu/ces/pubs/html/fs725/fs725.html, Haycock & Muscutt 1995의 그림 2).

12) 호주 서부의 수자원 하천관리기관(Water and Rivers Commission in Western Australia)에 근무하는 Byrne Jason 씨 개인 제공 전자우편 주소 〈jason.byrne@WRC.WA.GOV.AU〉.

일반적으로 연결성이 높으면 앞서 살펴본 통로의 긍정적인 기능은 대부분 증대한다. 따라서 인간의 토지이용과정에서 통로가 잘라진 곳에서 연결성을 높이기 위한 관심은 매우 높다. 그러나 통로의 기능에 대상이 되는 물질이나 동물과 너비 및 연결성의 관계에 대한 충분한 검토 없이 진행되는 연결작업은 바람직하지 않다(Andreassen 등 1996, 이도원 1997).

이를테면 돌보고자 하는 동물의 이동이 어느 정도의 너비와 식생 및 지형구조를 필요로 하는지 그 동물의 입장에서 규명하지 않은 채 서두르는 녹색띠나 생태다리의 설치는 재정과 인력의 낭비를 초래할 뿐만 아니라 오히려 야생동물 생존을 위협할 소지가 있다. 넓은 것이 반드시 좋다는 일반적인 통념도 동물의 행동을 고려할 때는 일률적이지 않다(Andreassen 등 1996b). 통로 너비뿐만 아니라 통로의 구성 및 주변과 이루는 맥락이 중요한 변수이다(Perault & Lomolino 2000). 실제로 호주에서는 하나의 지형요소를 포함하는 통로보다 산능선과 계곡을 연결하는 통로에서 더 많은 야생동물이 발견되었다(Lindenmayer & Nix 1993). 또한 우리가 보존생태학에서 겨냥하는 대형 생물의 처지에서 보면 차의 소음과 인적, 불빛, 오염으로 가득한 도시에서 폭이 좁은 생태다리는 아무런 의미가 없을지도 모른다. 이런 까닭에 맥락과 동물습성에 대한 이해 없이 설치된 생태다리는 일부 설치류와 같이 약삭빠르고 해로운 동물들에게나 도움이 되는 이동로를 제공할 수 있다(이도원 1997). 앞에서 언급한 바와 같이 통로가 특히 도입종들의 전파를 원활히 하고, 좋은 서식처가 되어 고유종을 위협한다는 보고는 이러한 가능성을 뒷받침한다(DeFerrari & Naiman 1994, Noss & Cooperrider 1994, Seabrook & Dettmann 1996, Naiman & Decampes 1997, Trombulak & Frissell 2000).

이런 까닭에 통로의 실용성에 대해서는 서로 다른 의견이 제기되기도 하였으며, 부정적인 영향을 피하고 쓸모 있는 통로를 만들기 위한 설계기준에는 통로의 너비뿐만 아니라 경관 안에 잠재해 있는 맥락과 겨냥하는 생물의 사회적 구조, 먹이, 섭식유형을 포함해야 된다(Lindermayer & Nix 1993). 아울러 생물보존을 위한 통로개념의 응용이 대부분 2차원적인 점에서 개선의 여지가 있으며, 경관수준 이상의 지역을 고려하는 계획에 많이 고려되고 있는 점도 유의해야 한다(Noss 1987a, Mwalyosi 1991, Pace 1991, van der Ryn & Cowan 1996, 그림 6.10). 옐로우스톤 국립공원의 경우 면적이 대략 8,100평방 킬로미터인 사실을 고려하면, 경계선의 한 변의 길이는 90킬로미터 가량이므로 북쪽으로 제안된 통로의 너비가 10킬로미터 정도는 될 것으로 가름할 수 있다.

통로의 변화

통로는 다섯 가지 방식에 의해서 생성된다(Forman 1995). 바탕 위에 일어나는 교란으로 생성되는 도로나 동력선, 동물이동로는 교란통로라 할 수 있다. 벌목 후 남겨 놓은 숲띠는 잔류통로이다. 식생완충대와 같은 하천변의 숲띠는 환경통로가 된다(이도원 1997). 경작지를 나누기 위해 만든 생울타리는 기존에 있던 숲을 다시 부분적으로 되살렸다는 의미에서 재생통로이며, 가로수와 방풍림은 도입통로이다. 그러나 시간규모를 어떻게 잡느냐에 따라 재생통로와 도입통로

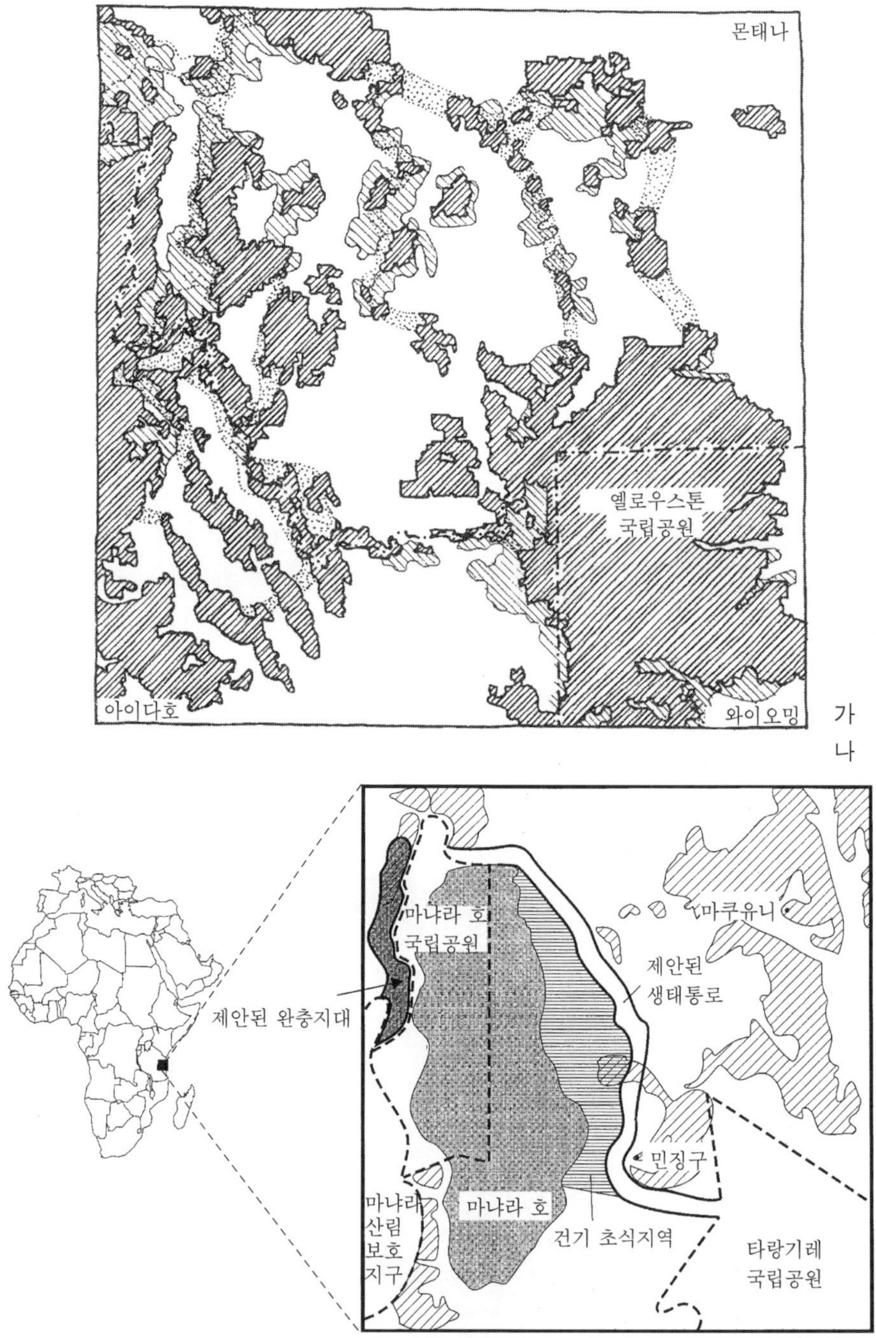

그림 6.10 야생동물 보호차원에서 구상된 통로계획 사례: (가) 미국 옐로우스톤 국립공원과 그 북쪽에 있는 국유림을 연결하기 위해 제안된 통로, (나) 아프리카 탄자니아 북동부 마냐라 호와 타랑기레 국립공원 사이에 제안된 통로

의 구분은 분명하지 않다. 잔류통로의 주요 기능을 환경보호에 두는 경우에는 환경통로라 할 수 있듯이 이러한 분류는 작위적이다.

통로는 주야, 계절, 천이에 따라 변한다. 사람들은 하루에 한 번 집과 직장을 오간다. 야생의 척추동물들은 잠자리와 섭식장소를 아침과 저녁에 한 번씩 오간다. 철새들은 계절주기로 이동한다(Alcock 1993). 기후의 계절적인 변화는 바람에 의해서 운반되는 물질의 이동에도 주기성을 가지게 한다. 이를테면 우리나라 중부지방 눈이 많은 곳에서는 가을과 초겨울 눈이 오기 전에 많은 낙엽이 육지에서 하천으로 흘러들고 겨울 결빙기에는 얼음과 눈에 의해서 덮여 있다가 봄의 해빙과 함께 오는 건조기에 다시 이동하는 주기성을 보인다(Lee 등 1997, 1999). 이처럼 계절에 따라 양적인 변화를 보이는 낙엽공급은 하천통로에서 그것을 먹이기반으로 하는 생물의 활동에도 주기성을 야기할 것으로 추측된다. 숲의 천이는 동물서식과 이동에 영향을 준다(이도원 등 2001).

통로를 변화시키는 자연과정은 사람에 의한 변화와 구별된다. 자연통로의 곡률은 바람이나 물 그리고 그 힘이 옮겨 놓는 물질과 관련이 있다. 흐르는 물과 바람은 침식과 퇴적작용을 하며, 지형의 높낮이를 변화시키고, 물이 굽이쳐 흐르게 한다. 홍수는 통로를 새로 만들기도 하고, 기존에 있던 통로를 없애기도 한다. 식생통로의 경우 성숙할수록 생물종의 수가 많아지는 경향이 있다.[13)]

당연히 많은 통로변화는 사람에 의해서 일어난다. 1960년대에만 해도 우리나라 남부지방에서 쉽게 볼 수 있던 생울타리는 이제 흔하지 않은 모습이 되었다. 도로건설, 동물이동로 만들기 또한 통로구조를 변화시킨다. 이 과정에서 통로의 너비와 연결성, 곡률이 크게 바뀌는 경우가 허다하다. 그리하여 자연통로가 가지고 있는 고유한 기능을 무시한 이용과 관리는 환경문제의 큰 원인이 된다. 토지를 나누기 위해 설치하는 담과 생울타리는 통로의 기능에서 크게 다르다. 시멘트 블록으로 만든 담은 장벽기능을 강화하는 반면에, 생울타리는 장벽과 도관 그리고 여과기능을 동시에 가지고 있다.

우리나라 어디에서나 흔히 볼 수 있는 인공제방은 하천관리정책에 따라 나타난 인위적인 통로변화의 보기이다. 상자글에서 볼 수 있는 바와 같이 하천통로는 비교적 오랫동안 자연성을 유지하고 있었던 것으로 보인다. 그러나 1988년 올림픽 경기를 준비하는 과정에서 나타난 한강변의 시멘트 덮기를 기점으로 전국의 하천통로에서는 수풀이 없어지고 무생물적 재료가 우점하게 되었다. 이러한 하천통로 변화는 도관과 장벽기능을 지나치게 증대시키고, 서식처와 여과, 공급원 기능을 약화시킨다. 하천 주변의 벌채와 시멘트 처리로 표면의 거칠기가 낮아 홍수가 날 때 물이 빠르게 흘러가고 은신처가 없어져서 동물이 하천의 이쪽 둑에서 저쪽 둑으로 건너가는 데

13) 여기서 통로는 생물이 서식할 수 있는 경우를 제한적으로 사용하고 있다. 이를테면 식생으로 이루어진 통로가 인공적으로 만들어지거나 자연적으로 발생할 때 식물조성이 충분히 이루어진 경우에 성숙도가 높다고 한다. 도로나 전선 등으로 이루어진 통로에는 적용되지 않는다.

쉽지가 않다. 결과적으로 물과 수변의 토양 및 그 곳에 서식하는 생물의 접촉을 단절시킴으로써 하천이 가지고 있는 고유한 생화학적 반응이 일어날 수 있는 시간과 장소가 감소되며, 물과 육지를 번갈아 가며 생활해야 하는 생물들에게는 치명적인 장벽이 되고 있다.[14] 반면에 하천을 막는 댐은 도관기능을 약화시킴으로써 물의 보유를 도모한다. 이는 물의 흐름과 물고기의 이동을 방해하고 식물군집을 단절시킨다(Jansson 등 2000).

하천통로의 연속성

하천통로의 경우 상 · 하류의 흐름에 의해 점진적인 질서가 나타난다. 이러한 변화를 하천생태학자들은 하천 연속성(river continuum)이라 한다(Vannote 등 1980, 그림 6.11). 이는 하천의 상류부터 하구까지 연속적인 특성들의 변화경향을 의미하며, 개괄적으로 살펴보면 다음과 같다. 상류는 숲으로 덮여 도달되는 햇빛의 양이 적고 물이 차가우며 또한 영양소가 풍부하지 않아 광합성이 원활하지 않다. 반면에 숲에서 유입되는 낙엽과 낙지가 물고기와 물벌레, 미생물의 먹이기반이 된다. 그 결과 1차 생산보다는 호흡이 더 크기 때문에 생산/호흡의 비는 1보다 작다. 유기물들은 잎과 가지에서 막 부서지기 시작하여 입자가 굵다.[15] 물벌레의 먹이획득특성을 살펴보면 나뭇잎을 줍는 무리(collector)와 써는 무리(shredder)가 살아 있는 식물을 먹는 초식성과 다른 벌레를 잡아먹는 포식성 무리보다 우세하다.[16] 중류에서는 하폭이 넓어지면서 주변 식생이

14) 일본은 우리나라에 앞서 하천유로를 직강화하고 주변의 나무를 베어내었을 뿐만 아니라 시멘트로 정비함으로써 수달의 절멸에 주요 원인을 제공했다는 주장도 있으나 학술적인 증빙자료는 확인하지 못했다.

15) 상류의 입자가 굵은 유기물은 CPOM(coarse particulate organic matter)이라 하며, 하류의 미세한 유기물은 FPOM(fine particulate organic matter)라 한다.

16) 줍는 무리(collectors-gatherers)와 써는 무리(shredders)는 죽은 식물체를 먹고 사는 물벌레를 그 습성에 따라 나눈 경우이다. 용어 옮김은 필자의 전공분야가 아니라 윤일병(1995)의 자료를 따랐으나 어쩐지 어색하다. 차라리 각각 '주워먹는 무리', '뜯어먹는 무리'가 더 적절한 옮김이 될 것으로 본다. 참고로 비슷한 물벌레 기능군들에 대해 윤일병(1995)과 강원대 정근 교수의 개인의견을 비교해 보면 아래와 같다.
shredders(써는 무리 또는 뜯어먹는 무리)
scrapers(긁는 무리 또는 긁어먹는 무리)
collector-gatherers(줍는 무리 또는 주워먹는 무리)
collector-filterer(거르는 무리 또는 걸러 먹는 무리)
macrophyte piercers(식물 뚫는 무리 또는 식물즙 흡수무리, 식물즙 섭취무리, 식물액 섭취무리)
predator(잡아먹는 무리)
이상에서 보면 shredder와 macrophyte piercer를 제외하고는 서로 비슷하다. 한편 shredder는 먹힌 낙엽의 형태를 보아도 알지만, 누에와 같은 나비유충이나 메뚜기처럼 식물잎을 잘라먹지는 않고 수서곤충은 잎을 뜯어먹는다고 표현하는 것이 더 적절하다. macrophyte piercers의 경우, 수생관속식물의 즙액을 흡즙하는 것이므로 단순한 천공성의 의미가 있는 "뚫는" 보다는 식물의 즙액을 흡즙한다고 표현하는 것이 명확한 의미를 전달한다(정근 개인의견).

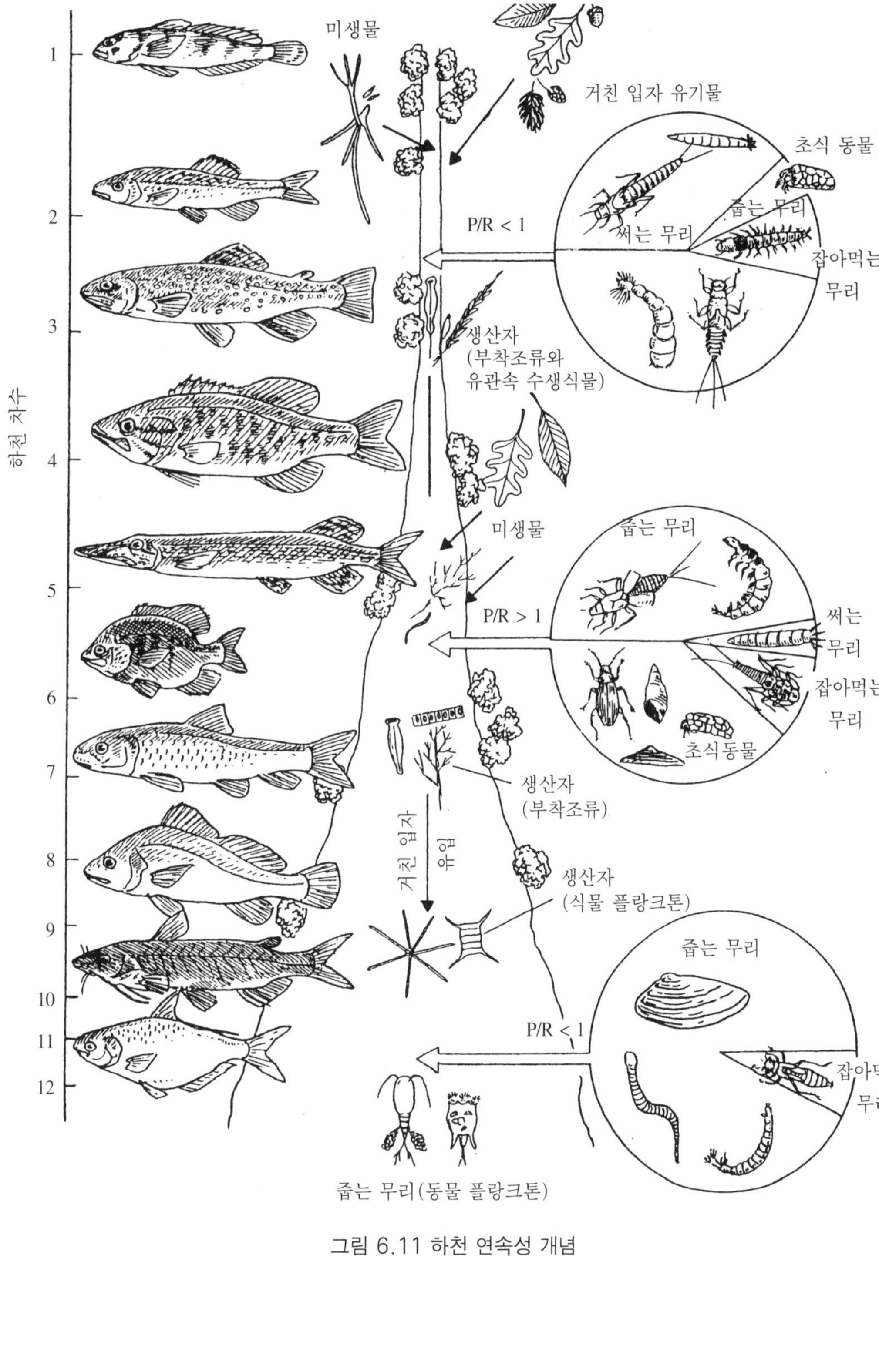

그림 6.11 하천 연속성 개념

수로를 전부 가리지 못하기 때문에 수면까지 충분한 햇빛이 도달하며, 상류에서 떠내려 온 영양소들이 풍부하여 광합성 조건이 양호하다. 따라서 부착조류와 식물 플랑크톤에 의해 생산되는 유기물이 식물과 동물, 미생물이 소비하는 양보다 많아 생산/호흡의 비는 1보다 크다. 여기서는 유기쇄설물을 줍는 무리뿐만 아니라 살아 있는 부착조류와 식물 플랑크톤에 먹이기반을 둔 무척추동물들이 우세하다. 하류에서는 상류와 중류에서 떠내려 온 유기물들을 줍는 무리가 우세하고 포식성 무척추동물도 어느 정도 살며 생산/호흡 비는 1보다 작아진다. 이 곳의 유기물은 상류와 중류에서 동물들에게 부서지고, 또 물리적으로 마모되어 입자가 아주 미세하다. 생물 다양성은 상류보다 중류에서 높고 하류에서는 다시 낮아진다(Vannote 등 1980, 그림 6.12). 그러나 우리나라는 상류 가까운 중류에서 생물 다양성의 최고값을 보이는 등 일반론과 차이가 있다(부산대학교 주기재 개인정보).

하천 연속성 개념은 수서생태계에서 일어나고 있는 생물과정을 중심으로 제안되었지만, 그것을 결정하는 주요인은 수계의 물리 · 화학적 특성의 연속성뿐만 아니라 주변 유역의 특성이다(Frissell 등 1986, Hilderw & Giller 1994). 이를테면 하상의 기울기는 상류에서부터 하류로 갈수록 지수함수적으로 감소하며, 그에 따라 유속과 하상을 이루는 기질의 입자크기도 비슷한 경향으로 줄어들며, 물의 유출량, 수로의 넓이와 수심은 증가한다(그림 6.12). 수온은 하류로 갈수록 증가한다.

역으로 이러한 하천 내부의 생지화학적 과정과 생물분포는 육상생물분포의 연속성 및 위계와

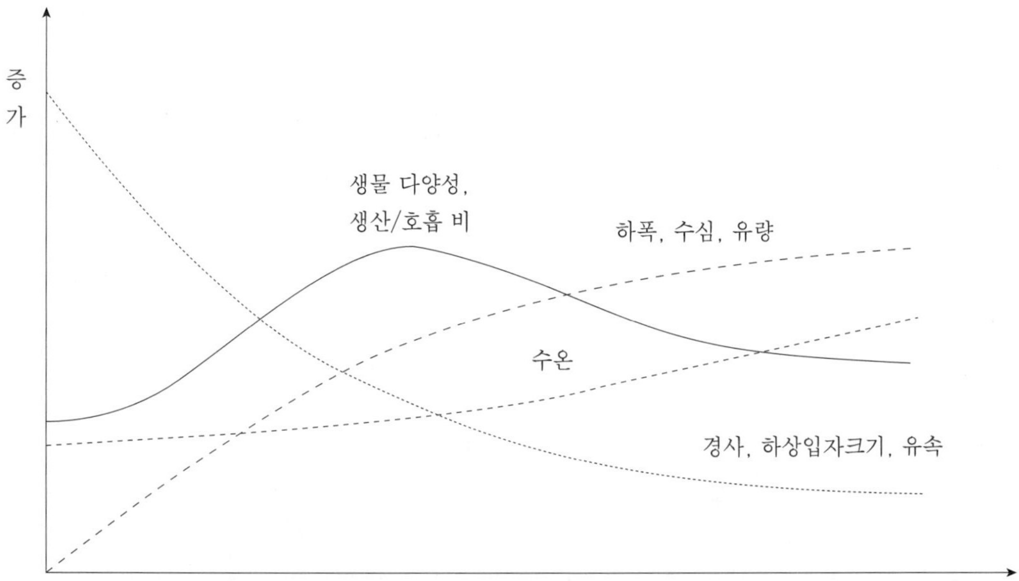

그림 6.12 하천통로의 상류로부터 하류로 이어지는 하상과 수로특징의 일반적인 변화경향

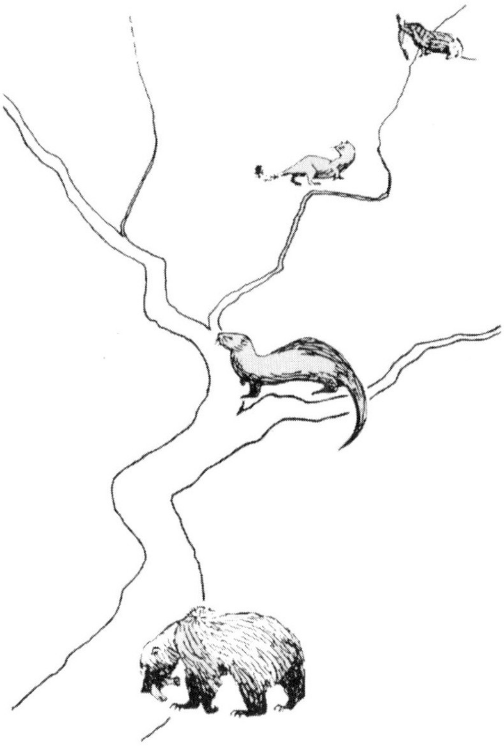

그림 6.13 하천통로에서는 수로 자체뿐만 아니라 그에 기반하여 생활하는 주변 육상생물들도 공간적 · 기능적 위계성을 보여 준다.

밀접한 관계를 가지고 있다(그림 6.13). 따라서 이 개념은 자연적인 연속성을 고려하지 않은 인위적인 변화가 하천통로의 물리적 특성과 함께 나타난 생물적 과정의 위계를 단절시킴으로써 통로를 따라 일어나는 질서를 무너뜨리고 생물분포에 영향을 주는 기작을 설명할 수 있게 한다.

하천 연속성 개념은 또한 하천의 특성이 주변 육상생태계 특징과 밀접한 관계를 가지고 있는 사실을 인식시킴으로써 유역차원에서 하천의 생태적 특성을 연구하는 계기를 제공했다. 여기서 연속성이 암시하는 점진적인 변화는 육상과 상류라는 물과 물질의 공급원에서 하류와 바다라는 수용처로 이어지는 일방적인 과정이다. 그렇다면 이러한 연속성이 육상에서 생물의 공급처가 되는 큰 숲과 수용처가 되는 작은 숲을 연결하는 통로에서도 나타날 것인지 의문이 제기된다. 중력에 의한 물의 일방적인 흐름으로 야기되는 물리적 과정이 하천 연속성을 야기한다면, 육상통로에서는 이동하는 동물의 행동과 관련된 생물적 과정과 관련이 있을 것이다. 만약 생물이 큰 숲으로부터 작은 숲으로 이동하는 과정에 나타나는 행동의 변화가 어떤 연속성을 가진다면, 인공통로 조성에서 그러한 사실을 고려해야 하기 때문에 이러한 질문은 의미가 있다. 또한 하류에서 상류로 되먹임하는 과정도 가상해 볼 수 있는데, 이는 제9장 상자글에서 논의하는 연어의 이동과 생지화학적 과정에서 어느 정도 엿볼 수 있다.

하천통로 형성의 위계

통로의 기능과 통로에 미치는 요인들의 작용은 규모의 위계성을 가지기 때문에 서식하는 생물의 특성도 다르다. 경관과 마찬가지로 하천통로는 지질적 · 생물적 과정 그리고 자연적 · 인위적 교란으로 형성된다(Hildrew & Giller 1994). 지질과정에 의한 물의 흐름과 에너지, 물질분포에 의해서 하천의 물리화학적 연속성은 이루어지며, 그 환경에 적응한 수서무척추동물과 물고기 서식 그리고 하천변지역의 식물분포는 상류로부터 하류로 이어지는 생물적 연속성을 보여 준다(Vannote 등 1980, 이도원 1982). 이렇게 이루어진 통로에 공간적 · 시간적으로 작은 규모의 자연교란이 일어나고 동물이 서식하며 선택적으로 뜯어먹고 토양을 짓밟고 또 댐을 만드는 과정으로 이질적인 조각들을 보탠다(Hildrew & Giller 1994, Naiman & Rogers 1997). 증가된 서식처 조각의 다양성에 기반한 식생과 미생물은 기본적인 개체군과 군집과정을 수행함으로써 질소나 인과 같은 영양원소들의 분포를 결정한다(표 6.2, Farina 1998). 제3장에서 논의한 위계특성을 고려해 볼 때 긴 세월 동안 하천 전체에 작용하고 있는 기후적 · 지질적 힘이 연속성이라는 기본틀을

표 6.2 하천통로의 구조와 역동에 미치는 영향의 위계

영향수준	요인	작용	결과	규모 공간(km²)	 시간(년)
1급	물질, 에너지, 물, 중력, 화재	침식, 퇴적 경사, 사면방향 고도	토양형성 대기후 지형	10^6–10^8	10^6–10^8
2급	생물물리적 변경 서식지 변경	댐 축조, 뒹굴기 초식, 동물굴착	대형 조각에서 중형 조각으로 서식처 변환	10^{-1}–10^3	10^1–10^4
3급	생물에 의한 영양소 분포와 순환	물질대사, 영양소 순환, 특수물질 형성	생산성, 천이 생물분포, 중소 조각형성	10^1–10^2	10^1–10^3
4급	생물 상호작용 (질병 포함)	생활사 전략 개체군과 군집 과정, 영양경로, 전염병	경쟁, 공생 수도, 소형 조각분포	10^{-2}–10^1	10^{-2}–10^1

마련하고 그 위에 점점 시공간적으로 규모가 작은 2, 3, 4차 영향수준의 작용들이 덧붙여져 조각난 형상들이 나타나는 셈인데, 이는 육상경관 형성과정과 비슷하다(그림 1.14).

자연성이 유지되고 있는 미국이나 아프리카에서는 큰사슴(*Alces alces*), 악어(*Crocodylus niloticus*), 무소(*Hippopotamus amphibius*), 코끼리(*Loxodonta africana*)의 하상 짓이기기와 비버(*Castor canadensis*)의 댐 형성 등이 하천통로의 단절된(조각난) 정도를 결정한다. 이들은 식물을 먹고, 토양을 옮기며, 식물씨앗을 전파시킴으로써 식생구조를 바꾸고 수로지형을 변경시키며 미세 지세형성에 작용한다. 이러한 동물과 식물의 군집수준에서 상호작용은 장기적으로 복합적인 생태계 수준의 결과를 자아냄으로써 하천통로 형성과 자연하천관리에 중요한 요소로 인식되고 있다(Naiman & Rogers 1997).

반면에 우리나라의 경우엔 강력한 인위적인 교란으로 지질적 · 생물적인 에너지와 물질과정에 의해 점진적으로 형성되는 연속성과 자연교란에 의해서 형성되는 서식처 조각의 이질성이 경관의 뒷면으로 숨어 버림으로써 인공적인 동질성이 우세한 경관으로 되었다.

마치며

여기서는 통로에 대해서 대표적인 기능 6가지를 중심으로 살펴보았다. 이러한 기능은 통로의 특성과 그 통로에 놓일 객체들의 특성에 따라 다르므로 환경계획과 설계, 관리에서는 각 통로의 고유기능과 목적이 조화되도록 해야 할 것이다. 그렇지 않으면 통로 고유기능의 지속성이 와해되는 반대급부를 지불해야 하기 때문이다. 이를테면 우리나라 하천관리의 경우 홍수방지를 목적으로 하천통로의 도관기능을 지나치게 강조함으로써 생물서식처와 물질의 여과기능을 손상시킨 한편, 동물이동에 대한 장벽기능을 과도하게 하여 삭막한 정서마저 일게 하고 있다(이도원 1997).

이렇게 하여 지금까지 경관을 크게 바탕-조각-통로라는 3가지 요소로 보는 기본방향을 소개했다. 경관 안에서 이러한 경관요소들이 다른 것과 분명히 구별되지 않는 경우가 허다하지만, 경관과정을 설명하는 유용한 도구로 사용될 수 있다. 그럼에도 불구하고 구분의 규모를 어디에 두느냐에 따라 각 요소들을 나누는 물리적인 경계뿐만 아니라 명칭도 분명하지 않을 수가 있다. 특히 통로의 경우는 극단적으로 늘어난 조각의 한 형태로도 볼 수 있는 만큼 가장자리 면적이 차지하는 비중 때문에 그것을 둘러싸고 있는 바탕이나 조각의 특성을 많이 포함하고 있다. 실제로 충분히 긴 통로가 두 개의 경관조각을 연결하고 있다면, 그 양쪽 끝은 가운데 부분과 달리 오히려 가까운 조각과 비슷한 특성을 지니게 된다. 따라서 통로 자체뿐만 아니라 그것으로 이어지는 조각 및 바탕과 이루는 맥락 안에서 통로의 특성은 규명되어야 한다.

뿐만 아니라, 여기서 논의하지 못했지만 때에 따라 통로는 추상적이고 복합적인 개념이라는 사실을 숙지하고 환경계획과 설계, 관리에서는 더욱 다각적인 검토가 필요하다. 이를테면 김형국(1997)은 우리나라 시가화 지역이 도시와 도시 사이의 고속도로, 철도 주변에서 집중적으로 형성되는 현상을 지적하고 도시회랑의 중요성을 강조했다. 아울러 규모에 따라 국가도시회랑, 지역도시회랑, 지방도시회랑의 위계로 구분했는데 이 경우 도시회랑은 구조적으로는 물리적인 통로를 끼고 발생하고 에너지, 물량 그리고 정보이동이라는 기능의 복합으로 형성될 것으로 이해된다. 한편 Choe(1998)는 북경, 서울, 동경과 그 이웃 도시들의 연결성을 도시회랑(urban corridor)이라는 개념으로 보고 있다. 이는 그 회랑을 따라 사람, 정보, 에너지 그리고 물자의 흐름이 나타날 수 있다는 측면에서 보다 큰 공간규모 안에서 나타나는 통로이다. 이러한 개념은 공간위계에 따라 통합될 가능성이 있으나 현재 경관생태학에서 다루는 통로개념과는 그 안에서 이동하는 객체들에 대한 상대적인 관심의 크기와 객체가 미치는 공간범위에서 차별성을 가진다.

이제 논의의 다음 순서는 지금까지 다룬 경관요소들의 존재에 필수적인 경계부와 가장자리의 특성 그리고 경관요소들 속에 우세하게 나타나는 연결망과 모자이크 유형을 살펴보는 것이다. 이 내용은 지금까지 논의한 조각의 모양과 수 그리고 크기뿐만 아니라 통로의 특성과 관리방안을 이해하는 데 도움이 될 것이다.

상자글 1

야생동물통로에 대한 찬성과 반대

통로가 동물의 서식처를 제공하는 것이 사실이지만 그것이 경관 파편화에 대응하는 완전한 해결책일 수 없다(Downes 등 1997a). 또한 통로의 질뿐 아니라 그것들이 다른 경관요소와 어떻게 놓이느냐에 따라 물질과 에너지, 생물의 흐름에 영향을 준다는 사실을 항상 유념해야 한다(Anerson & Danielson 1997). 야생동물통로의 유용성에 대한 검토가 끝나지 않은 상태에서 수행되는 섣부른 설치작업은 예산낭비를 초래할 수 있다(이도원 1997). 이것은 야생동물을 위한 통로설치를 중단하라는 주장이 아니다. 오히려 실패를 무서워하면 아무것도 할 수 없다는 사실을 알고 다각적인 의견을 종합하여 개선의 길을 모색하라는 뜻이다.

야생동물통로 유용성에 대한 찬반근거들을 모아 보면 다음과 같다.

찬성

1. 통로는 생물의 이동을 증진시켜 (가) 종 풍부도와 다양성을 증가시키거나 유지시키며, (나) 특정 종의 개체군 크기를 증가시키고, (다) 사멸확률을 감소시키며, (라) 생물종의 재정착을 허용하고, (마) 근교약세를 막아 유전적 다양성을 유지시킨다.
2. 행동권이 넓은 생물종에게 먹이를 획득할 수 있는 면적을 넓힌다.
3. 조각 사이의 이동으로 도피에 필요한 은폐지역을 제공한다.

4. 다양한 서식처를 혼용할 수 있는 접근성을 증가시킨다.
5. 큰 교란에 대해 대안의 피신처를 제공한다.
6. 그린벨트를 제공함으로써 (가) 도시확장을 제한하고, (나) 오염을 감소시키며, (다) 여가공간을 제공하고, (라) 풍치를 보호하고 고양시키며, (마) 땅의 가치를 증진시킨다.

반대

1. 생물이동의 증대는 오히려 (가) 병충해 등 위해요소의 파급을 쉽게 하고, (나) 교잡약세(outbreeding depression)로 개체군 사이의 유전적 변이수준을 감소시킨다.
2. 산불이나 다른 전염성 대형 파국의 파급을 용이하게 한다.
3. 밀렵과 포식자에 대해 노출을 증가시킨다.
4. 연구되지 않은 생물종에 대해서는 기능을 발휘하지 않을지도 모른다.
5. 비용이 많이 든다.
6. 절멸위험종(endangered species) 보전을 위한 전통적 보존방향과 갈등을 일으킬 수 있다.

참고문헌: Noss 1987b.

상자글 2

준천사의 하천통로관리

영조 36년(서기 1760년)에 하천관리를 주업무로 설치되었던 준천사의 절목(節目)에 포함된 내용을 보면 '매년 봄, 가을과 우기에 백양나무와 버드나무 그리고 주로 양지에서 자라는 잡목을 제방과 틈이 난 곳에 여러 그루 옮겨다 심어 오랫동안 자라게 하며 유지하는 곳으로 삼는다' 라는 대목이 나온다.[17] 나무의 종류에 따라 한국 음악의 장르에 소재로 사용된 빈도를 조사한 결과 조선 영조 이후 시조, 1896년 이후 판소리, 그리고 1920년 이후 대중가요에서 버드나무가 단연 으뜸이다(전영우 1999). 이는 아마도 버드나무가 그 무렵 생활 주변에서 쉽게 보이는 인상적인 나무였기 때문일 것이며, 조사된 음악장르들

17) 이도원(1997) 수정, 준천사의 업무에 대한 간략한 소개는 손정목(1977)에서 볼 수 있다.

의 연도로 미루어 보아 준천사 업무의 결과 또는 이조의 영조 시대 전후 하천 주변의 식목정책과 연관이 있었을 것으로 추측된다.

영조 때 그려진 그림을 보면 준설을 통해 하천의 도관기능을 유지시킬 뿐만 아니라 청계천 주변에 버드나무 등을 식재하여 여과기능을 동시에 확보하고 있었다는 사실을 짐작할 수 있다. 영조는 1759년(영조 35년) 청계천의 준설을 위해 송기교에서 5간수문(五間水門, 興仁門 근처)까지 현지를 그리도록 했으며, 그 지도는 이듬해에 제작되었다(한영우 1999). 청계천 지도작업과 함께 준천사의 주요 업무로서 실시된 준천의식(濬川儀式)을 기념하여 그린 준천시사열무도(濬川試射閱武圖, 18세기 말, 28.7cm × 39.7cm, 서울대학교 규장각에 소장, 그림 6.14)와 어전준천제명첩(御前濬川題名帖, 1760년, 44cm×34cm, 28면, 부산광역시립박물관 소장)이 있다.[18] 두 그림 모두 오물과 모래, 돌 등으로 수로가 막힌 청계천을 준설하여 악취를 막고 수해방지를 위해 벌인 당시의 광경을 담고 있다. 그림의 상단에는 오간수문 부근 아치형의 다리 위에서 영조 일행이 천막을 설치하고 개천치는 일을 직접 보는 장면이 있고, 하단에는 인부들이 청계천 안에서 소를 이용하여 준설하는 모습과 함께 하천 양쪽으로 버드나무가 줄지어 있다.

중국의 중세 자료도 홍수방지를 위한 하천관리정책으로 버드나무 심기를 장려하고 있다(Beeby & Brennan 1997). 이 문헌자료의 내용을 우리말로 옮겨 보면 다음과 같다.

> "河夫[19]가 여러 차례나 栽培하였으나 살아 남는 나무의 數는 많지 않았다. 그 이유를 알아보기 위해 堤防을 1자 정도 높고 두텁게 하기로 하였지만, 일을 시작하기 전에 양측 堤防에 蔓草(풀이름)가 무성하여 지표를 보호할 수 있는 것을 발견하였다. 따라서 흙을 쌓기 위해 풀을 제거하는 것은 좋은 방법이라고 할 수 없다. 臣은 司道官을 만났을 때 무너지고 손상된 堤防을 본래의 모양에 따라 정비하고 평탄하게 만드는 것을 보았다. 1년이 지나면 일을 마칠 수 있을 것 같다. (…) 18年부터 司道官이 管河官에게 명하여 구제방 위에 모래를 섞지 않은 흙으로 5寸 높이를 쌓게 하였고, 이 일을 소홀히 할 경우 管河官이 책임져야 한다고 했다.
>
> 두 번째 제방을 보호하는 방법을 다시 찾아보니, 버드나무를 심는 것이 가장 좋다는 것을 알았다. 버드나무를 심는 여섯 가지 방법 중에는 측면재배법이 가장 좋았다. 이 방법은 제방 안쪽에 버드나무를 심는 방법으로서 뿌리부분에서부터 나뭇가지가 무성하게 자랄 수 있어 제방의 물결에도 견딜 수 있게 해준다. 每 丈(320m)마다 12그루의 버드나무를 심고, 일꾼들은 제방에 3丈 길이의 나무를 심어야 했다. 버드나무 삽목은 직경이 2寸인 것을 표준으로 하고, 제방(제방 안쪽 끝부분)에서 3尺 정도 떨어져 있게 심어야 한다. 제방 안쪽을

18) http://www.metro.seoul.kr/muse/gallery/hansung/20.html에서 어전준천제명첩과 설명 참조.

19) 황하강에서 작업하는 인부(허주옥).

그림 6.14 준천시사열무도

다 심고 나면 제방 바깥쪽에 착수한다. 죽은 버드나무가 발견되면 즉시 새 버드나무를 심어 주어야 한다. 매년 말 管河官이 각 司道官에게 원래 제방의 높이와 추가로 쌓은 5寸 높이의 총합을 검정하였다. 그리고 몇 그루의 버드나무를 심었는지 직접 점검하고 보고한다. 司道官이 보고서를 받고 현장에서 직접 확인하고 상부에 보고한다." — 허주옥 옮김.

중국의 하천 제방관리방식에 영향을 어느 정도 받았는지 알기 어렵지만 영조 36년에 하천관리를 주요 업무로 설치되었던 준천사의 절목에 포함된 내용에서 식생완충대의 기능을 감지하고 있던 선조들의 선견지명을 엿볼 수 있다(이도원 1997). 이런 정책의 결과인지, 적어도 1960년대까지만 해도 우리나라 경관은 하천통로 주변을 숲으로 유지하는 모습을 갖추고 있었다. 이들 마을숲과 생울타리는 일제의 수탈과 새마을운동으로 많은 타격을 입은 것으로 보인다(김학범과 장동수 1994). 우리나라와 마찬가지로 프랑스에서도 농경지 주변의 생울타리를 제거하고 경작지 단위를 넓힘으로써 토양과 영양소 유실량의 증가를 야기하고 또한 생물 다양성의 위협까지 초래했다고 하니(Burel 등 1993, Burel & Baudry 1995), 토지이용정책을 포함하는 동 · 서양의 사회변화에 따라 나타나는 경관유형의 구조와 기능의 변화는 비교해 볼 만한 연구주제이다.

제7장

경계와 가장자리

이도원, 허남혁[1)]

시작하며

“자고로 변방(가장자리)은 편안하지 않은 곳이다. 경계를 가로질러 물질과 에너지, 정보가 들락거리고 있으니 변화가 심하고, 한시도 안정될 날 없는 곳이다. 신경을 곤두세우지 않으면 변화의 물결을 타지 못하고 휩싸여 어디로 사라질지 모르는 곳이다. 그러기에 변방은 힘차고 모험과 변화를 즐기는 젊은이들의 장소이다. 그 곳은 바로 젊음의 속성을 움켜쥐고 있는 장소다. 그 곳에는 그에 걸맞은 움직임이 있어야 하고, 또 강한 움직임을 누그러뜨릴 경관과 문화가 있어야 보는 사람에게 편하다. 그렇지 않으면 그 곳에 머물거나 바라보는 이의 마음에 갈등을 낳는다”(이도원 1997).

제3장에서 살펴본 바와 같이 경관요소와 요소 사이에 일어나는 사람의 이동, 에너지 흐름, 물질순환, 정보유통에 의한 상호작용이 적은 곳에 경계가 설정된다(Allen & Starr 1982, O’Neill 등 1986, Allen & Hoekstra 1992, 이도원 1997). 이렇게 상호작용이 적은 곳에 설정된 경계는 생태적 과정들을 서로 분리시키고 위치를 지정함으로써 실체의 행위와 사건이 제한된 곳에서 일어나도록 한다(Salthe 1985, Lidicker 1999).

그러나 경관을 먼 하늘에서 조망할 때, 특히 자연과정이 우세한 경관요소들의 모임은 칼로 무 자르듯이 뚜렷한 경계로 나눌 수 없는 경우가 많다(Wiens 1995). 경관을 모자이크로 보는 시각은 불투명한 경계를 일단 제쳐 놓고 문제를 단순화시킨 결과이다. 많은 경우 경계 양쪽에 놓인 경관요소들의 특성이 서로 섞여 점진적인 변화를 보이며, 그 변화되는 부분을 점이대(ecotone)라 하여 생태학에서 특별히 다룬다(Naiman & Decamps 1997, 이도원 등 2001).

1) 허남혁이 1997년 가을 제출한 과제물을 저자가 고치고 보충했다.

제6장에서 다룬 통로는 전체 면적에서 상대적으로 가장자리와 점이대의 특성을 우세하게 지니고 있는 특이한 형태의 경관조각으로도 볼 수도 있다. 통로의 메타개체군 유지기능은 생물들이 가장자리 서식처에 반응하는 방식에 크게 좌우되며(Lidicker 1999), 점이대는 그것의 좌우에 있는 생태적인 특성을 동시에 포함하고 있어 물리적 · 생물적 다양성이 높고, 또한 고유한 성격을 지니고 있기 때문에 경관 안에서 독특한 위치를 지닌다(Naiman & Decamps 1997).

이 장에서는 경관 안에서 서로 다른 생태계나 토지이용형태를 분리시키는 역할을 하는 다양한 경계와 조각의 모양 및 크기와 밀접한 관계를 가지고 있는 가장자리의 특징에 대해 다룬다. 일반적으로 경계는 어떤 계(system)의 유한성을 규정하는 요소로서(박창근 1997), 계와 환경 또는 계와 계와 같이 서로 다른 특징을 가진 부분들이 만나는 일종의 불연속면이다. 이러한 특징 때문에 경계 양쪽에 위치하는 요소들의 영향을 동시에 주고받으며, 그 결과 양쪽의 특징을 함께 가지고 있어 매우 다양하고 역동적인 양상을 보인다(이도원 1997).

먼저 경계의 구조와 기능적 특성 그리고 구조와 기능의 관계를 분석하고 경관 안에서 경계의 역동성에 대해 살펴보기로 하자.

경계와 관련된 개념 및 종류

하나의 계에 에너지가 유입되어 일어나는 이질화는 대체로 두 가지 방향으로 이루어진다. 하나는 경사(gradient)형으로 계의 부분이 한 곳에서 다른 곳으로 점진적으로 변하는 경우이며, 다른 하나는 모자이크형으로 계가 급격한 불연속면 경계를 갖는 조각들로 이질화되는 것이다. 이 경우 경계는 두 번째의 모자이크형에서 나타나는 것으로, 엄격한 의미에서 점진적인 변화를 가지는 계에서는 뚜렷하게 나타나지 않는다. 여기서 경계라는 것은 연속면이 아닌 불연속면이기 때문에 경계와 경사는 서로 배타적인 개념이다. 물질과 에너지, 생물 그리고 정보의 흐름과 관련하여 경계가 가지는 대표적인 성격에 대해서는 나중에 상자글에서 부연한다.

경계와 경계선, 가장자리

일단 서로 다른 경관요소 사이에는 그 둘을 분리하는 경계선(border)이 존재한다. 그 주위에 일정한 너비를 두고 양쪽에 가장자리가 있다. 가장자리는 이웃한 두 공간요소 사이에 위치하나 그들의 중심부와 구별된다. 이 가장자리 부분은 서로 다른 생태계 사이에 위치하여 식물이나 동물군집이 서로 겹쳐서 나타나는 지역으로 많은 경우 점이대의 특성을 가진다. 즉, 그림 7.1에서처럼 숲과 들판 사이에 경계선이 있고, 삼림 쪽에 경계선을 따라 일정한 너비로 숲 가장자리가 있고, 맞은 편에는 들판 가장자리가 있다. 우리가 일반적으로 경계라고 하면 경계선과 양편 가장자리를 모두 포함하는 지대를 말한다. 이러한 경계의 특징은 일반적으로 너비, 길이, 높이에 의해서 규정된다(Forman 1995). 가장자리를 포함하고 있는 계에서 가운데 부분은 내부(interior)라 한다.

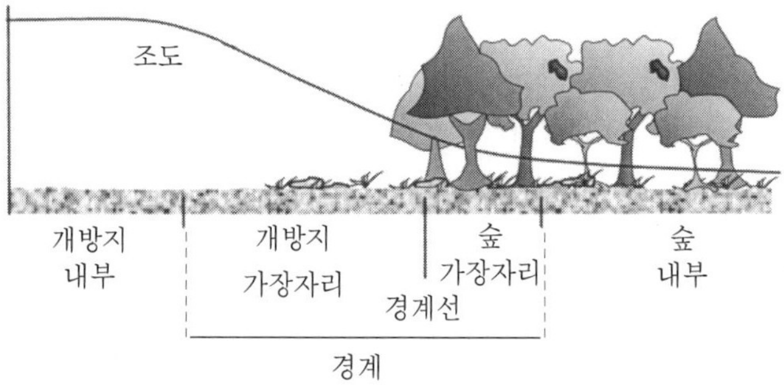

그림 7.1 경계와 경계선, 가장자리의 공간적 관계

경성 경계와 연성 경계

경계는 그 속성에 따라 크게 경성 경계(硬性境界, hard boundary)와 연성 경계(軟性境界, soft boundary)로 구분할 수 있다(Klee 1964, Forman 1995 재인용). 경성 경계는 경계 양쪽의 이웃 요소들 사이에 대비도가 크고 급변하는 직선형 경계를 말한다. 이를테면 수변이 시멘트로 처리된 수로와 육지는 경계에 의해서 분명하게 나누어진다. 연성 경계는 경계선의 양쪽으로 변하는 정도가 상대적으로 적고 곡선으로 나타나는 경우이다. 이러한 경계는 양쪽 방향에 대해 어떤 변화가 나타나느냐에 따라 여러 가지 유형으로 나누어 볼 수 있다(Durelli 등 1990, 그림 7.2).

한편 자연적으로 형성된 경계와 인위적으로 형성된 경계로 나눌 수도 있는데, 일반적으로 자연적으로 형성된 경계는 인위적으로 형성된 경계보다 급변도가 낮은 연성 경계일 경우가 많다.

그러면 어떠한 경계에서 그것을 가로질러 더 큰 흐름이 일어나는가? 미국의 테네시 주에 있는 그레이트 스모키 산 국립공원과 농경지 사이의 종의 침투성을 평가하기 위해 경성 경계와 연성 경계를 비교한 연구에서 척추동물 및 식물 모두 직선형의 경성 경계보다 연성 경계를 더 많이 넘나들었다(Chasko & Gates 1982, Ambrose 1987). 하지만 대비가 점점 미약해져서 경계가 존재하지 않는 경우에는 비록 이동이 일어난다고 해도 알짜 이동은 없거나 미약하다.

한편 경계의 대비도가 확산과 덩어리 흐름에 의한 에너지(빛, 열)의 흐름과 동식물의 이동에 주는 영향은 구별된다. 경계의 대비도가 커지면 확산과 이동은 증가하지만 동물이동은 오히려 줄어든다(Forman & Moore 1992). 확산과 덩어리 흐름이 물질의 농도나 열 에너지 차이에 비례하기 때문에 강한 대비는 그것들의 속도를 촉진시키는 경향이 있으나, 동물은 강한 대비를 인식하면 넘어서기를 주저하는 경향이 있다. 이를테면 스쿼시(squash plants)와 토마토를 먹는 벌레에 대한 연구에서 주변의 가장자리가 뚜렷이 구별되는 식생조각으로 이루어져 있을 때 조각 사이의 벌레이동은 적었다(Bach 1988a, b). 그림 7.3은 그러한 경향을 일반화시키고 있다. 경계의 대비도가 높을수록 동물은 경계를 장애물로 인지하여 넘어가기를 주저한다.

위의 논의를 요약해 보면, 경계의 존재가 이웃하는 두 계 사이의 에너지와 물질 그리고 정보

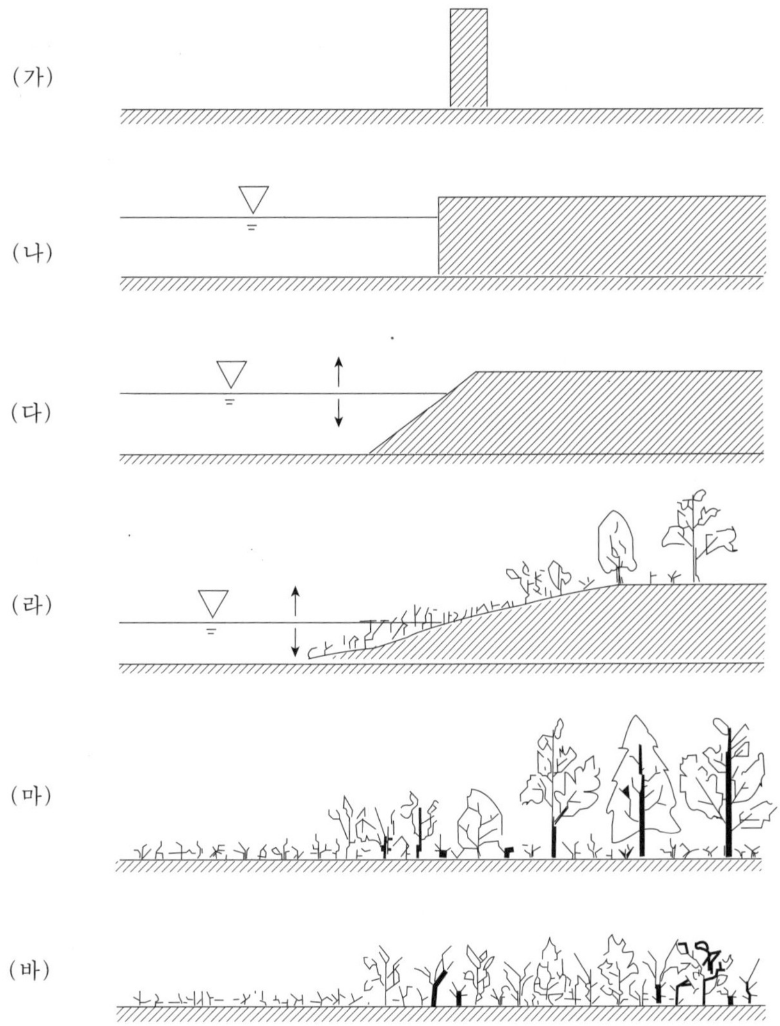

그림 7.2 경계선의 양쪽 요소는 대비특성에 따라 상호작용의 정도도 달라진다.

의 흐름을 통제하는 것은 사실이지만, 경계가 경화(硬化)될수록 공간요소들 사이의 동물이동을 감소시킨다.

다양한 수준의 경계

경관은 대략 몇천만 년 정도의 시간규모 안에서 형성되며, 공간적으로는 약 10미터에서 1,000 킬로미터까지 달라진다(제1장 참조). 시간-공간 원리에 의하면 연구지역이 클수록(즉, 공간규모가 클수록), 고려하는 시간척도도 커진다(O'Neill 등 1986, Allen & Hoekstra 1992).

경관요소들의 경계에도 이러한 시간-공간 원리가 적용된다. 보통 우리는 3가지 공간규모를

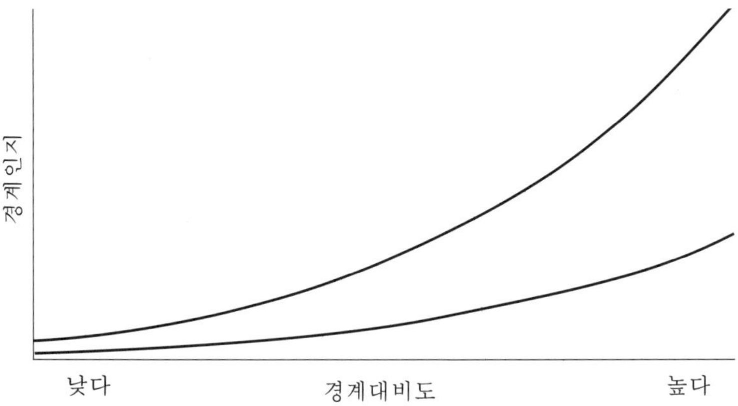

그림 7.3 경계의 대비도에 따른 동물의 경계인지도의 가설적 변화곡선

인식하고 있다(Armand 1992). 미세규모(fine-scale)의 경계는 인접 숲과 벌목지를, 또는 인접 초지나 도로로부터 개간지를 분리한다. 이러한 미세규모는 우리 주변에서 수없이 관찰할 수 있다. 중간규모(intermediate-scale)의 경계는 산등성이가 계곡을 가로지르는 경우와 같이 땅의 형태나 장기적인 토지이용에 의해 구별된다. 마지막으로 어떤 곳에서는 경관경계가 기후지역, 생물군계, 지질구조판을 구별하는 넓은 규모(broad-scale)의 경계와 일치한다(Gosz & Sharp 1989, Fu 1992).

우리나라 지형의 틀로서 하나의 대간(大幹), 하나의 정간(正幹) 그리고 13개의 정맥(正脈)으로 개념화된 체계는 중간규모와 넓은 규모의 경계를 아우르는 좋은 사례이다(그림 7.4). 백두산에서 시작하여 두류산, 마대산, 금강산, 설악산, 태백산, 속리산으로 이어져 지리산에서 끝나는 가장 큰 산줄기를 백두대간이라 한다.[2)] 백두대간 다음으로 큰 산줄기는 14개로 구분된다. 두류산에서 함경북도를 동북쪽으로 가로지르고 있는 것이 장백정간이며, 나머지 13개는 정맥이다(한동환 등 1994, 이우형 1996). 이들 대간과 정간 그리고 정맥은 모두 수계를 가르는 분수령이다. 이들은 물의 이동과 같은 자연과정을 나누는 경계일 뿐만 아니라, 이 땅에 삶의 뿌리를 내리고 있는 사람들의 교류를 나누는 문화적인 경계도 된다. 분수령으로 나누어지는 하나의 유역 안에 살기 때문에 물과 다른 자연자원을 공유하는 사람들은 원활한 정보교환을 통하여 다른 유역에 사는 사람들과 달리 경계 내부의 자연환경에 맞는 문화(의식주, 언어 등의 각종 유형 · 무형의 문화요소)를 발전시켜 왔다(이우형 1996, 이도원 1997, 조석필 1997, 우실하 1998). 이처럼

2) 백두대간 개념을 뚜렷이 보여 주는 우리 지도는 1757년에 제작된 정상기의 조선전도(동국대전도), 18세기 말에 제작된 여지도 중의 조선 · 일본 · 유구국도 등에서 볼 수 있다(한영우 등 1999). 1402년에 그려진 혼일강리역대국도지도(混一疆理歷代國都之圖)에서도 지형의 골격을 산줄기와 강줄기로 이루고 있어(이찬 1991, 한영우 등 1999) 우리 조상들이 일찍부터 분수령을 경계로 하는 유역개념을 가지고 있었다는 사실을 확인할 수 있다.

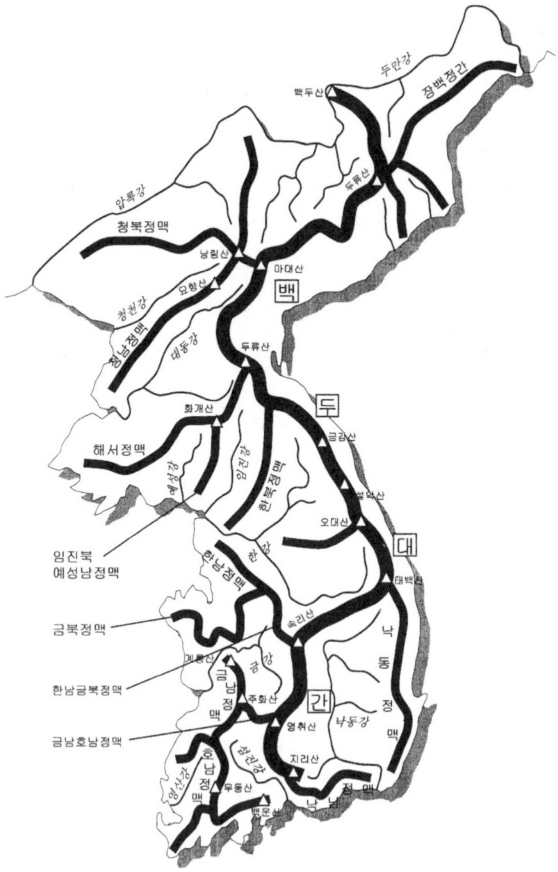

그림 7.4 산경도에 나타난 백두대간의 골격. 산세를 바탕으로 작성된 전통적인 우리의 지형분류체계는 1903년에 발표된 일본 지질학자 고토 분지로의 산맥도와는 다르다.

인위적으로 구획된 도나 군 등의 행정적 경계보다는 자연적인 경계가 물질과 정보의 이동을 설명하는 데 더 적절한 사례를 많이 볼 수 있다.

또한 미국 동부의 주들이 하천에 의해서 구분되고(Volk 1995), 우리나라에서도 비슷한 현상을 많이 볼 수 있듯이 자연적인 경계와 인위적인 가름이 일치하는 경우가 많다. 앞으로 능선과 강이 경계로서 가지는 기능이 물질과 에너지, 정보흐름에서 어떻게 대비되는지 살펴보는 것도 흥미 있는 주제가 될 것이다.

거대한 시공간적 차이에도 불구하고, 대부분의 경계가 갖는 특징들은 서로 유사성을 가진다. 대부분의 경계들은 환경의 불연속성이나 자연적 교란요인, 인간활동에 의해 생성된다. 몇 세기 또는 몇 천 년의 시간규모에서 보면 일시적인 것들이나, 몇몇은 지속되기도 한다. 이들은 객체에 대해 서로 다른 투과성을 가진다. 이들은 내부적으로 변화하며, 종종 이동하기도 한다.

경계와 가장자리의 구조

숲 안에 소나 염소를 기르기 위해 대규모 직사각형의 개활지(벌채하여 하늘이 보이는 땅)를 만들 경우 시간이 지남에 따라 숲과 개활지 사이의 경계는 점차 변하게 된다. 처음에 직선형의 경성 경계가 유지되지만 점점 경계에 가까운 숲의 가장자리 나무 밑에 키가 큰 초본식물이 자리 잡기 시작한다(Hansson 2000). 몇몇 나무등걸 사이에는 덩굴식물이 자라고 싹들이 올라와서 수관과 그 아래의 초본들 사이에 얇은 막을 형성한다. 개활지 가장자리에는 바람과 동물에 의해 운반된 많은 씨앗들이 발아하여 자란다. 가장자리 종(edge species)들은 그늘, 나무뿌리의 방해, 가축에 의해 뜯어먹히는 등의 시련을 견뎌 낸다. 시간이 지나면 숲 가장자리의 어린 나무들은 수관높이의 나무로 성장하고 연성 경계로 변해 갈 것이다.

이는 경계와 가장자리에서 전형적으로 나타나는 발달과정이다. 숲 가장자리의 기본적인 구조는 단면의 밀도에 따라 (1) 하층 식생이 없거나 매우 빈약하여 오직 키가 큰 교목이 가장자리에 있는 1단 가장자리(그림 7.5 가), (2) 교목과 좁은 띠의 관목대로 이루어진 2단 가장자리(그림 7.5 나), (3) 관목과 작은 키의 교목과 함께 큰 키의 교목이 넓게 이루어진 3단 가장자리(그림 7.5 다)로 나눌 수 있다(Sarlov-Herlin & Fry 2000). 잘 형성된 가장자리 단면은 다음과 같이 기술할 수 있다(Forman 1995, 그림 7.5 다). 우선 키 작은 다년생 초본층인 소매군락(saum)이 숲 가장자리의 가장 먼 부분에 나타난다. 소매군락 바로 안쪽에는 망토군락(mantel)이라 불리는 관목과 작은 나무들의 두꺼운 층이 형성된다. 망토군락은 때로 관목으로 구성된 키가 작은 '첨병망토(pre-mantel)'와 어린 나무로 구성된 키가 큰 '본망토(main mantel)'로 구분되기도 한다. 그 위에는 보통 망토와 수관을 연결하는 얇은 막으로 간주할 수 있는 '차일(遮日, veil)'이 존재한다. 우리나라 남한의 망토군락을 이루는 호광성(好光性) 식물들은 예덕나무군집, 누리장나무군집, 으름군집, 칡-인동군집, 꼬리조팝나무군집, 다래-부채마군집, 쉬땅나무군집, 미역줄나무군집 등으로 구분된다고(Jung & Kim 1998) 밝히고 있으나 이 중에서 덩굴식물은 차일의 일부로 보는 것이 알맞다.

이러한 가장자리 구조를 확인할 수 있는 가장 좋은 방법은 가까운 산의 임도나 등산로를 관찰하는 것이다. 대체로 숲 사이에 난 도로는 차량이나 사람들에 의해 짓밟힘으로써 지표가 노출되고, 숲 내부의 식생지대와 경계를 형성하게 되며, 그 도로 주변의 숲 가장자리 부분에는 덩굴식물들이 우세하다. 우리나라 남한의 경우 숲 가장자리에 존재하는 임연군락은 찔레꽃군강에 속하는 칡/참마군목으로 대표되고, 칡/인동군단 및 다래-부채마군단으로 이루어져 있다(Jung & Kim 1998).

숲에 임도와 등산로가 많아지면 그만큼 내부 종이 줄어들고 가장자리 종인 덩굴식물들이 늘어나는 결과를 초래하여 생태계의 종 다양성 측면에서 바람직하지 못하다. 한편 숲 가장자리를 이루는 임연군락은 주로 호광성 식물로서 경계의 열악한 환경과 교란요인에 잘 적응하는 덩굴

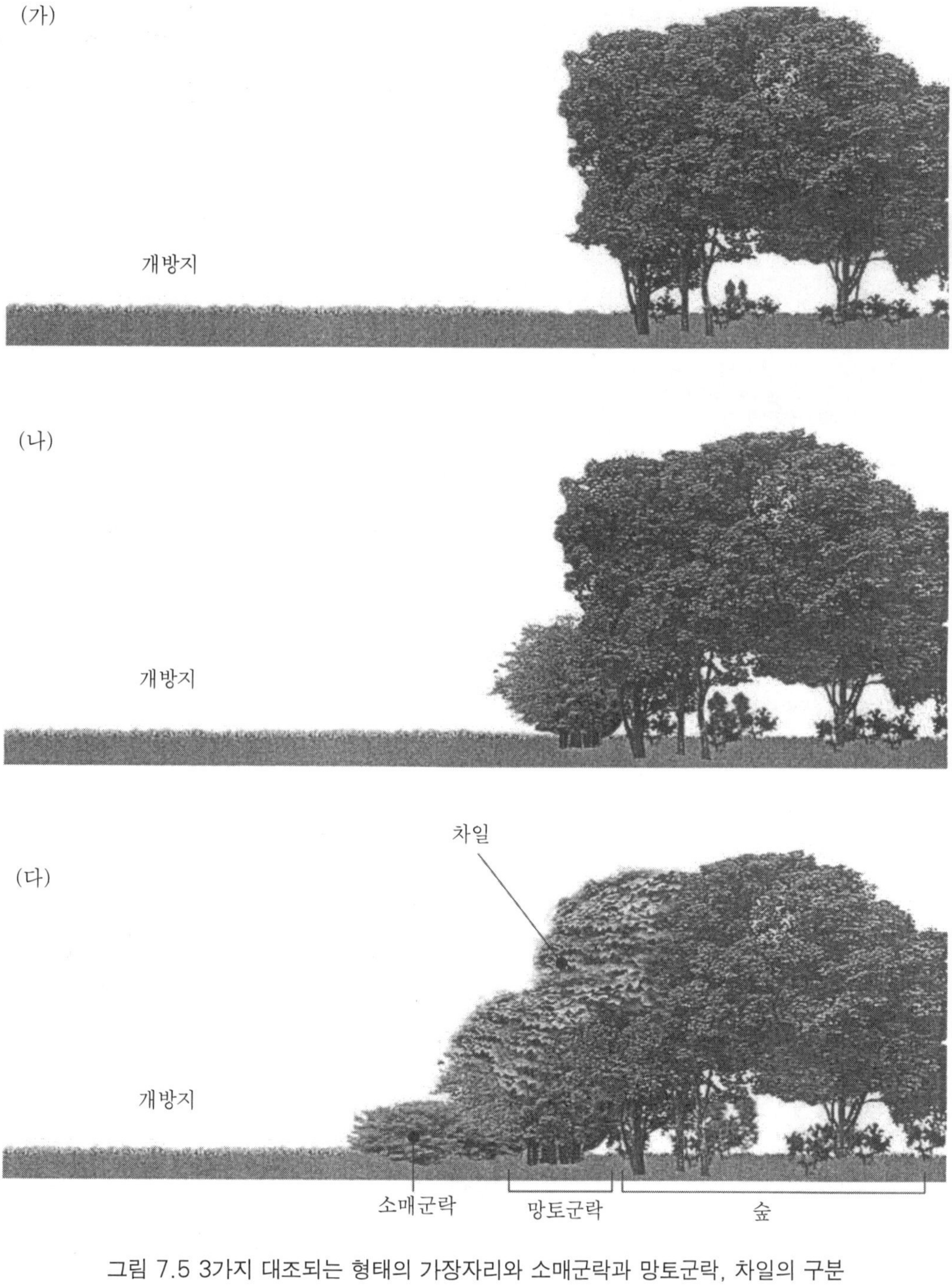

그림 7.5 3가지 대조되는 형태의 가장자리와 소매군락과 망토군락, 차일의 구분

식물들이 나타나는 결과이기도 하지만, 숲에 대한 사람이나 이질적인 요소들의 접근과 영향을 줄임으로써 내부를 보호하는 기능을 가지기도 한다(김종원 개인의견). 이런 까닭인지 사람들은 하층 식생이 빽빽하게 채워진 가장자리를 적당히 열린 경우보다 싫어하는 경향이 있는데(Balling & Falk 1982), 숲 내부에 서식하는 야생동물은 아마도 반대의 입장을 가질 것으로 추측된다. 왜냐하면 이러한 상황은 내부를 보호하는 가장자리의 완충기능이기 때문이다(Fry & Sarlov-Herlin 1997).

구조에 영향을 미치는 요인

미기후

미기후는 생태적 과정에 직접 영향을 줄 뿐만 아니라 다양한 공간규모에서 생태계 기능과 경관구조에서 일어나는 미묘한 변화를 반영한다(Chen 등 1999). 따라서 숲의 벌목에 의해 가장자리를 따라 발생하는 미기후의 변화는 숲 가장자리의 생태적 과정을 결정하는 주요 요소이다(Brosofske 등 1997, Hansson 2000).

미기후에 있어서 가장 중요한 가장자리 조절인자는 태양과 바람이다. 이 인자들은 모두 숲의 가장자리에 있는 식물잎의 증발산을 증가시킨다. 그에 따라 가장자리에서 어떤 식물이 살아 남을 것인가를 결정하고 또한 토양, 곤충, 그 밖의 동물들의 서식에 주된 영향을 미친다(Forman 1995).

태 양

태양은 식물의 광합성에 필요한 빛 에너지를 제공한다. 이는 가장자리에서 그늘에 강한 식물과 약한 식물 중 어느 것이 살 수 있는가를 좌우한다. 태양광선은 가장자리가 위치하고 있는 방향에 따라 그 에너지량이 달라짐으로써 가장자리의 미기후에 영향을 미친다. 그림 7.6은 우리나라 강원도 인제군 기린면 진동리에 소재하는 점봉산에서 숲이 향하고 있는 남북방향과 계절에 따라 받는 태양광선량의 변화를 그래프로 나타낸 것이다. 연간 들어오는 총태양 에너지량은 그래프 선과 x축이 만드는 면적으로 비교되며, 남쪽으로 향한 곳에서 훨씬 많은 태양 에너지를 받는다는 사실을 확인할 수 있다. 독일의 경우에는 남동과 남서, 동과 서, 북동과 북서, 북향의 순으로 줄어들고 계절적으로 동, 동남, 서, 남서방향은 여름에 가장 많은 태양 에너지를 받지만 남쪽 사면은 여름 하늘에 해가 높이 떴을 때 그늘이 지기 때문에 봄과 가을에 태양광선을 가장 많이 받는다고 한다(Geiger 1965).

한편 태양은 가장자리의 밝기와 그늘의 생성에 영향을 미침으로써 가장자리의 미기후에 영향을 미친다(Chen 등 1995, 1999). 숲은 나무의 그림자로 인해 들판의 가장자리를 들판 자체보다 어둡게 만들고, 들판은 반사되는 빛의 양을 증가시켜 숲의 가장자리를 밝게 한다(그림 7.1). 또한 들판 가장자리는 들판의 내부보다 햇빛을 적게 받음에도 불구하고 들판 내부보다 더 많은 에

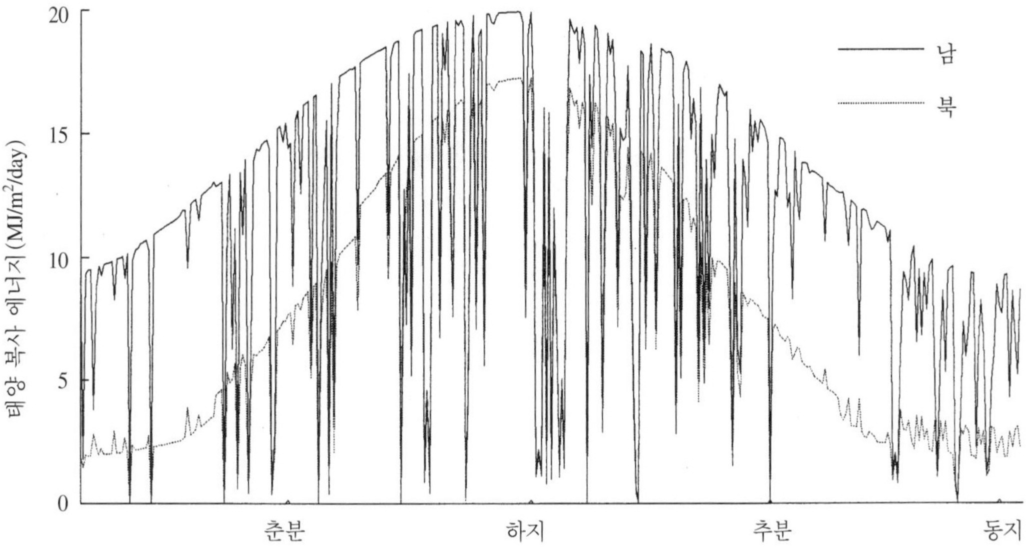

그림 7.6 가장자리가 향하고 있는 방향에 따라 계절적으로 변하는 태양광선의 양을 그린 그래프. 계절적인 변화가 뚜렷하지만 비가 오거나 흐린 날은 남북 방향의 태양방사량이 비슷하다.

너지를 반사한다. 이는 숲의 그늘이 들어오는 태양광선을 장파장으로 바꾸어 단파장보다 더 많이 반사되도록 하기 때문이다. 또한 숲은 밤에 대기로 발산되는 열을 줄임으로써 숲 가장자리를 보호한다. 그 까닭에 종종 들판의 가장자리는 서리가 끼지 않는다(Forman 1995).

바 람

바람은 주변 바탕으로부터 열을 운반해 옴으로써 식물의 증발산을 증대시키고, 잎을 건조시킨다. 바람과 함께 운반되는 모래와 미사(silt), 눈, 씨앗, 거미 등 무게가 어느 정도 있는 입자들은 풍속이 갑자기 떨어지는 숲 가장자리에 쌓이게 된다. 또한 공기의 이동으로 인해 표면으로 물질이 축적되는 침착(impaction)은 가장자리의 빽빽한 잎사귀들 때문에 중요하다. 흩날리는 안개와 연무 속 물입자, 다양한 종류의 에어로졸, 비료에서 나오는 무기영양분, 농약, 독성물질 등이 가장자리에 잡혀서 축적된다. 또한 가장자리 부근에서는 바람에 의한 훼손빈도와 심각성이 크다(Franklin & Forman 1987). 그 이유는 바람이 들판에서 숲을 통과할 때 가장자리 부근에서 난류(turbulence)가 발생하고 영향력이 커지기 때문이다(Forman 1995, Fig. 3.6 참조). 즉 숲과 들판의 경계 부근에서 난류가 발생하면서, 풍속이 바뀌고 바람이 싣고 있던 다양한 물질들이 가장자리에 축적된다.

1/16, 1/8, 1/4, 1/2 그리고 1헥타르 면적의 숲 조각을 형성하고 수행한 스웨덴의 연구에서 첫 해에 나무가 넘어져 죽은 비율이 1헥타르 크기의 숲 조각에서는 전체의 25%였던 반면에, 1/16 헥타르 크기의 숲 조각에서는 95%였다(Angelstam 1992 재인용). 한편 숲의 중간을 띠 형태로 벌

목하게 되면 바람의 유형, 적설과 해빙이 달라지면서 가장자리의 일부 적설이 벌목지로 옮겨지며, 결과적으로 통로와 가장자리에 많은 양의 물이 공급된다(Brooks 등 1992).

또한 '바다 없이 부는 바닷바람(sea breeze without sea)'은 들판이 상대적으로 더 데워졌을 때 상승하는 공기를 숲으로부터 들판으로 찬 공기가 수평적으로 이동하여 대체하는 특수한 경우이다(Forman 1995). 이러한 수평적 공기의 흐름은 씨앗과 에어로졸 그리고 그 밖의 다른 물체들을 덩어리 흐름에 의해 숲으로부터 들판으로 이동시킨다.

요컨대 들판 가장자리의 미기후는 들판 내부의 미기후와는 현저히 다르며, 숲 가장자리의 미기후는 숲 내부의 미기후와 현저히 다르다. 태양과 바람이 그러한 차이를 가져오는 핵심적인 결정요인이며, 양자 모두 식생관리에 따라 상당 수준 변화시킬 수 있다.

토 양

대부분 식생분포의 차이에 의해서 나타나는 경계들은 자연적이든 인위적이든 서로 다른 토양종류에 의해서 구분되는 경계와 일치하는 경향을 보인다. 인접한 토양이 갖는 서로 다른 구조와 화학적 성질 때문에 경계에는 여러 가지 다양한 조건들이 존재하게 되고, 이는 식물과 토양생물들이 풍부해질 수 있는 적합한 환경을 제공한다.

한편, 농업경관에 대한 많은 연구들을 통해 농경지와 숲의 가장자리에서 질소, 황 그 밖의 다른 무기영양분의 수준이 높게 나온다는 사실이 밝혀졌다(Forman 1995). 유럽에서 양딱총나무(elderberry) 같은 몇 가지 전형적인 가장자리 종들은 종종 호질소성 식물(nitrophiles, 비교적 다량의 질소 nitrogen를 좋아하는 식물) 또는 '호인성 식물(phosphatiles, 상대적으로 다량의 인 phosphorus을 필요로 하는 식물)'로 불리기도 한다. 이들은 성장을 위해 영양분을 많이 필요로 하는 것으로 알려져 있다. 이러한 종들은 영양분이 풍부한 잎으로 고밀도의 가장자리 관목층을 형성하며, 초식동물을 불러모으게 된다(Ellenberg 1986).

이러한 경관 속에서 미기후와 토양조건은 가장자리의 특징을 규정하는 중요한 변수이다. 한편 농경지의 끝을 돌아 나오는 트랙터뿐만 아니라 바람과 물이 비료나 다른 영양분들을 농토로부터 숲의 가장자리로 운반한다. 또한 바람과 물의 침식으로부터 생기는 입자와 바람에 날려온 눈도 가장자리에 축적된다. 즉, 바람이 숲을 오르게 되면서 속도가 감소함으로써 가장자리에서 영양소가 축적된다. 이것이 앞에서 설명한 것처럼 무기영양소의 함량이 가장자리 토양에서 높게 나타나는 이유이다(Forman 1995).

초식동물 및 포식자

일반적으로 가장자리에서 밀집하는 초본식생과 어린 유목들은 식물과 새들의 분포에 여러 가지 방식으로 영향을 준다(Hansson 2000). 하층 식생의 성장증가는 특이한 식물뿐만 아니라 여러 종의 식물을 먹이로 하는 초식동물의 빈번한 방문을 불러온다(Angelstam 1986). 식물종에 따라 다른 영향을 보이지만 이러한 초지와 하층 식생의 분포로 늘어난 초식동물의 방문은 남아 있는 숲의 가장자리에서 하층 식생의 섭식을 증대시킬 수 있다(Angelstam 1992).

그리하여 초식동물들은 보통 숲 조각의 내부보다는 가장자리에서 높은 밀도를 보인다(Forman 1995). 이는 역설적으로 가장자리에서 살아 남을 가능성이 큰 식물들은 먹음직스러워 보이지 않거나 밟고 다니는 것에 내구력이 있는 종이라는 것을 의미한다(Collinge & Louda 1989). 또한 초식동물의 밀도는 가장자리의 수평적 · 수직적 구조에 영향을 미치는데, 초식동물들이 하층 식생을 심하게 뜯어먹게 되면 바람이 그 사이로 쉽게 침투하게 되어 가장자리가 더욱 넓어지는 결과를 초래하기 때문이다.

가장자리에서 초식동물의 밀도가 높기 때문에 그만큼 이들을 노리는 육식동물들도 모이게 된다. 이와 같이 가장자리가 가지는 둥지장소로서의 매력과 포식에 의한 새끼 생산의 실질적인 감소현상을 '생태덫(ecological trap)'이라는 말로 표현한다(Gates & Gysel 1978, Pasitschniak-Arts & Messier 1995). 큰 숲 조각보다 작은 조각에서 새 둥지의 포식이 많이 일어나는데, 이는 가장자리에서 주로 일어난다(Wilcove 1985). 이 포식영향은 경계선으로부터 숲 안으로 200~500미터까지 미친다(Wilcove 등 1986, Andren & Angelstam 1988). 따라서 포식은 내부면적을 필요로 하는 새들의 개체군에 영향을 미치는 중요한 가장자리 효과이다. 이러한 포식영향은 공간적인 경계를 좌우로 이웃하는 경관요소의 특징에 의해 좌우된다(그림 7.7). 가장자리와 관련된 포식의 증가는 농지로 둘러싸인 숲에서 가장 빈번하게 일어나지만 숲의 모자이크나 다른 경관에서는 흔하지 않다(Pasitschniak-Arts & Messier 1995).

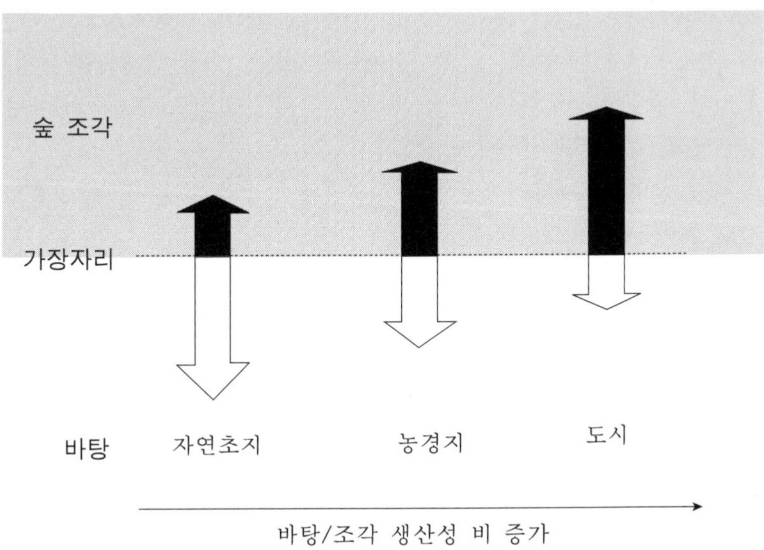

그림 7.7 숲 조각의 가장자리에 나타나는 포식범위는 주변 바탕이 자연초지, 농경지, 도시지역으로 이루어졌을 때 다르게 나타난다. 비어 있는 화살표는 숲 조각에 사는 포식자가 주는 영향력을 의미하며, 까만 화살표는 바탕의 포식자가 숲 조각으로 들어가는 경우를 의미한다.

일반적으로 육식동물들이 초식동물들보다 더 희소해지는 경우가 많기 때문에, 가장자리 형성은 육식동물의 보호와 밀접한 관계가 있다(Forman 1995). 또한 육식동물은 먹이사슬을 통해서도 간접적으로 가장자리 식생에 영향을 미칠 것으로 생각된다.

사람의 영향

사람은 명백히 가장자리의 유지에 있어서 중요한 역할을 한다. 사람은 숲과 경작지 주변 식생지대를 정리하고 베어내며, 각종 과실을 수확한다. 경작으로 인해 생성된 가장자리는 정기적으로 농약세례를 받는다. 사람들이 기르는 가축은 바람과 햇빛을 피하기 위해 가장자리에 잘 모여든다. 사람에 의해 직접 만들어지거나 유발된 경계는 종류가 다양하고 자연적인 기질(substrate)의 차이나 자연적인 교란에 의해 생성된 경계와는 구조적으로 다르다(Matlack 1993).

공원이나 자연보호구역에서 경계는 내부의 야생동물 이탈을 방지할 뿐만 아니라 바깥으로부터 사람들의 접근을 통제함으로써 기능을 유지시킨다. 따라서 보호구역을 계획 · 설계 · 관리하는 데 중요한 수단이 되며, 전체 보호지역의 건강성을 평가하는 중요한 지표가 된다(Schonewald-Cox 1988, Forman 1995).

요컨대 경관조각의 가장자리에서는 이상에서 논의한 미기후와 태양, 바람, 토양 그리고 인간의 복합적인 작용과 경계선 양쪽에 있는 경관요소의 반응으로 식생과 초식 및 포식동물을 포함하는 생태적 과정이 점진적으로 변하는 경향이 있고(그림 7.8), 너비와 수직특성 그리고 선형적

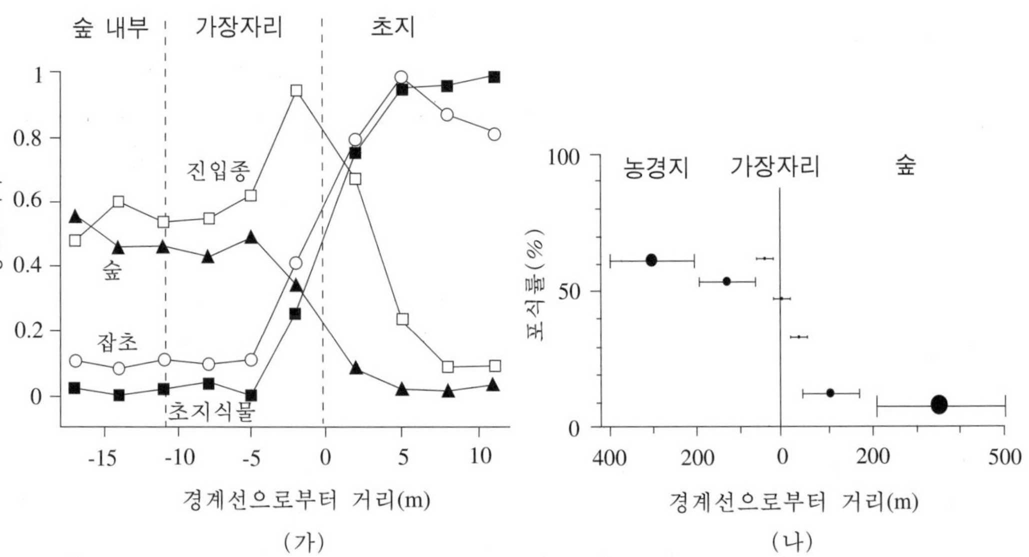

그림 7.8 가장자리 주변은 환경요인으로 생태적 특성이 점진적으로 변하는 경향이 있다.
(가) 열대림과 초지가 만나는 지점의 가장자리에서 식생분포변화
(나) 숲과 농경지 가장자리에서 포식률 변화경향

그림 7.9 경관요소의 경계특징을 고려하여 그려 본 세포막의 구조

인 특징이 결정된다(Fagan 등 1999).

경계와 가장자리의 기능

한편, 우리는 하나의 특정 학문분야에서 나타나는 유사기구의 유형으로부터 경관에서 경계가 작동하는 방식에 대한 암시를 얻을 수 있다. 이를테면 국가 사이의 정치적 경계뿐만 아니라 세포막 생리학으로부터도 경관에서 나타날 경계의 생태학적 특성을 유추할 수 있다. 실제로 세포막은 경관에서의 경계를 이해하는 데 매우 흥미롭고 유용한 모형이 된다(Forman & Moore 1992). 생물학에서 세포막의 구조와 기능, 변화는 잘 알려져 있는 편이다. 지방과 같은 분자(인지질)의 이중막으로 구성되어 있으며, 콜레스테롤 분자 및 큰 단백질(몇몇은 탄수화물을 달고 있는 당단백질)을 포함하는 세포막의 구조는 세포 안팍으로 물질의 이동을 조절하는 기능을 수행하는 데 적합한 형태이다(그림 7.9).

이러한 구조적 특징들이 세포막의 기능, 즉 생리적 작용을 좌우한다. 핵심적인 기능은 여과작용으로 특정 물질만 선택적으로 통과시키는 일이다. 서로 다른 물질들은 서로 다른 장소와 시간 그리고 서로 다른 기작을 통해 세포막을 넘나든다. 즉, (1) 작은 분자들은 수동적인 확산(passive diffusion)을 통해, (2) 몇몇 분자들은 에너지를 이용한 능동운반(active transport)을 통해, (3) 큰 입자들은 '뭉치이동(bulk transfer)'을 통해 넘나든다. 마찬가지로 경관에서 경계도 이러한 기본적인 기능들을 보이며, 오히려 이보다 더 많은 기능들을 가지고 있다.

경계와 가장자리는 앞에서 살펴본 통로와 마찬가지로 다음과 같은 몇 가지 기본적인 기능을 갖는다: (1) 서식처, (2) 여과, (3) 장벽, (4) 도관, (5) 공급원, (6) 소멸처. 경계의 대표적인 기능은 장벽이지만 여기서는 그 기능을 여과의 극단적인 경우로 간주하여 설명한다(Forman 1995).

서식처 기능

가장자리는 생물학적 풍요의 상징이다(Fry & Sarlov-Herlin 1997). 가장자리에서는 높은 종 풍부도와 밀도, 즉 식물과 포유동물, 새, 무척추동물 등을 포함하는 다양한 생물자원들이 발견된다. 가장자리는 농경활동에 밀려난 식물들의 피난처로서 꽃과 과실생산이 활발하며, 그에 따라 꽃가루를 전달해 주는 동물과 과실을 먹고 씨를 이동시키는 동물들이 많이 나타난다. 경관조각의 크기가 클수록 가장자리 종의 수도 같이 증가한다. 또한 가장자리는 종의 진화에 있어서 중요한 역할을 수행한다.

대체로 굴곡과 변화가 많아 구조가 복잡한 가장자리에서 종 다양성과 생태적 잠재력이 높다(Parish 등 1994, Forman 1995). 가장자리는 포식의 빈도가 크지만 새의 수도(數度, abundance)가 높고(Fry & Sarlov-Herlin 1997), 관목이 있고 남쪽으로 향한 숲 가장자리의 길이는 숲 가까이에 있는 개방된 들판에서 새끼를 치는 새들의 수도를 결정하는 주요한 요소이다(Berg & Part 1994). 가장자리 전방에 나타나는 키가 큰 초본식물은 나비와 꿀벌들에게 먹이를 제공하고, 딱정벌레에게 겨울을 나는 서식처가 되며, 거미들에게는 거미줄을 치는 복잡한 구조물로 이용된다(Luczak 1990, Dennis 등 1994, Dramstad & Fry 1995).

일반적으로 환경조각을 제외하고 희귀종이 가장자리에 사는 경우는 거의 없다. 가장자리에서 서식하는 대부분의 종은 경계 양쪽의 대조적인 환경조건과 빈번한 교란을 견뎌 내고 서식처와 먹이가 까다롭지 않은 비특화종(generalist)들이다. 대부분의 가장자리 종들은 경관 내에서 자주 보이는 흔한 것들이다.

또한 가장자리에는 종종 둘 이상의 복수 서식처를 필요로 하거나 자주 이용하는 경향을 갖는 다서식처 종(multi-habitat species)이 서식한다(그림 7.10). 이들은 두 개의 서로 다른 생태계나 토지이용 사이의 경계가 제공해 주는 자원들의 상호 보완성을 이용하는 것이다. 이러한 다서식처 종들은 양쪽 생태계 모두의 교란체제(disturbance regime)에 의해 영향을 받기는 하지만, 이들이 가장자리에 서식함으로써 다양한 자원에 대한 신속한 접근으로 안정성을 유지하게 된다(Forman 1995).

가장자리 종은 내부 종과 쉽게 구별된다. 가장자리 종은 대부분 공간요소의 경계 근처에만 살며, 내부 종은 경계에서 멀리 떨어져서 산다(Lynch & Saunders 1991). 대부분의 가장자리 종과 내부 종은 조각 내의 어디서나 살아 남을 수는 있겠으나 그들의 밀도는 확실히 경계로부터 떨어진 거리에 따라 달라진다. 그런데 가장자리나 내부 모두에서 비슷한 정도로 서식하는 '무관심 종(indifferent species)'도 또한 있다. '무관심 종'은 가장자리 종보다 먹이와 서식처에 대해 덜 까다롭다.

세포막의 큰 단백질 분자가 큰 분자들이 가로질러 가는 중계지가 되는 것처럼 경관에서 경계에 사는 어떤 식물들은 경계를 가로지르는 다른 종들의 이동에 있어 매우 중요할 수 있다(Forman 1995). 이를테면 밀생하는 덤불이나 가시가 많은 가장자리 식물은 포유동물의 이동을 억제하며, 먹음직스러운 잎 또는 열매나, 벌과 나비 등의 곤충을 유혹하는 아름다운 꽃을 가진 식물은 이동을 촉진시킨다(Angelstam 등 1987). 경계에서 다른 생물들의 이동과 물질의 흐름을 유도하는 촉진자와 제지하는 억제자는 야생동물의 관리나 방풍림의 설치에 직접적으로 이용될

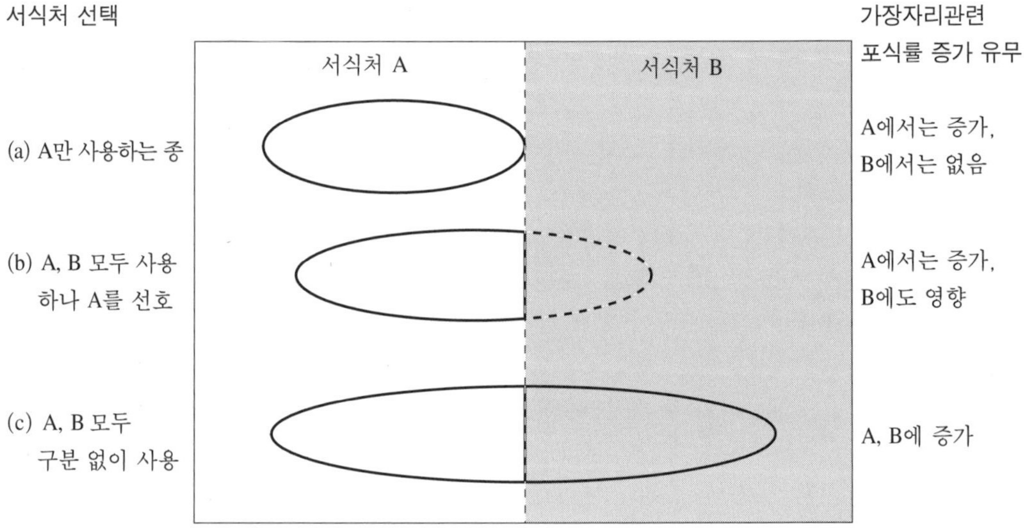

그림 7.10 경계선 양쪽으로 놓여 있는 서식처의 선호도 특성에 따라 가장자리 종은 3가지 형태로 구분할 수 있다.

수 있다.

가장자리 효과에 대해 요약해 보면 경계 부근의 가장자리는 다양한 종류의 생물들이 서식하며, 따라서 종 풍부도와 밀도가 높다. 이는 교란요인에도 잘 견디는 비특화종들이 가장자리에 많이 살기 때문이다. 그렇다고 해서 조각 내부의 중요성이 감소하는 것은 아니다. 조각 내부에는 교란요인에 민감하여 그 속에서만 살 수 있는 희귀한 생물들이 주로 서식하기 때문이다. 희귀종 보호를 위해서는 조각 내부의 보호가 절실하며, 이는 조각 자체의 크기가 커야만, 그리고 가장자리가 계속적으로 확장되지 않아야만 보장될 수 있다.

여과기능

최근의 경관연구에 있어서 많은 발전을 보인 분야가 경계와 가장자리가 갖는 여과기능에 대한 이해이다(Fagan 등 1999). 이는 결국 경계의 내부구조적 특징이 생태계 사이의 이동과 흐름의 비율에 어떻게 영향을 미치는가 하는 문제이다.

토양입자와 씨앗, 나무 등의 물질과 열은 다섯 가지 매개물 — 바람과 물, 동물, 인간, 인공운반수단 — 에 의해 경계를 가로질러 이동된다. 화석연료를 사용하는 기계를 제외하고, 매개물은 동력에 따라 두 가지 범주와 과정 — 즉 덩어리 흐름과 적극적 이동으로 나뉘게 된다(제1장 참조). 덩어리 흐름을 유발하는 바람과 물의 이동은 외부의 열 에너지 경사에 의해 일어난다. 동물과 인간의 적극적 이동은 직접적으로 내부기관의 에너지 소모에 의존한다. 덩어리 흐름과 적극적 이동에 의한 흐름의 과정과 결과는 여러 가지 면에서 대비된다. 즉, 가장자리 망토의 좁은 틈을 통해 들판에서 숲을 가로지르는 씨앗을 한번 생각해 보자. 만약 바람이 나른다면 벤투리 효과에 의해 속도가 증가하게 되지만, 동물이 나른다면 행동을 조심하게 됨으로써 속도가 줄어든다(Forman 1995).

이와 같이 두 계 사이에 일어나는 물질의 투과율에 미치는 영향이 경계가 갖는 핵심적인 역할이다. 그 비율은 밤낮으로 또는 계절적으로 변화하며, 식생구조의 발달에 따라 수시로 변하게 된다. 이를테면 동물이 먹이를 찾는 경로는 밤낮의 주기를 가지기도 하고, 온도와 습도의 계절적인 변화는 철새의 이동뿐만 아니라 낙엽이 지고 또 임상에서 이동하는 주기성을 좌우한다(Lee 등 1999).

그러면 숲 조각 안으로 객체가 투과되는 정도는 어떤 요인들에 의해 결정될까? 바람과 물 같은 무생물적 매개체에 있어서 흐름크기는 매개체가 갖는 운동 에너지에 달려 있다. 즉, 운동 에너지가 큰 고속도로가 큰 수송력을 갖는다. 중간 속도의 바람이 저속도의 바람보다 조금 더 많이 운반하지만, 고속도의 바람은 메마른 경작지로부터 물가의 숲으로 엄청난 양의 입자들을 운반한다. 비슷하게 영양소와 농약은 생태계 사이를 서로 다른 속도로 이동하는데, 이에 대한 경계의 장벽 또는 여과 정도는 바람과 물의 속도뿐만 아니라 시간에 따라 변한다(이도원 등 1999).

또한 흐름과 경계가 갖는 상호작용은 투과성을 좌우하는 중요한 요인이다. 세포막이론을 통해 우리는 흐름이 풍부할수록 풍부하게 조직되고 이질적으로 구조화된 세포막을 만들어 낸다는 것을 알 수 있다. 이 원칙이 그대로 경관에도 적용될 수 있는데, 구조적으로 다양한 경계에서 투과성이 높고 교란요인이 큰 영향을 초래한다는 가설이 제안된다(Forman 1995).

이러한 논의들은 경계의 투과성에 영향을 주는 요인들이 매우 다양함을 의미한다(Fagan 등 1999). 위에서 언급한 요인들에 더하여 개체의 밀도, 가장자리의 수직적 식생구조, 경계의 급격성, 소멸처와 공급처의 병치와 상대적 크기, 조각의 진입 적합성, 자연환경의 불연속선 위치와 이에 대한 공원경계의 위치 등의 많은 요인들이 경계의 투과성과 관련이 있다.

경계가 갖는 여과기능은 공원이나 자연보호구역의 설계와 관리에 직접 응용하는 것이 가능하다. 띄엄띄엄 무성한 덤불로 이루어진 조각들의 가장자리로 지면에 숨을 곳을 제공하여 새들의 포식률을 감소시킬 수 있다(Bowman & Harris 1980, Crabtree 등 1989, Pasitschniak-Arts & Messier 1995). 우리나라의 도시림과 같은 곳에서 망토군락은 낙엽의 유실을 막아 숲의 유기물 보유기능을 유지시키고, 도로나 인간의 생활공간으로 유입되어 쓰레기로 변하는 양을 감소시킨다(이도원 1997, Lee 등 1999, 그림 7.11). 영국에서 농장 주변에 숲이 우거진 몇몇 자연보전지역들은 가시가 많은 관목과 나무로 가득한 망토군락의 발달을 증진시킴으로써 보호되어 왔다(Forman 1995).

어떤 지역을 인간의 과도한 이용으로부터 보호하는 데 경계의 이러한 특징을 활용할 수 있다. 다양한 관리기법들이 경계선 자체에 적용될 수 있으며, 비슷한 기법들이 양쪽의 가장자리부분에 적용될 수 있다. 결국은 주변 바탕의 가장자리와 경계선을 따라서 행하는 관리는 보전지역에 들어오는 인간의 수를 조절하는 데 초점을 맞춘다. 보전지역 안쪽 가장자리에 대한 관리는 인간

가 나

그림 7.11 (가) 하층 식생이 낙엽을 보유하고 있는 모습과 (나) 망토군락에 해당하는 하층 식생이 제거됨으로써 낙엽이 숲 주변 도시생활공간으로 흘러 내린 모습[3)]

활동을 가장자리에 집중시킴으로써 자연자원 보전지역 내부를 보호할 수 있다.

기 타

초지와 숲의 경계를 따라 이동하는 야생동물들은 경계의 도관기능을 보여 주는 보기이다. 통로에 해당하는 생울타리가 숲의 생물을 농경지로 이끈다는 연구자료(Wegner & Merriam 1979, Burel & Baudry 1990, Sustek 1992, Samways 1993)는 가장자리의 망토군락부분이 도관기능을 할 것이라는 것을 간접적으로 뒷받침한다. 숲 가장자리가 야생동물과 인간의 통로로 기능을 하는 정도는 지역의 조건, 경관구조, 가장자리 서식처 질에 의해 좌우된다(Fry & Sarlov-Herlin 1997). 그러나 실제로 숲 가장자리가 동물의 통로로 이용되는 정도에 대한 연구자료는 많지 않다.

숲 가장자리에 살면서 인접 들판에 먹이를 구하러 이동하는 동물은 공급처 기능을 하며, 경계를 넘어서 동물을 포식하거나 죽이는 것은 소멸처로서 기능이 된다. 질이 좋은 서식처가 공급원이 되고 상대적으로 나쁜 서식처가 소멸처가 됨을 고려할 때(Pulliam & Danielson 1991), 숲 가장자리는 농경지의 동식물 개체군을 유지하는 데 중요한 역할을 할 것이다. 이러한 숲 가장자리는 농부들에게는 성가신 짐승과 해충 그리고 잡초의 공급원이 되지만 생물 다양성 보존 측면에서는 긍정적인 장소가 된다. 또한 거칠기가 낮은 요소로부터 큰 요소로 투입되는 물질은 먼저 가장자리에서 축적되어 소멸된다(그림 7.12). 나머지 기능들에 대해 더 자세한 사항들은 제6장 통로에서 다룬 내용들과 비교될 수 있다.

3) 서울시 관악구 신림동 서울대학교 교정에서 1997년 4월 24일 촬영.

그림 7.12 도로변의 풀밭 가장자리에 바람에 날린 백양나무의 솜털열매가 축적된 모습

구조와 기능의 관계

여기서는 경계의 구조적 속성들(즉, 경계의 너비와 곡률)이 경계의 기능과 어떤 관련을 맺고 있는지 살펴보자. 가장자리 너비를 결정하는 요소에는 어떤 것들이 있는가? 그것을 어떻게 측정하는가? 이것이 경계의 기능과 어떤 관련을 맺는가? 경계의 곡률은 주로 어떻게 경계를 넘나드는 이동과 흐름에 영향을 미치는가? 경계와 가장자리의 기능은 그 양쪽의 공간적인 역동성뿐만 아니라 너비와 물리적인 구조, 식생의 종조성이 중요한 결정요소이다(Fry & Sarlov-Herlin 1997).

가장자리의 너비

가장자리의 너비는 경관조각의 크기에 따라, 그리고 같은 조각에서도 방향에 따라 달라진다. 예를 들어 북미나 유럽의 활엽수림 조각에서는 북쪽면 가장자리보다 남쪽의 가장자리가 넓으며, 그 속에서 나타나는 종도 다르다. 또한 바람이 불어오는 쪽에 면한 가장자리는 바람이 불어나가는 쪽보다 넓을 것으로 예상된다. 사바나 지역의, 숲으로 이루어진 조각이나 숲띠에서는 확실히 산불의 빈도가 높거나 가축의 압력이 더 높은 쪽의 가장자리가 더 넓다. 이러한 사례들로 볼 때, 우리는 운동 에너지가 커질수록 방향성을 갖는 외부의 힘은 가장자리를 더 넓게 만드는 경향이 있다는 일반론을 이끌어 낼 수 있다(Forman 1995).

이 장의 앞부분에서 미기후를 살펴볼 때 우리는 숲 가장자리와 들판 가장자리를 비교해 보았다. 가장자리의 미기후는 숲 조각크기에 따라 다르게 나타난다. 가장자리가 넓은 것부터 좁은 것까지의 순서는 (1) 숲에서 바람이 불어나가는 쪽 들판의 가장자리, (2) 숲으로 바람이 불어오는 쪽 들판의 가장자리, (3) 바람이 불어오는 쪽의 숲 가장자리, (4) 바람이 불어 나가는 쪽의 숲 가장자리, (5) 숲 내부의 가장자리 순이다. 이것도 역시 바람이라는 운동 에너지가 가장자리의 너비에 직접적인 영향을 미치며, 그 에너지를 많이 받는 가장자리일수록 너비가 커진다는 증거이다(Forman 1995).

뿐만 아니라 숲 가장자리에 나타나는 망토군락이 가장자리의 너비를 결정하는 데 중요한 역할을 한다. 이는 바람, 빛, 열에 대한 망토군락의 여과효과 때문이다. 수십 년에 걸쳐서 안정되어 매우 두터운 망토군락을 갖는 농장과 숲 경계의 숲 가장자리는 대개 수미터에서 수십 미터 정도로 비교적 너비가 좁은 편이다. 반면에 벌채나 도로건설로 인해 최근에 형성된 가장자리는 밀도가 낮고 매우 성긴 망토군락을 갖게 되는데, 그 너비는 키의 1.5~3배 정도로 비교적 넓은 편이다. 동물이 풀을 뜯는 행위나 인간활동이 가장자리 너비에 강력한 영향을 미치게 되는데, 이는 보통 그러한 활동들이 망토군락에 집중되기 때문이라고 할 수 있다. 벌채, 전지, 키 작은 잡목의 제거 등은 망토군락의 밀도를 떨어뜨림으로써 가장자리가 무방비상태로 미기후의 침투에 노출되도록 한다(이도원 1997).

여기서 한 가지 중요한 문제가 제기된다. 그렇다면 가장자리의 너비를 어떻게 객관적으로 측정할 수 있는가 하는 점이다. 보통 이는 먼저 관심이 있는 매개변수가 선정되어 간격을 두고 경계선으로부터 경관조각의 중심을 향한 절개면을 따라 측정된다. 이때 가장자리의 너비는 조각의 경계선에서 매개변수의 의미 있는 변화가 나타나지 않는 절개면 위의 지점으로 확장되며, 이러한 측정은 중심으로 가면서 계속된다. 이러한 점들을 연결한 것이 내부-가장자리 경계선으로 정의되며, 이 선이 가장자리와 조각 내부를 구별해 준다.

그런데 이러한 측정방법은 여러 가지 다양한 매개변수들에 대해 적용될 수 있다. 보통 미기후의 변화는 가장자리의 범위를 보여 주는 중요한 지표이다. 경계선으로부터 양쪽으로 투입되는 태양과 바람의 정도가 달라지기 때문에 조도, 풍속, 기온, 지온, 습도 등의 물리적인 변수는 가장자리 효과범위를 가리키는 지표이다(Chen 등 1995, 1999, Stevens & Husband 1998). 가장자리에서 내부로 들어갈수록 조도와 바람의 영향력, 기온, 지온은 낮아지며 습도는 증가하는 경향이 있다(그림 7.13).

이런 물리적인 변수는 생물에 영향을 미치기 때문에 여러 가지 생물변수도 경사를 보인다. 식생피복(cover)과 밀도, 생물량(biomass), 성층(stratification), 종 풍부도 또는 나무, 관목, 덩굴, 풀의 구성비에 기반하여 측정하며, 포유류, 새, 곤충 같은 다양한 동물개체군들도 이용된다. 이를테면 노르웨이에서는 지의식물이 숲 외부에 예민한 반응을 보이는 점에 착안하여 엽상의 길

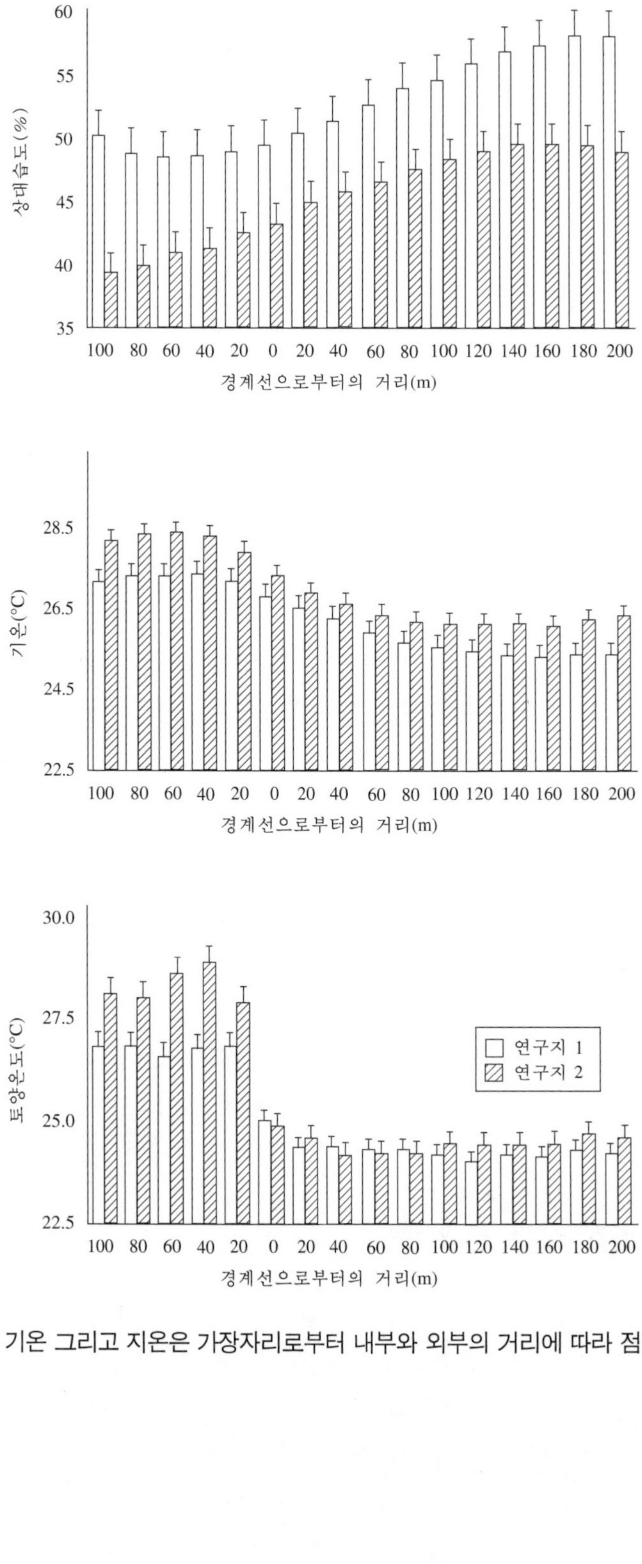

그림 7.13 습도와 기온 그리고 지온은 가장자리로부터 내부와 외부의 거리에 따라 점진적인 변화를 보인다.

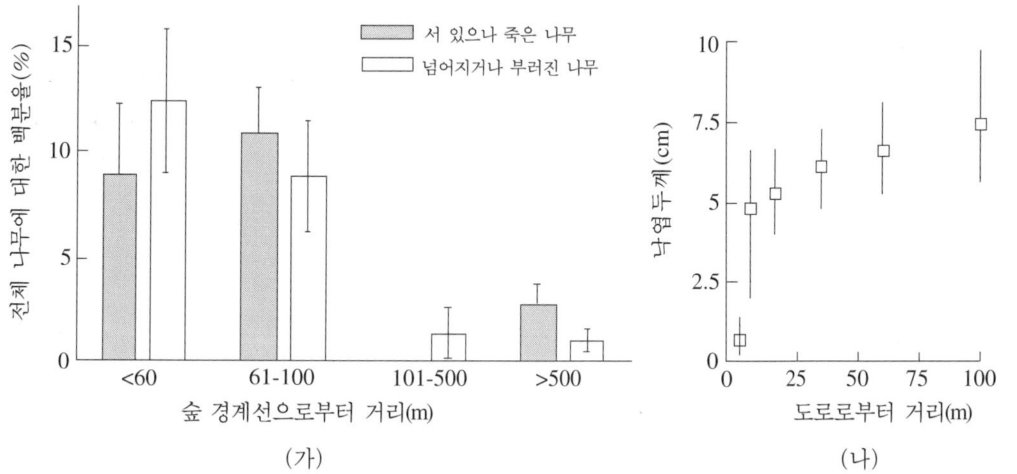

그림 7.14 (가) 아마존 지역 중부의 숲에서 가장자리와 내부에서 죽은 채 서 있거나 쓰러진 나무의 수 비교, (나) 도로로부터 거리에 따른 숲 바닥의 낙엽두께

이가 숲 내부로 갈수록 길어진다고 보고했다(Esseen 등 1998). 폭풍우의 영향은 가장자리에서 강하기 때문에 죽거나 쓰러진 나무의 수가 많다(Ferreira & Laurance 1997, 그림 7.14). 숲 바닥에 쌓여 있는 낙엽층의 두께와 토양 무척추동물의 풍부도는 도로에 가까울수록 감소하는 경향이 있다(Haskell 2000). 일부 동물들 또한 숲 가장자리를 싫어하는 경향이 있기 때문에 출현빈도를 직접 조사하거나 식물을 뜯어먹은 정도, 배설물의 발생빈도 등을 조사하여 가장자리의 범위를 간접적으로 측정할 수 있다. 최근에는 인공자료에 나타난 식생변화를 바탕으로 가장자리 너비를 추정하기도 한다.

이러한 다양한 측정방법이 함축하는 바는 무엇인가? 매개변수를 무엇으로 사용하느냐에 따라 가장자리의 너비가 크게 달라질 수 있다는 사실이다(Laurance & Bierregaard 1997, Primack 1998). 즉, 곤충의 밀도와 종 풍부도에 의해 정의된 가장자리와 식생에 의해 측정된 가장자리는 보통 수미터에서 수십 미터 정도 차이가 나타난다. 기온과 교외지역 숲에 대한 인간의 영향은 수십 미터에 걸쳐 집중된다. 미기후에 의한, 그리고 곤충을 잡아먹는 새에 의해 결정된 가장자리는 수십에서 수백 미터에 달한다. 가장자리에 서식하는 몇몇 종의 나비, 포유류 그리고 가장자리와 관련된 둥지 포식자(nest predator)에 의하면 수백 미터에 달하게 된다. 그리고 인간에 의한 영향에 매우 민감한 몇몇 덩치 큰 포유류의 개체수에 기반한 가장자리의 너비는 수백에서 수천 미터에 달한다.

가장자리 너비는 매개변수뿐만 아니라 지역, 방향 그리고 주변의 토지이용형태에도 영향을 받는다. 바람의 영향범위는 가장자리로부터 식생높이의 대략 2~3배로 60미터 정도였다(Harris 1984). 그러나 미국 북서부 더글라스전나무(Douglas-fir, *Pseudotsuga menziesii*)숲에서는 미기후에 의해 30~300미터, 식생변수에 의해 16~370미터의 가장자리 길이를 보였다(Chen 등 1995). 뉴질랜드 포도카프(podocarp)와 활엽수 혼효림에서 미기후는 10~100미터 가량의 가장자리 너비를 보여 주었다. 열대림의 연구에서는 외부 미기후와 물리적인 변수가 숲 내부 200~500미터까지 침입한다고 알려져 있으나(Fox 등 1997 재인용), 아마존 중부에서 나무의 죽음과 손상을 변수로 측정한 가장자리 효과는 숲 조각의 대략 100미터 내부까지 미쳤다(Ferreira & Laurance 1997). 대체로 식물의 가장자리 효과는 대부분 40미터 정도로 잡는다(Brothers 1993, Brothers & Spingarn 1992). 식생종 구성은 대략 50m의 가장자리 구역에서 영향을 받는다(Ranney 등 1981, Harris 1984 재인용). 오스트레일리아 남부 로버톤(Roberton) 지역의 잔류 열대우림에서 정착식물과 잡초의 피도 그리고 식물종의 풍부도 증가경향과 핵심종의 밀도와 종 풍부도의 감소경향으로 추정한 가장자리 너비는 4~16m 정도였다(Fox 등 1997). 새 둥지의 성공에 의해서 추정되는 가장자리는 30미터 내에 놓인다(Paton 1994). 아한대 전나무숲에서 가장자리 너비가 56미터 정도였다(Angelstam 1992). 갈색머리들소새의 탁란이 미치는 영향의 범위로 추정된 가장자리는 대략 300m였다(Brittingham & Temple 1983, Harris 1984 재인용). 브라질 대서양 연안의 열대림에서 숲 경계선에서부터 60미터 미만까지 습도는 증가하고 기온은 감소했지만, 소형 포유동물의 다양성과 종 풍부도는 120~160미터까지 증가했다(Stevens & Husband 1998). 지면에 둥지를 만드는 새에 대해서도 가장자리는 생태적으로 중요한 의미를 가지는데(Noss 1991, Robinson 등 1995), 그 범위는 600미터 이상 숲으로 들어갔다(Spetich 등 1997).

한편 서울과 그 북쪽에서 인접한 경기도에 걸쳐 있는 북한산 국립공원 주변 원격탐사자료에 대하여 정규식생지수(NDVI)[4]를 적용하고, 공원경계선 부근에서 그 값이 급격하게 변하기 시작하는 변곡점에서 접선을 활용하여 가장자리로 너비를 추정한 연구에서 시가지 인접지역에서는 가장자리가 210~250미터, 그리고 자연녹지 인접지역에서는 103미터 가량이었다. 비슷한 연구로 설악산 국립공원에서 44번 국도 주변 숲의 가장자리는 112미터 그리고 집단시설지구 주변 숲의 가장자리는 315미터 가량으로 추정되었다(서경주 1996). 또한 서울시와 경기도가 경계를 이루고 있는 수도권 남부지역의 원격탐사자료에 변환식생지수(TVI)[5]를 적용한 다른 연구에서는 바탕에 따라 숲 안으로 미치는 영향권을 분석하여 경작지는 150미터, 도로는 200미터, 건축물은

4) 박영임(1996). 여기서 정규식생지수(NDVI: normalized difference vegetation index)는 인공위성 영상자료로부터 계산된 식생의 활력도를 나타내는 지수의 일종이다. NDVI = (NIR - VIS) / (NIR + VIS)로 계산되며, 여기서 NIR와 VIS는 인공위성 영상 중에서 각각 근적외선(near infrared)과 가시광선부분의 반사를 가리킨다. 각각 MSS(Multispectral scanner)의 경우에는 밴드 7과 5를 LANDSAT TM(Thematic Mapper)의 경우에는 밴드 4와 3에 해당한다. 이 지수는 배경반사에 의한 변이영향을 최소화하고, 녹색식물의 밀도 때문에 일어나는 변이를 강조한다(Rouse 등 1973, Schlesinger 1991). 식생밀도, 수관 및 잎의 생물량, 엽면적지수, 엽록체 함량, 곡물상태 등과 같은 식생활력, 생산성 등의 변수와 밀접한 상관관계가 있는 것으로 알려져 있다(Lenney 1996). http://geo.giri.co.kr/millennium/notes.html.

5) 변환식생지수(TVI: Transformed Vegetation Index)는 NDVI가 음수값을 가지는 단점을 해결하고 컴퓨터 처리속도를 높이기 위해 변환된 형태의 지수로 여러 가지 식으로 나타낼 수 있다. Lillesand & Kiefer(1994)는 다음과 같은 변환식생지수를 소개했다. $TVI = [(NIR-VIS)/(NIR+VIS)+0.5]^{1/2} \times 100$

250미터의 가장자리 특성을 만든다는 결과를 도출했다.[6)]

이렇게 측정하는 숲의 종류와 구조뿐만 아니라 숲 외부의 토지이용형태와 식생조건 그리고 측정하는 변수에 따라 가장자리 너비는 큰 차이를 보인다(박영임 1996, 서경주 1996, 신재훈

표 7.1 여러 가지 문헌에 나타난 가장자리 측정변수와 너비

변수	가장자리 너비(m)	참고문헌
바람	60	Harris 1984
바람	180–240	Chen 1991*
기온	60–80	Chen 등 1995, Stevens & Husband 1998
상대습도	180	Chen 등 1995, Stevens & Husband 1998
상대습도	180–240	Chen 1991
토양온도	40–60	Chen 등 1995, Stevens & Husband 1998
토양온도	60–90	Chen 1991
토양수분	80	Laurance & Bierregaard 1997
토양수분	60–90	Chen 1991
단파복사	60–90	Chen 1991
숲틈의 수	40	Laurance & Bierregaard 1997
식생종 구성	50	Ranney 등 1981
식생종 침입 정도	4–16	Fox 등 1997
낙엽층 두께	100	Haskell 2000
나무손상	100	Ferreira & Laurance 1997
교란에 적응한 식물	25	Laurance & Bierregaard 1997
교란에 적응한 나비	250	Laurance & Bierregaard 1997
낙엽무척추동물 종조성	200	Laurance & Bierregaard 1997
새둥지	30	Paton 1994
갈색머리들소새의 탁란범위	300	Brittingham & Temple 1983
소형 포유동물	120–160	Stevens & Husband 1998
지면 새둥지	600	Spetich 등 1997
포식범위	200–500	Wilcove 등 1986, Andren & Angelsta 1988
정규식생지수	103–250	박영임 1996
정규식생지수	112–315	서경주 1996
변환식생지수	150–250	신재훈 1999

* Chen(1991)은 Groom & Schumaker(1993)에서 재인용.

6) 신재훈(1999). 이는 도로가 건설되고 충분히 시간이 흐르지 않은 지역들에 대한 연구라 도로의 영향력이 제대로 반영되었다고 보기는 어렵다. 캐나다 온타리오 남부지역의 습지연구에서는 도로로부터 1~2킬로미터 떨어진 곳에서 식물 다양성이, 그리고 2킬로 이내에서는 파충류와 포유류가 영향을 받는다는 보고가 있다(Findlay & Houahan 1997).

1999, Mesquita 등 1999, Cadenasso & Pickett 2000). 하지만 각 변수들이 갖는 나름대로의 의의와 중요성 때문에 가장자리 너비규정방식은 쉽게 통일될 것 같지는 않다. 오히려 환경계획이나 관리에 이용하고자 할 때는 목적에 적합한 변수의 선택이 한 가지 방법일 것이다. 또한 앞으로 이러한 자료들을 포괄적으로 수집하고 가장자리 거리측정변수와 지역의 기후요소 그리고 경관요소들의 특성들을 중심으로 종합 · 분석하여 정형화하면 의미 있는 결과를 얻을 수 있을 것으로 보인다.

또한 가장자리 너비는 지형에도 큰 영향을 받을 것으로 추측된다. 평지와 경사지 그리고 사면의 방향에 따라 물리적 · 생물적 요인이 숲 조각으로 침투하는 정도는 다를 것이지만 그에 대한 정량적인 연구결과는 거의 없다. 사면의 방향에 따른 가장자리 너비의 변화는 특히 우리나라와 같이 지형 이질성이 큰 경관에서는 생태적으로 의미 있는 연구주제일 것이다(Kang 등 2000a, b). 표 7.1은 앞에서 언급한 내용들을 개괄적으로 정리한 것으로 앞으로 진행할 구체적인 분석의 기초자료가 될 것이다.

경계의 곡률

1. 평균곡률

인류 문명의 역사는 토지에 대한 직선화와 기하학적 도형화의 결과라고 할 수 있다. 자연적이고 부드러운 곡선이 인간에 의해 딱딱한 직선으로 대체되어 왔다. 이는 경계의 전체 길이를 경계의 양끝을 잇는 직선길이로 나눈 값인 곡률(Forman & Moore 1992, p. 244)이 점차 줄어들었음을 의미한다. 이러한 과정에서 발생하는 생태적 득실은 과연 어떠한 것인가?

이와 관련하여 미국 뉴멕시코 주에서 초지와 숲 사이의 경계지역에 서식하는 대형 초식동물 엘크(elk, *Cervus canadensis*)와 사슴(deer, *Odocoileus hemionus*)에 대한 연구를 통해 다음과 같은 결과를 도출할 수 있다(Hanley 1983, Forman 1995). (1) 야생동물의 흔적과 배설물의 밀도에 기반하여 조사된 두 종 모두 경계부의 곡률이 증가할수록 이용이 증가했다(Forman 1995, Fig. 3.12 참조). 구불구불한 경계에서 큰 오목부는 높은 이용도를 갖는 장소다(이 곳은 주로 동물들이 선호하는 미기후가 유지되며 포식자를 피하기 위한 피난처로 이용된다). (2) 경계를 따르는 이동은 곡률이 증가할수록 감소한다. 동물들은 직선의 경계를 따라 이동한다. 동물들은 구불구불한 경계를 따라 이동하지 않고, 숲의 돌출부 끝에서 끝으로 이동하지도 않는다. (3) 반면에 경계를 가로지르는 이동은 곡률이 증가하면 커진다. 직선의 경계는 부분적으로는 장애물이나 여과대로서 기능을 발휘한다. (4) 포식자의 흔적이 비록 통계적 유의성을 갖기에는 매우 적은 수였지만 직선의 경계를 따라 나타났다. 이러한 결과는 경계의 곡률이 야생동물에 의한 이용과 이동에 매우 중요하며, 곡률의 성격에 대한 생태적인 분석이 더욱 필요하다는 것을 의미한다(Forman 1995).

한편 숲 경계의 곡률을 분석한 결과 농장으로 이루어진 단순한 직사각형 조각들이 우세하게 나타나는 미국 아이오와 주 지역은 프랙털 차원 D가 1.23이었고, 지형적으로 해안선이 복잡하여 이질적인 토지이용이 지배적인 동부 메인 지역은 D가 1.44였다(O'Neill 등 1988a). 이러한 경계면 곡률의 차이는 계에 안정성의 차이를 가져올 수 있다. 동그란 경계가 아니라 프랙털 경계를 갖는 북을 칠 때 진동과 소리는 빠른 속도로 줄어드는데, 이는 진동이 거친 경계면 속으로 사라지기 때문이다. 비슷하게 경관에서도 곡률이 큰 경계는 교란요인을 흡수할 수 있다(Forman 1995).

2. 경계면

경관조각이 갖는 경계선을 조사하면 비교적 잘 구분되는 '경계면(boundary surface)' 형태를 알 수 있다. 8가지 경계면 — 오목형(cove), 작은 오목형(concave), 직선형, 돌출형(convex), 볼록형(큰 돌출형: lobe), 모서리형(corner), 작은 물결형(finely wavy), 큰 물결형(coarsely wavy) — 이 경관수준에서 흔히 나타난다(Forman 1995, p. 108, Fig. 3.13 참조).

경계를 따라 나타나는 이러한 면들이 경계 전체의 곡률을 좌우한다. 일반적인 곡선형 경계는 이러한 면들이 반복되면서 곡률이 결정된다. 아마도 자연에서 가장 흔한 경계는 여러 가지 형태들이 경계를 따라 모여 있는 것들일 것이다. 이처럼 다양한 경계면이 서로 크기가 달라지면서 나타나기 때문에 자연에서 지배적인 공간유형의 불규칙성이 나타나는 것이다.

3. 볼록면과 오목면의 기능

위에서 소개한 8가지 중에서 여기서는 두 가지 핵심적인 볼록면와 오목면의 경계가 갖는 생태적인 역할을 살펴보자.

(1) 볼록면

볼록면 기부에서 끝으로 갈수록 종 풍부도가 감소하는 현상을 반도효과(peninsula effect)라고 한다. 아마도 어떤 공간규모에서 반도효과는 일반적인 현상으로 나타날 것이다(Taylor 1987). 그러나 작은 규모의 반도는 내부면적을 가질 수 없지만 충분히 큰 규모에서는 내부면적을 가질 수 있기 때문에 이 효과는 분명히 공간규모와 겨냥하는 객체 또는 생물에 따라 반대되는 결과를 보여 줄 것이다. 볼록면은 주변 여건에 따라 길게 아우르는 울타리 효과(drift-fence effect)를 발휘할 수도 있다. 따라서 이를 가정하기 앞서서 우선 볼록면을 따라 나타나는 가장자리-내부 유형(edge-interior pattern)과 반도를 따라 나타나는 서식지의 이질성(환경-거리 가설) 그리고 적합한 제어수단을 고려해야 한다.

다른 한 가지는 깔때기 효과(funnel effect)이다. 이는 볼록면 같은 좁은 장소를 통해 물체가 집중되고 유도되는 경향을 의미한다. 그러나 몇몇 동물과 인간들은 볼록면을 통해 들어가는 것을 선호하는 경향을 보이지만, 다른 동물들은 볼록면을 기피할 수도 있다. 이 효과는 경관조각에서 나갈 때에도 적용된다. 또한 이동양태에 있어서 능동적 이동에 의한 것과 덩어리 흐름에 의한 유형이 서로 달라질 수 있다. 예를 들어 조각으로 들어갈 때, 바람에 의해 운반되는 입자들은 오목면을 통해 들어가는 반면, 몇몇 척추동물들은 볼록면을 통해 들어간다. 앞에서 보았던 8가지 경계면 형태 중에서 인간은 어떤 것을 선호하는지, 그리고 동물들(초식 및 육식동물)은 어떤 것을 선호하는지에 대한 연구는 거의 없다. 하지만 아마도 그 결과는 들어가고 나갈 때 계가 갖는 상대적 적합성에 의존할 것이다.

또한 볼록면의 끝은 중요한 생태적 의미를 갖는다. 주위를 둘러싸고 있는 바탕에 삼면이 노출되어 있다는 것은 돌출부 끝이 특유한 미소환경과 종의 구성을 가지고 있음을 의미한다(Milne & Forman 1986). 게다가 포식자들은 먹이를 구하기 위해 이러한 특별한 위치를 이용하는 것을 매우 좋아할 것이다.

(2) 오목면

오목면도 볼록면과 같이 특유한 미소환경이 된다. 복구된 지표광산의 볼록면, 오목면, 직선형 경계의 맞은 편에 대한 목본식물의 정착(colonization)비교연구를 통해 오목면 경계의 맞은 편에 훨씬 많은 재정착(recolonization) 결과를 확인할 수 있었다(Hardt & Forman 1986). 오목면 맞은 편에서 줄기의 밀도가 가장 높고, 숲 경계선으로부터 가장 멀리 뻗어 나가는 사실이 발견된다. 이는 군락형성으로 오목면에서 변화율이 가장 높게 나타난다는 '오목면 집중효과'로 해석된다.

한편 초지 - 숲의 경계에 대한 연구에 의하면 큰 오목면에는 동물의 배설물과 흔적이 많이 나타나는 반면에 작거나 중간크기의 오목면에는 비교적 초식동물의 흔적이 적게 나타난다(Forman 1995). 오목면의 몇 가지 측면들은 초식동물들에게 중요한 구실을 한다. 오목면에서 먹이를 구하는 것은 다른 곳에서 먹이를 구하는 것과는 다소 다른 양상을 보인다. 또한 오목면 속에서 포식자를 피해 쉽게 숨을 수 있다. 추운 계절에는 볕이 들고 바람이 없는 오목면을 찾게 되며, 더울 때는 그늘이 지고 바람이 부는 곳을 찾을 것이다.

경계가 갖는 장점은 그 모양을 인간이 쉽게 만들어 낼 수 있다는 사실이다. 나무를 베어내거나 심어서 특정한 경계면을 만들어 내거나 바람직한 정도의 곡률을 만들어 내는 것은 비교적 간단하고 저렴한 비용으로 가능한 일이다. 야생동물의 이동에 대한 조사결과를 통해 우리는 과다한 초식(overbrowsing)이 문제가 될 때 특정 지역으로의 이동을 쉽게 억제할 수 있다는 점을 알 수 있다. 반면 야생동물에 대한 관찰이나 다른 관리목적을 위해서라면 그 이동을 증대시킬 수도 있다.

경계의 역동성

물질의 물리적인 이동과 동물의 자발적인 이동의 유형은 매우 다양하다. 일반적으로 경계는 일련의 동심원이나 평행선을 따라 이동한다. 그러나 서로 대치하는 힘들이 동일하게 계속적으로 작용하는 것이 아니기 때문에 경계의 형태가 변화하는 것이다. 볼록, 오목, 그 밖의 다른 경계면이 나타나서는 사라지기도 한다. 일반적으로 팽창하는 경계는 볼록면을 형성하고, 수축하는 경계는 오목면을 형성한다.

경계를 이동하게 하는 기작은 무한히 많기 때문에 그 유형을 몇 가지 범주로 나누어 보면 편리하다(Forman 1995). 조각의 기원을 기준으로 제4장과 5장에서 논의한 바와 같이 잔류조각(remnant patch), 교란조각(disturbance patch), 환경자원조각(environmental resource patch), 도입조각

(introduced patch)으로 분류할 수 있다. 잔류조각은 팽창하려고 하는 반면에 교란조각은 줄어드는 경향을 보인다. 환경자원조각은 비교적 안정적인 경계를 가진다. 그리고 도입조각 경계는 인간의 유지노력에 따라 다양한 궤적을 가질 수 있다.

경계는 흔히 전진과 후퇴를 반복한다. 경계의 이동은 또한 격변이론(catastrophe theory)[7]과 카오스 이론(chaos theory)과도 관련이 있다(Forman 1995). 한편 최근에는 전지구적인 기후변동에 대해 관심이 고조되면서, 경계 또는 점이대가 가지는 '지표로서의 역할' — 즉 기후변화에 의한 경계의 이동을 관측하는 방법 — 에 연구의 초점이 맞춰지고 있다(Naiman & Decamps 1997). 그러나 이를 위해 어떤 경계를 선정할 것인가, 어떤 지표를 선정할 것인가 등의 문제들에 대해서 아직까지 논란이 계속되고 있다.

마치며

지금까지 우리는 경계 및 가장자리의 구조와 기능을 살펴보았다. 요약하면, 경계는 경계 양쪽에 자리잡고 있는 경관요소의 상호작용이 집중되는 활동적인 띠이다. 직선형 경계가 생물적으로 가장 빈곤한 반면, 곡선형 경계가 갖는 볼록면과 오목면은 몇 가지 중요한 기능적 속성들을 보인다. 동물들은 가장자리가 갖는 조건들에 대해 매우 다양한 범위의 민감도를 보이지만, 경계의 너비는 보통 미기후와 식생의 차이에 의해 결정된다. 경계는 각 부분들이 서로 다른 비율로 움직이며, 따라서 시간이 흐르면서 그 형태가 변화한다. 경계는 미적 측면, 토양침식문제, 전지구적 기후변화, 공원관리, 지속가능성 등의 다양한 환경문제에 있어서 중요한 역할을 수행한다. 경계의 모양과 그 관리에 있어서 인간은 매우 다양하면서도 상대적으로 비용이 저렴하고 좋은 기회를 갖는다.

토지 위에 인간의 영향력이 커짐에 따라 대규모의 벌목지, 경작지, 도시개발지역을 포함하는 경관요소가 출현했을 뿐만 아니라 그러한 경관요소를 이루는 입자들의 크기도 굵어졌다. 새로 조성된 숲이나 남아 있는 숲과 숲이 아닌 이웃 지역 사이에 대비는 증가했다. 이러한 경관요소 사이의 대비도 증가는 가장자리 서식처의 증가 또는 손실 및 경관에 대한 인간의 인식변화와 함께, 문화적인 경관과 밀접한 관계를 이룬 많은 생물들을 가장자리에 적응하는 방향으로 유도한 것으로 보인다(Janzen 1987, 이도원 등 1995).

그리하여 경관에서 가장자리는 농경지 관리, 자연보존 그리고 미적 요소 등 다양한 기능을 할 수 있는 잠재력을 가지고 있다. 지금까지 논의한 생태적인 측면뿐만 아니라 역사적, 미적, 상징

---

7) 한 체계를 조정하는 하나 또는 그 이상의 변수들이 연속하여 변할 때 갑자기 큰 변화를 일으킬 수 있는 방법을 연구 · 분류하는 일련의 수학적 이론과 방법을 포함한다. 격변이론의 간단한 예로서 점점 많은 무게가 실릴 때 아치형 다리의 변화하는 모습을 들 수 있다. 무게가 더해짐에 따라 비교적 일정하게 변하다가 임계값에 이르면 다리는 갑자기 붕괴한다. 격변이라는 용어가 이런 극적인 사건만을 제시하는 것 같으나 그렇지 않은 불연속변화에도 많이 있다.

적 질과 야생동물 경험, 산나물뜯기, 사냥, 삼림욕과 같은 옥외활동도 숲의 경계와 가장자리에서 중요한 의미를 가진다. 따라서 하나의 특정 목적보다는 생태적, 미학적, 문화적 맥락에서 기능의 통합에 초점을 맞추는 가장자리의 관리지침에 대한 연구가 더욱 필요하다(Lucas 1991, Bell 1993, Fry & Sarlov-Herlin 1997). 우리나라의 전통 마을숲에 대해서도 숲의 전체적인 의미뿐만 아니라 가장자리 부위가 가지는 이러한 특징들이 조망될 필요가 있다(김학범과 장동수 1994).

상자글 1

경계의 특성

투명한 고무풍선에 잉크를 넣고 맑은 물이 담긴 큰 세숫대야에 담아 보자. 잉크는 풍선에 갇혀 대야로 흘러가지 못할 것이다. 우리는 고무풍선이 물과 잉크의 경계임을 알고 있다. 경계가 있는 풍선에 담아 두면 잉크가 물과 섞이지 않듯이 외부인의 침입으로부터 가족을 보호하기 위해서는 담이 필요하다. 국가는 국경을 정해 놓고 행정업무의 편의를 도모하며 적군의 침입을 막고 귀중한 자원과 정보의 유실을 막고 있다. 잉크, 가족, 국가는 하나의 계이며, 이 계를 다른 계와 구분하는 필수요건은 경계이다.

경계는 물질과 에너지, 생물 및 문화정보의 교환이 이웃한 부분에 비해서 갑자기 낮아지는 곳이다. 풍선의 안팎에서 잉크는 잉크대로 물은 물대로 서로 섞이고 교환되고 있지만 그 경계부분을 가로지르는 교환은 거의 없다. 원만한 가정에서는 담을 사이에 두고 가족은 가족끼리 활발하게 의사소통을 하지만, 그 바깥 사람들과의 의사소통은 상대적으로 적다. 한국이라는 국가 안에서 일어나는 행정협조와 정보교환은 상대적으로 외국과의 정보교환보다 많은 것이 원칙이다. 만약 가족의 일원이 가족보다 외부사람들과 더 많은 시간을 보내고 가족과의 생활을 소홀히 하게 되면, 그 사람은 가족의 일원으로서 구실을 제대로 하지 않은 경우이다. 한국사람이 내국인보다 외국인과 접촉이 많고 또 의사소통을 많이 하게 되면 그 사람은 내면적으로 외국인을 더 닮게 되며, 비록 국적이 한국인이라 하더라도 실질적인 한국인이라 보기 어렵다.

여기서 재미있는 것은 고무풍선은 내부와 외부의 물질교환을 완벽하게 차단하는 경계이지만 담과 국경에는 문, 전화선, 공항, 항구 등이 있어서 물질, 에너지, 정보가 그 곳을 통해 드나들고 있다는 사실이다. 그러나 이런 교환은 막무가내로 일어나질 않는다. 모든 계는 경계 내부의 성격을 유지하는 선에서 개방을 허용하는 속성이 있다. 그렇지 않으면 경계 안에 정의되는 계의 본질이 사라지기 때문이다. 이런 이유 때문에 우리가 생물시간에 배우는 세포막도 선택적 투과성을 가진다. 세포의 본질을 변화시키지 않는 범위에서 물질을 세포외부와 교환하기 위해 선택적 투과성을 가지는 것이다. 간혹 잘못되어 독성이 있는 물질을 받아들이면 세포와 세포를 포함하는 생명체의 건강에 심각한 문제가 유발된다. 우리가 병원을 찾아가야 하는 경우는 세포막이 원래 목적에 부합되는 선택적 투과 기능을 충분히 발휘하지 못한 경우이다.

열린 사회에서는 풍선과 같이 모든 것을 폐쇄하는 것이 아니라 선택적 투과성을 가진 세포와 같이 적당히 개방된 개인, 가족, 사회, 국가를 장려한다. 그러나 지나친 개방은 줏대 없는 인물이나 문화적으로 지배당하는 상태로 전락된 국가를 초래한다. 확고한 자기 문화를 정립하지 않은 채 성급히 벌이는 지나친 세계화는 지나친 쇄국과 마찬가지로 병폐가 된다. 이쯤에서 세계화란 단어가 얼마만큼 열린 사회를 주장하고 있는지 한번 정도 생각하고 넘어가길 바란다.

이제 풍선을 바늘로 가만히 터뜨려 보자. 잉크가 조용히 맑은 물로 퍼져 가는 모습을 관찰할 수 있을 것이다. 잉크는 물감의 농도가 높은 곳에서 낮은 곳으로 이동하고, 잘 보이지 않지만 물은 물의 농도가 높은 곳에서 낮은 곳으로 이동한다. 이와 같이 농도가 높은 곳에서 낮은 곳으로 옮겨가는 현상을 우리는 확산이라고 한다. 이 확산은 자연적인 힘으로 이루어진다. 그러기 때문에 물질의 농도가 높은 곳에서 낮은 곳으로, 정보의 농도가 높은 곳에서 낮은 곳으로, 고급문화든 저급문화든 그것들의 농도가 높은 곳에서 낮은 곳으로 흐르는 것은 자연스럽게 진행된다. — 여기서 자연스럽다는 의미는 그것을 막기 위해서는 경계나 에너지가 필요하다는 뜻이다.

담은 일종의 경계로서 집안의 재화가 흘러가는 것을 막는다. 그러나 낮은 담은 터진 풍선처럼 제구실을 못할 수도 있다. 이 경우엔 도둑을 막기 위해서 경비원이 필요하다. 그 경비원이 하는 일은 에너지의 다른 표현이다. 경비원을 고용하고 월급을 준다면 그것은 경비원이 제공하는 에너지에 대한 대가이다. 반면에 인구가 높은 서울로 사람들이 더 많이 몰려드는 것은 확산의 원칙을 거슬러 가는 현상이다. 그것은 그만큼 에너지를 소비함으로써 가능하다. 비유컨대 지금 인구밀도가 낮은 시골에서 높은 서울로 이동하는 것은 그에 상응하는 에너지의 소비로 이루어진다. 마찬가지로 우리의 소중한 국보가 빠져 나가거나, 우리의 본질을 저해할 마약 같은 물질이나 저급한 문화가 확산되어 들어오는 것을 막기 위한 장치를 강구하고 있는바, 그것은 바로 에너지를 사용하여 바람직하지 않은 확산을 막는 과정이다.

이처럼 경계가 계와 계 또는 조각과 조각이나 바탕 사이의 객체이동을 통제하는 속성을 가지고 있다는 뜻은 경계면 부분과 양쪽의 실체가 기능적으로 구별될 가능성이 크다는 뜻이다. 기능적인 차별성이 있는 만큼 구조적인 차별성도 함께 한다. 이것으로 제4장에서 논의한 프랙털 차원을 두 계를 가로질러 적용할 경우 경계부에서 예민한 변화가 나타날 것으로 예상할 수 있다. 따라서 여러 가지 경관 미세구조에 대한 프랙털 차원의 적용은 눈에 쉽게 띄지 않는 기능적인 경계의 위치를 규정하고 나누어지는 계를 규정하는 지배적인 동인을 유추할 수 있는 한 가지 방법이 될 수 있다(Sugihara & May 1990).

그렇다면 도시의 경계선 안으로 사람들과 물질을 끌어 오는 유인요소는 무엇인가? 그것은 에너지인가 정보인가? 아니면 다른 요소가 있는가? 환경악화를 대부분의 도시가 생물정보를 포기하고 물질과 에너지, 정보를 편식한 결과로 본다면 이 유인물의 적절한 국가적 분배가 문제해결의 관건일 수 있다. 더 나아가 물질, 에너지, 정보의 세계적인 분배 문제는 어떻게 이룰 것인가 하는 의문이 남아 있지만 기본적인 것은 문제해결을 위해서 그러한 객체들을 유인하는 실체를 올바르게 이해해야 한다는 사실이다(이도원 1997 수정 인용).

상자글 2 가장자리 관리지침

1. 가장자리 모양은 복잡한 것이 좋으나 기존의 경관 및 문화유적과 조화를 이루도록 해야 한다.
2. 가장자리는 바깥쪽으로 확장되어 넓고 부드러운 모양이 되어야 한다.
3. 수평적 수직적 구조가 복합적이어야 한다.
4. 식재를 한다면 토착종을 사용해야 한다.[8)]
5. 초본층의 중요성을 잊지 말자. 많은 생물종들에게 중요하다.
6. 숲 가장자리를 다른 가장자리 서식처와 연결시키자.
7. 여러 가지 생태적 기능에 대해서 경사방향의 중요성을 인식하자.
8. 흙 둑, 돌무덤, 잘라 낸 나무들은 가장자리 가치를 증가시킨다.[9)]

참고자료: Fry & Sarlov-Herlin 1997.

8) 이는 빛이 상대적으로 강하고 또한 토양이 건조한 가장자리에 잘 적응된 토착종을 말한다. 많은 경우 외래종이 그렇게 열악한 환경에서 경쟁력이 강하여 유지비용이 덜 들겠지만, 이는 정서적으로 적당하지 않다.

9) 이들 요소는 표면거칠기를 증가시키고, 특히 서식처 및 자원 다양성 유지요소로서 생물 다양성 유지에 도움을 준다(이도원 1997).

제8장

연결망

이도원, 배정환, 김용규, 홍진표[1)]

시작하며

앞에서 경관바탕과 조각, 통로 그리고 그러한 경관요소들을 나누는 경계와 가장자리의 속성을 개별적으로 살펴보았다. 그러나 종 다양성이 파편화된 조각의 크기 및 격리와 큰 상관을 이루지 않고 통로와 징검돌의 밀도 그리고 가장 큰 환경의 은밀한 곳과 밀접한 관계를 이루고 있는 사례로 미루어 보건대(Metzger 1997), 경관의 기능적인 특성을 규정하는 것은 이러한 개별적인 요소 이상으로 그것들이 이루는 맥락과 매우 큰 관련이 있을 것이라는 주장이 설득력 있다(Forman 1995, Gustafson & Gardner 1996). 그러기에 경관 모자이크 안에서 일어나는 흐름을 조절하는 구조적인 측면을 기능과 연결해 보는 과정이 필요하다.

매우 큰 경관바탕에 교란으로 구멍이 난 경우 바탕의 부분들이 통로연결망으로 서로 연결되어 있는 형상으로 나타날 수도 있다(Forman & Godron 1986). Gardner와 O'Neill(1991)은 격자에 기초한 침투이론(percolation theory)을 활용하여 경관 연결성의 공간적인 분포를 변화시킴으로써 연결망의 효과를 모의실험했다. 어떤 생물이 흰색 부분으로만 통과할 수 있는 것으로 가정하고 400개의 검은색 격자들로 이루어진 정방형 토지를 무작위적으로 흰색의 격자들로 차츰 채워 나갔다. 처음에는 흰 부분들로 서로 연결되는 길이가 짧았으나 전체의 59.28%가 흰색으로 되었을 때 상하좌우로 완전히 통과할 수 있는 연결로가 생겼다. 흰 부분이 60%에서 75% 사이를 차지할 때는 통로의 곡률이 커서 우회로가 많이 발생했지만 점차 직선형의 경로가 생겼다. 그 모의실험 결과는 숲 경관이 차지하는 면적과 서식처 조각의 수와 크기, 모양, 배열 등과 관련하여 시

---

1) 배정환이 1997년 가을 제출한 과제물을 김용규와 홍진표가 수정하고 보충한 다음 저자가 다시 내용을 보태어 재구성했다.

사하는 바가 있다. 이를테면 만약 지형, 토지이용, 인간의 개발, 교란들이 무작위적으로 일어난다면 산림이 차지하는 면적이 60% 이하일 때 숲 조각들이 연결되지 못하고 서로 격리되는 경향이 나타날 것이다(Gardner 등 1987, 1991, Forman 1995, Milne 등 1996).

물론 현실세계의 숲 바탕을 잠식하는 자연적인 교란과 토지이용은 무작위적으로 일어나지 않는다. 따라서 다양한 경관의 형태는 그것이 얼마나 무작위적이지 않은가에 의해 비교할 수 있다. 무작위적인 것은 무질서도를 야기시키므로 '무작위적이지 않다는 것'은 하나의 형태를 형성하고 유지하는 데 필요한 에너지의 양을 측정하는 척도이다(Forman 1995). 위의 모의실험에서 처음부터 계획적으로 흰색 통로를 직선도로나 교차로의 형태로 설정할 수 있고, 장애물을 형성하여 어느 곳도 통과할 수 없도록 할 수도 있다. 그러나 그런 계획적인 과정에는 에너지가 필요하다. 이렇듯 다양한 모양의 경관을 만들고 유지시키는 데 소요되는 에너지의 양은 다르며, 무작위적이 아닌 연결망을 형성하고 유지하는 데는 많은 에너지가 들어간다.

우리는 경관의 기능을 조각과 바탕, 통로와 바탕 사이에 일어나는 상호작용으로서 에너지와 물질, 생물, 정보의 흐름으로 정의했다. 이들 객체들이 용이하게 소통되는 흐름경로를 지도상에 표시해 보면 그물처럼 얽혀서 연결망을 이룰 것이다. 물은 지형에서 상대적으로 낮은 하천망을 따라 흐르고, 불이나 병충해와 같은 교란요소 그리고 동물은 각자 자신의 흐름이 용이한 통로를 따라 이동하며, 사람과 차량은 도로를 따라 이동하여 경관 모자이크에는 여러 가지 다른 유형의 연결망을 그려 놓는다. 이렇게 흐름을 중심으로 보면 경관은 통로가 이루는 흐름망과 그 빈 곳, 즉 그물눈(mesh)을 메우고 있는 요소들로 이루어진 것으로 볼 수도 있다. 한편 흐름의 통로가 만나는 곳은 흐르는 대상이 상대적으로 오랜 시간 머무는 경향이 있어 저장고 또는 결절점(node)으로 비유될 수도 있다(Merriam 등 1989).

여기서는 경관 안에 나타나는 이러한 연결망을 형성하는 요소와 원리를 다룬다. 하나의 경관을 형성하는 논리적이고 지속가능한 모자이크를 만들기 위해서는 격리되어 있는 결절점 또는 서식처 조각을 생울타리(hedgerow)나 하천변 통로 등으로 연결하고, 사람의 활동을 위한 고속도로의 연결과 함께 이러한 연결이 생물이동에 대한 방해요소로 작용하지 않도록 계획하는 배려가 필요하다(Burel & Baudry 1990a, b, Merriam 1990). 뿐만 아니라 시각적으로는 쉽게 식별되지 않는 경우에도 에너지와 물질, 생물 그리고 정보의 흐름은 대규모 수준에서 연결망을 이룰 수 있어 환경계획의 고려사항이 되어야 한다.

연결망의 기본유형과 형성

연결망의 사전적 의미는 선과 도로, 혈관 등 길고 가는 것들이 서로 교차하여 수많은 점을 형성하고 체계적으로 서로 연결되어 협력적인 관계나 공동으로 작동하는 체계를 말한다. 경관 모자이크에서 통로인 도로와 하천, 산책로, 생울타리 등은 서로 교차하면서 연결망을 형성하고, 생태적 과정에 중요한 영향을 미친다. 이들은 다른 학문영역에서 다루는 연결망과 비유될 수 있는 유사점을 가지고 있다. 이를테면 척추동물의 신경과 혈관, 식물의 관조직, 원거리 통신망, 컴퓨터 전산망 등은 이동객체, 그물눈의 크기, 선형의 비율에 따라 다르기는 하지만 어느 정도는 선형적인 요소를 가지고 있다는 점에서 공통점을 가지고 있다(Forman 1995). 그러나 지금까지 경관에 나타나는 연결망의 유형과 활용에 대해 이들 학문영역에서 발굴된 원리들을 적용하여 평가한 경우는 드물다.

연결망을 나뭇가지형(branching network), 회로(circuit network), 장애물(barrier network)이라는 3가지 범주로 나눌 수 있다(Haggett & Chorley 1969). 나뭇가지형 연결망은 위계차수(hierarchical order)를 가지는 나무와 같은 구조이며, 완전한 고리(loop)가 없이 연결된 선으로 구성되어 있다. 대표적인 보기에는 하천연결망이 있다. 회로연결망은 닫힌 고리를 가지는 구조이며, 도로와 같은 교통체계가 보기이다. 장애물 연결망은 앞의 두 연결망과는 기능적으로 상이하다. 나뭇가지형 연결망과 회로연결망은 흐름을 유도하는 기능을 하는 반면, 장애물 연결망은 흐름을 막거나 방해하는 기능을 가진다. 장애물 연결망은 폐쇄고리(closed loop)를 갖는다. 예를 들면, 섬의 경계와 같은 고립된 닫힌 고리로 구성되거나 행정구역과 같은 고리가 인접하여 연속적으로 나타나는 닫힌 고리로 구성된다.

연결망의 특성과 기능 그리고 활용방향을 이해하는 데 필요한 기본절차는 연결망의 유형구분이다. 연결망은 에너지 및 물질흐름과 효율성 측면에서 유형을 나누어 볼 수 있다.

먼저 에너지와 물질흐름의 측면에서 연결망을 살펴보자. 연결망의 형성과 변화는 에너지 작용으로 일어난다. 땅 위를 흘러가는 물은 나뭇가지 모양을 만들고, 적응하기에 적합하지 않은

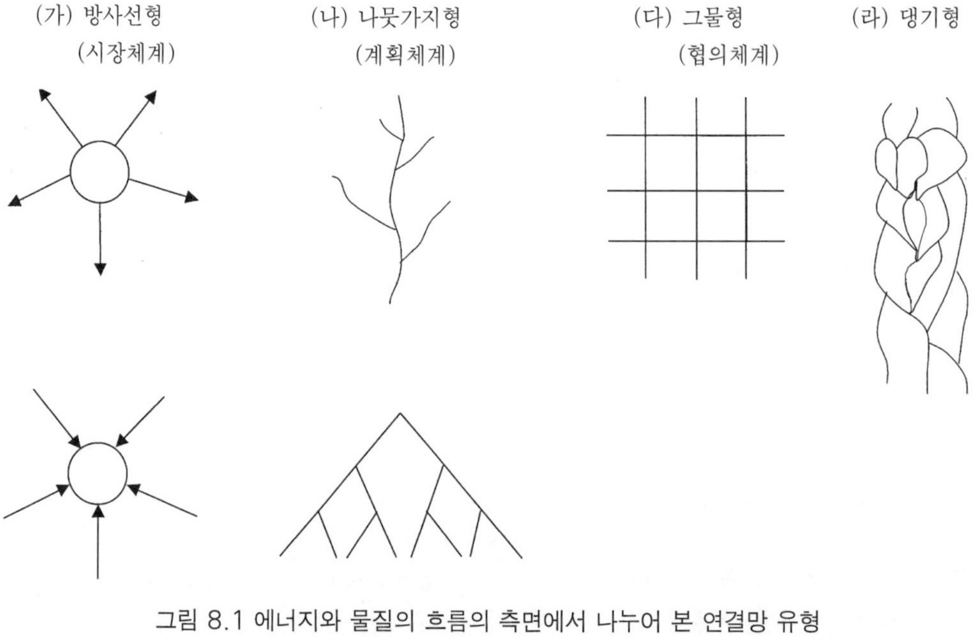

그림 8.1 에너지와 물질의 흐름의 측면에서 나누어 본 연결망 유형

서식처에 사는 포유동물군집은 단일하고 넓은 선형 경로를 형성하면서 이동한다(그림 8.1의 나). 그러나 적합한 서식처에 사는 동물들은 분산이동하면서 서로 맞물려 있는 연결망을 형성하여 땋아 내린 댕기머리와 흡사하다(그림 8.1의 라). 또한 이동하는 물체는 저항계수와 점성계수를 가지고 있어, 이것들의 상호관계에 따라 흐름의 양을 결정하게 된다.

결절점은 연결망의 형성에서 매우 중요하다. 결절점은 흐름에 대해서 두 가지 기능을 한다(Forman & Godron 1986). 자동차 이동의 결절점으로서 기능을 하는 도시와 동물의 이동경로에서 결절점이 되는 물웅덩이와 같이 경관에서 결절점은 통로의 교차지역으로서 기능과 이동대상이 그 곳으로부터 발산하는 공급원(source)이나 그 곳으로 수렴하는 수용처(sink)로서 기능을 한다(그림 8.1의 가). 또한 나뭇가지형은 수렴발산의 경우처럼 흐름에 의해서 나타난다. 마지막으로 격자형과 불규칙형은 수평적 힘이 약하고 여러 방향으로 동등하게 힘이 분산되어 뚜렷한 방향성이 존재하지 않는 경우라 할 수 있다(그림 8.1의 다).

효율성 또는 비용최소화는 연결망의 공간적 형태를 결정하는 유용한 틀이 된다. 지리학에서는 '건설자 비용(cost to builder)'과 '사용자 비용(cost to user)'이라는 두 가지 관점에서 5개의 결절점을 연결하는 6가지 기본적인 최적교통망을 제시했다(Bunge 1966, Lund 등 1955, 한주성 1996, 그림 8.2). '건설자의 비용'을 고려한 모형은 나뭇가지형 연결망이다(그림 8.2의 왼쪽 3가지 형태). 이 중에 '전장 최단목(全長最短木, minimum spanning tree)'은 특정 결절점에서 다른 결절점을 최단거리로 연결하는 것이다.[2] 모든 결절점을 한 번은 방문하며 외부와 연결이 없다. 반면에 '건설자 최소비용 연결망(least cost to builder)'은 모든 결절점이 종착점이고 흐름의 분산과 집중이 일어나는 부동점(floating node)들이 모여 오직 하나의 연결로(linkage)를 가진다.[3] 전장 최단목의 원리로 모든 결절점을 연결하는 데 최소의 건설비와 가장 짧은 연결로를 건설한 형상으로 고속도로에서 많이 볼 수 있으며, 결절점이 많아지면 기술적으로 곤란한 문제가 발생한다(한주성 1996). '위계연결망(hierarchical network)'은 결절점에서 흐름의 중심을 가지며, 다른 결절점을 통제하는 형식으로 연결된다. 군대와 행정, 상업, 정보활동의 통신망은 이 모형을 따르고 있다.

사용자 비용을 줄이기 위한 경우에는 두 점 사이를 이동하는 데 들어가는 비용을 최소로 유지한다(그림 8.2의 오른쪽 3가지 형태). 이상적인 상황에서는 모든 점이 직접 연결된 형태로 나타난다. 연결망이 점차 복잡해짐에 따라 폐쇄고리형태가 나타난다. '판매원 여행형(traveling salesman)'과 같은 최소고리 연결망으로 고리형(loop) 또는 해밀턴 회로(Hamilton circuit)라고도 하는 가장 기본형태로 우편 집배원과 다목적 구매활동의 경우 이러한 경로를 따르는 경우가 많다(Bunge 1966). 극단적으로 모든 결절점이 서로 직접 연결되어 있는 '사용자 최소비용 연결망

2) 미국 독립전쟁 때 영국군의 진격을 각 도시에 알리기 위해 보스톤에서 렉싱톤까지 기마로 주파한 사람의 이름을 따서 폴 레비어(Paul Revere) 말탄형이라고도 한다.

3) 이는 비누거품(soap bubble)형이라고도 하며 점과 선을 각각 도시와 고속도로로 볼 때 선은 도로건설 최소비용이 되는 연결망으로 정보교환 연결망에도 응용되었다(Bunge 1966).

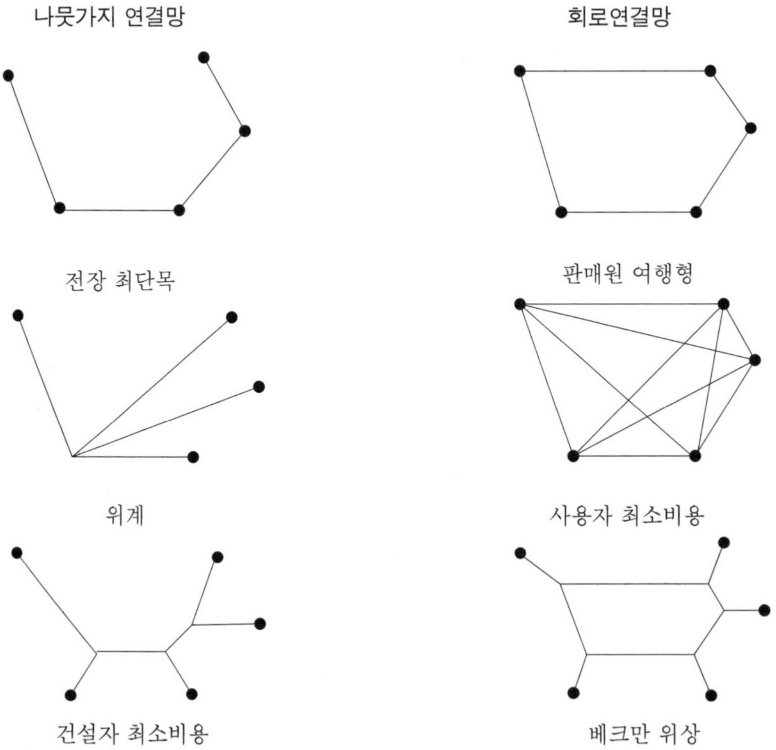

그림 8.2 효율성 관점에서 나누어 본 연결망 유형

(least cost to user)' 은 어떤 결절점에서도 다른 결절점과 최단거리로 연결되어 이용자의 이동비용을 최소화한다. 마지막으로 모든 연결점에서부터 건설자 최소비용 연결망까지 다양한 고리를 통합함으로써 건설자와 사용자 비용의 균형을 유지하여 총비용 최소화를 추구하는 '베크만 위상(Beckman topology)' 이 있다.

연결망의 변화는 통로가 새로 생기거나 없어짐으로써 일어나며 융통성(flexibility)이나 적응성(adaptability)에 영향을 받기도 한다. 선택적인 경로가 많은 연결망이 환경변화에 견디거나 적응하는 것에 안정적이다. 즉, 더 많은 경로를 가지고 있을 경우 동물이 교란이나 포식자, 사냥꾼을 피할 가능성이 높고 먹이를 찾거나 이동에 더욱 안정적이다.

교통이론에서 이러한 연결망의 발달과정을 다음과 같이 4단계로 소개하고 있다(Forman 1995).

① 단계 — 소규모 결절점이 퍼져 있는 형태
② 단계 — 일부 결절점의 확장
③ 단계 — 지역 전체를 망라하는 주요 관문(gateway)의 형성
④ 단계 — 주요 간선망(trunk line)의 출현

교통계획에서는 이러한 연결망이론을 일찍부터 발전시켜 왔고 또 교통계획이 고려하는 도로망은 한편으로는 경관요소를 연결하고, 다른 한편으로는 파편화를 통해서 경관요소들의 연결성을 방해하기 때문에 전체 경관의 구조와 기능에 점점 더 중요한 통제요소로 작용할 것이다(Forman & Alexander 1998). 따라서 장차 경관생태학은 특히 연결망이론을 교통학분야에서 빌어오고 또 새로이 발굴한 이론들의 전수를 통한 밀접한 학문교류가 필요하다.

구조적 특성

연결망은 경관바탕으로 둘러싸인 통로들의 종합적인 형태와 연결로 그리고 통로 곳곳에서 흐름의 속도차에 의해서 발생하는 결절점으로 구성된다. 여기서는 이들 구성요소와 구조적 속성을 통해 전체 연결망의 특성을 살펴보자.

연결로

연결로는 결절점들을 연결하는 통로를 일컫는다. 연결로의 너비와 곡률은 경관에서 뚜렷이 나타나며, 연결망의 기능을 좌우하는 중요한 특징이다(Forman 1995). 너비와 곡률은 각각 전체로서 연결망에 대한 평균과 분산으로 측정한다. 그러나 연결망 안에서 연결로의 너비와 굴곡의 공간적 분포특성도 기능적으로 평균과 분산만큼 중요하다. 지그재그로 난 등산로에서 지름길이 생기는 것처럼, 곡률이 큰 복잡한 지형에서는 지름길을 찾으려는 움직임이 나타난다. 연결로의 확장은 연결망의 부대적인 특징이다. 이를테면 실핏줄이 모여 동맥과 정맥이 되듯이, 홍수가 나면 작은 물줄기들이 모여서 큰 흐름으로 확장된다.

결절점

결절점이란 연결로와 연결로가 교차하여 형성된 점 또는 연결로의 말단 마디를 말하며, 교통망에 있어서는 도로의 교차로(intersections), 통행 유출입지점, 대중교통의 정거장, 갈아타기 지점 등이 여기에 해당된다. 교차결절점은 통로들이 교차하는 곳이고, 부착된 결절점(attached node)은 교차지역 사이나 한 쪽에 입지해 있는 통로보다는 넓은 경관조각이다. 빛줄기형태(string of lights pattern)는 통로들에 의해 연결된 일련의 부착된 결절들을 지칭한다(이것에 대해서는 연구된 바가 거의 없다). 통상적으로 빛줄기형태는 수로나 격자형 연결망에서 나타난다(Forman & Godron 1986).

지리학분야에서는 결절점 상호작용에 대한 일반적인 평가방법으로 뉴튼의 중력식과 유사한 중력모형(gravity model)을 사용한다(Forman & Godron 1986, Sklar & Constanza 1991, 한주성 1996). 결절점의 상호작용 수준은 일반적으로 결절점의 크기가 클수록, 거리가 가까울수록, 그리고 마찰정도가 낮을수록 높아지며, 이는 잠재적인 연결로를 표현하는 데 사용된다. 즉 결절점 사이의 이동이나 흐름의 정도는 1차적으로 연결로 사이의 거리에 달려 있고, 2차적으로는 결절점의 크기에 따라 다르다. 중력모형에 의해 결절점 i와 j의 상호작용은 다음 식을 사용하여 계산하며, 단순적용사례는 그림 8.3에서 보여 주고 있다.

$$G_{ij} = k(N_i * N_j)/D_{ij}^{b}$$

여기서 G_{ij}는 결절점 i와 j 사이의 상호작용이고, k와 b는 상수로 두 결절점의 상호작용을 규정하는 객체와 공간적 특성에 따라 다르며, 같은 종류의 객체와 공간에서도 지역과 시대에 따라 다르다(Forman & Godron 1986, 한주성 1996). 이들 상수를 객체와 공간에 따라 보편적으로 비교할 수 있는 값을 추정하는 데는 많은 관측자료가 필요하나 상대적인 비교연구에서는 k와 b를 각각 1과 2로 사용해도 좋다(Linehan 등 1995). N_i는 결절점 i에 대한 가중치이며, N_j는 결절점 j에 대한 가중치이다. 이 가중치는 단순히 경관조각의 크기 또는 특정 동물의 보호를 고려할 때 그 동물의 행동권 크기에 대한 상대적인 비로 정할 수 있다(Linehan 등 1995). D_{ij}는 결절점 i와 j의 중심 사이의 거리이다.

그러나 교통지리학의 경우와 마찬가지로 중력모형이 경관요소들의 상호작용을 기술하는 데 보편적으로 적용될 것으로 보는 것은 위험하다. 이 모형에 의하면 두 조각이 클수록 상호작용은 증가하지만, 연결로를 따라 전파하는 동물의 수가 두 조각이 클수록 오히려 줄어든 관찰과 위배

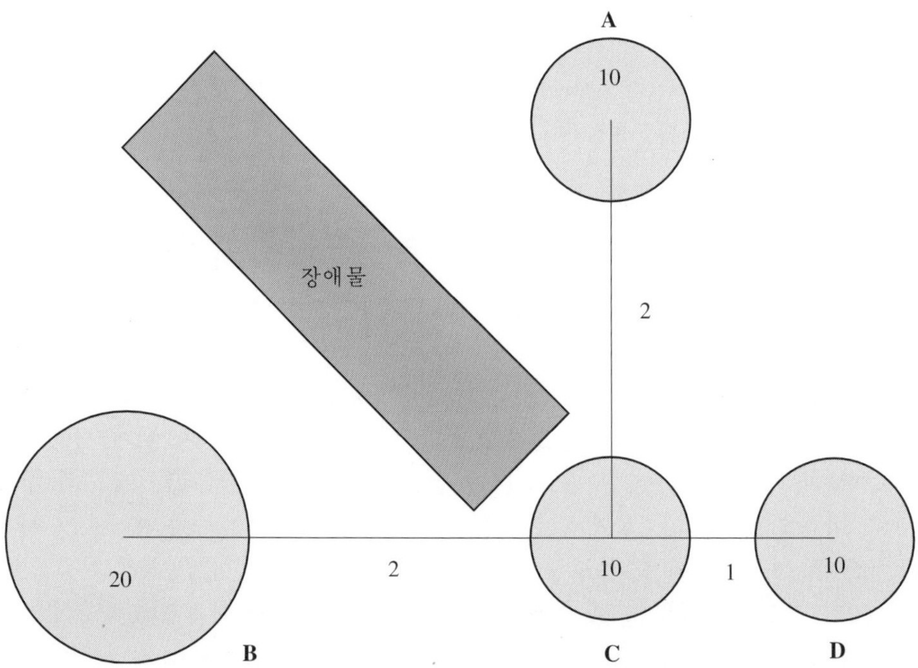

그림 8.3 결절점 사이에 일어나는 상호작용의 수준을 중력모형으로 평가해 본 경우. $G_{AB}=(10\times20)/4^2=12.50$, $G_{AC}=(10\times10)/2^2=25.00$, $G_{AD}=(10\times10)/(2^2+1^2)=20.00$ $G_{BC}=(20\times10)/2^2=50.00$, $G_{BD}=(20\times10)/3^2=22.22$, $G_{CD}=(10\times10)/1^2=100.00$

된다(Haddard 1999a). 무엇보다 경관 내부에서 일어나는 여러 가지 현상에 대한 이론적 근거가 없고, 결절점 구성요소들의 개별적인 특징을 고려하지 않고 전체로서 다루며, 매개변수 b가 거리의 상호작용에 미치는 영향을 정확하게 대표하지 않는다(한주성 1996). 두 조각을 가로막고 있는 장애물의 영향을 제대로 고려하기 위해 많은 관찰자료를 바탕으로 모형의 상수를 추정해야 하는 번거로움도 있다. 그럼에도 불구하고 중력모형은 경우에 따라 결절점의 상대적인 영향력 또는 상호작용을 비교하는 유용한 도구로 사용되기도 한다(Linehan 등 1995).

교차로

연결로의 밀도는 결절점당 연결된 연결로의 수를 의미하며 교차결절점의 중요도를 나타내는 지표이다. 교통이론에서 말하는 베타지수(beta index)는 전체 연결망에 대한 단위결절점당 연결로를 나타낸다. 즉 결절점의 수로 연결망 안에 있는 연결로의 수를 나누어 베타지수를 구한다. 1보다 작은 베타지수는 열린 연결망을 의미하고, 1인 값은 하나의 완전한 순환로를 가지고 있는 것을 의미하며, 1보다 큰 값은 연결성의 복잡한 수준을 가리킨다(Haggett & Chorley 1969). 연결로와 결절점의 수를 각각 L과 N이라 할 때 베타지수는 다음의 관계를 가진다.

$$\beta = L/N$$

교차각은 이동의 방향성을 가리키는 지수로서 격자형 연결망은 평균 90°의 교차각을 가지며 대부분의 교차결절점의 형태는 L자형, T자형, +자형이지만 어떤 경우는 교차결절점이 5개 이상의 연결로를 가지기도 한다. 나뭇가지형 하천연결망의 경우에는 흐르는 물의 방향성에 의해 교차각이 대개 약 45°이다.

위 계

상류의 1차 하천에서 하류의 고차 하천으로 등급화하여 분류하는 하천 차수체계(stream order system)는 나뭇가지형 연결망과 유사한 위계를 갖는다. 격자형 연결망을 다루는 교통이론에서 사용되는 개념인 도시고속도로, 주간선도로 보조간선도로, 집산도로, 국지도로는 이러한 위계를 가지며, 각각이 지니고 있는 주기능에 차별성이 있다(그림 8.4). 이러한 위계적인 특징이 녹지구축에 어떻게 적용될지는 미지수다. 그러나 동물의 행동권이 몸집의 크기에 따라 구분되고(그림 3.8), 이동에 필요한 최소한의 통로너비 또한 다르며(표 6.1), 나중에 설명할 것처럼 연결망으로 에워싸이는 그물눈의 크기 또한 생물분포에 영향을 준다면 야생동물의 이동 연결망도 위계성을 가질 것으로 예상되고, 이에 대한 연구결과는 생물보존계획에 필수적인 참고사항이 되어야 할 것이다.

연결망 위계의 중요한 속성은 특정 수준에서 연결로의 차이 정도이다. 위계상의 연결로(3차 유역)는 그 자체의 독특한 특성을 가지고 있지만, 하위수준(2차 유역)과 상위수준(4차 유역)도 함께 고려하여 그 특성을 분석하여야 종합적인 이해가 가능하다(제3장 참조).

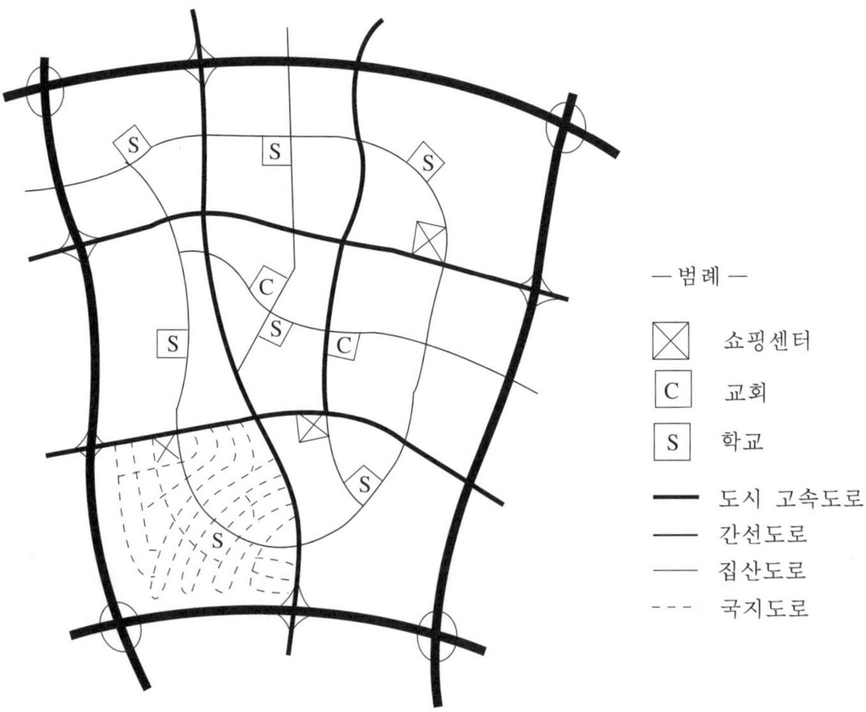

그림 8.4 위계에 의한 가로의 분류

전체 연결망

경관연결망의 기능은 앞에서 다룬 개별적 특성뿐만 아니라 연결로와 결절점 또는 교차로 그리고 바탕의 위계적 특성으로 이루어지는 전체 맥락에 의해서 지배된다. 이제 연결망의 구조와 기능을 전체적으로 평가할 수 있는 유용한 지수 또는 측정방법을 살펴보자.

첫째, 통로밀도(corridor density)는 단위면적당 전체 통로의 길이를 말한다. 산림경관에서 높은 도로밀도를 가지는 경우에는 대형 야생동물에게 부적합한 서식조건으로 작용한다. 도로는 흑곰(*Ursus americanus*)의 행태와 서식처의 질에 부정적인 영향을 미치며, 도로의 밀도가 증가함에 따라 곰이 횡단할 때 사망하거나 횡단을 꺼리는 경향이 나타나고, 또한 사냥에 대한 취약성은 증가한다(Brody & Pelton 1989).

둘째, 배수로 밀도(drainage density)는 단위지역에 있는 전체 수로의 길이로 측정한다. 이 값이 크면 조밀한 지류형태를 의미하며, 물의 투과성이 낮은 점토 등으로 이루어진 토지에서 많이 나타난다. 반면에 사질토 등 높은 투과성을 가진 토지에서는 배수로 밀도가 낮다.

셋째, 연결성은 통로에 의해서 모든 결절점들이 어느 정도 연결되어 있는가를 가리키며 연결망의 단순성과 복잡성을 나타내는 지수이다(Haggett & Chorley 1966, Forman & Godron 1986). 이것은 완전한 연결망을 갖추기 위해 추가해야 할 연결로 비율의 역수이다. 이 값을 측정하기 위해 지리학에서 사용하는 지수는 감마지수(gamma index)이다. 감마지수는 연결망 안에서 가능한 연결로의 최대수로, 실제 연결로의 수를 나누어 계산하며 연결 정도를 백분율로 환산하여 해석한다. 연결로의 수는 직접 계산하고 가능한 연결로의 최대수는 결절점의 수로 결정하지만, 연결로가 새로운 교차점을 만들지 않는다고 가정할 때 다음과 같은 식이 된다.

$$\gamma = L/L_{max} = L/3(V-2) \quad (0 \leq \gamma \leq 1)$$

여기서 L, L_{max}, V는 각각 연결로의 수, 가능한 연결로의 최대수 그리고 결절점의 수를 가리킨다.

넷째, 연결망의 순환성(circuitry), 즉 알파지수(alpha index)는 결절점을 연결하는 고리(loop)나 순환로가 연결망 내에 얼마나 있는지를 나타내며, 실제 순환로의 수에 대한 가능한 순환로의 최대수의 비로 측정한다(Haggett & Chorley 1966, Forman & Godron 1986). 알파지수는 0에서부터 1의 값을 갖는데, 알파지수가 0이면 순환로가 없는 연결망을 의미하고, 1인 경우는 최대한의 순환로를 갖는 연결망을 의미한다. 순환로의 역할은 유기체가 교란요인, 포식자, 사냥꾼을 피할 수 있는 선택적 통로를 제공하며 시간적 거리를 최소화할 수 있다. 알파지수를 식으로 표현하면 다음과 같다.

$$\alpha = \frac{\text{실제 순환로의 수}}{\text{가능한 순환로의 최대수}} = \frac{L - V + 1}{2V - 5} \quad (0 \leqq \alpha \leqq 1)$$

마지막으로, 감마지수와 알파지수에 의해 계산된 연결망의 연결성과 순환성의 조합으로 연결망의 복합성(network complexity) 정도를 평가한다.

구조적인 연결성은 경제학과 교통이론에서 오래 전부터 다루어 왔다(한주성 1996). 즉 도시들 사이의 최단거리, 연결성이 가장 높은 곳과 가장 낮은 곳, 연결로를 추가하기에 가장 좋은 입지, 연결망이 단절될 경우 이에 가장 민감하게 반응하는 연결로, 시공간 최적화 문제들에서 나타난다. 이러한 것들은 생태학에서 연결망을 이해하는 데 도움은 되지만 연결망을 따라 일어나는 이동현상의 경험적인 자료가 거의 없기 때문에 이론에 머물고 있다.

연결로와 마찬가지로 연결망을 둘러싼 바탕도 연결망의 기능에 중요한 역할을 한다. 격자형 연결망에서 경관바탕은 여러 개로 갈라지며, 이것들의 크기와 형태는 연결망에 영향을 미친다. 이를테면 농경지 바탕으로 둘러싸인 생울타리 통로와 도심지 속에 있는 생울타리는 연결망으로서 다른 기능을 가지게 된다. 이는 나중에 다룰 격자형 연결망의 그물눈 크기와 함께 전체 연결망의 특성과 관련하여 다시 다룰 주제이지만 아직 충분한 연구가 없다. 그럼에도 불구하고 연결망의 기능적 중요성은 객체를 매개로 바탕 및 다른 경관요소와 상호작용하는 데에 있다.

기능적 특성

경관유형의 기술과 분석은 생물적 과정과 연결됨으로써 생태적 함의를 가진다. 경관생태학자를 위한 지도는 규모의 위계에 바탕한 공간적인 기초 위에 시간적인 위계 안에서 일어나는 과정들을 포함해야 한다(Merriam 1990). 기능적인 과정에 의해서 공간요소의 상호작용이 발생하며, 경관이 전체적으로 연결되기 때문에 경관에 대한 총체적인 접근에서는 필수적인 연구대상이다. 따라서 여기서 연결망의 기능과 거기에 미치는 요소들을 살펴보자.

서식처 기능

주로 가장자리 종이 통로를 서식처로 이용하지만, 연결망은 이와는 다른 서식처 역할을 한다. 연결망은 연결성과 접근성이 뛰어나므로 경관조각이 없어도 경관조각에 서식하는 종에게 서식처로서 역할을 수행할 수 있다. 예를 들면 캥거루는 도로변의 식생대를 서식처로 사용한다(Forman 1995 재인용).

연결망 안에 있는 통로의 위치는 어떠한 종이 서식할 수 있는지를 결정한다. 이를테면 프랑스의 브리따뉴 지방에서는 같은 곤충류라도 생울타리의 위치에 따라 다른 형태를 보인다(Forman & Godron 1986).

연결망에서 생물종의 조성은 그물눈의 크기와 관련이 있다. 일반적으로 연결망에서 그물눈의 크기가 다양하면 생물종의 풍부도도 증가한다.

연결로에서 흐름

연결로에서 일어나는 이동률(flow rate, F)은 다음과 같은 식으로 표현할 수 있다.

$$F = [(\Sigma \text{통로의 저항도}) \times (\text{이동물체의 점성도})]^{-1}$$

그러나 연결망의 저항성(resistance)은 교차점 횡단효과, 다양한 종류의 결절점, 순환로가 제공하는 선택적 경로를 합산하여 구한다. 결절점은 통제지점(control point)으로서 효과적으로 작용할 수 있다(Odum 1983). 즉 포식자와 사냥꾼이 먹이를 기다리며, 정지신호는 대형 사고를 감소시키고, 용도지역지구제(zoning)는 가장자리까지 관리할 수 있으며, 공급원과 수용처 기능이 지배적일 수 있는 곳이 결절점이다. 흙길을 따라 이동하는 포식자의 경우 교차결절점은 활동과 상호작용이 집중되는 위치에 놓이게 된다(Forman 1995).

동물들은 일반적으로 교차점간의 두 개 또는 그 이상의 선택적 통로를 학습한다. 1개의 고리는 2개의 선택적 통로를 제공하며, 2개의 고리는 4개의 선택적 통로를 제공한다. 따라서 고리와 연결망의 순환성은 동물이 교란, 포식자, 사냥꾼을 피할 수 있어서 유연성과 안정성을 제공한다.

연결로의 너비가 다양하면 이동의 유동성이 증가한다. 서로 다른 형태의 경관조각을 둘러싸고 있는 경관바탕은 연결로가 거칠고 불규칙할 때 효율적이다. 즉 연결로의 어떤 부분은 넓어서 포식자 몰래 지나갈 수 있고, 어떤 부분은 좁아서 병목현상을 일으킨다. 분산된 형태의 가지형 연결망의 경우 아침이나 봄에 먹이를 찾아 상류로 이동하였다가 저녁이나 겨울에 다시 돌아올 수 있는데 돌아오는 과정에서 시간이 걸린다. 또한 이러한 이동이 동시에 일어날 수 있으며, 서로 반대방향으로 이동하다가 우연히 마주칠 경우 상호작용을 하게 된다. 예를 들어 포식자는 전략적인 지점에서 먹이를 기다리기도 하고, 배를 채우기 위해 연결망을 통해 통로를 최적화하기도 한다. 반면에 피식자(prey)도 포식자를 굶주리게 만드는 연결망을 통해 통로를 최적화한다(cat & mouse game: 포식자와 피식자의 미로게임).

장애와 여과기능

덴마크에서 수행된 연구에 의하면 생울타리는 위가 개방된 경관(open landscape)의 평균풍속을 15% 감소시킨다(Forman 1995). 이 영향은 토양침식과 증발산 등을 감소시키고 에너지 흐름을 바꾼다(Bird 1998, 그림 5.11 참조). 생울타리는 지표유출수의 흐름을 저지하여 토양과 수분을 보유하고, 식물의 뿌리에서 분비되는 유기탄소에 의해 탈질화작용을 촉진함으로써 토양수와 지표유출수에 포함된 질소의 제거에 중요한 역할을 한다(Burel 등 1993). 연결망을 구성하는 연결로의 물질에 대한 장애 및 여과기능은 제6장에서 자세히 다루었으며, 아래 격자형 연결망의 연결로 기능과 관련하여 더욱 논의할 예정이다.

경관바탕에 서식하는 동물이 건너가야 하는 통로가 하나밖에 없을 경우 이들의 이동률은 감소한다. 그러나 연결망에 지나치게 많은 통로가 있는 경우에는 이곳저곳의 통로를 건너고 이동하기 위해 더 많이 찾아 다녀야 하므로 이동률을 더 감소시킨다(Forman 1995). 이러한 경관에서의 저항성은 그물눈의 크기에 달려 있다.

장애물의 수, 형태, 분포 그리고 영향력은 경관의 공간적인 이질성 정도를 결정하는 주요인이며, 장애물과 공간적인 이질성 정도에 의한 고립성은 생물에 따라 다르다. 이를테면 5미터 너비의 도로에 의해서 나누어지는 두 조각의 소나무숲에 사는 유럽들쥐(bank vole, *Clethrionomys glareolus*)와 노란목도리쥐(yellow necked mice, *Apodemus flavicollis*)의 이동을 비교했을 때 두 종 모두 도로에서 이동하는 숫자가 숲에서보다 훨씬 적고, 숲에서 이동하는 숫자는 종에 따라 차이가 있었다(Dobrowolski 등 1993).[4)]

연결망의 장애효과 때문에 발생하는 중요한 생태적 결과는 경관바탕 안에서 분할된 부분으로 아개체군(subpopulaiton)을 고립시켜 아개체군 안에서 일어나는 번식의 증가이다. 이로 인해 유

---

4) 동물이름의 우리말 옮김은 서울대학교 산림자원학과 박찬열 군의 도움으로 다음 출처를 참고로 옮겼다. 유럽들쥐는 일본명을 우리말로 옮겼으며, 노란목도리쥐는 붉은쥐 속에 속하지만 *Apdoemus* 속의 등줄쥐 등은 그대로 쥐라고 하므로 쥐라 하고 종명의 *flavicollis*는 목을 의미하나 노란목도리담비, 대륙목도리담비 등 "목"보다는 "목도리"라고 쓰고 있어 "목도리"라고 하여 작명했다. 참고문헌: Imaizumi Yoshinori, 1988, *A world list of mammals with Japanese names*(Japan: Heibonsha), p. 980.

전적 변이가 발생한다(Forman 1995).

장애기능이 강한 통로로 이루어진 연결망은 그 자체가 가로질러 일어나는 흐름에 장애요소가 되는 반면에, 연결망 안에서 일어나는 흐름은 다른 외부 요소에 의해 장애를 받을 수 있다. 따라서 장애물이 경관에서 작용하고 있는 과정을 살펴보자.

생물이동과 관련하여 장애물은 영향의 규모에 따라 다음과 같이 (1) 생물개체의 이동에 영향을 주어 아개체군을 더욱 작은 단위로 구분시키기는 하지만 개체군을 단절시키지 않는 장애물, (2) 메타개체군(metapopulation) 안에서 아개체군으로 나누지만 동물의 이동을 단절시키지 않은 장애물,[5)] (3) 메타개체군들을 완전히 격리시키는 장애물로 나눌 수 있다(그림 8.5).

첫째 장애물은 비교적 쉽게 생물이 건널 수 있어 개체군을 완전히 단절시키지는 않는다. 개체

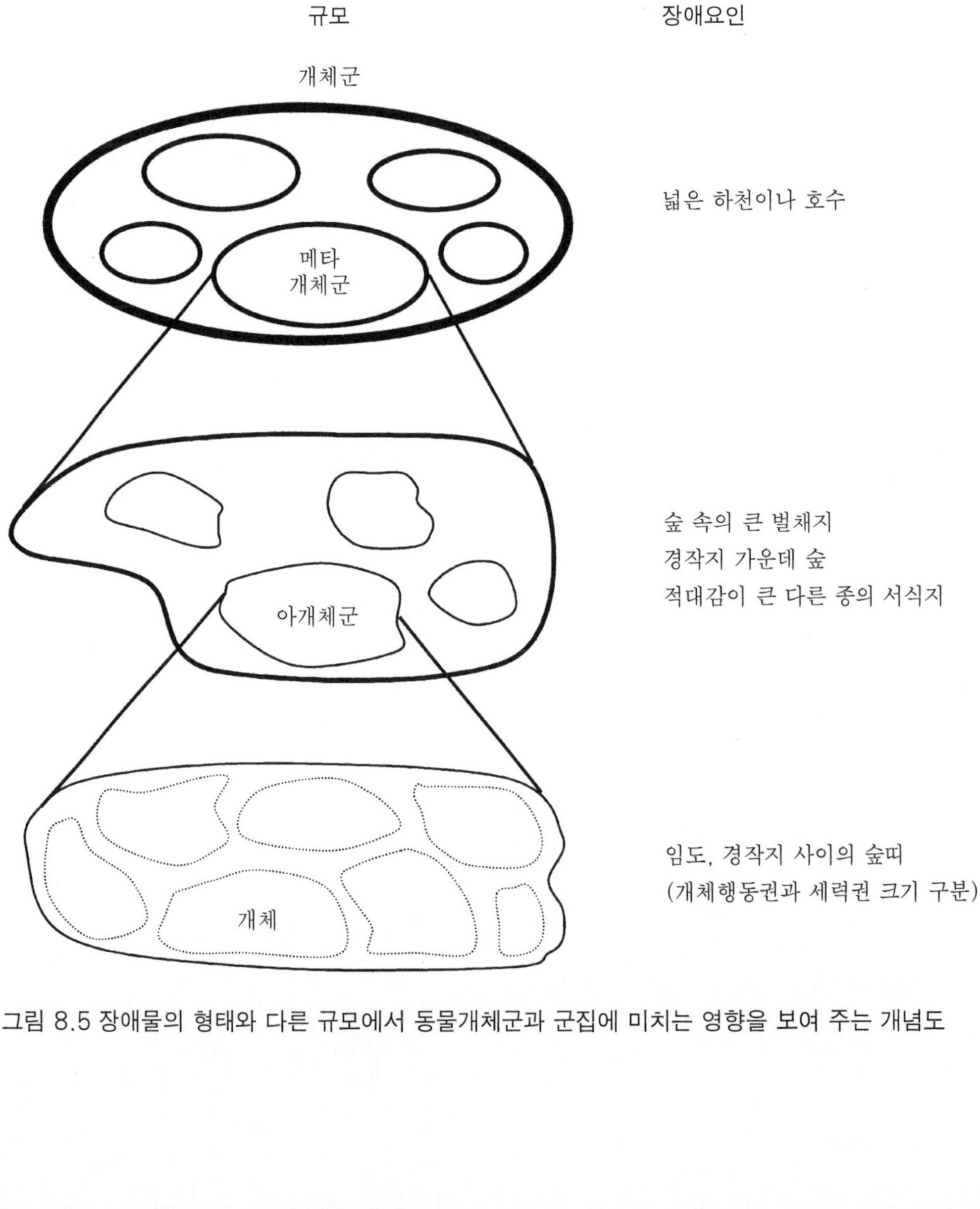

그림 8.5 장애물의 형태와 다른 규모에서 동물개체군과 군집에 미치는 영향을 보여 주는 개념도

수준에 작용하여 공간을 이용하는 방식을 바꾸는데, 이를테면 행동권과 세력권의 크기와 모양에 영향을 준다. 숲 속의 작은 도로나 경작지 사이의 숲띠에 의해 나누어지는 경우처럼 동질적인 두 서식처 조각에 서식하는 생물의 교류를 완전히 차단시키지는 않지만 원활한 흐름은 방해하여 서로 만나는 숫자를 제한한다. 이를테면 캐나다 서부 온타리오의 농경지 부근 도로에 의해 나누어진 숲이 서로 차별성이 있는 경우에도 그 곳에 서식하는 미국흰다리붉은쥐(white-footed mouse, *Peromyscus leucopus*)의 교류숫자가 제한된 현상을 들 수 있다(Merriam 등 1989).[6]

두 번째 유형의 장애물은 적당한 서식처 조각에만 출현을 제한함으로써 메타개체군을 단절된 아개체군으로 나누어 놓는 경우이다. 그러나 나누어진 서식처 조각 사이에 개체들의 이동이 이루어지면 아개체군들의 모임으로 메타개체군이 생긴다. 각 아개체군의 고립은 장애기능이 커짐에 따라 증가하고 생태적인 차별성도 증가한다. 장애물이 어떤 성향을 가진 특정 개체들만 통과시키는 여과기능을 가지게 되면, 서로 다른 생태적 특성을 가진 아개체군을 형성하는 데 작용한다(Dobrowolski 등 1993).

세 번째 유형은 장애물에 의해서 완전히 나누어져 전혀 교류가 없는 경우이다. 지리적으로 비록 가깝다고 하더라도 넓은 하천이나 도로에 의해서 메타개체군은 서로 차단되어 이동이 불가능한 경우가 생긴다. 장애물 효과로 인한 생태적으로 중요한 결과는 경관바탕 안에서 부분적인 하위 군집의 개체군으로 고립시키며, 이에 대한 생물의 반응이 다르기는 하지만 고립은 근친교배(inbreeding), 유전적 부동[7]과 함께 심한 경우 돌연변이를 일으킨다(Forman 1995).

격자형과 파도형 연결망

격자형 연결망과 그것의 변형으로 볼 수 있는 파도형 연결망(wavy network)의 주요 기능은 결절점과 연결로 그리고 그들이 이루는 그물눈의 크기로 결정된다. 인위적으로 형성된 격자형 연결망은 건설과 유지에 에너지를 요구하는 반면, 파도형 연결망은 자연의 흐름을 따른다. 하천에서 댕기처럼 꼬여 있는 수로, 동물의 이동로, 산책로, 녹색길 연결망 등은 일반적으로 지세를 따르고 있는 파도형 연결망이다. 지형과 연계되어 물과 토양의 흐름에 영향을 미치며(Burel & Baudry 1990a, b), 이러한 파도형 연결망은 변이가 큰 각과 곡률을 가지는 것이 특징이다(Malanson 1993). 격자형에서는 뚜렷한 우세요소가 없이 객체들이 골고루 분산되는 반면에 파도형 연결망에서는 방향성과 집중성, 분산성, 통로 확장성이 더 뚜렷하게 나타나며 그물눈의 크기가 다양하고 형태도 자주 변한다(Forman 1995).

5) 메타개체군 개념은 제1장에서 간단히 소개하였으며, 그림 8.11에 개념도를 제시한다.

6) 동물이름의 우리말은 박찬열의 도움으로 다음 자료를 참조했다: 원병휘, 1967, 『한국동식물도감 제7권 동물편(포유류)』, 문교부, p. 659.

7) 유전적 부동에 대한 정의는 제5장 또는 김진수 등(2000)에서 참조하라.

연결로

우회성과 연결성은 격자형 연결망에서 크다. 우리나라의 경우에는 경지정리로 인해 비록 감소되었지만, 유럽에서는 흩어진 농림지를 통합하는 재배치계획에서 녹색연결망의 연결성과 우회성을 높이는 것이 주요한 목표이다(Baudry & Burel 1984, Burel & Baudry 1995).

인공적으로 조성된 생울타리형 연결로의 경우 T자형이 많다. 이 경우 연결로는 3개이며, 흔히 수평축이 수직축보다 생성시기가 오래되어 토양과 동물종에 차이가 있을 것으로 예상된다(Forman 1995). 생울타리는 지세와 수문, 토양을 고려한 연결에 의해서 사회적, 미적, 생태적 관점에서 여러 가지 다양한 기능을 발휘할 수 있다(Burel 등 1993). 침식을 방지하고 밭의 배수가 잘 이루어지도록 물의 흐름을 통제하며, 서로 다른 주요 토양단위(이를테면 건지와 습지 사이)를 구분하여 영양소 흡수, 밭갈이, 씨뿌리기 등 생산과정과 관련된 자연적 인위적 과정을 간편하게 유지할 수 있는 경작지 단위를 이루도록 하고, 야생동물의 이동이 원활한 통로를 유지시킨다(Burel & Baudry 1995).

이를테면 그림 8.6에서 보는 바와 같이 경사지를 가로질러 이루어진 식생지대는 우묵 들어간 지표층에 물을 모아 흐름을 지연시킴으로써 입자상 물질을 여과시키고, 경사를 따라 낮은 곳에 형성된 수로는 물의 흐름을 하천으로 유도하는 기능을 가진다(단위 A). 평평한 고지와 경사지 사이에 가로놓인 식생지대 또한 물의 흐름을 지연시키고, 물의 흐름을 의도한 방향으로 유도하는 기능을 할 수 있게 한다(단위 B). 수로를 에워싼 주변의 생울타리는 풍부한 유기물을 토양에 제공하여 침투수를 증가시키고 물을 보유함으로써 홍수량을 감소시킨다(단위 C).

이처럼 물 흐름의 통제기능은 생울타리의 종합적인 연결망에 의존하기 때문에 끊어지면 효력이 떨어지고 물이 한 곳으로 모여 침식에 의한 흙도랑이 생긴다(Dillaha 등 1989). 많은 경우 서로 다른 토양형이 이루는 경계는 경사지의 등고선과 일치하기 때문에 토양형과 등고선을 고려한 도랑과 생울타리 연결망 조성은 지표유출수 흐름을 저지하고 물질을 식생지대에 보유되도록 한다(Burel & Baudry 1990a, b, Burel 등 1993). 이 기능은 기존의 식생대를 이용하고, 배수연결로와 병행시켜 향상시킬 수 있다.

생울타리 연결로는 물, 영양소 그리고 토양침식과 관계된 확산과 덩어리 흐름을 통제할 뿐만 아니라 연속된 수목대의 형성으로 동물의 이동을 원만하게 한다(Burel & Baudry 1990a, b, Saunder & Hobbs 1991). 그 까닭은 생울타리의 유형과 연결망 안에서의 위치(숲과의 거리, 연결된 울타리 안에 종의 존재여부)가 생물분포의 중요한 조절요소가 되기 때문이다. 지형과 토양 그리고 식생이라는 경관의 구조적인 요소와 물과 바람, 동물의 이동이라는 경관의 기능적인 요소를 연결하는 원리는 우리나라의 제주도 등에서 볼 수 있는 농경지나 인가의 방풍림에서도 어느 정도 찾을 수 있다(그림 8.7의 가와 나). 이들 경관요소는 방풍과 침식감소기능뿐만 아니라 동물이동을 위한 연결로 기능을 살리는 잠재력을 가진다(이도원 1997). 마을과 농경지 경관에 나타나는 생울타리와 함께 이러한 숲띠로 이루어진 연결망은 생물 다양성 유지자원으로 이용될 수 있다(그림 8.7의 다와 라). 그러나 농경지의 경우엔 성가신 유해생물을 불러들여 농작물에 피해를

그림 8.6 물과 영양소 흐름 그리고 침식감소를 배려하여 지형과 조화를 이루기 위해 제안된 생울타리 연결망

주기 때문에 그에 대한 대책도 고려해야 한다.

통로의 밀도분포는 지리적으로 다양하게 나타나는데, 일반적으로 고도가 높고 지형이 험한 외딴 지역에서 낮고 철도, 송전선, 도로연결망과 같은 특정 목적의 통로가 지나가는 저지대에서 높다. 한강 유역에 포함되는 경기도 지방 숲의 파편화 연구에서도 저지대에서 도시와 도로건설로 단절효과가 상대적으로 우세하게 나타났다(E. Lee 등 1998). 도로밀도 증가에 의한 단절효과가 야생동물의 숫자에 미치는 영향은 동물보존학자들에게 중요하게 고려되어 왔으며, 그 연구결과는 외딴 도로의 폐쇄와 관리에 널리 이용된다(Forman 1995).

어떤 동물들은 도로에 가까이 가는 것을 싫어한다. 예를 들어 미국의 록키산맥에 소재하는 숲의 연구에서 평방 킬로미터당 1킬로미터의 도로밀도가 되면 그 지역의 1/2면적만이 엘크(elk)가 살기에 적합한 환경이며, 평방 킬로미터당 3킬로미터에 이르면 1/4면적만이 적절한 서식처가 된다(Lyon 1983, Forman 1995). 뉴욕의 애디로닥(Adirodack) 산맥에서는 숲의 감소, 인구의 증가, 도로밀도의 증가가 흑곰의 숫자를 감소시켰다는 연구보고도 있다(Brocke 등 1990, Forman 1995

가 나
다 라

그림 8.7 (가) 제주도 방풍림과 (나) 산간지방에 빈약하게 나타나는 생울타리 흔적 그리고 (다) 인가에서 시멘트 담 대신에 나타나는 생울타리, (라) 전통 마을에 나타나는 숲의 연결 잠재력

재인용). 주로 경관 전체가 숲으로 이루어진 지역에서는 도로밀도를 통해서 흑곰의 밀도를 가장 잘 예측할 수 있었으며(Forman 1995, Fig. 8.8 참조), 도로밀도와 흑곰의 관계를 나타내는 곡선에서 문턱(threshold)효과가 거의 나타나지 않았다. 도로의 길이 자체로는 곰에게 부정적 효과를 미치지 않지만, '1차 도로'는 사냥꾼이 곰에게 용이하게 접근할 수 있도록 해준다. 따라서 그 연구에서는 샛길을 폐쇄하는 방식이 사냥꾼의 접근을 막고 곰의 숫자를 관리하는 데 효과적인 수단으로 제안되었다.

결절점

격자형(rectilinearity)은 대부분 직각과 직선으로 구성되고, 부착결절점과 교차결절점이 규칙적으로 분포한다. 결절점의 구조나 기능에서 위계성이 나타나지 않는다. 생울타리와 도로, 철도, 동력선, 가스선, 송유관 등이 이에 해당한다. 교차효과가 확실하게 나타날 때도 있는데, 이런 곳에서 교차결절점은 하나의 통로를 따라 나타나는 결절점과는 생태적 특징이 다르다. 예를 들어 생울타리 연결망에서 통로보다는 서로 교차하는 지점에서 종의 풍부도(richness)가 크고 교차점에서 멀어질수록 감소하는 경향을 보인다(Forman & Godron 1986, Lacy 1987, Fry 1989). 이러한 특징이 나타나는 이유는 미기후의 변화가 크지 않고 높은 연결성을 가지고 있기 때문이다(Forman 1995). 교차점에서는 풍속이 낮고, 그늘이 유지되며, 공기의 상대습도 및 토양수분이 높고, 유기물질 함량도 높다(Forman & Godron 1986). 또한 식물들은 교차결절점에서 들판으로 퍼져 나가면서 결절점을 확장시키기도 한다. L자형, T자형, +자형 교차점 쪽으로 갈수록 교차지점에서 연결로의 수가 늘어남에 따라 교차효과가 커진다. 연결망에 부착된 대규모의 결절점은 경관에 널리 분산되어 있는 동물종들에게 주요한 자원공급원으로서 기능을 하기 때문에 이들 지역도 보존과 계획에서 중요하다(Noss & Harris. 1986. Harris & Scheck, 1991).

그물눈의 크기

격자형과 파도형 연결망의 기능을 결정하는 제3의 요소는 연결로와 결절점으로 짜인 경관의 빈틈을 채우고 있는 그물눈의 크기이다. 연결망이 그물눈 안에 서식하는 생물에 대해 장애물 기능을 한다면, 그물눈의 크기는 그 안에 살 수 있는 생물의 종류를 제한한다(Forman 1995). 이는 생물의 생존에 바탕이 되는 인식입자의 크기 및 범위와 관계가 있는 현상으로(Kotliar & Wiens 1990), 마치 그물의 크기에 따라 잡힐 수 있는 고기의 크기가 결정되는 현상과 비슷하다(그림 8.8). 작은 고기는 그물을 통과할 수 있으나 중간크기의 고기는 그물에 잡히며 큰 고기는 아예 근처에 가지 않듯이, 대체로 소형의 야생동물만이 작은 그물눈 안에 서식공간을 마련할 수 있을 것이다.

그물눈의 크기는 경관조각의 평균면적이나 직경으로 쉽게 측정되며, 통로의 밀도와 역함수 관계에 있다. 즉 통로밀도가 커질수록 그물눈의 크기는 작아진다. 한편, 집약농업이 이루어지는 지역에서는 울타리와 생울타리를 제거함으로써 그물눈의 크기를 증가시킨다(Screiber 1988, 이도

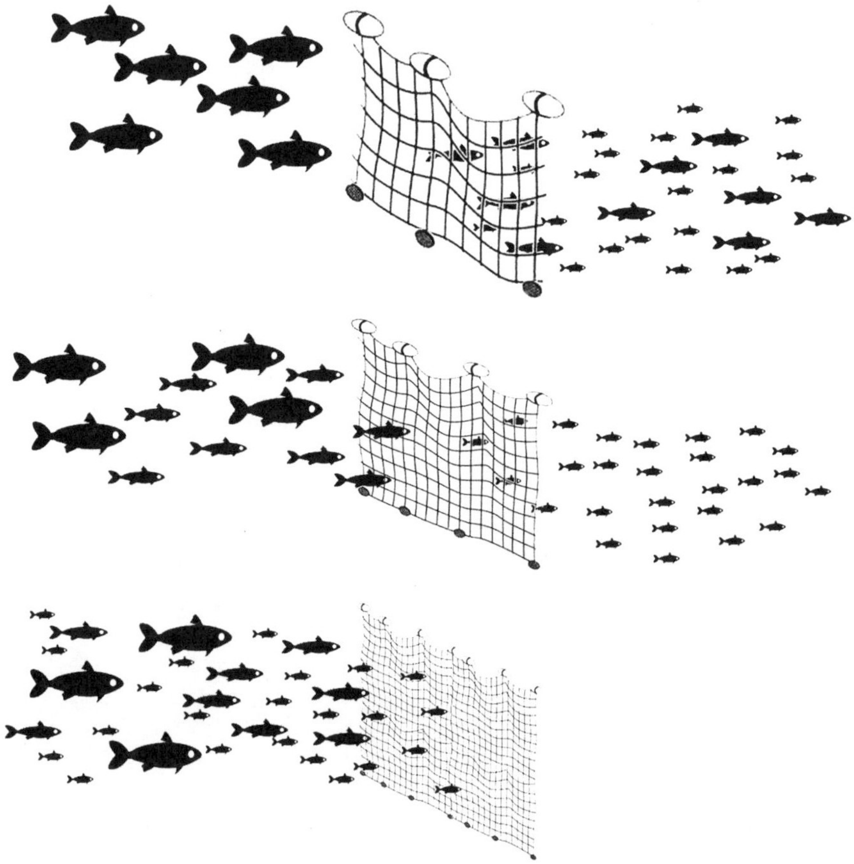

그림 8.8 잡히는 고기의 크기는 그물눈의 크기와 관계가 있다. 그물눈 크기와 잡히는 고기크기의 관계는 관찰자의 관심 또는 질문에 맞는 현상이 눈에 들어오는 것에 비유되는데, 연결망으로 나누어지는 경관 그물눈의 크기에 맞는 생물이 그 안에 담기는 것도 비슷한 위계이론으로 설명될 수 있다.

원 1997). 경관에서 그물눈은 생물종이 먹이를 찾거나 보금자리 영역을 결정하거나 햇빛과 물을 얻는 일과 관련하여 이동거리와 행동권의 면적을 결정한다. 즉 그물눈의 크기에 따라 경관의 종 풍부도와 종 구성이 변한다. 예를 들면 프랑스의 생울타리 연결망 연구에서 육식성 딱정벌레(groud beetle, *Poecilus capreus*)가 생울타리로 둘러싸인 작은 밭에서는 발견되지만, 그물눈의 크기가 평균 2헥타르 이상일 때는 사라졌다(Forman 1995). *Alliara officinalis*(우리나라에는 해당하는 속이 없는 십자화과 식물의 일종), *Lapsana communis*(국화과의 개보리빵이 일종), *Galleopsis dubia*(꿀풀과의 털향유 일종), *G. tetrahit*(꿀풀과의 털향유 일종) 같은 식물들도 2헥타르 이하의 그물눈 크기에만 나타났다. 올빼미의 경우는 그물눈의 크기가 약 7헥타르 이상이면 나타나지 않

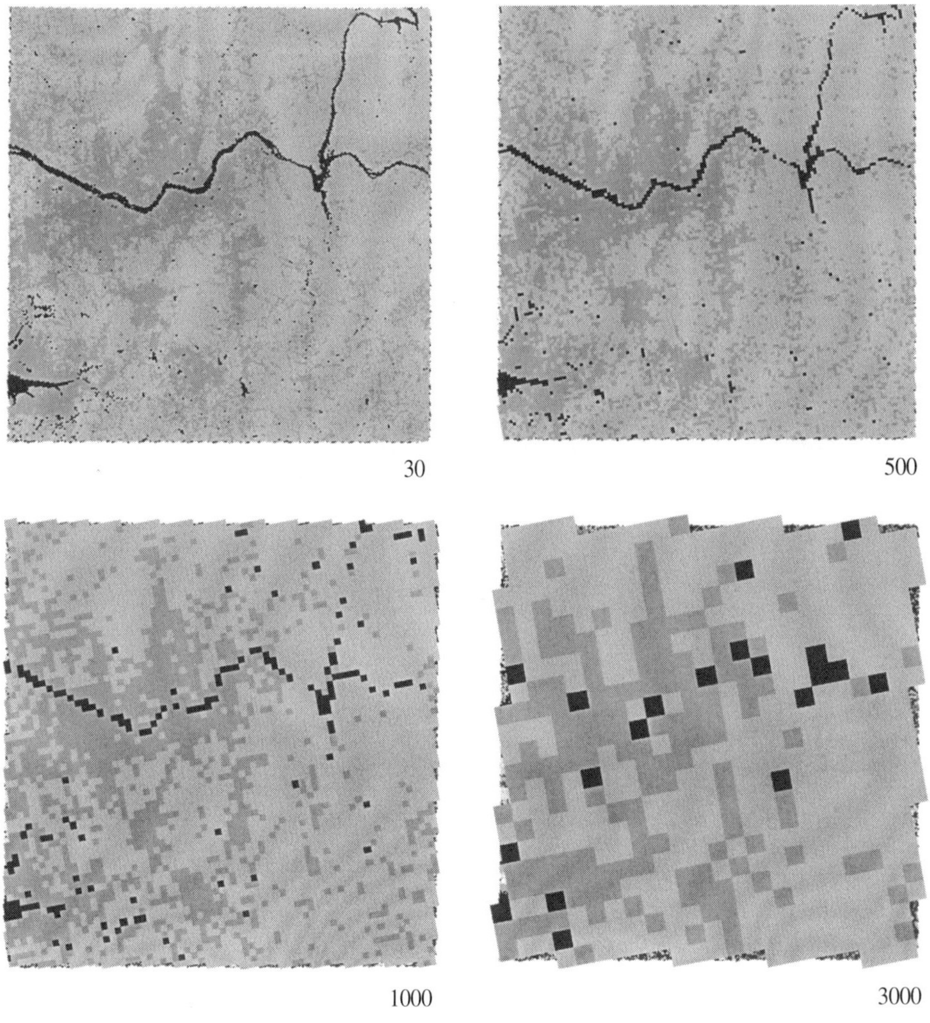

그림 8.9 서울과 그 주변을 포함하는 동일한 지역을 녹지와 도시지역, 하천으로 분류했을 때 인공위성 영상자료의 화소크기에 따라 달리 나타나는 경관유형을 비교한 그림

았다. 밭이 너무 커서 미기후가 부적합하고 먹이밀도가 매우 낮을 때 종이 사라진 것으로 해석된다(Forman 1995).

이러한 연결망의 그물눈 크기는 경관의 생태학적 건강성을 나타내는 유용한 척도가 된다. 어떠한 종의 개체수라도 그물눈의 크기에 대응하여 나타낼 수 있다. 이것으로 숲에 사는 종과 개방지에 사는 종에 대한 전체적인 필요량을 분리해 낼 수 있으며, 그물눈의 경사(gradient)에 따라 기능적 과정, 토양, 미기후조건들을 정확하게 표시할 수 있다(Forman 1995).

그물눈 크기의 영향은 경관구조의 관찰에서도 나타난다. 사물을 현미경으로 살피게 되면 구성요소들의 미세한 구조를 알 수 있으나 다른 요소들과 이루는 맥락을 놓치게 되고, 큰 규모에서 개괄적으로 사물을 살피면 미세한 구조를 볼 수 없는 것과 같다. 경관연구에서 많이 활용하는 원격탐사 자료에서 영상의 화소(pixel 또는 image grain)크기를 달리하면서 결과물을 분류할 때도 같은 원리가 적용된다. 서울과 주변 지역에 대한 인공위성 영상에서 화소의 크기에 따라 나타나는 토지피복상태를 비교한 연구에서 구성화소가 작을 때 자세한 지피상태가 보이지만, 거친 입자로 구성된 영상에서는 대부분의 미세한 상태는 나타나지 않는다(그림 8.9). 이는 경관에서 작은 생물들에게는 연결된 경관유형이 큰 생물에게는 파편화된 것으로 작용할 수 있다는 사실을 암시한다.

나뭇가지형 연결망

물에 의한 침식과 퇴적은 규칙성과 다양성에 변화를 주면서 나뭇가지형 연결망을 형성하며, 이러한 연결망에서는 방향성이 중요한 역할을 한다. 대형 포유동물을 보면 계절에 따라 이동의 방향성을 갖는데, 초여름에 고원지대로 올라갔다가 가을에 다시 저지대에 있는 평원으로 내려와서 겨울을 보낸다(Forman 1995). 동물들이 가지형 연결망을 따라서 아래, 위로 이동하는 반면에 물과 퇴적물은 하천을 따라 아래로만 흐른다.

구조적인 특징들 가운데 순환성과 그물눈 크기, 위요요소(圍繞要所, enclosure) 등은 가지형 연결망의 속성에는 거의 없다. 결절점당 연결로의 수는 보통 3개이며 4개를 넘는 경우는 거의 없고, 각도는 45° 정도이며 20° 이하는 거의 없다. 지질학적 단층이나 퇴적층의 융기지역 또는 가지형태가 분명하지 않는 사행천의 범람원 지역에서 60°가 넘는 경우가 나타난다. 가지형 연결망에서 교차결절점은 규칙적으로 분포한다. 물이 없는 계곡바닥에서 예외를 목격할 수 있는데, 아래로 흘러가는 하천이 갈래로 나누어지거나 때로는 결절점이 떼를 지어 나타나기도 한다.

나뭇가지형 체계의 다른 속성들은 다양한 형태로 나타난다. 정맥과 유사하게 모여드는 연결망을 가진 하천에서 통로의 팽창은 물의 흐름을 조절하는 데에 중요하다. 또한 하류로 운반되는 퇴적물과 영양염류들은 상류의 속성에 따라 다르다.

나뭇가지형 연결망에서 널리 퍼져 있는 결절점의 분포는 생태계와 환경계획에서 매우 중요하며 어느 정도의 예측능력도 가지고 있다(Forman 1995). 토착식생(native vegetation)을 가진 대규모의 결절점이 입지할 가능성이 가장 큰 곳은 교차지역이다. 두 번째로 가능성이 큰 곳은 1차 하천이나 2차 하천이다. 두 입지가 서로 다르지만 생태학적으로 중요한 혜택을 제공한다. 인접한 소유역의 1차와 2차 하천을 포함하는 대규모 경관조각은 다른 지역들을 연결하는 다리역할을 한다(그림 8.10의 오른쪽). 이러한 연결로는 동물이동에서 고리나 선택적 통로를 제공한다. 이러한 방식으로 전체로서의 연결망은 순환성과 울타리, 그물눈의 특성을 가진다.

주변 토지이용에 따라 하천으로 유입되는 물질이 수질을 제한하기 때문에 가지형 연결망에서

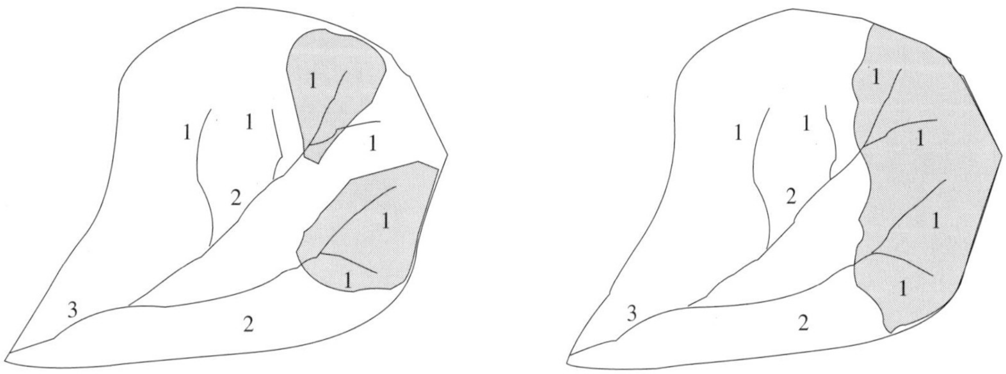

그림 8.10 하천연결망은 상류를 포함하는 육상서식처가 이어져 있을 때(오른쪽) 생물의 교류가 원활하다. 그림에서 숫자는 하천 차수를 나타낸다.

대규모의 보호결절점(protected nodes)을 입지시키는 문제는 특히 어류에게 중요하다. 어류의 은신처는 상류, 중류, 하류나 특정한 지류에 입지가 가능하며, 이러한 은신처 사이를 어류가 효과적으로 이동함으로써 하천의 연결망체계가 하나의 은신처 구조를 형성한다.

나뭇가지형 연결망에서 토지이용과 관련된 다른 중요한 문제는 하천통로에서 발생하는 틈(gap)이나 단절(break)이 생태계에 중요한 영향을 미친다는 것이다. 이러한 단절로 인해 육상동물이나 어류가 선택적 통로를 이용할 수 없으며, 중력과 물의 흐름으로 인해 연결망을 따라 단절이 확산된다는 것이다. 다시 말해서 3차 하천의 단절은 상류 1, 2차 하천을 서로 분리시키고 주요 하류를 변화시킬 수도 있다. 그러므로 수중보에 의한 상 · 하류의 단절은 생태적 문제를 야기한다. 나아가 나뭇가지형 연결망에서 통로의 연결성은 개별 통로의 문제라기보다는 연결망의 문제라는 사실을 유념해야 한다(Forman 1995).

연결망과 생물개체군 유지

다양한 경관의 서식처들 가운데 생울타리 부분은 매우 높은 생물의 이입률(immigration rate)을 보인다. 앞서 언급한 캐나다의 미국흰다리붉은쥐는 숲의 2~5% 부분에서 매년 봄눈이 녹을 무렵 사멸하지만, 겨울 동안 피난처를 찾아 서식한 생존자들이 빠르게 정착하는 현상이 관찰되었다(Middleton & Merriam 1981, Henderson 등 1985, Merriam 1990). 재정착의 공급원은 주변의 큰 숲에 있는 큰 개체군, 새로 숲 조각에 정착했던 작은 개체군 그리고 농가와 같은 인공적인 피난처였다. 같은 장소에서 농경지가 생울타리에 의해 숲과 연결되었을 경우 큰 숲에 있는 생물종의 90%가 이동하여 서식하는 것으로 밝혀졌다(Middleton & Merriam 1983). 이처럼 경관조각에서 매년 종들은 많은 군집의 변화와 이동을 겪지만 연결망은 군집의 안정성을 유지한다. 그것은 연결망을 통해서 다른 경관조각과 상호작용을 하기 때문이며, 이러한 서식처 사이의 이동을 용이하게 하는 경관의 질은 연결성으로 설명된다(Merriam 1984).

통로의 질은 메타개체군의 역동성에 중대한 영향력을 발휘한다(Henein & Merriam 1990). 눈이나 모래로 된 울타리에서의 실험을 통해 울타리가 식생대로 덮여 있을 때에 더 활발한 이동이 일어난 것으로 미루어 보아 연결망의 질이 이동률에 크게 작용한다는 사실을 알 수 있다. 조각 사이에 질이 높은 통로로 연결이 되어 있는 메타개체군은 특별히 크고 지속성 있는 개체군을 유지한다. 반면에 질이 낮은 통로로 연결되어 있는 경우에 개체군을 잠식하는 경향이 있다(Merriam 등 1991).

이상의 연구와 관련하여 군집의 성장률이 고립된 경관조각에서 더 낮고 멸종가능성도 더 크다고 가정하고 경관조각 사이에서 일어나는 이동을 설명하는 수학적 모형을 개발하였으며(Fahrig & Merriam 1985, Henein & Merriam 1990, Merriam 등 1991, Forman 1995), 경관조각과 통로의 배치를 달리 하였을 경우의 효과를 실험으로 검토했다. 모형에서는 경관조각에서 군집의 성장률과 생존가능성은 다른 경관조각과의 연결 정도에 달려 있으며, 연결된 가장 큰 경관조각의 크기와 함께 증가함을 보여 주었다. 연결된 오각형의 군집이 삼각형이나 격자형 배열보다 더 지속적이었다(Merriam 등 1991).

군집의 크기와 지속성에 관한 모형은 다시 통로의 질을 변수로 하여 개선했다. 몇 가지 경우를 추가하여 실험한 결과 적절한 환경을 가진 통로로 된 연결망은 여러 수준의 환경으로 구성된 연결망보다 나으며, 환경이 열악한 통로로 연결된 고립된 경관조각이 국지적 멸종가능성이 가장 큰 것으로 나타났다. 열악한 통로로 다른 경관조각과 연결하면 전체 군집을 감소시켰다.

통로의 질에 관한 분석을 통해 열악한 통로가 사멸처(mortality sink)로서 기능을 한다는 사실이 밝혀졌지만, 동물들은 경험에 의해 열악한 통로를 피하는 방법을 익히기 때문에 단순한 문제가 아니다. 경험적인 연구에 의하면 통로가 없는 것보다는 열악한 환경이지만 있는 것이 좋고, 징검다리도 종의 이동을 증가시킨다고 한다. 최적의 연결망 형태는 다음과 같은 조건을 가져야 할 것으로 짐작된다(Forman 1995).

① 높은 수준의 우회성이 있을 것
② 통로폭의 변화가 클 것
③ 연결로의 곡률이 클 것
④ 그물눈의 크기는 다양할 것

또한 위의 조건 이전에 명심해야 할 것은 거대한 녹색연결망은 상위의 토지이용계획과 보존전략의 일부분으로서 다루어져야 한다는 사실이다.

작은 조각에 대해 예민한 종들은 전파와 정착이 충분한 속도로 일어나면, 비록 일부 조각에서 사멸되더라도 다른 조각으로부터 새로운 개체군이 이입되어 정착하게 된다(Kalkhoven 1993). 이처럼 여러 조각으로 나누어진 서식처 조각에서 생존하는 개체군은 서로 연결됨으로써 하나의 메타개체군을 형성한다(그림 8.11). 이 경우 경관요소들이 서로 연결되어 개체들이 메타개체군을 이루는 작은 개체군 단위 사이로 이동할 수 있는 능력이 개체군의 절멸을 막는 데 결정적인

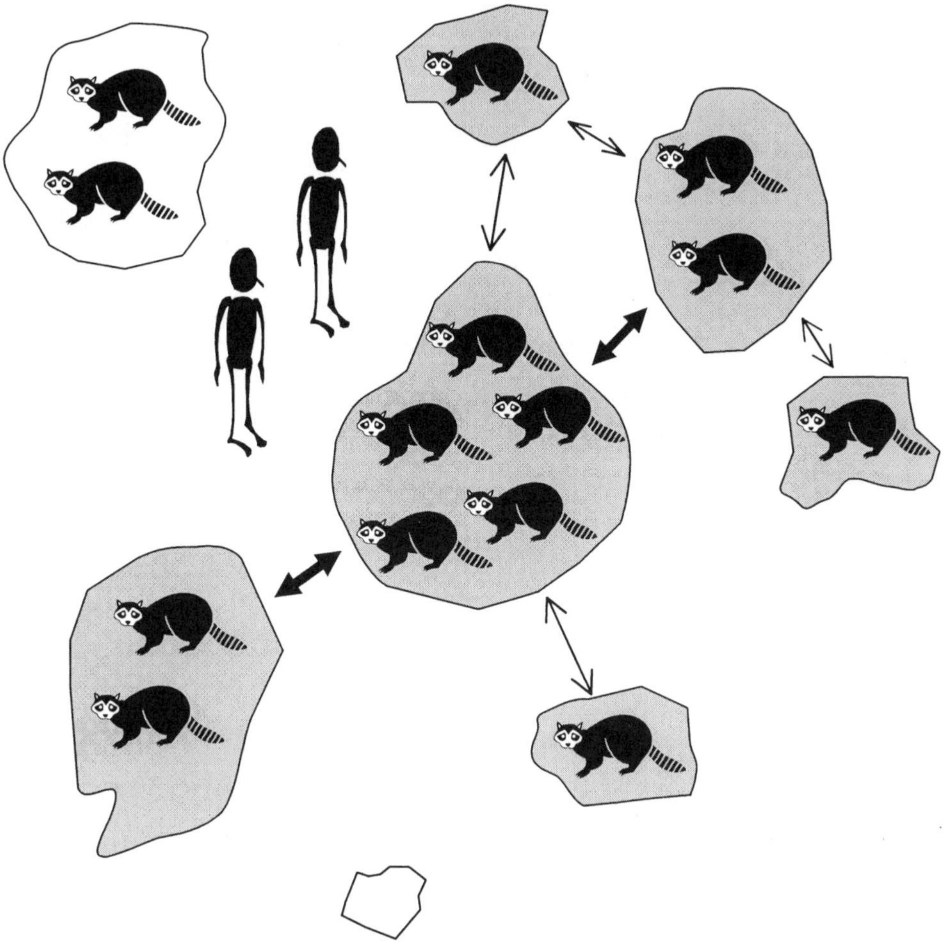

그림 8.11 메타개체군 개념도. 그림에서 각 단위는 아개체군이고, 회색의 서식처와 같이 서로 떨어져 있어도 전파와 교배에 의해 연결된 아개체군의 모임은 메타개체군을 이룬다.

요건이다(Merriam 1990).

메타개체군 개념에서는 일시적인 절멸과 재정착이 특징적인 과정이다(Wiegand 등 1999). 이 개념과 관련하여 생물개체군 유지에는 다음 세 가지 사항이 중요하다(Bunce & Jongman 1993, Kalkhoven 1993).

1. 아개체군의 역동성(사멸과 이입률): 하나의 작은 조각이 심하게 고립되면 사멸률이 재정착률을 초과하여 이 아개체군은 사멸된다. 이 경우 아개체군의 크기를 증가시키고 사멸위험을 줄이기 위해서는 서식처 조각의 크기와 질을 높여야 한다.

2. 조각 사이의 연결성: 장애물의 부재와 통로의 존재가 중요한 경관변수이다. 따라서 전파가

능성을 높이기 위해서 장애물 영향을 줄이고 통로를 포함하여 경관의 저항효과를 줄여야 한다.

3. 서식처 질의 공간적 시간적 변이: 조각 내·외부에서 일어나는 교란에 의해서 영향을 받는다. 교환과 재정착가능성을 개선하고 사멸을 줄이기 위해서 조각의 숫자를 늘일 필요가 있다.

여기서 공급원으로부터 전파가 메타개체군의 존속에는 중추적인 변수이며(Opdam 1990, Amezcua & Holyoak 2000), 이는 경관요소의 연결성에 의해서 증진된다. 연결성은 국부적으로 개체군이 사멸된 지역에서 재정착이 용이하게 하는 경관의 잠재력을 나타내며, 울타리 등의 통로 기능을 가진 특수한 경관요소와 밀접한 관계가 있다.

활용사례와 전망

M. Kozova는 슬로바키아 지방에서 연결성에 대한 생태적 안정성과 관련시켜 몇 가지 연결망 개념을 범주화하였다(Forman 1995 재인용). 또한 야생동물의 관리, 보전, 계획적 관점에서 연결망이 메타개체군에 있어 공급원, 고리, 선택적 통로, 문제가 되는 통로, 아개체군의 위치 등 5가지의 두드러진 차이를 보인다는 것을 강조하고 있다.

이 연구에서 결절점과 통로, 경관바탕의 질은 일반화된 지표자료에 의해 다양하게 분포되어 있다. 지역의 결절점은 약 55~65헥타르, 지방의 경우는 5~10헥타르, 지역의 통로는 길이 500미터, 너비 30~50미터, 지방의 통로는 100~200미터, 너비 10~20미터였다. 알파, 베타, 감마지수, 통로밀도, 그물눈의 크기, 대안경로의 수 등 다양한 이동변수에 따라서 연결망에서 동물개체군의 이동분산을 수학적 모형을 이용하여 설명하고 있다. 이 모형과 현장조사에 의하면, 연결망의 연결성이 높으면 ① 결절점에서 아개체군간의 분산을 증가시키고, ② 통로를 보호하였기에 분산사망률을 감소시키고, ③ 아개체군의 새로운 유입, 군집화, 출생률로 인하여 평균적인 아개체군의 성장률을 증가시키고, ④ 아개체군의 변이를 감소시킨다.

이동성이 강한 동물들의 저항성과 지속성은 생태적 안정성의 유용한 측정수단이 되며, 이러한 속성은 서식처 사이의 연결성이 높을수록 증진된다(Forman 1995). 연결성 측정단위들은 개별 서식처의 상태를 효과적으로 평가하며, 경관의 연결성은 단지 경관의 전제조건일 뿐이며 전반적인 경관의 안정성은 기본적으로 생태법칙을 지배하는 경제적인 체제와 밀접한 관계가 있다.

야생동물 보호를 위한 통로연결망에 교통지리학의 이론을 포괄적인 녹색길 계획에 적용한 경우도 있다.[8] 이를테면 미국 뉴잉글랜드 지방 매사추세츠 주 중앙의 생태연결망 계획에서는 지피, 야생동물, 서식처, 결절점, 연결성, 연결망과 전체 평가기법을 도입하여 녹색띠 계획에 활용할 수 있는 가능성을 검토하였다. 이 연구에서는 중력모형(Forman & Godron 1986, Sklar & Constanza 1991)을 이용하여 결절점 사이의 상호작용과 연결성을 분석하고, 흔히 나타나

8) 녹색길(greenway)은 환경의 질을 증진시키고 야외 여가활동에 대해 기회를 제공하는 선형의 보호통로라고 정의된다(Little 1990, Linehan 1995 재인용).

는 연결망 형태들을 기반으로(그림 8.2) 흩어져 있는 서식처 조각들을 이어 주는 대안들(그림 8.12)에 대한 정량적인 평가를 통해 적절한 방법을 제시했다.

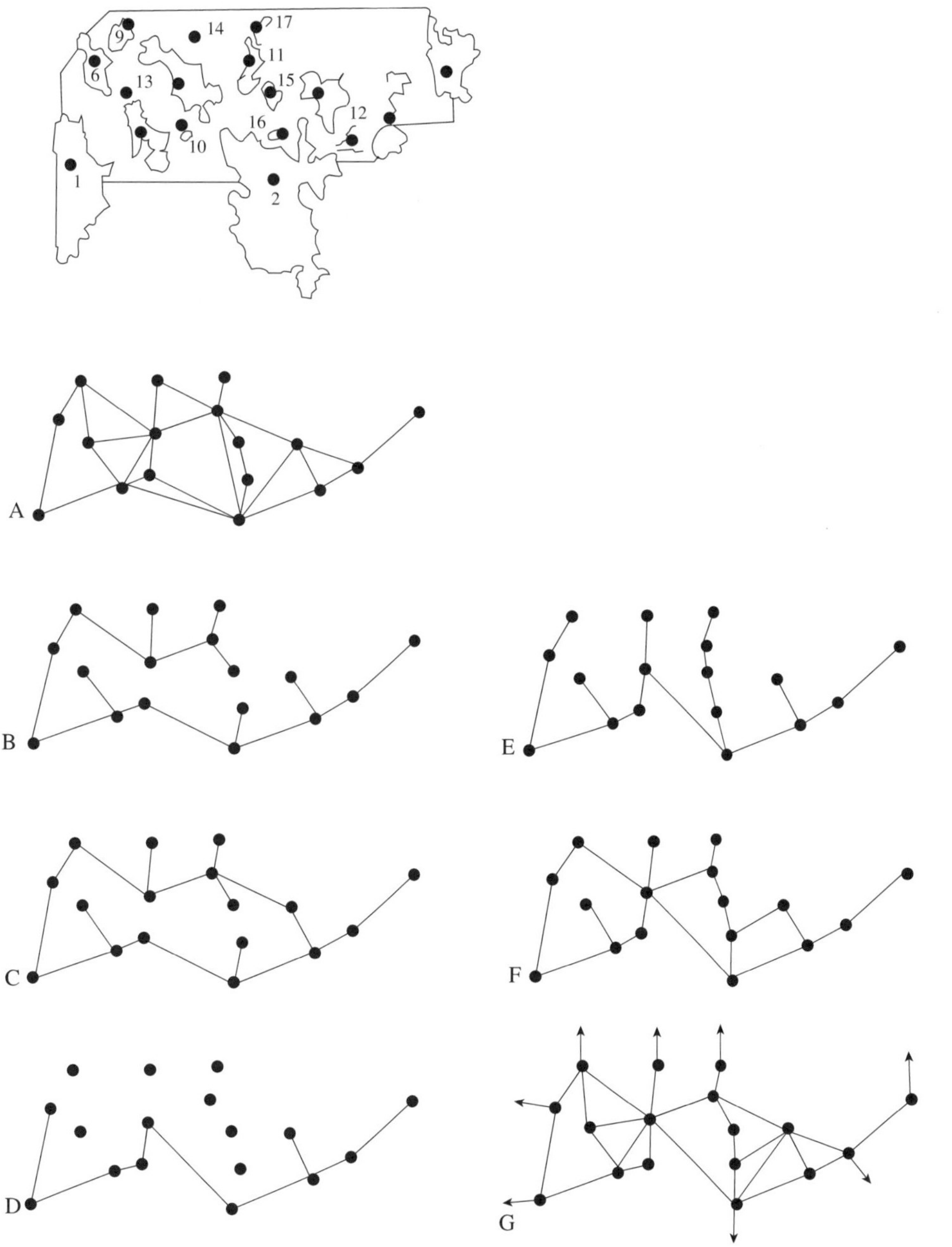

그림 8.12 미국 뉴잉글랜드 지방 매사추세츠 주의 140,000헥타르 지역에서 제안된 녹지연결망 대안

대안연결망은 앞에서 소개한 바와 같이 정의된 연결성 지수로 평가했다.

감마지수 = 실제 연결선의 수/최대가능연결선의 수
조정감마지수 = 감마/제약조건을 고려한 최대연결망에 대한 감마
베타지수 = 연결선의 수/연결점의 수
비용비율 = 1 - 연결선의 수/연결선의 길이

그림 8.12에서 제안된 대안연결망에 대한 연결성 지수들을 구하여 최적의 연결망을 계획하는 데 활용할 수 있었다(표 8.1). 이 방식은 여러 가지 대안에 대해 고려할 수 있는 효과를 지수화함으로써 녹색길 연결망의 계획방향을 정량적으로 제시한 사례로 의미가 있다.

유럽에서는 사회의 무분별한 개발로 인한 경관 및 생태계의 파편화와 그에 따른 서식처의 감소와 고립에 대응하고자 새로운 공간개념으로 생태연결망(ecological network)을 제시하였다(van Lier & Cook 1994). 이들 생태연결망은 유럽 전체, 국가, 광역 및 지역수준에서 추진되고 있다(Jongman 1995). 그 목적과 접근방법은 자연보전지구의 보호, 종의 보전, 종 다양성 보전 등 다양하며, 선도적 연결망, 자연보전계획의 핵심으로서의 생태연결망, 통합계획의 일부로서의 생태연결망으로 구분된다.

생태연결망은 환경계획차원에서 토지이용 관점과 연결망을 구성하는 형태에 따라서 구분할 수 있다(김귀곤 & 조동길 1998). 먼저 메타개체군 이론과 도서생물지리이론을 바탕으로 하고 핵심구역(core area), 통로지대(corridor zone), 완충지대(buffer zone)로 구성하고 필요한 곳에서는 자연회복을 위한 자연복원지구를 추가하기도 하는(Jongman 1995, 그림 8.13) 토지이용적 관점은 자연지역을 보전하고자 할 때 용도지구를 구획하는 방법과 유사하다. 생태연결망을 구축하는 요소의 형태적 측면에서 살펴보면 핵(core), 거점, 점(point) 그리고 생태통로 등으로 구분하며, 1995년부터 시작된 우리나라 전국 녹색연결망(일명 그린 네트워크)에 그 개념을 적용하였다(환

표 8.1 제안된 7가지 대안연결망에 대한 연결성 지수

연결망 대안	연결의 수	감마	조정감마	베타	비용비율
이론적 최대값	136	1.00	–	8.00	
A 최대연결	27	0.20	1.00	1.59	0.78
B 폴 레비어	16	0.12	0.59	0.94	0.80
C 단일 연결고리	17	0.13	0.63	1.00	0.80
D 주 마디 연결	9	0.07	0.33	0.53	0.82
E 대안 1	16	0.12	0.59	0.94	0.68
F 대안 2	19	0.14	0.70	1.12	0.75
G 대안 3	25	0.18	0.93	1.47	0.75

Landscape and Urban Planning, Volume 33, J. Linehan, M. Gross, & J, Finn, "Greenway planning: developing a landscape ecological network approach," pp. 179-193, Copyright 1995, with kind permission of Elsevier Science.

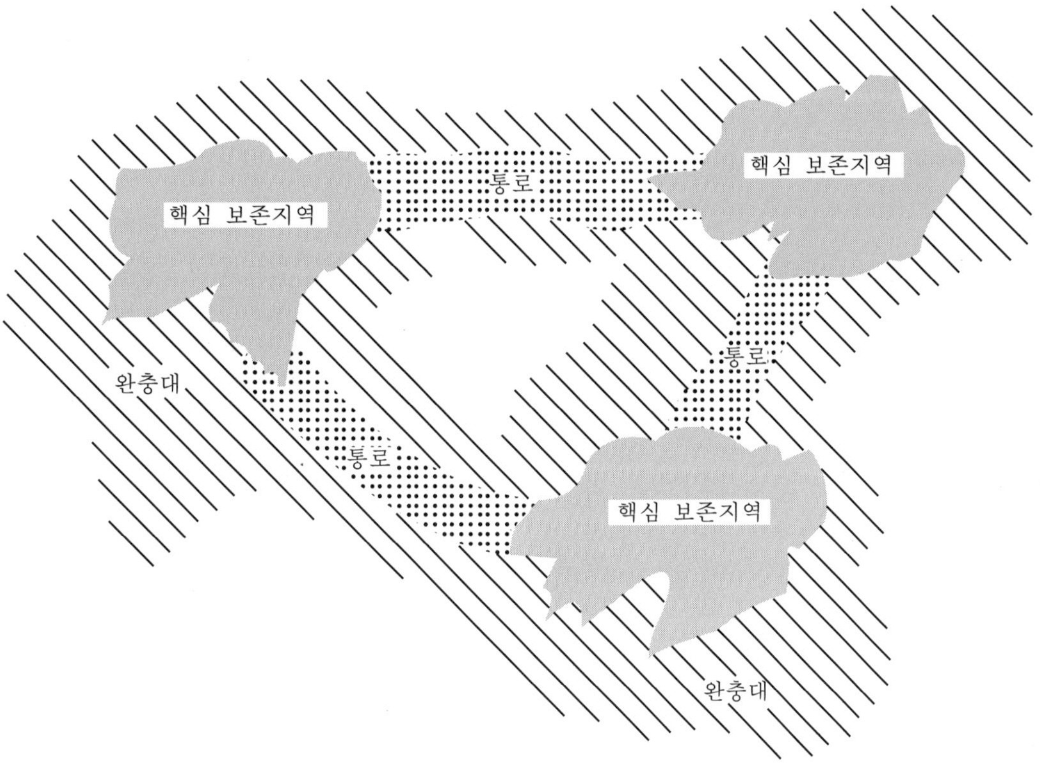

그림 8.13 지역적 규모에서 보존지역의 연결망 모형

경부 1995). 궁극적으로 생태연결망 계획과 설계 그리고 관리에는 지형, 잔존식생, 수문 등 자연경관요소와 함께 토지이용을 고려한 다양한 대안을 정량적으로 평가하는 과정이 동시에 이루어져야 하며, 이 경우 앞서 소개한 지수들이 이용될 수 있다.

연결망에서 논의하는 장애물과 흐름, 결절점의 기능은 가축을 기를 때 방목장을 계획하는 데도 도움이 된다(Smith & Pickup 1990, Forman 1995 재인용). 즉 가축들이 마실 물과 울타리와 목초지를 어디에 배치할지를 고민할 경우 한 가지 방법은 우물이나 구유를 동일한 간격으로 배치하고 중급 정도의 목초지에 두면 된다. 방목지에서 대규모의 연결망을 형성하고 육중한 가축들의 짓밟힘으로 인한 목초지의 훼손을 방지하기 위해서는 구석진 곳에 위치한 결절점(물 공급원)으로 유도할 수 있는 울타리를 만드는 것이 바람직하다. 이렇게 하면 울타리와 마주치는 가축들은 구석에 있는 물을 찾아가게 된다. 육중한 가축들을 구석진 곳으로 몰아 놓게 되면 상대적으로 목장을 거의 훼손하지 않게 되어 연약한 풀과 토양은 보호를 받을 수 있게 된다. 또한 가장 질이 좋은 목초지가 가축들에 의해 뭉개지는 것으로부터 보호될 수 있다.

마치며

여기서 다룬 연결망이론은 사람과 화물의 이동을 고려하여 발달한 교통지리학의 이론들을 경관생태학으로 차용하는 정도이나 필자가 그 동안 몰두해 온 고민과 거리가 있어 아무래도 만족스럽지 못하다. 생태계 생태학에서 먹이그물이라는 주제를 중심으로 나름대로 연결망이론 개발을 시도하였으나 아직 공간적인 문제로 확대하여 적용하거나 일반화시키는 데는 부족하다(Higashi & Burns 1991, Jörgensen 1992). 미래의 경관생태학이 물질과 생물의 이동과 전파, 나아가 문화정보의 이동망을 염두에 둔다면 교통지리학뿐만 아니라 컴퓨터 네트워킹 이론을 포괄하는 독자적인 이론도출이 요망된다.

현재로서 경관을 큰 틀에서 이해하고자 하는 접근방법은 크게 두 가지로 요약된다. 하나는 처음부터 큰 골격이 형성된 다음 나머지 요소들은 그 골격의 살로 붙게 된다고 가정하고 그것을 찾는 일이다. 다른 하나는 저마다 다른 힘들이 작용한 다음 그것들이 경쟁하는 가운데 어떤 질서를 형성한다고 보는 것이다. 환경요소들을 계획하는 것이 합리적이라고 보는 입장이라면 전자의 경우가 합당하며, 이 장에서는 연결망을 경관의 골격으로 보는 입장이 강하다. 인공적인 토지이용에서 인적, 물적 자원과 정보소통이 가장 중요한 문제라고 가정하면 이 접근과 더 가깝다.

그러나 자연경관 요소들이 어떤 절대자의 계획에 따라 처음부터 골격이 잡힌다는 입장은 자연환경을 다루는 학문세계에서 쉽게 수용되지 않는다. 경관 조각요소들이 저마다 들어서는 중에 그리고 도입된 다음에 나름대로 질서를 이루게 된다고 보는 입장이 생긴다. 이 경우에 필연적으로 경관 요소들의 경쟁과 협동과정을 통해 질서가 형성되고, 이 과정은 에너지, 물질 그리고 생물과 문화정보의 흐름을 매개로 이루어지기 때문에 궁극적으로 연결망 요소의 기능이 어떤 수준에서 작용할 것이다. 이는 두 가지 다른 입장의 절충가능성을 암시하며, 이 절충이 제 3장에서 소개한 위계이론의 바탕을 이루고 있으나 아직 경관의 틀을 그리는 데 만족스러운 수준에 이르지 못한 것 같다. 제9장에서 소개할 내용은 제8장과 마찬가지로 경관 전체의 틀을 마련해 보고자 하는 하나의 다른 시도이다.

상자글 1

메타개체군과 개체군, 지역개체군 그리고 아개체군 개념의 비교

생물은 연속적으로 적합한 서식처에서 상호작용을 하면서 서식할 수도 있고, 반대로 부적합한 공간으로 둘러싸여 작은 단위로 나누어진 조각들에 고립되어 서식할 수도 있다. 적당한 서식처가 연속된 곳에서는 동식물 개체들이 서로 교류한다. 그러나 작은 조각으로 파편화되어 분산되어 있으면 교류가 이루어지지 않는 경우도 있다. 일반적으로 개체군은 전자의 경우를 일컫는 말이다.

개체군은 연속된 서식처에서 한정된 시간 동안 상호작용하는 개체의 모임을 말하는 것이나, 현실적으로 생물종은 파편화된 서식처에서 어느 정도 고립되어 있어 상호작용이 제한된 경우가 많다(Hanski 1991, Harrison 1991). 예를 들어 아시아의 반달가슴곰은 현재 7아종이 극동 및 동남아시아에 흩어져 분포하고 있으며, 이들 아종 사이에는 상호작용이 거의 없다. 이러한 현상을 설명하기 위한 것이 지역개체군(local population)이다. 즉, 반달가슴곰은 한국과 중국, 대만, 일본, 러시아. 네팔, 파키스탄 등에 지역개체군으로 존재하는 것이다.

원활한 연결과 엄격한 단절이라는 두 가지의 극단 사이에 있는 것으로 어느 정도의 연결성에 의존하여 상호작용을 하며 서식하는 경우가 있다. 즉, 공간적으로 분리된 아개체군들이 개체의 전파에 의해 연결되어 있는 개체군이 많은데 이를 메타개체군이라 한다(Levins 1969, Johnson 2000). 일부 생태학자들은 고립된 여러 개의 서식처 조각을 기술하기 위해 사용하기도 하지만 일반적으로는 상호작용이 있는 아개체군의 모임을 메타개체군이라고 하며(Wiens 1996), 1969년 Levins에 의해 제기되었다(Hanski 1991). 메타개체군의 존속을 위해서는 개체이동을 통한 아개체군의 연결이 필수적이다. 아개체군 사이에 개체이동이 계속해서 일어남에 따라 멸종률은 줄어들고, 또 국지적 멸종이 일어난다고 하더라도 다른 아개체군에서 개체가 이동하여 구원효과(rescue effect)를 가지기 때문에 쉽게 새로운 아개체군의 재정착이 일어난다. 따라서 통로와 연결망을 통한 메타개체군 형성이 생물 다양성 보존계획에서 중요한 개념으로 자리잡게 되었다.

지역개체군은 상호작용의 유무에 따라서 메타개체군일 수도 있고 아닐 수도 있다. 기록을 토대로 산맥이 도로에 의해 단절되기 전 우리나라 반달가슴곰 지역개체군의 과거 분포를 추측해 보면, 특히 백두대간을 따라 아개체군들 사이에 어느 정도 상호작용이 있었을 것으로 보인다. 이 경우 한국의 반달가슴곰 지역개체군은 여러 개의 아개체군으로 구성된 메타개체군을 형성했다고 볼 수 있다. 그러나 현재는 설악산과 지리산에 반달가슴곰 아개체군이 있다고 하더라도 완전히 단절되어 메타개체군을 형성하기 어렵다. 과거에도 실제로 메타개체군을 형성하고 있었는지를 엄밀하게 평가하기 위해서는 실제적인 반달가슴곰의 표본(털이나 기타 유전적인 평가를 할 수 있는 시료)을 이용한 유전적인 분석이 필요하다. 특히 모계 유전적인 특성을 갖는 염색체 분석 등이 유효한 하나의 방법이다.

여기서 부연한 메타개체군의 개념은 근래에 생물보존 실행에서 중요한 골격을 이룬다.

이 개념의 성공은 실제 경관의 복잡성을 두 가지 기본범주로 나눔으로써 개체군 역동성을 기술하는 데 단순한 틀을 제공함으로써 비롯되었다(Wiegand 1999). 그 두 가지 범주란 바로 적합한 서식처 또는 경관조각과 부적합한 바탕이다. 이 개념의 기본적인 주장에 의하면 적합한 서식처 조각에서 살아가는 분리된 아개체군은 반복적인 사멸과 재정착을 경험하고 있으며, 메타개체군의 장기적인 존속은 국지적 사멸과 전파를 통한 재정착의 균형으로 이루어진다. 이는 섬과 바다라는 요소로 이루어진 계를 다루는 섬생물지리이론에 뿌리를 두고 있으며, 이러한 단순화는 현상의 뒷면에 가려 있는 흐름을 이해하는 데 도움이 되기도 하지만 흑백논리로 설명될 수 없는 자연의 오묘한 특성을 이해하는 데 방해가 되기도 한다(Pope 등 2000). 이러한 논의는 지금까지 다루어 온 경관생태학의 주요 내용이기도 하다.

참고: 이상은 1999년 1학기 강의에서 박소영이 제출한 숙제의 일부를 필자가 다시 정리하고 새로운 자료를 첨가한 것이다.

상자글 2

기업연결망 이론과 협의체계로서의 사회구조

기업연결망 이론

현대적인 기업의 대표적인 생산방식은 규모의 경제를 전제로 한 대량생산방식이다. 그러나 이러한 대량생산방식에 의한 포디즘적 접근은 더 이상 경쟁력을 가질 수 없게 되었다. 급격히 변화하는 수요에 부응하고 노동자 연대에 의한 계급적 저항에 조절능력을 상실하게 되자 유연한 생산방식이 새로이 등장했다. 이를 포스트 포디즘이라고도 하는데 흔히 산업재구조화라고도 한다. 또한 최근 들어서는 제3 이태리 산업지구, 실리콘 밸리 등에서 중소기업들의 연결망에 의한 협업적 생산방식이 두드러지고 있다. 대기업 사이에도 이러한 연결망의 형성이 가능한데, 이러한 연결망에 의해 외부로부터 가해지는 위험을 감소시키고, 급변하는 환경에 더 지속적이고 안정적으로 적응할 수 있다는 것이 기업연결망 이론의 핵심이며 다음과 같은 내용을 포함한다.

가. 기업 내부 연결망

- 연구, 개발 그리고 생산의 시험적인 완전한 통합
- 각 생산공정단계마다 무결점을 목표로 하여 적절한 가격에 고품질을 달성
- 소규모이고 덜 위계적인 단위 안에서 가능한 대로 의사결정을 분산

나. 기업 외부 연결망

- 이용함으로써 배우는(Learning By Using) 효과를 누리기 위한 생산자와 사용자 사이의 긴밀한 장기간 결속
- 전문화와 협력이득을 얻기 위한 수단으로서의 연결망
- 공동 기술혁신을 증진시키려는 가능한 한 장기간의 협업적 하청

협의체계으로서의 사회구조

이 부분은 '공생의 사회, 생명의 경제'에서 발췌한 내용으로 경관의 연결망과 비교되는 특성을 가진다. 협의체계로서 사회구조는 사회가 지역을 단위로 자립해야만 엔트로피 증가를 어느 정도 저지할 수 있으며, 기존의 지배적인 사회구조인 시장과 계획에 기초를 둔 경제체계에서 탈피할 것이라는 주장에 근거를 두고 있다. 즉, 인격과 신용에 바탕한 경제구조를 창조할 것을 주장하며 이의 기반이 되는 것이 지역으로, 이는 자급자족적인 공동체라기보다는 협의와 공생관계에 의해 지역과 지역이 연결망에 의해 더불어 살아갈 것을 주장한다.

그림 8.1의 (가)는 생물의 공급원과 수용처뿐만 아니라 경제계에서 물품의 공급처와 소비처를 중심으로 생각해 볼 수 있는 흐름경로로, 시장에 구매력을 가진 사람만이 참여할 수 있다는 전제 아래 그려 본 시장체계의 모형이다. (나)의 경우는 사회주의 체제(국가관리주의)인 계획체계의 모형으로 단일 목적을 위해 집단구성원을 통합하는 양식이다.

시장체계는 구매력을 갖지 못하는 소외계층을 위해 해줄 수 있는 것이 아무것도 없기 때문에 지양되어야 하고, 계획체계는 개인의 자유를 억압하고 체제의 속성상 적을 섬멸하는 것이 목적인 군대가 그 이상형이며, 이것은 자연적인 삶의 방식에 위배된다. 따라서 우리는 새로운 체계를 구축할 필요가 있는바 그것이 바로 협의체계이다(그림 8.1의 다). 이 체계는 효율이나 통합 측면에서는 시장이나 계획체제에 비해 열등하다. 이것은 직접적인 인격에 의해 유지되며 강한 지속성을 발휘하고 다양성과 순환성을 존중하는 생태계와 가장 닮아 있는 체계이다. 협의체계는 중심이 없기 때문에 경쟁력이 약하다. 그러나 이제는 엔트로피가 위험수위에 이르렀고 더 이상 시장이나 계획체계에 의해 지속될 수 없는 세상이다. 결국 인간도 생태계의 한 부분이며 가장 자연적인 형태인 생태계의 구조를 따르지 않는다면 인간의 역사는 지속될 수 없을 것이다.

제9장

경관 모자이크와 흐름

시작하며

높은 곳에서 내려다본 토지의 모습은 다양한 모양을 가진 경관요소들의 조합으로 이루어진 모자이크에 비유된다. 그러나 이 모자이크는 우리가 미술시간에 만들어 보는 고정된 형태의 모자이크와 달리 끊임없이 변해 가는 속성을 지니고 있다. 그 변화의 동인은 물론 외부에서 경관으로 끊임없이 유입되는 에너지이다. 이 에너지는 자연상태의 토지에서 스쳐 지나가듯 흐르기도 하고 멈추기도 하면서 갖가지 모양의 경관요소를 만들어 낸다. 반면에 그 에너지를 이용하려는 여러 가지 인간의 간섭행위가 모자이크 모양을 바꾸기도 하여, 토지는 쉽게 규정할 수 없는 모습을 가진다. 경관생태학에서는 이처럼 역동적인 특성을 강조하여 경관의 모자이크라 한다.

모자이크 경관에서 구조는 궁극적으로 기능과 연결되면서 의미를 가지게 되며, 그에 따라 중요한 것은 그 안에 있는 내용물뿐만 아니라 맥락이다(Gustafson & Gardner 1996, Watts 1996, 이도원 1997, Forys & Humphrey 1999). 제8장에서 경관조각의 특성과 미래 운명을 결정하는 주요 특징은 그것이 주변의 다른 요소들과 어우러져 형성하는 맥락임을 강조하고, 연결망을 중심으로 그 내용을 검토했다.

여기서 사물의 이어져 있는 연관이라 정의되는 맥락은 3가지 요소로 규정된다. 그것은 사물의 위치(location)와 공간인접성(adjacency), 시간접근성(neighborhood)이다(Forman 1995). 위치는 단순히 공간 안에서 놓이는 곳을 말하고, 공간인접성은 관심의 대상이 되는 조각이나 지역과 접촉되어 있는 정도에 의해 규정되며, 시간접근성은 활발한 상호작용으로 연결되어 있는 지역적 모자이크를 말한다.[1] 따라서 공간인접성을 기술하는 가장 간단한 변수는 물리적인 거리이며,

1) 여기서 공간인접성과 시간접근성은 각각 물리적 연결성(physical connectivity)과 기능적 연결성(functional

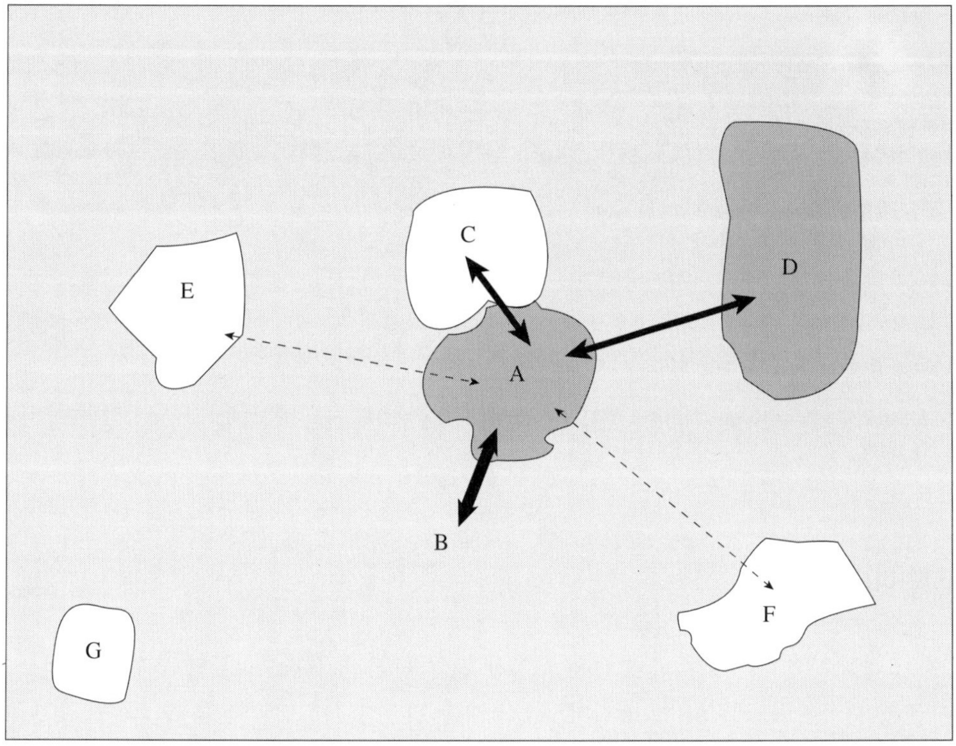

그림 9.1 경관맥락과 경관요소들 사이의 상호작용 정도는 거리와 생태계 또는 토지이용형태 및 크기와 밀접한 관계가 있다. 경관요소 A의 구조와 기능은 바로 인접한 토지단위(B와 C)의 영향을 강하게 받고, 떨어져 있더라도 접근성이 좋고 유형이 비슷한 다른 토지단위(D)에 의해 어느 정도 영향을 받는다.

시간접근성에는 시간개념이 포함된다. 이렇게 규정되는 맥락은 경관요소 사이의 에너지와 물질, 생물 그리고 정보의 흐름과 관련이 있다(그림 9.1).

내용물과 맥락의 중요성

경관조각 안에 존재하는 생물의 수와 조성에 미치는 효과는 그 조각의 환경질(예를 들면 지피상태)에 따라 달라진다. 따라서 조각 자체의 환경질을 구성하는 주요소인 식생의 형태와 키를 포함하는 조각 내부의 특성은 조각과 조각 또는 숲 조각과 인가 사이의 거리와 같은 격리효과가 주는 맥락과 함께 생물보존에 중요한 변수이다. 이를테면 미국 플로리다 주의 연구에서 이것은

---

connectivity)의 의미를 가진다(Forman 1995, Nikora 등 1999). 연결성은 원래 경관요소 사이의 이동확률로 정의하여(Merriam 1995) 기능적인 점을 강조하였으나, 여기서 물리적 연결성의 의미는 거리에 가깝다.

모두 절멸위험종(endangered species)인 애기늪지토끼[2)]를 회복시키는 데 작용하는 주요한 특성으로 나타났다(Forys & Humphrey 1999).

두터운 지피는 동물이 서식공간을 유지하는 데 중요할 뿐만 아니라 포식자로부터 보호하는 기능을 가지고 있다. 큰 조각과 작은 조각의 거리가 멀 때 식물의 종조성(species composition)은 작은 조각이 벌채되었거나 벌채되지 않은 경우 모두 낮았지만, 종 풍부도는 벌채된 경우에만 낮았다(Kadmon & Pulliam 1993). 특히 포식이 중요한 위험요소일 때 조각에 어떤 종이 지속적으로 서식할 것인가를 결정하는 데에 개발 경관요소의 단순한 크기와 경계부의 모양 이상으로 내용물의 질적 특성이 더 큰 역할을 하는 경우가 많다(Forys & Humphrey 1999). 이것은 제3장에서 경관의 수직요소를 논의하고 다시 이 글의 뒷부분에서 강조하는 까닭이기도 하다.

그러나 서식공간으로서 경관조각의 기능은 내용물뿐만 아니라 주변과 이루는 맥락에 의해서 좌우된다(이도원 1997). 이를테면 위에서 언급한 미국 플로리다 주의 애기늪지토끼가 새로운 서식처로 전파하여 재정착되는 데 조각 자체의 특성뿐만 아니라 조각과 조각 그리고 특징물과 이루는 거리와 같은 맥락이 중요한 요소였다(Forys & Humphrey 1999). 미국 조지아 주 북부의 초본식물이 자란 묵밭과 초본식물이 없는 밭 서식처 조각 안에 사는 참새류 6종의 풍부도(richness)와 수도(abundance)는 이웃한 하층 식생의 형태에 의해서 영향을 받았으며(Watts 1996), 경관바탕의 특징물들이 서식처 조각 안에 사는 새의 다양성(diversity)과 수도의 변이 30~90%를 설명했다(Pearson 1993). 뿐만 아니라 비록 일부 지역에서 개체군에 손상이 있더라도 가까운 주변 경관에 생물종을 공급하는 지역이 있으면 서식되는 면적은 증가한다(Pulliam 등 1992). 아르헨티나에서 불이 난 지역의 천이과정에는 주변에 남아 있는 잔류조각들의 배열이 식물 씨앗전파에 영향을 줌으로써 결정적인 역할을 했다(Kizberger & Veblen 1999). 이러한 연구결과들로부터 경관조각 내부에 포함되어 있는 특징만큼 또는 그 이상으로 주변과 이루는 맥락이 생물군집에 더 중요한 영향을 미친다는 것을 알 수 있다(Dunning 등 1992, Gustafson & Gardner 1996).

경관조각이 다른 조각 또는 바탕과 이루는 거리에 의해 나타나는 격리효과를 살펴본 접근방식은 섬생물지리이론에서 찾아볼 수 있다. 그것은 제5장에서 조각의 크기효과를 살펴볼 때 소개한 것처럼, 평행상태에서 바다라는 바탕 위에 놓인 조각으로 볼 수 있는 섬이 큰 조각으로 간주할 수 있는 본토와 가까우면 서식하는 종의 수가 많을 것이라는 사실을 분석적으로 예견한 이론이다(MacArthur & Wilson 1967). 실제로 두 조각의 거리는 이동에 필요한 에너지, 이동하는 동안 포식위험, 보균자 등에 의해 생물의 활동과 생존에 영향을 준다(van Dorp & Opdam 1987).

따라서 조각의 격리 정도는 서식의 변이를 설명하는 하나의 주요한 변수이다. 동물이 전파되는 능력과 관련하여 조각들이 멀리 떨어져 있을 때는 격리효과가 조각 자체의 특성보다 중요하기도 하다(Forys & Humphrey 1999). 때로 조각의 격리는 그 안에 서식하는 종의 숫자에 영향을

2) 애기늪지토끼(marsh rabbit, *Sylvilagus palustris hefneri*)는 미국 플로리다 주와 버지니아 주 남부의 늪지에 서식하며 헤엄을 잘 치는 동물이다(박찬열 자문).

주지 않는 경우에도 종의 상대적인 구성비에 작용하는 중요한 요소이다(Kadmon & Pulliam 1993).

그러나 격리효과를 얘기할 때 섬생물지리이론처럼 큰 조각 하나와 작은 조각이 이루는 관계로 자연을 설명하는 것은 지나치게 단순한 설정이다. 모자이크의 구조는 경작식물의 성장, 농지에서 침식, 공원의 생물 다양성과 미적 요소, 숲에서 목재생산과 야생동물의 이동과 멸종, 목장에서 물과 가축의 생산, 그리고 주거지에서 생태적 특징에 강한 영향을 미친다(Forman 1995). 이 경우에도 서식처 조각의 공간적인 배열이 분명히 생물의 정착과 유지에 영향을 미치지만, 생물의 전파거리가 긴 경우에는 서식처 조각의 공간적인 배열이 개체군 크기에 미치는 영향력이 감소한다(Fahrig & Paloheimo 1988).

아래에서 공간적인 배열(arrangement)이 객체들의 이동에 중대한 의미를 가지는 생태계의 묶음(cluster)이나 짜임(configuration)에 대해 다루고자 한다. 바람과 물, 식물전파, 동물과 사람의 이동은 이러한 경관의 하위단위로부터 영향을 받는다(Woodmansee 1990, Forman 1995, Watts 1996, Kitzberger & Veblen 1999).

경관에서 묶음과 짜임

모든 것은 상호 관련성이 있다. 그러나 토지이용계획이나 설계에서 이러한 상호 관련성을 모두 밝혀 낼 수도 없을 뿐만 아니라 고려할 수도 없다. 제8장 중력모형에서 전제한 것처럼 거리가 가까운 것일수록 더 큰 영향력을 주고받는 것이 일반적이다. 전통적인 지리학에서 거리는 물리적인 요소에 의해서 결정되지만 상호작용을 고려할 때 교통과 통신수단에 의해서 거리의 의미는 상대적일 수 있기 때문에 문제는 더욱 복잡해진다(김형국 1997).

동물, 씨앗, 열, 영양소, 유전자, 정보는 생태계 사이를 이동한다. 모든 생태계는 상호 관련이 있으며, 거리에 따라 이동속도는 같은 유형의 생태계에서는 점진적으로 떨어지지만 경계를 넘어설 때는 갑자기 떨어지기도 한다(Forman 1995). 그림 9.1에서 본 바와 같이 가까이 있는 조각들은 강한 상호작용을 가지며, 거리가 같을 때는 동질적인 요소 사이에 일어나는 상호작용이 이질적인 요소의 것보다 크다.[3] 이질적인 것들이 멀리 떨어져 있으면 관계는 희박해지는 것이 일반적인 경향이다.

생태소공간들의 묶음은 공간규모의 크기를 기준으로 비교할 때 생태소공간과 경관 사이에 놓인다(Forman 1995). 그것은 에너지나 물질의 큰 교환에 의해서 연결되어 있는 한 덩어리의 공간적 요소로서 생태소공간 사이에 일어나는 흐름과 상호작용, 지형, 미기후, 교란체제, 인간활동으로 연결된다. 묶음을 이루는 다양한 경관요소들이 나타나는 상대적인 빈도는 묶음에 따라 어느 정도 다르지만, 그러한 묶음은 경관 안에서 반복적으로 나타나는 특징을 가진다. 묶음은 토

3) 한편 이질적인 요소들 사이에 물질과 에너지, 정보의 주고받음이 더 작다는 것은 비판의 여지가 있다. 오히려 상호작용이 커지면 서로 닮아 동질적인 성향을 보이게 된다고 보는 것이 더 적당한 표현일 것이다.

양학에서 마루로부터 골 바닥까지 이어지는 경사지 토양의 연결부분을 말하는 카테나(catena)라는 개념과 비슷하다(Woodmansee 1990). 카테나는 마루에서 아래 기슭을 향한 흐름으로 연결되어 있는 일련의 생태계에 의해서 특성이 규정되는 선 또는 면적이며, 연결은 대부분 중력에 의한 물과 토양의 이동으로 이루어진다. 이 흐름에 의해 토양의 생산성은 영양소와 물이 축적되는 경사지 바닥에서 높다.

그러나 많은 경우에 경관에서 일어나는 객체의 흐름은 단순히 선적이거나 하류로 향하는 것이 아니다. 이를테면 물과 영양소는 중력의 작용이 우세하여 아래로 흐르나, 불은 위로 번져 가는 경향이 강하다(Waring & Running 1998). 산의 위, 아래 또는 경사지를 가로질러 부는 바람의 영향을 강하게 받는 이동은 방향성이 다양해질 수 있다. 마루바람은 기슭을 향해 부는 반면에 골바람은 산 위로 치오른다. 그리하여 바람에 휘날리는 씨앗과 낙엽이 이동하는 방향은 수평적일 수도 있고 수직적일 수도 있다. 우리나라 강원도 인제군 점봉산의 경우 가을부터 이듬해 봄까지 낙엽이 전체적으로는 경사지 아래로 흐르고 있지만 많은 양이 골바람의 영향으로 산 위로 이동하며, 그 과정에 하층 식생에 의해서 포착되어 삼림의 생지화학적 과정에 큰 역할을 한다(Lee 등 1999). 이러한 흐름방향은 비교적 관심을 덜 받아 왔지만, 경관 안에서 낙엽을 기반으로 하는 생물활동과 토양비옥도에 의미 있는 역할을 한다. 북극에 가까운 툰드라에서는 일련의 식물군집을 따라 질소와 인 그리고 다른 물질들이 흐르면서 상호작용을 하고 하나의 묶음을 형성한다(Shaver 등 1991). 다양한 공간규모에 대한 연구가 많지는 않지만 동물이동방향 또한 분명히 지형과 밀접한 관계가 있을 것으로 추측된다. 이런 까닭에 마치 먹이사슬이 얽혀서 먹이그물을 이루듯이 토양과 지형, 식물, 동물이 이루는 복잡한 흐름을 흐름그물(flow web)이라 한다(Woodmansee 1990). 이는 연결되어 있는 생태계 사이의 흐름과 이동연결망을 이르는 말로 제8장의 내용과 밀접한 관계가 있다.

묶음이 여러 개의 생태계가 모인 하나의 덩어리를 의미하는 반면에, 짜임은 다른 곳에서도 반복적으로 나타나는 바탕과 조각, 통로 같은 일부 또는 전부로 이루어진 공간요소들의 형태, 크기, 병행, 대비도, 경계특징을 포괄하는 특수한 배치를 의미한다(Dunning 등 1992, Forman 1995, Wu & Louks 1995). 짜임은 공간적으로 반복하여 분명하게 나타나는 지역의 생태계 또는 토지이용의 묶음이다. 이웃한 배열이 짜임으로 될 수 있기는 하지만, 전형적으로 짜임은 공간적으로 이웃하건 하지 않건 상관 없이 기능적으로 잘 연결되어 있는 시간접근성을 나타낸다(Addicott 등 1987). 짜임은 자주 일어나는 이동과 흐름에 의해서 기능적으로 밀접하게 연결되어 있으며, 공간적인 위계 측면에서 보면 묶음과 같이 생태소공간과 경관 사이에 놓이는 단위이다. 짜임의 구성요소 사이에 일어나는 기능적인 긴밀성은 주변의 다른 요소들과 상호작용을 갑자기 떨어지게 하기 때문에 때로는 외형적으로 쉽게 확인할 수 있는 경계가 나타나게 한다(이도원 1997, 제5장 상자글 참조).

전체 경관은 독특한 구조로서 반복적으로 되풀이되지 않는 반면에, 구성단위인 묶음과 짜임은 비슷한 유형을 보이며 반복적으로 나타난다. 이를테면 삼각주는 하천통로의 하단부에 나타나는 것이 일반적이다(Forman 1995). 사람이 만든 울타리는 경작지 사이에 있다. 이처럼 경관요소의 공간적으로 인접한 배열은 반복적으로 관찰되지만 전체 경관차원에서 생태계나 토지이용이 놓이는 장소는 곳에 따라 다르다.

몇 개의 생울타리, 숲, 경작지는 모두 작은 포유동물의 계절적인 이동으로 연결되어 생태계 묶음을 이룬 짜임의 보기이다. 짜임 안에서 비교적 질이 좋지 않은 통로, 숲 조각의 크기, 작물의 분포는 포유동물의 전파, 성장률, 유지에 지대한 영향을 준다(Henein & Merriam 1990, Merriam 1990, Merriam 1991).

이러한 연구결과들은 상호작용에 관여하는 생물들의 생활사를 만족시킬 수 있는 생태계 묶음과 짜임이 고려되어야 한다는 사실을 뒷받침한다(Forman 1995, 田端 1997). 이를테면 해오라기나 백로를 보호하기 위해서는 적어도 (1) 보금자리를 마련할 수 있는 숲의 크기, (2) 먹이를 찾을 수 있는 습지의 크기, (3) 숲과 습지 사이의 거리를 포함하는 짜임이 설정되고 신중한 관리가 이루어지는 보호구역 설정이 있을 때만이 소기의 목적을 달성할 수 있다(Forman 1995). 그러나 단지 생활사에 필요한 묶음만으로는 부족하며, 생활사의 단계를 연결시켜 줄 수 있는 짜임이 경관맥락 안에서 이루어져야 한다.

묶음과 짜임 속의 흐름과 안정성

묶음과 짜임 속의 동물

짜임은 동물개체나 개체군의 행동에 영향을 준다(Dunning 등 1992, Lidicker 등 1992). 구체적으로 숲과 경작지, 도로, 농장건물, 울타리의 상대적인 크기 그리고 동물의 서식처 사이의 거리는 동물의 분포를 결정하는 주요 변수이다. 이를테면 영국 농경지 부근에서 새의 둥지분포가 이들 변수의 영향을 받기도 했지만, 전체 숲의 면적 및 생울타리 밀도가 새의 개체군 밀도와 가장 큰 상관관계를 가졌다(Arnold 1983).

경관요소들이 이루는 모자이크의 짜임은 계절적으로 다른 자원을 찾아서 서식처 사이를 이동하는 동물의 행동과 관련이 있을 것이다. 많은 경우에 야생동물과 가축은 먹고 마시고 배설하는 행위를 하나의 장소에서 모두 하지 않는다. 오히려 생태계에서 먹이를 취하는 곳과 물을 마시는 곳 그리고 안정을 취하거나 배설하는 장소는 서로 다른 경우가 대부분이다. 창포나 수련 등의 식물로 이루어진 습지에서 꿀을 찾은 벌과 나비들은 귀소본능을 가졌기에 물질을 육지로 이동시킨다. 물가에서 갯버들 꽃가루를 먹은 박새와 붉은머리오목눈이는 나중에 숲에 잠자리를 틀고 배설한다. 얕은 물에서 물고기나 개구리를 먹은 중대백로도 소나무 숲에 가서 밤을 보낸다. 일본사슴(*Cervus nippon yesoensis*)의 서식처는 먹고 이동하고 겨울을 넘기는 장소를 모두 포함한다(Sakamoto 등 1995, Nakamura 1995 재인용). 지금은 우리나라에서 보기 어려운 풍경이지만 야생동물이 풍부한 미국에서는 물고기를 잡아먹은 곰이 숲에서 잠자리를 찾고 배설함으로써 영양소 이동에 큰 역할을 한다(Willson 등 1998, Hilderbrand 등 1999). 뉴질랜드에서는 양떼들이 철로를 따라 먹이를 취하고 기차가 오면 놀라 언덕으로 달아나 산마루에 배설함으로써 침식과 용탈(leaching)로 영양소를 잃은 산마루에 영양소들을 보충하는 기능을 한다(Woodmansee 1990). 이러한 과정으로 긴밀한 관계를 가진 생태계들은 하나의 묶음을 이룬다(그림 9.2).

또한 경관요소들이 이루는 모자이크의 짜임은 생활사의 각 단계에서 필요한 자원획득과 관계가 있다. 이를테면 일부 곤충들은 생활사의 각 단계를 물, 수변의 숲, 육상생태계에서 번갈아 가며 보내야 한다.[4)] 이 경우 그늘을 제공하는 수변 숲은 물에서 곤충의 애벌레 시기를 보내는 것

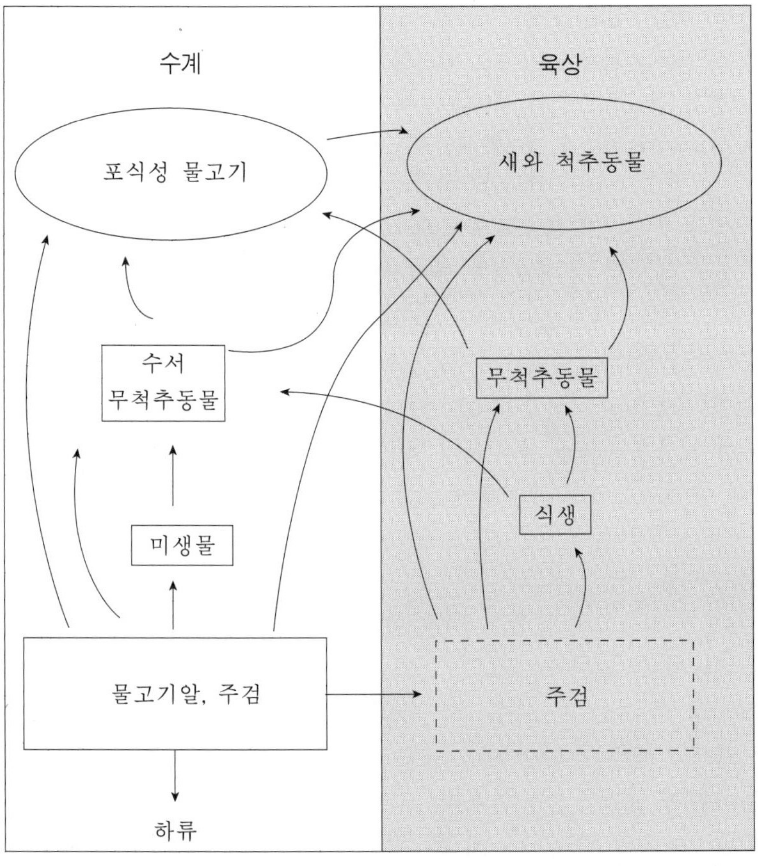

그림 9.2 생태계 묶음 안에서 일어나는 흐름을 먹이사슬에 기초하여 그린 경우

4) 이 주제와 관련하여 강원대학교 정근 교수는 다음과 같은 의견을 주었다.
해충들이 농경지와 주변 자연지를 오가는 경우가 많다. 이런 이유로 통합해충관리계획(IPM: Interated Pest Management)에서는 농경지를 중심으로 한 경관 측면을 고려하게 되었다. 현재 우리나라 벼농사에 골치 아픈 것들 중에는 최근에 일본(?)으로부터 수입된 벼물바구미(미국 중부 원산)가 있다. 이들은 성충으로 인근 야산에서 월동하며, 봄에 일정 온도에 도달하면 날개근육이 발달된 다음 인근 논 주변의 잡초로

뿐만 아니라(Wilzbach & Hall 1985, Vought 등 1995), 날개돋이를 한 직후에 습도와 온도에 예민한 피부를 보호하는 데 알맞은 습도와 온도 제공기능 때문에 곤충의 생활사를 연결하는 짜임 속에 필수적으로 포함되어야 한다.

경관 모자이크 짜임 속에서 동물의 이동은 짜임 자체뿐만 아니라 계절적으로도 변화를 보인다. 캐나다 온타리오 남부에서 수행한 연구에서 숲과 생울타리, 밭 사이의 새 이동을 조사한 연구결과는 이러한 사실을 잘 보여 주고 있다(Wegner & Merriam 1979). 숲과 밭 사이에는 새들의 이동이 적은 반면에 숲과 생울타리 사이의 이동이 가장 많았고, 상대적인 차이는 특히 8, 9월에 두드러졌다. 특히 7월의 경우 우점하는 새(*Agelaius phoeniceus*)가 날아가고 없어서 나타난 현상이기도 하지만 계절적인 변화는 아마도 먹이의 이용도와 사람의 경작활동과 관련이 있을 것이다. 공간적인 이동은 경관요소들의 상대적인 위치와 거리와도 연관이 있다.

일부의 중추종(key species)은 생태계에 매우 큰 영향력을 가지고 있어서 생태소공간 모임의 짜임을 창출하기도 한다. 사람, 코끼리, 흰개미들은 새로운 경관요소를 만들어 내는 데 있어서 중추종이라 할 수 있다. 우리나라에서는 보기 어렵지만 미국의 경우에는 비버가 댐을 만들어 새로운 경관을 만들어 내는데, 결과적으로 주변의 토지들을 물로 덮고, 떠내려 가는 물질들을 모으며, 지하수위가 미치는 범위를 넓힌다(Johnston 1995). 주변에는 습지가 형성되며, 수목으로 덮여 있던 하천변은 관목대로 바뀌기도 한다. 흐르는 물을 따라 길게 수면이 형성되는 모습들은 우리나라에서는 인공호수의 건설을 통해서 나타나는 새로운 경관과 비유될 수 있다. 먼 하늘에서 내려다보면 마치 하천을 따라 여러 개의 저수지가 중간중간에 끼여 있는 것처럼 물길을 따라 비버댐 결절부가 생기고 그것을 잇는 물길의 모습이 나타난다.

짜임 속의 물질이동

이동하는 물질을 중심으로 연결망을 생각하면 동물과 다른 흐름을 볼 수 있다. 대부분의 포유동물이 자신의 에너지에 의해서 이동하는 반면에 물질은 확산이나 외부적인 에너지에 의한 덩어리 흐름을 통해서 이루어지며, 나름대로 특정한 경로를 따라 우세하게 일어난다. 이를테면, 위에서 언급한 카테나 개념과 관련하여 지표수 및 지하수 흐름에 따라 동행하는 덩어리 흐름으로 물질이 높은 곳에서 낮은 곳으로 흐른다. 그러나 그 안에 경관요소들이 어떻게 배치되느냐에 따라 흐름의 방향과 속도는 달라진다. 이를테면 유역 수자원의 관리에서 여러 개의 작은 저수지

이동하여 섭식한다. 모내기에 즈음하여 논으로 이동하고 성충은 벼과식물의 잎을 그리고 유충은 벼의 뿌리에 가해한다. 농촌진흥청 홈페이지에서 신농업기술 〉 농업기술정보 〉 식량작물 〉 벼 〉 해충 부분으로 들어가면 벼물바구미에 관한 글이 최소한 두 개는 있을 것이다.

일반 곤충에 관한 정보 - 물장군, 물자라 등은 모여서 월동하므로 비슷한 정보가 있을 것으로 생각되나 아마도 일본 자료일 가능성이 크다. 곤충의 생활사 - 서식지(미소+경관수준) - 계절이 함께 어우러진 "우리 자원에 관하여 우리 손으로 모은" 정보를 얻기가 쉽지 않다. 있다고 하더라도 물증보다는 심증인 경우가 많아 활자화 하기에는 아직 여러 가지 어려움이 있다.

또는 습지를 작은 유역들에 골고루 안배하거나 또는 큰 호수 하나를 하류에 배치할 수 있는데, 이 두 가지 상황에 대한 수문과 수질 그리고 생물의 분포를 포함하는 경관수준의 과정에는 차별성이 나타난다(Mollison 1994, Tilley & Brown 1998, 그림 9.3, 그림 1.2, 제5장). 또한 오염원 주변에 오염물질을 자원으로 이용하는 토지이용형태를 배치하면 심각성을 감소시킬 수 있다. 이를테면 골프장 주변의 수로에 식생완충대, 저류 연못 그리고 수목이 있는 습지를 배치하면 지표유출수에 포함된 오염물질이 감소된다(Mallin 2000, 제6장).

(가)

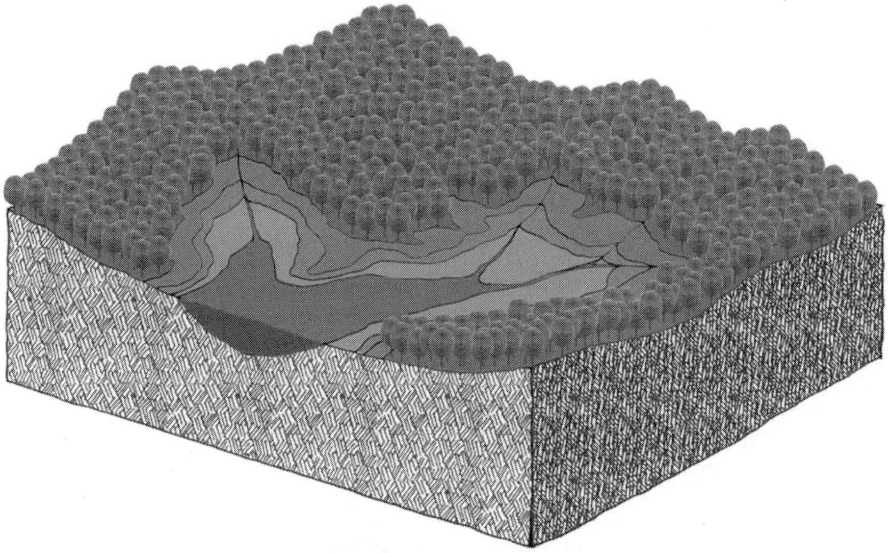

(나)

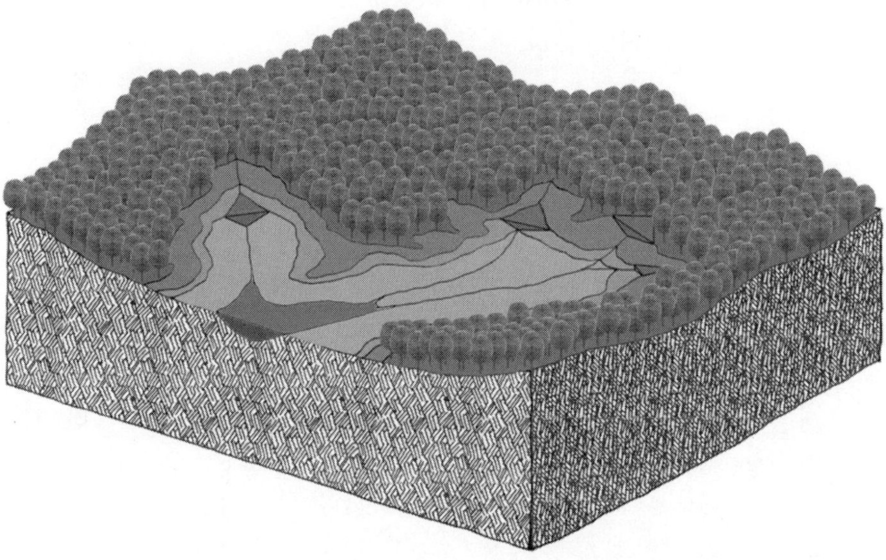

그림 9.3 유역 경관의 내용물 배치에 따라 에너지와 물질흐름의 방향과 속도는 달라진다.

가 나
다 라

그림 9.4 산과 가옥 그리고 경작지의 묶음이 나타나는 전형적인 한국의 농촌경관

대체로 산기슭에 위치하는 우리나라 전답의 경우 산으로부터 영양소를 공급받는다(그림 9.4). 제1장 상자글에서 다룬 문전옥답이라는 말은 경관단위 안에서 일어나는 물질과 에너지가 작은 흐름의 고리로 연결되어 있음을 암시하고 있다. 또한 그림 9.4를 구성하는 경관구조에서 사람의 삶은 우리 전통마을을 이루던 초가를 중심으로 뒷산에서 땔감을, 그리고 논밭에서 작물을 얻어 생활하고 폐기물을 가까운 곳에 버리는 과정으로 영위되었다. 경관요소의 묶음과 짜임으로 적절한 물질순환고리가 이루어진 보기이다.

생물이 태어난 곳에서 모든 자원을 획득할 수 없어 경관요소들이 서로 보완적으로 연결됨으로써 살아갈 수 있게 하는 특성을 경관보완(landscape complementation)이라 한다(Dunning 등 1992, Pope 등 2000). 이를테면 어떤 동물들은 이동을 통해 다른 경관요소들을 서로 연결함으로써 생활사를 완성하기 때문에 다양한 서식처의 공간적인 인접성이 요구된다. 애반딧불이(*Luciola lateralis*)는 생활사의 단계에 논둑과 웅덩이, 논, 웅덩이나 수로를 따라 생활하기 때문에[5] 이러한 서식처 일부가 경관에서 사라지거나 전체적으로 적절한 공간묶음을 이루지 못하면 존속

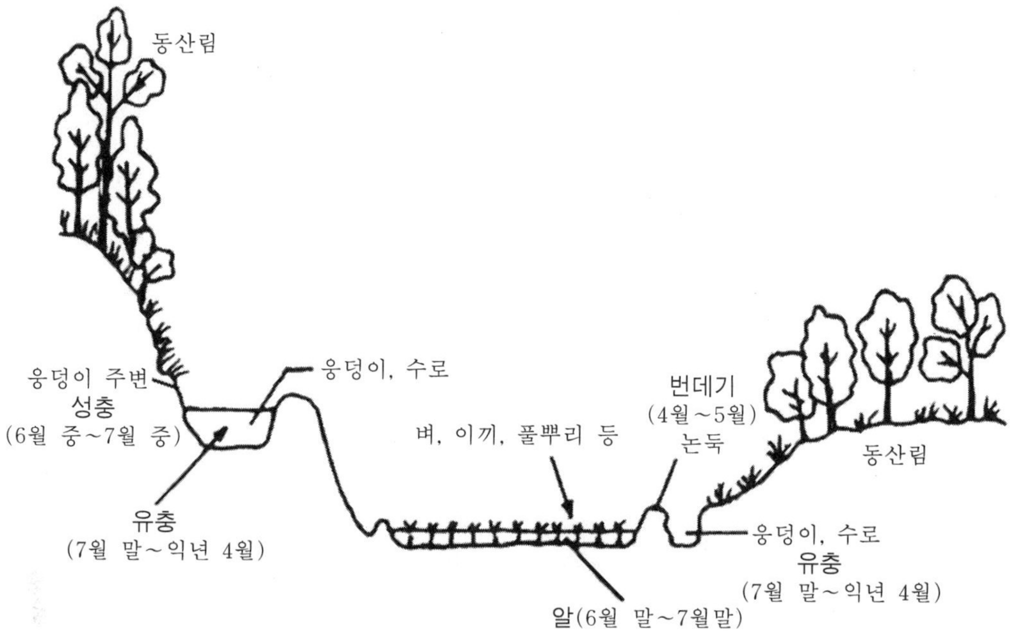

그림 9.5 애반딧불이의 생활사를 이어 주는 경관요소

이 어렵다(그림 9.5). 일본의 사토야마[6]도 그러한 물질흐름과 일부 무척추동물의 생활사로 연결되는 하나의 묶음으로 물사마귀의 생활사를 유지시키는 데 필수적인 경관요소이다(田端 1997). 개구리도 봄에는 올챙이 시절을 웅덩이에서 보내고 여름에는 논이나 풀밭에서 먹이를 잡고, 겨울에는 하천이나 호수에서 월동함으로써 세대를 유지한다(Pope 등 2000).

경지정리가 이루어지기 전 천수답에 의존하던 농경활동에서 들판 곳곳에 물을 공급하기 위해 파 두었던 웅덩이[7]가 이러한 동물들이 이루던 생활사의 연결고리로서 농촌경관의 생물 다양성 유지기능을 가지고 있었던 것으로 짐작된다. 지난 40년 가까이 관개에 의존하는 농업으로 바뀌는 과정에 그러한 웅덩이가 많이 없어짐으로써 이러한 생물들의 절멸위기를 초래하게 된 것으

---

5) 반딧불이 중에서 논과 깊은 관계를 맺어 온 종은 애반딧불이이다. 흔히 애반딧불이가 흐르는 계류에 산다고 아는 이들이 많은데 이는 반딧불이의 초기 연구에서 일본산 반딧불이에 대한 정보를 잘못 들여오기 시작하여 벌어진 잘못이다. 애반딧불이는 논과 같은 고인 물을 좋아하고 계류의 다슬기보다는 잼물우렁과 같은 물달팽이류를 먹이로 선호한다. 이 때문에 애반딧불이는 반딧불이 중에서도 논농사라고 하는 오랜 인공생태계 관리와 특수한 관계를 맺어 온 유일한 곤충이다(박해철 2001).

6) 里山에 대한 일본식 발음이며, 우리의 동산과 비슷한 개념으로 생각된다(田端 1997).

7) 경기, 경남, 충청도 지방에서 둠벙이라 하였으며, 두레로 그 곳의 물을 퍼올려서 가문 볏논에 물을 대도록 했다. 전남지방에서는 둠뱅이라고 했다.

로 유추된다. 무척추동물뿐만 아니라 많은 생물의 생활사와 경관요소의 묶음 및 짜임은 긴밀한 관계를 가짐으로써 존속이 유지될 것으로 추측되지만, 불행하게도 그에 대한 우리나라의 연구 자료는 생물 다양성 보존에 이용될 만큼 충분하지 않다.[8)]

한편 외래종으로 확산을 우려하는 아까시나무(*Robinia pseudoacacia*)의 경우 공생하는 뿌리혹 박테리아에 의한 고정으로 임지의 토양 질소함량을 높이며, 그 곳을 통과하는 빗물은 지표와 지하를 통해서 낮은 곳에 위치한 농경지로 질소를 공급할 수 있지만, 아직 그 공헌도에 대한 우리나라의 정량적인 연구결과는 없다. 미국 애팔래치아 남부에서 천이가 진행되고 있는 혼효림에서는 아까시나무가 임상의 총 질소를 30~75 kg · ha^{-1} · yr^{-1} 정도 증대시킨다고 한다(Leopold & Wali 1992). 아까시나무를 산성 폐광에 심었을 때는 pH를 높이기도 한다(Whisenant 1999). 이러한 토양변화와 함께 물리적 과정에 의해 낮은 곳으로 이동한 물질은 생물적인 과정을 통해서 위로 거슬러 가며 전체적으로 흐름의 고리를 형성한다(그림 9.6). 이는 경관의 위치와 기능의 관계를 말하는 주제이며, 이에 대해 묶음개념을 바탕으로 이루어져야 할 연구는 생태학자들이 맡아야 할 몫이다.[9)]

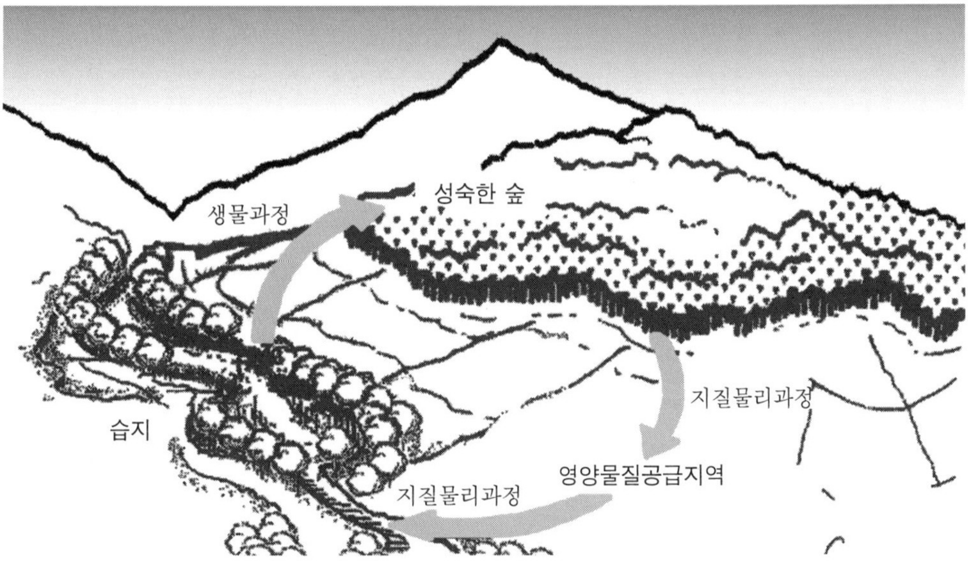

그림 9.6 물질흐름에 의한 농경지, 하천과 주변 습지 그리고 성숙한 숲으로 이어지는 연결가능성

8) 소위 사람의 생활터전이 여러 가지 자원으로 이루어질 때 풍족하다면, 다른 생물종이 필요한 삶의 터전에도 다양한 필수자원의 적절한 공간배치가 생존의 기본요건일 것이다.

9) 이 주제와 관련하여 아까시나무 꽃이 하얗게 피는 봄에 얻은 인공위성 자료를 이용하여 지난 20~30년 동안 아까시나무 피복지역이 확대되는 양상과 지형 등 경관의 구조적인 측면 그리고 토양비옥도의 변화와 함께 일어나는 경관요소 사이의 유기물과 질소의 교환 등 기능적인 측면을 포괄적으로 연구해 볼 가

이처럼 삼림, 주거지, 목장이나 농경지는 하천보다 높게 위치하여 비가 오면 확산과 덩어리 흐름이라는 물리적 · 지질적 과정에 의해서 하천으로 영양물질들이 이동한다. 그런 영양소가 수중의 조류와 강터 습지의 식물들에 의해서 흡수되어 광합성이 진행되고, 광합성 산물이 생물의 먹이사슬을 따라 물에서 땅으로 중력의 작용과 반대되는 방향으로 이동하는 과정도 발생한다(이도원 1997, Polis 등 1997).

그림 9.2는 생물과정을 매개로 중력방향을 거슬러 가는 물질흐름이 나타나는 하나의 보기이다. 조류와 식물들은 강터를 기웃거리는 새와 포유동물들의 먹이가 된다. 먹이를 취한 동물들은 이웃의 조용한 숲을 찾아 들어 잠자리를 마련하고, 그 곳에서 배설한다. 성숙한 숲 또한 몸무게가 늘지 않는 어른처럼 들여온 만큼 내놓아야 하니 비가 오면 배설물은 씻겨서 주변 농경지로 간다. 이 과정에서 영양소는 수자원을 부영향화시키는 대신 긴 순환과정을 거쳐 농경지에서 재활용된다.

또한 물가에서 자란 식물들이 생장기가 끝난 다음 죽으면 유기쇄설물 먹이사슬을 따라 벌레들의 먹이가 되고, 벌레들은 물에서 애벌레 시기를 지낸 다음 탈바꿈하여 하늘로 날아오를 때는 몸에 담긴 많은 양의 영양소를 뭍으로 옮겨 놓는다. 꿀과 씨앗은 농축된 에너지와 영양소를 함유하고 있어 강터에서 핀 꽃의 꿀과 꽃가루를 벌과 나비들이 열심히 땅으로 옮긴다. 물가에서 풀을 뜯는 염소나 개구리를 먹는 오리 등도 영양소를 몸에 담아 육지로 이동시킨다.[10] 때로는 성장기의 식물을 초식동물로부터 엄밀하게 보호하는 경우보다 적당하게 방목을 하는 경우 성장이 촉진되어 에너지와 물질흐름을 더욱 왕성하게 하는 양성되먹임(positive feedback)이 일어나기도 한다(McNaughton 1986, Allen & Hoekstra 1992).

우리의 전통경관을 이루던 무덤, 숲, 마을, 경작지의 상대적인 위치도 비슷한 맥락에서 의미를 찾아볼 수 있다(이도원 1997). 대체로 무덤과 마을 사이에는 소나무숲이나 대밭이 있다(그림 9.7). 시신에서 분비되는 영양소는 지표수와 지하수에 포함되어 산기슭 마을의 우물을 오염시킬 수 있지만, 그 사이에 자연 식생완충대를 배치함으로써 식물과 미생물의 흡수 그리고 토양의 흡

치가 있다. 아프리카의 질소고정 식물인 *Acacia tortilis*가 자라는 곳의 토양에서 탄소 9배, 질소 3배, 인 6배가 주변 지역 토양보다 높아 전체 경관의 비옥도를 높이고 있는 경우(Reod & Ellis 1995)는 극단적이기는 하지만 우리나라 경관에서도 적용될 수 있다.

10) 1998년 2월 중순 주로 전자우편으로 국제적인 정보교환을 도모하는 식생완충대 동호회에서 다음과 같은 내용을 올렸다. "영국 런던 북부 교외도시에 위치하는 장기농업연구소 로삼스테드(이도원 1997에 소개되어 있음)의 화학부장이던 故 Cooke 박사는 서폭(Suffolk)의 삭스문드함 연구소(Saxmundham Experimental Site)에 있던 작은 연못에 대해 얘기하곤 했다. 비료를 첨가하고 그 효과를 비교하는 실험지와 매우 가까움에도 불구하고 그 연못에서는 어떤 종류의 부영양화 징후도 나타나지 않았다. 조류에 의한 물꽃현상(algal bloom)은 전혀 없었다. 한 쌍의 오리를 연못 가장자리에 살도록 했는데 그것이 전부였다. Cooke 박사가 동경하듯이 관찰한 것처럼 한 쌍의 오리보다 더 자연스러운 부영양화 제어방법은 없다." — 제공자 Tom Addiscott <tom.addiscott@bbsrc.ac.uk>. 더구나 오리는 골치 아픈 황소개구리의 올챙이를 먹어치움으로써 생물학적 방제수단이 된다는 소식도 있었다(조선일보 1998년 3월 24일).

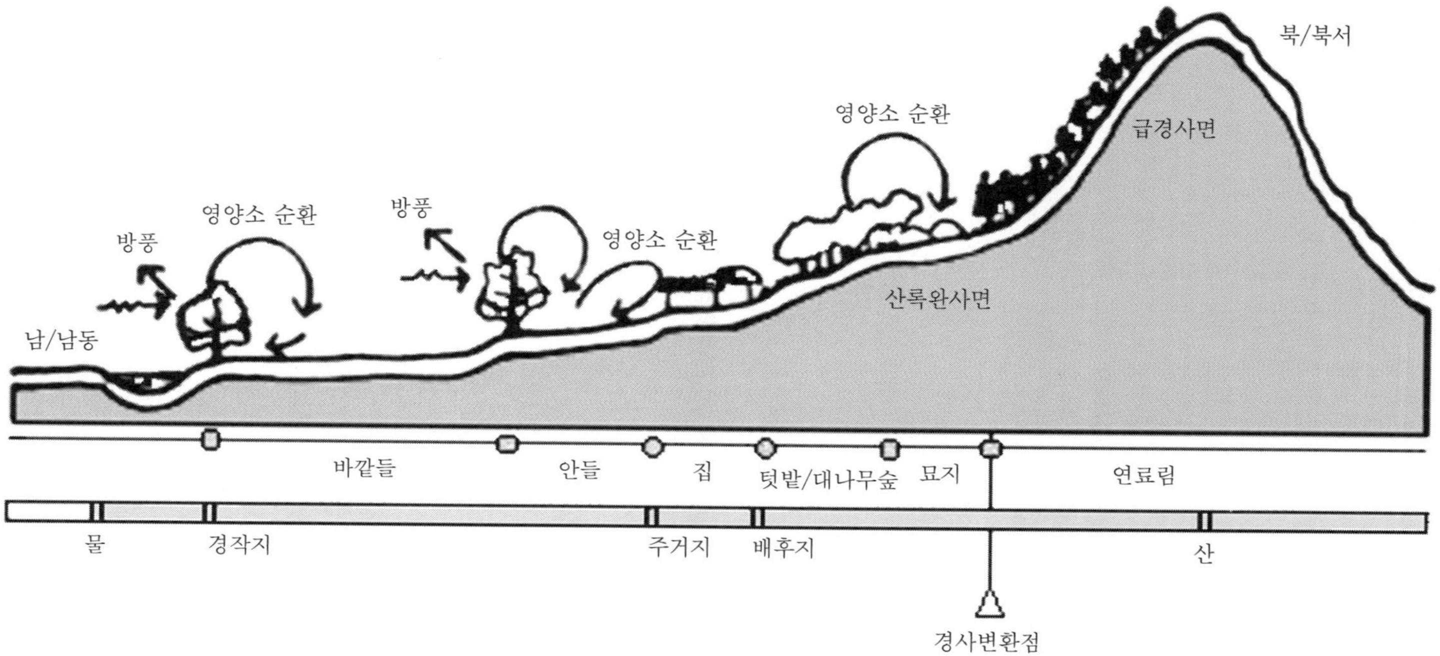

그림 9.7 무덤과 마을 사이 그리고 농경지 사이에 있는 수목대는 영양소와 바람의 여과기능을 가진다.

착이 왕성하도록 했다. 그렇게 식생대에 보유된 영양소는 낙엽과 죽은 나무 그리고 생물활동을 통해서 재순환됨으로써 기슭으로 흘러가는 양이 감소되기 때문에 우물은 보호된다. 농경지 사이에 놓인 숲띠도 비슷한 기능을 가진다. 이러한 배치는 제6장에서 소개한 식생완충대의 여과기능을 발휘하도록 배려한 공간관리로 물질흐름을 연결하는 경관요소들의 묶음을 배려한 접근이다. 논에서 경작하여 거두어들이고, 사람과 가축이 먹고 배설하며, 또한 두엄으로 생산되거나 초가지붕에서 짚이 썩는 동안 빗물에 씻겨 다시 경작지로 가는 물질순환과정이 경관요소들의 묶음 안에서 일어난다. 바람의 길을 여과하는 경작지와 마을 사이의 숲띠도 그러한 묶음 안에서 일어나는 경관의 기능이다.

이러한 흐름은 지형과 물리적 흐름 및 화학적 · 생물학적 과정과 복잡하게 연결되어 있어 쉽게 밝혀 내기 어려운 내용이지만, 경관구조와 기능의 관계를 이해하고 또 그것을 실질적으로 활용하는 데 고려해야 될 사항이다.

안정성

내부요소들이 서로 의존하는 계에서 하나의 핵심요소가 손상을 입거나 없어지면 어떤 결과가 초래될까? 습지를 메워 없애거나, 남산과 같은 숲을 허물고 도시개발을 하거나 한강개발사업처럼 하천을 따라 있던 통로를 없앤 경우를 상상해 보자. 많은 양의 토사가 발생하며 수질이 오염되고 생물들이 사라질 것이다. 없어진 요소에서 생기던 흐름이 더 이상 진전되지 않기 때문에 다른 공간요소에도 영향이 파급될 것이다. 이전의 짜임은 설혹 존재한다고 하더라도 다른 모습으로 변모될 것이다.

생태소공간, 짜임 또는 경관 등 모든 공간단위의 주변부에 있는 요소들은 그 단위를 에워싸고 있는 짜임과 상호작용을 한다. 농경지나 도시건설을 위해 개발된 범람원은 강과 주변 들판, 숲 사이로 흐르던 모든 흐름을 완전히 바꾸어 놓는다. 새마을운동과 함께 하천부지에 방축을 쌓아 얻은 농경지 그리고 여의도의 도시화를 통해서 바꾸어 놓은 물질과 에너지, 야생동물의 흐름과 사람의 마음이 쏠리는 방향이 어떻게 달라졌는지 상상해 볼 일이다.

경관요소들이 이루는 짜임 안에서 안정성을 얘기한다면, 시간이 흐름에 따라 어떤 공간요소는 다른 공간요소보다 변하기 쉬울 수 있다는 전제에서 시작한다. 어떤 조각은 짜임 안에 있는 대부분의 다른 요소들로부터 물질과 에너지, 생물 또는 정보를 받고, 어떤 조각은 모두 잃는 경향이 있어 짜임 안에서 하나의 조각요소가 지니는 안정성의 유지는 짜임의 특성과 바탕의 조건에 의해서 좌우될 것이다.

안정성은 외부작용에 대해 조금도 물러서지 않고 저항하거나 일단 물러나더라도 탄력성에 의해서 원래의 상태로 쉽게 되돌아오는 등 여러 가지 기작으로 체계가 자기의 속성을 유지하는 경우라고 정의하자.[11] 특히 생물의 탄력안정성(resilience stability)은 교란에 의해서 일시적으로 훼

11) 생물군집의 안정성에 대하여 자세한 논의는 Pimm(1991)을 참조할 수 있으며, 거기서 다루는 여러 가지

손이 된다고 하더라도 지연되는 죽음과 빠른 재생 또는 주변 공급원 경관요소로부터 유입이 보장된다면 유지될 수 있다. 이 경우 탄력성은 포식자, 피식자, 기생충 등 다른 생물과의 먹이사슬 관계 그리고 생물요소의 공급처와 수용처의 연결에 좌우되기 때문에 경관짜임에 의해서 영향을 받게 된다(Pulliam 1988, Kadmon & Schmida 1990, Pulliam & Danielson. 1991, Pimm 1991).

흐름이 바로 이웃한 요소들을 넘어서 짜임 안의 더 큰 영역에 영향을 미치고 있다면, 회복력에 의해서 안정성은 보장된다. 즉 한 요소의 교란이 일어난 다음 빠른 회복능력을 볼 수 있다. 모자이크의 안정성은 전체 경관의 지속성에 어떤 역할을 할 것이다. 그러나 교란된 요소를 뒷받쳐 줄 대안요소와 과정의 중복이 적다면 그리고 많은 개별 공간요소가 교란되고 변하게 되면 전체 짜임은 현재의 모습으로 유지되지 않을 수 있다.

짜임은 대부분 그것을 규정하는 경계가 분명하지 않기 때문에 비교적 연구대상에서 소외되어 왔다. 그럼에도 불구하고 짜임의 구조 및 기능과 함께 변화를 이해할 수 있다면 환경설계와 보존 그리고 관리에서 중요한 지침을 제공할 것으로 본다. 동질적인 하나의 경관조각은 의미 있는 지속성을 보장하기에는 너무 작은 단위인 반면에, 전체 경관은 효과적으로 다루기에 너무 큰 단위이다.

경관의 수직요소 재고

전통적인 경관생태학은 평면적인 구조와 흐름에 관심의 초점을 모았다. 이러한 2차원적 조감은 경관에 대한 우리의 이해 범위와 그에 따라 구분되는 유형과 과정을 제한한다. 이를테면 고전적인 섬생물지리이론은 섬의 크기만을 고려함으로써 경관조각을 이루는 구성요소들의 수평적인 분화뿐만 아니라 수직적인 이질성은 전혀 고려하지 않았다(MacArthur & Wilson 1967). 그러나 고도와 경사가 증가함에 따라 수평적인 흐름에 비해서 상대적으로 수직적인 흐름과 이동의 영향력은 점점 커진다(Swanson 등 1988). 물, 입자형태의 물질, 영양소들은 중력에 끌려 아래로 이동하고, 동물은 밤낮의 주기나 계절적인 주기로 물가와 산마루를 옮겨가며 산다(Forman 1995). 밤 동안에는 찬 공기가 마루바람을 통해서 하강하지만 낮 동안에는 씨앗과 낙엽, 꽃가루, 산불이 산마루로 향해서 옮겨가도록 바람이 작용한다(Waring & Running 1998, Lee 등 1999). 이런 현상들은 경관의 수직적인 특징과 그에 따라 나타나는 흐름이 결코 무시될 수 없다는 사실을 의미한다. 특히 우리나라와 같이 지형의 높낮이가 심한 지형에서는 3차원적 조망이 제외되면 경관과정에 대한 해석은 전혀 엉뚱한 방향으로 갈 수도 있다.

급경사지역 기슭에 시냇물이 흐르고 시냇가를 따라 숲이 우거져 있는 경우를 생각해 보자. 경사지로부터 침식된 입자상 물질과 용탈된 용존상 영양소, 그리고 숲이 생산한 씨앗, 낙엽, 죽은 나뭇가지가 시내로 흘러든다. 하천의 물벌레, 물고기는 이러한 물질들의 계절적인 변화에 뚜렷

유형의 안정성은 경관에도 적용될 것으로 본다.

한 반응을 보일 것이다. 우리나라의 경우엔 여름철 홍수시기에 유량이 많고 침식과 용탈이 많이 일어난다. 낙엽의 경우 가을에 하천으로 흘러들고, 눈이 많은 경관에서는 겨울 동안에 이동이 매우 적다. 이른 봄 해빙기가 지난 다음 건조해지면 다시 지난 해 가을에 떨어졌던 낙엽이 이동하여 하천으로 흘러든다. 이런 계절적인 특성은 하천의 생물활동 및 이동에 독특한 의미를 가질 것으로 보인다(Lee 등 1999). 이런 과정의 이해는 단순한 경관요소들의 수평적인 관계뿐만 아니라 지형과 식생의 분화로 이루어지는 수직적인 구조 안에서 조망할 때 가능하다.

2차원적인 조망에서 같아 보이는 숲도 수직적으로 조감하면 다르게 보이며, 이러한 수직적 층분화는 생태적으로 중요한 의미를 가진다(Flores 등 1998, Parker & Brown 2000, 그림 9.8). 숲은 시간을 두고 발달하는 과정에 수평적 · 수직적으로 분화되며, 이 분화에 의해 서식처와 생물종 다양성이 높아지고 또한 기능적 다양성도 증가한다.

이를테면 새들은 숲의 수직요소를 분할하여 사용하는 경향이 있어 임관의 수직분화는 먹이와 서식처 다양화로 새들의 다양성을 높인다(MacArthur & MacArthur 1961, Recher 1969). 그림 9.9 (가)는 다양한 종류의 새가 숲을 수직적으로 분할하여 이용하고 있음을 보여 준다. 할미새 사촌은 수관층을, 동고비는 수동(trunk)을, 흰눈썹황금새는 중층의 숲을 그리고 멧새와 쇠유리새는 조릿대 등 하층 관목층을 선호하여 엽층이 두터울수록 다양한 새가 서식하게 된다. 이는 엽층의 다양성이 높을수록 조류의 종 다양도가 높다는 가설을 뒷받침한다(그림 9.9 나).

잡목과 잡풀은 숲바닥을 선호하는 동물들에게 좋은 서식처를 제공한다. 바람에 떠도는 낙엽과 씨앗을 붙잡는 데는 지면에 떨어진 나뭇가지와 줄기가 많은 작은 나무들과 풀이 큰 나무보다 더 큰 역할을 한다(이도원 1997, Lee 등 1999, 그림 7.11과 7.12). 그 낙엽들은 벌레들의 먹이가 되고, 벌레는 또한 새들과 네 발 달린 짐승들의 먹이가 된다. 생울타리 아래 우거진 작은 키의 관목과 풀은 동물들이 적과 더위를 피하기에 안성맞춤인 환경을 만들어 놓기도 한다(Forman 1995). 이때 동물들이 쏟아 놓는 배설물은 풀과 나무가 자라는 데 필요한 영양소를 공급하고, 먹다 남긴 물질과 함께 썩어서 토양유기물을 보탠다.

또한 촘촘하게 자라는 작은 나무와 풀은 비가 올 때 땅 위로 흐르는 물길을 더디게 한다. 나무와 풀이 썩어서 토양유기물이 증가하면, 지표에 토양입단이 발달하여 많은 물이 땅속으로 침투하게 된다(제2장 참조). 물의 흐름을 더디게 하는 한편 많은 지표수의 침투를 유도함으로써 지하수를 보충한다. 그리하여 땅 위로 흐르는 물의 힘과 양이 줄어들기 때문에 토양의 침식을 감소시킨다. 이 과정은 숲의 토양과 주변 수자원을 동시에 보호하는 기능이 된다.

반면에 나뭇가지, 키 작은 나무와 풀을 잘라 내면 식물체에 포함된 영양소들 또한 현장으로부터 제거하는 과정이기 때문에 세월이 갈수록 그 곳의 땅은 척박해진다. 특히 도시공원의 경우에는 관리인들이 비료를 공급하게 되는데, 이는 은연중에 귀중한 국민의 세금을 낭비하고 주변 수계의 부영양화까지 조장하는 현상이다. 무엇보다 잡목으로 분류되는 하층 식물들은 잘라서 태우게 되면 이산화탄소와 대기오염물질을 증가시키고, 아니면 쓸모가 없어 쓰레기로 둔갑하는 경우가 많다(이도원 1997).

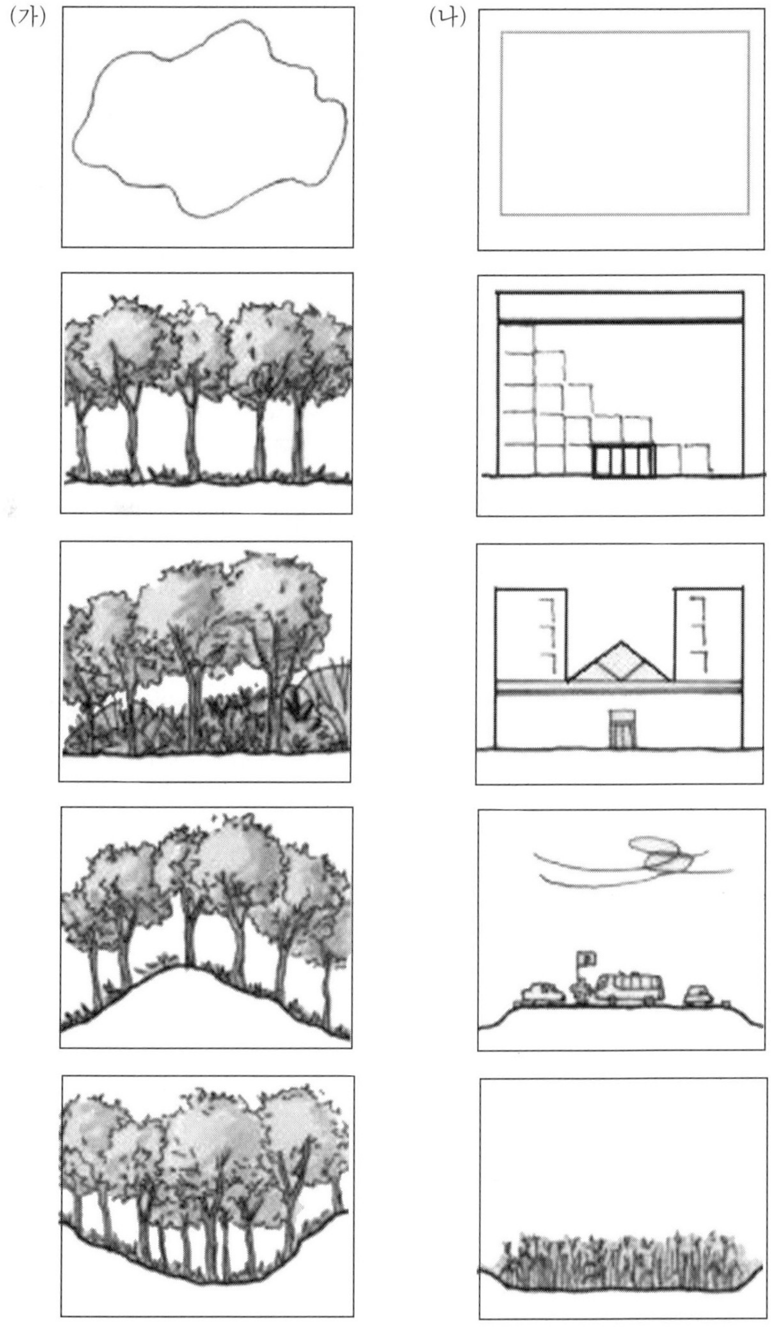

그림 9.8 녹지공간의 이질성은 수직분화에서도 나타난다. 위의 그림은 평면적으로 같지만 수직적인 요소를 고려하면 서로 매우 다를 수 있는 상황을 예시하며, 각 경우 그 안에 포함된 생태적 분포와 흐름의 차이 때문에 관리 및 이용방안이 달라야 한다.

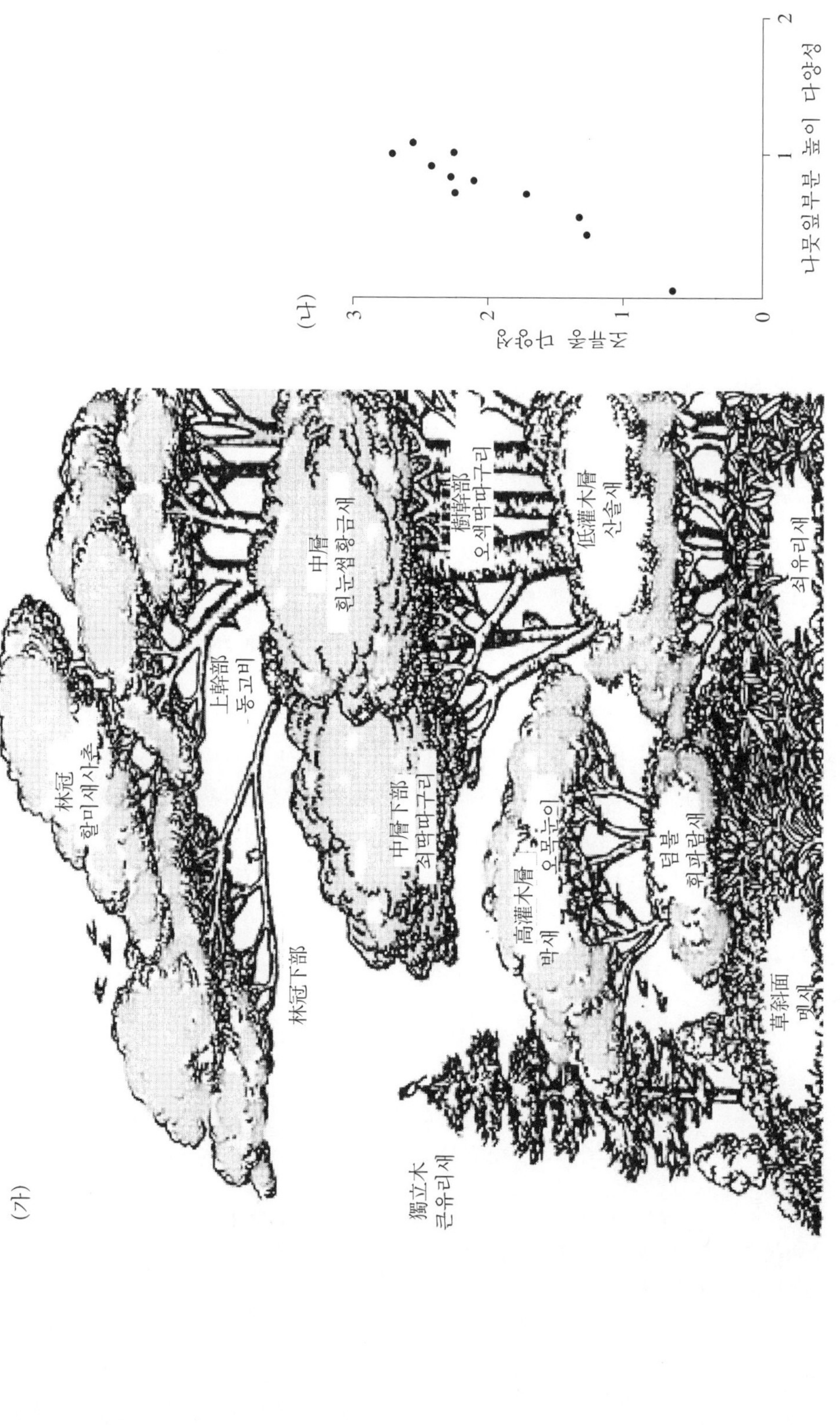

그림 9.9 (가) 새들이 숲의 수직요소를 분할하여 사용하는 사례와 (나) 숲의 수관층 다양도와 조류군집 다양도의 관계

그림 9.10 일본 동경의 도시공원에서 곤충의 먹이와 서식처를 제공하기 위해 비치된 나뭇단

따라서 숲을 특정한 목재의 생산장소나 사람들의 놀이공간으로 사용할 목적이 아니라면 그저 보기에 손길이 덜 간 것으로 보인다는 이유로 키가 작은 관목과 초본류를 잘라서 폐기물로 만드는 행위는 삼가해야 한다(이도원 1997). 설혹 시각적으로 보기 싫고 헤집고 다니는 데 귀찮은 존재라고 하더라도, 도시의 모든 숲이 말끔하게 다듬어져야 할 이유가 없다. 오히려 일본의 도시공원에서는 곤충의 먹이와 서식처를 제공하기 위해 나뭇단을 일부러 비치하기도 한다(그림 9.10).

표면거칠기 재고

경관의 3차원적 특성을 반영하는 표면적지수는 제3장에서 소개했다. 표면적지수는 경사지, 골, 산봉우리, 고도, 식생이 주는 표면의 거칠기를 총괄적으로 표현하는 정량적인 수단이다.[12] 일반적으로 큰 규모의 거칠기는 짧은 기간에 많은 에너지가 작용함으로써 이루어지며, 보다 장

12) 제3장에서 기복도(ruggedness)의 의미를 포함하여 거칠기(roughness)를 정의했다. 전자는 지형에 의한 표면상태를 제한적으로 정의하고 있으나 후자는 지형, 식생, 인공구조물에 의한 경관의 표면특성을 포괄한다(Beasom 등 1983, Lee 등 2000a, b).

기적인 주기에 의해서 발생하는 반면에 작은 규모의 거칠기는 비교적 적은 에너지의 작용으로 생긴다(제3장 참조). 예를 들면 지반융기, 태풍, 산사태, 큰 불과 같은 기후, 지질변화는 커다란 규모에서 보는 거칠기를 만드는 반면에 생물활동은 작은 규모의 거칠기를 만든다.

물, 바람, 동물의 흐름은 이러한 거칠기에 예민한 반응을 보인다. 이동하는 물질의 특성에 따라 거칠기의 정도는 서로 다른 규모에서 정의될 필요가 있다. 이를테면 큰 산줄기와 골짜기가 이루는 거칠기와 경사지에 나타나는 바위, 나무들의 높이가 이루는 거칠기는 규모의 차이에 의해서 나타난다. 이러한 규모의 차이는 하늘을 나는 새들과 땅 위를 다니는 대형 야생동물의 행동에 다른 영향력을 발휘할 것이다.

다른 조건들이 모두 같다면, 거칠기가 큰 경관은 외부의 자극에 더 큰 반응을 보일 것으로 예측된다. 오목지역이 있는 경관에서 표면의 거칠기가 큰 부분은 이입하는 에너지와 물질을 보유하는 경향이 커짐에 따라 수용처로서 작용할 것이라는 가설을 제안할 수 있다(Lee 등 2000b). 생태학에서 사용하는 엽면적지수는 거칠기 지수의 한 부분이라 할 수 있는데, 그 값이 큰 경우 더 많은 빛 에너지를 1차 생산성으로 전환한다(Waring & Running 1998). 또한 하층 식물이 있는 곳에서는 더 큰 거칠기로 인해 더 많은 양의 낙엽이 포착되는 사실이 현장조사와 컴퓨터 모의실험을 통해서 부분적으로 검정되었지만, 앞으로 규모와 특징이 다른 경관요소에 이 개념을 적용해 볼 필요가 있다(Lee 등 2000b). 큰 규모의 경관에서 표면거칠기는 큰 입자를, 작은 규모에서 나타나는 거칠기는 작은 입자를 보유하는 잠재력을 가질 것으로 보아 거칠기 지수는 이러한 현상을 정량적으로 기술할 수 있는 지표가 될 가능성도 있다.

거칠기가 다른 지역의 상대적인 위치도 물질이동에 중요한 영향력을 가진다. 이를테면 산마루와 기슭에 거칠기가 서로 다른 경관요소를 배치시키는 경우를 가상해 보자. 산마루에 거칠기가 큰 숲이 있고 산기슭에 거칠기가 낮은 밭이 배치되어 있다면, 밭에서 지표유출수에 의해 씻겨 가는 토사는 하천으로 바로 유입된다. 반대로 높은 곳에 놓인 토지의 거칠기가 낮아 물질이 유실되는 경향이 있다면, 낮은 곳에 거칠기가 높은 경관요소를 배치하여 포착함으로써 물질이 더 낮은 곳으로 이동하는 것을 감소시킬 수 있다.

우리나라 가로수와 도시녹지는 거칠기가 낮은 시멘트 건물이나 아스팔트보다 높게 위치한다(그림 9.11의 가). 잘 알고 있는 바와 같이 건물이나 도로 위에는 자연적인 대기오염물질인 먼지, 매연 등으로 발생한 질소, 황 산화물질뿐만 아니라 휘발성 독성물질 등이 습성 침적(wet deposition)과 건성 침적을 통해서 쌓여 있다. 관례적인 수직배치는 거칠기가 낮은 아스팔트나 시멘트 위에 축적된 물질들이 바람이나 빗물에 씻겨 아무런 장애 없이 더 낮은 하천으로 쉽게 흘러들 수 있게 한다. 대안으로 녹지를 낮추면 녹지의 거칠기가 아스팔트에서 씻겨 온 물질의 수용처 기능을 발휘할 것이다(그림 9.11의 나). 그러나 수평적인 통로가 좋은 요소뿐만 아니라 나쁜 요소들의 도관기능을 하듯이, 물의 침투가 가능한 지역을 상대적으로 낮게 위치시키자는 제안은 지하수 오염을 용이하게 할 수 있기 때문에 보편적으로 적용될 구조는 아니다.

특히 대도시의 공원이나 짜투리 공간은 식생지대가 가진 이러한 기능의 배려 아래 활용되는

(가)

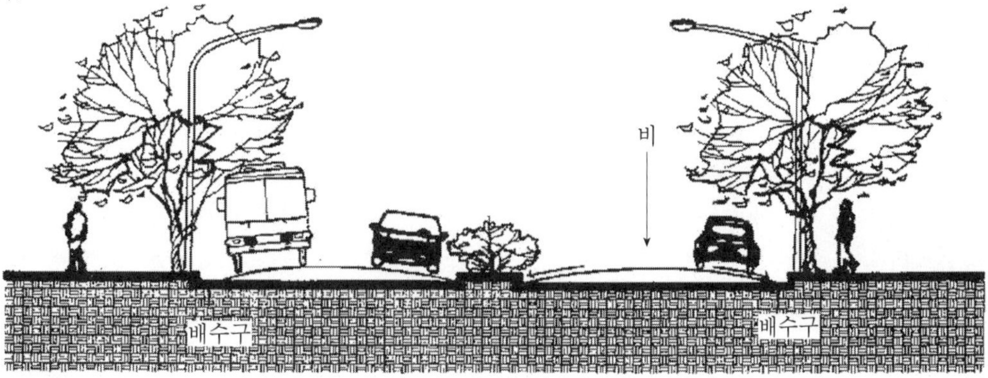

(나)

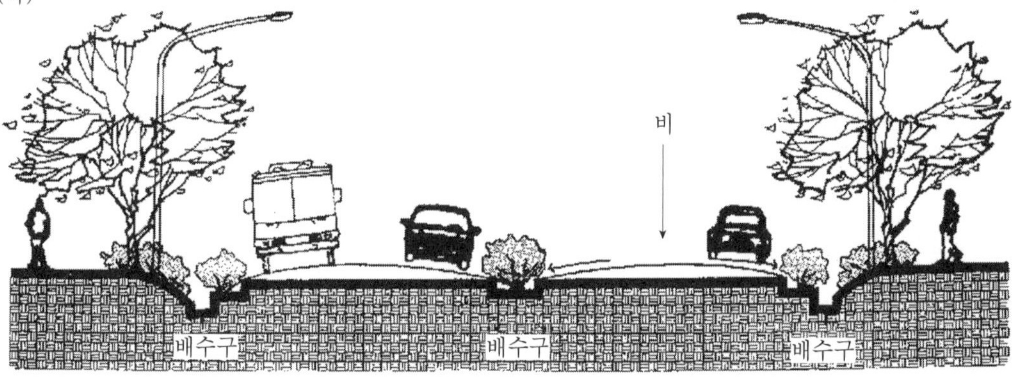

그림 9.11 (가) 흔히 나타나는 가로수 배치, (나) 물의 흐름과 표면거칠기의 관계를 고려한 대안

경우가 적다(그림 9.12). 그러나 이 공간은 사람의 선택적 활용이나 상징적·미학적인 대상 그리고 방음 또는 은폐요소 등의 역할뿐만 아니라 지하수 충원, 도시 열섬효과 감소, 물질과 에너지 보전, 오염물질 제거와 같이 에너지 흐름과 물질순환과 관계되는 도시생태계의 기능적인 측면에서 특별한 관심을 요구하는 자원이다(이도원 1997, Garde 1999).

뿐만 아니라 식생지대는 필연적으로 뿌리가 땅속으로 지나가면서 공간을 만들고, 또한 유기물 공급으로 토양입단을 형성함으로써 더 많은 물이 땅속으로 스며들게 한다(Lee 등 1990, 이도원 1997). 이러한 현상은 토양학분야에서 오래 전부터 알려져 있는 내용이며, 미국의 뉴멕시코주 건조지역에서 식생지대의 토양 상층 30센티미터까지 수분침투력을 증가시켰다는 보고에서 유추할 수 있다(Cornet 등 1992). 같은 연구에서 식생이 없는 지역은 강우의 10~27%를, 식생이 들어서기 시작한 곳은 60~150%를, 경사지 상부의 식생지대(그림 9.13의 3지역)는 170~530%를 그리고 경사지 하부의 식생지대(그림 9.13의 4지역)는 160~210%에 해당하는 수분을 저장했다. 여기서 토양의 수분저장이 강우의 100%가 넘는 것은 다른 지역으로부터 지표유출수가 유입

가 나
다 라
마

그림 9.12 (가) 남아 있는 숲 조각으로 물길을 돌릴 수 있는 곳.[13] 그림에서는 도로와 식생지대의 경계부가 상대적으로 높기 때문에 차도의 먼지와 질소산화물, 황산화물 등을 포함하는 비점오염원은 제거될 기회가 없이 곧장 하수구로 가게 된다. (나) 주차장에서 발생할 빗물에 씻겨 바로 하수구로 가지 않도록 하는 설계가 필요할 수 있음에도 불구하고 무시되고 있는 모습,[14] (다) 화단의 위치도 낮추어 물길을 돌리면 여과기능을 활용할 수 있다.[15] (라) 토사가 거의 발생하지 않는 아스팔트 도로 주변의 잔디밭을 낮추어 물길을 통과시켜도 토사퇴적으로 미지형이 변할 염려가 거의 없다.[16] (마) 도로보다 낮은 중앙분리대의 보기[17]

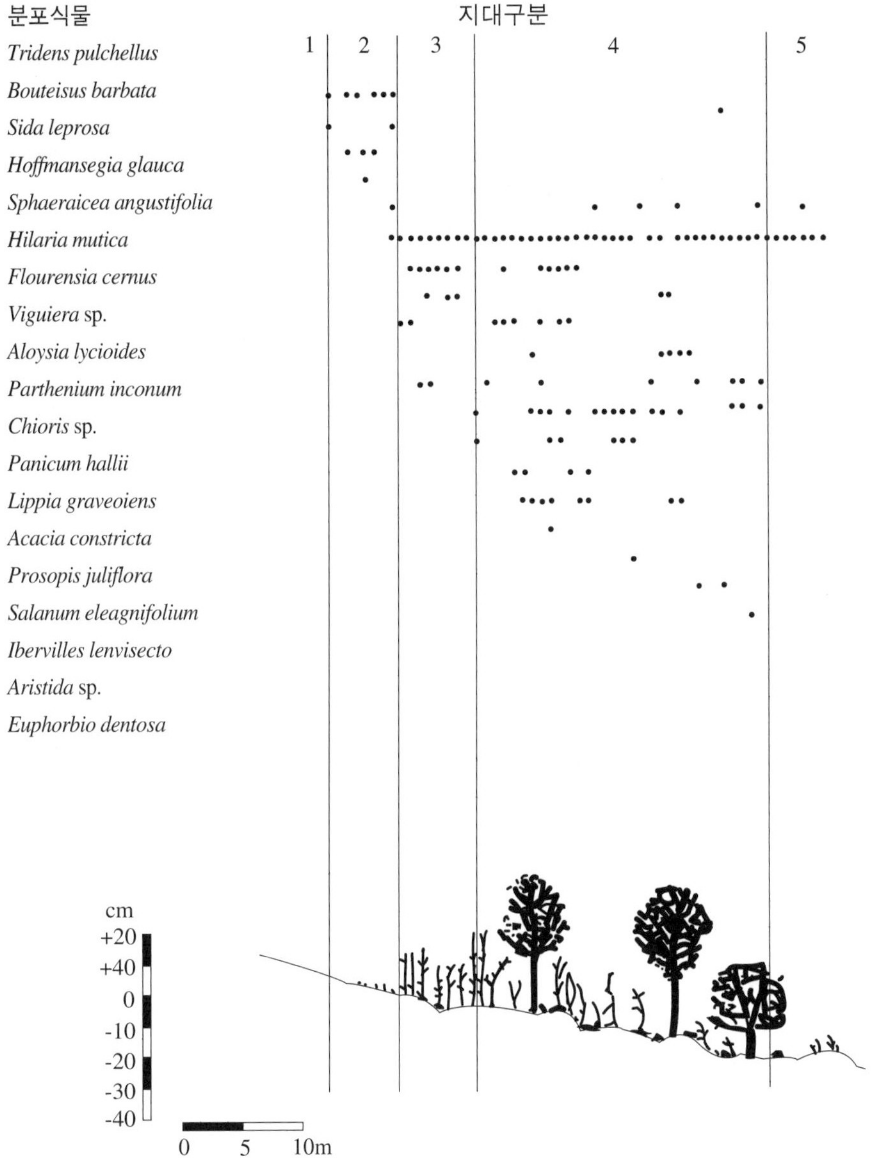

그림 9.13 미국 뉴멕시코 주 사막지대에 나타난 식생띠의 단면도와 식생분포특성

---

13) 서울시 관악구 봉천 7동에서 1996년 10월 29일 촬영.

14) 미국 콜로라도 주립대학 캠퍼스에서 1999년 3월 3일 촬영.

15) 서울시 수서주차장에서 2000년 6월 3일 촬영.

16) 일본 홋카이도 예술의 공원에서 1998년 8월 12일 촬영.

17) 태국 방콕 - 페차부리를 잇는 도로에서 2000년 8월 18일 촬영.

되었음을 의미한다. 이 자료로부터 유추할 수 있는 것은 토양의 수분침투와 저장잠재력이 증가하여 있는 식생지대가 주변보다 낮은 경우 주변으로부터 지표유출수가 모여들면 더 많은 물이 침투하고 저장될 가능성이 있다는 사실이다. 따라서 그림 9.11 (나)의 구조는 수자원부족으로 점점 고갈되고 있는 도시지역의 지하수 충원에도 도움을 줄 수 있는 하나의 경관요소 설계지침이 될 가능성을 가지고 있다.

다만 아직 실증적인 자료가 수집되지 않았기 때문에 그것의 실직적인 효과는 검정되어야 할 숙제로 남아 있다. 그 효과를 검정하는 방법으로 우선 두 가지를 제안할 수 있다. 하나는 두 가지 경우를 비교할 수 있는 시험장을 만들어 실험적으로 검정하는 일이며, 다른 하나는 특정 도시지역이나 유역에서 현실적인 정도의 비가 내릴 때 현재상태와 식생지대를 일정 부분 낮춘 경우에 발생하는 토양침투수와 지표유출수의 양을 예측하는 컴퓨터 모의실험이다. 먼저 살펴볼 일은 수문과정에 미치는 정량적인 비교이며, 다음으로 유출되는 수질을 검토하는 과제이다.

서식처 배열과 생물 다양성 보전의 전략지점

경관생태학의 원리는 생물 다양성 보존을 위한 서식처 배열과 밀접한 관계를 가진다. 그것은 경관생태학이 공간특성과 생물이동의 관계를 다루기 때문이다. 아울러 생물의 존속은 전파거리 및 세대 사이의 시간이 서식공간의 공간적 · 시간적 규모에 좌우될 뿐만 아니라[18)] 에너지와 물질을 기반으로 하는 먹이섭취, 생식 등 또한 생물의 존속에 필수적이기 때문에 생물보전지역 설정원리는 경관생태학의 중요한 주제이다.

생물 다양성 보존지역 선택

불행하게도 생물 다양성 보존을 목적으로 하는 국립공원들은 보존대상이 되는 생물의 입장에서 고려되기 전에 미적 요소와 사람들의 선호도에 기반하여 선정된 경향이 있다(이인규 등 1994, Primack 1998, 김진수 등 2000). 뿐만 아니라 비옥한 토양은 풍부한 영양소 섭취를 갈망하는 야생동물뿐만 아니라 식량과 가축생산을 지향하는 농부와 목축업자들이 모두 차지하려고 하기 때문에 충돌이 일어난다(Saunders 등 1993). 따라서 공원의 경계설정에 인위적인 요소가 많이 작용함으로써 논란이 되는 생물서식처와 국립공원 분포도를 겹쳐 보면 서로 일치하지 않고(Terborgh & Winter 1983, Hunter & Yonzon 1993), 큰 야생동물의 행동권을 제대로 포함하지 않는 경우가 많다(Newmak 1985).

보호지역 선정을 위해서 선행되어야 할 과제는 생물의 분포상황을 파악하는 것이다. 그러나 어떤 지역에 존재하는 모든 생물자원을 확인하는 작업은 엄청난 시간과 전문가를 포함하는 인력을 요구한다. 장기적으로는 그러한 작업이 가능할지 모르지만, 허용되는 시간 안에 효율적인

18) 제1장과 Fahrig & Paloheimo 1998, Fahrig 1992.

성공을 얻어 내기 위해서는 어느 수준의 자료를 얻을 것인지 우선순위와 함께 분석방향을 먼저 정하는 것이 바람직하다.

적절한 또는 최소한의 장소를 지정하기 위해 사용하는 방법으로 틈 분석(GAP analysis)이 있다.[19] 이는 지리정보체계(GIS) 기법을 이용하여 종 분포에 대한 정보와 함께 방대한 자연환경 자료를 종합하는 데 컴퓨터를 사용한다(Scott 등 1991, Sample 1994, Wright 등 1994). 이 접근은 식생형, 기후, 토양, 지형, 지질, 수분, 생물종 분포와 같은 여러 가지 유형의 지도자료를 저장하고 구현하며 조작하는 일을 포함하여(그림 9.14) 생물적 · 비생물적 경관요소들 사이의 상관성을 밝히고, 생태계 다양성을 포함하는 공원계획을 용이하게 하며, 희귀종이 존재할 가능성이 있는 장소를 제안하기도 한다. 항공사진과 인공위성 영상은 지리정보체계 분석을 위해 첨가되고 있는 주요한 자료공급원이다. 특별히 시간별로 마련된 일련의 영상은 즉각적으로 배려해야 할 서식처 파괴유형을 쉽게 확인할 수 있도록 한다.

다른 한 가지 방향은 일단의 지표종이나 중추종의 분포를 중점적으로 조사하고, 그 종의 재정착과 정착하여 유지되는 데 필요한 자료를 지도에 넣은 다음, 보호를 위한 경관조각의 크기, 숫자, 위치를 확인하는 일이다(Harms & Opdam 1990, Knaapen 등 1992). 또한 군집, 종의 모임, 환경단위들을 조사하거나, 종의 분포와 밀접한 관계를 가지는 환경변수를 확인하거나(Austin 등 1984), 자료를 이용하여 풍부도, 희귀도와 같은 지수를 계산할 수도 있다(Margules 1989). 그 결과를 참고하여 이웃하는 각 서식처의 주요 내부면적을 포함할 정도로 충분한 크기의 자연보전지구를 설정하는 일이다(Nilsson 1986).

야생동물 서식처 유형

특별히 중요한 생물의 보호와 함께 오락활동을 위한 생물개체군 크기의 유지는 모두 우리 사회에 필요하다. 호랑이나 곰과 같은 생물은 사람을 해칠 수도 있지만, 그 존재여부가 환경의 질을 암시할 뿐만 아니라 상징적인 의미가 있기에 보호해야 할 생물이다. 반면에 낚시애호가나 사냥꾼이 잡는 생물도 최소존속개체군이 유지되는 범위에서 허용되어야 한다.[20] 호랑이와 같은 핵심 포식자들은 면적이 매우 넓은 자연보전지구가 필요한 반면에, 사냥의 대상이 되는 생물은 숲 가장자리의 이용도가 어느 정도 보장되어야 생존한다. 자연보전지구는 충분히 크고 모양이 원형에 가까워야 외부 간섭을 피하는 핵심지역이 존재하여 특별히 사람을 꺼리는 생물들의 보

---

19) 틈 분석(GAP Analysis)은 Geographic Approach to Planning for Biological Diversity의 약자로 생물 다양성 보전 및 관리를 위한 계획을 수립할 때 사용하는 지리적 공간분석으로, 보호와 관리가 제대로 이루어지지 않는 틈(gap)을 찾아내어 이에 대한 대책을 수립하는 의미를 가지고 있다. 즉, 생물종이 풍부한 지역을 표시한 지도와 현존하는 보호지역을 겹쳤을 때 생기는 틈이 우선적으로 종 보호를 위한 후보지역으로 고려된다(Scott 등 1987, 1991, 1993, McKendry & Machlis 1993, 홍성학 1998, 김진수 등 2000).

20) 최소존속개체군 개념과 보기에 대해서는 이 책의 제5장과 Primack(1998) 그리고 김진수 등(2000)에 잘 설명되어 있다.

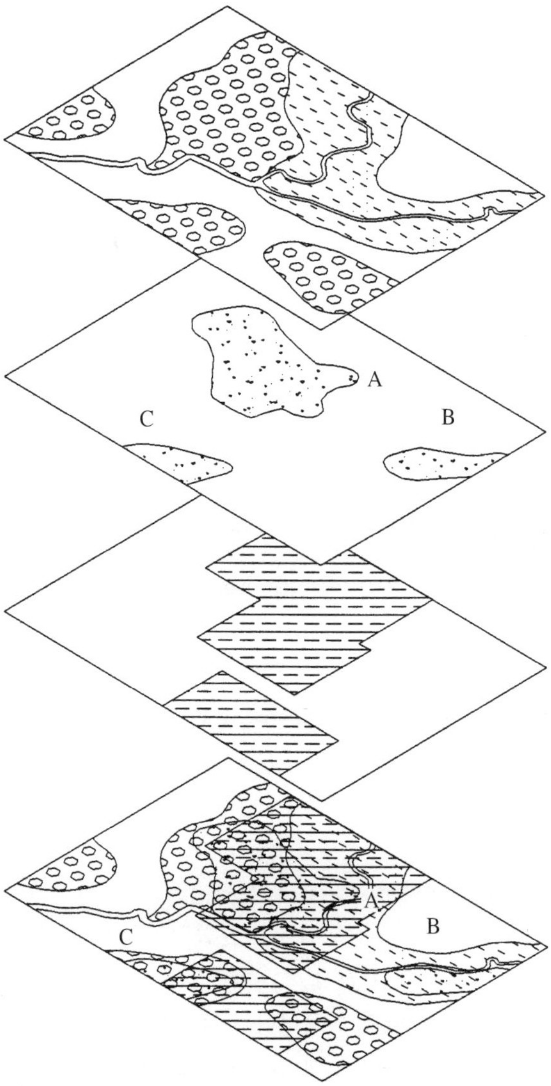

그림 9.14 지리정보체계 기법으로 식생형, 동물분포, 보호지역을 겹쳐서 중요하지만 보호구역에 포함되지 못한 지역을 찾아내는 과정을 보여 주는 틈 분석의 개념도

호기능을 갖출 수 있는 반면에, 숲의 가장자리는 숲 조각의 경계부분이 들쭉날쭉 하거나 작은 숲 조각이나 통로들이 많을수록 증가한다. 따라서 두 가지 목적을 동시에 달성하기 위해서는 원형의 큰 숲 조각과 일그러지거나 작은 숲 조각, 통로가 적절한 짜임으로 안배되어야 한다는 사실을 알 수 있다(Forman 1995).

이런 짜임에는 (1) 서식처 유형의 조합, (2) 큰 조각과 주변 서식처의 연결성, (3) 거리 등의 사항이 포함된다. 이를테면 자연보전지구를 큰 서식조각과 연결되어 있는 통로, 경관 사이에 놓여 있는 징검숲을 고려하는 체계 안에서 지정하는 것이 효과적이라는 것을 의미한다. 그 체계 안에서 각각의 보전지구들뿐만 아니라 보전지구들 사이에 일어나는 상호작용이 중요하기 때문이다. 따라서 야생동물을 보호하고 생물 다양성을 고양하기 위해서는 종합적인 경관 모자이크의 계획이 필요하다(Mander 등 1980).

척추동물과 곤충은 밤낮의 주기 또는 계절주기, 생활사에서 두세 가지 다른 유형의 서식처를 이용하거나 필요로 하기 때문에 이러한 서식처들 사이의 근접성은 매우 중요하다. 이런 생물들의 보호를 위해서는 상호간의 거리와 흩어진 정도를 포괄하는 공간적인 서식처 혼합이 필요하다. 이때 경계부의 길이가 길면 가장자리를 선호하는 생물이 늘어난다. 전체 지역에서 서식처의 근접은 여러 가지 다른 서식처를 선호하는 생물에게 유리하다.

적절한 배치는 이웃한 자원의 다양성뿐만 아니라 어려운 시기에 안정성을 제공한다. 집중점은 일반적으로 서로 유사한 생물들이 쉽게 정착하여 특성을 잃게 되는 경향이 있어 안정도가 낮고 유지 에너지가 많이 든다. 그러나 이 곳은 물과 침식된 알갱이, 물에 녹아 있는 영양소, 동물들의 유동을 위한 깔때기 역할을 한다(Forman & Godron 1986).

모자이크에서 전략지점

전략지점이 생산성, 생물 다양성, 토양과 물의 특성을 포함하는 생태적인 요소이고, 장기적으로 매우 중요한 곳일 때(Forman 1995) 모자이크 안에서 그러한 전략지점은 어떤 특성을 가질까? Forman(1995)은 여러 사람들이 일치되는 전략지점을 추천할 수 있도록 하는 두 가지 방안을 제안했다.

첫번째 방안은 경관생태학이 논의한 이론과 경험적인 결과에 기반하여 전략지점을 찾는 것이다. 이 분석에는 다음과 같은 3가지 사항이 포함된다. (1) 자연식생지역, 도시 그리고 큰 강이나 산과 같은 비상한 특징물을 포함하고, 다른 지역으로 에너지나 물질 그리고 생물의 공급원 효과를 가지기 때문에 중요한 전략적 위치이다. (2) 예민한 지역과 같이 변화가 주요 관심사인 지역과 훼손되면 회복되는 데 시간이 오래 걸리는 장소이다. (3) 흐름과 이동이 집중되는 장소 또는 유동 중심이다. 이러한 전략지점에는 급경사, 하천통로, 깔때기 같은 주요 돌출부(lobe), 징검돌, 연결망 안의 결절점, 전진지점에 이웃한 조각들이 포함된다.

두 번째 접근은 지점의 특징을 무시하고 크기, 모양에 대한 상대적인 위치를 평가하는 것이다. 이를테면 미국 사우스캐롤라이나 주를 대상으로 한 모형연구에서 성숙한 숲이 무작위로 배치되는 경우보다 경관의 중앙에 위치할 때 바흐만참새(Bachman's sparrow, *Aimophilia aestivalis*) 개체군이 12% 가량 더 크다는 결과가 나왔으며, 실제 조사에서 숲이 경관의 한 귀퉁이에 놓일 때보다 중앙에 놓일 때 참새 개체군이 21% 정도 컸다(Liu 등 1994).

시간접근성과 보호, 도주 그리고 지형에 의한 제어를 고려하면 이러한 전략지점에 대한 합의가 도출될 것으로 보인다(Forman 1995). 먹이를 찾고 또한 짝을 찾을 수 있는 가능성이 높으며,

포식자로부터 도피하기 쉬운 곳이 중요한 전략지점이 될 수 있다. 전략지점을 찾는 과정에 이러한 특징 각각은 특정 경관요소뿐만 아니라 주변 지역이 관련되어 있기 때문에 전체 맥락을 규정할 수 있는 연구방법이 필요하다.

모자이크 특징의 정량

모자이크 특징을 정량적으로 기술하는 지수들의 유형을 나누어 보면 대략 4가지가 된다(E. Lee 등 1998). 그 중 두 개는 다양성과 경계부의 특징을 나타내는 지수로 모자이크의 이질성을 분석한다. 이 지수에서는 경관조각, 경계부 등의 빈도가 중시되지만 위치는 부차적인 문제로 본다. 다른 두 가지는 조각중심과 모든 조각을 포함하는 유형을 측정하는 것으로 경관요소들의 빈도와 상대적인 위치에 예민하게 변한다.

다양성(diversity)과 풍부도(richness), 균등도(evenness), 우점도(dominance) 측정은 모자이크 안에 존재하는 일정한 경관조각의 형태와 크기, 또는 모양, 상대적인 숫자를 결정하는 여러 가지 방법이다. 이 지수들은 미국의 옐로우스톤 공원에서 불에 의해 나타나는 경관 모자이크를 기술하고 생태적인 특징을 이해하기 위해 제안되었다(Romme 1982, Romme & Knight 1982). 이 중에서 풍부도, 우점도, 균등도는 특정한 하나의 변수에 초점을 맞춤으로써 시사하는 바가 크다.

경계부(또는 가장자리)의 수, 길이(또는 밀도), 프랙털 차원은 경관에서 경계부의 형태와 우점도를 측정하는 데 이용된다. 프랙털 차원은 야생동물 서식처(Giles 1978), 숲 조각모양(Krummel 등 1987)과 분산도(Milne 1991), 반도의 크기(Milne & Forman 1986), 딱정벌레 이동(Johnson 등 1992), 50년 동안의 경관조각 형태변화(Williamson & Lawton 1991) 등의 연구에 활용되었으며, 이 책의 제4장에 있는 상자글과 다른 글(이도원 2000b)에서 소개했다.

마치며

여기서는 경관을 채우고 있는 요소들의 역학관계를 모자이크 틀에서 종합적으로 논의하고자 시도했다. 제3장의 위계이론에서 논의하는 바와 같이 경관을 구성하는 요소들 또한 일부가 긴밀한 관계를 형성함으로써 중간단위인 짜임을 이룰 수 있다고 보았다. 경우에 따라 짜임단위가 분명하게 나타날 수도 있고 그렇지 않을 수도 있다.

어느 경우든 그 구분은 공간적인 배치뿐만 아니라 조각요소들이 이루는 연결망의 특성 그리고 물질과 에너지 흐름을 고려하는 과정과 그 공간을 사용할 생물의 관점에서 다루는 것이 여러모로 편리하다. 이를테면 만약 긴 통로를 따라 방향성을 가지며 이동하는 생물이라면, 서식처 사이의 공간적인 관계는 중요하다(Fahrig & Merriam 1985, Lefkovitch & Fahrig 1985). 그러나 생물이 뚜렷한 방향성 없이 무작위적으로 이곳저곳에 있는 서식처 조각들을 전파해 가고 어떤 거리에서는 조각을 발견하지 못하는 경우라면, 서식처 공간배열이 개체군의 역동성에 미치는 영향력은 줄어든다(Fahrig & Paloheimo 1988).

여기서 다룬 모자이크가 평면적이고 구조적인 측면에 중심을 두고 있다면, 앞에서 다룬 연결망은 그 안에서 선형적인 통로가 이루는 구조를 중심으로 기능적인 특성을 강조한다. 왜냐하면 경관 안에서 일어나는 흐름이 연결망을 따라 원활하게 일어나는 경향이 있기 때문이다. 각 경관요소와 그들이 이루는 맥락을 포괄적으로 다루어야 한다면, 언젠가 이 주제들을 통합할 수 있는 접근방식도 있어야 할 것이다. 이때 경관요소와 경관 사이에 놓이는 공간위계가 몇 개의 규모 또는 수준으로 나누어질 수 있을지는 결국 관찰자의 의도에 따라 달라지기 때문에(Ahl & Allen 1996), 경관과 관찰자의 관계까지 조명해야 할 것이다. 이때 무게를 가름할 수 없는 위대한 학자 원효의 틀은 경관생태학의 미래에 어떤 방향을 제시할 것으로 예감된다(소광섭 1999).

상자글 1

연어에 의한 물과 땅의 연결

1998년 가을 캘리포니아 대학교 버클리 캠퍼스에 머무는 동안 들은 두 가지 이야기가 각각 사람과 연어라는 다른 주제를 다루고 있지만 서로 연관성이 있다. 곧 그 곳 환경과학, 정책, 관리학과의 교수로 재직하며 몇 년 동안 연구를 계속해 오고 있던 젊은 곤충학자가 고향인 캐나다로 돌아가는 까닭이 바다에서 민물로 돌아가는 연어와 비슷한 맥락을 가지고 있었다.

캐나다 출신으로 미국의 괜찮은 대학에서 자리를 잡고 영구직을 보장받은 그는 비교적 성공한 편이었다. 그러나 버클리는 알다시피 많은 인종이 모여 나름대로 다양한 문화를 유지하는 한편 부작용이 없는 것이 아니었다. 특히 어린애에 대한 환경에는 바람직하지 않은 요소가 곳곳에 깔려 있다. 그 교수의 아들은 백인, 흑인, 히스패닉계 그리고 아시아계의 다툼 속에서 하루가 멀다 하고 얻어맞고 오기 일쑤였다. 그리하여 그는 이름 있는 대학의 교수직에 머물기를 포기하고 어린애의 장래를 생각하여 조용한 캐나다로 돌아가기로 했다.

하천답사를 나가 연어가 어떻게 자갈밭에 알을 낳느냐고 묻는 내게 나를 초청한 조경학 및 환경계획과 교수로 재직중인 G. Mathias Kondolf 박사는 이런 얘기를 해주었다.

온갖 물질이 많은 바다에 사는 연어의 입장에서 보면 민물은 사막과 같은 곳이다. 반면에 먹을 것이 풍부한 바다에는 또한 그 자원 때문에 몰려든 다른 힘센 동물들이 주는 위험요소들이 곳곳에 깔려 있다. 어미에게는 그 위험을 피해 갈 재간이 있지만 연약한 어린 새끼들은 그렇지 않아 새끼를 치고 키우기까지는 이러한 위험을 피할 수 있는 민물로 가는 것이다.

이 이야기를 다른 책에 나와 있는 그럴듯한 가설과 연결시켜 보면 말이 통한다(Allen & Hoekstra 1992). 맑은 민물에는 영양소가 적기 때문에 어린 새끼들이 먹을 먹이 또한 부족하다. 옛말에 水之淸卽無魚라는 말은 영양소가 없는 물에서는 부유물질이 생기지 않아 깨끗하게 보이며, 그에 따라 먹을 것이 없어 고기가 잘 살지 않는다는 뜻이다. 그렇기 때문에 사막과 같은 맑은 물에서 어미 연어는 죽음으로써 몸에 간직되어 있던 영양소를 풀어 놓고, 그 영양소를 기반으로 짧은 기간에 조류가 자란다. 갓 알에서 깬 연어 새끼는 그렇게 자란 조류를 먹고 큰 세상으로 나갈 힘을 기른다. 말하자면 어미의 죽음은 새끼들의 먹이를 위해 필연적이라는 얘기이다. 기억해 놓았던 맑은 물을 찾아 새끼를 키워야 하는 어미의 입장에서는 바다와 민물로 오가는 행위가 거의 유일한 선택이기도 하다.

이 과정에서 개별적인 연어의 이동은 무리를 지어 행동함으로써 바다에 있던 많은 양의 영양소를 하천에 있는 물벌레 및 송어류뿐만 아니라 뭍으로 옮기는 일을 하게 된다(표 9.1). 이를테면 회유하는 태평양 연어(*Onchorhynchus*)는 바다에서 유래된 영양소를 그들이 태어났던 시내와 강으로 이동시키게 된다. 연어 살에 포함된 영양소는 미생물의 분해와 동물의 포식을 통해서 민물에 풀어지기 때문이다. 따라서 연어가 있는 하천과 호수에서는 유기질소와 암모니아, 인의 농도가 증가할 뿐만 아니라 1차 생산성과 종속 영양활동

표 9.1 미국 동부 하천 주변 생물량의 총질소와 탄소 중에서 연어에 의해 바다로부터 옮겨 온 양의 백분율

물질	해양질소(%)	해양탄소(%)
수변식물의 잎	17.5	0.0
부착생물의 유기물	20.7	25.2
초식동물	24.8	29.2
써는 무리	23.8	0.0
줍는 무리	14.4	29.4
무척추동물 포식자	10.9	27.5
새끼송어 1살 미만	18.5	23.4
새끼송어 1-2살	25.6	24.8
새끼연어 1살 미만	30.6	39.5

Canadian Journal of Fisheries and Aquatic Sciences, Volume 53, R.E. Bilby, B.R. Fransen, & P.A. Bisson, "Incorporation of nitrogen and carbon from spawning coho salmon into the trophic system of small streams: Evidence from stable isotopes," pp. 164-173, Copyright (1996) NRC Research Press, with kind permission from NRC Research Press.

도 지리적으로 비슷한 위치에 있으나 연어가 없는 곳에 비해서 상대적으로 높아지게 된다(Ben-David 등 1998).

이는 물과 땅으로 이루지는 모자이크 안에서 하천이라는 통로로부터 땅이라는 경관요소로 물질이 이동하는 과정이다. 연어로부터 유래되어 하천 주변의 육상으로 옮겨가는 영양소의 중요성은 그 지역에서 1차 생산이 영양소에 의해 어느 정도 제한되는 정도에 달려 있다(Ben-David 등 1998). 즉 이미 토양에 영양소가 많은 곳에서는 연어에 의한 보탬이 1차 생산성 증대에 큰 도움이 되지 않으나 척박한 토양의 경우에는 중요한 도움이 된다. 다만 물이 깨끗하다는 것은 주변 토양이 대체로 척박하여 물로 씻겨 들어오는 영영소가 적은 경우가 많으므로 일반적으로 연어에서 옮겨진 영양소는 그 지방의 육상생태계 1차 생산성을 촉진할 것으로 사료된다. 이때 연어로부터 어느 정도의 영양소가 육지로 이동하게 될 것인가는 주변의 경관요소들이 이루는 맥락에 의해서도 영향을 받을 것이다. 왜냐하면 연어의 몸 일부를 육상으로 옮기는 동물들의 이동경로는 그 맥락 안에서 이루어지기 때문이다.

상자글 2

새로운 방향으로

이 원고를 재구성하기 시작한 1998년 초겨울엔 캘리포니아 대학교 버클리 캠퍼스의 환경과학, 정책, 관리 프로그램의 생태계 모형 강의에 참석하고 있었다. 대부분 생태계 과정을 다루고 있었지만 강의과정에서 생물학, 물리학, 농업기상학, 임학, 공학, 농업경제학 등의 학문적 배경을 가진 다양한 학생들과 교수 사이에 일어나는 정보의 흐름을 보며 몇 가지 새로운 생각을 해보는 계기가 되었다. 그 날의 일기 한 부분은 이렇게 적고 있다.

> 생태계 모형강의에서 학생들의 발표는 많은 것을 느끼게 한다. 착실하게 준비하고 잘 짜인 발표들은 오히려 교수의 강의보다 새롭고 알찬 내용들을 전달하고 있다. 몇 주일 전에 발표된 CASA(Canegi-Ames-Stanford Approach), 2주일 전의 Sib2(Simple Biosphere Model), 지난 주의 TEM(Terrestrial Ecosystem Model), 그리고 오늘의 EPIC & ALMANAC(Erosion-Productivity Impact Calculator & Land Management Alternatives with Numerical Assessment Criteria) 모형을 다루는 발표에서 인터넷으로 얻은 새로운 정보들이 학생으로부터 교수에게로 오히려 전통적인 과정과 역방향으로 전달되는 흐름의 시대를 실감한다. 학생들은 쉽게 접근한 자료를 필요한 만큼 뽑아 내어 가공하거나 원래 장소에 놓아 놓고 자그마한 컴퓨터를 들고

와서 정보를 전달한다. 인간에 의해서 물리적 공간제약으로 벗어나고 있는 정보흐름의 새로운 모습이다. 이 특성이 생태적 체계분석(system analysis)에 들어서는 이상 물리적인 공간에 맞추어 개발되어 온 대부분의 현재 개념은 힘을 잃을 것이다.

이제 대부분의 자료는 일정한 장소에 머물러 있으나 접근은 상상을 초월할 정도로 쉬워지고 있다. 이 상황에서 교수의 역할은 분명 달라질 것이고 학교행정의 역할과 구성 또한 달라져야 할 것이다. 대학이라는 체계 안에서 일어나는 정보흐름에 학생들의 역할이 더 큰 비중으로 떠오르는 만큼 의사결정과정에도 더 큰 참여가 뒤따라올 수밖에 없을 것이다. 의사결정과정에 젊은이들을 제쳐 놓는 지난 세태는 어른들이 더 많은 자료를 가지고 있고, 또 잘 가공할 수 있는 능력이 있다는 가정 아래서 유지되어 온 관습일 뿐이다.

경관요소 안에서 일어나는 에너지와 물질, 생물, 정보의 흐름은 경관요소의 내부 구성원과 경계의 특징에 따라 달라질 것이라는 점에서 경관의 기능과 학교의 기능은 비교된다. 하나의 공간체계로 볼 수 있는 경관조각의 모양은 외부와 반응을 할 수 있는 표면적을 결정함으로써 객체를 받아들일 수 있는 제한적 요소가 된다. 학교라는 단위를 경관에 비유할 때 각각의 대학 또는 학과는 조직위계에서 경관조각에 해당한다. 이때 수준이 다른 두 요소들의 역동적인 특성을 결정하고, 궁극적으로 지속가능성을 결정하는 외부와 반응은 그 체계가 가지고 있는 본질적인 특성이다. 즉 우리가 지금 마주 대하고 있는 경관의 특성과 대학교의 특성은 하나의 시간과정 위에 나타난 순간의 모습이며, 이 순간 일어나는 체계와 외부의 반응은 체계 속에 녹아들면서 미래의 운명을 결정한다. 다가올 외부자극 또는 교란요소들이 확정적이 아니라 확률적이라는 점에서도 경관과 학교는 공통성을 가진다.

학생들 각자의 특성에서 물리적으로 기술할 수 없는 무형의 요소가 큰 비중을 차지하고 있으나, 지금의 경관생태학은 각 경관요소의 물리적인 특징에 관심을 주로 보이고 있는 점에서 구별된다. 그러나 앞으로 생물정보와 무형의 문화정보의 흐름에 대한 내용이 경관생태학에서 조금씩 비중이 늘어날 것으로 보이며,[21] 가시적 요소와 무형 요소의 균형 있는 논의가 바람직하지만 불행하게도 여기서 그렇지 못했다. 경관조각의 가시적인 모양이 가지는 기능적인 부분을 아울러 다루었고, 그것이 가지는 속성은 결코 무시될 수 없지만 장래의 경관생태학이 정보의 흐름을 다루게 된다면 또다른 개념과 손잡지 않을 수 없을 것으로 보인다. 그런 의미에서 우리는 지금 생태학이 자연과학적 접근 안에서 머물러 있어 물리적이고 가시적인 연구내용이 우세한 시대에 살고 있는 탓에 제한된 개념

21) 생태계에 집적되는 정보를 에너지 소산구조(dissipative structure)에 의해서 형성되는 질서라고 정의한다면, 앞에서 살펴본 바와 같이 자연에 나타나는 모든 물질정보, 유전자에 포함되는 생물정보, 유형 · 무형의 문화정보로 나눌 수 있다(제3장 상자글 참조).

으로 경관생태학을 논의하고 있다. 앞으로 인간을 포함하는 생태계라는 새로운 문턱을 넘어서기 위해서 가시적 요소를 다루는 학문과 무형 요소를 다루는 학문의 대화가 절실히 요구되는 시기이기도 하다.

아무튼 모든 단위 또는 체계가 속성을 유지하고, 주변 여건의 변화 속에서 역동적으로 발전해 가기 위해서는 에너지와 물질, 생물, 정보의 유입과 가공이 필수적이다. 이러한 객체의 출입과 가공은 사실상 3차원적 공간단위의 경계를 통해서 일어난다. 그러므로 경관조각의 형태를 논의함에 있어서 평면적인 시각에서 보는 것은 그만큼 한계가 있다. 경관조각이 대기와 지하로부터 에너지와 물질을 받는 만큼 3차원적인 관점에서 논의 또한 필연적으로 따라올 연구과제라 믿는다. 어느 누가 이 학문적인 문턱을 넘어설 결정적인 입구를 찾거나 뛰어넘을 수 있는 힘을 축적할 것인가?

참고문헌

강동근. 1993.「동북 아시아 대기 오염 물질의 장거리 이동에 관한 연구」, 서울대학교 환경대학원 석사학위논문.

강선중. 1984.「한국 전통마을의 공간 구성방법에 대한 연구」, 명지대학교 건축공학과 석사학위논문.

건설교통부. 2000.『도로의 구조시설 기준에 관한 규칙 해설 및 지침』. 행정간행물 등록번호 11-1500000-000510-14.

김귀곤, 조동길. 1998.「도시생태네트워크구축에 관한 기초연구」,『환경복원녹화기술학회지』1: 70-83.

김용정. 1996.「엔트로피법칙과 프리고진의 산일구조」,『과학사상』16: 147-172.

김진수, 손요한, 신준환, 이도원, 최재천, R.B. Primack. 2000.『보전생물학』. 서울: 사이언스북스.

김학범. 1991.「한국의 마을원림에 관한 연구」, 고려대학교 박사학위논문.

김학범, 장동수. 1994.『마을숲: 韓國傳統部落의 堂숲과 水口막이』. 서울: 열화당.

김형국. 1997.『한국공간구조론』. 서울: 서울대학교출판부.

문형태, 남미숙, 조삼래. 1996.「백로와 왜가리의 집단번식에 의한 삼림토양 및 초본층 구조의 변화」,『한국임학회지』85: 506-512.

문형태, 조삼래. 1996.「백로와 왜가리 집단번식이 소나무군집에 미치는 영향」,『한국생태학회지』19: 47-53.

민족문화추진회. 1989.『산림경제』1권. 서울: 미문고.

박영임. 1996.「인공위성영상자료를 이용한 북한산 국립공원 전이지대 식생 분석」, 서울대학교 환경대학원 석사학위논문.

박재철. 1998.「전북 농어촌 지역 마을숲과 해안숲의 비교고찰」,『한국조경학회지』26: 133-142.

박찬용, 현중영 옮김. 1995.『조경설계론』. 서울: 대우출판사.

박창근. 1997.『시스템학』. 서울: 범양사출판부.

박해철. 2001.「농촌경관 변화로 사라지는 곤충」, 홍선기, 타바다, 이도원 (편저).『마을경관의 생태와 보존』(출간 예정).

서경주. 1996.「식생지수를 이용한 설악산 국립공원내 인간활동이 식생에 미치는 영향 분석」, 서울대학교 환경대학원 석사학위논문.

서창완. 2000.「GIS와 로지스틱 회귀분석을 이용한 멧돼지 서식지 모형 개발」, 서울대학교.

소광섭. 1999.『물리학과 대승기신론』. 서울: 서울대학교출판부.

손정목. 1977.『조선시대 도시 사회 연구』. 서울: 일지사.

송동하. 1999.「일일오염부하량 예측을 위한 분포형 유역모형개발」, 서울대학교 환경대학원 박사학위논문.

신동원, 김남일, 여인석. 1999.『한권으로 읽는 동의보감』. 서울: 들녘.

신상섭. 1999.「한국 전통마을의 공간구성과 환경설계원칙(상)」,『토지』. 1999년 9월호, 78-85쪽.

신재훈. 1999.「경관구조원리에 의한 생태적 산림보존 경계설정에 관한 연구」, 서울대학교 농업생명대학 석사학위논문.

심재한, 정규회. 1997.「생물다양성 보존을 위한 강원도 계방산 지역 양서 파충류의 종다양성 및 군집분석에 관한 연구」,『환경생태학회지』11(1): 84-99.

엄정희. 2000.「도시녹지계획을 위한 바람 통로 활용 방안 연구: 용인시를 대상으로」, 서울대학교 환경대학원 석사학위논문.

오재호. 1999.『기후학 I: 기후와 대기순환』. 서울: 아르케.

우실하. 1998.『전통 문화의 구성 원리』. 서울: 소나무.

유관호 편저. 1994.『색채이론과 실재』(개정판). 서울: 도서출판 청우.

윤일병. 1995.『수서곤충검색도설』. 서울: 정행사.

윤진일. 1999.『농업기상학』. 서울: 아르케.

윤형근 옮김. 1995.『공생의 사회, 생명의 경제: 지역자립의 경제학』. 서울: 도서출판 한살림.

이도원. 1982.「우리 나라 범람원의 토지이용적합성분석을 위한 식생조사 분석방법에 관한 연구: 경기도 광주군의 노곡천을 사례로」, 서울대학교 환경대학원 석사학위논문.

———. 1997.『떠도는 생태학』. 서울: 범양사출판부.

———. 1998.「경관생태학의 기본 개념과 환경 관리를 위한 가설적 제안」,『환경논총』36: 190-208.

———. 2000.「녹색띠의 생태적 의미」, http://megalam.chollian.net.

이도원, 박은진, 김은숙, 장현정 옮김. 2001.『생태학: 과학과 사회를 잇는 다리』. 서울: 사이언스북스.

이도원, 송동하, 임경수, 박은진, 강호정. 1999.「식생을 이용한 수질 관리: 생태구, 경관, 유역 규모에서 생태학적 접근」,『한국수자원학회』32(5): 134-147.

이도원, 유신재. 1993.「생태학적 생명관의 전개와 생명다양성」,『과학사상』7: 101-124.

이도원, 장현정, 강신규. 2000.「생태학적 · 육수학적 현상들에 대한 프랙탈의 적용」,『한국육수학회지』33: 69-79.

이우형. 1996.「옛 지도에서 읽어지는 우리 산 그 줄기: 우리 땅 그 산들은 우리의 역사와 문화창조의 모태」, 한국토지공사 엮음.『땅 이야기』. 한국토지공사 홍보실, 59-65쪽.

이인규, 김계중, 조재명, 이도원, 조도순, 유종수 엮음. 1994.『한국의 생물다양성 2000』. 서울: 민음사.

이정우 옮김. 1994.『생명의 논리, 유전의 논리』. 서울: 민음사.

이정전. 1999.『토지경제학』. 서울: 박영사.

이찬. 1991.『韓國의 古地圖』. 서울: 범우사.

이충효 옮김. 1998.『도도의 노래』1권. 서울: 도서출판 푸른솔.

장회익. 1998.『삶과 온생명』. 서울: 솔.

전경수. 1997.『환경친화의 인류학』. 서울: 일조각.

전석호. 1993.『정보사회론: 커뮤니케이션 혁명과 뉴미디어』. 서울: 나남.

전영우. 1999.『숲과 한국문화』. 서울: 수문출판사.

조도순. 1992.「경관생태학적 원리를 이용한 생물다양성 보존」,『한국생태학회/한국조경학회 공동심포지엄 논문집』. 25-39쪽.

조석필. 1997.『태백산맥은 없다』. 서울: 사람과 산.

차영두. 1997.「경부고속도로 서울진입부 경관개선 설계」, 서울대학교 환경대학원 석사학위논문.

최창조. 1984.『한국의 풍수사상』. 서울: 민음사.

한국도시연구소. 1998.『생태도시론: 한국 도시 환경문제 분석과 대안』. 서울: 박영사.

한동환, 성동환, 최원석. 1994.『자연을 읽는 지혜: 우리땅 풍수 기행』. 서울: 푸른나무.

한주성. 1996.『교통지리학』. 서울: 법문사.

한영우, 안휘준, 배우성. 1999.『우리 옛지도와 그 아름다움』. 서울: 효형출판.

현중영, 박찬용. 1997.「풍수지리의 시각적 구조의 과학적 분석과 해석: 하회, 양동 마을의 사례 연구」, 『한국조경학회지』 25(1): 124-134.

홍성학. 1998.「GAP analysis 기법을 이용한 중소하천의 어류다양성 예측」, 서울대학교 환경대학원 환경조경학과 석사학위논문.

환경부. 1995.『수질정보 종합관리 시스템 개발-수역 수질관리를 위한 수질예측 모형과 의사결정 지원시스템 개발에 관한 연구』.

———. 1995.『전국 그린네트워크화 구상: 사람과 생물이 어우러지는 자연만들기』. 3-45쪽.

황기원. 1998.『경관의 해석』(미출간 원고).

———. 1999.「토지에서 경관으로」, 김형국 엮음.『땅과 한국인의 삶』. 서울: 나남출판, 529-555쪽.

應用生態工學序說編輯委員會. 1997.『應用生態工學序說』. 東京: 信山社.

田端英雄. 1997.『里山の自然』. 東京: 保育社.

Addicott, J.F., J.M. Aho, M.F. Antolin, J.S. Richardson & D.A. Soluk. 1987. "Ecological neighborhoods: scaling environmental patterns," *Oikos* 49: 340-346.

Aelion, C.M. 1999. "Impact of land use on microbial transformations of atrazine," *Journal of Environmental Quality* 28: 683-691.

Agger, P. & J. Brandt. 1988. "Dynamics of small biotopes in Danish agricultural landscapes," *Landscape Ecology* 1: 227-240.

Ahl, V. & T.F.H. Allen. 1996. *Hierarchy Theory: A Vision, Vocabulary, and Epistemology*. New York, NY: Columbia University Press.

Alcock, J. 1993. *Animal Behavior: An Evolutionary Approach*. 5th ed., Sunderland, MA: Sinauer Associates Inc.

Allan, J.D. 1995. *Stream* Ecology: *Structure and Function of Running Waters*. New York, NY: Chapman & Hall.

Allen, T.F.H. 1998. "The landscape "level" is dead: Persuading the family to take it off the respirator," pp. 35-54, In: D.L. Peterson & V.T. Parker(eds.). *Ecological Scale: Theory and Application*. New York, NY: Columbia University Press.

Allen, T.F.H. & T.B. Starr. 1982. *Hierarchy: Perspectives for Ecological Complexity*. Chicago, IL: University of Chicago Press.

Allen, T.F.H. & T.W. Hoekstra. 1991. "Role of heterogeneity in scaling of ecological systems under analysis," pp. 47-68, In: J. Kolasa, S.T.A. Pickett(eds.). *Ecological Heterogeneity*. New York, NY: Springer-Verlag.

———. 1992. *Toward a Unified Ecology*. New York, NY: Columbia University Press.

Ambrose, J.P. 1987. "Dynamics of Ecological Boundary Phenomena Along the Borders of Great Smoky Mountains National Park," *NPS-CPSU Technical Report* 34. Athens, Georgia: US National Park Service, p. 193.

Ambuel, B. & S.A. Temple. 1983. "Area dependent changes in the bird communities and vegetation of southern Wisconsin forest," *Ecology* 64: 1057-1068.

Amezcua, A.B. & M. Holyoak. 2000. "Empirical evidence for predator-prey source-sink dynamics," *Ecology* 81: 3087-

3098.

Anderson, G.S. & B.J. Danielson. 1997. "The effect of landscape composition and physiognomy on metapopulation size: the role of corridors," *Landscape Ecology* 12: 261-271.

Andreassen, H.P., S. Halle & R.A. Ims. 1996a. "Optimal width of movement corridors for root voles: not too narrow and not too wide," *Journal of Applied Ecology* 33: 63-73.

Andreassen, H.P., R.A. Ims & O.K. Steinset. 1996b. "Discontinuous habitat corridors: effects on male root vole movement," *Journal of Applied Ecology* 33: 555-560.

Andren, H. 1994. "Effects of habitat fragmentation on birds and mammals in landscapes with different proportion of suitable habitat: a review," *Oikos* 71: 355-366.

______. "Effects of landscape composition on predation rates at habitat edges," pp. 225-255, In: L. Hansson, L. Fahrig & G. Merriam(eds.). *Mosaic Landscapes and Ecological Processes.* London, UK: Chapman & Hall.

Andren, H. & P. Angelstam. 1988. "Elevated predation rates as an edge effect in habitat islands: experimental evidence," *Ecology* 69: 544-547.

______. 1993. "Moose browsing on Scots pine in relation to stand size and distance to forest edge," *Journal of Applied Ecology* 30: 133-142.

Angelstam, P. 1986. "Predation on ground-nesting birds in relation to predator densities and habitat edges," *Oikos* 47: 365-373.

______. 1992. "Conservation of communities - the importance of edges, surroundings and landscape mosaic structure," pp. 9-70, In: L. Hansson(ed.). *Ecological Principles of Nature Conservation.* London, UK: Elsevier Applied Science.

Angelstam, P., L. Hansson & S. Pehrsson. 1987. "Distribution borders of field mice Apodemus: the importance of seed abundance and landscape composition," *Oikos* 50: 123-130.

Antolin, M.F. & J.F. Addicott. 1991. "Colonization, among shoot movement, and local population neighborhoods of two aphid species," *Oikos* 61: 45-53.

Armand, A.D. 1992. "Sharp and gradual mountain timberlines as a result of species interaction," pp. 360-378, In: A.J. Hansen & F. Di Castri(eds.). *Landscape Boundaries: Consequences for Biotic Diversity and Ecological Flows. Ecological Studies* 92. Berlin: Springer-Verlag.

Armentano, T.V. & E.S. Menges. 1986. "Patterns of change in the carbon balance of the organic soil-wetlands of the temperate zone," *Journal of Ecology* 74: 755-774.

Arnold, G.W. 1983. "The influence of ditch and hedgerow structure, length of hedgerows, and area of woodland and garden on bird numbers in farmland," *Journal of Applied Ecology* 20: 731-750.

Arrhenius, O. 1921. "Species and area," *Journal of Ecology* 9: 95-99.

Askins, R.A. 1995. "Hostile landscapes and the decline of migratory songbirds," *Science* 267: 1956-1957.

Askins, R.A., J.F. Lynch & R. Greenberg. 1990. "Population declines in migratory birds in eastern North American," *Current Ornithology* 7: 157.

Aston, A.R. 1979. "Rainfall interception by eight small trees," *Journal of Hydrology* 42: 383-396.

Austin, M.P., R.B. Cunningham & P.M. Fleming. 1984. "New approaches to direct gradient analysis using environmental scalars and statistical curve-fitting procedures," *Vegetatio* 55: 11-27.

Austin, R.F. 1984. "Measuring and comparing two-dimensional shapes," pp. 293-312, In: G.L. Gaile & C.J. Willmott (eds.). *Spatial Statistics and Models.* Boston, MA: Reidel.

Bach, C.E.1988a. "Effects of host plant patch size on herbivore density: patterns," *Ecology* 69: 1090-1102.

———. 1988b. "Effects of host plant patch size on herbivore density: underlying mechanisms," *Ecology* 69: 1103-1117.

Bakowski, C. & M. Kozakiewicz. 1988. "The effect of forest road on bank vole and yellow-necked mouse populations," *Acta Theriol* 33: 345-353, Recited by Dobrowolski et al. (1993).

Balling, J.D. & J.H. Falk. 1982. "Development of visual preference for natural environment," *Environmental Behavior* 14: 5-29.

Balser, D., A. Bielak, G. De Boer, T. Tobis, G. Adindu & R.S. Dorney. 1981. "Nature reserve designation in a cultural landscape, incorporating island biogeographic theory," *Landscape Planning* 8: 329-347.

Band, L.E. "A terrain based watershed information system," *Hydrological Processes* 3: 151-163.

Barlow, C. (ed.) 1991. *From Gaia to Selfish Genes*. Cambridge, MA: The MIT Press.

Baron, J.S., M.D. Hartman, T.G.F. Kittel, L.E. Band, D.S. Ojima & R.B. Lammers. 1998. "Effects of land cover, water redistribution, and temperature on ecosystem processes in the South Platte Basin," *Ecological Applications* 8: 1037-1051.

Barton, D.R., W.D. Taylor & R.M. Biette. 1985. "Dimensions of riparian buffer strips required to maintain trout habitat in southern Ontario streams," *North American Journal of Fisheries and Management* 5: 364-378.

Bascompte, J. & C. Vila. 1997. "Fractals and search paths in mammals," *Landscape Ecology* 12: 213-221.

Baudry, J. & F. Burel. 1984. "Landscape project: remembrement, landscape consolidation in France," *Landscape Planning* 11: 235-241.

Bayliss-Smith, T. & S. Owens. 1990. *Britain's Changing Environment*. Cambridge, UK: Cambridge University Press.

Bazzaz, F.A. 1983. "Characteristics of populations in relation to disturbance in natural and man-modified ecosystems," pp. 256-275, In: H.A. Mooney & M. Godron(eds.). *Disturbance and Ecosystems: Components of Response*. New York, NY: Springer-Verlag.

Beasom, S. L., E. P. Wiggers & J.R. Giardino. 1983. "A technique for assessing land surface ruggedness," *Journal of Wildlife Management* 47: 1163-1169.

Beeby, A. 1993. *Applying Ecology*. London, UK: Chapman & Hall.

Beeby, A. & A.-M. Brennan. 1997. *First Ecology*. London, UK: Chapman & Hall.

Begon, M., J.L. Harper & C.R. Townsend. 1986. *Ecology: Individuals, Populations and Communities*. Oxford, UK: Blackwell Scientific Publications.

Beier, P. & R.F. Noss. 1998. "Do habitat corridors provide connectivity?" *Conservation Biology* 12: 1241-1252.

Bell, S. 1993. *Elements of Visual Design in the Landscape*. London, UK: E & FN Spon.

Bell, S.S., M.S. Fonseck & L.B. Motten. 1997. "Linking restoration and landscape ecology," *Restoration Ecology* 5: 318-323.

Bellamy, P.E., S.A. Hinsley, & I. Newton. 1996. "Factors influencing bird species numbers in small woods in south-east England," *Journal Applied Ecology* 33: 249-262.

Bender, D.J., T.A. Contreras & L. Fahrig. 1998. "Habitat loss and population decline: A meta-analysis of the patch size effect," *Ecology* 79: 517-533.

Ben-David, M., T.A. Hanley & D.M. Schell. 1998. "Fertilization of terrestrial vegetation by spawning Pacific salmon: the role of flooding and predator activity," *Oikos* 83: 47-55.

Bennett, A.F. 1990. "Habitat corridors and the conservation of small mammals in a fragmented forest environment,"

Landscape Ecology 4: 109-122.

Benson, B.J. & M.D. MacKenzie. 1995. "Effects of sensor spatial resolution on landscape structure parameters," *Landscape Ecology* 10: 113-120.

Benttez-Malvido, J. 1998. "Impact of forest fragmentation on seedling abundance in a tropical rain forest," *Conservation Biology* 12: 380-389.

Berg, A. & T. Part. 1994. "Abundance of breeding farmland birds on arable and set-aside fields at forest edges," *Ecography* 17: 147-152.

Berg, B. & 13 persons. 1993. "Litter mass loss rates in pine forests of Europe and Eastern United States: some relationships with climate and litter quality," *Biogeochemistry* 20: 127-159.

Berger, J. 1990. "Persistence of different-sized populations: an empirical assessment of rapid extinctions in bighorn sheep," *Conservation Biology* 4: 91-98.

Bergin, T.M., L.B. Best, K.E. Freemark & K.J. Koehler. 2000. "Effects of landscape structure on nest predation in roadsides of a midwestern agroecosystem: a multiscale analysis," *Landscape Ecology* 15: 131-143.

Bierregaard, R.O., Jr. & P.C. Stouffer. 1997. "Understory birds and dynamic habitat mosaics in Amazonian rainforest," pp. 138-155, In: W.F. Laurance & R.O. Bierregaard, Jr. (eds.) *Tropical Forest Remnants: Ecology, Management, and Conservation of Fragmented Communities*. Chicago, IL: The University of Chicago Press.

Bierregaard, R.O., Jr., T.E. Lovejoy, V. Kapos, A.A. Dos Santos & R.W. Hutchings. 1992. "The biological dynamics of tropical rainforest fragments," *BioScience* 42: 859-866.

Bilby, R.E. & J.W. Ward. 1991. "Large woody debris characteristics and functions in streams draining old-growth, clear-cut, and second-growth forests in southwestern Washington," *Canadian Journal of Fisheries and Aquatic Sciences* 48: 2499-2508.

Bilby, R.E., B.R. Fransen & P.A. Bisson. 1996. "Incorporation of nitrogen and carbon from spawning coho salmon into the trophic system of small streams: Evidence from stable isotopes," *Canadian Journal of Fisheries and Aquatic Sciences* 53: 164-173.

Bird, P.R. 1998. "Tree windbreaks and shelter benefits to pasture in temperate grazing systems," *Agroforestry Systems* 41: 35-54.

Bisson, P.A., T.P. Quinn, G.H. Reeves & S.V. Gregory. 1992. "Best management practices, cumulative effects, and long-term trends in fish abundance in Pacific Northwest rivers systems," pp. 189-233, In: R.J. Naiman(ed.). *Watershed Management: Balancing Sustainability and Environmental Change*. New York, NY: Springer-Verlag.

Bissonette, J.A. 1997. "Scale-sensitive ecological properties: Historical context, current meaning," pp. 3-31, In: J.A. Bissonette(ed.). *Wildlife and Landscape Ecology: Effects of Pattern and Scale*. New York, NY: Springer-Verlag.

Bissonette, J.A., R.J. Frederickson & B.J. Tucker. 1989. "Pine marten: a case for landscape level management," *Transactions for North American Wildlife and Natural Resources Confedration* 54: 89-101.

Bissonette, J.A., D.J. Harrison, C.D. Hargis & T.G. Chapin. 1997. "The influence of spatial scale and scale-sensitive properties on habitat selection by Americn margen," pp. 368-385, In: J.A. Bissonette(ed.). *Wildlife and Landscape Ecology: Effects of Pattern and Scale*. New York, NY: Springer-Verlag.

Bjorklund, J., K.E. Limburg & T. Rydberg. 1999. "Impact of production intensity on the ability of the agricultural landscape to generate ecosystem services: an example from Sweden," *Ecological Economics* 29: 269-291.

Blondel, J. 1987. "From biogeography to life history: a multithematic approach illustrated by the biogeography of vertebrates," *Journal of Biogeography* 14: 405-422.

Bormann, F.H. & G.E. Likens. 1967. "Nutrient cycling," *Science* 155: 424-429.

———. 1979. *Pattern and Processes in a Forested Ecosystem*. New York, NY: Springer-Verlag.

Boumans, R.M.J., J.W. Day, G.P. Kemp & K. Kilgen. 1997. "The effect of intertidal sediment fences on wetland surface elevation, wave energy and vegetation establishment in two Louisiana coastal marshes," *Ecological Engineering* 9: 37-50.

Bowden, R.D., K.M. Newkirk & Rullo. 1998. "Carbon dioxide and methane fluxes by a forest soil under laboratory-controlled moisture and temperature conditions," *Soil Biology and Biochemistry* 30: 1591-1597.

Bowman, G.B. & L.D. Harris. 1980. "Effect of spatial heterogeneity on ground-nests depredation," *Journal of Wildlife Management* 44: 806-813.

Bowne, D.R., J.D. Peles & G.W. Barrett. 1999. "Effects of landscape spatial structure on movement patterns of the hispid cotton rat (Sigmodon hispidus)," *Landscape Ecology* 14: 53-65.

Bradshaw, G.A. 1998. "Defining ecologically relevant change in the process of scaling up: implications from monitoring at the "Landscape" level," pp. 227-249, In: D.L. Peterson & V.T. Parker(eds.). *Ecological Scale: Theory and Application*. New York, NY: Columbia University Press.

Brady, N. & R.R. Weil. 1999. *The Nature and Properties of Soils*. 12th ed., Upper Saddle River, NJ: Prentice Hall.

Brandle, J.R., D.L. Hintz & J.W. Sturrock(eds.). 1988. *Windbreak Technology*. Amsterdam: Elsevier.

Brittingham, M.C. & S.A. Temple. 1983. "Have cowbirds caused forest songbirds to decline?" *BioScience* 33: 31-35.

Brocke, R.H., J.P. O' Pezio & K.A. Gustafson. 1990. "A forest management scheme mitigating impact of road networks on sensitive wildlife," pp. 13-17, In: *Is Forest Fragmentation a Management Issue in the Northeast?* Radnor, PA: General Technical Report NE-140, US Forest Service.

Brockway, D.G. 1998. "Forest plant diversity at local and landscape scales in the Cascade Mountains of southwestern Washington," *Forest Ecology and Management* 109: 323-341.

Brody, A.J. & M.R. Pelton. 1989. "Effects of roads on black bear movements in western North Carolina," *Wildlilfe Society Bulletin* 17: 5-10.

Brokaw, N.V.L. 1982. "The definition of treefall gap and its effect on measures of forest dynamics," *Biotropica* 14: 158-160.

———. 1985. "Gap-phase regeneration in a tropical forest," *Ecology* 66: 682-687.

Brooks, K.N., P.F. Ffolliott, H.M. Gregersen & J.L. Thames. 1991. *Hydrology and the Management of Watersheds*. Ames, IA: Iowa State Unversity Press.

Brosofske, K.D., J. Chen, R.J. Naiman & J.F. Franklin. 1997. "Harvesting effects on microclimatic gradients from small streams to uplands in western Washington," *Ecoloical Applications* 7: 1188-1200.

Brothers, T.S. 1993. "Fragmentation and edge effects in central Indiana old-growth forests," *Natural Areas Journal* 13: 268-275.

Brothers, T.S. & A. Spingarn. 1992. "Forest fragmentation and alien plant invasion of central Indiana old-growth forest," *Conservation Biology* 6: 91-100.

Brown, J.H. 1986. "Two decades of interaction between the MacArthur-Wilson model and the complexities of mammalian distributions," *Biological Journal of the Linnean Society* 28: 231-251.

Bruenig, E. 1987. "The forest ecosystem: tropical and boreal," *Ambio* 14(2-3): 68-79.

Brussard, P.F., J.M. Reed & C.R. Tracy. 1998. "Ecosystem management: what is it really?" *Landscape and Urban Planning* 40: 9-20.

Buechner, M. 1989. "Are small-scale landscape features important factors for field studies of small mammal dispersal sinks?" *Landscape Ecology* 2: 191-199.

Bunce, R.G.H. & R.H.G. Jongman. 1993. "An introduction to landscape ecology," pp. 3-10, In: R.G.H. Bunce, L. Ryszkowski, & M.G. Paoletti(eds.). *Landscape Ecology and Agroecosystems*. Boca Raton, FL: Lewis Publishers.

Bunge, W. 1966. *Theoretical Geography*. 2nd ed., Lund Studies in Geography Series C. General and Mathematical Geography 1, Sweden: The Royal University of Lund.

Bunnel, S.D. & D.R. Johnson. 1974. "Physical factors affecting pika density and dispersal," *Journal of Mammalogy* 55: 866-869.

Burbrink, F.T., C.A. Phillips & E.J. Heske. 1998. "A riparian zone in southern Illinois as a potential dispersal corridor for reptiles and amphibians," *Biological Conservation* 86: 107-115.

Burel, F. & J. Baudry. 1990a. "Hedgerow network patterns and processes in France," pp. 99-120, In: I.S. Zonneveld & R.T.T. Forman(eds.). *Changing Landscapes: An Ecological Perspective*. New York, NY: Springer-Verlag.

______. 1990b. "Structural dynamics of a hedgerow network landscape in Brittany France," *Landscape Ecology* 4: 197-210.

______. 1995. "Social, aesthetic and ecological aspects of hedgerows in rural landscapes as a framework for greenways," *Landscape and Urban Planning* 33: 327-340.

Burel, F. & J. Baudry, & H,-C. Lefeuvre. 1993. "Landscape structure and the control of water runoff," pp. 41-47, In: R.G.H. Bunce, L. Ryszkowski, & M.G. Paoletti(eds.). *Landscape Ecology and Agroecosystems*. Boca Raton, FL: Lewis Publishers.

Burgess, R.L. 1988. "Community organization: effects of landscape fragmentation," *Canadian Journal of Botany* 66: 2687-2690.

Burgi, M. 1999. "A case study of forest change in the Swiss lowlands," *Landscape Ecology* 14: 567-575.

Burkey, T.B. 1995. "Extinction rates in archipelagos: implications for populations in fragmented habitats," *Conservation Biology* 9: 527-541.

Burns, T.P., B.C. Patten & M. Higashi. 1991. "Hierarchical evolution in ecosystem networks: Environs and selection," pp. 211-239, In: M. Higashi & T.P. Burns(eds.). *Theoretical Studies and Ecosystems: The Network Perspective*. Cambridge, UK: Cambridge University Press.

Burton, A.J., K.S. Pregitzer & D.D. Reed. 1991. "Leaf area and foliar biomass relationships in northern hardwood forest located along an 800 km acid deposition gradient," *Forest Science* 37: 1041-1052.

Busack, S.D. & S.B. Hedges. 1984. "Is the peninsula effect a red herring?" *American Naturalist* 123: 266-275.

Cable, T.T. 1991. "Windbreaks, wildlife, and hunters," pp. 35-55, In: J.E. Rodiek & E.G. Bolen(eds.). *Wildlife and Habitats in Managed Landscapes*. Washington, D.C: Island Press.

Cadenasso, M.L. & S.T.A. Pickett. 2000. "Linking forest edge structure to edge function: mediation of herbivore damage," *Journal of Ecology* 88: 31-44.

Cairns, M.A., P.K. Haggerty, R. Alvarez, B.H.J. De Jong & I. Olmsted. 2000. "Tropical Mexico's recent land-use change: a region's contribution to the global carbon cycle," *Ecological Applications* 10: 1426-1441.

Calder, J.R. 1986. "What are the limits on forest evaporation? A further comment," *Journal of Hydrology* 89: 33-36.

Callaway, R.M., A. Sala & R.E. Kearne. 2000. "Succession may maintain high leaf area: Sapwood ratios and productivity in old subalpine forests," *Ecosystems* 3: 254-268.

Cantwell, M.D. & R.T.T. Forman. 1994. "Landscape graphs: ecological modeling with graph theory to detect configurations common to diverse landscapes," *Landscape Ecology* 8: 239-255.

Capra, F. 1996. *The Web of Life*. New York, NY: Anchor Books Doubleday.

Cargill, A.S., II. 1980. "Lack of rainbow trout movement in a small stream," *Transactions of the American Fisheries Society* 109: 484-490.

Charney, J., P.H. Stone & W.J. Quirk. 1975. "Drougt in the Sahara: A biogeophysical feedback mechanism," *Science* 187: 434-435.

Chasko, G.G. & J.E. Gates. 1982. "Avian habitat suitability along a transmission-line corridor in an oak-hickory forest region," *Wildelife Monographs* 82: 1-41.

Chen, J. 1991. *Edge effects: microclimatic pattern and biological responses in old glowth Douglas-fir forests.* Ph.D. dissertation, Seatle, WA: University of Washington.

Chen, J., J.F. Franklin & T.A. Spies. 1995. "Growing season microclimatic gradient from clearcut edges into old-growth Douglas-fir forest," *Ecological Applications* 5: 74-86.

Chen, J. S.C. Saunders, T.R. Crow, R.J. Naiman, K.D. Brosofske, G.D. Mroz, B.L. Brrokshire & J.F. Franklin. 1999. "Microclimate in forest ecosystem and landscape ecology," *BioScience* 49: 288-297.

Chen, J.M. & J. Cihlar. 1996. "Retrieving leaf area index of boreal conifer forests using Landsat TM images," *Remote Sensing of the Environment* 55: 153-162.

Cherrett, J.M. 1989. "Key concepts: the results of a survey of our member's opinions," pp. 1-16, In: J.M. Cherrett(ed.). *Ecological Concepts*. London, UK: Blackwell Scientific Publications.

Choe, S. 1998. "Urban corridors in Pacific Asia," pp. 155-173, In: F. Lo & Y. Yeung(eds.). *Globalization and the World of Large Cities*. Tokyo, Japan: United Nations University Press.

Clergeau, P. & F. Burel. 1997. "The role of spatio-temporal patch connectivity at the landscape level: an example in a bird distribution," *Landscape and Urban Planning* 38: 37-43.

Coats, R.N. & T.O. Miller. 1981. "Cumulative silvicultural impacts to edge environments in old-growth Douglas-fir forests," *Environmental Management* 5: 147-160.

Collinge, S.K. 2000. "Effects of grassland fragmentation on insect species loss, colonization, and movement patterns," *Ecology* 81: 2211-2226.

Collinge, S.K. & S.M. Louda. 1989. "Influence of plant phenology on the insect herbivore/bittercress interaction," *Oecologia* 79: 111-116.

Collingham, Y.C. & B. Huntley. 2000. "Impacts of habitat fragmentation and patch size upon migration rates," *Ecological Applications* 10: 131-144.

Compton, J.E. & R.D. Boone. 2000. "Long-term impacts of agriculture on soil carbon and nitrogen in New England forests," *Ecology* 81: 2314-2330.

Compton, J.E., R.D. Boone, G. Motzkin, & D.R. Foster. 1998. "Soil carbon and nitrogen in a pine-oak sand plain in central Massachusetts: role of vegetation and land-use history," *Oecologia* 116: 536-542.

Connor, E.F. & E.D. McCoy. 1979. "The statistics and biology of the species-are relationships," *American Naturalist* 113: 791-833.

Copeland, J.H., R.A. Pielke & G.F. Kitte. 1996. "Potential climatic impacts of vegetation change: a regional modeling study," *Journal of Geophysical Research* 101: 7409-7418.

Cornet, A.F., J.P. Delhoume & C. Montana. 1988. "Dynamics of striped vegetation patterns and water balance in the Chihuahuan Desert," pp. 221-231, In: H.J. During, M.J.A. Werger & J.H. Willens(eds.). *Diversity and Pattern in Plant Communities*. The Hague, The Netherlands: SPB Academic Publishing.

Cornet, A.F., C. Montana, J.P. Delhoume & L. Lopez-Portillo. 1992. "Water flows and the dynamics of desert vegetation strips," pp. 327-345, In: A.J. Hansen & F. Di Castri(eds.). *Landscape Boundaries: Consequences for Biotic Diversity and Ecological Flows. Ecological Studies 92*. Berlin: Springer-Verlag.

Covich, A.P. 1976. "Analyzing shapes of foraging areas: some ecological and economic theories," *Annual Reviews of Ecology and Systematics* 7: 235-257.

Crabtree, R.L., L.S. Broome & M.E. Wolfe. 1989. "Effects of habitat characteristics on gadwall nest predation and nest-site selection," *Journal of Wildlife Management* 53: 129-137.

Crow, T.R., G.E. Host & D.J. Mladenoff. 1999. "Ownership and ecosystem as sources of spatial heterogeneity in a forest landscape, Wisconsin, USA," *Landscape Ecology* 14: 449-463.

Crowell, K.L. 1986. "A comparison of relict versus equilibrium models for insular mammals of the Gulf of Maine," *Biological Journal of the Linnean Society* 28: 37-64.

Crowley, P.H. 1978. "Effective size and the persistence of ecosystem," *Oecologia* 35: 185-195.

Cunningham, S.A. 2000. "Effects of habitat fragmentation on the reproductive ecology of four plant species in Mallee woodland," *Conservation Biology* 14: 758-768.

Curatolo, J.A. & S.M. Murphy. 1986. "The effects of pipelines, roads, and traffic on movements of caribou, Rangifer tarandus," *Canadian Field Naturalists* 100: 218-224.

Dale, V.H., S. Brown, R.A. Haeuber, N.T. Hobbs, N. Huntly, R.J. Naiman, W.E. Riebsame, M.G. Turner & T.J. Valone. 2000. "Ecological principles and guidelines for managing the use of land," *Ecological Applications* 10: 639-670.

Danielson, B.J. & M.W. Hubbard. 2000. "The influence of corridors on the movement behavior of individual Peromyscus polionotus in experimental landscapes," *Landscape Ecology* 15: 323-331.

Darlington, P.J., Jr. 1957. *Zoogeography: the Geographical Distribution of Animals*. New York, NY: John Wiley & Sons.

Davies, J. & T. Glick. 1978. "Urban ecosystems and island biogeography," *Environmental Conservation* 5: 299-304.

Dawkins, R. 1976. *The Selfish Gene*. New York., NY: Oxford University Press, p. 224.

Decamps, H., J. Joachim & J. Lauga. 1987. "The important for birds of the riparian woods within the alluvial corridor of the River Garonne, S.W. France," *Regulated Rivers: Research and Management* 1: 301-316.

DeFerrai, C.M. & R.J. Naiman. 1994. "A multiscale assessment of the occurrence of exotic plant on the Olympic Peninsular, Washington," *Journal of Vegetation Science* 5: 247-258.

Delcourt, H.R. & P.A. Delcourt. 1988. "Quaternary landscape ecology: relevant scales in space and time," *Landscape Ecology* 2: 23-44.

Dennis, P.D., M.B. Thoas & N.W. Sotherton. 1994. "Structural features of field boundaries which influence the overwintering densities of beneficial arthropod predators," *Journal of Applied Ecology* 31: 361-370.

Denslow, J.S. 1980. "Gap partitioning among rainforest trees," *Biotropica* 12 (Supplement to Number 2): 47-55.

Deutschman, D., G.A. Bradshaw, W.M. Childress, K. Daly, D. Grunbaum, M. Pascual, N. Schumaker & J. Wu. 1993. "Mechanisms of patch formation," pp. 184-209, In: S.A. Levin, T.M. Powell, & J.H. Steele(eds.). *Patch Dynamics*.

Berlin: Springer-Verlag.

Diamond, J.M. 1975. "The island dilemma: Lessons of modern biogeography studies for the design of natural reserves," *Biological Conservation* 7: 129-146.

Dicke, M. & P.A. "Using fractal dimensions for characterizing tortuosity of animal trails," *Physiological Entomology* 13: 393-398.

Dillaha, T. A., R. B. Reneau, S. Mostagnimi & D. Lee. 1989. "Vegetative filter strips for agricultural nonpoint source pollution control," *Transactions American Society of Agricultural Engineers* 32: 513-519.

Dillaha, T.A., J.H. Sherrard & D. Lee. 1989. "Long-term effectiveness of vegetative filter strips," *Water Environment & Technology* 1: 419-421.

Dingman, S.L. 1994. *Physical Hydrology*. New York, NY: Macmillan Publishing Company.

Dobrowolski, K., A. Banach, A. Kozakiewicz & M. Kozakiewicz. 1993. In: R.G.H. Bunce, L. Ryszkowski, & M.G. Paoletti(eds.). *Landscape Ecology and Agroecosystems*. Boca Raton, FL: Lewis Publishers, pp. 61-70.

Dobson, A.P., A.D. Bradshaw & A.J.M. Baker. 1997. "Hopes for the future: Restoration ecology and conservation biology," *Science* 515-522.

Douglas, W.O. 1994. "The design of conservation reserves," pp. 265-304, In: G.K. Meffe. C.R. Carroll and others(eds.). *Principles of Conservation Biology*. Sunderland, MA: Sinauer Associates Inc.

Downes, S.J., K.A. Handasyde & M.A. Eagler. 1997a. "The use of corridors by mammals in fragmented Australian Eucalypt forests," *Conservation Biology* 11: 718-726.

______. 1997b. "Variation in the use of corridors by introduced and native rodents in south-eastern Australia," *Biological Conservation* 82: 379-383.

Doyle, R. C., G. C. Stanton & D. C. Wolf. 1977. "Effectiveness of forest and grass buffer filters in improving the water quality of manure polluted runoff," *ASAE Paper*. No. 77-2501, St. Joseph, MI: American Society of Agricultural Engineer.

Dramstad, W.E. & G.L.A. Fry. 1995. "Foraging activity of bumble-bees (Bombus) in relation to flower resources on arable land," *Agricultural Ecosystems and Environment* 53: 123-135.

Dramstad, W.E., J.D. Olson & R.T.T. Forman. 1996. *Landscape Ecology Principles in Landscape Architecture and Land-Use Planning*. Washington, DC: Island Press.

Drapeau, P., A. Leduc, J.-F. Giroux, J.-P.L. Savard, Y. Bergeron & W.L. Vickery. 2000. "Landscape-scale disturbances and changes in bird communities of boreal mixed-wood forests," *Ecological Monographs* 70: 423-444.

Dunning, J.B., B.J. Danielson & H.R. Pulliam. 1992. "Ecological processes that affect populations in complex landscapes," *Oikos* 65: 169-175.

Durelli, P., M. Studer, I. Marchand & S. Jacob. 1990. "Population movements of arthropods between natural and cultivated areas," *Biological Conservation* 54: 193-207.

Edwards, W. M., L. B. Owens & R. K. White. 1983. "Managing runoff from a small, paved beef feedlot," *Journal of Environmental Quality* 12: 281-286.

Egglishaw, H.J. 1964. "The distributional relationship between the bottom fauna and plant detritus in streams," *Journal of Animal Ecology* 38: 19-33.

Ellenberg, H. 1986. *Vegetation Ecology of Central Europe*. 4th ed., Cambridge, UK: Cambridge University Press.

Ellis, L.M., M.C. Molles, Jr. & C.S. Crawford. 1999. "Influence of experimental flooding on litter dynamics in a Rio

Grande riparian forest, New Mexico," *Restoration Ecology* 7: 193-204.

Emlen, J.T. 1981. "Divergence in the foraging responses of birds on two Bahama islands," *Ecology* 62: 289-295.

Esseen, P.-A., K.-E. Renhorn. 1998. "Edge effect on an epiphytic lichen in fragmented forest," *Conservation Biology* 12: 1307-1317.

Fagan, W.F., R.S. Cantrell & C. Cosner. 1999. "How habitat edges change species interactions," *American Naturalist* 153: 165-182.

Fahrig, L. 1992. "Relative importance of spatial and temporal scales in a patchy environment," *Theoretical Population Biology* 41: 300-314.

Fahrig, L. & G. Merriam. 1985. "Habitat patch connectivity and population survival," *Ecology* 66: 1762-1768.

———. 1994. "Conservation of fragmented populations," *Conservation Biology* 8: 50-59.

———. 1985. "Habitat patch connectivity and population survival," *Ecology* 66: 1762-1768.

Fahrig, L. & J. Paloheimo. 1988. "Effect of spatial arrangement of habitat patches on local population size," *Ecology* 69: 468-475.

Fahrig, L., J.H. Pedlar, S.E. Pope, P.D. Taylor & J.F. Wegner. 1995. "Effect of road traffic on amphibian density," *Biological Conservation* 73: 177-182.

Falkner, M.B. & T.J. Stohlgren. 1997. "Evaluating the contribution of small National Park Areas to regional biodiversity," *Natural Areas Journal* 17: 324-330.

Farina, A. 1998. *Principles and Methods in Landscape Ecology*. London, UK: Chapman & Hall.

Fassnacht, K.S. & S.T. Gower. 1997. "Interrelationships among the edaphic and stand characteristics, leaf area index, and aboveground net primary production of upland forest ecosystems in north central Wisconsin," *Canadian Journal of Forest Research* 27: 1058-1069.

Feldhamer, G.A., J.E. Gates, D.M. Harman, A.J. Loranger & K.R. Dixon. 1986. "Effects of interstate highway fencing on white-tailed deer activity," *Journal of Wildlife Management* 50: 497-503.

Ferreira, L.V. & W.F. Laurance. 1997. "Effect of forest fragmentation on mortality and damage of selected trees in central Amazonia," *Conservation Biology* 11: 797-801.

Ffolliott, P.F. & D.B. Thorud. 1974. "A technique to evaluate snowpack profiles in and adjacent to forest openings," *Hydrology and Water Resources of Arizona and the Southwest* 4: 10-17 (Brooks 등 1991 재인용).

Findlay, C.S. & J. Houlahan. 1997. "Anthropogenic correlates of species richness in southeastern Ontario wetlands," *Conservation Biology* 11: 1000-1009.

Fleury, A.M. & R.D. Brown. 1997. "A framework for the design of wildlife conservation corridors with specific application to southwestern Ontario," *Landscape and Urban Planning* 37: 163-186.

Flores, A., S.T.A. Pickett, W.C. Zipper, R.V. Pouyat & R. Pirani. 1998. "Adopting a modern ecological view of the metropolitan landscape: the case of a green space system for the New York City region," *Landscape and Urban Planning* 39: 295-308.

Forman, R.T.T. 1983. "An ecology of the landscape," *BioScience* 33: 535.

———. 1990. "The beginnings of landscape ecology in America," pp. 35-44, In: I.S. Zonneveld and R.T.T. Forman (eds.). *Changing Landscapes: An Ecological Perspective*. New York, NY: Springer-Verlag.

———. 1991. "Landscape corridors: from theoretical foundations to public policy," pp. 71-84, In: D.A. Saunders & R.J. Hobbs(eds.). *Nature Conservation 2: The Role of Corridors*. Chipping Norton, Australia: Surrey Beatty.

———. 1995. *Land Mosaics: The Ecology of Landscape and Regions*. Cambridge, UK: Cambridge University Press.

Forman, R.T.T. & L.E. Alexander. 1998. "Roads and their major ecological effects," *Annual Review of Ecology and Systematics* 29: 207-231.

Forman, R.T.T. & M. Godron. 1981. "Patches and structural components for a landscape ecology," *BioScience* 31: 733-740.

———. 1986. *Landscape Ecology*. New York, NY: John Wiley & Sons, Inc.

Forman, R.T.T. & D.C. Hahn. 1980. "Spatial patterns of trees in a Caribbean semievergreen forest," *Ecology* 61: 1267-1274.

Forman, R.T.T. & P.N. Moore. 1992. "Theoretical foundations for understanding boundaries in landscape mosaics," In: A.J. Hansen & F. di Castri(eds.). *Landscape Boundaries*. New York, NY: Springer-Verlag.

Forman, R.T.T., A.E. Galli & C.F. Leck. 1976. "Forest size and avian diversity in New Jersey woodlots with some land use implications," *Oecologia* 26: 1-8.

Forys, E. & S.R. Humphrey. 1999. "The importance of patch attributes and context to the management and recovery of an endangered lagomorph," *Landscape Ecology* 14: 177-185.

Fox, B.J., J.E. Taylor, H.D. Fox & C. Williams. 1997. "Vegetation changes across edges of rainforest remnants," *Biological Conservation* 82: 1-13.

Franklin, J.F. 1993. "Preserving biodiversity: species, ecosystems, or landscapes?" *Ecological Applications* 3: 202-205.

Franklin, J.F. & R.T.T. Forman. 1987. "Creating landscape patterns by forest cutting: ecological consequences and principles," *Landscape Ecology* 1: 5-18.

Freemark, K. 1995. "Assessing effects of agriculture on terrestrial wildlife: Developing a hierarchical approach for the US EPA," *Landscape and Urban Planning* 31: 99-115.

Friedmann, J. & C. Waver. 1979. *Territory and Function: The Evolution of Regional Planning*. London, UK: Edward Arnold (Neuman 2000 재인용).

Frissell, C.A., W.A.J. Liss, C.E. Warren & M.D. Hurley. 1986. "A hierarchical framework for stream classification: viewing streams in a watershed context," *Environmental Management* 10: 199-214.

Frolov, Y.S. 1975. "Measuring the shape of geographical phenomena: a history of the issue," *Soviet Geography: Review and Transaction* 16: 676-87 (Forman 1995 재인용).

Fry, G.L.A. 1989. "Conservation in agricultural ecosystems," pp. 415-443, In: I.F. Spellerberg, F.B. Goldsmith & M.G. Morris(eds.). *The Scientific Management of Temperate Communities for Conservation.* Oxford, UK: Blackwell Scientific.

Fry, G. & I. Sarlov-Herlin. 1997. "The ecological and amenity functions of woodland edges in the agricultural landscape: a basis for design and management," *Landscape and Urban Planning* 17: 45-55.

Fu, C. 1992. "Transitional climate zones and biome boundaries: a case study from China," pp. 394-402, In: A.J. Hansen & F. di Castri(eds.). *Landscape Boundaries: Consequences for Biotic Diversity and Ecological Flows.* New York, NY: Springer-Verlag.

Fusisaka, S., G. Escobar & E. Venkeklaas. 1998. "Plant community diviersity relative to human land uses in an Amazon forest colony," *Biodiversity and Conservation* 7: 41-57.

Game, M. & G.F. Peterken. 1984. "Nature reserve selection strategies in the woodlands of central Lincolnshire, England," *Biological Conservation* 29: 157-181.

Garcia, L. 1991. *The Fractal Explorer*. Santa Cruz, CA: Dynamic Press.

Garde, A.M. 1999. "Marginal spaces in the urban landscape: regulated margins or incidental open spaces?" *Journal of Planning Education and Research* 18: 200-210.

Gardner, R.H. & R.V. O'Neill. 1991. "Pattern, process, and predictability: the use of neutral models for landscape analysis," pp. 289-307, In: M.G. Turner & R.H. Gardner(eds.). *Quantitative Methods in Landscape Ecology: The Analysis and Interpretation of Landscape Heterogeneity*. New York, NY: Springer-Verlag.

Gardner, R.H., R.V. O'Neill, M.G. Turner & V.H. Dale. 1989. "Quantifying scale-dependent effects of animal movement with simple percolation models," *Landscape Ecology* 3: 217-227.

Gardner, R.H., V.H. Dale, R.V. O'Neill & M.G. Turner. 1992. "A percolation theory model of ecological flows," pp. 259-269, In: A.J. Hansen & F. di Castri(eds.). *Landscape Boundaries: Consequences for Biotic Diversity and Ecological Flows*. New York, NY: Springer-Verlag.

Gates, D.M. 1980. *Biophysical Ecology*. New York, NY: Springer-Verlag.

Gates, J.E. 1991. "Powerline corridors, edge effects, and wildlife in forest landscapes of the central Appalachians," pp. 13-32, In: J.E. Rodiek & E.G. Bolen(eds.). *Wildlife and Habitats in Managed Landscapes*. Washington, D.C: Island Press.

Gates, J.E. & L.W. Gysel. 1978. "Avian nest dispersion and fledgling success in field-forest ecotones," *Ecology* 59: 871-883.

Geiger, R. 1965. *The Climate near the Ground*. Cambridge, MA: Harvard University Press.

Gigord, L., F. Picot, & J.A. Shykoff. 1999. "Effects of habitat fragmentation on Dombeya acutangula(Sterculiaceae), a native tree on La Reunion(Indian Ocean)," *Biological Conservation* 88: 43-51.

Gilbert, F.S. 1980. "The equilibrium theory of island biogeography: fact or fiction?" *Journal of Biogeography* 7: 209-235.

Gilbin, M.E. & J.M. Diamond. 1980. "Subdivision of nature reserves and the maintenance of species diversity," *Nature* 285: 567-568.

Giles, R.H., Jr. 1978. *Wildlife Management*. San Francisco, CA: W.H. Freeman.

Gilpin, M.E. & M.E. Soule. 1986. "Minimum viable populations: processes of species extinction," pp. 19-34, In: M. Soule(ed.). *Conservation Biology: The Science of Scarcity and Diversity*. Sunderland, MA: Sinauer Associates Inc.

Gliessman, S.R. 1990. "Agroecology: researching the ecological basis for sustainable agriculture," pp. 3-10, In: S.R. Gliessman(ed.). *Agroecology*. New York, NY: Springer-Verlag.

Golley, F.B. 1994. *A History of the Ecosystem Concept: More Than the Sum of the Parts*. New Haven, NH: Yale University Press.

______. 1998. *A Primer for Environmental Literacy*. New Haven, MA: Yale University Press.

Goodwin, B.J. & L. Fahrig. 1998. "Spatial scaling and animal population dynamics," pp. 193-206, In: D.L. Peterson & V.T. Parker(eds.). *Ecological Scale: Theory and Application*. New York, NY: Columbia University Press.

Godron, M. & R.T.T. Forman. 1983. "Landscape modification and changing ecological characteristics," pp. 12-28, In: H.A. Mooney & M. Godron(eds.). *Disturbance and Ecosystems: Components of Response*. New York, NY: Springer-Verlag.

Gosz, J.R. 1991. "Ecological functions in a biome transition zone: translating local responses to broad-scale dynamics," pp. 55-75, In: A.J. Hansen & F. di Castri(eds.). *Landscape Boundaries: Consequences for Biotic Diversity and Ecological Flows*. New York, NY: Springer-Verlag.

Gosz, J.R. & P.J.H. Sharpe. 1989. "Broad-scale concepts for interactions of climate, topography, and biota at biome transitions," *Landscape Ecology* 3: 229-243.

Gotelli, N.J. 1995. *A Primer of Ecology*. Sunderland, MA: Sinauer Associates Inc.

Gotfryd, A. & R.I.C. Hansell. 1986. "Predictions of bird-community metrics in urban woodlots," pp. 321-326, In: J. Verner, M.L. Morrison & C.J. Ralph(eds.). *Wildlife 2000: Modeling Habitat Relationships of Terrestrial Vertebrates*. Madison, WI: University of Wisconsin Pres.

Gower, S.T. & J.M. Norman. 1991. "Rapid estimation of leaf area index in conifer and broad-leaf plantations using the LI-COR LAI-2000," *Ecology* 72: 1896-1900.

Graedel, T.E. & P.J. Crutzen. 1993. *Atmospheric Change: An Earth System Perspective*. New York, NY: W.H. Freeman and Company.

Graham, R.L., M.G. M.G. Turner & V.H. Dale. 1990. "How increasing CO_2 and climate change affect forest," *BioScience* 40: 575-585.

Gregory, K.J. & D.E. Walling. 1973. *Drainage Basin Form and Process*. New York, NY: Wiley.

Groom, M.J. & N. Schumaker. 1993. "Evaluating landscape change: Patterns of worldwide deforestation and local fragmentation," pp. 24-44 In: P.M. Kareiva, J.G. Kingsolver & R.B. Huey(eds.). *Biotic Interactions and Global Change*. Sunderland, MA: Sinauer Associates Inc.

Grossi, J.-L., L. Chenavier, P. Delcros & J.-J. Brun. 1995. "Effects of landscape structure on vegetation and some animal groups after agricultural abandonment," *Landscape and Urban Planning* 31: 291-301.

Grubb, P.J. 1977. "The maintenance of species-richness in plant communities: the importance of the regeneration niche," *Biological Review* 52: 107-145.

Gustafson, E.J. & R.H. Gardner. 1996. "The effect of landscape heterogeneity on the probability of patch colonization," *Ecology* 77: 94-107.

Gutzwiller, K.J. & S.H. Anderson. 1987. "Multiscale associations between cavity-nesting birds and features of Wyoming streamside woodlands," *Condor* 89: 534-548.

______. 1992. "Interception of moving organisms: influences of patch shape, size, and orientation on community structure," *Landscape Ecology* 6: 293-303.

Haddad, N. 1999a. "Corridor use predicted from behaviors at habitat boundaries," *American Naturalist* 153: 215-227.

______. 1999b. "Corridor and distance effects on interpatch movements: a landscape experiment with butterflies," *Ecological Applications* 9: 612-622.

Haddad, N. & K.A. Baum. 1999. "An experimental test of corridor effects on butterfly densities," *Ecological Applications* 9: 623-633.

Hadley, K.S. 1994. "The role of disturbance, topography, and forest structure in the development of a montane forest landscape," *Bulletin of the Torrey Botanical Club* 121: 47-61.

Haggett, P. & R.J. Chorley. 1969. *Network Analysis in Geography*. London, UK: Edward Arnold.

Haggett, P. & A.D. Cliff & A. Frey. 1977. *Locational Analysis in Human Geography*. 2nd ed., New York, NY.: John Wiley.

Hamazaki, T. 1996. "Effects of patch shape on the number of organisms," *Landscape Ecology* 11: 299-306.

Hammett, J.E. 1992. "The shapes of adaptation: historical ecology of anthropogenic landscapes in the southeastern United States," *Landscape Ecology* 7: 121-135.

Hanley, T.A. 1983. "Black-tailed deer, elk, and forest edge in a western Cascade watershed," *Journal of Wildlife Management* 47: 237-242.

Hannay, O., H. Hermy & P. Coppin. 1999. "Effects of area, age and diversity of forest patches in Belgium on plant species diversity, and implications for conservation and reforestation," *Biological Conservation* 87: 73-84.

Hansen, A. & D. Urban. 1992. "Avian response to landscape pattern: the role of species life history," *Landscape Ecology* 7: 163-180.

Hansen, A.J. & F. di Castri(eds.). 1992. *Landscape Boundaries*. New York, NY: Springer-Verlag.

Hanski, I. & M. Gilpin. 1991. "Metapopulation dynamics: brief history and conceptual domain," *Biological Journal of the Linnean Society* 42: 3-16.

Hansson, L. 1991. "Dispersal and connectivity in metapopulations," *Biological Journal of the Linnean Society* 42: 89-103.

———. 2000. "Edge structures and edge effects on plants and birds in ancient oak-hazel woodlands," *Landscape and Urban Planning* 46: 203-207.

Hardt, R.A. & R.T.T. Forman. 1989. "Boundary form effects on woody colonization of reclaimed surface mines," *Ecology* 70: 1252-1260.

Harestad, A.S. & F.L. Bunnell. 1979. "Home range and body weight: a reevaluation," *Ecology* 60: 389-402.

Hargis, C.D., J.A. Bissonette, & J.L. David. 1998. "The behavior of landscape metrics commonly used in the study of habitat fragmentation," *Landscape Ecology* 13: 167-186.

Hargis, C.D., J.A. Bissonette & D.L. Turner. 1999. "The influence of forest fragmentation and landscape pattern on American martens," *Journal of Applied Ecology* 36: 157-172.

Harms, B. & P. Opdam. 1990. "Woods as habitat patches for birds: application in landscape planning in the Netherlands," pp. 73-97, In: I.S. Zonneveld & R.T.T. Forman(eds.). *Changing Landscapes: An Ecological Perspectives*. New York, NY: Springer-Verlag.

Harrington, J.B. 1987. "Climate change: a review of causes," *Canadian Journal of Forest Research* 17: 1313-1339.

Harris, L.D. 1984. *The Fragmented Forest: Island Biogeography Theory and the Preservation of Biotic Diversity*. Chicago, IL: University of Chicago Press.

Harris, L.D. & J. Scheck. 1991. "From implications to applications: the dispersal corridor principle applied to the conservation biological diversity," pp. 189-220, In: D.A. Saunders & R.J. Hobbs(eds.). *Nature Conservation 2: The Role of Corridors*. Chipping Norton, Australia: Surrey Beatty.

Harris, L.D. & P.B. Gallagher. 1989. "New initiatives for wildlife conservation," pp. 11-34, In: G. Mackintosh(ed.). *Preserving Communities and Corridors*. Washington, D.C: Defenders of Wildlife.

Harrison, R.L. 1992. "Toward a theory of inter-refuge corridor design," *Conservation Biology* 6: 293-295.

Harrison, S. 1991. "Local extinction in a metapopulation context: an empirical evaluation," *Biological Journal of the Linnean Society* 42: 73-88.

———. 1999. "Local and regional diversity in a patchy landscape: native, alien, and endemic herbs on serpentine," *Ecology* 80: 70-80.

Harrison, S. & L. Fahrig. 1995. "Landscape pattern and population conservation," pp. 293-308, In: L. Hansson, L. Fahrig & G. Merriam(eds.). *Mosaic Landscapes and Ecological Processes*. London, UK: Chapman & Hall.

Harte, J. & A.P. Kinzig. 1997. "On the implications of species-area relationships for endemism, spatial turnover, and food web patterns," *Oikos* 80: 417-427.

Harte, J., S. McCarthy, K. Taylor, A. Kinzig & M.L. Fischer. 1999. "Estimating species-area relationships from plot to landscape scale using species spatial turnover data," *Oikos* 86: 45-54.

Harvey, C.A. 2000. "Windbreaks enhance seed dispersal into agricultural landscapes in Monteverde, Costa Rica," *Ecological Applications* 10: 155-173.

Haskell, D.G. 2000. "Effects of forest roads on macroinbertebrate soil fauna of the southern Appalachian mountains," *Conservation Biology* 14: 57-63.

Haskell, B.D., B.G. Norton & R. Costanza. 1992. "What is ecosystem health and why should we worry about it?" pp. 3-20, In: R. Costanza, B.G. Norton & B.D. Haskell(eds.). *Ecosystem Health: New Goals for Environmental Management.* Washington, D.C: Island Press.

Hastings, H.M. & G. Sugihara. 1993. *Fractals: A User's Guide for the Natural Sciences.* Oxford, UK: Oxford University Press.

Haycock, N.E. A.D. Muscutt. 1995. "Landscape management strategies for the control of diffuse pollution," *Landscape and Urban Planning* 31: 313-321.

Haycock, N.E. & G. Pinay. 1993. "Groundwater nitrate dynamics in grass and poplar vegetated riparian buffer strips during the winter," *Journal of Environmental Quality* 22: 273-278.

Haycock, N.E., T. Burt, K. Goulding & G Pinay(eds.). 1997. *Buffer Zones: Their Processes and Potential in Water Protection.* Harpenden, UK: Quest Environmental.

Hayes, T.D., D.H. Riskind & W.L. Pace, III. 1987. "Patch-within-patch restoration of man-modified landscapes within Texas state parks," pp. 173-198, In: M.G. Turner(ed.). *Landscape Heterogeneity and Disturbance.* New York, NY: Springer-Verlag.

Heaney, L.R. 1984. "Mammalian species richness on islands on the Sunda Shelf, South Asia," *Oecologia* 61: 11-17.

Hedin, L.O., J.J. Armesto & A.H. Johnson. 1995. "Patterns of nutrient loss from unpolluted, old-growth temperate forests: evaluation of biogeochemical theory," *Ecology* 76: 493-509.

Henderson, M.T., G. Merriam & J. Wegner. 1985. "Patchy environments and species survival: chipmunks in an agricultural mosaic," *Biological Conservation* 31: 95-105.

Henein, K.M. & G. Merriam. 1990. "The elements of connectivity where corridor quality is variable," *Landscape Ecology* 4: 157-170.

Hertig, J.-A. 1995. "Analysis of meteorological data and main problems related to the determination of building exposure," pp. 153-182, In: J.E. Cermack, A.G. Davenport, E.J. Plate & D.X. Viegas(eds.). *Wind Climate in Cities.* Dordrecht, The Netherlands: Kluwer Academic Publishers.

Hessburg, P.F., B.G. Smith & R.B. Salter. 1999. "Detecting change in forest spatial patterns from reference condition," *Ecological Applications* 9: 1232-1252.

Higashi M. & T.P. Burns(eds.). 1991. *Theoretical Studies and Ecosystems: The Network Perspective.* Cambridge, UK: Cambridge University Press.

Higgs, A.J. & M.B. Usher. 1980. "Should nature reserves be large or small?" *Nature* 285: 568-569.

Higuchi H, K. Ozaki, G. Fujita, J. Minton, M. Ueta, M. Soma & N. Mita. 1996. "Satellite tracking of white-naped crane migration and the importance of the Korean Demilitarized Zone," *Conservation Biology* 10: 806-812.

Hilderbrand, G.V., T.A. Hanley, C.T. Robbins & C.C. Schwartz. 1999. "Role of brown bears (Ursus arctos) in the flow of marine nitrogen into a terrestrial ecosystem," *Oecologia* 121: 546-550.

Hildrew, A.G. & P.S. Giller. 1994. "Patchiness, species interactions and disturbance in the stream benthos," pp. 21-62, In: P.S. Giller, A.G. Hildrew & D.G. Raffaelli(eds.). *Aquatic Ecology: Scale, Pattern and Process*. Oxford, UK: Blackwell Scientific Publications.

Hinckley, S.A., P.E. Bellanmy, I. Newton & T.H. Sparks. 1996. "Influences of population size and woodland area on bird species distributions in small woods," *Oecologia* 105: 100-106.

Hobbs, R.J. 1993. "Effects of landscape fragmentation on ecosystem processes in the Western Australian wheatbelt," *Biological Conservation* 64: 193-201.

———. 1997. "Future landscape and the future of landscape ecology," *Landscape and Urban Planning* 37: 1-9.

———. 1998. "Managing ecological systems and processes," pp. 459-484, In: D.L. Peterson & V.T. Parker(eds.). *Ecological Scale: Theory and Application*. New York, NY: Columbia University Press.

Hobbs, R.J., D.A. Saunders & G.W. Arnold. 1993. "Integrated landscape ecology: a western Australian perspective," *Conservation Biology* 64: 231-238.

Holling, C.S. 1992. "Cross-scale morphology, geometry, and dynamics of ecosystems," *Ecological Monographs* 62: 447-502.

Holms, R.T. & T.W. Sherry. 1992. "Site fidelity of migratory warblers in temperate breeding and neotropical wintering areas: Implications for population dynamics, habitat selection and conservation," pp. 563-575, In: J.M. Haga, III & D.W. Johnston(eds.). *Ecology and Conservation of Neotropical Migrant Landbirds*. Washington, D.C: Smithsonian Institution.

Honnay, O. & M.H.P. Coppin. 1999. "Effects of area, age and diversity of forest patches in Belgium on plant species richness, and implications for conservation and reforestation," *Biological Conservation* 87: 73-84.

Honnay, O., M. Hermy & P. Coppin. 1999. "Nested plant communities in deciduous forest fragments: species relaxation or nested habitats?" *Oikos* 84: 119-129.

Hopkins, B. 1955. "The species-area relations of plant communities," *Journal of Ecology* 43: 409-426.

Hornbeck, J.W., C.W. Martin & C. Eager. 1997. "Summary of water yield experiments at Hubbard Brook Experimental Forest, New Hampshire," *Canadian Journal of Forest Research* 27: 2043-2052.

Houghton, R.A. 1994. "The worldwide extent of land-use change," *BioScience* 44: 305-312.

Hudgens, D.E. & J.B. Yavitt. 1997. "Land-use effects on soil methane and carbon dioxide fluxes in forest near Ithaca, New York," *Ecoscience* 4: 214-222.

Huggett, R.J. 1995. *Geoecology: An Evolutionary Approach*. London, UK: Routledge.

Huggins, L.F. & J.R. Burney. 1982. "Surface runoff, storage and routing," pp. 169-225, In: C.T. Haan, H.P. Johnson & D.L. Brakensiek(eds.). *Hydrologic Modeling of Small Watersheds*. St. Joseph, MI: American Society of Agricultural Engineers.

Hunter, M.L., Jr. 1990. *Wildlife, Forests, and Forestry: Principles of Managing Forests for Biological Diversity*. Englewood Cliffs, NJ: Prentice-Hall.

Hunter, M.L., Jr. & P. Yonzon. 1993. "Altitudinal distributions of birds, mammals, people, forests, and parks in Nepal," *Conservation Biology* 7: 420-423.

IGBP. 1992. *Global Change: Reducing Uncertainties*. Stockholm, Sweden: The Royal Swedish Academy of Science, p. 40.

———. 1993. *Biospheric Aspects of the Hydrological Cycle: The Operation Plan*. Stockholm, Sweden: The Royal

Swedish Academy of Science, Report No. 27.

———. 1995. *Land-Use and Land-Cover Change: Science/Research Plan.* Stockholm, Sweden: The Royal Swedish Academy of Science, Report No. 35.

Ims, R.A. 1995. "Movement patterns related to spatial structures," pp. 85-109, In: L. Hansson, L. Fahrig & G. Merriam (eds.). *Mosaic Landscapes and Ecological Processes.* London, UK: Chapman & Hall.

Iversen, T.M., B. Kronvang, B.L. Madsen, P. Markmann & M.B. Nielsen. 1993. "Reestablishment of Danish streams: restoration and maintenance measures," *Aquatic Conservation of Marine Freshwater Ecosystem* 3: 73-92.

Jacobs, P. & R. Mann. 2000. "Landscape prospects of the next millennium," *Landscape and Urban Planning* 47: 129-133.

Jansson, R., C. Nilsson & B. Renofalt. 2000. "Fragmentation of riparian floras in rivers with multiple dams," *Ecology* 81: 899-903.

Jantsch, E. 1975. *Design for Evolution: Self-organization and Planning in the Life of Human Systems.* New York, NY: George Braziller.

Janzen, D. 1987. "Habitat sharpening," *Oikos* 48: 3-4.

Johnson, A.R., B.T. Milne & J.A. Wines. 1992. "Diffusion in fractal landscapes: simulations and experimental studies of tenebrionid beetle movement," *Ecology* 73: 1968-1983.

Johnson, M.P. 2000. "The influence of patch demographics on metapopulations, with particular reference to successional landscapes," *Oikos* 88: 67-74.

Johnson, M.P. & D.S. Simberloff. 1974. "Environmental determinants of island species numbers in the British Isles," *Journal of Biogeography* 1: 149-154.

Johnson, R. 1998. "The forest cycle and low river flows: a review," *Forest Ecology and Management* 109: 1-7.

Johnson, R.J. & M.M. Beck. 1988. "Influences of shelterbelts on wildlife management and biology," *Agricultural Ecosystems and Environment* 22/23: 301-335.

Johnston, C.A. 1995. "Effects of animals on landscape patterns," pp. 57-80, In: L. Hansson, L. Fahrig & G. Merriam(eds.). *Mosaic Landscapes and Ecological Processes.* London, UK: Chapman & Hall.

———. 1998. *Geographic Information Systems in Ecology.* London, UK: Blackwell Science.

Jones, E.B.D., III., G.S. Helfman, J.O. Harper & P.V. Bolstad. 1999. "Effects of riparian forest removal on fish assemblages in southern Appalachian streams," *Conservation Biology* 13: 1454-1465.

Jones, H.L. & J.M. Diamond. 1976. "Short-time-base studies of turnover in breeding birds of the California Channel Islands," *Condor* 76: 526-549.

Jones, J.A., F.J. Swanson, B.C. Wemple & K.U. Snyder. 2000. "Effects of roads on hydrology, geomorphology, and disturbance patches in stream networks," *Conservation Biology* 14: 76-85.

Jones, K.B., K.H. Ritters, J.D. Wickham, R.D. Tankeley, Jr., R.V. O'Neill, D.J. Chaloud, E.R. Smith & A.C. Neale. 1997. *An Ecological Assessment of the United States Mid-Atlantic Region: A Landscape Atlas.* EPA/600/R-97/130., Washington, D.C: United States Environmental Protection Agency.

Jongman, R.H.G. 1995. "Nature conservation planning in Europe: developing ecological networks," *Landscape and Urban Planning* 32: 169-183

Jörgensen. S.E. 1989. "Principles of ecological modeling," pp. 39-55, In: W.J. Mitsch & S.E. Jörgensen(eds.). *Ecological Engineering: An Introduction to Ecotechnology.* New York, NY: John Wiley & Sons.

———. 1992. *Integration of Ecosystem Theories: A Pattern.* Dordrecht, The Netherlands: Kluwer Academic Publishers.

Jung, Y.-K. & J.-W. Kim. 1998. "Syntaxonomy of mantle communities in South Korea," *Korean Journal of Ecology* 21: 739-750.

Kadmon, R. & H.R. Pulliam. 1993. "Island biogeography: effect of geographical isolation on species composition," *Ecology* 74: 977-981.

Kalkhoven, J.T.R. 1993. "Survival of populations and the scale of the fragmented agricultural landscape," pp. 83-90, In: R.G.H. Bunce, L. Ryszkowski & M.G. Paoletti(eds.). *Landscape Ecology and Agroecosystems*. Boca Raton, FL: Lewis Publishers.

Kang, S. 2001. *Modeling microclimate, soil environment, and soil respiration in a rugged forest landscape*. Ph.D. dissertation, Seoul: Seoul National University.

Kang, S. S. Kim, and D. Lee. 2000a. *Spatial and temporal patterns of daily topographic global radiation based on topography and air temperature*. Submitted to Canadian Journal of Forest Research.

Kang, S., S. Kim, S. Oh, and D. Lee. 2000b. "Predicting spatial and temporal patterns of soil temperature based on topography, surface cover and air temperature," *Forest Ecology and Management* 136: 173-184.

Kapos, V. 1989. "Effects of isolation on the water status of forest patches in the Brazilian Amazon," *Journal of Tropical Ecology* 5: 173-185.

Kareiva, P.M. 1983. "Local movement in herbivorous insects: applying a passive diffusion model to mark-recapture field experiments," *Oecologia* 57: 322-327.

———. 1987. "Habitat fragmentation and the stability of predator-prey interactions," *Nature* 326: 388-390.

Karr, J.R. & E.W. Chu. 1999. *Restoring Life in Running Waters*. Washington, D.C: Island Press,.

Kasmon, R. & A. Schmida. 1990. "Spatiotemporal demographic processes in plant populations: an approach and a case study," *American Naturalist* 135: 382-397.

Kattan, G.H., H. Alvarez-Lopez & M. Giraldo. 1994. "Forest fragmentation and bird extinctions: San Antonio eighty years later," *Conservation Biology* 8: 138-146.

Katz, M.J., B.G. Edwin. 1985. Fractals and the analysis of growth paths. Bulletin of Mathematical Biology 47: 273-286.

Kemper, J., R.M. Cowling & D.M. Richardson. 1999. "Fragmentation of South African renosterveld shrublands: effects on plant community structure and conservation implications," *Biological Conservation* 90: 103-111.

Kettle, W.D., P.M. Rich, K. Kindscher, G.L. Pittman & P. Fu. 2000. "Land-use history in ecosystem restoration: a 40-year study in the prairie-forest ecotone," *Restoration Ecology* 8: 307-317.

Keyser, A.J., G.E. Hill & E.C. Soehrer. 1998. "Effects of forest fragment size, next density, and proximity to edge on the risk of predation to ground-nesting passerine birds," *Conservation Biology* 12: 986-994.

Kindvall, O. 1996. "Habitat heterogeneity and survival in a bush cricket metapopulation," *Ecology* 77: 207-214.

King, A.W. 1991. "Translating models across scales in the landscape," pp. 479-517, In: M.G. Turner & R.H. Gardner(eds.). *Quantitative Methods in Landscape Ecology: The Analysis and Interpretation of Landscape Heterogeneity*. New York, NY: Springer-Verlag.

———. 1997. "Hierarchy theory: a guide to system structure for wildlie biologist," pp. 185-212, In: J.A. Bissonette(ed.). *Wildlife and Landscape Ecology: Effects of Pattern and Scale*. New York, NY: Springer-Verlag.

Kitchener, D.J., A. Chapman, J. Dell, B.G. Muir & M. Palmer. 1980. "Lizard assemblage and reserve size and structure in the Western Australian wheatbelt - some implications for conservation," *Biological Conservation* 17: 25-62.

Kitzberger, T. & T. Veblen. 1999. "Fire-induced changes in northern Patagonian landscape," *Landscape Ecology* 14: 1-15.

Klee, P. 1964. *The Thinking Eye: The Notebooks of Paul Klee*. 2nd ed., New York, NY: G. Wittenborn.

Klinkenberg, B. 1994. "A review of methods used to determine the fractal dimension of linear features," *Mathematical Geology* 26: 23-46.

Knaapen, J.P., M. Schefffer & B. Harms. 1992. "Estimating habitat isolation in landscape planning," *Landscape and Urban Planning* 23: 1-16.

Knauer, N. & U. Mander. 1989. "Untersuchungen uber die Filterwirkung verschiedener Saumbiotope an Gewasser in Schleswig-Holstein. I. Mitteilung: Filterung von Stickstoff und Phosphor. Z. Kulturtech," *Landentwicklung* 30: 365-376 (Vought 등 1995 재인용).

Kohn, D.D. & D.M. Walsh. 1994. "Plant species richness-the effect of island size and habitat diversity," *Journal of Ecology* 82: 367-377.

Kotliar, N.B. & J.A. Wiens. 1990. "Multiple scales of patchiness and patch structure: a hierarchical framework for the study of heterogeneity," *Oikos* 59: 253-260.

Kroodsma, R. 1982. "Bird community ecology on power-line corridors in east Tennessee," *Biological Conservation* 23: 79-84.

Krummel, J.R., R.H. Gardner, G. Sugihara & R.V. O'Neil. 1987. "Landscape patterns in a disturbed environment," *Oikos* 48: 321-324.

Kurki, S., A. Nikula, P. Helle & H. Linden. 2000. "Landscape fragmentation and forest composition effects on grouse breeding success in boreal forests," *Ecology* 81: 1985-1997.

Lack, D. 1976. *Island Birds*. Oxford, UK: Blackwell Scientific Publication.

Lacy, R.C. 1987. "Loss of genetic diversity form managed populations: interacting effects of drift, mutation, immigration, selection, and population subdivision," *Conservation Biology* 1: 143-158.

LaGro J.A., Jr. 1998. "Landscape context of rural residential development in southeastern Wisconsin (USA)," *Landscape Ecology* 13: 65-77.

Lal, R., J.M. Kimble & R.F. Follett(eds.). 1998. *Management of Carbon Sequestration in Soil*. Boca Raton, FL: CRC Press.

Lande, R. 1988. "Genetics and demography in biological conservation," *Science* 241: 1455-1460.

Laurance, W.F. & E. Yensen. 1991. "Predicting the impacts of edge effects in fragmented habitats," *Biological Conservation* 55: 77-92.

Laurance, W.F. & R.O. Bierregaard, Jr.(eds.) 1997. *Tropical Forest Remnants: Ecology, Management and Conservation of Fragmented Communities*. Chicago, IL: The University of Chicago Press.

Laurance, W.F., S.G. Laurance & P. Delamonica. 1998. "Tropical forest fragmentation and greenhouse gas emissions," *Forest Ecology and Management* 110: 173-180.

Law, B.E. 1995. "Estimation of leaf area index and light interception by shrubs from digital videography," *Remote Sensing of Environment* 51: 276-280.

Law, B.S. & C.R. Dickman. 1998. "The use of habitat mosaics by terrestrial vertebrate fauna: implications for conservation and management," *Biodiversity and Conservation* 7: 323-333.

Leaf, C.F. 1975. "Watershed management in the central and southern Rocky Mountains: A summary of the status of our knowledge by vegetation types," *US Forest Service Research Report*. RM-142.

Lee, D. 1995. "Nutrient dynamics during terrestial ecosystem development: Hypothesis," *Journal of Environmental Studies* 33: 125-149.

———. 1997. *Ecological perspectives towards enhanced removal of nitrogen and phosphorus in wetlands*(manuscript).

Lee, D., and S. Kang. 2000. "Traditional ecological knowledge for sustainability: Concepts and approaches to interpret and quantify material flows in past Korean landscapes," pp. 77-96, In: *Ecosystems Research and Sustainable Management*. Proceeding of the International LTER Joint Seminar between Korea and China, Seoul, Korea, 20-25 November 2000.

Lee, D., T.A. Dillaha and J.H. Sherrard. 1989. "Modeling phosphorus transport in grass buffer strips," *Journal of Environmental Engineering* 115: 409-427.

Lee, D., X.G. Han and C.F. Jordan. 1990. "Soil phosphorus fractions, aluminum, and water retention as affected by microbial activity in an Ultisol," *Plant and Soil* 121.

Lee, D., K. Lee, S. Kang & S. Kim. 1998. *Effect of landscape surface characteristics on material redistribution and environmental management perspectives*. paper presented at A Joint Symposium of Hokkaido University and Seoul National University, Sapporo, Japan, August 11-12.

Lee, D., G. Yoo, S. Oh, J. H. Shim and S. Kang. 1999. "Significance of aspect and understory type to leaf litter redistribution in a temperate hardwood forest," *Korean Journal of Biological Sciences* 3: 143-147.

Lee, D, S. Kang & D. Ojima. 2000a. *Retention of leaf litter, soil particles and nutrients by undergrowth and woody debris in terrestrial ecosystems*(manuscript).

Lee, D., K. Lee, S. Kang & S. Kim. 2000b. *Effect of landscape surface characteristics on material retention and environmental planning and management perspectives*(manuscript).

Lee, E., K. Kim, K. Kim & D. Lee. 1998. *Fragmentation of forest landscapes in the Han River Basin, Korea*. Paper presented at the 2nd LUTEA symposium, Beijing, China. March 2-5.

Lee, R. 1980. *Forest Hydrology*. New York, NY: Columbia University Press.

Lee, R.G., R. Flamm, M.G. Turner, C. Bledsoe, P. Chandler, C. DeFerrari, R. Gottefried, R.J. Naiman, N. Schumaker, and D. Wear. 1992. "Integrating sustainable development and environmental vitality: a landscape ecology approach," pp. 499-521, In: R.J. Naiman(ed.). *Watershed Management: Balancing Sustainability and Environmental Change*. New York, NY: Springer-Verlag.

Lefkovitch, L.P. & L. Fahrig. 1985. "Spatial characteristics of habitat patches and population survival," *Ecological Modelling* 30: 297-308.

Lenney, M.P., C.E. Woodcok, J.B. Collins & H. Hamdi. 1996. "The status of agricultural lands in Egypt: the use of multitemporal NDVI features derived from Landsat TM," *Remote Sensing of Environment* 56: 8-20.

Leong, J.M. & E.L. Bailey. 2000. "The incidence of a generalist thrips herbivore among natural and translocated patches of an endangered vernal pool plant, Blennosperma bakeri," *Restoration Ecology* 8: 127-134.

Leopold, D.J. & M.K. Wali. 1992. "The rehabilitation of forest ecosystems in the eastern United States and Canada," pp. 187-231, In: M.K. Wali(ed.). *Ecosystem Rehabilitation. 2: Ecosystem Analysis and Synthesis*. The Hague, The Netherlands: SPB Academic Publishers.

Lertzman, K. & J. Fall. 1998. "From forest stands to landscapes: spatial scales and the roles of disturbances," pp. 339-367, In: D.L. Peterson & V.T. Parker(eds.). *Ecological Scale: Theory and Application*. New York, NY: Columbia University Press.

Leser, H. & P. Nagel. 1998. "Landscape diversity: a holistic approach," pp. 129-143, In: W. Barthlott & M. Winiger(eds.). *Biodiversity: A Challenge for Development Research and Policy*. New York, NY: Springer.

Levin, S.A. 1978. "Pattern formation in ecological communities," pp. 433-465, In: J.H. Steele(ed.). *Spatial Pattern in Plankton Communities*. New York, NY: Plenum Press.

———. 1992. "The problem of pattern and scale in ecology," *Ecology* 73: 1943-1967.

———. 1997. "Human perspectives on the environment," *Trends in Ecology and Evolution* 12: 91-92.

Levin, S.A. & R.T. Paine. 1974. "Disturbance, patch formation, and community structure," *Proceeding of National Academy of Sciences, USA* 71: 2744-2747.

Levins, R. 1969. "Some demographic and genetic consequences of environmental heterogeneity for biological control," *Bulletin of Entomological Society of America* 15: 237-240.

———. 1970. "Extinction," In: M. Gerstenhaber(ed.). *Some Mathematical Questions in Biology. Lectures on Mathematics in the Life Sciences*. Vol. 2, Providence, RI: American Mathematical Society.

Lidicker, W.Z., Jr. 1999. "Responses of mammals to habitat edges: an overview," *Landscape Ecology* 14: 333-343.

Lidicker, W.Z., Jr., J.O. Wolff, L.N. Lidicker & M.H. Smith. 1992. "Utilization of a habitat mosaic by cotton rats curing a population decline," *Landscape Ecology* 6: 259-269.

Likens, G.E. & F.H. Bormann. 1995. *Biogeochemistry of a Forested Ecosystem*. New York, NY: Springer-Verlag.

Lillesand, T.M. & R.W. Kiefer. 1994. *Remote Sensing and Image Interpretation*. 3rd ed., New York, NY: John Wiley.

Lindeman, R.L. 1942. "The trophic dynamic aspect of ecology," *Ecology* 23: 399-418.

Lindenmayer, D.B. & H.A. Nix. 1993. "Ecological principles for the design of wildlife corridors," *Conservation Biology* 7: 627-630.

Linehan, J., M. Gross & J, Finn. 1995. "Greenway planning: developing a landscape ecological network approach," *Landscape and Urban Planning* 33: 179-193.

Little, C. 1990. *Greenways for American*. Baltimore, MD: Johns Hopkins University Press.

Liu, J., F.W. Cubbage & H.R. Pulliam. 1994. "Ecological and economic effects of forest landscape structure and rotation length: simulation studies using ECOLECON," *Ecological Economics* 10: 249-263.

Lovejoy, S. 1982. "Area-perimeter relation for rain and cloud areas," *Science* 216: 185-187.

Lovejoy, T.E. & D.C. Oren. 1981. "Minimum critical size of ecosystems," pp. 7-12, In: R.L. Burgess & D.M. Sharp(eds.). *Forest Island Dynamics in Man-dominated Landscapes*. New York, NY: Springer-Verlag.

Lovejoy, T.E., R.O. Bierregaard, Jr., A.B. Rylands, J.R. Malcolm, C.E. Quintela, L.H. Harper, K.S. Brown, Jr., A.H. Powell, G.V.H. Powell, H.O.R. Schubart & M.B. Hays. 1986. "Edge and other effects of isolation on Amazon forest fragments," pp. 251-285, In: M. Soule(ed.). *Conservation Biology: The Science of Scarcity and Diversity*. Sunderland, MA: Sinauer Associates Inc.

Lovelock, J.E. 1979. *Gaia: A New Look at Life on Earth*. Oxford, UK: Oxford University Press.

Lowrance, R.R. 1992. "Groundwater nitrate denitrification in a coastal plain riparian forest," *Journal of Environmental Quality* 21: 401-405.

Lowrance, R.R., R.A. Leonard, L.E. Asmussen, and R.L. Todd. 1985. "Nutrient budgets for agricultural watersheds in the southeastern coastal plain," *Ecology* 66: 287-298.

Lowrance, R., R. Todd, J. Fail, Jr., O. Hendricson, Jr., R. Leonard, and L. Asmussen. 1984. "Riparian forests as nutrient filters in agricultural watersheds," *BioScience* 34: 374-377.

Loyn, R.H., R.G. Runnalls, G.Y. Forward, and J Tyers. 1983. "Territorial bell miners and other birds affecting populations of insect prey," *Science* 221: 1411-1413.

Lubchenco, J. et al. 1991. "The sustainable biosphere initiative: An ecological research agenda," *Ecology* 72: 371-412.

Lubchenco, J., A.M. Olson, L.B. Brubaker, S.R. Carpenter, M.M. Holland, S.P. Hubbell, S.A. Levin, J.A. MacMahon, P.A. Matson, J.M. Melillo, H.A. Mooney, C.H. Peterson, H.R. Pulliam, L.A. Real, P.J. Regal, and P.G. Risser. 1991. "The sustainable biosphere initiative: An ecological research agenda," *Ecology* 72: 371-412.

Lubchenco, J., P.G. Risser, A.C. Janetos, J.R. Gosz, B.D. Gold, and M.M. Harold. 1993. "Priorities for an Environmental science agenda in the Clinton-Gore administration: Recommendations for transition planning," *Bulletin of Ecological Society of America* 74: 4-8.

Lucas, O. 1991. *The Design of Forest Landscapes*. Oxford, UK: Oxford University Press.

Lucas, P.H.C. 1992. *Protected Landscape: A Guide for Policy-Makers and Planners*. New York, NY: Chapman & Hall.

Luczak, J. 1990. "Characteristics of spider communities living in the field-layer of forest islands of different size," *Acta Zool. Fenn.* 190: 249-253.

Ludwig, J., D. Tongway, D. Freudenberger, J. Noble, and K. Hodgkinson(eds.). 1997. *Landscape Ecology: Function and Management*. Australia: CSIRO Publishing.

Ludwig, J.A., J.A. Wiens & D.J. Tongway. 2000. "A scaling rule for landscape patches and how it applies to conserving soil resources in savannas," *Ecosystems* 3: 84-97.

Lynch, J.F. & D.A. Saundrs. 1991. "Responses of bird species to habitat fragmentation in the wheatbelt of Western Australia: interiors, edges and corridors," pp. 143-158, In: D.A. Saunders & R.J. Hobbs(eds.). *Nature Conservation 2: The Role of Corridors*. Chipping Norton, Australia: Surrey Beatty.

Lyon, L.J. 1983. "Road density models describing habitat effectiveness for elk," *Journal of Forestry* 81: 592-595.

MacArthur, R.H. & J.W. MacArthur. 1961. "On bird species diversity," *Ecology* 42: 594-598.

MacArthur, R.H. & E.O. Wilson. 1963. "An equilibrium theory of insular zoogeography," *Evolution* 17: 373-387.

______. 1967. *The Theory of Island Biogeography*. Princeton, NJ: Princeton University Press.

Mace, R.D., J.S. Waller, T.L. Nanley, L.J. Lyon & H. Zuuring. 1996. "Relationships among grizzly bears, roads and habitat in the Swan Mountains Montana," *Journal of Applied Ecology* 33: 1395-1404.

Machtans, C.S., M.C. Villard & S.J. Hannon. 1996. "Use of riparian buffer strips as movement corridor by forest birds," *Conservation Biology* 10: 1366-1379.

Mader, H.J. 1984. "Animal habitat isolation by roads and agricultural fields," *Biological Conservation* 29: 81-96.

Mader, H.J., C. Schell & P. Kornacker. 1990. "Linear barriers to arthropod movements in the landscapes," *Biological Conservation* 54: 209-222.

Magette, W. L., R. B. Brinsfield, R. E. Palmer & J. D. Wood. 1989. "Nutrient and sediment removal by vegetated filter strips," *Transactions of American Society of Agricultural Engineers* 32: 663-667.

Magette, W.L., R.B. Brinsfield, R.E. Palmer, J.D. Wood, T.A. Dillaha & R.B. Reneau. 1987. *Vegetated filter strips for agricultural runoff treatment*. CBP/TRS 2/87, U.S. EPA, Philadelphia, PA 19107, p. 125.

Malanson, G.P. 1993. *Riparian Landscapes*. Cambridge, MA: Cambridge University Press.

Malcolm, S.B. 1987. "Monarch butterfly migration in North America: controversy and conservation," *Trends in Ecology and Evolution* 2: 135-139.

Mallin, M.A. & T.L. Wheeler. 2000. "Nutrient and fecal coliform discharge from coastal North Carolina golf courses," *Journal of Environmental Quality* 29: 979-986.

Mandelbrot, B.B. 1977. *Fractals: Form, Chance and Dimension*. San Francisco, CA: W.H. Freeman.

———. 1983. *The Fractal Geometry of Nature*. San Francisco, CA: W.H. Freeman.

Mander, U., V. Kuusemets & M. Ivask. 1995. "Nutrient dynamics of riparian ecotones: a case study from the Porijogi River catchment, Estonia," *Landscape and Urban Planning* 31: 333-348.

Mann, C.C. & M.L. Plummer. 1993. "The high cost of biodiversity," *Science* 260: 1868-1871.

Marcot, B.G. & V.J. Meretsky. 1983. "Shaping stands to enhance habitat diversity," *Journal of Forestry* 81: 527-528.

Margules, C.R. 1989. "Introduction to some Australian developments in conservation evaluation," *Biological Conservation* 50: 1-11.

Margules, C. & M.B. Usher. 1981. "Criteria used in assessing wildlife conservation potential: a review," *Biological Conservation* 21:7 9-109.

Margulis, L. & D. Sagan. 1995. *What is Life?* New York, NY: Simon & Schuster.

Marra, J.L. & R.L. Edmonds. 1996. "Coarse woody debris and soil respiration in a clearcut on the Olympic Peninsula, Washington, U.S.A.," *Canadian Journal of Forest Research* 26: 1337-1345.

Marsh, D.M. & P.B. Pearman. 1997. "Effects of habitat fragmentation on the abundance of two species of leptodactylid frog in an Andean montane forest," *Conservation Biology* 11: 323-1328.

Marsh, W.M. 1998. *Landscape Planning: Environmental Applications*. New York. NY: John Wiley & Sons.

Matlack, G.R. 1993. "Sociological edge effects: spatial distribution of human impact in suburban forest fragments," *Environmental Management* 17: 829-835.

May, R.M., J.H. Lawton & N.E. Stork. 1995. "Assessing extinction rate," pp. 1-24, In: J.H. Lawton & R.M. May(eds.). *Extinction Rates*. Oxford, UK: Oxford University Press.

McCoy, E.D. 1983. "The application of island-biogeographic theory to patches of habitat: how much land is enough?" *Biological Conservation* 25: 58-63.

McCoy, E.D. & H.R. Mushingsky. 1994. "Effects of fragmentation on the richness of vertebrates in th eFlorida scrub habitat," *Ecology* 75: 446-457.

McCracken, R.J., R.B. Daniels & W.E. Fulcher. 1989. "Undisturbed soils, landscapes, and vegetation in a North Carolina Piedmont virgin forest," *Soil Science Sciety of American Journal* 53: 1146-1152.

McFarlane, D.J., R.J. George & P. Farrington. 1993. "Changes in the hydrologic cycle," pp. 146-186, In: R.J. Hobbs & D.A. Saunders(eds.). *Reintegrating Fragmented Landscapes: Towards Sustainable Production and Nature Conservation*. New York, NY: Springer-Verlag.

McHarg, I.L. 1969. *Design with Nature*. Garden City, NY: Natural History Press.

McIntyre, N.E. 1995. "Effects of forest patch size on avian diversity," *Landscape Ecology* 10: 85-95.

McIntyre, N.E. & J.A. Wiens. 1999. "Interactions between habitat abundance and configuration: experimental validation of some predictions from percolation theory," *Oikos* 86: 129-137.

McKee, K.L. & P.L. Faulkner. 2000. "Restoration of biogeochemical function in mangrove forest," *Restoration Ecology* 8: 247-259.

McKelvey, K., B.R. Noon & R.H. Lamberson. 1993. "Conservation planning for species occupying fragmented landscapes: The case of th northern spotted owl," pp. 424-450, In: P.M. Kareiva, J.G. Kingsolve & R.B. Huey(eds.). *Biotic Interactions and Global Change*. Sunderland, MA: Sinauer Assocates Inc.

McKendry, J.E. & G.E. Machlis. 1993. "The role of geography in extending biodiversity gap analysis," *Applied Geography* 13: 135-152.

McNaughton, S.J. 1986. "On plants and herbivores," *American Naturalist* 128: 765-770.

Meentemeyer, V. 1989. "Geographical perspectives of space, time, and scale," *Landscape Ecology* 3: 163-173.

Meentemeyer, V. & E.O. Box. 1987. "Scale effects in landscape studies," pp. 15-36, In: M.G. Turner(ed.). *Landscape Heterogeneity and Disturbance*. New York, NY: Springer-Verlag.

Meine, C.D. & G.W. Archibald(eds.). 1996. *The Cranes: Status Survey and Conservation Action Plan*. Gland, Switzerland, and Cambridge, U.K: IUCN.

Mencuccini, M. & J. Grace. 1996. "Hydraulic conductance, light interception, and needle nutrient concentration in Scots pine stands(Thetford, U.K.) and their relation with net primary production," *Tree Physiology* 16: 459-469.

Mender, U., U. Jagomaegi & M. Kuelvik. 1988. "Network of compensative areas as an ecological infrastructure of territories," pp. 35-38, In: K.-F. Schreiber(ed.). *Connectivity in Landscape Ecology. Munstersche Geographische Arbeiten* 29. Paderborn, Germany: Ferdinand Schoningh.

Menge, B.A., E.C. Berlow, C.A. Blanchette, S.A, Navarrete & S.B. Yamada. 1994. "The keystone species concept: Variation in interaction strength in a rocky intertidal habitat," *Ecological Monographs* 64: 249-286.

Menges, E.S. 1991. "Seed germination percentage increases with population size in a fragmented prairie species," *Conservation Biology* 5: 158-164.

Merriam, G. 1984. "Connectivity: a fundamental ecological characteristics of landscape patter," pp. 5-15, In: J. Brandt & P. Agger(eds.). *Proceedings of the First International Seminar on Methodology in Landscape Ecological Research and Planning*. Denmark: Roskilde University Center, Vol. 1.

______. 1990. "Ecological processes in the time and space of farmland mosaics," pp. 121-133, In: I.S. Zonneveld & R.T.T. Forman(eds.). *Changing Landscapes: An Ecological Perspective*. New York, NY: Springer-Verlag.

Merriam, G., M. Kozakiewicz, E. Tsuchiya & K. Hawley. 1988. "Barriers as boundaries for metapopulations and demes of Peromyscus leucopus in farmland," *Landscape Ecology* 2: 227-235.

Merriam, G., K. Henein & K. Stuart-Smith. 1991. "Landscape dynamics models," pp. 399-416, In: M.G. Turner & R.H. Gardner(eds.). *Quantitative Methods in Landscape Ecology: The Analysis and Interpretation of Landscape Heterogeneity*. New York, NY: Springer-Verlag.

Merriam, L. 1995. "Movement in spatially divided populations: response to landscape structure," pp. 64-77, In: W.Z. Lidicker, Jr.(ed.). *Landscape Approaches in Mammalian Ecology and Conservation*. Minneapolis, MN: University of Minnesota.

Merrill, S.B., F.J. Cuthbert & G. Oehlert. 1998. "Residual patches and their contribution to forest-bird diversity on northern Minnesota aspen clearcuts," *Conservation Biology* 12: 190-199.

Mesquita, R.C.G., P. Delamonica & W.F. Laurance. 1999. "Effect of surrounding vegetation on edge-related tree mortality in Amazonian forest fragments," *Biological Conservation* 91: 129-134.

Metzger, J.P. 1997. "Relationships between landscape structure and tree species diversity in tropical forest of South-East Brazil," *Landscape and Urban Planning* 37: 29-35.

Meyer, W.B. & B.L. Turner, II.(eds.) 1994. *Changes in Land Use and Land Cover: A Global Perspective*. Cambridge, UK: Cambridge University Press.

Middleton, J. & G. Merriam. 1981. "Woodland mice in a farmland mosaic," *Journal of Applied Ecology* 18: 703-710.

______. 1983. "Distribution of woodland species in farmland woods," *Journal of Applied Ecology* 20: 625-644.

Miller, D.H. 1978. "The factor of scale: ecosystem, landscape mosaic, and region," pp. 68-88, In: K.A. Hammond, G.

Macinko & W.B. Fairchild(eds.). *Source book on the Environment: A Guide to the Literature*. Chicago, IL: University of Chicago Press.

Milne, B. 1991a. "Lessons from applying fractal models to landscape patterns," pp. 199-235, In: M.G. Turner & R.H. Gardner(eds.). *Quantitative Methods in Landscape Ecology: The Analysis and Interpretation of Landscape Heterogeneity*. New York, NY: Springer-Verlag.

______ . 1991b. "Heterogeneity as a multiscale characteristic of landscape," pp. 69-84, In: J. Kolasa & S.T.A. Pickett(eds.). *Ecological Heterogeneity*. New York, NY: Springer-Verlag.

Milne, B.T. & R.T.T. Forman. 1986. "Peninsulas in Maine: woody plant diversity, distance, and environmental patterns," *Ecology* 67: 967-974.

Milne, B.T., A.R. Johnson, T.H. Keitt, C.A. Hatfield, J. David & P.T. Hraber. 1996. "Detection of critical densities associated with pinon-juniper woodland ecotones," *Ecology* 77: 805-821.

Milne, B.T., M.G. Turner, J.A. Wiens & A.R. Johnson. 1992. "Interactions between the fractal geometry of landscapes and allometric herbivory," *Theoretical Population Ecology* 41: 337-353.

Mitsch, W.J. & S.E. Jörgensen. 1989. *Ecological Engineering: An Introduction to Ecotechnology*. New York, NY: John Wiley & Sons.

Mollison, B. 1994. *Introduction to Permaculture*. 2nd ed., Tyalgum, Australia: Tagari Publications.

Monteith, J.L. & M.H. Unsworth. 1990. *Principles of Environmental Physics*. London, UK: Edward Arnold.

Morse, D.R., J.H. Lawton, M.M. Dodson, M.H. Williamson. 1985. "Fractal dimension of vegetation and the distribution of arthropod body lengths," *Nature* 314: 731-733.

Mousson, L., G. Neve & M. Baguette. 1999. "Metapopulation structure and conservation of the cranberry fritillary Boloria aquilonaris (lepidoptera numphalidae) in Belgium," *Biological Conservation* 87: 285-293.

Moy, L.D. & L.A. Levin. 1991. "Are Spartina marshes a replaceable resource? A functional approach to evaluation of marsh creation effort," *Esturaries* 14: 1-16.

Murcia, C. 1995. "Edge effects in fragmented forests: implications for conservation," *Trends in Ecology and Evolution* 10: 58-62.

Muscutt, A.D., G.L. Harris, S.W. Bailey & D.B. Davies. 1993. "Buffer zones to improve water quality: a review of their potential use in UK agriculture," *Agricultural Ecosystems and Environment* 45: 59-77.

Musick, H.B. & H.D. Grover. 1991. "Image textural measures as indices of landscape patter," pp. 77-103, In: M.G. Turner & R.H. Gardner(eds.). *Quantitative Methods in Landscape Ecology: The Analysis and Interpretation of Landscape Heterogeneity*. New York, NY: Springer-Verlag.

Mwalyosi, R.B.B. 1991. "Ecological evaluation for wildlife corridors and buffer zones for Lake Manyara National Park, Tanzania, and its immediate environment," *Biological Conservation* 57: 171-186.

Myneni, R.B., R.R. Nemani & S.W. Running. 1997. "Algorithm for the estimation of global land cover, LAI, and FPAR based on radiative transfer models," *IEEE Transactions in Geoscience and Remote Sensing* 35: 302-314.

Naiman, R.J. & H. Decamps. 1997. "The ecology of interfaces: Riparian zones," *Annual Review of Ecology and Systematics* 28: 621-658.

Naiman, R.J. & K.H. Rogers. 1997. "Large animal and system-level characteristics in river corridors," *BioScience* 47: 521-529.

Nagasaka, A. & F. Nakamura. 1999. "The influences of land-use changes on hydrology and riparian environment in a northern Japanese landscape," *Landscape Ecology* 14: 543-556.

Nakamura, F. 1995. "Structure and function of riparian zone and implications for Japanese river management," *Transactions Japanese Geomorphological Union* 16(3): 237-256.

Nams, V.O. 1996. "The Fractal: a new estimator for fractal dimension of animal movement paths," *Landscape Ecology* 11: 289-297.

NASA(eds.). 1988. *Earth System Science: A Closer View*. Washington, D.C., USA.

Naveh, Z. 1982. "Landscape ecology as an emerging branch of human ecosystem science," *Advances in Ecological Research* 12: 189-237.

———. 1998. "Ecological and cultural landscape restoration and the cultural evolution towards a post-industrial symbiosis between human society and nature," *Restoration Ecology* 6: 135-143.

———. 2000. "The total human ecosystem integrating ecology and economics," *BioScience* 50: 357-361.

Naveh, Z. & A.S. Lieberman. 1993. *Landscape Ecology: Theory and Application*. 2nd ed., New York, NY: Springer-Verlag.

Neuman, M. 2000. "Regional design: Recovering a great landscape architecture and urban planning tradition," *Landscape and Urban Planning* 47: 115-128.

Nevatia, R. 1982. *Machine Perception*. Englewood Cliffs, NJ: Prentice Hall.

Newmark, W.D. 1985. "Legal and biotic boundaries of western North American national parks: a problem of congruence," *Biological Conservation* 33: 197-208.

———. 1995. "Extinction of mammal populations in western North American national parks," *Conservation Biology* 9: 512-527.

Nikora, V., C.P. Pearson & U. Shankar. 1999. "Scaling properties in landscape patterns: New Zealand experience," *Landscape Ecology* 14: 17-33.

Nilsson, S.G. 1986. "Are bird communities in small biotope patches random samples from communities in large patches?" *Biological Conservation* 38: 179-204.

Nittmann, J. & H.E. Stanley. 1986. "Tip splitting without interfacial tension and dendritic growth patters arising from molecular anisotropy," *Natre* 321: 663-668.

Nodvin, S.C., C.T. Driscoll & G.E. Likens. 1988. "Soil processes and sulfate loss at the Hubbard Brook Experimental Forest," *Biogeochemistry* 5: 185-199.

Noss, R.F. 1987a. "Corridors in real landscapes: a reply to Simberloff and Cox," *Conservation Biology* 1: 159-164.

———. 1987b. "Protecting natural areas in fragmented landscapes," *Natural Areas Journal* 7: 2-13.

———. 1990. "Indicators for monitoring biodiversity: a hierarchical approach," *Conservation Biology* 4: 355-364.

———. 1994. "Creating regional reserve networks," pp. 289-290, In: G.K. Meffe. C.R. Carroll and others. *Principles of Conservation Biology*. Sunderland, MA: Sinauer Associates Inc.

Noss, R.R. 1991. "Effects of edge and internal patchiness of avian habitat use in old growth Florida hammock," *Natural Areas Journal* 11: 34-47.

———. 1993. "Wildlife corridors," pp. 43-68, In: D.S. Smith & P.C. Hellmund(eds.). *Ecology of Greenways*. Minneapolis, MN: University of Minnesota Press.

Noss, E.D. & L.S. Harris. 1986. "Nodes, networks and MUMS: preserving diversity at all scales," *Environmental Management* 10: 299-309.

Noss, R.F. & A. Cooperrider. 1994. *Saving Nature's Legacy: Protecting and Restoring Biodiversity*. Washington, D.C: Defenders of Wildlife and Island Press.

O'Neill, R.V. & A.W. King. 1998. "Homage to St. Michael: or why are there so many books on scale?" pp. 3-15, In: D.L. Peterson & V.T. Parker(eds.). *Ecological Scale: Theory and Application*. New York, NY: Columbia University Press.

O'Neill, R.V. & 8 persons. 1997. "Monitoring environmental quality at the landscape scale," *BioScience* 47: 513-519.

O'Neill, R.V., J.R. Krummel, R.H. Gardner, G. Sugihara, B. Jackson, D.L. DeAngelis, B.T. Milne, M.G. Turner, B. Zygmunt, S.W. Christensen, V.H. Dale & R.L. Graham. 1988a. "Indices of landscape pattern," *Landscape Ecology* 2: 153-162.

O'Neill, R.V., B.T. Milne, M.G. Turner & R.H. Gardner. 1988b. "Resource utilization scales and landscape patterns," *Landscape Ecology* 2: 63-69.

O'Neill, R.V., D.L. DeAngelis, J.B. Waide & T.F.H. Allen. 1986. *A hierarchical Concept of Ecosystems*. Princeton, NJ: Princeton University Press.

Odum, E.P. 1969. "The strategy of ecosystem development," *Science* 164: 262-270.

Odum, E.P. & M.G. Turner. 1990. "The Georgia landscape: A changing resource," pp. 137-164, In: I.S. Zonneveld & R.T.T. Forman(eds.). *Changing Landscapes: An Ecological Perspective*. New York, NY: Springer-Verlag.

Odum, H.T. 1957. "Trophic structure and productivity of Silver Springers, Florida," *Ecological Monographs* 27: 55-112.

———. 1983. *Systems Ecology: An Introduction*. New York, NY: John Wiley & Sons.

———. 1988. "Self-organization, transformity, and information," *Science* 242: 1132-1139.

Okubo, A. 1980. *Diffusion and ecological problems: a mathematical models*. New York, NY: Springer-Verlag.

Omernik, J.M. 1977. *Nonpoint source - stream nutrient level relationships: A nationwide study*. EPA/600/2-77/105(p. 151), Corvallis, OR: US Environmental Protection Agency.

Omernik, J.M., A.R. Abernathy & L.M. Male. 1981. "Stream nutrient levels and proximity of agricultural and forest land to streams: Some relationships," *Journal of Soil, Water, and Conservation* 36: 227-231.

Opdam, P. 1990. "Dispersal in fragmented populations: the key to survival," pp. 3-7, In: R.G.H. Bunce & D.C. Howard(eds.). *Species Dispersal in Agricultural Habitats*. New York, NY: Belhaven Press.

———. 1991. "Metapopulation theory and habitat fragmentation: a review of holarctic breeding bird studies," *Landscape Ecology* 5: 93-106.

Orrock, J.L., J.F. Pagels, W.J. McShea & E.K. Happer. 2000. "Predicting presence and abundance of a small mammal species: the effect of scale and resolution," *Ecological Applications* 10: 1356-1366.

Pace, F. 1991. "The Klamath corridors: preserving biodiversity in the Klamath National Forest," pp. 105-134, In: W.E. Hudson(ed.). *Landscape Linkages and Biodiversity*. Washington, D.C: Island Press.

Paine, R.T. 1966. "Food web complexity and species diversity," *American Naturalist* 100: 65-75.

Paine, R.T. & S.A. Levin. 1981. "Intertidal landscapes: disturbance and the dynamics of patches," *Ecological Monographs* 51: 145-178.

Pan, D., G. Domon, S. de Blois & A. Bouchard. 1999. "Temporal(1958-1993) and spatial patterns of land use changes in Haut-Saint-Laurent(Quebec, Canada) and their relation to landscape physical attributes," *Landscape Ecology* 13: 35-52.

Parendes, L.A. & J.A. Jones. 2000. "Role of light availability and dispersal in exotic plant invasion along roads and streams in the H. J. Andrews Experimental Forest, Oregon," *Conservation Biology* 14: 64-75.

Parish, T., K.H. Lakhani & T.H. Sparks. 1994. "Modelling the relationship between bird population variables and hedgerow and other field margin attributes. I. Species richness of winter, summer and breeding birds," *Journal of Applied Ecology* 31: 764-775.

Park, E.-J. 1998. *Observation and modeling of nitrogen dynamics in a flooding area of riparian ecosystem.* Ph.D. dissertation, Seoul, Korea: Seoul National University.

Parker, G.G. & M.J. Brown. 2000. "Forest canopy stratifcation - Is it useful?" *American Naturalist* 155: 473-484.

Parker, V.T. & S.T.A. Pickett. 1998. "Historical contingency and multiple scales of dynamics within plant communities," pp. 171-191, In: D.L. Peterson & V.T. Parker(eds.). *Ecological Scale: Theory and Application.* New York, NY: Columbia University Press.

Pasitschniak-Arts & Messier. 1995. "Risk of predation on waterfowl nests in the Canadian prairies: effects of habitat edges and agricultural practices," *Oikos* 73: 347-355.

Paton, P.W.C. 1994. "The effect of edge on avian net success: how strong is the evidence," *Conservation Biology* 8: 17-26.

Pearson, S.M. 1993. "The spatial extent and relative influence of landscape-level factors on wintering bird populations," *Landscape Ecology* 8: 3-18.

Peck, S. 1998. *Planning for Biodiversity.* Washington, D.C: Island Press.

Perault, D.R. & M.V. Lomolino. 2000. "Corridors and mammal community structure across a fragmented, old-growth forest landscape," *Ecological Monographs* 70: 401-422.

Perrin, C.J., K.S. Shortreed & J.G. Stockner. 1984. "An integration of forest and lake fertilization: Transport and transformations of fertilizer elements," *Canadian Journal of Aquatic Science* 41: 253-262.

Peterjohn, W.T. & D.L. Correll. 1984. "Nutrient dynamics in an agricultural watershed: Observations on the role of a riparian forest," *Ecology* 65: 1466-1475.

Petersen, R.C., L.B.-M. Petersen & J. Lacoursiere. 1992. "A building-block model for stream restoration," pp. 293-309, In: P.J. Boon, P. Calow & G.E. Petts(eds.). *River Conservation and Management.* Chichester, UK: John Wiley.

Phillips, D.L. & D.J. Shure. 1990. "Patch-size effects on early succession in southern Appalachian forest," *Ecology* 71: 204-212.

Pickett, S.T.A. & J.N. Thompson. 1978. "Patch dynamics and the design of nature reserves," *Biological Conservation* 13: 27-37.

Pickette, S.T.A. & P.S. White(eds.). 1985. *The Ecology of Natural Disturbance and Patch Dynamics.* San Diego, CA: Academic Press.

Pielke, R.A., G.A. Dalu, J.S. Snook, T.J. Lee & T.G.F. Kittel. 1991. "Nonlinear influence of mesoscale land use on weather and climate," *Journal of Climate* 4: 1053-1069.

Pielke, R.A., T.J. Lee, J.H. Copeland, J.L. Eastman, C.L. Ziegler & C.A. Finley. 1997. "Use of USGS-provided data to improve weather and climate simulations," *Ecological Applications* 7: 3-21.

Pimm, S.L. 1991. *The Balance of Nature.* Chicago, IL: The University of Chicago Press.

Pimm, S., G. Russell, J. Gittleman & T. Brooks. 1995. "The future of biodiversity," *Science* 269: 347-354.

Pinay, G. & H. Decamps. 1988. "The role of riparian woods in regulating nitrogen fluxes between the alluvial aquifer and surface water: A conceptual model," *Regulated Rivers: Research and Management* 2: 507-516.

Pino, J., F. Roda, J. Ribas & X. Pons. 2000. "Landscape structure and bird species richness: implications for conservation in rural areas between natural parks," *Landscape and Urban Planning* 49: 35-48.

Pither, J. & P.D. Taylor. 1998. "An experimental assessment of landscape connectivity," *Oikos* 83: 166-174.

Platt, R.H. 1996. *Land Use and Society: Geography, Law, and Public Policy.* Washing, D.C: Island Press.

Polis, G.A., W.B. Anderson & R.D. Holt. 1997. "Toward an integration of landscape and food web ecology: the dynamics of spatially subsidized food webs," *Annual Review of Ecology and Systematics* 28: 289-316.

Ponge, J.-F., J. Andre, O. Zackrisson, N. Bernier, M.-C. Nilsson & C. Gallet. 1998. "The forest regeneration puzzle," *BioScience* 48: 523-530.

Pope, S.E., L. Fahrig & H.G. Merriam. 2000. "Landscape complementation and metapopulation effects on Leopard frog populations," *Ecology* 81: 2498-2508.

Preston, F.W. 1962a. "The canonical distribution of commonness and rarity: Part I," *Ecology* 43: 185-215.

———. 1962b. "The canonical distribution of commonness and rarity: Part II," *Ecology* 43: 10-432.

Primack, P.B. 1995. *A Primer of Conservation Biology.* Sunderland, MA: Sinauer Associate Inc.

Primack, R.B. 1998. *Essentials of Conservation Biology.* 2nd ed., Sunderland, MA: Sinauer Associates, Inc.

Pringle, C.M., R.J. Naiman, G. Bretschko, J.R. Karr, M.W. Osweed, J.R. Wesbster, R.L. Welcomme & M.J. Winterbourn. 1988. "Patch dynamics in lotic systems: the stream as a mosaic," *Journal of the North American Benthological Society* 7: 503-524.

Pulliam, H.R. 1988. "Sources, sinks, and population regulation," *American Naturalist* 132: 652-661.

Pulliam, H.R. & B.J. Danielson. 1991. "Sources, sinks, and habitat selections: a landscape perspective on population dynamics," *American Naturalist* 137(supplements): 50-66.

Pulliam, H.R., J.B. Dunning, Jr. & J. Liu. 1992. "Population dynamics in a complex landscape: a case study," *Ecological Applications* 2: 165-177.

Quinn, J.F. & A. Hastings. 1987. "Extinctions in subdivided habitats," *Conservation Biology* 1: 198-208.

Radeloff, V.C., D.J. Mladenoff & M.S. Boyce. 2000a. "Effects of interacting disturbances on landscape patterns: budworm defoliation and salvage logging," *Ecological Applications* 10: 233-247.

———. 2000b. "A historical perspective and future outlook on landscape scale restoration in the northwest Wisconsin pine barrens," *Restoration Ecology* 8: 119-126.

Ranny, J.W., M.C. Bruner & J.B. Levenson. 1981. "The importance of edge in the structure and dynamics of forest lands," pp. 67-93, In: R.L. Burgess & D.M. Sharpe(eds.). *Forest Island Dynamics in Man-dominated Landscape.* New York, NY: Springer-Verlag.

Rapoport, E.H. 1982. "Aerography: Geographical Strategies of Species," *Foundacion Bariloche Series Number 1.* New York, NY: Pergamon Press.

Recher, H.R. 1969. "Bird species diversity and habitat diversity in Australia and North America," *American Naturalist* 103: 75-80.

Reid, R.S. & J.E. Ellis. 1995. "Impacts of pastoralists on woodlands in south Kurkana, Kenya: livestock-mediated tree recruitment," *Ecological Applications* 5: 978-992.

Reville, B.J., J.D. Tranter & H.D. Yorkston. 1990. "Impact of forest clearing on the endangered seabird Sula abbotti," *Biological Conservation* 35: 111-142.

Rhoades, C.C. & D.C. Coleman. 1999. "Nitrogen mineralization and nitrification following land conversion in montane Ecuador," *Soil Biology and Biochemistry* 31: 1347-1354.

Richardson, L.F. 1961. "The Problem of Contiguity: an appendix to the statistics of deadly quarrel," *General Systems Yearbook* 6: 139-87.

Ripl, W. 1995. "Management of water cycle and energy flow for ecosystem control: the energy-transport-reaction (ETR) model," *Ecological Modelling* 78: 61-76.

Risser, P.G. 1990. "Landscape pattern and its effects on energy and nutrient distribution," pp. 45-56, In: I.S. Zonneveld & R.T.T. Forman(eds.). *Changing Landscapes: An Ecological Perspective.* New York, NY: Springer-Verlagk.

Risser, P.G., J.R. Karr & R.TT. Forman. 1984. *Landscape Ecology: Direction and Approaches.* Special Publication 2, Illinois Natural History Survey, Champaign, IL, cited by Turner & Gardner(1991) and Forman(1995).

Robertson, J.G.M., B. Eknert & M. Ihse. 1990. "Habitat analysis from infra-red aerial photographs and the conservation of birds in Swedish agricultural landscape," *Ambio* 19(4): 195-203.

Robinson, S.K. F.R. Thompson, III, J.M. Donovan, R.R. Whitehead & J. Faaborg. 1995. "Regional forest fragmentation and the nesting success of migratory birds," *Science* 267: 1987-1990.

Rogers, P. 1994. "Hydrology and water quality," pp. 231-257, In: W.B. Meyer & B.L. Turner, II.(eds.) *Changes in Land Use and Land Cover: A Global Perspective.* Cambridge, UK: Cambridge University Press.

Romme, W.H. 1982. "Fire and landscape diversity in subalpine forests of Yellowstone National Park," *Ecological Monographys* 52: 199-221.

Romme, W.H. & D.H. Knight. 1982. "Landscape diversity: The concept applied to Yellowstone Park," *BioScience* 32: 664-670.

Rosenberg, D.K., B.R. Noon & E.C. Meslow. 1997. "Biological corridors: form, function, and efficacy," *BioScience* 47: 677-687.

Rosenzweig, M.L. 1995. *Species diversity in space and time.* Cambridge, UK: Cambridge University Press.

Roth, N.E., J.D. Allan & D.L. Erickson. 1996. "Landscape influences on stream biotic integrity assessed at multiple spatial scale," *Landscape Ecology* 11: 141-156.

Roughgarden, J. 1977. "Patchiness in the spatial distribution of a population caused by stochastic fluctuations in resources," *Oikos* 29: 52-59.

Rouse, J. W., R.H. Haas, J.A. Schell & D.W. Deering. 1973. *Monitoring vegetation systems in the great plains with ERTS.* Third ERTS Symposium, NASA SP-351, Vol. 1, pp. 309-317.

Rouse, W.R. 1976. "Microclimatic changes accompanying burning in subarctic lichen woodland," *Arctic and Alpine Research* 8: 357-376.

Ruggiero, L.F., K.B. Aubry, S.W. Buskirk, L.J. Lyon & W.J. Zielinski. 1994. *The scientific basis for conserving forest carnivores: American marten, fisher, lynx, and wolverine in the western United States.* USDA Forest Service General Technical Report RM-254, Fort Collins, CO: Rocky Mt. For. & Range Experimental Station.

Runkle, J.R. 1985. "Treefalls revisited: gap dynamics in the southern Appalachians," *Ecology* 68: 417-424.

Running, S.W. & S.T. Gower. 1991. "FOREST-BGC, a general model of forest ecosystem processes for regional applications. II. Dynamic carbon allocation and nitrogen budgets," *Tree Physiology* 9: 147-160.

Russell, E.W.B. 1997. *People and the Land through Time: Liking Ecology and History.* New Haven, NH: Yale University Press.

Rykiel, E.J., Jr. 1985. "Towards a definition of ecological disturbance," *Australian Journal of Ecology* 10: 361-365.

Ryszkowski, L. 1992. "Energy and material flows across boundaries in agricultural landscapes," pp. 270-284, In: A.J.

Hansen & F. di Castri(eds.). *Landscape Boundaries*. New York, NY: Springer-Verlag.

Ryszkowski, L., A. Bartoszewica & A. Kedziora. 1999. "Management of matter fluxes by biogeochemical barriers at the agricultural landscape level," *Landscape Ecology* 14: 479-492.

Ryszkowski, L. & A. Kedziora. 1987. "Impact of agricultural landscape structure on energy flow and water cycling," *Landscape Ecology* 1: 85-94.

Saetersdal, M. 1994. "Rarity and species/area relationships of vascular plants in deciduous woods, western Norway-applications to nature reserve selection," *Ecography* 17: 25-38.

Sakamoto, T., T. Tsuchiya, M. Sano, F. Nakamura, K, Kaji & A. Ito. 1995. "A study on planning of forested watershed management based on a landscape concept. Japanese," *Journal of Japanese Forestry Society* 77: 55-65(in Japanese with English abstract).

Salthe, S.N. 1985. *Evolving Hierarchical Systems*. New York, NY: Columbia University Press.

Salwasser, H., C. Schonewald-Cox & R. Baker. 1987. "The role of interagency cooperation in managing for viable populations," pp. 159-173, In: M.E. Soule(ed.). *Viable Populations for Conservation*. Cambridge, MA: Cambridge University Press.

Sample, V.A. 1994. *Remote Sensing and GIS in Ecosystem Management*. Washington, D.C: Island Press.

Samways, M.J. 1993. *Insect Conservation Biology*. London UK: Chapman and Hall.

Santos, T. & J.L. Telleria. 1994. "Influence of forest fragmentation on seed consumption and dispersal of Spanish juniper Juniperus thurifera," *Biological Conservation* 70: 129-134.

Sarlov-Herlin, I.L. & G.L.A. Fry. 2000. "Dispersal of woody plants in forest edges and hedgerows in a Southern Swedish agricultural area: the role of site and landscape structure," *Landscape Ecology* 15: 229-242.

Saunders, D.A. & R.J. Hobbs(eds.). 1991. *Nature Conservation 2: The Role of Corridors*. Chipping Norton, Australia: Surrey Beatty.

Saunders, D.A., J.L. Craig & E.M. Mattiske. 1995. *Nature Conservation 4: The Role of Networks*. Chipping Norton, Australia: Surrey Beatty & Sons.

Saunders, D.A., R.J. Hobbs & G.W. Arnold. 1993. "The Kellerberrin project on fragmented landscape: a review," *Conservation Biology* 64: 185-192.

Schlesinger, W.H. 1989. "Ecosystem structure and function," pp. 268-274, In: J. Roughgarden, R.M. May & S.A. Levin (eds.). *Perspectives in Ecological Theory*. Princeton, NJ: Princeton University Press.

______. 1997. *Biogeochemisty: An Analysis of Global Change*. 2nd ed., San Diego, CA: Academic Press.

Schmid, P.E. 2000. "Fractal properties of habitat and patch structure in benthic ecosystems," *Advances in Ecological Research* 30: 339-401.

Schmit, T.J., M.G. Dosskey & K.D. Hoagland. 1999. "Filter strip performance and processes fro different vegetation, width, and contaminants," *Journal of Environmental Quality* 28: 1479-1489.

Schoener, A. & T.W. Schoener. 1981. "The dynamics of the species-area relation in marine fouling systems: I. Biological correlates of changes in the species-area slope," *American Naturalist* 118: 339-360.

Schonewald-Cox, C.M. 1988. "Boundaries in the protection of natural reserves," *BioScience* 38: 480-486.

______. 1983. "Conclusions: guidelines to management: a beginning attempt," pp. 415-445, In: C.M. Schonewald-Cox, S.M. Chambers, B. MacBryde & L. Thomas(eds.). *Genetics and Conservation: A Reference for Managing Wild Animal and Plant Populations*. Menlo Park, CA: Benjamin/Cummings.

Schonewald-Cox, C.M. & J.W. Bayless. 1986. "The boundary model: a geographic analysis of design and conservation of nature reserves," *Biological Conservation* 38: 305-322.

Schonewald-Cox, C.M. & M. Buechner. 1992. "Park protection and public roads," pp. 373-396, In: P.L. Fiedlet & S.K. Jain(eds.). *Conservation Biology: The Theory and Practice of Nature Conservation, Preservation and Management.* New York, NY: Chapman and Hall.

Schreiber, K.-F. 1988. "Connectivity in Landscape Ecology," *Munstersche Geographische Arbeiten* 29, Paderborn, Germany: Ferdinand Schoningh.

______. 1990. "The history of landscape ecology in Europe," pp. 21-33, In: I.S. Zonneveld & R.T.T. Forman(eds.). *Changing Landscapes: An Ecological Perspective.* New York, NY: Springer-Verlag.

Schweiger, E.W., J.E. Diffendorfer, R.D. Holt, R. Pierotti & M.S. Gaines. 2000. "The interaction of habitat fragmentation, plant, and small mammal succession in an old field," *Ecological Monographs* 70: 383-400.

Schwer, C.B. & J.C. Clausen. 1989. "Vegetative filter treatment of dairy milkhouse wastewater," *Journal of Environmental Quality* 18: 446-451.

Scott, J.M., B. Csuti & F. Davis. 1991. "Gap analysis: an application of geographic information systems for wildlife species," pp. 167-179, In: D.J. Decker, M.E. Krasny, G.R. Goff, C.R. Smith & D.W. Gross(eds.). *Challenges in the Conservation of Biological Resources: A Practitioner's Guide.* Boulder, CO: Westview Press, Inc.

Scott, J.M., B. Csuti, J.D. Jacob & J.E. Estes. 1987. "Species richness: a geographic approach to protecting future biological diversity," *BioScience* 37: 782-788.

Scott, J.M., F. Davis, B. Csuti, R. Noss, B. Butterfield, C. Groves, H. Anderson, S. Caicco, F. D'Erchia, T.C. Edwards, Jr., J. Ulliman & R.G. Wright. 1993. "Gap analysis: a geographic approach to protection of biological diversity," *Wildlife Monographs* 123: 1-41.

Scrimgeour, G.J. & D. Wicklum. 1996. "Aquatic ecosystem health and integrity: problems and potential solutions," *Journal of North American Benthological Society* 15: 254-261.

Seabrook, W.A. & F.A. Dettmann. 1996. "Roads as activity corridors fro cane toads in Australia," *Journal of Wildlife Management* 60: 363-368.

Selman, P. 1993. "Landscape ecology and countryside planning: vision, theory and practice," *Journal of Rural Studies* 9: 1-21.

Serrano, L., J.A. Gamon, & J. Penuelas. 2000. "Estimation of canopy photosynthetic and nonphotosynthetic components from spectral transmittance," *Ecology* 81: 2149-3162.

Shafer, C.L. 1990. *Nature Reserves: Island Theory and Conservation Practice.* Washington, D.C: Smithsonian Institution Press.

______. 1994. "Beyond park boundaries," pp. 201-223, In: E.A. Cook & H.N. van Lier(eds.). *Landscape Planning and Ecological Networks.* Amsterdam, The Netherlands: Elsevier.

______. 1995. "Values and shortcomings of small reserves," *BioScience* 45: 80-88.

______. 1997. "Terrestrial nature reserve design at the urban/rural interface," pp. 345-378, In: M.W. Schwartz(ed.). *Conservation in Highly Fragmented Landscapes.* New York, NY: Chapman and Hall.

Shaffer, M.L. 1981. "Minimum population sizes for species conservation," *BioScience* 31: 131-134.

Shao, G., S. Zhao & G. Zhao. 1991. "Application of GIS in simulation of forested landscape communities: a case study in Changbaishan Biosphere Reserve," *Chinese Journal of Applied Ecology* 2: 103-107.

Shaver, G.R., K.J. Nadelhoffer & A.E. Giblin. 1991. "Biogeochemical diversity and element transport in a heterogeneous landscape, the North Slope of Alaska," pp. 105-128, In: M.G. Turner & R.H. Gardner(eds.). *Quantitative Methods in Landscape Ecology*. New York, NY: Springer-Verlag.

Shugart, H.H. 1998. *Terrestrial Ecosystems in Changing Environments*. Cambridge, UK: Cambridge University Press.

Shure, D.J. & L.A. Wilson. 1993. "Patch size effects on plant phenolics in successional openings of the Southern Appalachians," *Ecology* 74: 55-67.

Simberloff, D.S. & J. Cox. 1987. "Consequences and costs of conservation corridors," *Conservation Biology* 1: 63-71.

Simberloff, D.S. & L.G. Abele. 1976. "Island biogeography theory and conservation practice," *Science* 191: 285-286.

Simberloff, D.S. & N. Gotelli. 1984. "Effects of fragmentation," *American Naturalist* 120: 41-50.

Simberloff, D.S., J.A. Farr, J. Cox & D.W. Mehlman. 1992. "Movement corridors: conservation bargains or poor investments?" *Conservation Biology* 6: 493-504.

Sinton, D.S., J.A. Jones, J.L. Ohmann & F.J. Swanson. 2000. "Windthrow disturbance, forest composition, and structure in the Bull Run Basin, Oregon," *Ecology* 81: 2539-2556.

Skagen, S.K., C.P. Melcher, W.H. Howe & F.L. Knopf. 1998. "Comparative use of riparian corridors and oases by migrating birds in Southeast Arizona," *Conservation Biology* 12: 896-909.

Skidmore, E.L. 1987. "Wind-erosion direction factors as influenced by field shape and wind preponderance," *Soil Science Society of American Journal* 51: 198-202.

Sklar, F. & R. Constanza. 1991. "The development of dynamic spatial models for landscape ecology: a review and prognosis," pp. 239-287, In: M.G. Turner & R.H. Gardner(eds.). *Quantitative Methods in Landscape Ecology: The Analysis and Interpretation of Landscape Heterogeneity*. New York, NY: Springer-Verlag.

Slocombe, D.S. 1993. "Implementing ecosystem-based management," *BioScience* 43: 612-622.

Small, M.F. & M.L. Hunter. 1988. "Forest fragmentation and avian nest predation in forested landscapes," *Oecologia* 76: 62-64.

Smith, C.K., H.L. Gholz & F. de Assis Oliveira. 1998. "Soil nitrogen dynamics and plant-induced soil changes under plantations and primary forest in lowland Amazonia, Brazil," *Plant and Soil* 200: 193-200.

Smith, D.S. & P.C. Hellmund(eds.). 1993. *Ecology of Greenways*. Minneapolis, MN: University of Minnesota Press.

Smith, I.K. & J.L. Vankat. 1992. "Dry evergreen forest(coppice) communities of North Andros Island Bahamas," *Bulletin of the Torrey Botanical Club* 119: 181-191.

Smith, S.D.M. & G. Pickup. 1990. "Pattern and production in arid lands," *Proceedings of the Ecological Society of Australia* 16: 195-200.

Soule, M.E. 1987. "Introduction," pp. 1-10, In: M.E. Soule(ed.). *Viable Population for Conservation*. Cambridge, MA: Cambridge University Press.

Soule, M.E. & M.E. Gilpin. 1991. "The theory of wildlife corridor capability," pp. 3-8, In: D.A. Saunders & R.J. Hobbs (eds.). *Nature Conservation 2: The Role of Corridors*. Chipping Norton, Australia: Surrey Beatty.

Spellerberg, I.F. 1992. *Evaluation and Assessment for Conservation*. London, UK: Chapman & Hall.

Spetich, M.A., G.R. Paker & E.J. Gustafson. 1997. "Spatial and temporal relationships of old-growth and secondary forest in Indiana, USA," *Natural Areas Journal* 17: 118-130.

Spies, T.A., W. Ripple & G.A. Bradshaw. 1994. "Dynamics and pattern of managed coniferous forest landscapes in Oregon," *Ecological Applications* 4: 555-568.

Sprugal, D.G. 1976. "Dynamic structure of wave-generated Abies balsamea forest in northeastern United States," *Journal of Ecology* 64: 889-911.

Stamps, J.A., M. Buechner & V.V. Krishnan. 1987a. "The effects of edge permeability and habitat geometry on emigration from patches of habitat," *American Naturalist* 129: 533-552.

______. 1987b. "The effects of habitat geometry on territorial defense costs: intruder pressure in bounded habitats," *American Zoologist* 27: 307-325.

Steinhaus, H. 1960. *Mathematical Snapshots*. New York, NY: Oxford University Press.

Stephenson, N.L. 1990. "Climate control of vegetation distribution: the role of the water balance," *American Naturalist* 135: 649-670.

Stevens, S.M. & T.P. Husband. 1998. "The influence of edge on small mammals: evidence from Brazilian Atlantic forest fragments," *Biological Conservation* 85: 1-8.

Stohlgren, T.J., K.A. Bull, Y. Otsuki, C.A. Villa & M. Lee. 1998. "Riparian zones as havens for exotic plant species in the central grasslands," *Plant Ecology* 138: 113-125.

Stohlgren, T.J., T.N. Chase, R.A. Pielke, Sr., T.G.F. Kittel & J.S. Baron. 1998. "Evidence that local land use practices influence regional climate, vegetation, and stream flow patterns in adjacent natural areas," *Global Change Biology* 4: 495-504.

Stouffer, P.C. & R.O. Bierregaard, Jr. 1995a. "Effects of froest fragmentation on uderstory hummingbirds in Amazonian Brazil," *Conservation Biology* 9: 1085-1094.

______. 1995b. "Use of Amazonian forest fragments by udnerstory insectivorous birds," *Ecology* 76: 2429-2445.

Sugihara, G. & R.M. May. 1990. "Applications of fractals in ecology," *Trends in Ecology and Evolution* 5: 79-86.

Sustek, Z. 1992. "Windbreaks and line communities as migration corridors for carabids(Col. Carabidae) in the agricultural landscape of south Moravia," *Ekoligia* 11: 259-271.

Swank, W.T. & H.T. Schreuder. 1973. "Comparison of three methods of estimating surface area and biomass for a forest of young eastern white pine," *Forest Science* 20: 91-100.

Swank, W.T. & J.E. Douglas. 1974. "Streamflow greatly reduced by converting deciduous hardwood stands to pine," *Science* 185: 857-859.

Swanson, F.J., S.L. Johnson, S.V. Gregory & S.A. Acker. 1998. "Flood disturbance in a forested mountain landscape," *BioScience* 48: 681-689.

Swanson, F.J., S.M. Wondzell & G.E. Grant. 1992. "Landforms, disturbance, and ecotones," pp. 304-323, In: A.J. Hansen & F. di Castri(eds.). *Landscape Boundaries: Consequences for Biotic Diversity and Ecological Flows*. New York, NY: Springer-Verlag.

Swanson, F.J., T.K. Kratz, N. Caine & R.G. Woodmansee. 1988. "Landform effects on ecosystem patterns and process," *BioScience* 38: 92-98.

Syversen, N. 1992. *Vegetajonssoners effekt pa avrenning fra jordbruksarealer-arsrapport 1992*. As, Norway: Jordforsk, p. 12(Vought 등 1995 재인용).

Szacki, J., J. Babinsak-Werka & A. Liro. 1993. "The influence of landscape spatial structure on small mammal movements," *Acta Theriologica* 38: 113-123.

Taaffe, E.J. & H.L. Gauthier, Jr. 1973. *Geography of Transportations*. Englewood Cliffs, NJ: Prentice-Hall.

Tansley, A.G. 1935. "The use and abuse of vegetational concepts and terms," *Ecology* 16: 284-307.

Taylor, P.D. & G. Merriam. 1995. "Wing morphology of a forest damselfly is related to landscape structure," *Oikos* 73: 43-48.

Taylor, P.D., L. Fahrig, K. Henein & H.G. Merriam. 1993. "Connectivity is a vital element of landscape structure," *Oikos* 68: 571-573.

Taylor, R.J. 1987a. "The geometry of colonization: 1. Islands," *Oikos* 48: 225-231.

———. 1987b. "The geometry of colonization: 2. Peninsulas," *Oikos* 48: 232-237.

Taylor, R.J. & P.J. Regal. 1978. "The peninsular effect on species diversity and the biogeography of Bja California," *American Naturalist* 112: 583-593.

Temple, S. & J.R. Cary. 1988. "Modelling dynamics of habitat-interior bird population dynamics in fragmented landscape," *Conservation Biology* 2: 340-347.

Terborgh, J. 1974. "Preservation of natural diversity: the problem of extinction prone species," *BioScience* 24: 715-722.

Terborgh, J. & B. Winter. 1983. "A method for siting parks and reserves with special reference to Colombia and Ecuador," *Biological Conservation* 27: 45-58.

Thiollay, J.M. 1989. "Area requirements for the conservation of rainforest raptors and game birds in France Guiana," *Conservation Biology* 3: 128-137.

Thomas, C.D. 1990. "What do real population dynamics tell us about minimum viable population sizes?" *Conservation Biology* 4: 324-327.

Thompson, D. B., T.L. Loudon & J.B. Gerrish. 1978. *Winter and spring runoff from manure application plots*. Paper No. 78-2032, St. Joseph, MI: American Society of Agricultural Engineers.

Thorhallsdottir, T.E. 1991. "The dynamics of a grassland community: a simultaneous investigation of spatial and temporal heterogeneity at various scales," *Journal of Ecology* 78: 884-908.

Thorne, J.F. 1993. "Landscape ecology: a foundation for greenway design," pp. 23-42, In: D.S. Smith & P.C. Hellmund (eds.). 1993. *Ecology of Greenways*. Minneapolis, MN: University of Minnesota Press.

Tiebout, H.M. III & R.A. Anderson. 1997. "A comparison of corridors and intrinsic connectivity to promote dispersal in transient successional landscapes," *Conservation Biology* 11: 620-627.

Tilman, D. & P. Kareiva(eds.). 1997. "Spatial Ecology: The Role of Space in Population Dynamics and Interspecific Interactions," Princeton, NJ: Princeton University Press.

Tilley, D.R. & M.T. Brown. 1998. "Wetland networks for stormwater management in subtropical urban watersheds," *Ecological Engineering* 10: 131-158.

Tinker, D.B., C.A.C. Resor, G.P. Beauvais, K.F. Kipfmueller, C.I. Fernandes & W.L. Baker. 1998. "Watershed analysis of forest fragmentation by clearcuts and roads in a Wyoming forest," *Landscape Ecology* 13: 149-165.

Tischendorf, L. & C. Wissel. 1997. "Corridors as conduits for small animals: attainable distances depending on movement patter, boundary reaction and corridor width," *Oikos* 79: 603-611.

Tocher, M.D., C. Gascon & B.L. Zimmerman. 1997. "Fragmentation effects on a central Amazonian frog community: a ten-year study," pp. 124-137, In: W.F. Laurance & R.O. Bierregaard, Jr.(eds.) *Tropical Forest Remnants: Ecology, Management, and Conservation of Fragmented Communities*. Chicago, IL: The University of Chicago Press.

Tochner, K., D. Pennetzdorfer, N. Reiner, F. Schiemer & J.V. Ward. 1999. "Hydrological connectivity, and the exchange of organic matter and nutrients in a dynamic river-floodplain system (Danube, Austria)," *Freshwater Biology* 41: 521-535.

Trombulak, S.C. & C.A. Frissell. 2000. "Review of ecological effects of roads on terrestrial and aquatic communities," *Conservation Biology* 14: 18-30.

Turner, I.M. 1996. "Species loss in fragments of tropical rain forest: a review of the evidence," *Journal of Applied Ecology* 33: 200-209.

Turner, M.G. 1989. "Landscape ecology: the effect of pattern on process," *Annual Review of Ecology and Systematics* 20: 171-197.

______. 1990. "Landscape changes in nine rural counties in Georgia," *Photogrammetric Engineering and Remote Sensing* 56: 379-386.

Turner, M.G. & R.H. Gardner(eds.). 1991. *Quantitative Methods in Landscape Ecology: The Analysis and Interpretation of Landscape Heterogeneity*. New York, NY: Springer-Verlag.

Turner, M.G., R.H. Gardner, V.H. Dale & R.V. O'Neil. 1989. "Predicting the spread of disturbance across heterogeneous landscapes," *Oikos* 55: 121-129.

Turner, M.G., V.H. Dale & E.H. Everham, III. 1997. "Fires, hurricanes, and volcanoes: comparing large disturbances," *BioScience* 47: 758-768.

Turner, M.G., V.H. Dale & R.V. O'Neil. 1989. "Predicting across scales: theory development and testing," *Landscape Ecology* 3: 245-252.

Turner, M.G., W.H. Romme, R.H. Gardner & W.W. Hargrove. 1997. "Effects of fire size and pattern on early succession in Yellowstone National Park," *Ecological Monographs* 67: 411-433.

Uhl, C., C, Jordan, K. Clark, H. Clark & R. Herrera. 1982. "Ecosystem recovery in Amazon caatinga forest after cutting, cutting and burning, and bulldozer clearing treatments," *Oikos* 38: 313-320.

Urban, D.L., R.V. O'Neill & H.H. Shugart, Jr. 1987. "Landscape ecology: a hierarchical perspective can help scientists understand spatial patterns," *BioScience* 37: 119-127.

Usher, M.B. 1991. "Habitat structure and the design of nature reserves," pp. 373-391, In: S.S. Bell, E.D. McCoy & H.R. Mushingsky(eds.). *Habitat Structure: The Physical Arrangement of Objects in Space*. London, UK: Chapman & Hall.

Van der Ryn, S. & S. Cowan. 1996. *Ecological Design*. Washington, D.C.: Island Press.

van Dorp, D. & P.F.M. Opdam. 1987. "Effects of patch size, isolation and regional abundance of forest bird communities," *Landscape Ecology* 1: 59-73.

van Hook, R.I. 1989. "Introduction," pp. 1-20, in: D.W. Johnson & R.I. Van Hook(eds.). *Analysis of Biogeochemical Cycling Processes in Walker Branch Watershed*. New York, NY: Springer-Verlag.

van Lier, H.N. & E.A. Cook. 1994. "Ecological networks: a conspectus," pp. 327-346, In: H.N. van Lier and E.A. Cook(eds.). *Landscape Planning and Ecological Networks*. Amsterdams, The Netherlands: Elsevier Science.

van Miegroet, H., M.T. Hysell & A.D. Johnson. 2000. "Soil microclimate and chemistry of spruce-fir tree islands in northern Utah," *Soil Science Society of American Journal* 64: 1515-1525.

van Wilgen, B.W., R.M. Cowling & C.J. Burgers. 1996. "Valuation of ecosystem services," *BioScience* 46: 184-189.

Vanek, V. 1991. "Riparian zone as a source of phosphorus for a groundwater-dominated lake," *Water Research* 25: 409-418.

Vannote, R.L., G.W. Minshall, K.W. Cummins, J.R. Sedell & C.E. Cushing. 1980. "The river continuum concept," *Canadian Journal of Fisheris and Aquatic Science* 37: 130-137.

Veblen, T.T., K.S. Hadley, E.M. Nel, T. Kitzberger, M. Reid & R. Villalba. 1994. "Disturbance regime and disturbance interactions in a Rocky Mountain subalpine forest," *Journal of Ecology* 82: 125-135.

Vermeulen, H.J.W. & P.F.M. Opdam. 1995. "Effectiveness of roadside verges as dispersal corridors for small ground-dwelling animals: a simulation study," *Landscape and Urban Planning* 31: 233-248.

Vink, A.P.A. 1975. *Land Use in Advancing Agriculture*. Berlin: Springer-Verlag.

Virolainen, K.M., T. Suomi, J. Suhone & M. Kuitnen. 1998. "Conservation of vascular plants in single large and several small mires: species richness, rarity and taxonomic diversity," *Journal of Applied Ecology* 35: 700-707.

Vitousek, P.M. 1994. "Beyond global warming: ecology and global change," *Ecology* 75: 1861-1876.

Vitousek P.M. & W.A. Reiners. 1975. "Ecosystem succession and nutrient retention: a hypothesis," *BioScience* 25: 376-381.

Volk, T. 1995. *Metapatterns: Across Space, Time, and Mind.* New York, NY: Columbia University Press.

Vos, C.D. & J.P. Chardon. 1998. "Effects of habitat fragmentation and road density on the distribution pattern of the moor frog Rana arvalis," *Journal of Applied Ecology* 35: 44-56.

Vought, L.B.-M., G. Pinay, A. Fuglsang & C. Ruffinoni. 1995. "Structure and function of buffer strips from a water quality perspective in agricultural landscapes," *Landscape and Urban Planning* 31: 323-331.

Vought, L.B.-M., J. Dahl, C.L. Pedersen & J.O. Lacoursiere. 1994. "Nutrient retention in riparian ecotones," *Ambio* 23: 342-348.

Vought, L.V.-M., J.O. Lacoursiere & N.J. Voelz. 1991. "Streams in the agricultural landscape," *Vatten* 47: 321-328 (Vought 등 1995 재인용).

Wagai, R., K.R. Brye, S.T. Gower, J.M. Norman & L.G. Bundy. 1998. "Land use and environmental factors influencing soil surface CO flux and microbial biomass in natural and managed ecosystems in southern Wisconsin," *Soil Biology and Biochemistry* 30: 1501-1509.

Walker, D.A. & M.B. Walker. 1991. "History and pattern of disturbance in Alaskan arctic terrestrial ecosystems: a hierarchical approach to analysing landscape change," *Journal of Applied Ecology* 28: 244-276.

Wallace, J.S. & H.R. Oliver. 1990. "Vegetation and hydroclimate," pp. 9-41, In: M.G. Anderson & T.P. Burt(eds.). *Processes Studies in Hillslope Hydrology*. Chichester, UK: John Wiley & Sons.

Wallin, D.O., F.J. Swanson & B. Marks. 1994. "Landscape pattern response to changes in pattern generation rules: land-use legacies in forestry," *Ecological Applications* 4: 569-580.

Walters, J.R., H.A. Ford & C.B. Cooper. 1999. "The ecological basis of sensitivity of brown treecreepers to habitat fragmentation: a preliminary assessment," *Biological Conservation* 90: 13-20.

Waring, R.H. & S.W. Running. 1998. "Forest Ecosystems: Analysis at Multiple Scale," 2nd ed., San Diego CA: Academic Press, p. 370.

Watt, A.S. 1947. "Pattern and process in the plant community," *Journal of Ecology* 35: 1-22.

Watts, B.D. 1996. "Landscape configurations and diversity hotspots in wintering sparrows," *Oecologia* 108: 512-517.

Weathers, K.C., G.M. Lovett, G.E. Likens & R. Lathrop. 2000. "The effect of landscape features on deposition to Hunter Mountain, Catskill Mountains, New York," *Ecological Applications* 10: 528-540.

Webb, W.L., W.K. Lauenroth, S.R. Szarek & R.S. "Kinerson. Primary production and abiotic controls in forests, grasslands, and desert ecosystems in the United States," *Ecology* 64: 134-151.

Wegner, J.F. & G. Merriam. 1979. "Movements by birds and small mammals between a wood and adjoining farmland habitats," *Journal of Applied Ecology* 16: 349-357.

______. 1990. "Use of spatial elements in a farmland mosaic by a woodland rodent," *Biological Conservation* 54: 263-276.

Weller, D.E., T.E. Jordan & D.L. Correll. 1998. "Heuristic models for material discharge from landscapes with riparian buffers," *Ecological Applications* 8: 1156-1169.

Westcott, D.A. & D.L. Graham. 2000. "Patterns of movement and seed dispersal of a tropical frugivore," *Oecologia* 122: 247-257.

Whisenant, S.G. 1999. *Repairing Damaged Wildlands: a Process-oriented Landscape-scale Approach.* New York, NY: Cambridge University Press.

Whitcomb, R.F., J.F. Lynch, P.A. Opier & C.S. Rubbins. 1976. "Island biogeography and conservation: strategy and limitations," *Science* 193: 1030-1032.

White, C.S. & J.R. Gosz. 1983. "Sediment chemistry as influenced by vegetation and bedrock in the southwestern United States," *Water Resources Bulletin* 19: 829-836.

White, P.S. & S.T.A. Pickett. 1985. "Natural disturbance and patch dynamics: an introduction," pp. 3-13, In: S.T.A. Pickett & P.S. White(eds.). *The Ecology of Natural Disturbance and Patch Dynamics.* San Diego, CA: Academic Press.

Whitmore, T.C. 1978. "Gaps in the forest canopy," pp. 639-655, In: P.B. Tomlinson & M.H. Zimmermann(eds.). *Tropical Trees as Living Systems.* Cambridge, MA: Cambridge University Press.

Whittaker, R.H. & G.M. Woodwell. 1967. "Surface area relations of woody plants and forest communities," *American Journal of Botany* 54: 931-939.

Wiegand, T., K.A. Moloney, J. Naves & F. Kanuer. 1999. "Finding the missing link between landscape structure and population dynamics: a spatially explicit perspective," *The American Naturalist* 154: 605-627.

Wiens, J.A. 1976. "Population responses to patchy environments," *Annual Review of Ecology and Systematics* 7: 81-120.

______. 1985. "Vertebrate response to environmental patchiness in arid and semiarid ecosystems," pp. 169-193, In: S.T.A. Pickett & P.S. White(eds.). *The Ecology of Natural Disturbance and Patch Dynamics.* New York, NY: Academic Press.

______. 1989. "Spatial scaling in ecology," *Functional Ecology* 3: 385-397.

______. 1992. "Ecological flows across landscape boundaries: a conceptual overview," In: A.J. Hansen & F. di Castri (eds.). *Landscape Boundaries.* New York, NY: Springer-Verlag.

______. 1994. "Habitat fragmentation: island vs landscape perspectives on bird conservation," *IBIS* 137: S97-S104.

______. 1995. "Landscape mosaics and ecological theory," pp. 1-26, In: L. Hansson, L. Fahrig & G. Merriam(eds.). *Mosaic Landscapes and Ecological Processes.* London, UK: Chapman & Hall.

______. 1996. "Wildlife in patch environment: metapopulations, mosaics, and management," p. 53, In: D.R. McCullough (ed.). *Metapopulations and Wildlife Conservation.* Washington, D.C: Island Press.

Wiens, J.A. & B.T. Milne. 1989. "Scaling of 'landscapes' in landscape ecology, or landscape ecology from a beetle's perspective," *Landscape Ecology* 3: 87-96.

Wiens, J.A., N.C. Stenseth, B. Van Horne & R.A. Ims. 1993. "Ecological mechanisms and landscape ecology," *Oikos* 66: 369-380.

Wiens, J.A., T.O. Crist, K.A. With & B.T. Milne. 1995. "Fractal patterns of insect movement in microlandscape mosaics," *Ecology* 76: 663-666.

Wilcove, D.S. 1985. "Nest predation in forest tracts and the decline of migratory songbirds," *Ecology* 66: 1211-1214.

Wilcove, D.S., C.H. McLellan & A.P. Dobson. 1986. "Habitat fragmentation in the temperate zone," pp. 237-256, In: M.E. Soule(ed.). *Conservation Biology: The Science of Scarcity and Diversity*. Sunderland, MA: Sinauer Associates Inc.

Williamson, M.H. & J.H. Lawton. 1991. "Fractal geometry of ecological habitats," pp. 69-86, In: S.S. Bell, E.D. McCoy & H.R. Mushinsky(eds.). *Habitat Structure: The Physical Arrangement of Objects in Space*. London, UK: Chapman & Hall.

Willis, E.O. 1974. "Populations and local extinctions of birds on Barro Colorado Island, Panama," *Ecological Monographs* 44: 153-169.

Wilson, E.O. 1984. "Biophilia," Cambridge, MA: Harvard University Press.

———. 1989. "Threats to biodiversity," *Scientific American* 261: 108-116.

Willson, M.F., S.M. Gende & B.H. Marston. 1998. "Fishes and the forest," *BioScience* 48: 455-462.

Wilzbach, M. & J. Hall. 1985. "Prey availability and foraging behavior of cutthroat trout in an open and forest section of stream," *Ver. Int. Verhein. Limnol.* 22(4): 2516-2522.

Woodmansee, R.G. 1990. "Biogeochemical cycles and ecological hierarchies," pp. 57-71, In: I.S. Zonneveld & R.T.T. Forman(eds.). *Changing Landscapes: An Ecological Perspective*. New York, NY: Springer-Verlag.

Wright, R.G., J.G. MacCracken & J. Hall. 1994. "An ecological evaluation of proposed new conservation areas in Idaho: Evaluating proposed Idaho national parks," *Conservation Biology* 8: 207-216.

Wu, J. 1999. "Hierarchy and scaling: extrapolating information along a scaling ladder," *Canadian Journal of Remote Sensing* 25: 367-380.

Wu, J. & J.L. Vankat. 1995. "Island biogeography, theory and application," *Encyclopedia of Environmental Biology* 2: 371-379.

Wu, J. & O.L. Loucks. 1995. "From balance of nature to hierarchical patch dynamics: a paradigm shift in ecology," *The Quarterly Review of Biology* 70: 439-466.

Wylie, J.L. & D.J. Currie. 1993a. "Species-energy theory and patterns of species richness: I. Patterns of bird, angiosperm, and mammal species richness on islands," *Biological Conservation* 63: 137-144.

———. 1993b. "Species-energy theory and patterns of species richness: II. Predicting mammal species richness on isolated nature reserves," *Biological Conservation* 63: 145-148.

Wyman, R.L. 1991. "Multiple threats to wildlife: Climate change, acid precipitation, and habitat fragmentation," pp. 134-155, In: R.L. Wyman(ed.). *Global Climate Change and Life on Earth.* Routledge, New York, NY: Chapman and Hall.

Yates, P. & J.M. Sheridan. 1983. "Estimating the effectiveness of vegetated floodplains/wetland as nitrate-nitrite and orthophosphorus filters," *Agriculture, Ecosystems and Environment* 9: 303-314.

Young, R.A., T. Huntrods & W. Anderson. 1980. "Effectiveness of vegetated buffer strips in controlling pollution from feedlot runoff," *Journal of Environmental Quality* 9: 483-487.

Young, T.P. 1995. "Long-term glades in acacia bushland and their edge effects in Laikipia, Kenya," *Ecological Applications* 5: 97-108.

Zarin, D.J., A.H. Johnson & S.M. Thomas. 1998. "Soil organic carbon and nutrient status in old-growth montane coniferous forest watersheds, Isa Chiloe, Chile," *Plant and Soil* 201: 251-258.

Zhang, Q. & J.C. Zak. 1995. "Effects of gap size on litter decomposition and microbial activity in a subtropical forest,"

Ecology 76: 2196-2204.

Zheng, D., D.O. Wallin & Z. Hao. 1997. "Rates and patterns of landscape change between 1972 and 1988 in the Changbai Mountain area of China and North Korea," *Landscape Ecology* 12: 241-254.

Zimmerman, B.L. & R.O. Bierregaard, Jr. 1986. "Relevance of the equilibrium theory of island biogeography with an example from Amazonia," *Journal of Biogeography* 13: 133-143.

Zingg, A.W. 1940. "Degree and length of land slope as it affects soil loss in runoff," *Agricultural Engineering* 21: 59-64.

Zonneveld, I.S. 1994. "Landscape ecology and ecological networks," pp. 13-26, In: E.A. Cook & H.H. van Lier(eds.). *Landscape Planning and Ecological Networks*. Amsterdam, the Netherlands: Elsevier.

______. 1995. *Land Ecology*. Amsterdam, The Netherlands: SPB Academic Publishing.

______. 1998. "Landscape ecology: concept, principles and its relation to monothematic(e.g., vegetation) survey," *Korean Journal of Ecology* 21: 357-372.

Zuidema, P.A., J.A. Sayer & W. Dijkman. 1996. "Forest fragmentation and biodiversity: the case for intermediate-sized conservation areas," *Environmental Conservation* 23: 290-297.

관련 홈페이지 주소

제1장 경관생태학의 역사와 기본개념

http://pegasus.cc.ucf.edu/~jweisham/pcb5937/pcb5937.html 경관생태학 전체
http://www.ecnc.nl/doc/lynx/lynxvili.html 경관생태학 전체
http://www.csu.edu.au/ci/vol3/klomp/klomp.html 경관생태학 일부 개념 정리
http://ecology.snu.ac.kr/ 필자의 강의자료 제공
http://www.env.duke.edu/lel/env303/env303.html 듀크 대학교 경관생태학
http://algodones.unm.edu/~bmilne/bio576 뉴멕시코 대학 경관생태학 강의
http://www.west.asu.edu/jingle 애리조나 주립대학교 경관생태학 연구실, 논문집 정보
http://www.public.iastate.edu/~kmoloney/landeco 아이오와 주립대 경관생태학 강의
http://www.ualberta.ca/~landecol 알버타 대학 경관생태학 연구팀
http://ravel.zoology.wisc.edu/mgt/ 위스컨신 대학 경관생태학 연구실
http://www.serc.si.edu/SERC_web_html/reslandscape.html 스미스소니언 경관생태연구
http://www.wkap.nl/journalhome.htm/0921-2973 학술잡지 *Landscape Ecology*
http://www.elsevier.com/locate/landurbplan 학술잡지 *Landscape and Urban Planning*
http://conbio.rice.edu/scb/journal/ 학술잡지 *Conservation Biology*
http://www.epa.gov/clariton/clhtml/pubtitle.html 미국 EPA 간행물 목록과 내용

제2장 토지이용과 환경변화

http://www.igbp.kva.se/ 국제지권생물권 프로그램
http://www.icc.es/lucc 토지이용 및 피복변화 프로그램
http://www.science.gmu.edu/~jwang/albedo/albedo2.html 알베도
http://www.leopold.iastate.edu/watercycle.html 물 순환
http://www.usda.gov/stream_restoration/PDFFILES/part%201/chap3v2.pdf 토지이용과 수문
http://www.geog.ucsb.edu/~kiedman/bluffcr.html 삼림생태계 지표변화

http://www.me.go.kr/ 우리나라 토지이용과 토지피복자료
http://ceres.ca.gov/snep/pubs/v3.html 유역관리와 수변생태계
http://www.metri.re.kr/ 기상연구소

제3장 바탕과 경관형성 위계
http://pegasus.cc.ucf.edu/~jweisham/pcb5937/wk2_1.html 규모문제
http://www.r5.fs.fed.us/ecoregions/toc.htm 미국 캘리포니아 생태권 구분
http://res.agr.ca/CANSIS/PUBLICATIONS/ECOSTRAT/_overview.html 생태적 위계
http://www.geog.ubc.ca/courses/klink/gis.notes/ncgia/u38.html#SEC38.1.1 수치고도모형
http://userzweb.lightspeed.net/~jpthomas/sstat.htm1 공간통계와 분석

제4장 경관조각모양
http://www.innovativegis.com/products/fragstatsarc/index.html 조각모양과 크기, 배치지수
http://flash.lakeheadu.ca/~rrempel/patch 조각분석
http://www.britannica.com/bcom/eb/article/8/0,5716,80998+1,00.html 벤투리 효과
http://www.geog.ubc.ca/courses/klink/gis.notes/ncgia/toc.html. 지리정보체계와 프랙털
http://sevilleta.unm.edu/~bmilne/bio576/instr/html/fractals/fractals.html 프랙털
http://algodones.unm.edu/~bmilne/bio576 프랙털
http://www.cyberschool.co.kr/gh/gh3.htm 일반인을 위한 프랙털 안내

제5장 경관조각의 크기와 수
http://www.terra-plex.com/epub 서식처
http://www.ets.uidaho.edu/coop 생물 다양성
http://megalam.chollian.net 생울타리 제거에 의한 경작지 크기와 토양침식
http://www.kowaco.or.kr 우리나라 댐 현황(수자원공사)
http://www.inpa.gov.br/framepublicacoes.html 브라질 파편화 연구지 부근(스페인어)

제6장 통로
http://www.usda.gov/stream_restoration/newtofc.htm1 하천통로
http://sacs.cpes.peachnet.edu/remmwww 수변생태계 관리모형
http://www.riparianbuffers.umd.edu/ 매릴랜드 대학교 식생완충대
http://www.ag.iastate.edu/departments/forestry/res/riparian.html/ 아이오와 주립대학 식생완충대
http://www.mtt.fi/triphome/wwwasteri/asterihaku_eng.html/ 'buffer zones' 핀랜드 식생완충대
http://www.iacr.bbsrc.ac.uk/lars/depts/cesd/geneticdgroup/willowresearch/ 식생완충대 식재
http://www.serc.si.edu/SERC_web_html/pub_ripzone.html/ 식생완충대 논문목록
http://www.riparian.net/ 하천변 생태계 종합정보
http://www.ncgia.ucsb.edu/conf/SANTA_FE_CD-ROM/sf_papers/fried_jeremy/friedsf.html 지리정보체계를 이용한 식생완충대 설정
http://ceres.ca.gov/snep/pubs/ 식생완충대 너비자료
http://www.grida.no/prog/global/cgiar/awpack/water.htm UNEP/ 식생완충대
http://www.wsdot.wa.gov/eesc/cae/Design/roadside/default.htm / 도로통로계획, 설계유지

http://www.worldweb.com/ParksCanada-Banff/roads 캐나다 공원도로
http://www.metro.seoul.kr/muse/gallery/hansung/20.html/ 어전준천제명첩
http://kh465a.ag.ohio-state.edu/ 오하이오 주립대학교 습지

제7장 경계와 가장자리

http://www.ramas.com/ecobound.htm 생태적 경계설정문제
http://premium.britannica.co.kr/bol/topic.asp?article_id=b21k1362a 격변이론
http://www.baekdu815.org 백두대간

제8장 연결망

http://www.nbii.gov 생물 다양성
http://matrix.crosswinds.net/dundee/~hucker/ 뉴질랜드 방풍림 등 다양한 그림

제9장 경관 모자이크와 흐름

http://www.cfr.msstate.edu/gap 틈 분석
http://www.gap.uidaho.edu/gap 틈 분석
http://fwie.fw.vt.edu 야생동물, 지리정보체계, 틈 분석
http://www.biogeog.ucsb.edu/projects/gap/gap_home.html 캘리포니아 틈 분석
http://www.nmfs.gov/salmon/salmon.html 연어
http://www.psmfc.org/efh.html 연어
http://www.psmfc.org/habitat 연어
http://www.orst.edu/Dept/ODFW/freshwater/salmonidhab 연어
http://eesc.orst.edu/salmon 연어
http://www.gamefishing.co.uk/NASF 연어

생태계

http://www.ilternet.edu/networks/ 국제장기생태연구망
http://link.springer.de/link/service/journals/10021/index.htm 생태계
http://nature.berkeley.edu/benninglab/Students/David/casa/ 탄소순환모형
http://web.mit.edu/globalchange/ 지구환경변화 모형
http://www.gardenwithinsight.com/ 농경제 모형
http://www.gcrio.org/ 지구환경변화 정보
http://ipcc-ddc.cru.uea.ac.uk/ 기후변화 자료수집 배분

생태도시

http://www.gaia.org 세계생태도시 연결망
http://ecopolis.withyou.net 서울시립대
http://www.freechal.com/ecocity2000 현대산업사회의 환경문제

찾아보기

ㅇ

ㅋ

ㅌ

ㅍ

ㅎ

이도원

서울대학교 식물학과 이학사
서울대학교 환경대학원 환경조경학과 석사
미국 버지니아 공대 환경학 박사
미국 조지아 대학교 생태학연구소 연구원
한국외국어대학교 환경학과 조교수
서울대학교 환경대학원 환경계획학과 교수
현재 서울대학교 환경대학원 명예교수

저서
『떠도는 생태학』(1997), 『보전생물학』(2000, 공동 편저), 『생태학』(2001, 공동 역서),
『관경하다』(2017), 『출근길 생태학』(2020) 등 다수

경관생태학
환경계획과 설계, 관리를 위한 공간생리

초판 1쇄 발행 2001년 4월 30일
초판 10쇄 발행 2022년 10월 31일

지은이 이도원

펴낸곳 서울대학교출판문화원
주소 08826 서울 관악구 관악로 1
도서주문 02-889-4424, 02-880-7995
홈페이지 www.snupress.com
페이스북 @snupress1947
인스타그램 @snupress
이메일 snubook@snu.ac.kr
출판등록 제15-3호

ISBN 978-89-521-1821-9 93530